Kreuzers Gartenpflanzen Lexikon

2

Stauden

Gräser

Farne

Wasserpflanzen

THALACKER MEDIEN

Die Deutsche Bibliothek – CIP-Einheitsaufnahme

Kreuzer, Johannes:
[Gartenpflanzen-Lexikon] Kreuzers Gartenpflanzen-Lexikon /
[Bearb. und Erg.: Siegfried Stein]. – Braunschweig: Thalacker Medien
Früher teilw. im Gartenbuchverl. Kreuzer, Tittmoning/Obb.
Bd. 2: Stauden, Gräser, Farne, Wasserpflanzen. – 7., überarb. Aufl. – 1999
ISBN 3-87815-121-7

Bearbeitung und Ergänzungen, Titelfoto: Siegfried Stein, Vastorf
Herstellung: Brigitte Mayr, Braunschweig
Titelentwurf: Schroers Werbeagentur, Braunschweig
Satz und Typografie: M.U.T., Bernd Kristen, Braunschweig
Buchbinderei: Papyrus, A-1100 Wien
Druck: Floraprint Gesellschaft m. b. H., Missindorfstraße 21, A-1140 Wien.
Farbbilder: Floraprint International, Vaduz, Liechtenstein (674); Siegfried Stein, Vastorf (38); Ingmar Holmåsen, Malmköping (20); Karl Wachter, Walderbach (2); Baumschule Eberts, Baden-Baden (2); Fleuroselect, Noordwijk (1)

7. verbesserte und neu zusammengestellte Auflage, Februar 1999.

ISBN 3-87815-121-7

Vorwort

Seit nunmehr 20 Jahren ist das Gartenpflanzen-Lexikon von Johannes Kreuzer ein Standardwerk für den Gartenbau. Weit über 250.000 Lexikonbände wurden inzwischen nachgefragt.

Der vorliegende Band 2 'Stauden, Gräser, Farne, Wasserpflanzen' erscheint bereits in der 7. Auflage und wurde gegenüber der 6. Auflage verbessert. Neu aufgenommen wurden die Lebensbereiche im Tabellenteil.
Das Gesamtwerk besteht mittlerweile aus sieben Bänden, in denen die von Gärtnereien in Mitteleuropa angebotenen Zier- und Nutzpflanzen enthalten sind. Die Einzelbände fassen jeweils bestimmte Pflanzengruppen zusammen. Durch die neue Konzeption ergibt sich folgende Einteilung in sieben Teilbereiche:

Band 1:
Laubgehölze und Nadelgehölze
(10. Auflage 1998)

Band 2:
Stauden, Farne, Gräser, Sumpf- und Wasserpflanzen
(7. Auflage 1999)

Band 3:
Obst
(3. Auflage 1997)

Band 4:
Sommerblumen, Blumenzwiebeln und -knollen, Beet- und Balkonpflanzen
(3. Auflage 1993)

Band 5:
Zimmerpflanzen, Sukkulenten und Kübelpflanzen
(2. Auflage 1994)

Band 6:
Rosen und Kletterpflanzen
(1. Auflage 1996)

Band 7:
Gemüse, Kräuter und Kulturpilze
(1. Auflage 1998)

Alle Bände des Gartenpflanzen-Lexikons bieten durch ihren einheitlichen und stichwortartigen Aufbau besonders viele Informationen auf engstem Raum. Der Beschreibung der einzelnen Pflanzen liegen dasselbe Schema und die gleiche Reihung der Stichwörter zugrunde. Durch die alphabetische Anordnung und die Übersichtlichkeit der Einträge wird sich der Benutzer in kürzester Zeit in jedem Lexikonband zurechtfinden.

Ergänzt wird der Hauptteil der einzelnen Bände durch viele anschauliche Tabellen sowie komprimierte Hinweise zu Standortwahl, Kulturansprüchen, Pflanzenschutz und Schädlingsbekämpfung. Somit werden alle wesentlichen Aspekte der Pflanzung, der Verwendung und der Pflege der im Lexikon vorgestellten Pflanzen kurz und bündig behandelt.

Die Attraktion und Einmaligkeit dieser Lexikonreihe besteht in der riesigen Anzahl der vorgestellten Pflanzenarten und -sorten und den vielen naturgetreuen, farbigen Pflanzenabbildungen. Dabei wird besonders darauf geachtet, daß nur Pflanzen aufgenommen werden, die sich in Mitteleuropa durchgesetzt haben und deshalb auch in Gärtnereien und Baumschulen angeboten werden.

Bei der Zusammenstellung der Lexikonbände schöpfte Johannes Kreuzer aus jahrzehntelanger Erfahrung in Pflanzenvermehrung, Pflanzenzucht, Anlage von Gärten und Parks sowie Beratung von Kunden in der bekannten Baumschule Kreuzer in Tittmoning. Mit viel Liebe und Ausdauer hat er sein Fachwissen zusammengetragen und einer breiten Leserschaft zugänglich gemacht. Bis zu seinem Tod im Januar 1992 hat der Gründer dieser Lexikonreihe aktiv an der Weiterentwicklung des Gartenpflanzen-Lexikons mitgewirkt.

Bereits im Jahr 1989 übertrug Johannes Kreuzer THALACKER MEDIEN die verlegerische Betreuung seines Werkes. Hier erscheint neben mehreren bedeutenden deutschen Gartenbau-Fachzeitschriften eine interessante Palette von Fachbüchern zu Themen rund um Gartenbau, Landschaft und Floristik.

Siegfried Stein bearbeitete bereits die Neuauflage von Band 4, 5, 6 und 7 und ist einer breiten Leserschaft als Autor weiterer Blumen- und Pflanzenbücher bekannt. Darüber hinaus war er viele Jahre für das Produktmanagement und die Öffentlichkeitsarbeit eines bekannten deutschen Samenzüchters verantwortlich.

Für den Teil Pflanzenschutz und Schädlingsbekämpfung konnte wiederum Kurt Henseler vom Pflanzenschutzamt Bonn gewonnen werden.

Braunschweig, im Dezember 1998

Inhalt

Seite
Vorwort 3
Einleitung 4
Verwendungsempfehlungen 5
Gifttabelle 7

Stauden, Farne, Gräser, Wasserpflanzen von A–Z 9

Anhang:
– **Pflanzenschutz und Schädlingsbekämpfung** 217
– **Kulturansprüche und Verwendungsmöglichkeiten** 233

Index:
– **Botanische Namensverzeichnis** 273
– **Deutsch-botanisches Namensverzeichnis** 282

Botanische Erläuterungen 296

Einleitung

Stauden sind zu gefragten Pflanzen geworden. Neue Trends in der Gartengestaltung haben dazu beigetragen, beispielsweise der Wunsch nach harmonischen Pflanzenbildern im Garten, Farbgärten nach englischem Vorbild, der verstärkte Einzug von buntblättrigen Formen und Sorten, die für Abwechslung sorgen.

Es gibt ein starkes Interesse für dekorative Blattstrukturstauden, mit denen man vor allem im Halbschatten und Schatten ausdrucksvolle Situationen schaffen kann. Viel umfangreicher als in den früheren Ausgaben wurde auch das Sortiment der in Mitteleuropa einheimischen Wildstauden berücksichtigt, ohne sich dabei in botanischen Raritäten oder auf dem großen Feld der ständig wechselnden Liebhabersorten zu verlieren.

Denn nach wie vor halten Verlag und Autoren am Prinzip fest, das dieser Lexika-Reihe zugrunde liegt: Was vorgestellt wird, soll dem gängigen Sortiment entsprechen und erhältlich sein, wobei sich natürlich ständig Verschiebungen ergeben können.
Im Vergleich zur 6. Auflage haben in diesem Band erheblich mehr Arten und Sorten Eingang gefunden. Sie sind ein Spiegelbild dessen, was sich am Markt vollzieht:

- Containerpflanzen bieten sich an für Gestaltungen über viele Monate hinweg
- Viele Stauden gelangten als Kübelpflanzen zu neuen Verwendungen
- Der Naturschutz mit Futterpflanzen für Bienen, Hummeln, Schmetterlingen und anderen Wildinsekten fordert sein Recht.
- Duftpflanzen werden verstärkt gefragt
- Dekorative Kräuter sind in diesem Band im Hinblick auf ihren Schmuckwert berücksichtigt, sofern sie als Zierstauden in Frage kommen. Weitere Details auf diesem zunehmend interessanten Sektor mit fließenden Grenzen zwischen Zier- und Nutzgarten finden sich im Band 7 „Gemüse, Kräuter und Kulturpilze"

Alle Pflanzen sind jetzt alphabetisch von A–Z geordnet, sodaß sich ein sofortiger Überblick über die vielfältige Anwendung der einzelnen Gattungen ergibt. Dennoch werden anhand der Tabellen im Anhang auch die in den Gärtnereien üblichen Sortimente von Wasserpflanzen, Gräser, Farne und der großen Masse der übrigen Blatt- und Blütenstauden deutlich. Die Orientierung fällt dadurch leichter.

Zahlreiche Änderungen in der Nomenklatur und in den Schreibweisen haben sich in den letzten Jahren ergeben und finden in diesem Band Berücksichtigung. Soweit möglich wurden die bisher üblichen Bezeichnungen der Pflanzen als Synonyme beibehalten. Mit Hilfe des Registers der botanischen Pflanzennamen wird das Auffinden der bekannten Arten unter den alten Bezeichnungen erleichtert.

Die überarbeiteten Tabellen im Anhang bieten Informationen von großem Wert, auf übersichtliche Weise geordnet. Neu aufgegliedert in die Bereiche Stauden, Gräser, Farne und Wasserpflanzen werden auch die Lebensbereiche der Stauden umfassend berücksichtigt.

Die Tabelle „Kulturansprüche, Verwendungsmöglichkeiten und Lebensbereiche" gibt auch grundsätzliche Hinweise auf die Verwendung unter Glas, sei es als Schnittblume oder als Topfpflanze. Viele Stauden können unter Glas verfrüht oder durch Steuerungsmaßnahmen in der Kultur zu bislang nicht gewohnten Jahreszeiten auf den Markt gebracht werden. Für nähere Einzelheiten hierzu empfehlen wir, aktuelle Kataloge oder die jeweilige Firmenliteratur der Lieferanten anzufordern.

Bei der Kurzinformation über die Lebensbereiche der in diesem Band beschriebenen Pflanzen und auf den folgenden Seiten finden Sie Hinweise auf die Verwendungsempfehlungen (nach Prof. Dr. J. Sieber, Bund deutscher Staudengärtner, Weihenstephan), die dem Kunden und dem beratenden Personal die Anwendung erleichtern.

Für den Verlag und die Redaktion ist es selbstverständlich, daß das Kreuzer-Lexikon als Standardwerk für Praktiker und Liebhaber des Gartenbaus auch künftig stets den neuesten Stand des Wissens, der Sortimente und der gärtnerischen Praxis vermittelt.

Regelung zum Washingtoner Artenschutzabkommen

Pflanzen geschützter Arten (laut gültigen Listen) aus Wildbeständen dürfen grundsätzlich nicht der Natur entnommen und nicht gehandelt werden. Geschützte Pflanzen, die aus gärtnerischer Vermehrung entstehen, dürfen gehandelt werden, allerdings muß jederzeit der Nachweis geführt werden können, daß die Pflanzen rechtmäßig in Kultur genommen wurden.

Bei Importen von besonders geschützten Arten aus Nicht-EG-Staaten ist eine CITES-Einführungsgenehmigung des Bundesamtes für Ernährung und Fortswirtschaft notwendig. Hierfür muß eine Ausfuhrgenehmigung des Ausfuhrlandes vorliegen. Das Vorliegen dieser Bescheinigung wird von den Zollbehörden auf einer CITES-Einfuhr-Bescheinigung an der Grenze bescheinigt. Dieses Dokument muß den Pflanzentransport jederzeit begleiten.

Für Transporte von naturentnommenen Pflanzen innerhalb der EG schreibt die Verordnung vor, daß beim Transport und beim Verkauf usw. CITES-Dokumente als Begleitpapiere und Legalitätsnachweis vorzuweisen sind. Diese Dokumente sind je nach Fall CITES-Einfuhrgenehmigung, CITES-Einfuhrbescheinigung und CITES-Bescheinigung.

Für künstlich vermehrte, geschützte Pflanzen gemäß dem Washingtoner Artenschutzabkommen kann für Transporte innerhalb der EG auch ein Pflanzenschutzzeugnis Verwendung finden.

Ausnahmen sind jeweils in Listen aufgeführt, die sich ändern können. Daher bitte den jeweils aktuellen Stand bei der zuständigen Fachbehörde für Naturschutz abfragen.

Verwendungsempfehlungen

Lebensbereiche und Kennziffernschlüssel für Stauden
(nach Professor Dr. J. Sieber, Bund Deutscher Staudengärtner)

Nach ihrer Herkunft sind die Stauden sehr verschiedenen Standort- bzw. Verwendungsbereichen zuzuordnen. Dabei hat sich die nachfolgende Gliederung in 14 Gruppen ergeben, entsprechend ihrer natürlichen Bindung an Gehölze, Steine oder an das Wasser. Auch erhöhte Ansprüche an den Kulturzustand des Bodens wie an die Pflege allgemein und letztlich die wuchsbedingte Verwendungsform der Sorten stellen wesentliche Gesichtspunkte im Hinblick auf ihre Verwendung dar.

Das im folgenden in Auszügen dargestellte System aus Buchstaben (für die Lebensbereiche) und einer Zahlenkombination von 1–8 (für den Feuchtezustand des Bodens) auf der Grundlage von Prof. Dr. J. Sieber hat Allgemeingültigkeit erlangt. Es erlaubt eine schnelle Zuordnung der Stauden und gibt Hinweise auf Ansprüche und Verwendung. Das vollständige Werk ist auch als CD-ROM erhältlich.

Es bedeuten:

G = Gehölz
GR = Gehölzrand
Fr = Freifläche
SH = Steppenhalden
H = Heidecharakter
St = Steinanlagen
FS = Felssteppen
M = Matten
MK = Mauerkronen
SF = Steinfugen
A = Alpinum
B = Beet
WR = Wasserrand
W = Wasser

1 = Trockener Boden
2 = Frischer Boden (normal feuchter Boden)
3 = Feuchter Boden
4 = Nasser, zeitweise abtrocknender Boden am Wasserrand
5 = Dauernasser Boden im flachen Wasser
6 = Bedingungen für verwurzelte Schwimmblattpflanzen
7 = Bedingungen für verwurzelte, untergetaucht lebende Pflanzen
8 = Bedingungen für freischwimmende Pflanzen

Lebensbereiche der Stauden

Lebensbereich „Gehölz“ G

Im lichten Schatten oder Halbschatten, vornehmlich unter locker aufgepflanzten Bäumen, gedeihen viele „Waldstauden“ sehr gut. Sie stehen in enger Beziehung zu den Gehölzen und beleben diese Bereiche durch ihre Wuchsformen und Blüten. Die verrottenden Blätter der Bäume sorgen für den erforderlichen humosen Boden und dürfen nicht weggeräumt werden. Je nach Standort der Gehölzgruppen unterscheidet man Stauden für trockenen Boden **G**$_1$, Stauden für frischen Boden **G**$_2$ und Stauden für feuchten Boden **G**$_3$. *)

*) In einigen Lebensbereichen gibt es Stauden mit beetstaudenähnlichem Charakter, die meist durch stattliche Erscheinungen, üppigen Wuchs und oft durch auffällige Blüten sehr wirkungsvoll, aber auch etwas anspruchsvoller sind. Ihrem Lebensbereichkennzeichen ist ein -b- hinzugefügt.

Lebensbereich „Gehölz-Rand“ GR

Am Rande von Baum- und Strauchgruppen, vielfach in gutem, humosen Boden, finden zahlreiche Stauden optimale Standortverhältnisse. Zu beachten ist, daß einige Arten mehr den offenen, sonnigen, warmen südseitigen Gehölz-Rand **GR** ○ bevorzugen, andere gedeihen besser im kühleren, halbschattigen, nordseitigen oder dem wechselschattigen Gehölz-Rand **GR** ◑. Jeweils mit trockenem Boden **GR**$_1$, frischem Boden **GR**$_2$ oder feuchtem Boden **GR**$_3$. Ähnliche Bedingungen, meist ohne Wurzeleinwirkungen von Bäumen, sind im Bereich von Mauern und Hauswänden vorzufinden. *)

Der Lebensbereich „Freiflächen“ Fr

Außerhalb der Standorte von Bäumen und Sträuchern, auf freien, sonnigen Flächen gibt es vielfältige Situationen, in denen Stauden günstige Lebensbedingungen finden. Je nach Feuchtigkeitsgehalt/Wasserhaltekraft ist zu unterscheiden in: Stauden für trockenen, durchlässigen Boden, oft auch Hanglagen **Fr**$_1$, Stauden für normalen, frischen Boden **Fr**$_2$ oder Stauden für feuchten Boden **Fr**$_3$; außerdem Stauden für trockenen, kalkhaltigen Boden und warme, sonnseits geneigte Flächen der Steppen-Heide **SH** oder Stauden für nährstoffärmere und bodensaure Flächen der Heide **H**. *)

Lebensbereich „Steinanlagen“ St

Viele Stauden fühlen sich im Bereich der Steine wohl. Manche sind nässeempfindlich und wachsen deshalb am besten in einem von Kies bzw. Felsbrocken durchsetzten Boden, den „Fels-Steppen“ **FS**. Andere gedeihen selbst in den flachen Bodenschichten über Felsen oder größeren Steinen, den „Matten“ (Felsmatten) **M**, oder eignen sich bestens zum Pflanzen hinter die „Mauer-Krone“ von Trockenmauern **MK** oder in deren „Stein-Fugen“ **SF**. *)

Lebensbereich „Alpinum“ A

Einige reizvolle, aber auch anspruchsvolle, oft nicht sehr konkurrenzkräftige Stauden finden die besten Standorte in unterschiedlichen, meist kleinräumigen Flächen im Alpinum.

Lebensbereich „Beet“ B

Für die in Gärten am häufigsten anzutreffende Standortsituation – das Beet – gibt es eine große Zahl herrlicher Stauden mit stattlichem Habitus und prachtvollen Blüten. Sie benötigen einen humosen, nährstoffreichen Boden, dessen Oberfläche durch flaches Hacken oder auch gelegentliches Graben offen gehalten werden sollte. Bei den Beetstauden gibt es Leitstauden mit dominierender Funktion und Begleitstauden, die das „Gartenbild“ ergänzen.

Lebensbereich „Wasser-Rand“ WR

Für die durch große Bodenfeuchtigkeit gekennzeichneten Situationen am Rand von Teichen oder Bächen, also an Ufern, die sich nicht streng abgrenzen lassen, eignen sich manche Stauden hervorragend. Einige Arten, z. B. die „Sumpfpflanzen“, bevorzugen mehr den äußeren Randbereich mit feuchtem bis nassem, zeitweise abtrocknendem Boden **WR**$_4$, andere, z. B. die „Röhrichtpflanzen“, fühlen sich im dauernassen Boden oder im flachen Wasser wohler **WR**$_5$.

Lebensbereich „Wasser“ W

Für alle im Gartenteich üblichen Wassertiefen gibt es geeignete Stauden. Die Artenvielfalt ist in drei Gruppen eingeteilt:
„Schwimmblattpflanzen“, sie wurzeln im Boden, ihre Blätter liegen überwiegend auf der Wasseroberfläche **W**$_6$, „Untergetauchte / submerse Pflanzen“, ihre Triebe und Blätter sind überwiegend unter der Wasseroberfläche, die Pflanzen wurzeln zumeist im Boden **W**$_7$, wenige sind freischwimmend **W**$_8$.

Verwendungsempfehlung nach Lebensbereichen

nach Professor Dr. J. Sieber, Bund Deutscher Staudengärtner

Gehölz (G)

vorwiegend humusreicher Boden

(G1) Trockener Boden (G2) Frischer Boden (G3) Feuchter Boden

Gehölzrand (GR)

○ Sonnig und warm

◑ Absonnig und kühl

(GR1) Trockener Boden (GR2) Frischer Boden (GR3) Feuchter Boden

Freiflächen (Fr)

Freiflächenpflanzen mit Wild- und Beetstaudencharakter

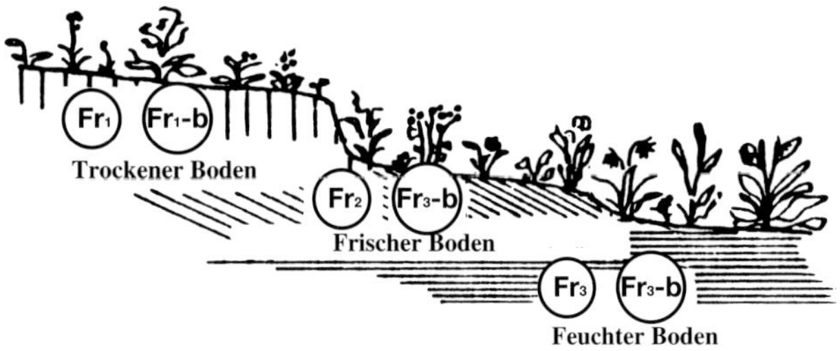

Freiflächenpflanzen mit Steppenheidecharakter (SH)

Freiflächenpflanzen mit Heidecharakter (H)

Sandiger, nährstoff- und kalkarmer Boden

1 Trockener Boden 2 Frischer Boden 3 Feuchter Boden

Steinanlagen (St) (FS)

Felssteppen

Schotter Kiesbeete Steinreicher Boden

Matten (Felsmatten) (M)

Flachgründiger Boden

Steinfugen (Mauerkronen) (MK)

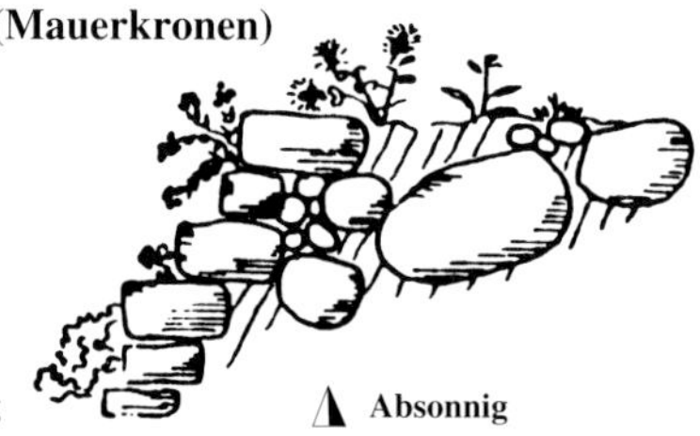

△ Sonnig ◭ Absonnig

1 Trockener Boden 2 Frischer Boden 3 Feuchter Boden

Alpinum (A)

Beet für Prachtstauden (B)

△ Sonnig ◭ Absonnig

1 Trockener Boden 2 Frischer Boden 3 Feuchter Boden

Wasserrand (WR)

Wasser (W)

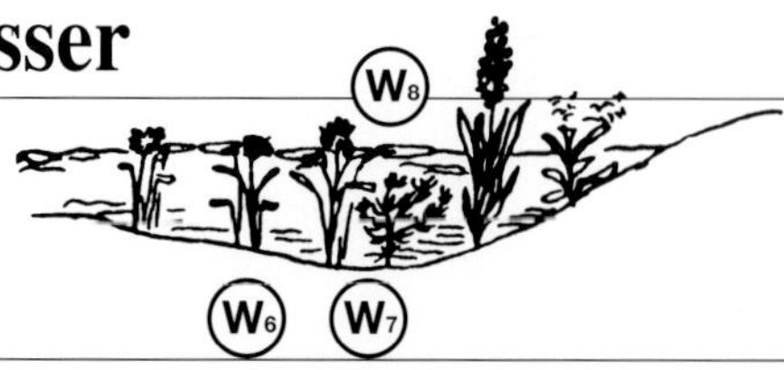

Giftpflanzen

Gefährlichkeit ••• = sehr giftig •• = stark giftig • = giftig **A** = Allergie, insbesondere Hautallergie

Botanischer Name	Deutscher Name	giftige Pflanzenteile	Wirkstoff	Wirkung / Symptome	Gefährlichkeit
Aconitum napellus und *Aconitum carmichaelii*	Eisenhut	ganze Pflanze, besonders Knollen	Ester-Alkaloid	Übelkeit, Erbrechen, Atemlähmung	•••
Actaea spicata	Christophskraut	Blätter, Wurzelstock, Beeren, Samen	Bitterstoffe, Protoanemonia	Magen-Darm-Entzündung	••
Adonis vernalis	Adonisröschen	Blätter	Adonitoxin, Zymarin	Übelkeit, Erbrechen, Durchfall	••
Aquilegia vulgaris	Akelei	Blätter, Blüten	Alkaloide	Krämpfe, Atemnot	•
Aristolochia clematitis	Pfeifenblume	Wurzeln, Samen	Isochimolinalkaloide	Erbrechen, Krämpfe, Nierenschäden	••
Arum italium und *Arum maculatum*	Aronstab	Blätter, Wurzelstock, Beeren	Alkaloid Aronin	Durchfall, Schwindelanfälle, Herzanfälle	•• **A**
Asarum europaeum	Haselwurz	ganze Pflanze	ätherisches Öl, Asaron	Brennen im Mund, Durchfall, Atemlähmung	••
Calla palustris	Sumpfcalla	Blätter, Beeren	Saponine, Alkaloide	Brennen im Mund, Brechreiz	••
Caltha palustris	Sumpfdotterblume	Blätter, Wurzeln	Alkaloid Magnoflorin	Krämpfe, Erbrechen, Durchfall	•
Convallaria majalis	Maiglöckchen	Blätter, Blüten, Samen	Herzglykoside, Saponine	Übelkeit, Erbrechen	••
Cyclamen purpurascens	Alpenveilchen	Knollen	Saponine	Schweißausbruch, Krämpfe	••
Dictamnus albus	Diptam	ganze Pflanze	Chinolinalkaloid	Hautrötung	• **A**
Digitalis grandiflora und *Digitalis purpurea*	Fingerhut	Blätter, Samen	Glykoside (u.a. Digitoxin), Flavone	Erbrechen, Durchfall, Herzstillstand	•••
Dryopteris filix-mas	Wurmfarn	Wurzeln, Stiele der Wedel	Bitterstoffe, Filizin, blausäurehaltige Verbindungen	Erbrechen, Durchfall, Krämpfe, Atemnot	•••
Helleborus dumetorum, Helleborus foetidus, Helleborus niger	Christrose, Nieswurz	Wurzeln, Samen	Saponin Helleborin, Glykosid Hellebrin	Erbrechen, Durchfall, Herzlähmung	••
Hepatica nobilis	Leberblümchen	frische Pflanzenteile	Protoanemonin, Saponine	Erbrechen, Schwindelanfälle	•
Heracleum mantegazzianum	Bärenklau, Herkuleskraut	ganze Pflanze	Furanocumarine	Hautrötung, Blasenbildung, Fieber	• **A**
Iris pseudacorus	Gelbe Sumpfdotterlilie	Blätter, Stengel, Wurzelstock	Glykosid Iridin	Brennen im Mund, Erbrechen, Durchfall	••
Lupinus polyphyllus	Lupine	Samen	Alkaloide	Krämpfe, Atemnot	•••

Giftpflanzen

Gefährlichkeit ••• = sehr giftig •• = stark giftig • = giftig **A** = Allergie, insbesondere Hautallergie

Botanischer Name	Deutscher Name	giftige Pflanzenteile	Wirkstoff	Wirkung / Symptome	Gefährlichkeit
Phytolacca americana	Kermesbeere	Blätter, Beeren, Wurzelstock	Alkaloid Phytolakkin	Nesselfieber, Atemlähmung	•••
Podophyllum hexandrum	Maiapfel	Blätter, Früchte	Glykosid Podophyllin	Erbrechen, schwere Darmreizungen	••
Polygonatum multiflorum	Salomonssiegel	Wurzeln, Samen	Glykoside, Saponine	Durchfall, Kopfschmerzen, Schwindelanfälle	••
Primula eliator und *Primula veris*	Schlüsselblume	Wurzeln, Kelchblätter	Glykoside, Saponine	Magen-Darm-Entzündungen, Hautreizung	• **A**
Pteridium aquilium	Adlerfarn	Wedel, Wurzeln	Enzym Thiaminase, Pteroside	nur bei Tieren blutiger Durchfall, Blutharnen	•••
Pulsatilla vulgaris	Küchenschelle	Blätter, Wurzeln	Protoanemonin, Saponine	Krämpfe, Erbrechen, Durchfall	••
Ranunculus acris	Hahnenfuß, Butterblume	Blätter, Blüten	Protoanemonin	Koliken, Durchfall, Hautrötung, Blasenbildung	• **A**
Sedum acre	Mauerpfeffer	Blätter	Alkaloide, Sedamin u. Sedridin	Brennen im Mund, Brechreiz	•
Solanum dulcamara	Bittersüßer Nachtschatten	Blätter, Stengel, Blüten, Beeren	Steroidsaponine, Steroidalkaloide	Reizung des Verdauungstraktes, Durchfall, Hautausschlag, Lähmung	•• **A**
Symphytum asperum u. *Symphytum officinale*	Comfrey, Beinwell	Blätter	Pyrolizidinalkaloide	bei Tieren Leberschäden	••
Veratrum nigrum	Germer	Blätter, Wurzeln	Steroidalkaloide	Brennen im Mund, Übelkeit, Erbrechen, Krämpfe, Atemlähmung	•••

Abb. 1

Acaena buchananii
Stachelnüßchen

Abb. 1: ***Acaena buchananii***

Familie: *Rosaceae* – Rosengewächse
Herkunft: Australien, Neuseeland, Feuerland. Ca. 60 Arten
Wuchs: 5–10 cm hoch, kurze Stengel, teppichartig
Blatt: 5–6paarig, gefiedert, immergrün, beiderseits silber- oder graugrün
Blüte: Blütenköpfe kugelig, Kelchstacheln grün bis gelb
Blütezeit: VI–VII
Frucht: stachelige, rote Fruchtstände
Standort: sonnig–halbschattig; nicht überall ganz winterhart
Erde: leichte Böden
Vermehrung: durch Teilung II–III–IV oder VIII–IX nach der Blüte; durch Aussaat II–III
Pflege: geringster Pflegeaufwand. Unerwünschte Wucherungen durch Schnitt beseitigen
Verwendung: sehr wertvoller, wintergrüner Bodenbedecker für großflächige Pflanzungen. Nachbarpflanzen: bizarre Kleingehölze mit Blumenzwiebeln, *Allium, Lavandula, Carex buchananii, Campanula*
Sorten: 'Breisgau', olivgrünes Laub, breitwachsend

Acaena magellanica (Acaena glaucophylla)
Graublaues Stachelnüßchen

Herkunft Patagonien, Feuerland; 10 cm hoch, Stengel rötlich, kahl niederliegend, polsterartig; Blatt 5–6paarig, gefiedert, beiderseits silber- und blaugrün; Blütenköpfe kugelig, rot; Blütezeit: VI–VII; Fruchtköpfchen stachelig, meist zottig; Bodenbedecker für Gräber, Steingärten

Abb. 2: ***Acaena microphylla* 'Kupferteppich'**

Abb. 2

Acaena microphylla
Braungrünes Stachelnüßchen

Herkunft Neuseeland; 10 cm hoch, polsterartig, Stengel zum Teil unterirdisch kriechend; Blatt 3–5paarig gefiedert, kreisförmig, olivgrün, vilolettblau oder braun; Kelchstacheln und Fruchtköpfchen leuchtendrot; Blütezeit VI–VII; sehr wertvoller Bodenbedecker für großflächige Pflanzungen; Sorten: 'Kupferteppich', dekorativ mit bräunlichen Blättern

Acanthus hungaricus (Acanthus longifolius, Acanthus balcanicus)
Bärenklau, Akanthus

Familie: *Acanthaceae* – Akanthusgewächse
Herkunft: östl. Südeuropa, Dalmatien, Balkan; in geschützten Tal- und Höhenlagen. Ca. 12 Arten
Wuchs: 1 m, aufrecht, buschig
Blatt: ornamental, frischgrün
Blüte: lippenförmig, weiß, rosa bis purpur
Blütezeit: VII–VIII
Standort: trocken, sonnig
Erde: schwere bis leichte Gartenböden
Vermehrung: Aussaat II–III oder Teilung alter Stöcke II–III
Pflege: anspruchslos, ebenerdiger Rückschnitt X–II
Verwendung: dekorative Schmuckstaude in Einzelstellung oder an Wänden und Gehölzrändern. Nachbarpflanzen: *Avena* und *Cerastium*, paßt auch in die Randbepflanzung bei größeren Anlagen
Besonderheiten: Die Blätter dienten im Altertum als Vorbilder der korinthischen Kapitelle. Schöne Liebhaberpflanze, Winterschutz erforderlich

Abb. 3: ***Acanthus mollis***

Abb. 4: ***Acanthus spinosus***

Abb. 3

Acanthus mollis
Akanthus

Herkunft westliches Mittelmeergebiet; 80–150 cm hoch, Blüten weißlich mit purpurroten Adern

Abb. 4

Acanthus spinosus (Acanthus spinosissimus)
Akanthus

Herkunft Balkan, Mittelmeergebiet; nur 40 cm hohe Zwergform, Blütenfarbe weißlichrosa

Achillea ageratifolia
Polsterschafgarbe

Familie: *Compositae* – Korbblütengewächse
Herkunft: Balkan, Kleinasien, Alte Welt. Etwa 100 Arten
Wuchs: 15–20 cm, polsterartig
Blatt: silbergrau bis grauweiß, tief ausgebuchtet
Blüte: weiße Blütendolden mit 2–3 Strahlenblüten
Blütezeit: V–VII
Standort: sonnig, in gemäßigter Zone
Erde: durchlässiger, nicht zu feuchter Boden; auch auf Kalk, Schotter oder Felsen
Vermehrung: Teilung nach der Blüte VIII, Aussaat II–III
Pflege: Rückschnitt ebenerdig XI–III
Verwendung: nur für Steingärten geeignet. Nachbarflanzen: andere Steingartenpflanzen, z.B. *Anthemis, Campanula, Thymus, Veronica, Lavandula, Nepeta, Platycodon, Santolina chamaecyparissus, Veronica austriaca* ssp. *teucrium, Festuca cinerea*

Abb. 5

Achillea filipendulina
Goldene Tellergarbe

Familie: *Compositae* – Korbblütengewächse
Herkunft: Orient, Kaukasus, Züchtungen
Wuchs: bis 1 m hoch, aufrecht buschig
Blatt: Fiederblätter graugrün
Blüte: goldgelbe, große, breite Blütendolden
Blütezeit: VI–IX
Standort: sonnig
Erde: humoser Gartenboden
Vermehrung: durch Teilung II–III oder IX nach der Blüte, durch Aussaat II–III
Pflege: Schnitt handhoch nach der Blüte
Verwendung: wertvolle Staude; geeignet als Schnittblume und als Trockenblume im Erwerbsanbau, dafür gleich nach dem Aufblühen schneiden. Nachbarpflanzen: *Aconitum, Delphinium* blaue Sorten, *Phlox paniculata, Monarda, Scabiosa, Eryngium planum, Salvia nemorosa, Avena, Verbascum*

Abb. 5: ***Achillea filipendulina* 'Parkers Varietät'**

Abb. 6

Achillea millefolium
Purpurschafgarbe

Familie: *Compositae* – Korbblütengewächse
Herkunft: Europa, Sibirien, Asien, viele Züchtungen erhältlich
Wuchs: 30–50 cm, buschig
Blatt: fein zerteilt, frischgrün
Blüte: karminrote Blütendolden
Blütezeit: VI–IX
Standort: sonnig
Erde: normaler Gartenboden
Vermehrung: Teilung oder Aussaat II–IV
Pflege: Rückschnitt sofort nach der Blüte
Verwendung: Rabattenstaude, Schnittstaude, Trockenstaude. Nachbarflanzen: *Avena, Campanula, Filipendula hexapetala* 'Plena', *Salvia nemorosa*
Besonderheiten: Heilpflanze, enthält ätherische Öle; Giftpflanze, enthält Blausäure

Abb. 6: ***Achillea millefolium* 'Summer Pastels'**

Abb. 7

Achillea ptarmica
Bertram-Schafgarbe

Herkunft Europa, Kleinasien, Sibirien; 60 cm hoch, buschig; Blatt fein zerteilt, lanzettlich, frischgrün. Weiße, gefüllte Blütenköpfe, Blütezeit VI–IX; gute Schnitt- und Rabattenstaude. Nachbarpflanzen: *Veronica longifolia, Viola cornuta* (blau), *Oenothera*. 'Schneeball', dicht gefüllt, weiß

Abb. 7: ***Achillea ptarmica* 'Major'**

Abb. 8

Achillea tomentosa
Polster-Goldgarbe

Herkunft Südeuropa; Wuchs bodendeckend, Blätter weißfilzig, Blüten 20–30 cm hoch, gelb; Steingartenpflanze

Abb. 8: ***Achillea tomentosa***

Abb. 9

Achnatherum calamagrostis (Lasiagrostis calamagrostis)
Silberährengras, Silberhaariges Rauhgras, Ränkgras

Abb. 9: ***Achnatherum calamagrostis***

Familie: *Gramineae* – Süßgräser
Herkunft: Europa
Wuchs: 80 cm hoch, aufrecht, locker
Blatt: schweifartig, gelblich
Blüte: Ährenrispen weiß
Blütezeit: VI–IX
Standort: sonnig
Erde: normaler bis magerer, sandiger Boden
Vermehrung: Teilung V–VI
Pflege: anspruchslos, Rückschnitt II–III
Verwendung: für Steppengärten, Heide- und Gräsergarten, Wassermotive in allen Gartenanlagen. Günstig als Solitär oder in kleinen Gruppen. Nachbarpflanzen: sonnenliebende Polstergräser und Stauden, z.B. *Artemisia schmidtiana* 'Nana'
Besonderheiten: sehr wirkungsvolles Ziergras, bis zum Winter schön

Abb. 10

Acinos alpinus (Satureja alpina)
Alpensteinquendel

Familie: *Labiatae* – Lippenblütengewächse
Herkunft: Mittelmeergebiet, Kleinasien, Mittel- und Südeuropa
Wuchs: staudig bis halbstrauchig, mit niederliegenden 5–25 cm langen, schwach behaarten Stengeln
Blatt: kurzgestielt, spärlich behaart, elliptisch bis fast kreisförmig
Blüte: rotviolett mit weißer Zeichnung
Blütezeit: VI–VIII
Standort: sonnig
Erde: locker, auch steinig
Vermehrung: Aussaat im Frühjahr und Teilung
Pflege: anspruchslos
Verwendung: für Geröllbeete, Steingärten, Tröge

Abb. 10: ***Acinos alpinus***

Aconitum napellus
Bergeisenhut, Sturmhut

Familie: *Ranunculaceae* – Hahnenfußgewächse
Herkunft: Europa bis Skandinavien
Wuchs: 120–150 cm, hohe Art! Wurzel rübenartig
Blatt: tief zerteilt bis zerschlitzt
Blüte: violette Blüten in leuchtenden Ähren
Blütezeit: VII–VIII
Standort: sonnig bis halbschattig
Erde: feucht, humos
Vermehrung: durch Samenaussaat oder Teilung II–III
Pflege: bei heißer Witterung viel gießen. Rückschnitt zwischen XI–II
Verwendung: für Staudenrabatten, Schnittstaude, Insektenfutterpflanze. Nachbarpflanzen: *Anemone hupehensis, Astilbe,* Farne, *Paeonia, Iris, Phlox paniculata*
Besonderheiten: in allen Teilen für Mensch und Tier giftig. Im Mittelalter Hausmittel zur Vertreibung von Ungeziefer, Hunden und Katzen durch den Wurzelsaft. Steht unter Naturschutz
Sorten: 'Bicolor', weißblau, sonst wie die Art. 'Sparke's Varietät', Blütenrispen locker verzweigt

Aconitum × *cammarum*

Abb. 11

Hybride; 90–150 cm hoch, Blütezeit VII–VIII; viele Sorten wie 'Bicolor', blau-weiß. 'Bressingham Spire', tiefviolett. 'Nachthimmel', mittelblau. 'Schneewittchen', weiß

Abb. 11: ***Aconitum* × *cammarum* 'Bicolor'**

Abb. 12: ***Aconitum carmichaelii* var. × *arendsii***

Aconitum carmichaelii var. × *arendsii* (*Aconitum* × *arendsii*)
Eisenhut

Abb. 12

Familie: *Ranunculaceae* – Hahnenfußgewächse
Herkunft: nördl. Halbkugel, Gebirgspflanze. Ca. 60 Arten
Wuchs: 80–100 cm hoch, straffe Stiele, kompakt, aufrecht, Rhizome
Blatt: tief zerteilt, dunkelgrün
Blüte: dunkelblaue Blütenrispe, endständig
Blütezeit: IX–XI
Standort: halb- und ganzschattig; vollkommen winterhart
Erde: kühl, feucht, humos
Vermehrung: durch Aussaat II–III oder Teilung
Pflege: Rückschnitt auf Handbreite nach der Blüte, im Spätherbst
Verwendung: Staudenrabatte, haltbare Schnittstaude, Wildstaude. Nachbarpflanzen: *Pinus mugo* ssp. *mugo*, Farne oder Stauden wie *Paeonia*, *Phlox paniculata*, Iris, Lilien, Anemonen, Astilben
Besonderheiten: in allen Teilen für Mensch und Tier giftig

Abb. 13: ***Aconitum carmichaelii* var. *wilsonii***

Aconitum carmichaelii var. *wilsonii* (*Aconitum wilsonii*)

Abb. 13

Herkunft China; 150 cm hoch, lederartige Blätter, glänzendgrün; Blüte amethystblau, endständige Blütenrispen, VIII–X

Acorus calamus
Kalmus

Abb. 14

Familie: *Araceae* – Aronstabgewächse
Herkunft: Europa, Sibirien, Nordamerika, in Sumpfgebieten. 2 Arten dieser Gattung
Wuchs: 60 cm hoch, kriechende Rhizome, aromatisch duftend
Blatt: schwertförmig, lineal zugespitzt, am Grunde rötlich gestreift
Blüte: Kolben auf langem Stiel, 10–20 cm lang, anfangs gelblich, später hellbraun. Kein Samen- und Fruchtansatz in Europa
Blütezeit: V–VI
Standort: ideal sind sonnige und halbschattige Lagen
Erde: Sumpfboden oder Schlammboden, bis zu 10 cm Wasserstand
Vermehrung: nur Teilung V–VI
Pflege: Rückschnitt II–III oder XI, mühelose Kultur
Verwendung: schilfartige Sumpfpflanze für Teiche und Wasserläufe. Wassertiefe bis 10 cm. Heilpflanze. Nachbarpflanzen: *Calla*, *Eriophorum*, *Euphorbia palustris*, *Lysimachia thyrsiflora*, *Mimulus ringens*, *Saururus*, *Typha minima*, *Veronica beccabunga*
Sorten: 'Variegatus', Blatt weißbunt, Wuchs schwächer als bei der Art

Abb. 14: ***Acorus calamus***

Acorus gramineus
Zwerg-Kalmus, Gras-Kalmus

Familie: *Araceae* – Aronstabgewächse
Herkunft: Japan, in Sumpfgebieten
Wuchs: 15–30 cm hoch, mit kriechendem Erdstamm, buschig
Blatt: grasartig, in fächerartigen Rosetten
Blüte: Kolben gelblich-grün, blüht bei uns nur selten
Blütezeit: V–VII
Standort: ideal sind sonnige und halbschattige Lagen
Erde: Sumpf- oder Schlammboden, bis zu 10 cm Wasserstand
Vermehrung: nur Teilung V–VI
Pflege: Rückschnitt XI. Braucht zuverlässigen Winterschutz (Laubpackung) oder Überwinterung frostfrei im Kalthaus
Verwendung: schilfartige Sumpfpflanze für Teiche und Wasserläufe. Auch für Aquarien. Rand- und Sumpfzone. Nachbarpflanzen: *Calla*, *Eriophorum*, *Euphorbia palustris*, *Lysimachia thyrsiflora*, *Mimulus ringens*, *Saururus*, *Typha minima*, *Veronica beccabunga*
Sorten: 'Aureovariegatus', gelbbunt, längsgestreifte Blätter. 'Variegatus', Blatt weißbunt

Actaea pachypoda (Actaea alba)
Christophskraut

Abb. 15

Familie: *Ranunculaceae* – Hahnenfußgewächse
Herkunft: Nordamerika. Etwa 12 Arten dieser Gattung
Wuchs: 50–80 cm hoch, rote, verdickte Stiele, aufrecht
Blatt: grob, ungleich 5teilig gefiedert
Blüte: weiße Blütenköpfe, traubenartig
Blütezeit: V–VI
Frucht: Beeren weiß, als schöner Fruchtstand, giftig.
Standort: halbschattig
Erde: normale Gartenerde oder Waldhumusboden
Vermehrung: Aussaat II–III, Teilung nach der Blüte VI–VII
Pflege: anspruchslos, XII–III ebenerdiger Rückschnitt
Verwendung: wertvolle Schattenpflanze für Waldrandmotive. Nachbarpflanzen: Schattengräser und Farne

Abb. 15: ***Actaea pachypoda***
(Foto: Holmåsen)

Abb. 16: ***Adiantum pedatum***

Actaea rubra
Christophskraut

Herkunft Alaska, USA; korallenrote Beeren als Fruchtstand.

Actaea spicata (Actaea nigra)
Christophskraut

Herkunft Europa, Asien. 30–40 cm hoch, rote, verdickte Stiele, aufrecht. Blatt grob, ungleich 5teilig gefiedert; Blüte weiß, in ährenartigen Köpfen. Blütezeit V–VI. Schwarze Beeren als schöner Fruchtstand, giftig. Anspruchslose Pflanze, regeneriert sich von selbst. Zur Unterpflanzung in Waldmotiven und an Gehölzrändern. Wertvolle Schattenstaude, die auch noch unter Fichten und Tannen wächst.

Adiantum venustum
Venushaar, Himalaja-Frauenhaarfarn

Abb. 17

Herkunft Himalaja. 25 cm hoch, zarte, wintergrüne Wedel. Leichter Winterschutz erforderlich

Abb. 17: ***Adiantum venustum***

Adiantum pedatum
Hufeisenfarn, Pfauenradfarn

Abb. 16

Familie: *Adiantaceae* – Frauenhaarfarngewächse
Herkunft: Ostasien und Nordamerika, in Wäldern mit hoher Luft- und Bodenfeuchtigkeit. Etwa 20 Arten dieser Gattung
Wuchs: 60 cm hoch, aufrecht, locker, Austrieb IV
Blatt: Wedel handförmig, 7–8fach gefiedert, zierlich, Wedelstiele, locker, lackglänzend, hufeisenförmig
Standort: halbschattig bis schattig
Erde: feuchter Waldhumusboden
Vermehrung: Teilung II–V
Pflege: unberührt am Standort belassen
Verwendung: Farnhorste in allen Naturgärten mit Waldmotiven; als Tisch- und Vasenschmuck. Nachbarpflanzen: Astilbe-Arendsii-Hybriden, *Crocus speciosus, Anemone nemorosa, Primula*-Arten, Gräser, die feuchte Schattenlagen lieben und andere Farne
Sorten: 'Imbricatum'– Zwergpfauenradfarn, Dachziegelfarn: 20–25 cm hoch, hufeisenförmige Krone; Wedel blaugrün bereift, die sich dachziegelartig übereinanderschieben

Adonis amurensis
Amur-Adonisröschen

Abb. 18

Familie: *Ranunculaceae* – Hahnenfußgewächse
Herkunft: Japan, Korea, Amur, Sachalin, Mandschurei. Etwa 20 Arten dieser Gattung
Wuchs: 10–20 cm hoch, kompakt
Blatt: zerteilt, zieht nach der Blüte ein
Blüte: goldgelb, schalenförmig, bevor die Blätter erscheinen; Blumenblätter eingeschnitten
Blütezeit: II–III
Standort: sonnig, warm
Erde: normaler Gartenboden
Vermehrung: setzt in der Kultur keinen Samen an. Teilung nach der Blüte
Pflege: Winterschutz nicht nötig, ist unverwüstlich
Verwendung: Steingärten, Heidegärten, Wildpflanzencharakter. Nachbarpflanzen: *Galanthus*, Schattensteinbrech, *Crocus tommasinianus*
Sorten: 'Chichibako', dunkelkupferfarben. 'Fukuro', gelb. 'Pleniflora', 30 cm hoch; dichtgefüllte, grünlichgelbe Blüten; Blätter erscheinen gleichzeitig mit der Blüte und ziehen danach ein; Blütezeit III–IV. 'Shium', hellgelb

Abb. 18: ***Adonis amurensis***

Adonis vernalis

Abb. 19

Frühlings-Adonisröschen

Herkunft Europa, Altai, Sibirien; giftige Heilpflanze. 20–25 cm hoch, buschig; Stengel einfach, netzartig; Blatt fiederteilig, mit feinen, fadenförmigen bis linearen Zipfeln. Blüte goldgelb, groß, IV–V. Vermehrung durch Aussaat gleich nach der Samenreife. Die Keimfähigkeit kann 100%ig sein, jedoch auch 2–3 Jahre versagen. Wertvolle Wildstaude für Steingärten, Heidegärten, Waldmotive, Insektenfutterpflanze. Nachbarpflanzen: *Pulsatilla vulgaris, Festuca cinerea, Galanthus.* Steht unter Naturschutz!

Abb. 19: ***Adonis vernalis***

Aethionema grandiflorum (Aethionema armenum)

Abb. 20

Steintäschel

Familie: *Cruciferae* – Kreuzblütler
Herkunft: Kleinasien, Anatolien, Kaukasus, Nordirak
Wuchs: Halbstrauch, 15–10 cm hoch, schwachwachsend, vielstengelig
Blatt: fein, nadelförmig, 2–3 cm lang, blaugrau bereift
Blüte: traubenförmig angeordnet, hellrosa-lilarosa
Blütezeit: V–VI
Standort: sonnig
Erde: sehr durchlässig, kiesig
Pflege: anspruchslos, handhoher Rückschnitt im Spätherbst
Vermehrung: Aussaat IV–VI, Kopfstecklinge im VI–VIII, Kultur immer im Topf, schlechte Ballenbildung
Verwendung: üppig blühende Steingartenpflanze, für Tröge
Sorten: 'Warley Rose'(ist vermutlich *Aethionema armenum*), leuchtend rosa

Abb. 20: ***Aethionema armenum*** **'Warley Ruber'**

Aethionema coridifolium

Steintäschel

Herkunft Libanon, Süd-Anatolien. Höhe 15–20 cm, vielstengelig, Blätter sehr gedrängt, 2 cm lang, spitz-lineal, Blüten rosa oder purpurn

Agapanthus africanus (Agapanthus umbellatus)

Abb. 21

Schmucklilie, Doldenlilie

Familie: *Liliaceae* – Liliengewächse
Herkunft: Südafrika; etwa 10 Arten dieser Gattung
Wuchs: 60–120 cm hoch; fleischige, dicke Rhizomwurzel
Blatt: lang, riemenförmig
Blüte: blau oder weiß; 10–30 Blüten in doldenartigen Rosetten auf blattlosem Stengel
Blütezeit: VII–VIII
Standort: warme, geschützte, sonnige bis höchstens halbschattige Plätze
Erde: ⅓ Blumenerde, ⅓ Torf, ⅓ grober Sand, etwas gemahlenen Kalk beigeben. Braucht Bodenfeuchtigkeit
Vermehrung: Rhizomteilung im Frühjahr
Pflanzung: ab Mitte IV, nach der Frostgefahr. Rhizome flach einlegen, leicht bedecken
Pflege: Während der Wachstumszeit feucht halten, Standortwechsel nach 3 Jahren. Vor dem ersten Frost im Herbst ausgraben; trocken, kühl und frostfrei lagern, oder mit einer 30 cm dicken Laubschicht abdecken
Verwendung: als Rabattenpflanze, Dekorations- und Kübelpflanze; für Freilandpflanzung am besten mit Pflanzgefäß im Boden einsenken. Lange haltende Schnittblume. Nachbarpflanzen: *Hemerocalllis, Sedum* 'Weihenstephaner Gold', *Sedum spurium,* Gräser
Sorten: 'Albus', weiß. 'Blue Gigant', dunkelblau, großblumig. 'Blue Triumphator', hellblau. 'Bressingham Blue', tiefblau. 'Headbourne Hybrids', blaue Farbtöne, Blätter dunkelgrün glänzend. 'Blue Star', blaue Blüten, gute Winterhärte. 'Johanna Gärtner', violett, 120 cm hoch. 'Torbay', tiefblau, großblumig, 120 cm hoch

Abb. 21: ***Agapanthus praecox***

Abb. 22

Agastache mexicana (Agastache scrophulariifolia, Cedronella mexicana)
Mexikanische Minze, Duftnessel, Lemonysop

Familie: *Labiatae* – Lippenblütengewächse
Herkunft: Mexiko, ca. 3 Arten
Wuchs: 70–90 cm hoch, strauchartig, mit nach Minze duftenden Blättern
Blatt: kreuzgegenständig, gezähnt
Blüte: ährenförmig, in Quirlen zusammenstehend, grünweiß oder blau, rosa
Blütezeit: VII–X
Standort: sonnig bis halbschattig, nicht ganz winterhart
Erde: sandig-humos, feucht
Vermehrung: Aussaat, Teilung
Kultur: Aussaat im Zimmer oder unter Glas, auch im Frühbeet, III bis Anfang V bei 14–18 °C, Keimdauer 10–14 Tage. Nach etwa 4 Wochen pikieren und hell weiterkultivieren bis V. 2–3 g ergeben etwa 1000 Pflanzen
Pflanzung: ab Mitte V, im Abstand von 20–40 cm
Pflege: nach dem Auspflanzen immer gut feucht halten, wenig oder gar nicht düngen, Kompost genügt
Verwendung: ausdrucksvolle und ungewöhnliche Schnittblume, als floristisches Beiwerk. Duftpflanze, oft einjährig kultiviert. Gute Insektenfutterpflanze; für Naturgärten. Nachbarpflanzen: Gräser, *Kniphofia, Astilbe, Heuchera, Hosta*
Sorten: 'Weiß', 'Blau'

Abb. 22: ***Agastache mexicana* 'Snow Spike'**

Agastache anisata
Duftnessel, Anisysop

Herkunft Mittelamerika, Blüte blau, Wuchs kompakt, 60 cm

Abb. 23 + 24

Ajuga reptans
Günsel

Familie: *Labiatae* – Lippenblütengewächse
Herkunft: Europa
Wuchs: stark, flach, 15–20 cm hoch, Ausläufer bildend
Blatt: bräunlichrot, metallisch glänzend
Blüte: lilablau
Blütezeit: IV–V
Standort: schattig
Erde: Waldhumusboden
Vermehrung: Teilung II–III oder Stecklinge
Pflege: wuchert sehr, daher großzügigen Raum zuweisen
Verwendung: typischer Bodenbedecker, mattenartig. Insektenfutterpflanze. Nachbarpflanzen: *Arabis procurrens, Lysimachia nummularia, Saxifraga* rot, *Linum, Tiarella, Waldsteinia*
Sorten: 'Atropurpurea', blaurot, rotbraunes Blatt. 'Burgundy Glow', Blätter purpurrosa mit weiß. 'Palisander', blau, glänzend rotbraune Blätter. 'Schneesturm', weiß, grünes Blatt. 'Stölzle', blau, glänzend purpurrotes Blatt

Abb. 23: ***Ajuga reptans***

Abb. 24: ***Ajuga reptans* 'Burgundy Glow'**

Abb. 25

Alcea rosea (Althaea rosea)
Stockrose, Malve

Familie: *Malvaceae* – Malvengewächse
Herkunft: Europa, Asien, fast weltweit eingebürgert
Wuchs: 150 cm hoch, aufrecht
Blatt: gelappt
Blüte: einfach oder gefüllt, von rosa bis dunkelrot
Blütezeit: VII–IX
Standort: sonnig
Erde: normale Gartenerde
Vermehrung: Aussaat VII, Jungpflanzen im VIII auf ein Beet, im Frühjahr III–IV verpflanzen
Pflege: Rückschnitt XII–II oder vor Samenansatz, Düngergabe II–III, Spalierstock empfehlenswert. Bei Rostbefall Rückschnitt der Blätter
Verwendung: für Rabatten, Bauerngärten, Einzelpflanze am Haus, zum Schnitt; ein-, zwei- oder mehrjährig zu kultivieren. Nachbarpflanzen: *Aconitum, Phlox paniculata*

Abb. 25: ***Alcea rosea***

Alchemilla mollis
Frauenmantel, Taumantel

Abb. 26

Familie: *Rosaceae* – Rosengewächse
Herkunft: Gebirgspflanze in allen gemäßigten Erdzonen, Karpaten bis Transkaukasien
Wuchs: 30–50 cm hoch, dichtbuschig
Blatt: rundlich, graugrün, ornamental
Blüte: Blütenschleier hellgelb
Blütezeit: VI–VII
Standort: sonnig–halbschattig
Erde: lockerer Gartenboden
Vermehrung: Teilung II–III und Aussaat
Pflege: anspruchslos, Rückschnitt ebenerdig in den Wintermonaten
Verwendung: unverwüstliche Zierstaude im Staudenbeet, Bodendecker; für Schnittgrün. Nachbarpflanzen: *Bergenia, Brunnera macrophylla, Campanula latifolia,* Primula-Elatior-Hybriden, vor und zwischen Gehölzen
Besonderheiten: sehr wüchsig, ornamentale Blätter

Abb. 26: ***Alchemilla mollis***

Alchemilla alpina
Frauenmantel

Herkunft Europa, Grönland. Dekorative Kleinstaude mit silbrigen Blatträndern, Blütezeit von VI–VIII

Alchemilla erythropoda
Frauenmantel

Herkunft Karpaten, Balkan, Krim. Schwachwachsend, 15 cm hoch. Blüten grünlichgelb, von VI–VII

Alchemilla xanthochlora (Alchemilla vulgaris)
Frauenmantel

Herkunft Europa, West-Asien, in Nordamerika eingebürgert. Höhe 30 cm, Blüte gelb, Blütezeit von V–VII. Schöne Wildstaude aus der heimischen Vegetation

Alisma plantago-aquatica
Gemeiner Froschlöffel

Abb. 27

Familie: *Alismataceae* – Froschlöffelgewächse
Herkunft: Europa, auf Sumpfflächen. Etwa 10 Arten dieser Gattung
Wuchs: 50–70 cm hoch, buschig, kugelig, knollige Grundachse
Blatt: langgestielt, wegerichartig
Blüte: weißrote, doldige Blütenrispen in mehreren Quirlen aufrecht über den Blättern
Blütezeit: VII–IX
Standort: sonnig bis halbschattig
Erde: Schlamm- oder Sumpfboden
Vermehrung: Teilung des knolligen Wurzelstockes V–VI, oder Selbstaussaat
Pflanzung: auch im Topf mit Einsenken in die Schlammerde möglich
Pflege: anspruchslos, vorsichtige Abnahme des Samenstandes vor der Reife, da sonst Selbstaussaat, die lästig werden kann
Verwendung: Ufer- und zugleich Wasserpflanze für Wasserläufe und Wasserbecken; Trockenstraußpflanze. Nachbarpflanzen: andere Sumpfpflanzen, wie *Iris pseudacorus, Sagittaria, Typha,* bis zu 20 cm Wasserstand

Abb. 27:
Alisma plantago-aquatica

Alisma lanceolatum
Lanzenblättriger Froschlöffel

auf der ganzen Welt vertreten. Blütenstand bis 60 cm hoch. Blatt 30–40 cm lang, lanzettlich, dunkelgrün. Blüten blaßrosa. Für Sumpfzone, Kübel- und Wassertröge; kalkliebend

Alisma parviflora (Alisma subcordatum)
Amerikanischer Froschlöffel

Abb. 28

Herkunft Amerika. Wuchs 60 cm hoch, gedrungen. Nicht so stark wuchernd wie *Alisma plantago-aquatica*. Blätter breit eiförmig, fast rund. Blüten zartrosa. Wasser bis 15 cm tief

Abb. 28: ***Alisma parviflora***

Abb. 29

Allium christophii (Allium albopilosum)
Sternkugellauch

Familie: *Liliaceae* – Liliengewächse
Herkunft: Nordafrika, Kleinasien, Persien. Ca. 300 Arten
Wuchs: 30–40 cm hoch, Blütenschaft gerade, rund
Blatt: lanzettlich, spitz, unterseits blaugrün, weiß behaart
Blüte: kugelrunde, 8–15 cm breite Dolden, lila metallischer Glanz
Blütezeit: VI–VII
Standort: sonnig
Erde: normaler Gartenboden mit Sand
Vermehrung: Aussaat oder Brutzwiebeln legen II–III
Pflege: XII–II ebenerdiger Rückschnitt nach dem Einziehen des Laubes
Verwendung: elegante Liebhaberpflanze für Steingärten, Rabatten, zum Schnitt, und zum Trocknen. Nachbarpflanzen: *Acaena, Cerastium, Festuca, Sedum, Thymus,* Lilien

Abb. 29: ***Allium christophii***

Allium aflatunense
Persischer Kugelauch

Heimat Mittelasien. Große, 6 cm breite Zwiebel; 1 m hoch, hellviolette Blütendolden, V–VI; sehr gute Schnittblume

Allium giganteum
Riesenlauch

Herkunft Himalaja; 180 cm hohe auffällige Erscheinung. Blütenschaft gerade, rund, aufrecht; Blatt lanzettlich aber kahl; Blütendolden groß und dicht, violettblau. Blütezeit von VI–VII. Sehr gute Schnittblume

Allium karataviense
Blauzungenlauch

Herkunft Turkestan; 20 cm hoch, Blütenschaft gerade, rund, kompakt. Blatt metallisch blaugrün; grauweiße Blütenbälle ercheinen aus dem Blatttrichter im IV–V, zierliche Fruchtstände. Auffällige Art für Steingärten

Allium moly
Goldlauch

Herkunft Europa; 20–25 cm hoch, langgestielt, kompakt. Blatt lanzettlich, blaugrün, Blüte goldgelb, große Dolde, breit, halbrund, im V–VI. Verträgt auch Halbschatten. Für Gruppenpflanzungen im Steingarten und in Rabatten.

Allium oreophilum
Rosenlauch

Herkunft Türkei, Kaukasus. Nur 10–15 cm hohe Zwergform. Blüte karminrosa. Die Sorte ‘Zwanenburg’, ist dunkelrosa. Für sonnige Steingärten geeignet

Abb. 30

Allium schoenoprasum
Schnittlauch

Herkunft Europa, Asien, Nordamerika. Wuchs 20–40 cm hoch, Blatt röhrig. Blüte blaßrosa-dunkelpurpur, je nach Herkunft: Blütezeit IV–V. Für Bachläufe, feuchte Wiesen, Dachbegrünung, zum Schnitt. Sehr gute Insektenfutterpflanze

Abb. 30: ***Allium schoenoprasum*** (Foto: Stein)

Abb. 31

Allium tuberosum
Chinalauch

Herkunft Ostasien. Wuchs 25 cm, Blätter flach, linealisch, leicht überhängend. Blüten weiß, 50 cm hoch, auf festen Stielen. Blütezeit VIII–IX. Zum Schnitt, für Steppengärten

Abb. 31: ***Allium tuberosum*** (Foto: Stein)

Abb. 33

Alopecurus pratensis
Fuchsschwanzgras

Familie: Gramineae – Echte Gräser
Herkunft: Nord- und Mitteleuropa, Kaukasus, Westsibirien, Mittelmeerraum, auf Wiesen
Wuchs: starkwachsend, Halme 30 cm hoch, Blütenähren 70 cm, in lockeren Horsten
Blatt: aufrecht, schmal, spitzlinealisch, leicht überhängend
Blüte: Ähre walzenförmig
Blütezeit: VI–VII
Standort: sonnig bis halbschattig
Erde: nährstoffreich, feucht
Vermehrung: alle 3–4 Jahre teilen, sät sich auch selbst aus
Verwendung: in Staudenrabatten, Naturgärten, Blumenwiesen, vor dunklen Gehölzen, flächig pflanzen
Sorten: 'Variegatus', Gold-Fuchsschwanzgras. Schöne, tiefgoldgelb panaschierte Form

Abb. 33:
***Alopecurus pratensis* 'Aurea'**

Abb. 32

Allium ursinum
Bärenlauch

Herkunft Mitteleuropa, in feuchten Laubwäldern. 20–30 cm hoch, Blüten weiß, V–VI. Blätter riechen stark nach Knoblauch. Heil- und Würzkraut, für feuchte Gehölzränder und Naturgärten.
Weitere Laucharten siehe Band 4 dieser Lexikonreihe, Seite 12–16.

Abb. 32: ***Allium ursinum***

Abb. 34

Alstroemeria aurea (Alstroemeria aurantiaca)
Inkalilie

Familie: *Amaryllidaceae* – Amaryllisgewächse
Herkunft: Chile. Etwa 60 Arten dieser Gattung
Wuchs: bis 1 m hohe Stiele, mit Blättern besetzt; dünne, weiße, spröde, fleischige Rhizome
Blatt: 7–10 cm lang, schmal
Blüte: orangegelb, im Inneren purpurn gestreift; lilienartig, in dichten Dolden mit bis zu 30 Einzelblüten
Blütezeit: VI–VIII
Standort: sonnig, warm; Winterschutz unbedingt nötig, 20 cm dicke Laub- oder Torfdecke darüber geben
Erde: mit verrottetem Stallmist oder Kompost angereicherte Böden; Drainage wichtig! Keine stauende Nässe und keine Winternässe
Vermehrung: Teilung der leicht brüchigen Rhizomwurzel in 1–2 cm lange Stücke im zeitigen Frühjahr
Pflanzung: im Frühjahr, 10–30 cm tief
Pflege: Rhizomteilung alle 2–3 Jahre empfehlenswert, um Blühkraft zu erhalten
Verwendung: in Rabatten und mit Strauchgruppen, als Schnittblume sehr lange haltbar. Nachbarpflanzen: Gräser, *Alyssum saxatile*
Sorten: 'Lutea', leuchtend gelb. 'Orange King', rein orange, blühen von VII–VIII

Abb. 34:
***Alstroemeria aurea* 'Orange'**

Alstroemeria haemantha (Alstroemeria pulchella)
Inkalilie

Herkunft Chile; 60–90 cm hoch, dünne, schmale Blätter; Blüte rosa bis rot mit grünen Zipfeln; Blütezeit VI–VII

Abb. 35

Alstroemeria-Hybriden
Inkalilie

bis 150 cm hoch; Blüte weiß, cremefarben, gelb, rosa; ausgezeichnete Schnittblume 'Ligtu'-Hybriden

Abb. 35: Alstroemeria-Hybriden

Alstroemeria pelegrina (Alstroemeria peregrina)
Inkalilie

Herkunft Nordchile, Peru; Höhe 50 cm, straff aufrecht wachsend; Blüte lila, purpur gefleckt, von VI–VII

Abb. 36

Althaea officinalis (Althaea ficifolia)
Eibisch, Samtpappel

Familie: *Malvaceae* – Malvengewächse
Herkunft: Europa, Sibirien, Mittelmeergebiet
Wuchs: 200 cm hoch, zwei- und mehrjährige Staude mit aufrechtem Wuchs
Blatt: feigenblättrig, siebenteilig
Blüte: meist gelb
Blütezeit: VII–IX
Erde: nahrhafter Kulturboden
Vermehrung: Aussaat VII, Jungpflanzen im VIII auf ein Beet, im Frühjahr III–IV verpflanzen
Pflege: Rückschnitt im Winter oder vor Samenansatz, Volldüngergabe II–III, Spalier als Halt empfehlenswert
Verwendung: Liebhaberpflanze für Rabatten, Bauerngärten, Einzelpflanze am Haus, an Zäunen, zum Schnitt. Nachbarpflanzen: *Helenium, Phlox paniculata*
Besonderheiten: steht unter Naturschutz

Abb. 36: *Althaea officinalis*

Alyssum montanum
Berg-Steinkraut

Familie: *Cruciferae* – Kreuzblütengewächse
Herkunft: Mittel- und Südosteuropa, Kleinasien. Etwa 100 Arten dieser Gattung
Wuchs: 15 cm, halbstrauchig
Blatt: graugrün, lanzettlich, silbergrau behaart
Blüte: leuchtend hellgelb
Blütezeit: V–VI
Erde: anspruchslos, gedeiht noch in dürftigem Boden
Vermehrung: Aussaat II–III oder Grünstecklinge nach der Blüte
Pflege: anspruchslos, ebenerdiger Rückschnitt im Winter
Verwendung: für Steingärten. Nachbarpflanzen: *Arabis caucasica, Aubrieta, Iberis, Phlox subulata,* Steppenheide, *Veronica,* Zwergiris
Besonderheiten: steht unter Naturschutz!
Sorten: 'Berggold', leuchtendgelbe Blüten

Abb. 37

Alyssum saxatile
Schwefelsteinrich, Steinkraut

Herkunft Mitteleuropa, Balkan, Südrußland, Kleinasien. 30 cm hoch, krautartig; Blatt grau, weichfilzig, spatelförmig. Blüte gelb. Blütezeit von V–VI. Liebt sonnigen Standort, gedeiht noch in dürftigem Boden. Steht unter Naturschutz! Für Steingärten, sehr wertvoll als Trockenmauerpflanze, gute Insektenfutterpflanze. Nachbarpflanzen: *Arabis caucasica, Aubrieta, Iberis, Phlox subulata, Polemonium,* Rote *Geum,* Steppenheide, *Veronica,* Zwergiris. Sorten: 'Citrinum', Blüte zitronengelb bis hellschwefelgelb. 'Compactum', 20 cm hoch, kompakt; Blüte leuchtend goldgelb

Abb. 37: *Alyssum saxatile* 'Compactum'

Abb. 38

Anaphalis triplinervis
Perlkörbchen, Perlpfötchen

Familie: *Compositae* – Korbblütengewächse
Herkunft: Himalaja
Wuchs: 40 cm hoch, kompakt, nicht wuchernd

Abb. 38: ***Anaphalis triplinervis***

Blatt: breit lanzettlich, oberseits grünlich, unterseits weißfilzig
Blüte: weiße Blütenköpfe, strohblumenähnlich
Blütezeit: VI–VII
Standort: sonnig, trocken
Erde: lockerer Gartenboden
Vermehrung: durch Teilung oder Aussaat II–III
Pflege: besonders anspruchslos
Verwendung: Heide-, Steppen- und Steingärten, Rabatten. Nachbarpflanzen: *Alyssum montanum* 'Berggold', *Campanula carpatica, Lavandula,* Polyantharosen, *Avena*
Sorten: 'Sommerschnee', kompakter Wuchs, 30 cm, weiß

Abb. 39

Anaphalis margaritacea
Silberimmortelle

Herkunft Nordostasien, in Deutschland eingebürgert. 50 cm hoch, stark kriechend mit graufilzigen Blättern und weißen Blüten. Vor allem als Flächendecker an sonniger Stelle und als Trockenblume geeignet

Abb. 39: ***Anaphalis margaritacea***

Abb. 40

Anchusa azurea (Anchusa italica)
Ochsenzunge

Familie: *Boraginaceae* – Boretschgewächse
Herkunft: Europa, Mittelmeergebiet. Ca. 6 Arten
Wuchs: je nach Sorte 60–100 cm hoch, locker oder kompakt, aufrecht
Blatt: breitlanzettlich, rauhhaarig
Blüte: blau
Blütezeit: VI–IX
Standort: sonnig
Erde: tiefgründig, sandig-humos
Vermehrung: Teilung, Aussaat, Wurzelschnittlinge, Blattstecklinge
Pflege: zur besseren Überwinterung Rückschnitt vor Samenbildung
Verwendung: für Heidegärten und Staudenbeete, Insektenfutterpflanze. Nachbarpflanzen: rote *Aster novi-belgii, Helianthus decapetalus, Papaver orientale, Solidago*
Sorten: 'Dropmore', Blüten enzianblau. 'Little John', 40 cm hoch, Gartenform, Blüte leuchtend tiefblau. 'Loddon Royalist', großblumig, leuchtendblau, 100 cm hoch

Abb. 40: ***Anchusa azurea* 'Dropmore'**

Abb. 41

Androsace sarmentosa
Mannsschild

Familie: *Primulaceae* – Primelgewächse
Herkunft: Nordeuropa, Asien
Wuchs: 10 cm hoch, oberirdische Ausläufer
Blatt: seidenhaarige Blattrosetten
Blüte: Blütendolde dunkelrosa
Blütezeit: V–VI
Standort: halbschattig
Erde: lockerer Gartenboden
Vermehrung: Teilung, Aussaat II–III
Pflege: anspruchslos
Verwendung: wertvolle Staude für Steingärten, Mauern, Schalen. Nachbarpflanzen: *Aquilegia, Saxifraga*
Besonderheiten: steht unter Naturschutz!

Abb. 41: ***Androsace sarmentosa***

Androsace sempervivoides
Mannsschild

Herkunft Nordeuropa, Asien. 8–10 cm hoch, oberirdische Ausläufer. Kleine, rundliche, halbkugelige Rosetten, fleischig. Blütendolden rosarot, Blütezeit V–VI

Frühlingsanemonen

Abb. 42

Anemone nemorosa
Buschwindröschen

Familie: *Ranunculaceae* – Hahnenfußgewächse
Herkunft: Europa, Asien. Etwa 70 Arten dieser Gattung
Wuchs: 10 cm hoch, buschig, dünne braune Rhizome
Blatt: bronzegrün
Blüte: weiß, außen oft rötlich
Blütezeit: IV–V
Standort: geschützt, halbschattig, schattig
Erde: Waldhumusboden, nicht naßkalt (Lauberde)
Vermehrung: Aussaat, Teilung II–IV, Wurzelschnittlinge nach der Blüte II–III
Pflege: anspruchslos
Verwendung: Wildstaude als Unterpflanzung im Halbschattenbereich der Laubgehölze. Nachbarpflanzen: Primula-Elatior-Hybriden 'Vierländer', *Pulmonaria*
Sorten: 'Plena', gefüllt

Abb. 42: *Anemone nemorosa* 'Alba Plena' (Foto: Holmåsen)

Abb. 43

Anemone blanda
Balkan-Anemone

Herkunft Südost-Eurasien; 10–15 cm hoch mit blauen oder weißen Blüten. Blütezeit von III–IV. Knolliger Wurzelstock. Nicht überall ganz winterhart. Schöner Frühjahrsblüher für Steingärten, Schalen und Gehölzränder.

Abb. 43: *Anemone blanda*

Abb. 44

Anemone sylvestris
Waldanemone, Großes Windröschen

Herkunft Europa, Kaukasus, Sibirien. Steht unter Naturschutz! 40 cm hoch, Ausläufer bildend, buschartig, locker, Stengel aufrecht. 2–6 grundständige Blätter, langgestielt, behaart; Blüte reinweiß, etwas duftend, Staubblätter gelb, Blütezeit von V–VI. Bevorzugt kalkhaltigen Boden unter Ziergehölzen und Baumbeständen. Verwendung als Wildstaude mit starkem Wucherungsvermögen, kann auch lästig werden. Die wattebauschigen Früchte werden als Trockenblumen verwendet. Nachbarpflanzen: *Campanula macrantha, Digitalis purpurea, Geranium himalayense, Lilium martagon, Omphalodes,* Farne.

Abb. 44: *Anemone sylvestris*

Herbstanemonen

Abb. 45 + 46

Anemone hupehensis
Japananemone

Familie: *Ranunculaceae* – Hahnenfußgewächse
Herkunft: Mittel- und Westchina
Wuchs: 50–90 cm hoch, locker
Blatt: schwach behaart, dreiteilig
Blüte: rosa, locker, in Rispen
Blütezeit: VIII–X
Standort: halb- und ganzschattig, geschützt
Erde: Waldhumusboden, nicht naßkalt
Vermehrung: Aussaat, Wurzelschnittlinge nach der Blüte
Pflege: anspruchslos, Rückschnitt ebenerdig im Winter
Verwendung: schöne, reichblühende Liebhaberpflanze als Unterpflanzung im Schattenbereich der Laubgehölze, truppweise pflanzen. Nachbarpflanzen: *Aconitum, Arum italicum, Cimicifuga, Hosta,* Schattengräser, Farne, vor herbstfärbenden Laubgehölzen
Sorten: 'Praecox', 40 cm hoch, rosa, sehr früh. 'Septembercharm', hellrosa. 'Splendens', leuchtendrosa, 60 cm hoch

Abb. 45: *Anemone hupehensis* 'Königin Charlotte'

Abb. 46: *Anemone hupehensis* 'September Charm'

Anemone-Japonica-Hybriden
Herbstanemone

Herkunft Ostasien, Garten-Hybride, im 17. Jahrhundert in Japan in Kultur genommen. Je nach Sorte 60–80 cm hoch, locker, aufrecht. Blatt dreiteilig, gelappt, gezähnt; Blüte je nach Sorte einfach oder halbgefüllt, schneeweiß, rosa-lila oder dunkelrot, Blütezeit VIII–X. Wertvolle reichblühende Liebhaberstaude für Rabatten und als Unterpflanzung bei Laubgehölzen. Sorten: 'Honorine Jobert', 80 cm, Blüte einfach, schneeweiß; sehr interessant die grauwolligen Samenstände. 'Königin Charlotte', 80 cm Blüte groß, halbgefüllt, rosalila. 'Prinz Heinrich', 60 cm, Blüte dunkelrot, halbgefüllt

Anemone tomentosa (Anemone vitifolia)
Waldanemone

Herkunft Himalaja; 100 cm hoch, locker, aufrecht; Blatt 3–7lappig, ziemlich groß, dicht wollig behaart. Blüte hellrosa in lockeren Rispen, 5–8 cm breit, Blütezeit von VIII–X. Gedeiht auf durchlässigem, kalkhaltigem Boden. Vermehrung durch Wurzelschnittlinge problemlos. Verwendung unter Ziergehölzen und Baumbeständen. Wildstaude mit starkem Wucherungsvermögen, die auch lästig werden kann. Nachbarpflanzen: *Campanula latifolia, Digitalis purpurea, Geranium himalayense, Lilium martagon, Omphalodes,* Farne. Sorte 'Robustissima', 100 cm hoch

Angelica archangelica* var. *archangelica (Angelica officinalis)
Abb. 47

Engelwurz, Angelika, Erzengelwurz

Familie: Umbelliferae – Doldenblütler
Herkunft: Mitteleuropa, Kaukasus, Nordasien, In Grönland eingebürgert. Ca. 80 Arten in der nördlichen Hemisphäre
Wuchs: verzweigt, aufrecht, 120–150 cm hoch, mit dickfleischigen Stengeln
Blatt: dunkelgrün, lederig, sellerieartig duftend, geteilt, mit breiten Blattscheiden
Blüte: in dicken, gelbgrünen, kugelförmigen Dolden
Blütezeit: VI–VIII
Standort: vollsonnig bis schattig, feucht
Erde: lehmig, sandig, nährstoffreich, tiefgründig
Vermehrung: durch Aussaat im Herbst, Kaltkeimer
Pflanzengemeinschaft: *Valeriana, Hemerocallis, Waldsteinia*
Verwendung: imposante Staude, die zwei- bis mehrjährig wächst und nach der Blüte abstirbt, Solitär, in Naturgärten, in Teichnähe, Insektenfutterpflanze. Heilpflanze, deren fleischige Wurzeln in Kräuterschnäpsen Verwendung finden

Abb. 47: *Angelica archangelica*

Angelica gigas
Engelwurz

Höhe 80–100 cm. Blütenstand und Blätter braunrot überhaucht. Auffällige Erscheinung, Verwendung auch in der Floristik

Antennaria dioica
Abb. 48

Katzenpfötchen

Familie: *Compositae* – Korbblütengewächse
Herkunft: Europa, Sibirien, Kaukasus
Wuchs: 15 cm hoch, silbergraue Polster, Ausläufer bildend
Blatt: verkehrt-eiförmig, spitz, 3 cm
Blüte: tiefkarminrote Blütenköpfe
Blütezeit: VI
Standort: sonnig
Erde: sandiger Gartenboden
Vermehrung: Teilung II–III
Pflege: anspruchslos
Verwendung: für Heide- und Steingärten. Wertvolle Wildstaude, Teppichpflanze. Nachbarpflanzen: *Dianthus deltoides, Thymus,* zur Überpflanzung von Blumenzwiebeln
Besonderheiten: Steht unter Naturschutz

Abb. 48: *Antennaria dioica* 'Rosea'

Antennaria dioica var. *borealis*
Katzenpfötchen

Herkunft Europa, Sibirien, Kaukasus; 15 cm hoch, polsterartig, teppichbildend. Blatt beiderseits stark weißfilzig, Blüte weißlichrosa, Blütezeit VI. Wertvolle Wildstaude für Heide- und Steingärten, Teppichpflanze

Anthemis marschalliana (Anthemis biebersteiniana)
Bergkamille

Familie: *Compositae* – Korbblütengewächse
Herkunft: Kleinasien, Kaukasus. Etwa 100 Arten dieser Gattung
Wuchs: 15–30 cm hoch, buschig
Blatt: doppelfiederteilig, grausilbrig, seidenhaarig
Blüte: gelbe Zungenblüten
Blütezeit: V–VI
Standort: trocken
Erde: sandig
Vermehrung: Aussaat oder Teilung III–IV, oder nach der Blüte
Pflege: anspruchslos
Verwendung: für Steingärten und Rabatten. Nachbarpflanzen: *Eryngium* 'Amethyst', *Linum narbonense, Campanula, Veronica*

Anthemis tinctoria
Färberkamille

Abb. 49

Herkunft Europa, West-Asien. 50–60 cm hoch, Blätter fiederteilig, Blüten gelb, margeritenähnlich,von VII–IX. Heimisch auf sandigen oder lehmigen, mageren Böden. Wildstaude für Blumenwiesen, Bienen- und Ökogarten, vermehrt sich leicht. Insektenfutterpflanze. Sorte 'Wargrave', blüht lange

Abb. 50: ***Anthericum liliago***

Abb. 49: ***Anthemis tinctoria***

Anthericum liliago
Astlose Graslilie

Abb. 50

Familie: *Liliaceae* – Liliengewächse
Herkunft: Europa, Kleinasien, Nordafrika. Etwa 50 Arten dieser Gattung
Wuchs: 40–60 cm hoch, fleischige, knollig verdickte Rhizome
Blatt: schmal, grasähnlich, 30 cm lang
Blüte: schneeweiß, sternförmig, ø 2,5–4 cm, in lockeren Trauben. Blüte erst ab dem 2. bis 3. Standjahr
Blütezeit: V–VI, etwa 8 Wochen lang
Standort: sonnig bis leicht schattig, ausreichend feucht. Bei extremer Kälte nicht ganz winterhart
Erde: sandig, leicht kalkhaltig, durchlässig
Vermehrung: Rhizomteilung im zeitigen Frühjahr. Aussaat im kalten Frühbeet unmittelbar nach der Samenreife im Herbst
Pflanzung: im Frühjahr, 7–15 cm tief
Pflege: schwache Düngergaben, sobald der Austrieb erscheint. Bei extremer Kälte Laubdecke empfehlenswert
Verwendung: in Staudenbeeten, Steingärten, nicht gemähten Blumenwiesen. Sehr attraktiv auch unter lichten Baumgruppen. Insektenfutterpflanze

Anthyllis vulneraria
Wundklee, Tannenklee

Familie: *Leguminosae* – Hülsenfruchtgewächse
Herkunft: Europa, Vorderasien, Nordafrika
Wuchs: verzweigt, mit bis zu 60 cm aufsteigenden Stengeln
Blatt: bläulichgrün, wenig gefiedert
Blüte: in Köpfchen, hellgelb bis rötlich
Blütezeit: V–VIII
Erde: locker, nährstoffarm, gut drainiert
Vermehrung: Aussaat von III–V
Pflege: anspruchslos
Verwendung: Wildstaude für Steingärten, Steppengärten, Blumenwiesen; Heilpflanze. Nachbarpflanzen: *Salvia officinalis, Gypsophila repens,* Gräser
Besonderheiten: Wertvolle Insektenfutterpflanze

Aponogeton distachyos
Afrikanische Wasserähre

Abb. 51

Familie: *Aponogetaceae* – Wasserährengewächse
Herkunft: Nord-Australien, Südasien, Madagaskar. Etwa 25 Arten dieser Gattung
Wuchs: aus Knollen, sich an der Oberfläche ausbreitend
Blatt: schwimmend, langoval
Blüte: weiß, zweireihig, in dichten, gegabelten Ähren angeordnet, angenehm nach Vanille duftend, in 2–3 Schüben blühend
Blütezeit: VI–IX
Standort: vollsonnig, geschützt
Erde: Wasserpflanzenerde
Vermehrung: im Spätwinter Teilung der Knollen
Verwendung: schöne Schwimmblattpflanze für Teiche und formale Becken, für Kübel. Winterhart, wenn die Rhizome frostfrei bleiben. Wasserstand 20 cm

Abb. 51: ***Aponogeton distachyos***

Aquilegia alpina
Alpenakelei

Familie: *Ranunculaceae* – Hahnenfußgewächse
Herkunft: Schweiz, Vorarlberg. In 1600–2000 m Höhe
Wuchs: 30–80 cm, aufrecht
Blatt: großlappig, leicht bereift, dreiteilig
Blüte: prächtig blau, langgestielt, endständig, gespornt
Blütezeit: V–VI
Standort: sonnig bis halbschattig
Erde: kalkfreier, nicht zu warmer Boden
Vermehrung: Nachzucht schwierig! Aussaat, Teilung III–IV oder nach der Blüte
Pflege: anspruchslos
Verwendung: für Rabatten, Schnittstaude, Wildstaude. Nachbarpflanzen: *Heuchera, Tulipa sylvestris.* Teppiche von *Carex montana*
Besonderheiten: Blausäuregehalt (giftverdächtig), vom Vieh abgelehnt
Besonderheiten: steht unter Naturschutz
Sorten: 'Superba', 60–80 cm hoch, lichtblau

Abb. 52

Aquilegia caerulea
Akelei

Herkunft Nordamerika; Gartenform. Etwa 100 Arten dieser Gattung. Wuchs 60 cm, aufrecht locker, Stengel fein behaart. Blatt großlappig, leicht bereift. Blüte groß sternförmig, weiß bis tiefrot. Sorten 'Crimson Star', Gartenform; 60 cm hoch, locker, Stengel fein behaart. Blüte groß, sternförmig, weiß bis tiefrot. 'McKana'-Hybriden, 60 cm hoch, Farbmischung in Rosa, Rot, Purpur, Braun, Blau und Weiß; außerordentlich groß und mit sehr langen Sporen. 'Olympia Rot-Gold', 40 cm hoch, lebhaft rot und goldgelb

Abb. 52: Aquilegia-Hybride 'McKana'

Abb. 53

Aquilegia flabellata var. *pumila*
Zwergakelei

Herkunft Japan; 10–15 cm hoch, Blüte lilablau-weiß, kurzspornig. Zierliche Topf- und Steingartenakelei. Sorte 'Ministar' mit kräftigem Wuchs, blau-weiß

Abb. 53: ***Aquilegia flabellata***

Abb. 54

Aquilegia vulgaris
Gemeine Akelei

Herkunft Europa; Wildform, steht unter Naturschutz! 40–80 cm hoch, Blüte dunkelblau, dunkelviolett, rosa oder weiß. Sehr variabel mit vielen Gartenformen, auch gefüllt, kurzspornig. Sorte 'Superba', blau, 60 cm hoch, schöne Rabattenstaude, auch zum Schnitt. 'Nora Barlow', wieder eingeführte historische Sorte, rosa-grüne Blüte, stark gefüllt

Abb. 54: ***Aquilegia vulgaris***

Abb. 55

Arabis × arendsii
Gänsekresse

Familie: *Cruciferae* – Kreuzblütengewächse
Herkunft: Nord- und Mitteleuropa; bis ins Hochgebirge. Etwa 100 Arten. Kreuzung *A. aubretioides × A. caucasica*
Wuchs: 10–20 cm hoch, rasenartig, kriechend
Blatt: verkehrt-eiförmig, grau behaart
Blüte: dunkelrosa, in kurzen Trauben
Blütezeit: IV–V
Erde: jeder Gartenboden
Vermehrung: Teilung II–VI, Stecklinge VI, Aussaat II–III
Pflege: anspruchslos, Rückschnitt im Winter
Verwendung: wertvolle Polsterpflanze, überhängend an Mauern, für Steingärten und Einfassungen. Nachbarpflanzen: *Alyssum saxatile, Aubrieta, Cerastium,* Iris-Barbata-Nana-Gruppe, rote Wildtulpen, *Phlox subulata*
Sorten: 'Compinkie', rosa. 'Rosabella', dunkelrosa. 'Rosenquarz', lilarosa. 'Rubin', weinrot

Abb. 55: *Arabis × arendsii* 'Rosabella'

Abb. 56

Arabis blepharophylla
Gänsekresse

Herkunft Kalifornien. 5–10 cm hoch, Blüten karminrosa, duftend. Etwas Winterschutz erforderlich. Blütezeit von III–V. Die Sorte 'Frühlingszauber' ist 20 cm hoch.

Abb. 56: *Arabis blepharophylla*

Abb. 57

Arabis caucasica
Gänsekresse

Herkunft östliches Mittelmeergebiet bis Kaukasus. Wuchs 10–20 cm hoch, polsterartig, rasenbildend. Blatt graufilzig, weitläufig gezähnt;
Blüte weiß, einfach oder gefüllt. Blütezeit von IV–V. Sorten: 'Bakkely', weiß, kompakter Wuchs. 'Hedi', rosa. 'Plena', weiß, dicht gefüllt, in Trauben. 'Schneehaube', Blüte groß, weiß, einfach

Abb. 57: *Arabis caucasica 'Plena'*

Abb. 58

Arabis ferdinandi-coburgi
Gänsekresse

Herkunft Mazedonien; zierlichwachsend, nur 5–10 cm hoch, Blüte weiß, Blätter weiß-bunt, auch im Winter schön

Abb. 58: *Arabis ferdinandi-coburgi* 'Variegata'

Arabis procurrens
Schaumkresse

Herkunft Südosteuropa, Gebirgspflanze. 10 cm hoch, polsterartig, beblätterte Ausläufer. Blatt breitlanzettlich, dunkelgrün, glänzend, immergrün. Blüte weiß, dicht IV–V. Wertvolle Polsterstaude, bodendeckend, überhängend an Mauern, für Steingärten und Einfassungen. Sorte 'Neuschnee', dunkellaubig, reich- und lange blühend

Abb. 59

Arenaria montana
Sandkraut

Familie: *Caryophyllaceae* – Nelkengewächse
Herkunft: Südwesteuropa, Nordwestfrankreich
Wuchs: polsterartig, 8–10 cm hoch
Blatt: behaart, länglich-lanzettlich
Blüte: weiß, auffallend groß im Verhältnis zum Wuchs
Standort: vollsonnig
Erde: liebt kalkhaltigen Boden
Vermehrung: Teilung II–IV
Pflege: anspruchslos
Verwendung: Polsterstaude, für Tröge und Steingärten. Nachbarpflanzen: *Sempervivum, Saxifraga*

Abb. 59: ***Arenaria montana***

Abb. 61

Armeria maritima
Strandgrasnelke

Familie: *Plumbaginaceae* – Bleiwurzgewächse
Herkunft: Europa, Asien, Südamerika. Gebirgspflanze bis 2000 m Höhe
Wuchs: 10–15 cm hoch, grasartige, dichte Polster
Blatt: grasartig, graugrün
Blüte: Blütenköpfe, weiß oder leuchtend purpurrosa
Blütezeit: V–VI
Standort: sehr winterhart
Erde: jeder Gartenboden
Vermehrung: Teilung VIII–IX
Pflege: anspruchslos
Verwendung: für Stein-, und Heidegärten, Trockenmauern, Einfassungen. Nachbarpflanzen: *Campanula poscharskyana, Veronica spicata* ssp.*incana, Veronica prostrata, Aster alpinus*
Besonderheiten: Nistplatz für Pieper und Schnepfen. Steht unter Naturschutz!
Sorten: 'Alba', Herkunft Nord- und Ostseeküste. Blüte weiß. 'Düsseldorfer Stolz', Herkunft Südamerika. Blüte leuchtend purpurrosa

Abb. 61: ***Armeria maritima***

Abb. 60

Aristolochia clematitis
Pfeifenblume, Osterluzei

Familie: *Aristolochiaceae* – Osterluzeigewächse
Herkunft: Südwesteuropa, Kaukasus, Kleinasien
Wuchs: bis 100 cm hoch, wenig verzweigt, Stengel im oberen Teil mehrfach gebogen
Blatt: aus tief herzförmigem Grunde rundlich bis eiförmig gestielt, gelblich-grün
Blüte: fahlgelb, achselständig, Kesselfallenblüte mit gerader Röhre und zungenförmigem Saum
Blütezeit: V–VII
Standort: sonnig, halbschattig
Erde: lehmig, auch kalkig
Vermehrung: Teilung im Spätwinter, Aussaat III–IV
Pflege: anspruchslos
Verwendung: Gift- und Heilpflanze, für Naturgärten

Abb. 60: ***Aristolochia clematitis***

Armeria juniperifolia (Armeria cespitosa)
Zwerggrasnelke

Herkunft Spanien; schwach wachsend, nur 5 cm hoch. Blüten rosa, bei 'Alba' reinweiß. Für Tröge und Steingärten

Abb. 62

Arnica montana
Arnika, Bergwohlverleih

Familie: *Compositae* – Korbblütengewächse
Herkunft: Europa, auf sauren Heidewiesen, auf Alpwiesen
Wuchs: 20–50 cm hoch, wenig verzweigt, aufrecht
Blatt: weich behaart, aromatisch duftend, länglich, verkehrt eiständig, in Rosetten angeordnet
Blüte: leuchtend gelb, bis 8 cm Durchmesser
Blütezeit: V–VII
Standort: vollsonnig bis halbschattig
Erde: sauer, moorig, torfig, nährstoffarm
Vermehrung: Aussaat III–IV, durch Wurzelschnittlinge
Pflege: verträgt keinen Dünger
Verwendung: alte Heilpflanze, schöne Heidegartenblume
Besonderheiten: Steht unter Naturschutz!

Abb. 62: *Arnica montana*

Abb. 63

Arrhenatherum elatius ssp. *bulbosum*
Glatthafer

Familie: Gramineae – Gräser
Herkunft: Europa, Nordafrika
Wuchs: in lockeren Horsten, Laub 60 cm hoch, Ähren 120 cm, sehr kräftig auf zusagenden Standorten
Blatt: aufrecht und leicht überhängend, schmal-lanzettlich
Blüte: unscheinbar, filigran
Blütezeit: VI–VII
Standort: sonnig bis schattig, trocken, nicht zu feucht
Erde: sandig, durchlässig
Pflege: anspruchslos
Vermehrung: nur durch Teilung im Frühjahr
Verwendung: in Bauerngärten, zum Schnitt, für Kübel, für Staudenrabatten als Hintergrund, für Trockengärten, Geröllgärten, wuchernd!

Abb. 63: ***Arrhenatherum elatius*** **ssp.** ***bulbosum*** **'Variegatum'**

Artemisia absinthium
Zier-Wermut, Silberraute, Edelraute, Beifuß

Familie: *Compositae* – Korbblütengewächse
Herkunft: Europa, Asien, Nordamerika
Wuchs: 70 cm hoch, locker
Blatt: silbergrau, feinzerteilt; Hauptschmuck der Pflanze
Blüte: weiße, kugelige Kopfblüten in Rispen
Blütezeit: VI–VII
Erde: nicht zu feuchter Boden
Vermehrung: Aussaat oder Teilung nach der Blüte
Pflege: sehr anspruchslos! Rückschnitt II–III, ebenerdig
Verwendung: für Rabatten. Nachbarpflanzen: *Aster amellus, Avena sempervirens, Eryngium*
Besonderheiten: Arzneipflanze
Sorten: 'Lambrook Silver', 70 cm hoch, nicht wuchernd, Blätter graugrün; winterhart

Abb. 64

Artemisia abrotanum
Eberraute, Zitronenkraut, Stabwurz

Herkunft Südosteuropa; 50–70 cm hoch, feingliedriges, herb duftendes Laub, Blüte unscheinbar. Für Einfassungen, als Schnittgrün, für Bauerngärten

Abb. 64: ***Artemisia abrotanum***

Artemisia lactiflora
Edelraute

Herkunft Westchina. Wuchs bis 150 cm hoch, Blüten in Rispen, milchweiß, duftend. Blütezeit von IX–X. Wertvolle Rabatten- und Schnittstaude. Paßt gut zu blauen Herbstastern. Ist leider anfällig für Rost und Mehltau

Abb. 65

Artemisia schmidtiana
Japanische Zwergsilberraute

Herkunft Japan, Sachalin. 25 cm hoch, polsterartig; Blatt feingeteilt, leuchtend silbrig, Hauptschmuck ist die Belaubung. Unscheinbare, kugelige Blütenköpfe, Blütezeit VI–VII. Standort sonnig und trocken, Erde kalkhaltig. Schöner kontrastfarbener Bodendecker für Stein- und Heidegärten. Nachbarpflanzen: *Carlina acaulis, Campanula portenschlagiana, Geranium subcaulescens.* Die Sorte 'Nana' ist besonders feinlaubig, breitwachsend, zieht im Winter ein

Abb. 65: ***Artemisia schmidtiana***

Abb. 66

Artemisia stelleriana
Silberraute

Herkunft Japan, Korea. Triebe flach am Boden liegend, Blätter silbrigweiß. Verwendung für Einfassungen, an Trockenmauern, für Tröge, als Bodenbedecker

Abb. 66: ***Artemisia stelleriana*** (Foto: Stein)

Abb. 67 + 68

Arum italicum
Italienischer Aronstab

Familie: *Araceae* – Aronstabgewächse
Herkunft: Süd- und Westeuropa, Südengland, Kanarische Inseln, Mittelmeergebiet
Wuchs: aufrecht, etwa 30 cm hoch, aus Knollen entsprießend
Blatt: erscheint schon im Herbst, spatelförmig, dunkelgrün mit silbrigen Adern, fleischig
Blüte: Kesselfallenblüte mit einer fahlgrünen, am Rande rötlichen Blütenscheide (Spatha), die am Grunde zu einer Röhre zusammengefaßt ist und über Geruchsstoffe Insekten zur Bestäubung anlockt. Erst wenn diese erfolgt ist, welken reusenähnlich angeordnete Härchen und geben den Weg wieder frei. Das gelbliche Blütenkölbchen ist aus vielen Einzelblüten zusammengesetzt
Blütezeit: V
Frucht: leuchtendrote Fruchtstände im Herbst, giftig.
Standort: sonnig oder halbschattig
Erde: feucht, frisch, humusreich, kann im Sommer trocken sein
Vermehrung: durch Brutknöllchen, Teilung, Aussaat
Pflege: nicht ganz winterhart, Laubdecke empfehlenswert
Verwendung: im Teichrandbereich. Die schönen Blätter lassen sich in der Binderei als Grün vermarkten, im Herbst auffälliger Fruchtstand. Botanisch interessant. Nachbarpflanzen: *Geranium × magnificum, Carex, Hosta, Digitalis*

Abb. 67 + 68: ***Arum italicum***

Abb. 69

Arum maculatum
Gefleckter Aronstab

Herkunft Europa, nördlich bis Schottland, östlich bis Ukraine. Höhe 20–30 cm. Blätter spießförmig, glänzend dunkelgrün, dunkel gefleckt. Blütenscheide hellgrün, mit rötlichen Flecken. Kolben gelblich, Fruchtstände im Spätsommer korallenrot, giftig. Blüht im Mai. Für Teichrand, Sumpf- und Waldrandmotive, für Naturgärten an feuchten, zeitweise auch trockenen Stellen. Neigt zur Ausbreitung durch Samen.

Abb. 69: ***Arum maculatum*** (Foto: Stein)

Abb. 70

Aruncus dioicus (Aruncus sylvestris)
Waldgeißbart

Abb. 70: ***Aruncus dioicus***

Familie: *Rosaceae* – Rosengewächse
Herkunft: Europa, Japan, China, Nordamerika
Wuchs: 120–180 cm hoch, kräftig, aufrecht
Blatt: 5fach gefiedert, groß
Blüte: gelblich-weiße, 50 cm lange Rispen, die männlichen Rispen sind reinweiß
Blütezeit: VI–VII
Standort: halbschattig bis schattig
Erde: feuchte, humose Böden
Vermehrung: Teilung und Aussaat II–IV
Pflege: anspruchslos! Ebenerdiger Rückschnitt im Winter
Verwendung: halbschattige und schattige Rabatten und Parkanlagen, unter Bäumen; wertvolle Blütenstaude. Nachbarpflanzen: *Aconitum,* hohe *Campanula, Cimicifuga, Digitalis,* Farne; vor dunklen Koniferen; in der Vase mit hellem Rittersporn
Besonderheiten: Steht unter Naturschutz!
Sorten: 'Kneiffii', 130 cm hoch, weiß, mit fein geschlitztem Laub

Arundo donax
Pfahlrohr

Abb. 71

Familie: *Gramineae* – Süßgräser
Herkunft: Südeuropa, an Teichen, Tümpel, Böschungen. 6 Arten dieser Gattung
Wuchs: 3 m hoch, aufrecht, daumenstarke Triebe, Rhizomwurzeln
Blatt: wechselständig, 30–70 cm lang, lanzettlich, graugrün
Blüte: Blütenähren rispenartig, kommt bei uns nicht zur Blüte
Standort: sonnig
Erde: normaler Gartenboden
Vermehrung: Rhizome abtrennen IV–VI
Pflege: Triebe erst im III–IV zurückschneiden, Winterschutz durch Laub, Strohdung, besonders gegen Barfrost. Flüssige Volldüngergabe V–VI
Verwendung: Liebhaberpflanze für Dekorationsmotive, in Verbindung mit Wassermotiven in Parkanlagen und Naturgärten, Solitärpflanze

Abb. 71: ***Arundo donax***

Asarum europaeum
Haselwurz

Abb. 72

Familie: *Aristolochiaceae* – Osterluzeigewächse
Herkunft: Europa, Sibirien. Etwa 13 Arten dieser Gattung
Wuchs: 10 cm hoch, kriechend
Blatt: nierenförmig, frischgrün, glänzend
Blüte: bräunlich, innen dunkelrot, glockenförmig, unter den Blättern versteckt
Blütezeit: III–IV
Erde: lockerer, kalkhaltiger Laubhumusboden
Vermehrung: Teilung III–IV oder nach der Blüte
Pflege: nicht tief pflanzen, Wurzeln kriechen oberirdisch
Verwendung: hervorragende, immergrüne Bodenbedecker, die jedoch zur Entwicklung einige Zeit benötigen. Nachbarpflanzen: *Hepatica, Omphalodes, Primula,* an Gehölzrändern, Giftpflanze.

Abb. 72: ***Asarum europaeum***

Asclepias tuberosa
Seidenpflanze

Abb. 73

Abb. 73: ***Asclepias tuberosa***

Familie: *Asclepiadaceae* – Seidenpflanzengewächse
Herkunft: Nordamerika. Etwa 7 Arten dieser Gattung
Wuchs: 50–70 cm hoch, Wurzelstock knollig, kurze Stiele, locker, aufrecht
Blatt: lanzettlich bis herzförmig
Blüte: orangegelbe Dolden
Blütezeit: VII–VIII
Standort: sonnig, geschützt
Erde: sandig
Vermehrung: Aussaat II–III, Teilung nach der Blüte
Pflege: Winterschutz nötig
Verwendung: für Staudenbeete, aparte Schnittstaude, für Kübel und auch für Wintergärten; bei Bienen und Schmetterlingen beliebte Futterpflanze. Nachbarpflanzen: *Anaphalis, Anthemis, Linum perenne, Veronica teucrium*

Asclepias syriaca
Seidenpflanze

Abb. 74

Herkunft Nordamerika, in Europa eingebürgert. 120–150 cm hoch, Blätter gegenständig, eiförmig, groß, silbrig. Blüten VI–VIII, rosapurpur, nach Honig duftend. Nicht ganz winterhart, Frostschutz geben

Abb. 74: ***Asclepias syriaca***

Abb. 75

Asphodeline lutea
Junkerlilie

Familie: *Liliaceae* – Liliengewächse
Herkunft: Mittelmeergebiet. Etwa 5 Arten dieser Gattung
Wuchs: 80–100 cm hoch, aufrecht, Schaft bis oben beblättert
Blatt: 3kantig, 30 cm lang
Blüte: gelb, in traubenartigen Blütenständen
Blütezeit: V–VI
Standort: sonnige Gesteinslagen
Erde: durchlässig, nahrhaft
Vermehrung: Aussaat II–IV
Pflege: Winterschutz mit Fichtenreisig
Verwendung: auffällig schöne Staude an sonniger Stelle für Steingärten, Rabattenpflanze. Schnittblume. Nachbarpflanzen: *Avena, Cerastium, Linum narbonense*

Abb. 75: ***Asphodeline lutea***

Asplenium ruta-muraria
Mauerrautenfarn

Familie: *Aspleniaceae* – Streifenfarngewächse
Herkunft: Europa, Mittelmeer, Südwestasien, östliches Nordamerika. Etwa 700 Arten dieser Gattung
Wuchs: 10 cm hoch, locker
Blatt: Wedel ledrig, gefiedert, fast dunkelgrün, wintergrün
Standort: verträgt Sonne und Schatten und trockene Lagen
Erde: kalkhaltiger Waldboden, lehmig
Vermehrung: Teilung II–V
Pflege: unberührter Standort
Verwendung: Steingärten, Trockenmauern, auch für Waldmotive
Besonderheiten: sehr genügsam an wasserreichem Standort, siedelt sich oft von selbst an kalkhaltigen Mauern an, verträgt Trockenheit. Nachbarpflanzen: *Sedum* -Arten, *Sempervivum, Saxifraga,* niedrige *Campanula*-Arten

Abb. 76

Asplenium trichomanes
Braunstieliger Streifenfarn, Milzfarn

Kommt in allen gemäßigten Klimaten vor. Häufig an Baumstümpfen, Mauern und in Mörtelfugen angesiedelt. Blätter mattgrün, wintergrün, zierlich. Wüchsig, 10 cm hoch. Für Alpinum, Tröge und Mauern. Nachbarpflanzen: *Ramonda myconi, Saxifraga, Primula marginata, Phyllitis, Woodsia*

Abb. 76: ***Asplenium trichomanes***

Frühlingsastern

Abb. 77

Aster alpinus
Alpenaster

Familie: *Compositae* – Korbblütengewächse
Herkunft: Europa, Asien, Nordamerika. Etwa 600 Arten dieser Gattung
Wuchs: 20 cm hoch, kompakt, buschig
Blatt: länglich, spatelförmig
Blüte: reinweiße Blütenköpfe
Blütezeit: V–VI
Standort: gedeiht noch im Halbschatten
Erde: kalkhaltige Humusböden, nicht zu trocken
Vermehrung: Teilung II–III oder nach der Blüte
Pflege: durch Teilung alle 2–3 Jahre Pflanzen verjüngen, ergibt neue Blühkraft
Verwendung: Liebhaberpflanze für sonnige Steingärten, Rabatten. Sehr gute Insektenfutterpflanze. Nachbarpflanzen: niedrige *Achillea, Gypsophila repens, Hypericum polyphyllum, Saponaria ocymoides, Dianthus, Leontopodium*
Besonderheiten: Steht unter Naturschutz!
Sorten: 'Albus', reinweiß. 'Dunkele Schöne', tiefviolett. 'Happy End', rosa Töne

Abb. 77: ***Aster alpinus***

Abb. 78

Aster tongolensis
Aster

Herkunft West-China. 50 cm hoch, Blatt je nach Sorte verschieden. Blüte violettblau mit gelber Mitte, von V–VI. Sorten: 'Berggarten', buschig, dicht. Blatt dunkelgrün. Blüte lilablau mit goldgelber Mitte, sehr reichblühend. 'Leuchtenburg', Blatt länglich, spatelförmig. Blüte groß, leuchtend violettblau. 'Wartburgstern', aufrecht, buschig; Blatt länglich, spatelförmig; Blüte leuchtendviolett, groß, gelbe Mitte

Abb. 78: ***Aster tongolensis***

Abb. 80

Aster × frikartii
Aster

Kreuzung von *Aster amellus* und *Aster thomsonii*. 60–80 cm hoch, aufrecht. Blatt breitlanzettlich, grau behaart. Blüte groß, himmelblau mit gelber Mitte; Blütezeit VIII–IX. Wertvolle, grazile Liebhaberpflanze für Rabatten. Nachbarpflanzen: *Dendranthema arcticum, Coreopsis lanceolata, Liatris,* niedrige *Solidago, Pennisetum.* Gute Schmetterlings- und Bienenfutterpflanze. Sorten: 'Jungfrau', violett. 'Mönch', blau. 'Wunder von Stäfa', hell-lavendelblau

Abb. 80: ***Aster × frikartii* 'Wunder von Stäfa'**
(Foto: Stein)

Sommerastern

Abb. 79

Aster amellus
Bergaster

Familie: *Compositae* – Korbblütengewächse
Herkunft: Europa, Sibirien; Züchtungen
Wuchs: je nach Sorte 40–60 cm hoch, Stengel steif aufrecht
Blatt: breitlanzettlich, behaart
Blüte: blau, rosa oder violett, je nach Sorte
Blütezeit: VII–IX
Standort: sonnig, warm
Erde: guter, nahrhafter Gartenboden
Vermehrung: Teilung II–III, Grünstecklinge
Pflege: nur Frühjahrspflanzung zu empfehlen, ebenerdiger Rückschnitt im Winter
Verwendung: je nach Sorte geeignet für Steingärten, Einfassungen Terrassen, Rabatten und Heidegärten. Nachbarpflanzen je nach Sorte *Achillea millefolium* 'Kelwayi', *Avena, Dendranthema arcticum, Coreopsis lanceolata, Coreopsis verticillata* 'Grandiflora', *Liatris, Pennisetum,* niedrige *Solidago*
Besonderheiten: gute Insektenfutterpflanze; steht unter Naturschutz
Sorten: 'Breslau', 60 cm, starkwüchsig; Blatt rauh behaart; Blütenköpfe ebensträußig, blauviolett, frühblühend. 'Dr. Otto Petscheck', 60 cm, starkwüchsig; Blatt grau behaart; Blüte groß, lavendelblau, mittelfrühblühend. 'Hermann Löns', großblumig, lavendelblau, 60 cm. 'Lady Hindlip', 60 cm, starkwüchsig; Blatt grau behaart; Blüte rosa, groß, mittelfrüh. 'Sternkugel', 60 cm, starkwüchsig; Blatt grau behaart; Blüte lavendelblau, feinstrahlig, reich- und spätblühend. 'Veilchenkönigin', 40 cm hoch, starkwüchsig; Blatt grau behaart; Blüte dunkelblau, reich- und spätblühend

Abb. 79: ***Aster amellus***

Abb. 81

Aster linosyris
Goldhaaraster

Herkunft Mitteleuropa, auf trockenen Hängen und Heidewiesen. Blätter grasartig, schmal. Blüten gelb, bis 50 cm hoch, in kleinen Dolden. Blütezeit von VIII–IX. Für Steppengärten und Heidegärten geeignet

Abb. 81: ***Aster linosyris***

Abb. 82

Aster sedifolius
Aster

Herkunft Europa, Westasien. 25–30 cm hoch, buschig, Stengel doppelrispig verzweigt, dicht beblättert. Blatt lanzettlich, blaugrün; blaue Doldenrispen, sternförmig. Blütezeit VII–IX. Liebt viel Sonne und guten, nahrhaften Gartenboden. Nur Frühjahrspflanzung empfehlenswert. Für Stein-, Heide- und Naturgärten zusammen mit *Dendranthemum arcticum.* Die Sorte 'Nanus', hat sternförmige, hellblaue Blüten.

Abb. 82: ***Aster sedifolius***

Herbstastern

Aster dumosus
Kissenaster

Abb. 83: Aster dumosus 'Blaue Lagune'

Familie: *Compositae* – Korbblütengewächse
Herkunft: Europa, Nordamerika; sowie aus Züchtungen
Wuchs: je nach Sorte 20–50 cm hoch, kompakt, mit kriechendem Wurzelstock
Blatt: lanzettlich, ungestielt
Blüte: je nach Sorte
Blütezeit: IX–X
Standort: liebt viel Sonne
Erde: guter, nahrhafter Gartenboden
Vermehrung: Teilung II–III, Grünstecklinge V
Pflege: XII–II Rückschnitt ebenerdig. Nur Frühjahrspflanzung empfehlenswert
Verwendung: reichblühende Liebhaberpflanze für Steingärten, Einfassungen, Terrassenbeete, Rabatten. Nachbarpflanzen: *Dendranthema arcticum, Coreopsis lanceolata, Liatris,* niedrige *Solidago, Pennisetum*
Besonderheiten: gute Insektenfutterpflanze
Sorten: 'Blaue Lagune', kräftiges Hellblau, 40 cm hoch. 'Herbstgruß vom Bresserhof', reichblütig, kleine Blütenköpfe, leuchtendrosa, frühblühend. 'Kassel', 40 cm hoch; frühblühend, halbgefüllt, karminrot. 'Kristina', reinweiß, halbgefüllt, großblumig. 'Prof. A. Kippenberg', 40 cm hoch, strahlend lavendelblau; eine der wertvollsten Herbst-Kissenastern. 'Rosenwichtel', dunkelrosa, 15 cm hoch. 'Schneekissen', 30 cm hoch, reinweiß. 'Silberblaukissen', 40 cm hoch, leuchtend blausilbrig; sehr gut bewertete Sorte. 'Wachsenburg', 50 cm hoch, buschig; reines leuchtendes Rosa, kugelige Büschelblüte

Abb. 84: ***Aster cordifolius***

Abb. 83

Aster cordifolius
Schleieraster

Abb. 84

Herkunft mittlere USA. 60–120 cm hoch, kleinblumig, spätblühend, graziler Wuchs. Sorten: 'Blue Haven', 80 cm, reines Blau. 'Ideal', 100 cm lavendelblau

Aster ericoides
Myrtenaster, Septemberkraut

Abb. 85

Herkunft Nordamerika. 120 cm hoch, dichter, reich verzweigter Busch; Blatt lanzettlich, ungestielt. Zahlreiche, kleine, weiße Blütenköpfe, X–XI. Liebt Sonne und guten, kalkhaltigen Gartenboden. Für Staudenbeete und sehr gefragt in der Floristik. Nachbarpflanzen: Dendranthema-Grandiflorum-Hybriden, *Solidago.* Sorten: 'Blue Star', 70 cm, kompakt, blau. 'Blue Wonder', 120 cm, violett-lila. 'Novembermyrthe', 80 cm hoch, weiß. 'Schneegitter', 100 cm hoch, straffe Stiele

Abb. 85: ***Aster ericoides***

Aster novae-angliae
Rauhblattaster

Abb. 86

Herkunft Nordamerika, Züchtungen. Wuchs 100–140 cm, Wurzelstock kriechend. Stengel dicht beblättert, straff, lockerer Wuchs. Blatt weich behaart, lanzettlich, stengelumfassend; karminrote Blütenköpfe, meist halbgefüllt. Liebt feuchte Plätze; wuchert.Begrenzung durch Abstechen im Herbst bei Platzmangel. Rückschnitt ebenerdig XI–II. Braucht Halt. Für Zaun- und Randbepflanzung, Bauerngärten, Rabatten, zum Schnitt. Nachbarpflanzen: Dendranthema-Hybriden, *Helenium, Helianthus atrorubens, Heliopsis, Solidago.* Sorten 'Andenken an Alma Pötschke', 80 cm, lachsrot. 'Andenken an Paul Gerber', karminrote Blütenköpfe. 'Barr's Blue', 150 cm hoch, tiefblaue Blütenköpfe. 'Rubinschatz', 120 cm hoch, rubinrote Blütenköpfe. 'Rudelsburg', 120 cm hoch, tieflachsrosa Blütenköpfe. 'Septemberrubin', 130 cm hoch; frühblühend, purpurote Blütenköpfe. 'Treasure', 160 cm, dunkellila

Abb. 86: *Aster novae-angliae* 'Andenken an Alma Pötschke'

Abb. 87

Aster novi-belgii
Glattblattaster

Herkunft Nordamerika, Züchtungen. Höhe je nach Sorte 80–150 cm, Stengel rund, oft rötlich, aufrecht, locker. Blatt lanzettlich, Blüte je nach Sorte einfach, halbgefüllt oder gefüllt, in verschiedenen Farben. Blütezeit IX–X. Liebt feuchte Plätze bei normaler Gartenerde. Ballentrockenheit vermeiden. Pfahl mit Schnurbinder, damit Auseinanderfallen verhindert wird. Ältere Pflanzen mit inneren Kahlseiten verjüngen durch Teilung. Nach Rückschnitt XI–XII mit Rindensubstrat, Torf oder Mist abdecken. Insektenfutterpflanze. Sorten: 'Bewunderung', 100 cm hoch, auffallend rosarot, halbgefüllt. 'Dauerblau', 150 cm hoch, dunkellilablau, spätblühend. 'Fellowship', 90 cm hoch, herrlich rosa, mittelfrüh. 'Marie Ballard', 90 cm hoch, Blüte groß, gefüllt, zart hellblau. 'Royal Blue', 120 cm hoch, Blüte groß, tiefblau. 'Sailor Boy', 90 cm hoch, dunkelblau, halbgefüllt. 'Schöne von Dietlikon', 90 cm hoch, dunkelblau

Abb. 87: *Aster novi-belgii*

Abb. 88 + 89

Astilbe-Arendsii-Hybriden
Prachtspiere

Familie: *Saxifragaceae* – Steinbrechgewächse
Herkunft: China, Asien, Japan; an Uferstellen, in Tallagen und Gebirge; Züchtungen
Wuchs: je nach Sorte 60–100 cm hoch, meist klumpiger Wurzelstock
Blatt: gefiedert
Blüte: Blütenrispen in Farben, je nach Sorte
Blütezeit: VII–IX
Standort: schattig, hohe Luftfeuchtigkeit
Erde: feuchter, nahrhafter Humusboden
Vermehrung: Teilung und Aussaat II–III
Pflege: im Herbst Rindenhumus, Moorerde, oder Lauberde als Abdeckung. Im Spätwinter Volldünger; ebenerdiger Rückschnitt im Winter
Verwendung: für feuchte Steingärten, Rabatten, Waldcharakterplätze.Nachbarpflanzen: *Geranium himalayense* 'Johnson', *Geranium sylvaticum* 'Mayflower'oder *Geranium macorrhizum* 'Spessart', *Hosta, Primula* der Sektion *Sikkimensis, Rodgersia,* Farne, Lilien, *Monarda,* Anemonen, *Cimicifuga, Aconitum,*

Abb. 88: Astilbe-Arendsii-Hybride 'Bonanza'

Heuchera, Epimedium, Avena, Festuca
Sorten: 'Amethyst', 100 cm hoch, lockerer Wuchs, violettrosa. 'Anita Pfeifer', 70 cm hoch, lockerer Wuchs; Blütenrispen fedrig, lachsrosa. 'Bonanza', 60 cm, hellrosa. 'Brautschleier', 70 cm hoch; Blütenrispen locker, reinweiß. 'Cattleya', 100 cm hoch, kräftiger, lockerer Wuchs; cattleyenrosafarbene Blütenrispen. 'Fanal', 60 cm hoch, lockerer, buschiger Wuchs; granatrot. 'Feuer', 80 cm hoch, lachsrot. 'Glut', 80 cm hoch, leuchtendfeuerrot

Abb. 89: Astilbe-Arendsii-Hybride 'Brautschleier'

Astilbe chinensis
Chinesische Prachtspiere

Herkunft China, Korea, Amurgebiet. 40 cm hoch, ausläufertreibend. Blatt 2–3fach gefiedert, eilanzettlich, doppelt gesägt. Schmale, rosa Blütenrispen,VII–IX. Verträgt ausnahmsweise volle Sonne und Trockenheit, Halbschatten. Winterschutz mit Torfmull, Moor- oder Lauberde als Abdeckung. Ebenerdiger Rückschnitt X–II. Für Steingärten, als Bodendecker, für Teichränder. Nachbarpflanzen: *Geranium, Carex, Luzula,* Farne, Gehölze. Astilbe-Chinensis-Hybride 'Christian', 20 cm, lila. 'Finale', 40 cm, Wurzelstock kriechend, Blütenrispen frischrosa

Abb. 90

Astilbe chinensis var. *pumila*
Chinesische Zwergastilbe

15–25 cm hoch, ausläufertreibend; Blütenrispen schmal, lilarosa; verträgt mehr Sonne und mäßige Trockenheit.

Abb. 90: ***Astilbe chinensis* var. *pumila***

Astilbe-Japonica-Hybriden
Japanische Prachtspiere

Herkunft Japan; viele Züchtungen. Je nach Sorte 50–70 cm hoch, Blatt meist gefiedert, Blütenrispen je nach Sorte, von VI–VII, früh. Auch zum Treiben geeignet. Sorten: 'Deutschland', 50 cm hoch, Blatt glänzend dunkelgrün, Blüte rein weiß. 'Federsee', 60 cm, Blütenrispen ferderartig, leuchtend tiefrot. 'Mainz', 50 cm hoch, Blatt gefiedert; lilarosa

Abb. 91

Astilbe simplicifolia
Prachtspiere

Herkunft Japan; viele Züchtungen. Je nach Sorte 30–50 cm hoch, Blatt und Blüte je nach Sorte verschieden, Blütezeit VII–VIII. Sorten: 'Aphrodite', 30–40 cm hoch, Blatt glänzendgrün, dunkel; Blütenrispen hellrot, pyramidenförmig. 'Atrorosea', 40–50 cm hoch, Blatt gefiedert, Blütenrispen graziös überhängend, rein dunkelrosa. 'Alba', 50 cm hoch, reinweiß. 'Sprite', 30 cm hoch, Blatt dunkelgrün mit auffallender Bronzetönung; lockere Blütenrispen, hellrosa.

Abb. 91: ***Astilbe simplicifolia* 'Atrorosea'**

Astilbe-Thunbergii-Hybriden
Prachtspiere

Herkunft China, Asien, Japan; viele Züchtungen. Je nach Sorte 100–120 cm hoch, Blatt gefiedert. Blüten je nach Sorte verschieden. Blütezeit von VII–IX. Sorten: 'Jo Ophorst', 90 cm hoch, weinrot. 'Prof. Van der Wielen', 120 cm hoch, klumpiger Wurzelstock; reinweiß. 'Straußenfeder', 100 cm hoch, Blütenrispen kräftig lachsrosa

Abb. 92

***Astilboides tabularis* (*Rodgersia tabularis*)**
Schildschaublatt

Familie: *Saxifragaceae* – Steinbrechgewächse
Herkunft: Nordchina, Mandschurei, Nordkorea
Wuchs: 100–150 cm hoch, knollige Erdstämme
Blatt: sehr langgestielt, schildförmig, am Rande unregelmäßig eingebuchtet
Blüte: weiß, in leicht überhängenden Blütenrispen
Blütezeit: VI–VII
Standort: halbschattig bis schattig, feucht
Erde: humusreiche Gartenerde
Vermehrung: Teilung II–IV oder Aussaat
Pflege: anspruchslos, Rückschnitt im Herbst
Verwendung: auffällige Blattstaude für Wassergärten, Schattenpartien, vor Gehölzen

Abb. 92: ***Astilboides tabularis***

Abb. 93

Astrantia major
Sterndolde

Familie: *Umbelliferae* – Doldenblütengewächse
Herkunft: Mittel- und Osteuropa, Nordspanien, Mittelitalien, Bulgarien, Kaukasus
Wuchs: 40–90 cm hoch, verzweigt
Blatt: handförmig gelappt, tief eingeschnitten
Blüte: weißlichgrün bis rosa, zu einer knopfartigen Dolde vereinigt, von weißgrünen, schön geaderten Hüllblättern umgeben
Blütezeit: VII–IX
Standort: sonnig bis halbschattig
Erde: normaler Gartenboden, feucht, nährstoffreich, auch kalkhaltig
Vermehrung: Teilung im Spätwinter, Aussaat im Frühling, Selbstaussaat
Pflege: anspruchslos, ebenerdiger Rückschnitt im Winter
Verwendung: schöne Wild- und Rabattenstaude, für lichte Gehölzpartien, Teichrand, Blumenwiesen. Die Sorten eignen sich zum Schnitt
Besonderheiten: gute Insektenfutterpflanze
Sorten: 'Rosea', kräftig rosa Hüllblätter. 'Rosensymphonie', rosa und rosenrote Farbtöne, 75 cm hoch

Abb. 93: ***Astrantia major***

Abb. 94

Athyrium filix-femina (Polypodium filix-femina)
Gemeiner Frauenfarn

Abb. 94: ***Athyrium filix-femina***

Familie: *Athyriaceae* – Frauenfarngewächse
Herkunft: in allen Erdzonen, besonders nördl. Hemisphäre, Europa, Nordamerika. Etwa 200 Arten dieser Gattung
Wuchs: 70 cm hoch, steif aufrecht; starke Wedelstiele
Blatt: Wedel feingefiedert, hellgrün, sehr engstehende Fiedern
Standort: halb- bis ganzschattiges Waldklima
Erde: Wald- oder Moorboden
Vermehrung: Teilung II–V
Pflege: unberührter Standort
Verwendung: anspruchslose, wüchsige Art für alle Plätze mit genügend Feuchtigkeit. Für Waldatmosphäre, zusammen mit Waldstauden, Schattengräsern
Sorten: 'Frizelliae' – Halbmondfrauenfarn: 40 cm hoch, locker; Wedel mit halbrunden Fiedern, 1 cm breit, hahnentrittartig, zeigen zum Boden. 'Minutissima' – Zwergfrauenfarn: 20 cm hoch, schlank, aufrecht, horstbildend; Wedel hellgrün, feingegliedert, Fiedern leiterförmig

Abb. 95

Athyrium niponicum
Japanischer Regenbogenfarn, Brokatfarn

Herkunft Japan, Korea, Taiwan.Wedel unregelmäßig, mit langen Stielen, dünn, 45–75 cm lang, 12–25 cm breit, mattgrün mit rötlichpurpurgefärbten Rippen und Adern. Sorte 'Metallicum', 40 cm, Wedel auffallend silbrig und rötlich gezeichnet

Abb. 95: ***Athyrium niponicum*** **'Metallicum'**

Abb. 96

Aubrieta-Hybriden
Blaukissen

Familie: *Cruciferae* – Kreuzblütengewächse
Herkunft: Mittelmeergebiet, Balkan, Kleinasien; viele Kulturformen
Wuchs: 10 cm hoch, polsterartig
Blatt: klein, behaart, spatelförmig
Blüte: je nach Sorte in blau-lila
Blütezeit: IV–V
Standort: sonnig, warm
Erde: kalkhaltiger Boden, normale Gartenerde
Vermehrung: Teilung und Aussaat II–III, Stecklinge VI
Pflege: anspruchslos, nach 4–5 Jahren durch Umpflanzen wieder blühwilliger
Verwendung: sehr früher Blüher für Steingärten, Mauerbepflanzung, Rabatteneinfassung, Terrassen, Tröge, Trockenmauern. Bienenfutterpflanze. Nachbarpflanzen: *Alyssum, Aster alpinus, Cerastium columnae, Iberis,* Iris-Barbata-Nana-Gruppe, *Phlox subulata*
Sorten: 'Blaumeise', leuchtend blau. 'Blue Emperor', dunkelviolettblau. 'Dr. Mules', dunkelviolett. 'Frühlingslied', reichblühend, tief-magentarot. 'Neuling', hell-lavendelblau. 'Schloß Eckberg', dunkelviolett, höchst bewertete Sorte. 'Tauricola', dunkelblau

Abb. 96: Aubrieta-Hybride

Abb. 97

Azolla caroliniana
Moosfarn, Feenmoos, Algenfarn

Familie: *Azollaceae* – Algenfarngewächse
Herkunft: wärmeres Nordamerika. 5 Arten dieser Gattung
Wuchs: auf der Oberfläche treibend und sie in Massen bedeckend
Blatt: Schwimmblatt, pfenniggroß, ähnlich einem Lebermoos; Farbe smaragdgrün, im Herbst rötlich-braun verfärbend
Standort: sonnig bis schattig
Vermehrung: sehr schnell, innerhalb der Sommermonate, friert im Winter ab, aber regeneriert sich aus Sporen im nächsten Frühjahr. Kann zur Plage werden
Verwendung: mitunter zur Algenbekämpfung eingesetzt, jedoch kaum zu kontrollieren. Für Aquarien

Abb. 97: ***Azolla caroliniana***

Abb. 98

Azorella trifurcata
Rosettenpolster, Andenpolster

Familie: *Umbelliferae* – Doldenblütengewächse
Herkunft: Südamerika, Magellangebiet
Wuchs: 5 cm hoch, polsterartig
Blatt: dreigabelig, dunkelgrün, glänzend
Blüte: grünlichweiße Blütendolden
Blütezeit: V–VI
Standort: sonnig
Erde: lockerer Humusboden
Vermehrung: Teilung, Grünstecklinge II–III
Pflege: Winterschutz mit Fichtenreisig
Verwendung: seltene Liebhaberpflanze für Gräber und Steingärten. Nachbarpflanzen: *Hypericum polyphyllum, Limonium, Oenothera missouriensis,* Rosettensteinbrech

Abb. 98: ***Azorella trifurcata***

Abb. 99

Baptisia australis
Färberhülse, Indigolupine

Familie: *Leguminosae* – Schmetterlingsblütler
Herkunft: südliches Nordamerika, ca. 30 Arten dieser Gattung
Wuchs: bis 150 cm hoch, kahl
Blatt: dreiteilig, oval, bis 8 cm lang

Abb. 99: ***Baptisia australis* 'Exalta'**

Blüte: trübviolettblau, in bis zu 40 cm langen Trauben, Einzelblüten 25–35 mm groß, lupinenartig
Blütezeit: VII–VIII
Standort: sonnig, trocken
Erde: sandig, humos
Vermehrung: durch Aussaat III–V. Blüte nach 2–3 Jahren, Teilung möglich
Verwendung: Wildstaude für trockene, sonnige Plätze, in großen Staudenrabatten, als Solitär. Nachbarpflanzen: *Rosa rugosa,* Lupinen, *Genista lydia, Cytisus.*

Abb. 100

Bergenia-Hybriden
Bergenie

Familie: *Saxifragaceae* – Steinbrechgewächse
Herkunft: Altai-Gebirge
Wuchs: 40 cm, dichtbuschig mit fadendick kriechendem Wurzelstock
Blatt: rundlich, am Grunde herzförmig, ledrig, braungrün. Rand wellig gesägt
Blüte: Trugdolden, rosenrote Blütentrauben
Blütezeit: IV–V
Standort: jede Lage geeignet
Erde: jede Gartenerde
Vermehrung: Teilung II–III, Aussaat III–IV, Wurzelschnittlinge (Rhizome) III–IV
Pflege: anspruchslos! im Spätwinter die verwelkten Blätter beseitigen
Verwendung: Liebhaberpflanze für Tröge, Rabatten, Innenhöfe, Steingärten, Trockenmauern; auch für Bach- und Teichufer. Die Blätter werden in der Floristik geschätzt. Nachbarpflanzen: *Carex morrowii* 'Variegata', *Deschampsia,* Farne, vor und zwischen Rhododendron
Sorten: 'Abendglocken', 60 cm hoch, karminrot. 'Abendglut', 30 cm hoch, dicht-buschig; Blatt sattgrün, im Herbst bronzebraun; Blütentrauben dunkelpurpurrot. 'Morgenröte', 40 cm hoch, Blütentrauben leuchtendrosa. 'Oeschberg', 50 cm hoch, frisches Rosa. Blätter zum Schnitt. 'Red Beauty', 50 cm hoch, rosarot. 'Silberlicht', kräftiger Wuchs, 40 cm hoch, Blütentrauben weiß mit rosa Schimmer

Abb. 100: ***Bergenia cordifolia***

Abb. 101

Blechnum spicant
Rippenfarn

Familie: *Blechnaceae* – Rippenfarngewächse
Herkunft: Nordamerika, Europa, Kleinasien bis Japan. Etwa 200 Arten dieser Gattung
Wuchs: 10–20 cm hoch, flach ausgebreitet, bildet dichte Horste
Blatt: Wedel grazil, einfach gefiedert, glänzendgrün
Standort: großes Feuchtigkeitsbedürfnis
Erde: stark saures Substrat
Vermehrung: Teilung II–V
Pflege: unberührter Standort
Verwendung: in Wassernähe, für Heidegärten, Waldsituationen, in kühler, feuchter Lage. Nachbarpflanzen: *Rhododendron, Carex, Luzula*
Besonderheiten: steht unter Naturschutz

Abb. 101: ***Blechnum spicant***

Familie: *Orchidaceae* – Orchideengewächse
Herkunft: Japan, China
Wuchs: 40–50 cm hoch, aufrecht, wenig verzweigt
Blatt: 20–40 cm lang, lanzettlich, stark gefältelt
Blüte: leuchtend karminrosa, in 3–7blütigen Trauben, etwa 6 cm breit, schön gezeichnete Lippe, kahnförmig mit deutlich geschwellten Schwielen
Blütezeit: VI–VIII
Standort: sonnig bis halbschattig, geschützt
Erde: humos, gut drainiert, auch steinig
Vermehrung: durch Teilung der Knollenrhizome im Frühling
Pflege: im Winter ebenerdiger Rückschnitt. Leichter Winterschutz erforderlich. Selten umpflanzen
Verwendung: in Rabatten, Steingärten, an Mauern

Bletilla striata *(Bletilla hyacinthina)*
Japanorchidee, Chinaorchidee

Abb. 102

Abb. 102: ***Bletilla striata***

Bouteloua oligostachya
Moskitogras, Haarschotengras

Abb. 103

Familie: *Gramineae* – Süßgräser
Herkunft: Nordamerika, Oststaaten bis Kalifornien. Etwa 30 Arten dieser Gattung
Wuchs: 30 cm hoch, locker, aufrecht
Blatt: bräunlich grün, sehr schmal, überhängend
Blüte: bräunliche Blütenähren, schotenartig wirkend, seitwärts abstehend
Blütezeit: VII–IX
Standort: sonnig
Erde: normal bis mager, kalkhaltig, trocken
Vermehrung: Teilung V–VI, Aussaat I–IV
Pflege: Rückschnitt II–III
Verwendung: für Stein- und Heidegärten, Gruppenpflanze, für Steppengärten und Kübel. Nachbarpflanzen: *Sempervivum. Festuca, Stipa, Koeleria glauca, Briza,* vor Koniferen
Besonderheiten: graziöse, zierliche Wirkung, wertvoll zum Schnitt

Abb. 103: ***Bouteloua oligostachya***

Briza media
Herzzittergras

Abb. 104

Familie: *Gramineae* – Süßgräser
Herkunft: Europa. Etwa 20 Arten dieser Gattung
Wuchs: 30–40 cm hoch, locker, aufrecht
Blatt: kurz
Blüte: herzförmige Ähren, Blütenrispen haarförmig
Blütezeit: V–VI
Standort: sonnig–halbschattig
Erde: magerer bis sandiger Gartenboden
Vermehrung: Teilung V–VI
Pflege: anspruchslos, Rückschnitt II–III
Verwendung: Heidegärten, Steingärten und Steppengärten, Gräsermotive zur Gruppenpflanzung; Trockenblume. Nachbarpflanzen: *Avena, Festuca*

Abb. 104: ***Briza media***

Buglossoides purpurocaerulea (Lithospermum purpureocaeruleum)
Steinsame

Familie: *Boraginaceae* – Boretschgewächse
Herkunft: Mitteleuropa, in sonnigen Gebüschen und Eichenwäldern
Wuchs: Blatttriebe bogig liegend, ausläuferartig sich verbreitend, dicht beblättert, 20–30 cm hoch
Blatt: lanzettlich, behaart
Blüte: anfangs rot, später leuchtend blau, zahlreich
Blütezeit: VI–VII
Standort: sonnig, halbschattig und schattig
Erde: normale Gartenerde, nährstoffreich, auch kalkhaltig
Vermehrung: durch halbweiche Stecklinge, Absenker
Pflege: anspruchslos
Verwendung: schöner und wertvoller, leicht wuchernder Bodendecker, auch unter Bäumen, verträgt Wurzeldruck, für Dauerbepflanzung in Trögen. Nachbarpflanzen: *Geranium sanguineum, Anemone sylvestris*

Buphthalmum salicifolium
Abb. 106

Ochsenauge, Goldmargerite

Familie: *Compositae* – Korbblütengewächse
Herkunft: Mitteleuropa
Wuchs: 30–50 cm hoch, wenig verzweigt
Blatt: lanzettlich
Blüte: dottergelb, margeritenähnlich
Blütezeit: VII–IX
Standort: sonnig
Erde: feuchter und normaler Gartenboden
Vermehrung: Aussaat und Teilung im Spätherbst und Frühjahr
Pflege: anspruchslose Wildstaude
Verwendung: reichblühend, für Steppen- und Steingärten, zum Schnitt. Pollenlieferant für Nützlinge, Insektenfutterpflanze

Brunnera macrophylla
Abb. 105

Kaukasus-Vergißmeinnicht

Familie: *Boraginaceae* – Boretschgewächse
Herkunft: Kaukasus
Wuchs: 50 cm hoch, buschig, strickartige Rhizomwurzel
Blatt: langgestielt, herzförmig breit
Blüte: tiefblauer, reichverzweigter Blütenstand, vergißmeinnichtartig
Blütezeit: IV–V
Standort: halbschattig
Vermehrung: Selbstaussaat, Teilung im Spätwinter, Wurzelschnittlinge II–IV
Pflege: anspruchslos! Durch Selbstaussaat bisweilen lästig
Verwendung: für Staudenflächen vor Gehölzen. Nachbarpflanzen: *Daphne mezereum, Doronicum caucasicum, Epimedium, Narcissus,* Primula-Elatior-Hybriden, rote Wildtulpen
Sorten: 'Langtrees', blau, silbrig geflecktes Laub

Abb. 105: ***Brunnera macrophylla***

Abb. 106: ***Buphthalmum salicifolium***

Butomus umbellatus

Abb. 107

Doldige Schwanenblume, Blumenbinse,

Familie: *Butomaceae* – Wasserlieschgewächse
Herkunft: Europa, Asien; Sumpfgebiete. 1 Art dieser Gattung
Wuchs: 100 cm hoch, Wurzelstock kriechend ohne zu wuchern
Blatt: steil emporragend, lineal, unten dreikantig
Blüte: rötliche Scheindolden auf 1 m hohen Stengeln
Blütezeit: VI–VIII
Standort: anspruchslos
Erde: Sumpf- oder Schlammboden bis zu 20 cm Wasserstand
Vermehrung: Teilung V–VI oder Aussaat sofort nach der Samenreife
Pflege: verträgt auch einen Wasserstand bis 50 cm, sonst anspruchslos, Rückschnitt XI–II
Verwendung: für größere Wasserbecken, Uferpflanze für Teich- und Wassermotive. Repositionspflanze zur Wasserreinigung. Nachbarpflanzen: *Iris pseudacorus, Sagittaria, Typha*
Besonderheiten: eine der wertvollsten, winterharten Sumpf- und Wasserstauden

Abb. 107: ***Butomus umbellatus***

Calamagrostis × *acutiflora*

Abb. 108 + 109

Gartensandrohr, Reitgras

Familie: *Gramineae* – Süßgräser
Herkunft: Europa, Kreuzung (*Calamagrostis arundinacea* × *Calamagrostis epigejos*). Über 100 Arten dieser Gattung
Wuchs: 150 cm hoch, aufrecht, Rhizomwurzel
Blatt: halmartig, steif, gelb
Blüte: Blütenähren gelb, die monatelang erhalten bleiben und auch im Winter Schmuckwert haben
Blütezeit: VII–VIII

Abb. 108: ***Calamagrostis*** × ***acutiflora*** **'Overdam'**

Standort: sonnig bis halbschattig
Erde: normale, frische Gartenerde
Vermehrung: Teilung V–VII
Pflege: anspruchslos, Rückschnitt II–III
Verwendung: wertvolles Hintergrundgras für Staudenbeete, Naturgärten. Nachbarpflanzen: mittelhohe Stauden, z.B. *Phlox paniculata*
Sorten: 'Karl Foerster', 130 cm hoch, Blüten gelb. 'Overdam', Blätter weißbunt, 100 cm hoch

Abb. 109: ***Calamagrostis*** × ***acutiflora*** **'Karl Foerster'**

Calamintha grandiflora (*Satureja grandiflora*)

Steinquendel, Bergminze, Kalaminthe

Familie: *Labiatae* – Lippenblütlengewächse
Herkunft: Süd- und Westeuropa, Mittelmeer, Kaukasus, in den östlichen USA eingebürgert. Ca. 7 Arten dieser Gattung
Wuchs: 30 cm hoch, mit kriechenden Rhizomen, bodendeckend
Blatt: eiförmig bis eiförmig-spitz, grob gezähnt, gestielt, spärlich behaart, 3–8 cm lang und ca. 5 cm breit, aromatisch duftend
Blüte: violettrosa, in achselständigen Trugdolden, Krone 2,5–4 cm lang
Blütezeit: VI–VIII
Standort: halbschattig-schattig, auch Sonne vertragend
Erde: humusreich, nicht zu trocken
Vermehrung: Teilung im Frühjahr, Aussaat III–IV
Verwendung: anspruchslose Kleinstaude, für Flächenpflanzungen, Waldpartien, Duftgärten, Tröge. Nachbarpflanzen: *Aquilegia vulgaris, Inula ensifolia, Galium odoratum, Stachys alpina, Linum perenne, Oenothera missouriensis, Sedum*

Calamintha nepeta ssp. *glandulosa* (*Satureja calamintha*)

Abb. 110

Quendel

Herkunft Süd- und Südwesteuropa. Höhe 30 cm, Blüte porzellanblau. Blütezeit VII–IX, Höhe 30 cm. Sorten: 'White Cloud', weiß.

Abb. 110: ***Calamintha nepeta***

Abb. 112

Callitriche hamulata (Callitriche palustris ssp. *hamulata)*
Wasserstern, Frühlingswasserstern, Hakenwasserstern

Familie: *Callitrichaceae* – Wassersterngewächse
Herkunft: Europa, Sibirien, Grönland. 26 Arten dieser Gattung
Wuchs: Unterwasserpflanze, dichte Polster bildend
Blatt: 1–2 cm lang, schmal, an der Oberfläche Rosetten bildend, wintergrün. Bei Landformen rasenartige, bis 12 cm lange Sprosse
Standort: unter Wasser lebend, sonnig bis halbschattig
Vermehrung: durch Teilung der Polster
Verwendung: algenbekämpfende Unterwasserpflanze, die durch ihre Assimilation den Sauerstoffgehalt sogar im Winter erhöht. Günstige Wassertiefe 20–60 cm

Abb. 112: ***Callitriche palustris***

Abb. 111

Calla palustris
Sumpfkalla, Schlangenwurz, Schweinsohr

Familie: *Araceae* – Aronstabgewächse
Herkunft: Nord- und Südeuropa, heimisch in Erlen- und Auwäldern, in Heidemooren und Wassergräben; eine Art
Wuchs: 15–20 cm, mit Rhizomen, kriechend
Blatt: ledrig, breit, herzförmig, glänzendgrün
Blüte: grünliche Blütenkolben, mit weißer Blütenscheide
Blütezeit: VI–VIII
Frucht: scharlachrote Beeren
Standort: sonnig–halbschattig
Erde: sumpfige Moorerde, bis 10 cm Wasserstand
Vermehrung: Teilung der Wurzelrhizome V–VI, Aussaat VI–VII
Pflege: anspruchslos
Verwendung: Sumpfflächen an Teichen und Bächen und Sumpfbeckenbereiche. Nachbarpflanzen: *Menyanthes, Lysimachia thyrsiflora*
Besonderheiten: interessante Sumpfpflanze, giftig! Besonderheiten: steht unter Naturschutz.

Abb. 111: ***Calla palustris*** (Foto: Holmåsen)

Abb. 113

Caltha palustris
Sumpfdotterblume

Familie: *Ranunculaceae* – Hahnenfußgewächse
Herkunft: Europa, im Tiefland und Gebirge bis 2500 m
Wuchs: 20–30 cm hoch, gedrungen, buschig
Blatt: herzförmig, gekerbt, glänzend frischgrün
Blüte: goldgelb
Blütezeit: IV–V
Erde: lehmhaltiger, feuchter, sumpfiger Boden
Vermehrung: Aussaat, Teilung II–III
Pflege: anspruchslos, regeneriert sich im Spätwinter selbst
Verwendung: beliebte Staude für sumpfige Wiesen, Uferflächen und an Bach- und Teichrändern. Nachbarpflanzen: *Carex pendula, Lysimachia nummularia, Primula denticulata, Primula rosea, Primula florindae*
Besonderheiten: Besitzt ölige Giftstoffe. Der Verzehr von grünen, frischen Blättern ist für Mensch und Tier gefährlich
Sorten: 'Alba', Herkunft Himalaja; Blätter kleiner als bei der Art; Blüte weiß, sehr auffallend; Liebhaberpflanze mit Kontrastfarbe. 'Multiplex', Blütezeit V–VI und IX–X; Blütendolden goldgelb, gefüllt; gefragte Liebhaberpflanze

Abb. 113: ***Caltha palustris***

Niedrige Campanula-Arten

Campanula carpatica
Abb. 114

Karpaten-Glockenblume

Familie: *Campanulaceae* – Glockenblumengewächse
Herkunft: Karpaten, in Tal- und Höhenlagen. Etwa 300 Arten dieser Gattung
Wuchs: 30 cm hoch, buschig
Blatt: eirundlich, herzförmig
Blüte: blau oder weiß, groß, breitglockig
Blütezeit: VI–VIII
Standort: bevorzugt sonnige Kalkfelsen
Vermehrung: Selbstaussaat, Stecklinge nach der Blüte, Teilung im Spätwinter
Pflege: Achtung vor Schneckenfraß! Regeneriert sich im Spätwinter von selbst
Verwendung: wertvolle Liebhaberpflanze für Steingärten, Tröge, Trockenmauern, Staudenbeete. Gut geeignet für die Treiberei und den Verkauf als Topfpflanze. Nachbarpflanzen: *Armeria, Dianthus caesius, Gypsophila repens, Linum flavum* 'Compactum'
Sorten: 'Blaue Clips', 20 cm hoch, himmelblau. 'Karpatenkrone', 20 cm hoch; Blüte schalenförmig, silberblau. 'Weiße Clips', 20 cm hoch, weiß. 'White Star', große, weiße Blütenglocken

Abb. 114: ***Campanula carpatica* 'Weiße Clips'**

Campanula carpatica var. *turbinata*

Kreisel-Glockenblume

15 cm hoch, Blatt herzförmig, weiß behaart. Blüte weiß, schalenförmig, von VI–VIII. Liebt Sonne und kalkhaltigen Boden. Nachbarpflanzen: *Minuartia, Tunica.* Sorten: 'Alba', 15 cm hoch, weiß. 'Karl Foerster', 20 cm, dunkelviolett

Campanula cochleariifolia
Abb. 115

Zwerg-Glockenblume

Herkunft Europa (alpine Regionen). Wuchs rasenartig, nur 10 cm hoch. Blüten 5–15 cm hoch, zierlich, blau oder weiß. Blütezeit VI–VII. Für Steingärten und Tröge, Naturgärten

Abb. 115: ***Campanula cochleariifolia***

Campanula portenschlagiana
Abb. 116

Dalmatiner-Glockenblume

Herkunft Dalmatien. 10–15 cm hoch, buschig-dicht, bescheiden kriechend, frischgrüne Polster. Blatt rundlich, herzförmig, scharfgezähnt. Blütenglocken purpurblau, von VII–VIII, Nachblüte IX. Verträgt jeden Standort und Dürre, verbreitet sich unterirdisch. Für Töpfe, läßt sich antreiben. Die dankbarste Glockenblume für Trockenmauern, Tröge und Steingärten, zusammen mit *Campanula carpatica* var. *turbinata* 'Alba', *Hypericum olympicum* 'Citrinum'.
Sorten: 'Birch Hybrid', purpurblau. 'Mayor', tiefblau, großblumig. 'Resholt', tiefviolett, großblumig

Abb. 116: ***Campanula portenschlagiana***

Abb. 117

Campanula poscharskyana
Hängepolster-Glockenblume

Abb. 117: *Campanula poscharskyana*

Herkunft Dalmatien; 15 cm hoch, krautig, bis 70 cm lange, überhängende Triebe. Blatt herz-eiförmig, gekerbt. Blüte hellila, sternförmig, an langen, flachen Trieben, Blütezeit von V–VIII. Verträgt auch Dürre; wuchert und breitet sich mehr aus als einem lieb ist. Im Spätwinter oder nach der Blüte durch Abstechen begrenzen. Liebhaberpflanze für Steingärten, Mauern (hängt weit herunter), Töpfe, Balkone. Sorten: 'Blauranke', Züchtung; 20 cm, hellblau; Blütezeit VI–XI; geeignet für Tröge, Schalen und Balkonbepflanzungen. 'Stella', große, sternförmige dunkellila Glockenblüten

Abb. 118

Campanula punctata
Punktierte Glockenblume

Herkunft Ostasien. 20–30 cm hoch, rasenbildend. Blüte cremeweiß-rosa, etwa 5 cm lange Röhren, innen gesprenkelt. Blütezeit VI–VII. Für saure Böden und sonnigen bis halbschattigen Standort, in Stein- und Naturgärten

Abb. 118: *Campanula punctata*

Abb. 119

Campanula rotundifolia
Rundblättrige Glockenblume

Herkunft Europa, Nordamerika, Sibirien. 20–40 cm hoch, rasenbildend. Blüten lavendelblau, in doldigen Blütenständen von VI–VIII. Einheimische Art für Naturgärten.

Abb. 119: *Campanula rotundifolia*

Hohe Campanula-Arten

Abb. 120

Campanula glomerata
Knäuelglockenblume

Familie: *Campanulaceae* – Glockenblumengewächse
Herkunft: Europa bis Kamtschatka
Wuchs: 40–50 cm hoch, buschig, aufrecht, Stengel kantig, rötlich angelaufen
Blatt: herzförmig, rauh
Blüte: je nach Sorte
Blütezeit: VII–VIII
Standort: anspruchslos, liebt keine Nässe
Vermehrung: Aussaat II–III, Teilung oder Stecklinge nach der Blüte
Pflege: anspruchslos! Wuchert, daher begrenzten Standort zuweisen
Verwendung: für Staudenbeete, zum Schnitt. Nachbarpflanzen: *Digitalis grandiflora, Oenothera tetragona, Potentilla nepalensis* 'Miss Willmott'
Sorten: 'Acaulis', 15 cm, tiefviolett. 'Dahurica', 50 cm, blüht in Quirlen; zum Schnitt. 'Joan Elliott', 50 cm; Einzelblüten tiefviolett, schopfartig. 'Schneekrone', Blütenschöpfe reinweiß

Abb. 120: *Campanula glomerata*

Abb. 121

Campanula lactiflora
Kuppelglocke, Riesen-Glockenblume

Herkunft Kaukasus; 1–2 Meter hoch, offene Blüten, in Dolden angeordnet, von VI–VIII. Eine der schönsten Arten für Rabatten. Nachbarpflanzen: paßt zu *Helenium, Coreopsis, Erigeron*. Sorten: 'Alba', 100 cm, weiß. 'Loddon Anne', 100 cm, rosalila. 'Pritchards Variety', dunkelviolett, 120 cm. 'Superbum', 80 cm, dunkelblau, großblumig

Abb. 121: ***Campanula lactiflora***

Abb. 123

Campanula persicifolia

Pfirsichblättrige Glockenblume

Herkunft Europa, Sibirien; 100 cm hoch, Blatt schmal, lanzettlich, glänzendgrün. Blütenglocken je nach Sorte blau oder weiß. Blütezeit von VI–VII. Braucht viel Sonne und lehmigen Boden. Für Staudenbeete und Naturgärten, zum Schnitt. Nachbarpflanzen: Astilben, *Lythrum,* frühe *Hemerocallis, Thalictrum aquilegifolium.* Sorten: 'Grandiflora Alba', traubenartige Blütenglocken, weiß, 3–8blütig. 'Grandiflora Caerulea', leuchtendblau

Abb. 124

Campanula pyramidalis

Pyramidenglockenblume

Herkunft Norditalien, Balkan. Wuchs pyramidenförmig, Höhe 120 cm, Blüten mittelblau, zahlreich, Blütezeit von VI–VIII. Schöne auffällige Pflanze für Steppengärten, Töpfe, Einzelstellungen in Staudenrabatten

Abb. 122

Campanula latifolia var. *macrantha* (*Campanula macrantha*)

Waldglockenblume

Abb. 122: ***Campanula latifolia* 'Gloaming'**

Herkunft Kaukasus; 100 cm hoch, locker aufrecht. Blatt breitoval, rauhhaarig. Violettblaue Blütenglocken, von VI–VII. Schöne, wüchsige Art für Staudenbeete, Naturgärten und Naturparks. Nachbarpflanzen: *Digitalis, Lysimachia punctata,* Monarda-Hybride 'Präriebrand', *Polygonatum, Pulmonaria, Aruncus,* Farne, *Achillea, Papaver, Hosta,* Lilien, *Coreopsis.* Sorte 'Alba', 100 cm hoch, weiß.

Abb.123: ***Campanula persicifolia***

Abb. 124: ***Campanula pyramidalis***

Campanula trachelium

Nesselglockenblume

Herkunft Europa, Nordafrika, Iran, Sibirien. 80–100 cm hoch. Blütezeit VI–VIII. Für Halbschatten und Schatten, feuchte, humose Böden, Staudenrabatten, Naturgärten, Teichränder

Carex buchananii
Fuchsrote Segge

Abb. 125

Abb. 125: ***Carex buchananii***

Familie: *Cyperaceae* – Riedgrasgewächse, Sauergräser
Herkunft: Neuseeland, etwa 800 Arten dieser Gattung
Wuchs: 40 cm hoch, aufrecht, graziös, lockere Büsche
Blatt: lange, dünne, rotbraune Halme, nahezu wintergrün
Blüte: überhängende Büschel
Blütezeit: VII–VIII
Standort: wird am schönsten in sonniger Lage
Erde: kalkhaltiger, sandig bis magerer Boden
Vermehrung: Teilung V–VI
Pflege: im Herbst nicht abschneiden, da bei Rauhreif besonders schön, Rückschnitt erst II–III
Verwendung: Liebhaberpflanze mit Zierwert für Staudenrabatten, Gräsermotive, Naturgärten, Pflanztröge. Nachbarpflanzen: *Coreopsis verticillata* 'Grandiflora', *Tradescantia*, niedrige *Solidago*

Carex comans
Segge

Herkunft Neuseeland. 30 cm hoch, mit dichten Horsten und schmalen Blättern. Graubraune oder blaßgrüne Formen. Anspruchslos, auch im Winter schön

Carex conica
Segge

Herkunft Japan. 10–15 cm hoch, immergrün, in Horsten wachsend. Vielseitig verwendbar, im Schatten und Halbschatten. 'Variegata', weißbunte Form

Carex digitata
Fingersegge

Herkunft Europa-Asien. Wuchs in Horsten, Ähren fingerartig, zusammen stehend. Blätter 4 mm breit, frischgrün, 30 cm lang. Für Sonne und Halbschatten. Blütezeit III–IV

Carex grayi
Morgensternsegge

Abb. 126

Herkunft Atlantik, Nordamerika. 80 cm hoch, aufrechte Büsche. Blatt lineal-lanzettlich, dreikantig. Gelbe Ähren, Fruchthalme, von VII–VIII. Auffallend dekorative, große, morgensternähnliche Fruchtstände. Gedeiht gut im Halbschatten, in jedem kalkhaltigen Gartenboden, auch sumpfig. Für Staudenbeete, Sumpfränder, Gehölzränder. Nachbarpflanzen: *Coreopsis verticillata* 'Grandiflora', *Tradescantia*, niedrige *Solidago* und sonstige Halbschattenstauden

Abb. 126: ***Carex grayi***

Carex hachijoensis
Japansegge

Herkunft Japan. Wuchs horstig, 20–30 cm, ähnlich *Carex morrowii*. Wertvolles immergrünes Ziergras für Halbschatten und Schatten, in der Nähe von Gebäuden. Sorte 'Evergold', lebhaft goldgelb und weiß, auf grünem Grund, gestreift

Carex montana
Bergsegge

Abb. 127

Herkunft Europa und Asien. 20–40 cm hoch, horstartig, Wurzelstock fast knollig. Blatt dünn, überhängend, mit schöner, bräunlicher Herbstfärbung. Blüte schwefelgelb, pinselartige Blütenstände (Ähren). Blütezeit III–IV. Standort sonnig bis halbschattig. Für Steingärten, Staudenrabatten, Gehölzränder, Pflanztröge, wächst noch in Fels- und Mauerfugen.

Abb. 127: ***Carex montana***

Carex morrowii
Immergrüne Japansegge

Abb. 128

Herkunft Japan. 25–40 cm hoch, je nach Sorte, breite Horste. Blatt frischgrün mit ausgeprägtem Rand. Blüte III–VI. Standort Halb- bis Ganzschattig auf feuchtem Garten- oder Waldboden. Zuverlässige Schattenpflanze unter Gehöl-

Abb. 128: ***Carex morrowii***

zen, für Naturgärten. Wintergrün. Sorten: 'Variegata': 40 cm hoch, Blatt schmal, lang, leicht zugespitzt, überhängend; dunkelgrün mit hellen Randstreifen, wintergrün. Ähren straff aufrecht. 'Variegata Aurea': 25 cm, lockere Horste. Blatt schmal, rinnig, mit deutlichen, gelben Mittelstreifen, wintergrün. Blütenähren unscheinbar; Liebhaberpflanze.

Abb. 129

Carex muskingumensis

Palmwedelsegge

Herkunft östliches Nordamerika. 50–80 cm hoch, dichte Horste bildend. Blätter schmal. Die Stengel sind bis an die Spitze beblättert und erinnern an Palmwedel. Liebt feuchten bis normalen Boden, an sonnigem oder halbschattigem Standort. Vielseitig verwendbar

Abb. 129: ***Carex muskingumensis***

Abb. 130

Carex ornithopoda

Vogelfußsegge

Herkunft Europa. Wächst mit dichten, kleinen Horsten, 15–20 cm hoch. Blütezeit IV–VI. Blütenähren stehen fingerartig zusammen. Liebt kalkhaltige, humose Böden. 'Variegata' weißbunt, wintergrün, mit etwas Schutz

Abb. 130: ***Carex ornithopoda*** **'Variegata'**

Carex plantaginea

Breitblattsegge

Herkunft östliches Nordamerika. 40 cm hoch, flache Horste bildend. Blatt bandförmig, lang, 2 cm breit, frischgrün, wintergrün. Blütenähren hellgelb, von V–VI. Liebt Halbschatten bis Schatten und feuchten Wald- oder Moorboden. Wertvolles, blattzierendes Gras als wintergrüner Bodendecker unter Gehölzen in Naturgärten und Parkanlagen

Carex sylvatica

Waldsegge

Herkunft Europa, Kleinasien. Wuchs horstig, mit glänzenden grünen Blättern. Blütenrispen bis 90 cm hoch, überhängend, wintergrün. Für Halbschatten und Schatten, am Wasser, unter Gehölzen, sehr ansprechend. Blütezeit V–VI

Abb. 131

Carex umbrosa

Schattensegge

Herkunft Südeuropa, Kaukasus, Mittelrußland. Bildet dichte Horste, immergrün, Blätter schmal, bis 40 cm hoch, überhängend. Liebt feuchte, humose mäßig saure Lehmböden. Paßt zu Schattenstauden, Gehölzen, Blumenzwiebeln

Abb. 131: ***Carex umbrosa***

Abb. 132

Carex pseudocyperus

Scheinzyper-Segge, Zypergrasähnliche Segge, Zypersegge

Familie: *Cyperaceae* – Riedgrasgewächse, Sauergräser
Herkunft: Europa, Asien, Nordamerika, Nordafrika; Sumpfbereiche. Etwa 800 Arten dieser Gattung
Wuchs: 80 cm hoch, grasartig
Blatt: scharfrandig, hellgrün, überhängend
Blüte: grüne, hängende Blü-

Abb. 132: ***Carex pseudocyperus***

tenähren auf dreikantigen Stengeln
Blütezeit: VI–VII
Standort: anspruchslos
Erde: Sumpf- oder Schlammboden, bis 10 cm Wasserstand
Vermehrung: Teilung V–VI
Pflege: anspruchslos
Verwendung: Uferpflanze, für alle Wassermotive, auch einzeln stehend. Nachbarpflanzen: *Menyanthes, Pontederia, Sparganium*

Carex acutiformis
Sumpfsegge

Herkunft Europa, Mittelmeerraum. Bis 100 cm hoch, Blätter graugrün, scharfkantig. Lebensbereich ist der Sumpf-Uferrand (+5–20 cm). Blütezeit V–VI

Carex elata
Steife Segge

Herkunft Europa, Nordafrika. Bulbenbildende Segge mit dreikantigen, meterhohen Stengeln und ca. 6 cm langen Ähren. Blütezeit V. Standort Sumpf (bis +5cm). Gut geeignet zur Uferbefestigung. Repositionspflanze

Carex gracilis
Schmale Sumpfsegge

Herkunft Europa. Bis 80 cm hoch, zierliche, überhängende Halme. Blütezeit V–VI. Lebensbereich Sumpf-Teichrand (+5–20 cm)

Carex pendula
Riesensegge, Pendelsegge

Abb. 133

Abb. 133: *Carex pendula*

Herkunft Europa, Asien, Südafrika. 80–100 cm hoch, aufrecht, locker. Blatt breit, immergrün, überhängend. Halme mit herabpendelnden Ähren überragen die Blätter. Blütezeit VI–VII. Liebt feuchte, sumpfige Waldstellen mit kalkarmem Garten- oder Sumpfboden. Stattliche blattzierende Solitärpflanze für Sumpf- und Wassermotive in Naturgärten und Parkanlagen, mit anderen hohen Gräsern und Blattschmuckstauden, z.B. *Hosta*

Carex riparia
Ufersegge

Herkunft Europa bis Sibirien, Nordwestafrika. Stark wüchsig, 100 cm hoch, Blütezeit V–VI. Rekultivierungspflanze. Bis 30 cm Wassertiefe geeignet. Die Sorte 'Aureola' treibt goldgelb aus, weniger wuchernd als die Art

Carlina acaulis* ssp. *acaulis
Silberdistel, Wetterdistel, Eberwurz

Abb. 134

Abb. 134: *Carlina acaulis*

Familie: *Compositae* – Korbblütengewächse
Herkunft: Mitteleuropa, bis Weißrußland, Mittelspanien und Nordgriechenland.
Wuchs: 20 cm hoch, stengellos
Blatt: Rosette aus breit lanzettlichen, ausgebuchteten, dornigen, gezähnten, unterseits weißwolligen Blättern
Blüte: bei Regen geschlossener bei Sonne weit geöffneter Blütenkopf, einzeln oder wenig verzweigt. Strahlig ausgebreitete Hüllblätter, silbrig weiß
Blütezeit: VII–IX
Standort: vollsonnig, trocken, sandig oder auch steinig
Erde: neutral oder kalkhaltig, lehmig oder sandig, mager
Vermehrung: Aussaat im Herbst und Winter (Kaltkeimer), Selbstaussaat, Tiefwurzler, im Topf anziehen, da sonst kaum zu verpflanzen
Verwendung: für alpine Pflanzungen, Stein- und Geröllgärten, für Tröge. Nachbarpflanzen: *Juniperus communis, Genista, Dianthus deltoides, Hieracium aurantiacum, Thymus serpyllum*
Besonderheiten: steht unter Naturschutz

Carlina acaulis ssp. *simplex*
Carlina acaulis var. *caulescens*
Eberwurz, Silberdistel

Stengel 15–60 cm hoch, unverzweigt oder wenig verzweigt. Häufig in der Kranz- und Trockenbinderei verwendet. Steht unter Naturschutz! Gute Insektenfutterpflanze

Abb. 135

Catananche caerulea
Rasselblume

Familie: *Compositae* – Korbblütengewächse
Herkunft: Mittelmeerraum, Nordafrika
Wuchs: 40–60 cm hoch, schmal, aufrecht wachsend
Blatt: schmal, lanzettlich, leicht filzig
Blüte: purpurblau
Blütezeit: VI–VII
Standort: vollsonnig
Erde: sandig, lehmig, durchlässig
Vermehrung: Aussaat
Kultur: Aussaat direkt ins Freie, dünn verteilt in Reihen von 25 cm Abstand, Keimdauer 8–14 Tage bei 18–20°C. Vorkultur möglich, Auspflanzen V
Verwendung: hübsche, auffällige Schnittblume, Steingartenpflanze, für sonnige Hänge und Naturgärten. Trockenblume. Blüht schon im ersten Jahr

Abb. 135: ***Catananche caerulea***

Abb. 136

Centaurea dealbata
Flockenblume, Kornblume

Familie: *Compositae* – Korbblütengewächse
Herkunft: Kleinasien, Kaukasus, Persien; Züchtungen
Wuchs: 60–80 cm hoch, locker, buschig, Stengel aufrecht, dann locker verzweigt
Blatt: fiederlappig grün, unterseits weiß filzig
Blüte: purpurrot
Blütezeit VI–VII
Standort: verträgt jeden trockenen Standort
Erde: nimmt jeden Boden an
Vermehrung: Aussaat, Teilung, Wurzelschnittlinge II–III
Pflege: anspruchslos! Wuchert, daher begrenzten Standort zuweisen
Verwendung: wertvolle Schnittstaude, für Staudenrabatten, Böschungen. Naturgärten. Pollen- und Nektarlieferant für Bienen, Hummeln, Falter. Nachbarpflanzen: *Echinops, Verbascum*
Sorten: 'Steenbergii', 70 cm hoch, Blüten leuchtend purpurrot mit weißer Mitte. Blätter weißfilzig

Abb. 136: ***Centaurea dealbata*** **'Steenbergii'**

Abb. 137

Centaurea macrocephala
Gelbe Flockenblume

Herkunft Armenien, Kaukasus. 120 cm hoch, locker, aufrecht, Stengel unverzweigt, große Grundblätter, wellig, beiderseits grün. Blüte kräftig gelb, hühnereigroß, Knospe glänzend braun, schuppig. Blütezeit VII–IX. Empfehlenswerte Solitärstaude, in Staudenrabatten, Naturgärten, Schmetterlingsgärten, Blumenwiesen; zum Trocknen

Abb. 137: ***C. macrocephala***

Abb. 138

Centaurea montana
Berg-Flockenblume

Herkunft Pyrenäen, Alpen, Karpaten. 30–40 cm hoch, Wurzelstock ausläufertreibend, Stengel oft filzig, behaart. Blatt flockig behaart. Blüte blauviolett, von V–VI. Verträgt jeden Standort im Halbschatten und Schatten. Wertvolle Schnittblume und Rabattenpflanze mit Wildpflanzencharakter. Gute Insektenfutterpflanze.
Sorten: 'Alba', weiß. 'Grandiflora', blau, großblumig. 'Rosea', rosa

Abb. 138: ***Centaurea montana***

Centranthus ruber
Spornblume

Abb. 139

Abb. 139: ***Centranthus ruber***

Familie: *Valerianaceae* – Baldriangewächse
Herkunft: westl. und südl. Europa; an trockenen Alpenhängen
Wuchs: 40–100 cm hoch, strauchartig
Blatt: breiteiförmig
Blüte: dunkelrosarote Rispen
Blütezeit: VI–IX
Erde: Kalkböden, nicht zu feucht
Vermehrung: Selbstaussaat möglich oder Teilung II–III, bei mehrköpfigen Pflanzen
Pflege: sehr anspruchslos, Rückschnitt ebenerdig im Winter
Verwendung: Wildstaude für Steingärten, Trockenmauern, Kübel. Nachbarpflanzen: *Centaurea, Echinops, Platycodon*
Sorten: 'Alba', weiß. 'Coccineus', himbeerrote Rispen

Cerastium tomentosum var. *columnae*
Hornkraut

Abb. 140

Familie: *Caryophyllaceae* – Nelkengewächse
Herkunft: nördl. Halbkugel
Wuchs: 10 cm, polsterartig
Blatt: sehr klein, silberweiß
Blüte: weiß, sternartig
Blütezeit: V–VI
Standort: anspruchslos, sonnig bis halbschattig
Erde: anspruchslos
Vermehrung: Teilung nach der Blüte VI–VII
Pflege: anspruchslos
Verwendung: weitverbreitete Steingartenpflanze, für sonnige Mauern, Fugenfüller. Nachbarpflanzen: niedrige *Campanula, Linum, Saponaria,* rote Wildtulpe, *Geranium, Geum, Phuopsis, Hieracium, Veronica*

Abb. 140: ***Cerastium tomentosum*** **'Silberteppich'**

Cerastium biebersteinii (Cerastium repens)
Silberhornkraut

Herkunft Krim. 10 cm hohe Polster, Blatt lineallanzettlich, weißfilzig. Blüte weiß, sternartig, von V–VI

Ceratophyllum demersum
Hornblatt

Abb. 141

Familie: *Ceratophyllaceae* – Hornblattgewächse
Herkunft: auf der ganzen Welt anzutreffen
Wuchs: völlig unter Wasser, ohne Wurzeln, kann sich mit den Trieben im Schlamm verankern
Blatt: 1–2 cm lang an oft meterlangen Trieben, doppelt gegabelt und quirlartig angeordnet, fühlt sich derb an
Blüte: unscheinbar
Standort: sonnig bis halbschattig
Vermehrung: durch Teilung. Im Winter sinken Bruchstücke als Winterblätter ab und regenerieren sich daraus im Frühling
Verwendung: sauerstoffliefernde und algenbekämpfende Unterwasserpflanze, wertvoll für Gartenteiche

Abb. 141: ***Ceratophyllum demersum***

Ceratostigma plumbaginoides
Bleiwurz

Abb. 142

Familie: *Plumbaginaceae* – Bleiwurzgewächse
Herkunft: China, schon 1846 in Europa eingeführt. 2 Arten von Bedeutung
Wuchs: 20 cm, Wurzelstock ist ein holziges dichtes Geflecht, Triebe 10–20 cm hoch, dünn, rot
Blatt: wechselständig, verkehrt-eiförmig, im Herbst bronzefarbig
Blüte: doldenartige, azurblaue Blütenköpfe
Blütezeit: VIII–X
Standort: sonnig bis halbschattig
Erde: liebt kalkhaltige, durchlässige Böden
Vermehrung: Teilung II–III
Pflege: Winterschutz in rauhen Gegenden nötig

Verwendung: Befestigungspflanze an sonnigen, trockenen Böschungen und Mauern. Nachbarpflanzen: *Dendranthema arctica, Panicum virgatum* 'Rehbraun', *Solidago caesia,* Zwergastern, *Berberis thunbergii*
Besonderheiten: Insektenfutterpflanze, die sehr spät blüht

Abb. 142:
Ceratostigma plumbaginoides

Abb. 143

Ceterach officinarum
Schriftfarn, Milzfarn

Familie: *Aspleniaceae* – Streifenfarngewächse
Herkunft: Westeuropa, Mittelmeergebiet, Kaukasus bis Himalaja, in Wäldern mit Kalkgestein. 3 Arten dieser Gattung
Wuchs: 10–20 cm hoch, grazil
Blatt: Wedel einfach gefiedert, derbledrig, unterseits spreuschuppig, silbrig, sporentragend
Standort: verträgt sogar sonnige Lage (aber keine direkte Bestrahlung), verträgt keine Winterwinde
Erde: kalkhaltiger, sandiger, humoser Boden
Vermehrung: Teilung II–V und auch Selbstvermehrung durch Sporenflug
Pflege: Winterschutz empfehlenswert
Verwendung: Steingärten, Mauern, Kalkfelsen
Besonderheiten: typischer Trockenfarn, rollt sich bei Trockenheit ein; steht unter Naturschutz

Abb. 143: ***Ceterach officinarum***

Abb. 144

Chamaemelum nobile (Anthemis nobilis)
Römische Kamille

Familie: *Compositae* – Korbblütengewächse
Herkunft: Westeuropa, Irland, Mittelmeerraum, Nordafrika
Wuchs: kriechend, dichte Rasen bildend, 5–10 cm hoch
Blatt: feingeschlitzt, sattgrün, duftend
Blüte: Randblüten weiß, Röhrenblüten gelb, duftend
Blütezeit: VI–X
Standort: sonnig
Erde: normaler Gartenboden
Vermehrung: durch kriechende Triebe im Frühjahr und Sommer
Verwendung: als Rasenersatz, kein Mähen erforderlich, für Duftrasen, Steingärten, Tröge, Heilpflanze. Pflanzengemeinschaft: Kräuter, Gräser, *Geranium, Thymus, Mentha pulegium*
Sorten: 'Plenum', weiß, dichtgefüllt, lange blühend. 'Treneague', englische nichtblühende Rasenkamille

Abb. 144: ***Chamaemelum nobile*** (Foto: Stein)

Abb. 145

Chasmanthium latifolium (Uniola latifolia)
Plattährengras

Familie: *Gramineae* – Süßgräser
Herkunft: Mittel- und östliches Nordamerika. Etwa 10 Arten dieser Gattung
Wuchs: 80–120 cm hoch, Halme stielrund, fast kahl, verästelt
Blatt: lanzettlich, 2 cm breit, dunkelgrün
Blüte: Blütenähren braun, flach, in großen Rispen vereinigt
Blütezeit: IX–X
Standort: sonnig bis halbschattig
Erde: normaler, frischer Gartenboden
Vermehrung: Teilung V–VI
Pflege: anspruchslos, Rückschnitt III
Verwendung: Naturgärten mit Wasser- und Gräsermotiven, Steingärten; Schnittpflanze für den Vasenschmuck und für die Binderei. Nachbarpflanzen: Gräser wie *Avena, Bouteloua, Carex buchananii, Melica, Sesleria,* auch niedrige bis mittelhohe Stauden

Abb. 145: ***Chasmanthium latifolium***

Abb. 146

Chelone obliqua
Schlangenkopf, Schildblume, Miesmäulchen

Abb. 146: ***Chelone obliqua***

Familie: *Scrophulariaceae* – Rachenblütengewächse
Herkunft: Nordamerika, Arkansas, Maryland bis Missouri
Wuchs: 60–80 cm hoch, straff aufrecht,
Blatt: gegenständig, gesägt, eiförmig
Blüte: dunkelrosa, in dichten Ähren, röhrig aufgeblasene Rachenblüten, daher der Name
Blütezeit: VII–X
Standort: von sumpfig bis trocken, sonnig, halbschattig
Erde: humusreich, mager
Vermehrung: im Winterhalbjahr durch Teilung
Pflege: sehr anspruchslos, robust, im Winter ebenerdig abschneiden
Verwendung: Teichrand- und Sumpfpflanze, haltbare, lange blühende Schnittblume
Sorten: 'Alba', weiß. 'Praecox Nana', 40 cm hoch

Abb. 147

Chiastophyllum oppositifolium
Goldtröpfchen, Walddickblatt

Abb. 147: ***Chiastophyllum oppositifolium***

Familie: *Crassulaceae* – Dickblattgewächse
Herkunft: Kaukasus
Wuchs: 15 cm hoch, Wurzelstock schwach kriechend, hohe Büschelchen
Blatt: fleischig, rundlich, kerbzähnig, gegenständig
Blüte: klein, gelb, in überhängenden Rispen
Blütezeit: VI–VII
Standort: absonnig, etwas schattig
Vermehrung: Teilung und Aussaat II–III, Stecklinge VI–VIII
Pflege: anspruchslos
Verwendung: Steingärten und Trockenmauern. Nachbarpflanzen: *Lychnis alpina, Saxifraga*

Abb. 148

Chrysopogon gryllus
Goldbartgras

Familie: *Gramineae* – Süßgräser
Herkunft: Mittelmeer bis Kleinasien. Eine Art dieser Gattung
Wuchs: 100 cm, dichtbuschig
Blatt: schmal, graugrün, horstartig
Blüte: Ähren rispenartig, überhängend, rötlichbraun, mit auffallend gelben Staubfäden
Blütezeit: VIII–X
Standort: sonnig
Erde: normale, feuchte Gartenerde
Vermehrung: Teilung VI–VII
Pflege: anspruchslos, Rückschnitt II–III
Verwendung: für Naturgärten mit Gräsermotiven, Staudenbeete. Nachbarpflanzen: andere Gräser und mittelhohe Stauden, z.B. *Avena, Festuca, Koeleria, Phlox paniculata, Campanula*

Abb. 148: ***Chrysopogon gryllus***

Cimicifuga racemosa var. *cordifolia (Cimicifuga cordifolia)*
Herzblatt-Lanzensilberkerze

Familie: *Ranunculaceae* – Hahnenfußgewächse
Herkunft: Nordamerika. Etwa 10 Arten
Wuchs: 200 cm hoch, locker, aufrecht
Blatt: herzförmig, doppelt dreiteilig, zum Verwechseln ähnlich mit denen von *Ampelopsis veitchii*
Blüte: Blütenstand straff aufrecht, weiße Blütenkerzen
Blütezeit: VIII–X
Standort: absonnige, halbschattige Plätze
Erde: feucht, humos
Vermehrung: Teilung II–III oder Aussaat nach der Blüte
Pflege: Rückschnitt ebenerdig, im Winter
Verwendung: wertvolle Gruppenstaude, als Vorpflanzung vor Gehölzgruppen. Nachbarpflanzen: *Aconitum charmichaelii* var. *arendsii, Anemone tomentosa, Campanula latifolia,* Farne, zwischen immergrünen Gehölzen, Rhododendron
Sorten: 'Blickfang', reinweiß, 160 cm hoch

Abb. 149

Cimicifuga dahurica
August-Silberkerze, Kandelaber-Silberkerze

Herkunft Amurgebiet; Höhe 200–250 cm, lockerer, aufrechter Wuchs; Blatt 2–3fach dreiteilig, fiederspaltig eingeschnitten, gesägt. Schneeweiße Blütenkerzen, auf stark verzweigten einzeln waagrecht abstehenden Stielen, von VIII–IX. Absonniger, halbschattiger Standort mit humoser, feuchter Erde. Wertvolle Gruppenstaude als Vorpflanzung vor Gehölzgruppen, z.B. *Holodiscus,* Koniferen

Abb. 149: *Cimicifuga dahurica* (Foto: Holmåsen)

Abb. 151

Cimicifuga simplex
Oktober-Silberkerze

Herkunft Kamtschatka. Höhe 100–140 cm, Blatt hellgrün, doppelt gefiedert. Kerzen dichtblütig, reinweiß, stark verzweigte Blütenstände, von IX–X. Sorten: 'Armleuchter', stark verzweigte, leicht überhängende, reinweiße Rispen

Abb. 151: *Cimicifuga simplex* 'White Perl'

Cimicifuga racemosa var. *racemosa*
Juli-Silberkerze

Herkunft Nordamerka. 180–200 cm hoch, locker, aufrecht. Blatt doppelt bis dreifach grob gesägt. Blütenkerzen weiß, leicht überhängend, 60 cm lang. Blütezeit VII–VIII. Wertvolle Gruppenstaude als Vorpflanzung vor Gehölzgruppen, z.B. *Holodiscus,* Koniferen

Abb. 150

Cimicifuga ramosa
September-Silberkerze

Herkunft Kamtschatka. 200–250 cm hoch, locker, aufrecht. Blatt dreiteilig, gefiedert, kurzgestielt, länglich oval, doppelt gesägt. Blüte cremeweiß, 40 cm lang, aufrechte oder geneigte Blütenkerzen, IX. Wertvolle Gruppenstaude als Vorpflanzung vor Gehölzgruppen, z.B. *Holodiscus,* Koniferen. Nachbarpflanzen: *Aconitum charmichaelii* var. *arendsii, Anemone tomentosa, Campanula latifolia,* Farne, zwischen immergrünen Gehölzen, z.B. *Rhododendron.* Sorten: 'Atropurpurea', Blatt braunrot, dreiteilig; weiße Blütenkerzen, von VIII–IX, auffallender Kontrast zwischen Blatt und Blüte

Abb. 150: *Cimicifuga ramosa* 'Atropurpurea'

Codonopsis clematidea (Codonopsis ussuriensis)
Tigerglocke, Glockenwinde

Familie: Campanulaceae – Glockenblumengewächse
Herkunft: Mittelasien, Himalaya. Ca. 30 Arten in dieser Gattung
Wuchs: ca. 50 cm hoch, aus fleischigem Wurzelstock entspringende, schwach behaarte Stengel, teils rankend
Blatt: oval, zugespitzt, wechselständig
Blüte: einzeln stehend, breitglockig-bauchig mit zurückgebogenen Zipfeln, hängend, porzellanblau, im Blütengrund attraktiv braungelb bis schwärzlich gezeichnet, Raubtiergeruch
Blütezeit: Juni–Juli
Standort: sonnig bis halbschattig, feucht; an Steinen oder Bäumen und Sträuchern
Erde: humusreich
Vermehrung: Aussaat im Frühling, gelingt leicht
Verwendung: schöne, anspruchsvolle Liebhaberpflanze, für Steingärten, Tröge, Waldpartien. Nachbarpflanzen: niedrige Gehölze, Farne

Abb. 152

Codonopsis ovata
Glockenwinde

Herkunft West-Himalaja. Wurzelstock zylindrisch, Höhe 30 cm. Blüten einzeln, nickend, 2 cm lang, himmelblau mit dunkleren Adern. Blütengrund schwarz mit grünen Samen. Für sandigen, feuchten Humusboden. Schöne aber etwas empfindliche Art. Blütezeit VIII.

Abb. 152: *Codonopsis ovata*

Convallaria majalis
Maiglöckchen

Abb. 153

Abb. 153: ***Convallaria majalis***

Familie: *Liliaceae* – Liliengewächse
Herkunft: Europa, in Tal- und Höhenlagen, in Laubwäldern
Wuchs: 20 cm hoch, Rhizomstaude
Blatt: dunkelgrün, ellipsenförmig, lang
Blüte: weiße, duftende, rispenartige Blütenglöckchen
Blütezeit: V
Frucht: rote, erbsengroße Beeren mit zwei blauen Samen. Achtung, Beeren sind giftig!
Standort: schattig
Erde: Waldhumusboden, gedeiht aber auch in sandiglehmiger Gartenerde
Vermehrung: sehr leicht durch Teilung, immer VII–VIII, nach der Blüte
Pflege: Raumbegrenzung einplanen oder Abstechen im Herbst. Wuchert!
Verwendung: als Bodendecker für beschattete Gehölzflächen; widersteht Wurzeldruck und Trockenheit. Nachbarpflanzen: *Luzula, Pulmonaria, Vinca, Viola odorata,* Farne, *Asarum*
Besonderheiten: Duftpflanze. Giftpflanze. Keime werden zum Vortreiben genutzt.
Sorten: 'Grandiflora', großblütig. 'Rosea', zartrosa, Liebhaberpflanze

Coreopsis grandiflora
Mädchenauge

Abb. 154

Familie: *Compositae* – Korbblütengewächse
Herkunft: Urheimat Nordamerika; Züchtungen
Wuchs: 60–80 cm, locker, hängend, buschig, lange glatte Stiele
Blatt: 3-5teilig, gefiedert, frischgrün
Blüte: goldgelb, bis 9 cm ø
Blütezeit: VI–IX
Standort: sehr sonnig
Vermehrung: Aussaat II–III, Teilung nach der Blüte
Pflege: anspruchslos, Rückschnitt ebenerdig, im Winter
Verwendung: Rabattenstaude und für Schnitt, Bienenfutterpflanze. Nachbarpflanzen: Sommerastern, Delphinium-Hybriden, *Gaillardia, Potentilla atrosanguinea* 'Gibsons Scarlet', *Salvia nemorosa* 'Ostfriesland'
Besonderheiten: wertvolle Schnittblume, hält 14 Tage; die Knospen blühen in der Vase auf
Sorten: 'Badengold', große, goldgelbe Blüten. 'Early Sunrise', aus Samen, reich und schon im 1.Jahr, blühend

Abb. 154: ***Coreopsis grandiflora*** **'Sonnenkind'**

Coreopsis verticillata
Netzblattstern

Abb. 155

Herkunft Nordamerika. Höhe 60–80 cm, buschig, Wurzelstock dichte gelbe Rhizome. Blatt tief eingeschnitten, fast nadelförmig wirkend. Blüte gelb, endständig, zahlreich, von VI–IX. Sorte 'Grandiflora', goldgelb, zierliches Laub, lange blühend. Für Rabatten, Steppengärten, als Bienenfutter

Abb. 155:
Coreopsis verticillata

Abb. 156

Cortaderia selloana
Pampasgras

Familie: *Gramineae* – Süßgräser
Herkunft: Argentinien, Tallagen mit geschütztem Kleinklima. 5 Arten dieser Gattung
Wuchs: 2–3 m, je nach Standort, straff, aufrecht
Blatt: überhängend, graugrün, scharf gezähnt, etwa 1 m lang
Blüte: Blütenwedel 40–80 cm lang, dicht, silberweiß, auffällig
Blütezeit: IX–XI
Standort: verlangt volle Sonne und geschützten Standort, Winterschutz erforderlich
Erde: guter Gartenboden
Vermehrung: Teilung III–V, Mutterpflanzen frostfrei überwintern
Pflanzung: nur Frühjahrspflanzung V–VI
Pflege: im Sommer reichlich Feuchtigkeit geben und damit auch eine monatliche Flüssigdüngung einplanen. Rückschnitt des Halmbusches erst im Frühjahr bis auf 20 cm. Vorsicht! Jungtriebe nicht schädigen! Winterschutz vor Frosteintritt: den Blattschopf im oberen Drittel zusammenbinden, Laub oder trockene Torfschicht an dem Wurzelstock aufbringen. Mit aufgestelltem Fichtenreisig außerdem noch abschirmen: Winternässe ist gefährlich!
Verwendung: imposantes Solitärgras für Terrassen, Wasserbecken, im Rasen, Hausplätzen. Nachbarpflanzen: vor Koniferen, vor Rosen
Besonderheiten: ein interessantes, imponierendes Großgras für Einzelstellung, jedoch anspruchsvoll
Sorten: 'Pumila', 50–120 cm hoch, Zwergform mit weißen Wedeln. 'Rendatleri', Wedel zartrosa, große, lockere Blüten. 200 cm hoch. 'Sunningdale Silver', 250 cm hoch, silberweiß, lockere Wedel

Abb. 156: ***Cortaderia selloana*** **'Pumila'**

Abb. 157

Corydalis lutea
Gelber Lerchensporn

Familie: *Papaveraceae* – Mohngewächse
Herkunft: Südfrankreich, Ober- und Mittelitalien. Etwa 300 Arten dieser Gattung
Wuchs: 20 cm hoch, halbkugelig, dichtbuschig, knollige Wurzel
Blatt: gefiedert, lauchgrün
Blüte: dunkelgelb
Blütezeit: V–X
Standort: anspruchslos
Erde: jeder Boden
Vermehrung: Selbstaussaat
Pflege: anspruchslos, wuchert; kann aber jederzeit unterdrückt werden
Verwendung: langlebiger Fugenkletterer, Bodendecker, für große Anlagen, am Gehölzrand zur Verwilderung, für feuchte Mauern. Nachbarpflanzen: *Polemonium, Leucojum vernum, Linaria,* Farne

Abb. 157: ***Corydalis lutea***

Corydalis cava
Hohler Lerchensporn

Heimisch in Mittel- und Südeuropa. Knolle kugelig, hohl. Blätter blaugrün. Blüte lilarot oder weiß, etwa 30 cm hoch. Wandert in laubreiche, feuchte Gärten ein. Für Naturgärten

Corydalis cheilanthifolia
Chinesischer Farnlerchensporn

Herkunft China. Höhe 25 cm, farnartiges Laub, Blüte hellgelb

Corydalis ochroleuca
Blaßgelber Lerchensporn

Herkunft Balkan, Italien; in Mitteleuropa eingebürgert. Blüten cremeweiß. Ähnlich *Corydalis lutea,* verträgt mehr Trockenheit, Blütezeit von V–IX

Corydalis nobilis
Sibirischer Lerchensporn

Herkunft Persien, Zentral- und Nordasien, Sibirien, Altai-Gebirge. 30–60 cm hoch, fleischiger, tiefgehender Wurzelstock, Stengel aufrecht; Blatt breitlappig, doppelt fiederschnittig, blaugrün. Blüte hellgelb mit dunklen Tupfen, vielköpfige Blütentrauben im Mai. Verwendung für feuchte Mauern und am Gehölzrand zur Verwilderung. Zieht im Sommer ein. Gute Insektenfutterpflanze

Cotula dioica
Fiederpolster

Familie: *Compositae* – Korbblütengewächse
Herkunft: Neuseeland
Wuchs: 5 cm hoch, kriechend, rasenbildend, mit wurzelbildenden Trieben
Blatt: kerbig gesägt, linealisch, dunkelgrün
Blüte: unscheinbare, knopfartige Blütenköpfe
Blütezeit: VI
Erde: guter, sandig humoser Gartenboden
Vermehrung: durch Teilung II–VII
Pflege: ohne Aufwand, vollkommen anspruchslos
Verwendung: für Gräber, Kleinflächen, um das Rasenmähen zu sparen. Nachbarpflanzen: Blumenzwiebeln und Ginster
Besonderheiten: eine sehr wertvolle Rasenersatzstaude für Kleinflächen, bildet feste Rasenpolster

Cotula potentillina
Fiederpolster

Herkunft Neuseeland; 5 cm hoch, kriechend, rasenbildend, mit wurzelbildenden Trieben. Blatt lineal-lanzettlich, fein gefiedert, olivgrün, im Winter auffallend braun verfärbt. Unscheinbare, knopfartige Blütenköpfe im Juni. Für Gräber und Kleinflächen geeignet, um das Rasenmähen zu sparen.

Cotula squalida
Abb. 158

Fiederpolster

Herkunft Neuseeland. 5 cm hoch, kriechend, rasenbildend, mit wurzelbildenden Trieben. Blatt bräunlichgrün, 4 cm lang, fiederschnittig. Unscheinbare, knopfartige Blütenköpfe im Juni. Verwendung als Rasenersatz

Abb. 158: *Cotula squalida*

Crambe cordifolia
Abb. 159

Riesenschleierkraut, Meerkohl

Abb. 159: *Crambe cordifolia* (Foto: Stein)

Familie: *Cruciferae* – Kreuzblütengewächse
Herkunft: Kaukasus
Wuchs: 150–200 cm hoch
Blatt: groß, glänzend grün, tief gebuchtet
Blüte: weiß, auf einem lockeren, riesigen wolkigen Blütenstand
Blütezeit: VI–VII
Standort: sonnig
Erde: tiefgründig gelockert, nährstoffreich, lehmig, kalkhaltig
Vermehrung: durch Aussaat im Herbst oder Winter (Kaltkeimer), Wurzelschnittlinge
Pflege: im Winter ebenerdiger Rückschnitt
Verwendung: Solitärpflanze, braucht 2 m² Platz, lockert Staudenflächen auf, zwischen dunkellaubigen Gehölzen. Insektenfutterpflanze

Crambe maritima
Meerkohl

Herkunft europäischen Küsten. Steht unter Naturschutz!. Blätter fleischig, blau bereift, gebuchtet. Etwa 50–60 cm hoch. Blüte weiß, von VI–VII. Paßt gut zu Dünenpflanzungen, in Steingärten sowie an den Teichrand. Insektenfutterpflanze. Im Gemüsegarten werden die jungen Triebe ähnlich wie Spargel getrieben und verwendet. Vermehrung über Winter durch Aussaat (Kaltkeimer), besser jedoch durch Kopfstecklinge im Frühjahr oder Wurzelschnittlinge im Winter

Crepis aurea
Goldpippau

Familie: *Compositae* – Korbblütengewächse
Herkunft: Mittelmeergebiet, Südeuropa. Etwa 200 Arten auf der nördlichen Halbkugel und im tropischen Afrika
Wuchs: 15–25 cm, je nach Sorte
Blatt: lanzettlich, sägeartig gezähnt
Blüte: orangegelb, 3 cm ø, löwenzahnähnlich
Blütezeit: VI–VIII
Standort: vollsonnig
Erde: trockener, normaler Gartenboden, kalkhaltig
Vermehrung: Teilung IV–V
Verwendung: seltene Beet- und Rabattenpflanze, für Einfassungen und Steingärten

Abb. 160: ***Crocosmia masoniorum***

Crocosmia masoniorum

Abb. 160

Großblumige Montbretie

Familie: *Iridaceae* – Schwertliliengewächse
Herkunft: Provinz Natal in Südafrika
Wuchs: 80–100 cm hoch; dunkelbraune, zwiebelförmige Knolle
Blatt: breit-schwertförmig, gerippt
Blüte: orangegelb mit zinnoberroten Streifen in der Mitte, trichterförmig, Blüten sitzen an gebogenen, überhängenden Rispen
Blütezeit: VII–VIII
Standort: vollsonnig, geschützt; nur mit sorgfältigem Schutz winterhart
Erde: lockere, durchlässige, nährstoffreiche Gartenböden
Pflanzung: von III–IV, ohne frostgefahr, 5–7 cm tief
Pflege: viel Wasser und monatliche Blumendüngergaben während der Wachstumszeit. Winterschutz mit einer 20–30 cm dicken Decke aus Laub und Torf und darüber eine Folie. Boden muß im Winter trocken sein. In rauhen Gegenden im Keller trocken, bei 5–8°C überwintern
Verwendung: mehrjähriges Knollengewächs, für Blumenrabatten; hübsche, lange haltende Schnittblume
Sorten: 'Emily McKenzi', sehr großblumig, orangerot, 40 cm hoch, lange Blütezeit. 'James Coey', feuerrot, 55 cm hoch, von VII–VIII. 'Lady Wilson', gelborange, 55 cm hoch. 'Lucifer', feuerrot, auffallend große Blüten an kräftigen Ähren, 85 cm hoch, von VII–VIII. 'Norwich Canary', gelb, 55 cm

Crocosmia paniculata (Curtonus paniculatus)

Goldblatt

Herkunft Süd-Afrika; Wuchs 120 cm hoch, Blätter schilfartig, Blüten feuerrot. Blütezeit von VIII–IX

Currania dryopteris (Polypodium dryopteris)

Abb. 161

Eichenfarn

Familie: *Athyriaceae* – Frauenfarngewächse
Herkunft: nördliche gemäßigte Zone, Nordamerika bis China
Wuchs: mittelhoch, 10–30 cm, Rhizom kriechend, schwarzbraun, glänzend, bodendeckend, oft in großen Beständen
Blatt: Wedel einzeln, gleichseitig dreieckig, tief fiederschnittig, horizontal, hellgrün
Standort: schattig
Erde: durchlässig, humos
Vermehrung: Durch Teilung und Sporen
Verwendung: für Schattenpartien, als sommergrüne Bodendecker

Abb. 161: ***Currania dryopteris***

Currania robertiana (Dryopteris robertiana)

Ruprechtsfarn

Herkunft Europa, Westasien, Nordamerika. Ähnlich der vorigen Art. Rhizom dunkelbraun, glanzlos. Wedel einzeln, dreieckig-eiförmig, bläulichgrün, wüchsig. Verträgt Sonne, kann stark wuchern. Vermehrung durch Teilung und Sporen. Für schattige Stellen im Stein- und Waldgarten.

Cyclamen purpurascens (Cyclamen europaeum)
Duftalpenveilchen, Wildalpenveilchen

Familie: *Primulaceae* – Primelgewächse
Herkunft: Europa, Frankreich, Alpen bis Wien, vor allem im Berchtesgadener Land
Wuchs: 10–15 cm hoch, kugelige, seitlich und oben bewurzelte Knollen
Blatt: nieren- bis herzförmig, immergrün, silbergrau gezeichnet, unten rötlich
Blüte: rosarot, süßlich duftend
Blütezeit: VIII–X
Standort: warm, halbschattig
Erde: gut durchlüfteter, kalkhaltiger Boden, keine stauende Nässe
Vermehrung: Aussaat sofort nach der Samenreife
Pflanzung: Knollen 3–5 cm unter die Erdoberfläche setzen.
Pflege: bei der Pflanzung zur Bodendurchlüftung Kiefernadeln beigeben. Bei Barfrösten mit Reisig abdecken
Verwendung: Liebhaberpflanze für Steingärten und Gehölzränder Nachbarpflanzen: *Eranthis, Galanthus, Luzula, Phyllitis scolopendrium, Saxifraga, Hamamelis,* Zwergkoniferen
Besonderheiten: steht unter Naturschutz; Giftpflanze.
Sorten: 'Purpurascens', duftende, karminrote Blüten

Abb. 162

Cyclamen coum ssp. *coum*
Spätwinter-Alpenveilchen

Herkunft Bulgarien, Türkei, Krim, Syrien. Blätter dunkelgrün oder silbern gezeichnet. Blüten gestaucht, fast weiß, aber auch rosa, karmin mit dunklem Fleck. Blüte sehr früh, II–IV. Für Gehölzränder, unter Stäuchern

Abb. 162: ***Cyclamen coum* ssp. *coum***

Abb. 163: ***Cyclamen hederifolium***

Abb. 163

Cyclamen hederifolium (Cyclamen neapolitanum)
Neapolitanisches Alpenveilchen
Efeublättriges Alpenveilchen

Herkunft: Mittelmeergebiet, Balkan, Kleinasien. Stiele 15 cm hoch, bis faustgroße Knollen, unten abgeflacht, oben bewurzelt. Blatt wintergrün, efeuartig. Blüte rosa, duftlos, erscheint vor den Blättern. Blütezeit IX–X. Steht unter Naturschutz! Sorte: 'Album', weiß

Abb. 164

Cymbalaria muralis (Linaria cymbalaria)
Leinkraut, Zimbelkraut

Familie: *Scrophulariaceae* – Braunwurzgewächse
Herkunft: Mittelmeergebiet, etwa 15 Arten dieser Gattung
Wuchs: 10 cm hoch, kriechend, wuchernd
Blatt: rundlich, herzförmig, an langen, fadenförmigen Trieben
Blüte: lilablau, mit gelblicher Lippe, in den Blattwinkeln
Blütezeit: VI–IX
Standort: absonnig
Erde: sandig-humos
Vermehrung: Samenaussaat II–III oder Teilung IV
Pflege: anspruchslos, vorsichtig verwenden, starke Wucherpflanze!
Verwendung: für Steingärten, Mauern. Nachbarpflanzen: *Ramonda myconi, Asplenium, trichomanes*

Abb. 164: ***Cymbalaria muralis***

Abb. 165

Cynara scolymus
Artischocke

Familie: *Compositae* – Korbblütengewächse
Herkunft: Mittelmeerraum
Wuchs: bis 160 cm hoch, mit Blütenstielen, die bereits im 1.Jahr erscheinen, an langen Stielen bis zu 6 Blüten von 8–10 cm ø
Blatt: weit ausladend, weißfilzig behaart, fiederteilig, tief eingebuchtet, bei bestimmten Sorten gestachelt, sehr dekorativ
Blüte: große Distelblüten mit stahlblauen Zungenblüten, sehr dekorativ
Blütezeit: VII–IX
Standort: sonnig
Erde: tief gelockert, nährstoffreich, humos, Staunässe wird nicht vertragen
Kultur: Aussaat XII–II, den Samen 24 Stunden lang vorquellen lassen, Keimdauer 14–20 Tage bei 18–20°C. 1mal pikieren, Weiterkultur im Gewächshaus bei 10–12°C, nach den Frösten im Mai auspflanzen
Pflanzung: in reichlich Kompost oder abgelagertem Mist, im Abstand von 80 x 100 cm
Pflege: Überwinterung ist auch im Freien möglich, dann blühen die Pflanzen 2–3 Jahre lang weiter. Hierfür eine dicke Schicht Laub (20–30 cm) aufbringen oder die Pflanzen mit Folie, darübergestülpten Eimern usw. vor Frost und der Winternässe schützen; Anfang April wieder entfernen
Verwendung: die Knospen werden wegen der zarten Blütenböden als Feinschmeckergemüse geschätzt. Nach dem Aufblühen ergeben sie sehr dekorative Schnitt- und Trockenblumen
Sorten: Die normalen Speiseartischocken können stark bestachelt sein. Daher nur Sorten verwenden. 'Große grüne von Laon', großblütig, kaum Stacheln, 150 cm hoch. 'Violetta', violette Knospen, 140 cm hoch

Abb. 165: *Cynara scolymus*

Abb. 167

Cypripedium calceolus
Marienfrauenschuh

Familie: *Orchidaceae* – Orchideengewächse
Herkunft: Mitteleuropa, Sibirien, Kaukasus
Wuchs: 25–40 cm hoch, buschig, Rhizomwurzel, Triebe 3–5blättrig
Blatt: tiefgrün
Blüte: Blütenhüllblätter pantoffelförmig, rotbraun mit hellgelber, rot punktierter Lippe
Blütezeit: V–VI
Standort: halbschattig, windgeschützt
Erde: Laub- oder Heideerde mit etwas Lehm, kalkliebend
Vermehrung: vorsichtige Teilung von III–V, selten gelingt Selbstaussaat
Pflanzung: III–IV
Pflege: keine Düngergabe! Winterschutz durch eine Nadeldecke ratsam. Einmal angesiedelt, bitte stehen lassen, nicht stören!
Verwendung: für Natur-, Wald und Steingärten. Nachbarpflanzen: *Primula sieboldii, Adiantum pedatum, Athyrium filix-femina* 'Minutissima', *Polystichum setiferum* 'Proliferum', *Carex montana, Carex morrowii* 'Variegata'
Besonderheiten: eine Erdorchidee für erfahrene Gartenliebhaber. Steht unter strengem Naturschutz. Nur aus kultivierten Beständen gemäß Washingtoner Artenschutzabkommen erwerben!

Abb. 166

Cyperus longus
Langes Zypergras

Familie: *Cyperaceae* – Riedgrasgewächse, Sauergräser
Herkunft: Europa, Asien, Afrika; Sumpfbereiche. Etwa 600 Arten dieser Gattung
Wuchs: 120 cm hoch, horstbildend, ausläufertreibend, Stengel dreikantig
Blatt: graziös überhängend, dunkelgrün, glänzend
Blüte: Blütenähren rotbraun, in lockeren Büscheln
Blütezeit: VI–VII
Standort: sonnig–halbschattig
Erde: Sumpfböden und auch bis 20 cm Wassertiefe
Vermehrung: in Schalen im Sumpfwasser abgestellt oder Teilung
Pflege: anspruchslos
Verwendung: weit verbreitete Sumpf- und Wasserpflanze als Uferpflanze, einzeln oder in Gruppen. Nachbarpflanzen: andere Sumpfpflanzen wie *Acorus, Alisma, Butomus, Pontederia, Sparganium,Typha*
Weitere Arten: *Cyperus alternifolius* – Zypergras und *Cyperus papyrus* – Papyrus: nicht winterharte Wasserpflanzen, die den Sommer im Teich verbringen können (vgl. Band 4 dieser Lexikonreihe).

Abb. 167: *Cypripedium calceolus*

Abb. 166: *Cyperus longus*

Cypripedium macranthon
Großblütiger Frauenschuh

Herkunft Sibirien, Japan, Korea, Weißrußland, Ural. 30–40 cm hoch, buschig, Rhizomwurzel, Triebe 3–5blättrig. Blüte: Lippe dunkelrot geadert, innen heller, pantoffelförmige Blütenhülle purpurrosa. Blütezeit von V–VI. Für Natur-, Wald- und Steingärten. Eine Erdorchidee für erfahrene Gartenliebhaber, steht unter Naturschutz!

Cypripedium reginae
Königsfrauenschuh

Herkunft östliches und mittleres Nordamerika. 40–60 cm hoch, buschig, Rhizomwurzel, Triebe behaart, Blatt 5–7blättrig, oval zugespitzt, fein weiß behaart. Blüte 1–3blütig, 8 cm groß, weiß mit fast kugeliger, rosafarbener Lippe, im Juni. Braucht feuchten Moorboden. Erdorchidee für erfahrene Gartenliebhaber. Steht unter Naturschutz

Cyrtomium fortunei
Sichelfarn

Familie: *Aspidiaceae* – Schildfarngewächse
Herkunft: Japan
Wuchs: 60 cm hoch, aufrecht
Blatt: Wedel 25 cm breit, einfach gefiedert, mattglänzend, dunkelgrün, wintergrün
Standort: halb- bis ganzschattiges Waldklima, nicht ganz winterhart
Erde: Wald- oder Moorboden
Vermehrung: Teilung II–V
Pflege: Winterschutz bei Barfrost geben
Verwendung: für Waldsituationen, in geschützter Lage, als Topfpflanze, beliebtes Schnittgrün in der Blumenbinderei

Abb. 168

Cyrtomium falcatum (Aspidium falcatum, Polystichum falcatum)
Ilexfarn

Herkunft Ostasien, Polynesien, Südafrika, eingebürgert in England und den Azoren. Wedel aufrecht, 50 cm, grobgefiedert, Wedel kurz, wintergrün. Braucht etwas Frostschutz.

Abb. 168: ***Cyrtomium falcatum***

Abb. 169

Cystopteris bulbifera
Brutknospenblasenfarn, Blasenfarn

Familie: *Athyriaceae* – Frauenfarngewächse
Herkunft: östliches Nordamerika. Etwa 18 Arten
Wuchs: 40–70 cm, rötlicher Wedelstiel
Blatt: Wedel schlank, hellgrün, mit erbsengroßen Brutknospen, keilförmige Fiedern
Standort: halb- bis ganzschattiges Waldklima
Erde: Wald- oder Moorboden
Vermehrung: Teilung II–V, Brutknospen
Pflege: unberührter Standort
Verwendung: auch an schattigen Stellen in Steingärten als Bodenbedecker verwendbar

Abb. 169: ***Cystopteris bulbifera***

Abb. 170

Dahlia-Hybriden
Dahlie, Georgine

Abb. 170: Dahlia-Hybriden

Familie: *Compositae* – Korbblütengewächse
Herkunft: ursprünglich in Mexiko beheimatet. Bereits von den Azteken züchterisch bearbeitet. Vor etwa 200 Jahren kamen die Dahlien nach Europa. 1803 sandte Alexander v. Humboldt Dahlien an den botanischen Garten von Berlin. Heute gibt es ungewöhnlich viele Züchtungen. Die Familie umfaßt etwa 18 Arten
Wuchs: je nach Sorte 30–200 cm hoch; Wurzelknollen
Blatt: gegenständig, meist dreiteilig; Blätter sterben im Herbst durch den Frost ab.
Blüte: in allen Farben, Blütenköpfe je nach Sorte 2–30 cm ø, sie bestehen aus Zungen- und Röhrenblüten
Blütezeit: VII–X
Standort: bevorzugt geschützten und sonnigen Standort
Erde: anspruchslos, keine nassen und schweren Böden. Sollte mit Humus und organischem Dünger verbessert werden
Vermehrung: Knollenteilung im Frühjahr, dabei muß jedes Teilstück ein Auge besitzen. Stecklingsvermehrung; sobald 3–4 Blätter erschienen sind, Stecklinge schneiden und bei etwa 18°C bewurzeln lassen. Auch Aussaat bei einfachblühenden und niedrigen gefüllten Sorten möglich
Kultur: Aussaat II–III im Gewächshaus bei 18–20°C. Keimdauer 7–16 Tage. 1mal pikieren in Töpfchen oder Multitopfplatten von 7 cm ø. Nach den Frösten auspflanzen
Pflanzung: ab V, je nach Wuchshöhe 30–60 cm bzw. 60–80 cm Abstand. Erdabdeckung etwa 10 cm
Pflege: im Herbst ausgraben, bei 4–5°C frostfrei in Torf, Sand o.ä. lagern. Vorzeitigen

Austrieb vermeiden. Viruskranke Pflanzen vernichten. Benötigen Stab zum Festbinden. Nur 3 Triebe wachsen lassen, damit sich die Blüten gut entwickeln können. Während des Sommers Boden lockern, wässern und Volldüngergabe
Verwendung: Schnittblume, Balkon- und Beetpflanze, auch für Einfassungen; hohe Arten als Solitärpflanze. Nektarlieferant für Schmetterlinge, Bienen, Hummeln
Sorten: sehr große Vielfalt, deshalb Einteilung in mehrere Sortengruppen. Kriterium ist vor allem Bau und Aussehen der Blüten, nach denen die Sorten in Klassen und diese wieder in Gruppen unterteilt werden. Weitere Informationen und Sorten finden Sie in Kreuzer Band 4: Sommerblumen, Blumenzwiebeln- und Knollen, Beet- und Balkonpflanzen

Abb. 171: Dahlia-Hybriden 'Dahlietta'

Dahlia-Hybriden
Gefüllte Dahlien

Abb. 171

Sorten: Seerosen-Dahlien: Die Pflanzen dieser Gruppe werden mittelhoch bis hoch, sind früh- und lange blühend, mit straffen, starken Stielen zum Schnitt. Die Blüten sind flacher als bei Schmuckdahlien, weniger gefüllt. Viele Sorten dieser Klasse findet man auch unter der übergeordneten Bezeichnung 'Dekorative Dahlien' eingeordnet. Wuchs mittelhoch bis hoch, 80–120 cm. Blüte gefüllt, jedoch weniger dicht als bei Schmuck- und Kaktusdahlien, Zungenblüten löffelförmig, seerosenartig angeordnet. Bevorzugte Klasse zum Schnitt für Vasen und Gestecke, für Rabatten.
Dekorative Dahlien (Schmuckdahlien): Diese große Klasse zeichnet sich durch große, ballförmige Blüten aus, die dicht gefüllt sind, mit flachen, löffelförmigen Blütenblättern. Stark variierende Form, hochwachsend. Blüte gefüllt, Zungenblüten löffelförmig, Blütenform flacher als bei Kaktusdahlien. Mitte deutlich erkennbar. Blütendurchmesser bis 18 cm und mehr. Geeignet für Schnitt und für Rabatten
Ball-Dahlien: Eine Klasse mit größeren Blüten als Pompondahlien, viel längeren und festeren Stielen, für viele das Beste in Schnittdahlien; robust und haltbar, lange blühend. Mittelhoch, 100–130 cm, nicht sehr breit. Blüte dicht gefüllt, mittelgroß, ballförmig, Zungenblüten gehen vom Zentrum aus. Geeignet vorzugsweise zum Schnitt, langandauernde Blüte.
Pompon-Dahlien: kleine, runde Blumen mit tütenförmigen Zungenblüten, sehr kompakt, feste Bälle auf straffen Stielen. Kleinere Blüten als Balldahlien.
Kaktusdahlien: Die spitz gedrehten oder nadelförmigen Blütenblätter sind sehr lang und schmal, sehr dekorativ! Beliebte Dahlienklasse, besonders großblumige Züchtungen sind auf dem Rückzug, etwas kleinere und dafür zahlreichere Blüten gewinnen an Beliebtheit, vor allem auch, weil sie regenfester sind.
Beet-Dahlien: Dieser Typ ist locker gefüllt mit seerosen-ähnlichen Blüten, wegen der kürzeren Stiele für den Schnitt kaum geeignet. Große Blüten und robuster, kompakter Wuchs machen diese Klasse für Rabatten interessant. 40–70 cm hoch, kompakt, standfest, benötigen keinen Halt. Blüte locker gefüllt, löffel-spatelförmige Zungenblüten
Semikaktus-Dahlien: Diese Gruppe steht zwischen den Kaktus- und Schmuckdahlien. Die Sorten neigen jeweils mehr der einen oder der anderen Klasse zu, sind also nicht auf Anhieb eindeutig zuzuordnen. Die Blütenblätter sind etwas weniger eingerollt als bei Kaktusdahlien. Die Blütenbälle sind in der Regel groß, es gibt jedoch auch die Klasse der etwas kleineren Semikaktusdahlien. 100–150 cm hoch, Blüte dichtgefüllt, große Blütenbälle mit dachziegelartig angeordneten, leicht eingedrehten Blütenblättern. Geeignet zum Schnitt und als dekorative Pflanzen für Rabatten und Beete.
Sterndahlien, Orchideenblütige Dahlien: Die Zungenblüten sind auffällig gedreht, gefleckt, so daß ein sehr exotisches Aussehen entsteht; mittelhoch, etwa 70 cm. Für Einzelstellung und für Rabatten

Dahlia-Hybriden
Halbgefüllte Dahlien

Blüte: Um die gelbe Scheibe von Röhrenblüten ordnen sich zwei oder mehrere Kreise von Zungenblüten. Form, Größe und Höhe sind verschieden
Sorten: Paeonien-Dahlien oder Duplex-Dahlien: Großen einfach geformten Zungenblüten steht eine Scheibe von dichten Röhrenblüten gegenüber, die Stempel sind etwas erhöht. Wuchsform: mittel bis hoch, 60–100 cm. Geeignet für Beet- und Gruppenpflanzungen.
Halskrausen- (Collerette-) Dahlien: Diese auffälligen Blüten zeichen sich aus durch eine große Röhrenblütenscheibe, kurze Zungenblüten, die wie eine Halskrause wirken und durch einen Kranz von Zungenblüten. Die nektarreichen Blüten sind ein Anziehungspunkt für Schmetterlinge. Mittelhoch- bis hochwachsend. Geeignet als Schnittblume, aber hauptsächlich für Beete und Rabatten
Anemonenblütige Dahlien: Die dicht an dicht stehenden Röhrenblüten wölben sich kissenartig auf, der Kranz Randblüten steht in mehreren Reihen. Apartes Aussehen. Es gibt niedrige Sorten (Anemini-Dahlien) von nur 40 cm Höhe, mittelhohe und hohe. Wuchs buschig, kompakt. Geeignet für Balkonkästen, Beete und Rabatten

Dahlia-Hybriden
Einfachblühende Dahlien

Blüte: Um einen Blütenboden mit kurzen Röhrenblüten ist jeweils ein Kranz von Zungenblüten angeordnet
Sorten: Topmix-, Baby- oder Zwerg-Mignon-Dahlien: Mit ihrem niedrigen, buschigen Wuchs, Höhe nur 20–40 cm, ist diese Klasse für Töpfe, Beete, Balkonkästen und Rabatten, ja sogar als Topfpflanze fürs Zimmer zunehmend gefragt. Blüte einfach, 4–5 cm ø, sehr reichblühend; verschiedene Farbsorten
Mignon Dahlien: Meist wird diese Klasse aus Samen herangezogen. Pflanzen mit buschigem Wuchs, Höhe 40–60 cm. Hochwachsende Sorten werden bis zu 1 Meter hoch. Blüten einfach bis leicht gefüllt, 7–9 cm breit, kurze, gelbe Röhrenblüten, Zungenblüten am Rand; hohe Sorten bis 12 cm ø. Besonders geeignet für Rabatten und großflächige Sommerblumenbeete

Abb. 172

Darmera peltatum (Peltiphyllum peltatum)
Schildblatt

Abb. 172: *Darmera peltatum*
(Foto: Stein)

Familie: *Saxifragaceae* – Steinbrechgewächse
Herkunft: Japan. Nur eine Art
Wuchs: 80–100 cm, Wurzelstock fleischig, horizontal
Blatt: Grundblätter ø 30 cm und mehr, langgestielt, schildförmig
Blüte: weiß bis rötlich, vor dem Blattaustrieb, traubenartige Blütendolden auf behaartem Stiel
Blütezeit: V
Standort: anspruchslos
Erde: jede Erde
Vermehrung: Aussaat oder Teilung II–IV
Pflege: anspruchslos
Verwendung: sehr dekorative Staude als Uferpflanze für Teiche, Bäche, Wassermotive, zur Einzelstellung oder mit Großstauden. Nachbarpflanzen: *Rheum, Heracleum, Carex, Iris sibirica, Primula rosea, Trollius, Hosta, Filipendula*

Abb. 173

Delphinium-Hybriden
Garten-Rittersporn

Familie: *Ranunculaceae* – Hahnenfußgewächse
Herkunft: Kreuzungen mehrerer Arten
Wuchs: je nach Sorte 70–100 cm hoch, Wurzelstock faserig
Blatt: 3zählig bis handförmig, gelappt oder geteilt
Blüte: je nach Sorte
Blütezeit: VI–VII und IX
Standort: sonnig
Erde: normaler Gartenboden
Vermehrung: Teilung II–IV oder Grünstecklinge VI–VII, dann ist Sortenechtheit gewährleistet. Sonst Aussaat sofort nach der Samenreife
Pflanzung: IX–XI oder II–V
Pflege: sofort nach der Blüte ebenerdiger (10 cm über dem Boden) Rückschnitt, dann erscheint ein guter 2. Flor
Verwendung: für Staudenbeete, besonders wertvolle Schnittblume, auch als Trockenblume. Nachbarpflanzen: *Leucanthemum maximum* 'Maistern', *Coreopsis verticillata* 'Grandiflora', *Helenium* 'The Bishop', *Kniphofia, Phlox paniculata,* Park- und Kletterrosen, Lilien
Sorten: Belladonna-Hybriden: 'Atlantis', 130 cm, tiefviolett, weißes Auge.'Kleine Nachtmusik', 80 cm hoch, dunkellila, lockere Rispen; 'Moorheimii', 100 cm, reinweiß. 'Sommerfrische', 100 cm, hellblau, großblumig. 'Sternenhimmel', 120 cm, dunkelblau mit weißem Auge. 'Völkerfrieden', 100 cm hoch, dichter, aufrechter, graziöser Wuchs; Blüte ultramarinblau mit großer Leuchtkraft
Elatum-Hybriden: Züchtung; je nach Sorte 120–200 cm hoch, starke Stiele, dichte Blütenrispen, Farbe je nach Sorte, von VI–VII und IX–X. Im Garten kaum wegzudenkende Liebhaberpflanze für Staudenbeete, zum Schnitt und als Trockenblume. Nachbarpflanzen: *Achillea filipendulina, Leucanthemum maximum, Coreopsis, Helenium, Lilium candidum, Phlox paniculata,* vor dunklen Nadelgehölzen, Kletterrosen, Strauch- und Floribundarosen, rotlaubigen Gehölzen. 'Abendleuchten', 150 cm, fliederfarben. 'Abgesang', 170 cm, leuchtend azurblau mit weißem Auge, spätblühend. 'Ariel', 150 cm, hellblau, Auge weiß. 'Berghimmel', 180 cm, dichtbuschig; Blüte kerzenartig, hellhimmelblau mit weißer Mitte. 'Blauwal', 200 cm, dunkelblau. 'Fernzünder', 140 cm, Blütenkerzen leuchtendblau mit weißem Auge. 'Finsteraarhorn', 170 cm, tiefenzianblau, dunkles Auge. 'Frühschein', 170 cm, Blütenkerzen hellilablau. 'Jubelruf', 200 cm, Blütenrispen von auffallender Schönheit in reinem, strahlendem Blau. 'Lanzenträger', 200 cm hoch, standfeste Stiele; Blütenrispen wohlgeformt, strahlend enzianblau mit großem, weißem Auge; besonders wertvoll. 'Ouvertüre', 160 cm, Blütenrispen mittelblau mit rosa, schwarzes Auge. 'Perlmutterbaum', 180 cm, hellblau mit rosa. 'Schildknappe', 170 cm, enzianblau mit weißem Auge. 'Sommernachtstraum', 150 cm, sehr standfeste Stiele, große Blütenkerzen, auffallend tiefes Enzianblau von besonderer Leuchtkraft; zählt zu den wertvollsten Ritterspornsorten. 'Tempelgong', 180 cm, blau mit purpurner Mitte. 'Traumulus', 180 cm, Blütenkerzen mittelblau mit weißem Auge. 'Zauberflöte', 180 cm hoch, mittelblau, mit weißem Auge.
Pacific-Hybriden: Züchtungen aus den USA. Bis 160 cm hoch, straff aufrecht. Blatt 3zählig bis handförmig, gelappt oder geteilt. Große Einzelblüten und kräftige Rippen von VIII–X. 'Black Knight', dunkelviolett. 'Blue Bird', mittelblau mit weißem Auge. 'Dwarf Blue Springs', 100 cm, sehr standfest, blaue, weiße und rosa Töne, großblumig. 'Galahad', strahlend reinweiß. 'Guinevera', Blüte rosiglavendel

Abb. 173: Delphinium-Hybride 'Riesen Galahad'

Abb. 174

Delphinium grandiflorum (Delphinium grandiflorum var. *chinense)*
Zwerg-Rittersporn

Familie: *Ranunculaceae* – Hahnenfußgewächse
Herkunft: Sibirien, Westchina. Etwa 400 Arten dieser Gattung
Wuchs: 30–50 cm hoch, buschig, Stengel dünn, aufrecht, locker verzweigt
Blatt: handförmig, tief geteilt
Blüte: enzianblau
Blütezeit: VI–VIII
Standort: sonnig
Erde: sandig, lockerer Boden ohne stauende Nässe
Vermehrung: Aussaat II–III
Pflege: blüht nach sofortigem Rückschnitt nach der ersten

Blüte (vor dem Samenansatz) im Herbst ein zweites Mal. Zieht nach der Blüte ein. Liebt dann einen trockenen Ruheplatz
Verwendung: schöne Liebhaberpflanze für Rabatten, Natur- und Steingärten. Nachbarpflanzen: *Oenothera missouriensis*, Gräser
Besonderheiten: nicht besonders langlebig
Sorten: 'Blauer Zwerg', 'Blauer Spiegel'

Abb. 174: *Delphinium grandiflorum* 'Butterfly'

Abb. 176: *Delphinium* × *ruysii* 'Pink Sensation'

Abb. 175

Delphinium nudicaule
Rittersporn

Herkunft Kalifonien. Wildform. 25–40 cm hoch, buschig, Stengel locker verzweigt. Blatt fleischig, rundlich, meist 3teilig gelappt. Blüte leuchtend orangerot, in lockeren Trauben, im Juni. Zieht nach der Blüte ein. Liebhaberpflanze für Steingärten und Felspartien, Trockenstaude. Winterschutz nötig

Abb. 175: *Delphinium nudicaule*

Abb. 176

Delphinium × *ruysii*
Rittersporn

80 cm hoch, Wurzelstock faserig; reinrosa Blütenrispen von VI–VII und IX. Liebhabersorte für Staudenbeete und Töpfe

Delphinium semibarbatum (Delphinium zalil)
Rittersporn

Herkunft Persien, Afghanistan bis Nordindien. 80–170 cm hoch, aufrecht, knolliger Wurzelstock. Blüte lichtgelb, in lockeren Trauben, von VI–VII. Liefert sehr schöne Schnittblumen, leider nicht sehr langlebig. Winterschutz erforderlich

Delphinium tatsiense
Rittersporn

Herkunft Ostchina; 40–60 cm hoch, buschig, Stengel dünn, aufrecht. Blatt dreilappig, fein zerteilt; Blüte kornblumenblau, von VI–VII. Zieht nach der Blüte ein. Liebhaberpflanze für Steingärten und Felspartien, Trockenstaude

Abb. 177

Dendranthema-Grandiflorum-Hybriden *(Chrysanthemum* × *hortorum*, Chrysanthemum-Indicum-Hybriden)
Gartenchrysantheme, Winteraster

Familie: *Compositae* – Korbblütengewächse
Herkunft: China, in höheren Lagen
Wuchs: je nach Sorte 40–80 cm hoch, buschig aufrecht
Blatt: wechselständig, stark eingeschnitten, fiederartig
Blüte: je nach Sorte – einfach, halbgefüllt oder gefüllt, in vielen Farben
Blütezeit: VIII–X
Standort: keine feuchte Lage
Erde: kalkhaltiger, nährstoffreicher Boden, durchlässig
Vermehrung: Teilung II–III, Stecklinge nach der Blüte
Pflege: Frühjahrspflanzung empfohlen. Keine Staunässe, vor allem im Winter. Volldünger oder Kompostdüngergabe mehrmals in kleinen Gaben von II–VII. Als Krankheiten können Schädlinge wie Blattälchen, Blattwanzen und Grauschimmelpilze auftreten. Mit Pflanzenschutzmittel bekämpfen. Rückschnitt ebenerdig im Winter, Winterschutz durch Schnittreste
Verwendung: Staude für Rabatten, auch an Hauswänden und für Friedhöfe, zum Schnitt. Nachbarpflanzen: *Aster novi-belgii, Caryopteris,* Silberkerzen, Gehölze mit Beerenschmuck, vor dunklen Koniferen, vor wildem Wein, Anemonen
Besonderheiten: seit 2000 Jahren, eine der ältesten Zierpflanzen der Erde, in China gezüchtet, etwa 5000 Sorten
Sorten: 'Altgold', 40 cm hoch; Blüte goldbronzefarben, pomponartig. 'Citrus', 80 cm hoch; Blüte zitronengelb, halbgefüllt, mittelfrühblühend. 'Clara Curtis', 60 cm hoch; Blüte leuchtendrosa, einfach, mittelgroß, reichblühend. 'Edelweiß', 80 cm hoch, Blüte reinweiß, halbgefüllt, mittelgroß. 'Fellba-

Abb. 177: Dendranthema-Grandiflorum-Hybriden

cher Wein', 60 cm hoch; Blüte weinrot, halbgefüllt. 'Goldmarianne', 80 cm hoch; Blüte leuchtend tiefgelb, einfach, reichblühend. 'Hebe', 60 cm hoch; Blüte leuchtendrosa, einfach. 'Kleiner Bernstein', 50 cm hoch; Blüte bernsteinfarbig, mittelgroß, halbgefüllt. 'Ordensstern', 80 cm hoch; Blüte leuchtend goldbraun, gefüllt, mittelgroß. 'Schwabenstolz', 60 cm hoch; Blüte dunkelbraunrot, gefüllt, mittelgroß. 'Tante Heti', 50 cm hoch; Blüte kräftig gelb, löffelförmig

Dendranthema arcticum (Chrysanthemum arcticum)

Abb. 178

Weiße Polarmargerite

Herkunft arktische Zonen Europas, Asiens und Nordamerikas; auch Züchtungen. 30 cm hoch, buschige Staude, wuchert etwas. Blatt frischgrün, halbrund, großgezackt. Blüte weiß, reichblühend. Liebhaberpflanze für Steingärten

Abb. 178: *Dendranthema arcticum* 'Roseum'

Deschampsia cespitosa

Abb. 179

Rasenschmiele

Familie: *Gramineae* – Süßgräser
Herkunft: ganze nördliche Halbkugel. Etwa 20 Arten dieser Gattung
Wuchs: 80–100 cm hoch, dichte, dunkelgrüne, feste Horste
Blatt: dunkelgrün, stark überhängend, oberseits sehr rauh
Blüte: Ähre gelblichbraun, zierlich
Blütezeit: VI–VII
Standort: sonnig bis halbschattig
Erde: feuchter Gartenboden
Vermehrung: Aussaat II–III, Teilung V–VI
Pflege: anspruchslos, Rückschnitt II–III
Verwendung: für Naturgärten, in Gruppen vor Gehölzrändern, in Staudenrabatten, zwischen Lilien, *Eremurus*. Nachbarpflanzen: *Astilbe, Campanula*
Besonderheiten: wuchert nicht, Schmuckwirkung bis zum Herbst
Sorten: 'Bronzeschleier', 120 cm hoch, Ähren goldbraun, in großer Fülle. 'Goldgehänge', 80 cm hoch, tiefgelbe Blütenähren, überhängend. 'Goldscheier', 80 cm, hellgelbe Ähren bis Silbergrün, über dunkelgrünem Blattschopf. Schön in Staudenrabatten. 'Piccolo', 70 cm, Blütenähren reich verzweigt, zierlich

Abb. 179: *Deschampsia cespitosa* 'Piccolo'

Dianthus plumarius

Abb. 180 + 181

Federnelke

Familie: *Caryophyllaceae* – Nelkengewächse
Herkunft: Südosteuropa, viele Züchtungen
Wuchs: 20–30 cm, dichtrasige Polster, Stengel 25–30 cm
Blatt: blaugrün, zugespitzt, bis 5 cm lang
Blüte: fedrig zerschlitzte Blütenpolster, je nach Sorte weiß, rosa oder rot
Blütezeit: V–VI
Standort: sonnig bis halbschattig
Erde: normaler Gartenboden
Vermehrung: Aussaat II–III, Teilung X–III
Verwendung: für Steingärten, Mauern, Rabatteneinfassungen, Tröge. Nachbarpflanzen: *Campanula poscharskyana*, Helianthemum-Hybriden, *Hypericum olympicum* 'Citrinum'
Sorten: 'Alba plena', 15–20 cm. 'Altrosa', Stengel 25–30 cm hoch, Blütenpolster zartrosa, gefüllt. 'Diamant', weiß, gefüllt. 'Heidi', Blüte groß, gefüllt, dunkelrot
Besonderheiten: Alle heimischen Arten stehen unter Naturschutz!

Abb. 180: ***Dianthus plumarius*** **'Alba Plena'**

Abb. 181: Dianthus plumarius-Hybride 'Rachel'

Abb. 183

Diascia cordata
Doppelhörnchen, Doppelsporn, Diascie

Familie: *Scrophulariaceae* - Braunwurzgewächse
Herkunft: Natal, Südafrika
Wuchs: 20–25 cm, stark verzweigt
Blatt: gegenständig, eiförmig, gesägt, bläulich überhaucht
Blüte: rosa, etwa 2 cm breit, mit 2 Spornen, zweilippig
Blütezeit: VII–IX
Standort: sonnig und trocken
Erde: leicht, durchlässig
Vermehrung: Teilung im Spätwinter, oder durch Stecklinge
Pflege: im Herbst Rückschnitt und Überwinterung im frostfreien Kasten oder Gewächshaus; im Weinbauklima mit Schutz auch im Freien
Verwendung: reichblühende Steingartenpflanze, für Tröge und Ampeln, Sommerblüher zu Blumenzwiebeln, Balkonkastenpflanze. Nachbarpflanzen: Blumenzwiebeln, Sommerblumen wie *Lobularia, Mesembryanthemum, Dendranthema*
Sorten: 'Ruby Field', Kreuzung mit *Diascia barberae.* 30–40 cm hoch, wüchsiger als die Art; blüht leuchtend lachsrosa

Abb. 182

Dianthus deltoides
Heidenelke

Herkunft Europa, Asien. 15 cm hoch, polsterartig, Stiele 10–15 cm lang. Blatt glänzendgrün; Blüte leuchtend dunkelrot von VI–VIII. Anspruchslose, dankbare Gartenpflanze. Steht wie alle heimischen Arten unter Naturschutz!

Abb. 182: ***Dianthus deltoides*** **'Splendens'**

Abb. 183: ***Diascia cordata*** **'Ruby Field'**

Abb. 184

Dicentra eximia
Zwergherzblume

Familie: *Papaveraceae* – Mohngewächse
Herkunft: östliches Nordamerika. Etwa 15 Arten dieser Gattung
Wuchs: 20 cm hoch, buschig, kriechende Rhizome
Blatt: 3teilig, farnartig, graugrün
Blüte: herzförmig, rosenrot, zwischen den Blättern in Trauben hängend
Blütezeit: V–VII
Standort: halbschattig
Erde: leichter, humoser Boden
Vermehrung: Teilung II–III, Grünstecklinge VI–VII
Pflege: anspruchslos, zieht nach der Blüte ein. Volldüngergabe II–III, z.B. Oscorna-Guano 30–50 gr. je Pflanze
Verwendung: wertvolle Liebhaberpflanze für halbschattige Gartenflächen. Nachbarpflanzen: *Tiarella,* Farne, niedrige Schattengräser, *Epimedium,* Primel
Sorten: 'Alba', weiß

Abb. 184: ***Dicentra eximia***

Dianthus gratianopolitanus (Dianthus caesius)
Pfingstnelke

Herkunft West- und Mitteleuropa; Züchtungen. 10–15 cm hoch, grasartig, rosa Blütenpolster V–VII. Sonniger Standort, keine stauende Nässe; Aussaat II–III, Anspruchslos, für Natur- u. Heidegärten. Nachbarpflanzen: *Artemisia schmidtiana* 'Nana', *Gypsophila repens, Linum flavum, Potentilla aurea, Aster alpinus, Veronica* Sorten: 'Blauigel', 10 cm hoch, dichtrasige Polster; Blatt intensiv stahlblau, dicht; massenhaft hellpurpurrote Blütenpolster.'Comp. Eydangeri', rosarot, dicht, 10 cm hoch. 'Feuerhexe',15 cm hohe, dichtrasige Polster, igelartig; Blatt graublaue Polster, silbrig bereift; leuchtend purpurrot; 'Nordstjernen', feste, rasenartige stahlblaue Polster; rosarot. 'Schneelicht', 20 cm, reinweiß

Dicentra formosa ssp. *oregana*
Zwergherzblume

Herkunft Oregon, Kalifornien. 30 cm hoch, Blätter farnartig, hellgrün, unterseits bläulich. Blüten rosa, kronenartig. Blüte-

Dicentra spectabilis
Tränendes Herz

Abb. 185 + 186

Abb. 185: *Dicentra spectabilis* 'Alba'

Herkunft Nordchina, Japan; kam 1847 nach Europa; 80 cm hoch, fleischige, brüchige Rhizome, buschiger Wuchs; rotweiße Blüte, herzförmig, in Trauben;Blütezeit V–VI Verwendung für Rabatten, Einzelstellung, Bauerngärten, Töpfe, zum Schnitt. Nachbarpflanzen: *Brunnera, Deschampsia cespitosa,* weiße *Rhododendron, Doronicum,* Primula-Elatior-Hybriden, *Epimedium;* 'Alba', 70 cm hoch, reinweiße Herzen als überhängende Trauben

Abb. 186: *Dicentra spectabilis*

Dictamnus albus (Dictamnus fraxinella)
Diptam

Abb. 187

Familie: *Rutaceae* – Rautengewächse
Herkunft: Elsaß, Jura, Main- und Donaugebiet, Mittel- und Südeuropa, Asien
Wuchs: etwa 60–80 cm hoch, Stengel meist unverzweigt, im oberen Teil mit schwärzlichen Öldrüsen besetzt, die bei heissem Wetter ätherische, nach Zitrone duftende Öle abgeben. (Der „Brennende Busch" der Bibel läßt sich dann für kurze Zeit, besonders abends und bei schwülem Wetter, mit einem Streichholz in Flammen hüllen).
Blatt: dunkelgrün, eschenartig, mit fester Oberfläche
Blüte: rosa, mit ausdrucksvollen dunklen Adern, in endständigen Trauben
Blütezeit: VI–VII
Standort: sonnig, auf trockenen Hängen
Erde: durchlässig, gerne kalkhaltig
Vermehrung: Aussaat sofort nach der Samenreife oder über Winter als Kaltkeimer, (Lichtkeimer), durch Teilung
Pflege: Rückschnitt im Winter
Verwendung: für Steppen- und Steingärten. Nachbarpflanzen: Partner zu Akelei und Rosen, Gräsern und Kräutern wie z.B. Wermut
Besonderheiten: steht unter Naturschutz
Sorten: 'Albiflorus', in Weiß, Blüten gelb geadert; 'Purpurea', rosa.

Abb. 187: *Dictamnus albus* 'Purpurea'

Dictamnus albus var. *caucasicus*
Diptam

Herkunft Südrußland, Kaukasus. Steht unter Naturschutz! Stattlicher Wuchs, sehr große, dunkelrosa Blüten

Digitalis purpurea
Roter Fingerhut

Abb. 188

Familie: *Scrophulariaceae* – Braunwurzgewächse
Herkunft: Europa, in Tal- und Höhenlagen, Gebirge, Waldlichtungen. Etwa 20 Arten dieser Gattung
Wuchs: 150 cm hoch, aufrecht, Stengel fein graufilzig behaart
Blatt: langgestielt, eiförmig, lanzettlich
Blüte: groß, glockenartig, lilarot oder weiß
Blütezeit: VI–VII
Standort: halbschattig
Erde: kalkarm, trocken
Vermehrung: Selbstaussaat möglich, sonst Aussaat II–III; zweijährig
Pflege: Rückschnitt nach der Blüte
Verwendung: für Gehölzvorflächen in schattiger bis halbschattiger Lage, Naturgärten, Parkanlagen. Nachbarpflanzen: hohe *Campanula,* hohe Farne, *Geranium himalayense* 'Johnson', Schattengräser, zwischen Gehölzen, *Aruncus dioicus,*

Cimicifuga, Rhododendron
Besonderheiten: Arzneipflanze mit dem Giftstoff Glykosid. Befruchtung durch Hummeln. Wunderschöne, heimische, dekorative Wildpflanze. Insektenfutterpflanze
Sorten: 'Gloxiniaeflora', Blüte hängend, lila-rot. 'Gloxiniaeflora Alba', weiß

Abb. 188: ***Digitalis purpurea*** **'Gloxiniaeflora'**

Abb. 190

Digitalis lutea
Gelber Fingerhut

Herkunft Südeuropa. Steht unter Naturschutz! 70 cm hoch, Blätter glänzend, kahl, dunkelgrün. Blüten klein, hellzitronengelb. Blütezeit VII–VIII. Kalkliebend.

Abb. 190: ***Digitalis lutea***

Abb. 189

Digitalis ferruginea
Rostfarbiger Fingerhut

Herkunft Süd- und Südosteuropa, Kleinasien. 180 cm hoch, Blätter lanzettlich, oberseits glatt, unten flaumig behaart, dunkelgrün. Blüte mattes Gelb, braun geadert. Sorte 'Gigantea'

Abb. 189: ***Digitalis ferruginea***

Digitalis grandiflora
Großblütiger Fingerhut

Herkunft Europa bis Sibirien. Steht unter Naturschutz! Höhe 50–100 cm, Blätter lanzettlich. Blüten blaßgelb. Heimische langlebige Wildstaude. Sät sich leicht aus.

Digitalis × mertonensis
Fingerhut

Kreuzung aus *Digitalis purpurea × Digitalis grandiflora:* 80 cm hoch, Blätter eiförmig, glänzend, dunkelgrün. Blüte glockig, rot mit lachsrosa Schein. Blütezeit V–VI

Abb. 191

Dodecatheon meadia
Götterblume

Familie: *Primulaceae* – Primelgewächse
Herkunft: Nordamerika, östliche und südliche Staaten
Wuchs: bis 60 cm hoch, aufrecht
Blatt: länglich-oval, stumpfgrün, zieht im Sommer ein
Blüte: cyclamenähnlich, hell bis dunkelrosa, an der Basis weiß, mit lanzettlichen Kronblättern
Blütezeit: V–VI
Standort: feucht, am Teichrand und auf Wiesen, sonnig bis halbschattig
Erde: humos, nährstoffreich
Vermehrung: durch Teilung im Spätwinter, Aussaat von III–IV, Wurzelschnittlinge
Verwendung: reizvolle Kleinstaude für den Gartenteichrand für Sumpfbeete, Steingärten. Nachbarpflanzen: *Rhododendron,* Akelei, Farne, Gräser, *Sedum, Sempervivum*

Abb. 191: ***Dodecatheon meadia***

Doronicum orientale (Doronicum caucasicum)
Gemswurz

Abb. 192

Abb. 192: ***Doronicum orientale***

Familie: *Compositae* – Korbblütengewächse
Herkunft: Kleinasien, Kaukasus; in Tal- und Höhenlagen, bis ins Hochgebirge; Züchtung. Etwa. 30 Arten dieser Gattung
Wuchs: 40 cm, Wurzelstock fleischig, kriechend, schuppig behaart, Stengel behaart
Blatt: breit, herzförmig, unregelmäßig gekerbt, hellgrün
Blüte: gelb, margeritenähnlich
Blütezeit: IV–V
Standort: anspruchslos
Erde: feuchtfrischer Boden
Vermehrung: Teilung nach der Blüte, oder Aussaat II–III
Verwendung: geschätzte Liebhaberpflanze für Staudenbeete, Steingärten und zum Schnitt. Nachbarpflanzen: *Brunnera macrophylla, Narcissus,* rote Wildtulpen
Sorten: 'Finesse', 50 cm, großblumig, aus Samen zu ziehen. 'Frühlingspracht', 40 cm, kräftige Stiele; Blüte gefüllt, zum Schnitt. 'Goldzwerg', 25 cm, goldgelb. 'Riedels Goldkranz', 35 cm, doppelter Blütenkranz

Doronicum plantagineum
Gemswurz

Herkunft Südwesteuropa, bis ins Hochgebirge. 80 cm hoch, Wurzelstock ausläufertreibend, schuppig behaart. Straff aufrechter Stengel, 1–3köpfig. Blatt feinwollig behaart, eiförmig. Blüte goldgelb, groß. Blütezeit von IV–V. Für Staudenbeete, Steingärten und zum Schnitt. Gute Insektenfutterpflanze. Sorte 'Excelsum', goldgelb

Abb. 193: ***Draba bruniifolia*** (Foto: Holmåsen)

Draba bruniifolia (Draba olympica)
Hungerblümchen, Goldkissen

Abb. 193

Familie: *Cruciferae* – Kreuzblütengewächse
Herkunft: Kleinasien, bis ins Hochgebirge (2000 m). Etwa 270 Arten dieser Gattung
Wuchs: 5 cm hoch, moosartiger Wuchs
Blatt: rosettenartige Rasenpolster
Blüte: goldgelb, zwergige Rosetten
Blütezeit: IV–V
Standort: vollsonnig
Erde: sandig, durchlässig
Vermehrung: leicht durch Teilung II–III oder nach der Blüte, Aussaat II–III
Pflege: vollkommen anspruchslos, im Frühjahr Erdflöhe bekämpfen
Verwendung: für Steingärten, Mauern und Steinspalten, Trogpflanze, Polsterpflanze. Nachbarpflanzen: *Dryas × suendermannii, Iris reticulata, Saxifraga paniculata*

Draba aizoides
Hungerblümchen

Abb. 194

Herkunft Pyrenäen, Alpen, Schwäbischer Jura. 8 cm hoch, Blüte goldgelb und großblumig

Abb. 194: ***Draba aizoides***

Dracocephalum ruyschiana
Drachenkopf

Abb. 195

Familie: *Labiatae* – Lippenblütengewächse
Herkunft: Europa, Nordasien
Wuchs: aufrecht, bis 50 cm hoch
Blatt: lineal-lanzettlich, sitzend, ganzrandig
Blüte: salbeiähnliche Blüten in Scheinquirlen, stahlblau
Blütezeit: VI–VIII
Standort: sonnig–halbschatig
Erde: normaler Gartenboden, durchlässig
Vermehrung: Teilung nach der Blüte
Verwendung: langblühende Liebhaberpflanze für Stein- und Naturgärten. Stark besuchte Insektenfutterpflanze. Nachbarpflanzen: *Helianthemum, Inula ensifolia,* niedrige *Geranium, Geum*

Abb. 195: ***Dracocephalum ruyschiana***

Drosera rotundifolia
Rundblättriger Sonnentau

Familie: *Droseraceae* – Sonnentaugewächse
Herkunft: Mitteleuropa, Nordasien, Libanon, Kaukasus, Nordamerika, Japan. Etwa 27 Arten dieser Gattung
Wuchs: niedrig, 15 cm hoch
Blatt: rosettenartig angeordnet, mit vielen rot gefärbten Tentakeln besetzt, die ein tropfenförmiges Sekret ausscheiden und damit Insekten fangen und verdauen
Blüte: weiß-rosa, klein
Blütezeit: VII–VIII
Standort: im Moorbeet, sonnig, sehr feucht
Erde: immer feucht oder naß, sauer, pH 4–4,5
Vermehrung: durch Aussaat, Auslegen oder Stecken der abgeschnittenen Blätter
Verwendung: für Moorbeete, Schalen, im vertieften Kasten untergebracht. Pflanzengemeinschaft: Glockenheide, Wollgras, *Gentiana pneumonanthe* und andere Moorbeetpflanzen
Besonderheiten: Steht unter Naturschutz

Dryas × *suendermannii*
Silberwurz

Abb. 196

Abb. 196: ***Dryas* × *suendermannii***

Familie: *Rosaceae* – Rosengewächse
Herkunft: Urheimat nördl. Halbkugel; Hybride. 2 Arten
Wuchs: 15 cm hoch, mattenbildend
Blatt: dunkelgrün, derb, im Winter lederfarben; Unterseite silbrig behaart
Blüte: gelblich-weiß, schalenförmig
Blütezeit: V–VI
Erde: durchlässiger Boden
Vermehrung: Aussaat II–IV, Teilung II–III und nach der Blüte VI–VII, Stecklinge VII
Pflege: durch Frühjahrsrückschnitt kann der Lebensraum begrenzt werden
Verwendung: wichtige, dauerhafte Steingartenpflanze mit sehr hübschen Samenständen. Nachbarpflanzen: *Campanula, Dianthus, Draba bruniifolia, Gentiana septemfida* var. *lagodechiana*

Dryopteris atrata
Elefantenrüsselfarn

Familie: *Aspidiaceae* – Schildfarngewächse
Herkunft: Japan, China, Taiwan. Etwa 150 Arten dieser Gattung
Wuchs: 60–80 cm hoch, aufstrebend, locker wachsend, Stiel rotbraun
Blatt: Wedel riesig, 12–17 cm breit, dunkelgrün, an der Spitze rüsselartig eingerollt, Fiederanordnung gegenständig
Standort: halb- bis ganzschattiges Waldklima
Erde: Wald- oder Moorboden
Vermehrung: Teilung II–V
Pflege: unberührter Standort, Winterschutz wird empfohlen
Verwendung: für Waldsituationen, am Teichrand.

Abb. 197

Dryopteris affinis (Dryopteris borreri)
Goldschuppenfarn

Herkunft Westeuropa, Mittelmeergebiet. 80–100 cm hoch, trichterförmiger Wuchs, Stiele dicht, zottig, goldbraun beschuppt. Wedel bis tief in den Winter glänzend tiefgrün, lederartig, weitgehend wintergrün. Prächtige, leicht gedeihende Art für Wald- und Teichsituationen. Sorten: 'Crispa' – Zwergschuppenfarn: 30 cm hoch, schöne, wollig gekrauste Wedel. 'Cristata' – Königs-Goldschuppenfarn: 80 cm hoch. 'Furcata' – Gabelwurmfarn: 60 cm hoch, mit an den Enden gegabelten Wedeln. 'Pinderi' – Wechsel-Goldschuppenfarn: 60–80 cm hoch, schlank aufrecht, oben seitwärts abgebogen; Wedel schmal und lang, dunkelgrün und fast wintergrün, Fiederanordnung serpentinenförmig

Abb. 197: ***Dryopteris affinis***

Abb. 198

Dryopteris dilatata
Breitwedeldornfarn

Herkunft Europa, oft auf vermoderten Baumstümpfen wachsend. Wedel 30–35 cm breit, bogig überhängend

Abb. 198: ***Dryopteris dilatata***

Abb. 199

Dryopteris erythrosora

Rotschleierfarn

Herkunft China, Korea, Japan. Stiel lang, rotbraun glänzend. Wedel breitpyramidal, 30 cm breit und 50 cm lang, doppelt gefiedert, dunkelgrün glänzend, bis spät in den Winter grün; die Sporenbehälter sind vor der Reife leuchtend rot. Wunderschöne Art, mit rötlichen Wedeln.

Abb. 199: *Dryopteris erythrosora*

Abb. 200

Dryopteris filix-mas

Gemeiner Wurmfarn

100 cm hoch, büschelig aufrecht, trichterförmig. Wedel einfach gefiedert, weich, grün, breit, pyramidal. Verträgt keine stauende Nässe, aber noch Sonne. Liebt feuchte, humusreiche Gartenerde. Anspruchsloser, heimischer Farn, der sich gut in schattige Gärten einpaßt, auch für Gräber geeignet.
Sorten: 'Barnesii' – Steiler Wurmfarn: 80–100 cm hoch, steiler Wuchs, Wedelstiele unten (etwa 20 cm) kahl; Wedel doppelt gefiedert, sattgrün, Fiederchen wölben sich zur Oberseite, dadurch gewellte Wirkung. 'Linearis-Polydactylon' – Schellenbaumfarn: 50 cm hoch, Wedel überhängend, gekraust, kammförmig, Wedelenden sind verwachsen und bilden buschige Schellen. In Einzelstellung mit *Cotula* sehr schön. 'Monstrosa': 60 cm hoch, aufrecht, trichterförmig, Wedel dunkelgrün, schmal, hahnenkammartig gefiedert, wintergrün; auch für Gräber geeignet. Giftpflanze

Abb. 201

Duchesnea indica

Trugerdbeere, Indische Erdbeere

Abb. 201: *Duchesnea indica*

Familie: *Rosaceae* – Rosengewächse
Herkunft: Japan, China, Indien, östliche und mittlere USA, in Südeuropa eingebürgert. Etwa 6 Arten dieser Gattung
Wuchs: ausläufertreibend, bodendeckend, mit ca. 50 cm langen Ausläufern
Blatt: 3zählig gefingert, beiderseits behaart
Blüte: gelb, klein, 1,5–2 cm breit, einzeln angesetzt
Blütezeit: VI–IX
Frucht: rote, erdbeerähnliche Scheinbeeren, die jedoch geschmacklos sind
Standort: halbschattig bis schattig
Erde: humusreich, mäßig feucht
Vermehrung: durch Ausläufer während der Vegetationszeit
Pflege: Winterschutz durch Fichtenreisig
Verwendung: als Bodendecker. Im Zimmer und Wintergarten als rankende Topfpflanze mit interessanten, leuchtendroten Früchten

Abb. 200: *Dryopteris filix-mas*

Abb. 202

Echinacea purpurea (Rudbeckia purpurea)
Roter Sonnenhut, Purpursonnenhut

Familie: *Compositae* – Korbblütengewächse
Herkunft: Nordamerika, Virginia, Ohio, Iowa, südlich bis Georgia, Louisiana, an trockenen Hängen
Wuchs: 70–90 cm hoch, straff aufrecht, verzweigt
Blatt: rauh behaart, lederartig, dunkelgrün, eirund-lanzettlich, Rand scharf gesägt
Blüte: Zungenblüten purpurrostrot, Röhrenblüten braunrot
Blütezeit: VI–IX
Standort: sonnig, entsprechend der Heimat auch in lichtem Schatten
Erde: humoser Gartenboden, auch kalkhaltig
Vermehrung: Aussaat III–V, Teilung, Wurzelschnittlinge im Winter
Pflege: Rückschnitt dicht über dem Erdboden
Verwendung: wertvolle Rabatten- und Schnittstaude, Insektenfutterpflanze, besonders für Bienen, Hummeln, Schmetterlinge. Heilpflanze. Nachbarpflanzen: Gräser, *Phlox paniculata, Lythrum salicaria, Veronica longifolia, Agastache mexicana, Verbascum*-Arten
Sorten: 'Abendsonne', lachskarminrote Blüte, straff stehende Zungenblüten. 'Alba', weiß mit grünlichem Schimmer. 'Magnus', großblumig, karminrosa, lange Blütezeit

Abb. 202: ***Echinacea purpurea***

Abb. 203: ***Echinops banaticus***

Abb. 203

Echinops banaticus
Kugeldistel

Familie: *Compositae* – Korbblütengewächse
Herkunft: Ungarn, Balkanländer
Wuchs: 100 cm hoch, aufrecht, Stengel dick, leicht graufilzig
Blatt: fiederspaltig, Oberseite blaugrün, Unterseite graufilzig
Blüte: intensiv blau, groß
Blütezeit: VII–IX
Standort: sonnig, trocken
Erde: anspruchslos
Vermehrung: Teilung des Wurzelstockes II–III
Pflege: Rückschnitt nach der Blüte oder im Spätwinter
Verwendung: dekorative Einzel- u. Schnittstaude, für sonnige Gehölzvorflächen, Rabatten. Nachbarpflanzen: *Achillea filipendulina, Gypsophila paniculata, Kniphofia, Achnatherum calamagrostis, Coreopsis,* hohe Aster, *Helenium, Solidago*
Sorten: 'Taplow Blue' 100 cm hoch, intensiv blau

Abb. 204

Echinops ritro
Kugeldistel

Herkunft Südeuropa, Balkan. 100–150 cm hoch. Blüte stahlblau, mittelgroß. Blütezeit von VII–IX. Standort trocken, besonders winterhart und widerstandsfähig. Geeignet für Naturgärten, Böschungen, Gehölzvorflächen. Bienen- und Schmetterlingsfutterpflanze. Sorten: 'Veitch's Blue', 120 cm hoch, stahlblau, gut zum Schnitt

Abb. 204: Echinops ritro 'Veitch´s Blue'

Abb. 205

Edraianthus pumilio
Becherglocke, Büschelglocke

Abb. 205: ***Edraianthus pumilio***

Familie: *Campanulaceae* – Glockenblumengewächse
Herkunft: West-Jugoslawien. 9 Arten in Südosteuropa
Wuchs: polsterbildend, 15 cm
Blatt: steif, nadelförmig, 1–1,5 cm lang, graugrün
Blüten: auf sehr kurzem Stengel, einzelstehend, 3 cm lang, blauviolett, schmal glockenförmig
Blütezeit: VI–VII
Standort: sonnig, trocken, auch im lichten Halbschatten
Erde: leicht humos, kalkhaltig
Vermehrung: Aussaat im Frühjahr, Teilung
Verwendung: sehr reichblühende Steingartenpflanze, für Tröge. Nachbarpflanzen: *Campanula pulsilla, Draba, Sempervivum, Iberis saxatilis*

Eichhornia crassipes
Wasserhyazinthe

Abb. 206

Familie: *Pontederiaceae* – Hechtkrautgewächse
Herkunft: Tropisches und subreopisches Amerika, in Afrika und Asien eingeschleppt. 6 Arten dieser Gattung
Wuchs: 20–30 cm, Schwimmblattpflanze mit ungeheurer Wucherung, hat bis 4 m dicken Wurzelfilz
Blatt: fette, kochlöffelartige Blätter, Blattstiele zu Schwimmblasen ausgebildet
Blüte: Blütenähren blau-violett, starker Hyazinthenduft
Blütezeit: VI–IX
Standort: verlangt ständig mind. 15° Wärme. Kann im Sommer im Freien einen Wasserplatz einnehmen und vom X–V im frostfreien Raum feucht überwintern (Keller)
Erde: schlammiger Boden bei 20 cm Wasserstand
Vermehrung: Teilung V–VI
Verwendung: nur für Warmhausbecken geeignet, oder den Sommer über in Kübeln und sonnigen Teichen, als Schwimmpflanze, sehr schön. Nachbarpflanzen: *Alisma, Butomus*
Besonderheiten: starkes Vermehrungsvermögen in warmen Gewässern, dort Probleme für die Wasserkraftwerke, starkes Wasserklärvermögen (Repositionspflanze)

Abb. 206: ***Eichhornia crassipes***

Eleocharis acicularis
Sumpfried, Nadelsimse

Familie: *Cyperaceae* – Riedgrasgewächse, Sauergräser
Herkunft: nördliches Europa und Amerika. 80 Arten dieser Gattung
Wuchs: untergetaucht, breitet sich rasenartig auf dem Boden aus und sorgt dabei für klares Wasser
Blatt: 10–20 cm lange unbeblätterte Halme
Standort: sonnig bis halbschattig
Vermehrung: Teilung
Verwendung: wertvolle submers lebende Pflanze zur Algenbekämpfung in Gartenteichen und Bächen, gedeiht auch am immer feuchten Uferrand

Eleocharis palustris
Sumpfsimse

Abb. 207

Herkunft: fast überall zuhause. 20–30 cm lange, binsenartige Blatthalme, wachsen gebündelt zusammen. Gedeiht am feuchten Uferrand, aber auch untergetaucht

Abb. 207: ***Eleocharis palustris***

Elodea canadensis
Kanadische Wasserpest

Abb. 208

Familie: *Hydrocharitaceae* – Froschbißgewächse
Herkunft: Nordamerika, auf sonnigen Teich- und Seeflächen, weltweit verschleppt. 10 Arten dieser Gattung
Wuchs: 30 cm, großer Ausbreitungsdrang
Blatt: linealisch, quirlartig angeordnet. Unter Wasser tangartig, stark verzweigt
Standort: sonnige Wasserbereiche, 20–100 cm Wasserstand
Erde: Sumpfboden
Vermehrung: Teilung V–VI
Pflege: Vorsicht, stört andere Pflanzen, dann rigoros ausreißen, kommt wieder!
Verwendung: Teiche, auch Fischbecken oder Weiher. Nachbarpflanzen: *Nuphar, Nymphoides peltata, Nymphaea*
Besonderheiten: Unterwasserpflanze mit wasserreinigender Wirkung (Assimilationsleistung)

Abb. 208: ***Elodea canadensis***

Epilobium angustifolium
Weidenröschen

Abb. 209

Abb. 209: ***Epilobium angustifolium*** (Foto: Stein)

Familie: *Onagraceae* – Nachtkerzengewächse
Herkunft: Europa, Mittelmeerraum, Asien, Nordamerika, Grönland, bis in alpine Regionen
Wuchs: straff aufrecht, kaum verzweigt, 120–150 cm hoch
Blatt: weidenförmig, lanzettlich, lederartig glatt, wechselständig, unterseits graugrün, netzartig
Blüte: zartrosa bis violettrosa, selten auch weiß
Blütezeit: VI–VIII
Standort: sonnig bis schattig, an lichten Waldrändern, vor Gehölzen
Erde: feucht, nährstoffreich, kalkarm
Vermehrung: sät sich selbst aus, kann deshalb zum Unkraut werden, vor der Samenbildung schneiden
Pflege: ebenerdiger Rückschnitt im Winter

Epimedium grandiflorum (Epimedium macranthum)
Elfenblume

Abb. 210

Familie: *Berberidaceae* – Sauerdorngewächse
Herkunft: Japan, Nordchina, Nordkorea
Wuchs: 30 cm hoch, Wurzelstock rhizomartig, Blütenstiel im unteren Teil behaart, buschig, dichter Wuchs
Blatt: doppelt dreiteilig, lederartig, dunkelgrün
Blüte: tiefrosa, einfach, langgespornt, traubenartige Blütenstände
Blütezeit: IV–V
Standort: halbschattig
Erde: mäßig feucht, humos
Vermehrung: II–III oder Teilung nach der Blüte V–VI, Wurzel-Rhizomschnittlinge II–III
Pflege: ebenerdiger Rückschnitt im Winter bringt dichten Neuwuchs
Verwendung: wertvoller Bodenbedecker zum Verwildern. Nachbarpflanzen: Waldanemone, *Dicentra eximia, Primula sieboldii,* Farne, Schattengräser
Sorten: 'Elfenkönigin', cremeweiß. 'Lilofee', purpurlila. 'Orange Königin', lichtorange. 'Rose Queen' (*Epimedium* × *rubrum*): Gartenhybride. 30 cm hoch; Blüte rot, groß, mit weißem Sporn. IV–V. Wertvoller Bodendecker zum Verwildern

Abb. 210: ***Epimedium grandiflorum*** **'Rose Queen'**

Epimedium pinnatum ssp. *colchicum*
Gelbe Elfenblume

Abb. 211

Herkunft Kaukasus, Persien. 30 cm hoch, dicht, buschig, Wurzelstock rhizomartig, Blütenstiel im unteren Teil behaart. Blatt langgestielt, derb, wintergrün, 3–5teilig, ei- und herzförmig, dornig gezähnt. Blüte reingelb, groß, zu 4–6 beisammen. Blütezeit von IV–V. Wertvolle Bodendeckerpflanze zum Verwildern. Sorten: 'Elegans', gelb, purpurfarbenes Winterlaub, wintergrün, stark wachsend

Abb. 211: ***Epimedium pinnatum*** **ssp.** ***colchicum***

Epimedium × *versicolor* 'Sulphureum'
Schwefelgelbe Elfenblume

Gartenhybride; 30 cm hoch, Blatt grünrot, braun gefleckt, wintergrün. Blüte hellgelb, Blütenstand 8–20blütig, von IV–V. Wertvoller Bodendecker zum Verwildern

Epimedium × *warleyense*
Elfenblume

Gartenhybride. 30 cm hoch; Blüte bräunlich-kupferfarben, Blütezeit von IV–V.

Epimedium × *youngianaum* 'Niveum'
Weiße Elfenblume

Gartenhybride; bis 40 cm hoch, schwach wachsend. Blatt doppelt dreiteilig, lederartig, dunkelgrün. Blüte weiß, traubenartig, von IV–V. Sehr wertvolle bodenbedeckende Wildstaude

Abb. 212

Equisetum hyemale* var. *robustum
Winterschachtelhalm

Familie: *Equisetaceae* – Schachtelhalmgewächse
Herkunft: Nordamerika. 24 Arten dieser Gattung
Wuchs: 120–150 cm, Halme aufrechtwachsend, unbeblättert. Stengelglieder hellgrün bis bräunlich beringt, wintergrün
Blüte: in sandbraunen langgestreckten Blütenständen angesiedelt
Blütezeit: VI-VII
Standort: sonnig bis halbschattig
Erde: kiesig, sandig
Vermehrung: Teilung II–IV
Verwendung: für goßflächige Teichanlagen, bei kleiner Abmessung eingrenzen, da großer Ausdehnungsdrang

Abb. 212: *Equisetum hyemale*

Equisetum variegatum
Bunter Schachtelhalm

Herkunft Eurasien, Nordamerika. 10–15 cm hoch, dünne, wenig quirlig verzweigte, weißgrüne Triebe. Für sandige, nasse und moorige Stellen geeignet

Abb. 213

Eremurus stenophyllus* ssp. *stenophyllus (Eremurus bungei)
Steppenkerze, Lilienschweif

Familie: *Liliaceae* – Liliengewächse
Herkunft: West- und Mittelasien
Wuchs: 80 cm, streng aufrecht, Wurzelstock seesternartig
Blatt: blaugrün, schmallineal
Blüte: Blütenkerzen mit reingelben Trauben, lang und aufrecht
Blütezeit: VI–VII
Erde: tiefgründiger, nahrhafter, lockerer Gartenboden, nicht zu sandig, nicht zu lehmig
Vermehrung: Aussaat gleich nach der Samenernte, Teilung VIII nach der Blüte
Pflanzung: evtl. 3–5 cm Sandboden einbringen. Die spröden, fleischigen Wurzeln vorsichtig auslegen, nicht tiefer als 15–20 cm
Pflege: das ganze Jahr vor Nässe schützen
Verwendung: dekorative Solitärstaude und für Rabatten; auch zum Schnitt geeignet. Nachbarpflanzen: *Allium giganteum, Anchusa azurea, Asphodeline lutea, Helictotrichon sempervirens, Festuca mairei, Melica, Stipa, Verbascum, Yucca, Papaver, Kniphofia*

Abb. 213: *Eremurus stenophyllus*

Abb. 214

Eremurus × *Isabellinus* 'Ruiters-Hybriden'
Steppenkerze

durch Züchtung entstanden. 150–200 cm hoch; Blatt blaugrün, schmallineal; Blüte in besonders leuchtenden Farben, gelb, orange, rot und weiß von VI–VII. Dekorative Solitärstaude, auch für Rabatten; Schnittstaude. Sorten: 'Image', gelb. 'Kleopatra', orange. 'Obelisk', reinweiß. 'Parade', reinrosa. 'Romance', rot. 'Sahara', kupferfarben

Abb. 214: Eremurus-Hybriden

Eremurus robustus
Steppenkerze

Herkunft Turkestan. 200–250 cm hoch, Wurzelstock seesternartig. Blatt bis 5 cm breit, blaugrün, gekielt; zieht schon während der Blüte ein. Blüte walzenförmig, aufrecht, zartrosa; gigantische Blumenkrone mit 1 Meter langen Blütentrauben. Blütezeit von V–VII

Abb. 215

Erigeron-Hybriden
Feinstrahl, Berufkraut

Familie: *Compositae* – Korbblütengewächse
Herkunft: Nordamerika, Züchtung, Gartenhybride
Wuchs: 60–70 cm hoch, meist buschig und reich verzweigt
Blatt: ungeteilt, grundständig, am Blütenstengel wechselständig
Blüte: je nach Sorte
Blütezeit: VI–VII und VIII–IX
Standort: sonnig, nicht zu feucht
Erde: normale, tiefgründige Gartenerde
Vermehrung: durch Teilung II–VII oder Grünstecklinge
Pflege: ebenerdiger Rückschnitt im Winter; Düngung II–III. Nach 3–5 Jahren Verjüngung durch Teilung. Häufiger Schnitt im offenen Blütenzustand fördert die Blütenmenge für den Spätsommerflor
Verwendung: vor allem zum Schnitt, als Rabattenstaude oder vor Gehölzpflanzungen, sehr schön vor Koniferen. Nachbarpflanzen: *Coreopsis verticillata* 'Grandiflora', *Oenothera tetragona, Rudbeckia,* Gräser, *Heliopsis, Helenium, Monarda, Phlox paniculata*
Sorten: 'Adria', Blüte groß, leuchtend dunkelblau; dankbare Schnittblume. 'Dunkelste Aller', violettblau, feinstrahlig; zum Schnitt geeignet. 'Foersters Liebling', Blüte halbgefüllt, rosarot mit gelber Mittelscheibe; langblühende Sorte mit sehr gutem Schnittwert. 'Rosa Triumph', Blüte groß, von besonderer Haltbarkeit, halbgefüllt, leuchtendrosa. 'Sommerneuschnee', Blüte weiß, in rosa übergehend, Dauerblüher. 'Wuppertal', Blüte groß, halbgefüllt, dunkellila

Abb. 215: Erigeron-Hybride 'Dunkelste Aller'

Abb. 216

Erigeron karvinskianus
Spanisches Gänseblümchen

Herkunft Mexiko, in Südeuropa eingebürgert vom Mittelmeerraum bis ins Tessin und in die Schweiz. Wuchs stark verzweigt, überhängend, kissenförmig. Blüte gänseblümchenähnlich, zahlreich, weiß, leicht rosa angehaucht. Anzucht aus Samen oder Teilung. Schnell wachsende Balkon- und Ampelpflanze, für geschützte Steingärten und Mauern. Bedingt winterhart. Gute Insektenfutterpflanze

Abb. 216: *Erigeron karvinskianus*

Abb. 217

Erinus alpinus
Alpen-Leberbalsam

Abb. 217: *Erinus alpinus* 'Rosea'

Familie: *Scrophulariaceae* – Braunwurzgewächse
Herkunft: Westalpen, Pyrenäen
Wuchs: 10–15 cm hoch, dicht polsterartig
Blatt: feingekerbt, grundständig, rosettenartig angeordnet
Blüte: Blütentrauben mit zierlichen Lippenblüten. Reichblühend, in purpurrot, rosa, karmin oder reinweiß, je nach Sorte
Blütezeit: V–X
Standort: anspruchslos
Erde: normale Gartenerde
Vermehrung: Selbstaussaat, Teilung V–VII
Pflege: wintert leicht aus, kommt aber wieder durch die Selbstaussaat; anspruchslos
Verwendung: Felsenfugen, Trockenmauern, poröse Steine. Nachbarpflanzen: *Iberis saxatilis, Draba bruniifolia*
Sorten: 'Albus', reinweiße Blütentrauben. 'Dr. Hähnle', karminrote Blütentrauben

Abb. 218

Eriophorum angustifolium
Schmalblättriges Wollgras, Torfwollgras

Familie: *Cyperaceae* – Riedgrasgewächse, Sauergräser
Herkunft: Europa, Sumpfbereiche. Etwa 10 Arten dieser Gattung
Wuchs: 30 cm hoch, grasartig
Blatt: rinnig, graugrün
Blüte: aufrechte Ähren, im VIII, während der Fruchtreife, erscheinen weiße Wollschöpfe
Blütezeit: IV
Standort: sonnig
Erde: sumpfiger Moorboden, bis zu 10 cm Wasserstand
Vermehrung: Teilung V–VI
Pflege: anspruchslos
Verwendung: Sumpfpflanze mit Zierwert für Teich- und Wassermotive in einer Sumpffläche. Nachbarpflanzen: *Acorus, Calla, Lysichiton, Saururus, Typha*

Abb. 218: *Eriophorum angustifolium*

Eriophorum latifolium
Breitblättriges Wollgras, Moorwollgras

Herkunft Europa, Nordamerika, Asien. Stengel bis 60 cm hoch, dünne Ausläufer. Blütenstand aus 5–12 überhängenden Ährchen. Wertvoll, da nicht wuchernd

Eriophorum vaginatum
Scheidiges Wollgras

Abb. 219

Abb. 219: *Eriophorum vaginatum*

heimisch, in Hochmooren und Heidemooren. 30–60 cm hoch, bildet dichte Polster. Schöne, auffällige Art, die auch in kleine Moorgärten paßt. Blütezeit V–VI, wuchert nicht

Erodium manescavii
Reiherschnabel

Familie: *Geraniaceae* – Storchschnabelgewächse
Herkunft: Mittelmeerraum, West- und mittlere Pyrenäen. Etwa 60 Arten dieser Gattung
Wuchs: 3–5 cm hoch, flachrasig
Blatt: klein, dünn, langgestielt, grün, spärlich behaart, herz- bis eirund, gekerbt
Blüte: magentarot, schalenförmig, einzelstehend
Blütezeit: VI–IX
Standort: sonnig, warm, guter Wasserabzug
Erde: sandiger, humoser Boden
Vermehrung: Teilung II–VI, oder Stecklinge VI–VII
Pflege: anspruchslos
Verwenung: für Steingärten, Trockenmauern, Naturgärten. Pflanzengemeinschaft: *Prunella, Veronica spicata, Potentilla nitida*
Sorten: 'Roseum'

Abb. 220

Eryngium alpinum
Alpenmannstreu, Alpendistel, Edeldistel

Familie: *Umbelliferae* – Doldenblütengewächse
Herkunft: europ. Alpen, Balkan. Etwa 22 Arten; steht unter Naturschutz
Wuchs: 50–70 cm hoch, buschig, aufrecht, Stengel oben stahlblau; fleischiger Wurzelstock
Blatt: Grundblätter langgestielt, tief herzförmig, Stengelblätter rundlich
Blüte: 3–5 Blütenköpfe, zylindrisch, stahlblau
Blütezeit: VII–VIII
Standort: sonnig, warm: Gebirgspflanze
Erde: durchlässiger Sand- und Geröllboden, genügsam
Vermehrung: Aussaat gleich nach der Samenernte, sonst Wurzelschnittlinge XII–II
Pflege: anspruchslos, XII–II ebenerdiger Rückschnitt
Verwendung: für Naturgärten und Gehölzflächen. Besonders beliebte Schnitt- und Trockenblume. Gute Insektenfutterpflanze. Nachbarpflanzen: *Anaphalis, Avena, Gypsophila, Limonium, Linum flavum* 'Compactum', *Potentilla atrosanguinea* 'Gibsons Scarlet', *Stachys lanata, Stipa barbata, Helenium, Rudbeckia, Heliopsis,* Kiefern
Sorten: 'Amethyst', tiefviolett, fein zerteiltes Laub. 'Blue Star', tiefblau, aus Samen. 'Opal', silbriglila

Abb. 220: *Eryngium alpinum*

Eryngium bourgatii
Pyrenäendistel

Abb. 221

Herkunft Spanien, Pyrenäen. 30–40 cm hoch, lange Stiele. Blatt weiß geadert, stark zerteilt, lederartig. Blüte blau, große Blütenköpfe, von VII–VIII

Abb. 221: *Eryngium bourgatii*

Eryngium planum
Mannstreu

Abb. 222

Abb. 222: *Eryngium planum* 'Blauer Zwerg'

Herkunft östl. Mitteleuropa bis Zentralasien. 100 cm hoch, lange Stiele. Blatt weiß geadert, stark zerteilt, lederartig. Blüte intensiv stahlblau, von VI–IX. Sorten: 'Blauer Zwerg', mittelblau auf locker verzweigten Stielen.

Eryngium × zabelii
Edeldistel

Gartenhybride aus *E. alpinum* × *E. bourgatii*. 60 cm hoch, Stengel verästelt, Grundblätter herzförmig geteilt. Große, herrliche, rötlich-violette, großsternige Blütenköpfe; Blütezeit VII. Sorten: 'Juwel', tief stahlblau auf verästelten Stengeln. 'Violetta', rötlichviolette Blütenköpfe, 50 cm hoch

Eupatorium cannabinum
Kunigundenkraut, Wasserdost

Abb. 223

Familie: *Compositae* – Korbblütengewächse
Herkunft: heimisch, Europa, Kleinasien, Nordafrika. Etwa 600 Arten dieser Gattung
Wuchs: aufrecht, wenig verzweigt, 120 cm hoch
Blatt: jeweils 4 in Etagen angeordnet, eiförmig-spitz zulaufend
Blüte: in dichten Dolden angeordnet, rosa, duftend
Blütezeit: VII–IX
Standort: sonnig–halbschattig
Erde: nährstoffreich, feucht
Vermehrung: Teilung in der vegetationsarmen Zeit
Verwendung: für Teich- und Bachränder, als Bienen- und Schmetterlingsfutterpflanze

Abb. 223: *Eupatorium cannabinum* (Foto: Stein)

Eupatorium maculatum 'Atropurpureum'
Wasserdost

Herkunft Nordamerika, Neufundland bis Neumexiko. Riesige schirmartige Dolden auf kräftigen Stielen bis 200 cm hoch, Blütezeit von VII–X

Eupatorium purpureum
Wasserdost

Abb. 224

Abb. 224: *Eupatorium purpureum*

Familie: *Compositae* – Korbblütengewächse
Herkunft: Nordamerika, Etwa 600 Arten dieser Gattung
Wuchs: 160 cm hoch, kompakt, aufrecht, Stengel rotbraun
Blatt: gestielt, quirlständig, lanzettlich
Blüte: kräftige Blütendolden, purpur mit karminfarbigem Schimmer
Blütezeit: VII–IX
Standort: keine Klimaansprüche
Erde: genügend Bodenfeuchte
Vermehrung: Aussaat oder Teilung II–III, Stecklinge VI
Pflege: anspruchslos, ebenerdiger Rückschnitt XII–II
Verwendung: für Teich- und Bachränder, Waldränder. Stark von Insekten besucht, besonders von Bienen, Hummeln und Schmetterlingen. Nachbarpflanzen: *Helianthus salicifolius, Miscanthus sinensis* 'Gracillimus', *Ligularia, Hemerocallis*
Sorten: 'Atropurpureum': weinrote Blüten, purpurrote Stengel. 'Glutball', 180 cm hoch, dunkelrot

Eupatorium rugosum

Abb. 225

Herkunft Nordamerika. 100–130 cm hoch, aufrecht; Blatt gegenständig, eiförmig, scharf gezähnt. Blüte weiß, flockig, lockerer Blütenstand, von VIII–X. Feucht halten

Abb. 225: *Eupatorium rugosum*

Euphorbia capitulata
Zwergwolfsmilch

Familie: *Euphorbiaceae* – Wolfsmilchgewächse
Herkunft: Griechenland, in den Tropen und allen warmen Zonen der Erde. Etwa 1600 Arten dieser Gattung
Wuchs: 3–5 cm hoch, dichte Matten bildend, Rhizome wuchern als Ausläufer unterirdisch, Stengel dicht beblättert
Blatt: verkehrt-eiförmig, blaugrün, schuppenförmig
Blüte: grün bis goldgelb, kleine Blütenstände
Blütezeit: VI–VII
Standort: sonnig
Erde: kalkhaltiger, poröser Geröllboden
Vermehrung: Selbstaussaat, Stecklinge V–VI
Pflege: anspruchslos, Rückschnitt im Winter
Verwendung: Liebhaberpflanze für Steingärten und Felsfugen. Nachbarpflanzen: *Linaria, Allium, Gypsophila repens*

Euphorbia amygdaloides 'Purpurea'
Abb. 226

Herkunft Europa, Ukraine, Krim, Kaukasus, Iran. 50 cm hoch, Triebe dunkelrot, im Sommer grün, bei Kälte wieder rot. Blüte IV–V; Bodendecker für Halbschatten und Schatten

Abb. 226: *Euphorbia amygdaloides* 'Purpurea'

Euphorbia characias ssp. *wulfenii* (*Euphorbia wulfenii*)
Abb. 227

Herkunft östlicher Mittelmeerraum. Wuchs aufrecht, 80–100 cm. Blätter dunkelgrün, Hochblätter in auffälligem, dichtem Blütenstand. Blütenköpfe gelbgrün, Blütezeit VI–VII. Vermehrung durch Teilung. Sehr auffällige, ansprechende Erscheinung, für geschützte sonnige Gartenpartien, z.B. am Haus. Winterschutz empfehlenswert

Abb. 227: *Euphorbia characias* ssp. *wulfenii* (Foto: Stein)

Euphorbia griffithii
Abb. 228

Abb. 228: *Euphorbia griffithii*

Herkunft Himalaja. 40–60 cm hoch, Ausläufer treibend, straffe, aufrechte Triebe. Lanzettliche Hochblätter mit rötlicher Mittelrippe. Orangerote, endständige Blütendolden. Blütezeit von V–VI. Keine Klimaansprüche, erholt sich nach starkem Winterfrost wieder. Pflanze mit besonders schöner Herbstfärbung für Trockenmauern, Stein- und Naturgärten. Nachbarpflanzen: *Deschampsia cespitosa, Campanula portenschlagiana, Iberis, Phlox*

Euphorbia myrsinites
Walzenwolfsmilch

Herkunft Mittelmeergebiet, Balkan. 20 cm hoch, Stengel walzenförmig, niederliegend; Blatt wintergrün, schuppenförmig, fleischig, blaugrün bereift. Blüte gelbgrün, von V–VI. Sehr dekorative, begehrte Liebhaberpflanze für Trockenmauern, Stein- und Naturgärten. Auch im Winter dekorativ

Euphorbia polychroma
Goldwolfsmilch

Abb. 229

Herkunft Osteuropa. 30–40 cm hoch, buschig; Wurzelstock vieltriebig, Stengel aufrecht, behaart. Blatt behaart, länglich, schmallanzettlich, Hochblätter hellgelb. Goldgelbe Trugdolden, von IV–VI. Vermehrung durch Aussaat, Teilung II–IV oder Stecklinge V–VI. Sehr dekorative, begehrte Liebhaberpflanze für Rabatten; Schmuck- und Solitärstaude vor Gehölzgruppen. Schöne Frühjahrs- und Herbstfärbung. Nachbarpflanzen: *Anemone sylvestris*, rote Wildtulpen, rotlaubige Gehölze, vor und zwischen Nadelgehölzen

Abb. 229: *Euphorbia polychroma*

Abb. 230

Euphorbia palustris
Sumpfwolfsmilch

Familie: *Euphorbiaceae* – Wolfsmilchgewächse
Herkunft: Europa; etwa 1600 Arten dieser Gattung
Wuchs: 100 cm hoch, aufrecht, mit Wurzelausläufern, Stengel aufrecht
Blatt: lanzettlich, lebhaft grün, weidenblattähnlich, wechselständig
Blüte: grüngelb, 12strahlig
Blütezeit: V–VI
Standort: sonnig
Erde: Sumpfboden, auch noch bis 10 cm Wasserstand
Vermehrung: Teilung V–VI
Pflege: anspruchslos, Ausbreitungsdrang, der durch Containerpflanzung begrenzbar ist
Verwendung: zur Unterpflanzung in größeren Anlagen von Wassermotiven. Nachbarpflanzen: *Acorus, Butomus, Pontederia, Scirpus*
Besonderheiten: Steht unter Naturschutz!

Abb. 230: ***Euphorbia palustris***

Fargesia spathacea
Hellgrüner Schirmbambus, Gartenbambus

Die Beschreibung dieser Pflanze findet sich unter *Thamnocalamus spathaceus* (vgl. Seite 203, Abb. 690)

Festuca alpina
Alpenschwingel

Familie: *Gramineae* – Süßgräser
Herkunft: über die ganze Erde verteilt, in Alpen-Tal- und Höhenlagen, als Matten, auf Felsen und Kalkgestein. Etwa 100 Arten dieser Gattung
Wuchs: 10–20 cm, mattenbildende Polster
Blatt: borstig, haarförmig, frischgrün
Blüte: Ähren grün
Blütezeit: VI–VII
Standort: sonnig
Erde: normale bis sandige Gartenerde
Vermehrung: Teilung IV–V
Pflege: empfindlich bei falschen Standorten, pflegebedürftig
Verwendung: wichtiges Polstergras für Flächenpflanzungen, für Steingärten und Alpinum. Nachbarpflanzen: alpine Stauden und Steingartenpflanzen

Abb. 231

Festuca amethystina
Regenbogenschwingel

Abb. 231: ***Festuca amethystina***

Herkunft Alpen, Südeuropa, an lichtwaldigen Hängen und in Kiefernwäldern. 20–30 cm hoch, horstartig, Halme 50 cm lang. Blatt fast fadenförmig, horstartiges Blaugras. Schlanke Blütenrispen, überhängend. Ähren dunkelviolett, die ganzjährig die Farbe behalten. Blütezeit VI–VII. Standort sonnig, dürr und trocken. Wertvolles Gras für Naturgärten, Parkanlagen, Steingärten, Heidegärten, zur Flächen- und Gruppenpflanzung in Verbindung mit Zwerg-, Nadel- und Laubgehölzen. Nachbarpflanzen: Heidepflanzen, Rosen, Zwiebelgewächse, Wildtulpen. Sorte ‘Aprilgrün’, Blätter blaugrün, treibt früh aus. 20–30 cm hoch

Abb. 232

Festuca cinerea (Festuca glauca)
Blauschwingel

Herkunft Europa, Deutschland, Frankreich, Italien. 15–20 cm hoch, geschlossene, halbkugelige Büschel, die sich schnell zu einem Rasenteppich schließen. Blatt schmal, von sehr schöner blauer Farbe. Halme bis 20 cm lang, mit hellbraunen Blütenrispen, von VI–VII. Sehr widerstandsfähiges Gras für Friedhof, Stein- und Heidegärten, Steppengärten, Kübel, Balkonkästen, Gräsermotive in Naturgärten, Parkanlagen, zur Flächen- und Gruppenpflanzung, Einfassungsstaude. Nachbarpflanzen: Heidepflanzen, *Sedum*-Arten, *Inula ensifolia, Anthemis marschalliana,* Rosen, Zwiebelgewächse, Wildtulpen, Zwergkoniferen, Zwerglaubgehölze. Sorten ‘Blaufisch’, silberblaue Horste, 20 cm. ‘Blauglut’, silberblaue Horste, mit purpurnen Blütenständen. ‘Frühlingsblau’, blaugrau bereifte Horste, 20 cm. ‘Silbersee’, Halme weiß, 15 cm

Abb. 232: ***Festuca cinerea***

Abb. 234: ***Festuca gautieri***

Festuca filiformis (Festuca tenuifolia)
Feinhaarschwingel

Herkunft Europa, Neufundland, Nordamerika. 15–20 cm hoch. Feine Halme mit dichten Horsten. überhängende grüne Blütenrispen. Blütezeit von VI–VII

Festuca gautieri (Festuca scoparia)
Abb. 233 + 234

Bärenfellschwingel

Herkunft Pyrenäen. 10 cm hoch, dichte Rasenpolster, die sich bald teppichartig schließen. Blatt fadenförmig, hellgrün. Viele gelbe Blütenrispen auf feinen Halmen, von VI–VII. Für halbschattige Plätze, Friedhöfe, Stein- und Heidegärten, Gräsermotive in Naturgärten, Parkanlagen, zur Flächen- und Gruppenpflanzung, Einfassungsstaude. Wertvolle Polsterstaude für Großflächen!

Abb. 233: ***Festuca gautieri***

Festuca gigantea
Riesenschwingel

Herkunft Europa, in lockeren Laubwäldern. 60–150 cm hoch, locker, Stengel bogenförmig, aufsteigend. Halme frischgrün, flach, breit zugespitzt, überhängend, am Rande rauh. Rispen 40 cm lang, schlaff überhängend, von VII–VIII. Standort halb- bis ganzschattig. Wertvoll zur Unter- und Beipflanzung in Gehölzflächen in Naturgärten und Parkanlagen. Nachbarpflanzen: schattenliebende Stauden und Gräser

Festuca glacialis
Gletscherschwingel

Herkunft Pyrenäen, Gebirgspflanze. 10–15 cm hoch, polsterartige Teppichpflanze. Kleine, blaugrüne Polster bildend, unscheinbare Rispen. Blütezeit von VI–VII. Für sonnigen Standort, liebt mageren, sandigen, kalkarmen, nicht zu trockenen Boden. Soll öfters (jährlich) im Frühling geteilt und verpflanzt werden. Liebhaberpflanze, nur für Alpinum und Steingärten, mit anderen alpinen Pflanzen.

Festuca mairei
Abb. 235

Atlasschwingel

Herkunft Marokko, an Bachrändern und im Geröll des Atlasgebirges, (1600–2300 m Höhe). 60–80 cm hoch, dicker, horstartiger Wuchs, Halme bis 1,5 m lang, steif. Blatt graugrün, fein, scharf gesägt, bis 0,5 m breit. Blütenrispen schlank, aufrecht. Blütezeit VI–VII. Liebt normalen bis sandigen auch geröllartigen Gartenboden. Schöne Solitärpflanze mit Liebhaberwert für sonnige Plätze, Friedhöfe, Stein- und Heidegärten, Gräsermotive in Naturgärten, Parkanlagen, zur Flächen- und Gruppenpflanzung, Einfassungsstaude. Nachbarpflanzen: Rosen, Heidepflanzen, Zwiebelgewächse, Wildtulpen, Zwergkoniferen, Zwerglaubgehölze

Abb. 235: ***Festuca mairei***

Abb. 236

Festuca ovina
Schafschwingel

Herkunft Europa, Mittelmeerraum. Wuchs horstartig, 40–50 cm hoch, locker, Halme blaugrau. Robustes Ziergras für mageren Boden in Sonne und Halbschatten. Für Magerrasen, Steppengärten, Steingärten. Sorten: 'Amethystina', Auslese von K.Foerster, lockere Horste, 40 cm hoch. 'Harz', breite, blaugraue Horste, 20 cm hoch. 'Seeigel', meergrüne Polster, 20 cm hoch. 'Senior', blaugrün, 25 cm hoch. 'Solling', 15–25 cm, bläulich graugrün. 'Pallens', stahlblau, Wildschwingel aus der Hohen Tatra, 20 cm hoch

Abb. 236: *Festuca ovina*

Festuca punctoria
Stachelschwingel

Herkunft Kleinasien. 10–15 cm hoch, lockere Horste. Halme hart, starr, stechend, graugrün bis stahlblau. Blütenähren an kurzen Stielen. Blütezeit von VI–VII. Verträgt viel Trockenheit. Nachbarpflanzen: *Opuntia*-Arten, *Acantholimon, Sempervivum*

Festuca valesiaca
Zwergblauschwingel

Herkunft Süd- und Osteuropa, Nordamerika. 15–20 cm hoch, flachpolstrige Horste. Blatt haardünn, kräftig blaugrau bis stahlblau, mit abwischbarem Reif. Niedrige Halme mit aufrechter, gelber Rispe, 10 cm, schmal, dicht. Blütezeit VI–VII. Wintergrünes, feinblättriges Gras für trockene, sonnige Plätze, für Friedhöfe, Stein- und Heidegärten, Gräsermotive in Naturgärten, Parkanlagen, zur Flächen- und Gruppenpflanzung, Einfassungsstaude. Nachbarpflanzen: *Opuntia*-Arten, *Sempervivum, Sedum.* Sorten: 'Glaucantha', 10 cm hoch. 'Silbersee', 10 cm hoch, , hellsilberblaue Polster. 'Zwergkönig', 10 cm hoch, tiefblaue Polster

***Filipendula vulgaris* (*Filipendula hexapetala*)**
Spierstaude, Mädesüß

Familie: *Rosaceae* – Rosengewächse
Herkunft: Europa, Kleinasien, Sibirien. Etwa 10 Arten dieser Gattung
Wuchs: 30 cm hoch, locker aufrecht, Wurzeln teils knollig
Blatt: grundständige Blattrosette, Blättchen gezähnt, fiederspaltig
Blüte: weiß, gefüllte rispenartige Blütenstände
Blütezeit: VII–VIII
Standort: feucht
Erde: normale Gartenerde
Vermehrung: Teilung II–IV oder Stecklinge V–VII
Verwendung: Rabattenstaude für Parkanlagen, Teich- und Bachufer; schön für Naturgärten. Nachbarpflanzen: *Campanula carpatica, Campanula poscharskyana, Hieracium* × *rubrum, Linum perenne, Melica*
Sorten: 'Grandiflora', 75–90 cm hoch, leicht duftend, Insektenfutterpflanze.'Plena', wintergrün, farnartige Blätter, gefüllte, rahmweiße Blüten, 60 cm hoch, verträgt auch trockene Verhältnisse

Filipendula purpurea
Spierstaude

Herkunft Japan. 80–100 cm hoch, locker, aufrecht. Blatt 5–7teilig, Endblättchen herzförmig. Blütenrispe dunkelrosa bis karminrot. Sorte 'Elegans', weiß mit roten Staubfäden

Abb. 237

Filipendula rubra
Spierstaude

Herkunft Nordamerika. 150 cm hoch, locker aufrecht. Blatt unterseits behaart, länglich, doppelt gesägt. Große rosarote Blütenrispen. Sorten: 'Nana', 30 cm hoch, tiefrot, büscheliger Wuchs. 'Venusta', 180 cm hoch, leuchtendrosa

Abb. 237: *Filipendula rubra* 'Venusta Magnifica'

Abb. 238

Filipendula ulmaria
Spierstaude

Herkunft Europa, Asien, Sibirien. 120–180 cm hoch. Blüten weiß bis gelblichweiß, zahlreich in Trugdolden. Zum Verwildern in Sumpfzonen und an Bachrändern geeignet, Wasserstand 0–5 cm.
Sorten: 'Plena', Blüten gefüllt, 60 cm hoch. 'Aurea', Blätter goldgelb

Abb. 238: *Filipendula ulmaria* (Foto: Holmåsen)

Abb. 239

Foeniculum vulgare (Foeniculum officinale)
Zierfenchel, Körnerfenchel

Abb. 239: ***Foeniculum vulgare*** (Foto: Stein)

Familie: *Umbelliferae* – Doldengewächse
Herkunft: Mittelmeergebiet
Wuchs: 120 cm hoch, buschig, aufrecht. 2- bis mehrjährig
Blatt: stark gefiedert, hellgrün oder bronzegrün, stark aromatisch duftend
Blüte: gelblich, unscheinbar
Blütezeit: VI–VII
Standort: sonnig bis halbschattig, windgeschützt
Erde: lehmig oder sandig, mineralisch, durchlässig
Vermehrung: Aussaat in Töpfchen ab III, besser direkt ins Freie ab IV–VII, später verziehend auf 15–20 cm Abstand, Reihenabstand 35–40 cm. Sät sich auch selbst aus
Verwendung: als Begleitgrün zu Sträußen und Gestecken. aller Art, sehr dekorativ, lockert auf und füllt. Duftend. Als Kontrast und Tonfarbe in Rabatten und zwischen Sommerblumen, für formale Gärten
Sorten: 'Atropurpureum', 140 cm hoch. 'Smokey', bronzegrün, 120 cm hoch

Abb. 240 + 241

Fragaria-Hybriden
Ziererdbeere

Familie: *Rosaceae* – Rosengewächse
Herkunft: Arthybride aus der Walderdbeere *Fragaria vesca* × *Potentilla,* rotblühend
Wuchs: 10 cm hoch, dichte Polster bilden, bodendeckend
Blatt: dreiteilig, fiederteilig, dunkelgrün, glänzend, leicht behaart
Blüte: rosa, dunkelrosa oder weiß, je nach Sorte
Blütezeit: V–IX
Frucht: wenige, leuchtendrote, wohlschmeckende Beeren
Standort: sonnig bis halbschattig und sogar schattig
Erde: humos, feucht, nährstoffreich
Vermehrung: durch bewurzelte Absenker im Sommer und Herbst
Pflege: anspruchlos, im Frühling organisch düngen. Bei gärtnerischer Kultur Überwinterung in Töpfen ähnlich *Primula vulgaris,* für Verkaufsware spätestens Ende X in 9 cm Töpfe umtopfen, Blütenbildung ist bei frostfreiem hellem Stand um Weihnachten abgeschlossen
Verwendung: als blühender Bodendecker zwischen Gehölzen und Stauden, auf Freiflächen, in Containern, Dauerbepflanzung auf dem Balkon, für Gräber
Sorten: 'Pink Panda', wüchsig, kräftig rosa. 'Rumba', leuchtendrosa. 'Samba', dunkelrosa. 'Schneewalzer', weiß. 'Schneefeder', weiß mit zartrosa Strichelung
Arten: *Fragaria vesca*

Abb. 241: ***Fragaria vesca***

Abb. 240: Fragaria-Hybride 'Pink Panda' (Foto: Stein)

Abb. 242

Fuchsia magellanica
Scharlachfuchsie

Familie: *Onagraceae* – Nachtkerzengewächse
Herkunft: Süd-Chile, Argentinien
Wuchs: bei uns 100–120 cm hoch, in Irland Hecken bildend mit 200 cm Höhe. Wenig verzweigt, leicht überhängend
Blatt: kreuzgegenständig, eirund-lanzettlich, glänzend dunkelgrün
Blüte: leuchtendrot, zierlich, zahlreich angesetzt, an langem Stielchen hängend, lange Staubgefäße
Blütezeit: VI–X
Standort: sonnig oder halbschattig
Erde: humus- und nährstoffreich, feucht
Vermehrung: durch Teilung im Mai, besser durch Kopfstecklinge VII–VIII, Aussaat möglich

Abb. 242: ***Fuchsia magellanica*** **'Gracilis'**

Pflege: ebenerdiger Rückschnitt im Spätherbst, dann mit Laub 20–30 cm hoch abdecken, ab IV wieder Laub entfernen, Triebe erscheinen erst im Mai. Organisch düngen
Verwendung: reichblühende ungewöhnliche Staude, die bei entsprechendem Laubschutz ausreichend winterhart ist. Für halbschattige Beete, zwischen Gräsern, am Teichrand, Vor Gebäuden, zu Koniferen
Sorten: 'Alba', kleinblumig, zartrosa, fast weiß. 'Gracilis', in allem zierlicher, feuerrot, gute Winterhärte. 'Mme. Cornelissen', große Blüten, innen weiß, außen rot. 'Mrs. Popple', großblumig, außen rot, innen blau, in England bewährte Sorte. 'Riccartonii', purpurrot und blau, reichblühend, bildet große Büsche

Gaillardia-Hybriden
Kokardenblume, Papageienblume

Abb. 243

Abb. 243: Gaillardia-Hybride 'Dazzler'

Familie: *Compositae* – Korbblütengewächse
Herkunft: Urheimat Mittel- und Nordamerika; Gartenhybriden. Etwa 20 Arten dieser Gattung
Wuchs: je nach Sorte 20–70 cm, buschig, aufrecht
Blatt: stark behaart, länglich, fiederteilig
Blüte: strahlenartig, rot mit gelben Spitzen
Blütezeit: VII–IX
Standort: sonnig
Erde: guter Gartenboden
Vermehrung: Stecklinge von Wurzelsprößlingen IV–V
Pflege: Rückschnitt gleich nach der Blüte beizeiten im Herbst, Winterdecke mit Fichtenreisig oder Kiefernadeln
Verwendung: nicht besonders langlebige Liebhaberpflanze für Rabatten, und Vorflächen vor Gehölzen, zum Schnitt. Nachbarpflanzen: *Aster amellus, Coreopsis grandiflora* 'Badengold', Delphinium-Hybriden, *Erigeron, Echinacea purpurea*
Sorten: 'Bremen', 50–60 cm hoch, dunkelscharlachrot mit gelben Spitzen. 'Burgunder', 50 cm hoch, einfarbig, tiefrot. 'Fackelschein', 70 cm hoch, große dunkelrote Blüten mit gelbem Außenrand. 'Kobold', 20–25 cm hoch, Blüten gelbrot

Galium odoratum (Asperula odorata)
Waldmeister

Abb. 244

Abb. 244: *Galium odoratum*

Familie: *Rubiaceae* – Rötegewächse
Herkunft: Europa, Sibirien, Nordafrika
Wuchs: 15 cm hohe Laubwaldstaude, stark kriechend, Stengel vierkantig
Blatt: glänzend grün, 6 zu einem Quirl, spitzlanzettlich, aromatisch duftend
Blüte: weiß, in lockerer Trugdolde
Blütezeit: V
Erde: Humusboden, nicht zu trocken
Vermehrung: Teilung; Aussaat wenig erfolgreich, X–II, Kaltkeimer
Pflege: anspruchslos, evtl. Wucherung bekämpfen
Verwendung: Sommergrüner Bodenbedecker im Bereich der Baumränder. Wuchert, kann dadurch lästig werden. Nachbarpflanzen: *Convallaria, Pulmonaria angustifolia* 'Azurea', *Primula*, Farne, Schattengräser
Besonderheiten: Küchenkraut für die Maibowle; vor der Blüte ernten

Gaura lindheimeri
Prachtkerze

Abb. 245

Familie: *Onagraceae* – Nachtkerzengewächse
Herkunft: südliches Nordamerika
Wuchs: vieltriebig, filigran, locker, 150 cm hoch
Blatt: fein, lanzettlich
Blüte: weiß, an einer vielblütigen Rispe, 4 Blütenblätter, audrucksvolle Staubgefäße, bei Hitze nur morgens offen
Blütezeit: VII–IX
Standort: sonnig bis halbschattig, trocken
Erde: sandig bis lehmig, gut durchlässig
Vermehrung: Aussaat
Kultur: Aussaat III–IV im

Abb. 245: *Gaura lindheimeri*

Gewächshaus bei 16–18°C, Keimdauer 14–20 Tage. 1mal pikieren, dann auspflanzen ab Ende IV im Abstand von 30x40 cm
Verwendung: Besonders reichlich blühende Sommerblume mit staudigem Charakter, wird in unserem Klima meist einjährig kultiviert. Lockert durch ihren filigranen Charakter sowohl Sommerblumenpflanzungen als auch Sommerblumenbeete auf. Paßt gut in Naturgärten und Gräsergärten. Zum Schnitt bedingt geeignet. Überdauert mit etwas Schutz, z.B. mit Reisig

Abb. 247: ***Gentiana clusii***

Kalkfliehende, niedrig wachsende Gentiana-Arten

Gentiana asclepiadea

Schwalbenwurzenzian

Abb. 246

Abb. 246: ***Gentiana asclepiadea***

Familie: *Gentianaceae* – Enziangewächse
Herkunft: Süd- und Mitteleuropa, Kaukasus
Wuchs: 40–60 cm, aufrecht, Wurzelstock kräftig, mehrköpfig, Stengel aufrecht, gleichmäßig dicht beblättert
Blatt: eilanzettlich, zugespitzt
Blüte: glockig, dunkelblau, einzeln oder zu 2–3 in den oberen Blattachsen
Blütezeit: VII–IX
Standort: halbschattig
Erde: liebt feuchten, lehmigen Boden
Vermehrung: Aussaat IX–X, in Schalen mit Schneedecke, Frostkeimer
Pflege: vollkommen anspruchslos. Liebt bei Trockenheit Morgendusche als Ersatz für den Morgentau in den Bergen
Verwendung: für Staudenbeete, Rabatten, Naturgärten, Schnittblume. Nachbarpflanzen: *Lilium martagon, Luzula,* Farne
Besonderheiten: bekannter Alpenenzian. Heimische, geschützte Gebirgswaldpflanze mit hohem Gartenwert
Sorten: 'Alba', weiß

Gentiana clusii (Gentiana acaulis)

Stengelloser Enzian

Abb. 247

Familie: *Gentianaceae* – Enziangewächse
Herkunft: Urheimat alle gemäßigten Zonen der Erde, meistens auf Alpenwiesen, bis in 1200 m Höhe; Hybride. Etwa 800 Arten dieser Gattung
Wuchs: 10 cm hoch, flache Polster bildend
Blatt: glatt, rosettenartig
Blüte: trichterförmig, unvergleichlich glühendes Sammetblau mit dunkelgrünem Schein
Blütezeit: V–VIII
Standort: sonnig bis absonnig
Erde: liebt feuchten, sauren bis lehmigen Boden mit geringem Kalkgehalt
Vermehrung: Aussaat IX–X, in Schalen mit Schneedecke, Kaltkeimer. Teilung im Herbst und Winter
Pflege: nicht immer leicht zu ziehen. Liebt bei Trockenheit Morgendusche als Ersatz für den Morgentau in den Bergen
Verwendung: für Steingärten, Tröge mit alpiner Bepflanzung. Nachbarpflanzen: *Leontopodium, Primula auricula*
Besonderheiten: bekannter Alpenenzian, heimische Gebirgswaldpflanze mit hohem Gartenwert. Alle heimischen Enzian-Arten stehen unter Naturschutz!

Gentiana farreri

Wellensittichenzian

Herkunft Westchina. 10 cm hoch, rasenartig locker, niederliegende Stengel. Blatt grasartig, schmal, hellgrün. Blüte einzelstehend, trichterartig. Unvergleichliches Blau von großer Leuchtkraft, außen weißgelb gestreift. Blütezeit VIII–IX, Standort sonnig bis halbschattig. Verlangt durchlässigen Boden, verträgt etwas Kalk, sogar Geröllboden. Aussaat IX–X, in Schalen mit Schneedecke, Kaltkeimer. Schöne Art für Steingärten, Tröge und auch für Vasenschnitt. Nachbarpflanzen: *Cystopteris bulbifera,* vor Zwergrhododendron.

Gentiana pneumonanthe

Lungenenzian

Herkunft Europa, Westasien, Kaukasus, in moorigen Wiesen. 10–40 cm hoch, aufrecht, Blüten bis 5 cm groß, trichterförmig, intensiv blau. In Kultur empfindliche Moorbeetpflanze

Abb. 248: ***Gentiana sino-ornata***

Abb. 248

Gentiana sino-ornata
Herbstenzian, Oktoberenzian

Herkunft Südwestchina. 20 cm hoch, rasenartig, aufstrebend. Triebe niederliegend, wurzelnd. Blätter sattgrün, steif, schmallanzettlich, zugespitzt. Blüte trichterförmig, einzeln stehend, azurblau mit purpurblauen Streifen. Blütezeit von IX–XI. Verlangt kalkfreien, sauren, feuchten Boden. Aussaat IX–X, in Schalen mit Schneedecke, Kaltkeimer; Teilung im Winter; Stecklinge im Frühsommer. Liebhaberpflanze für Moorbeete. Nachbarpflanzen: *Cystopteris bulbifera,* vor Zwerg-Rhododendron. Sorten: 'Alba', weiß, empfindlich in Kultur. 'Praecox', 3 Wochen früher als die Art; wüchsig

Abb. 250

Gentiana lutea
Gelber Enzian

Herkunft Alpen, Portugal, Spanien, Süddeutschland, Balkan. Wildstaude mit kräftigen, bis 130 cm hohen Blütenähren, in leuchtendem Gelb. Große, armstarke Wurzeln, aus denen Enzianschnaps hergestellt wird. Anzucht in Ballentöpfen durch Aussaat im Spätwinter. Blütezeit VI–VII. Für Wildstaudenbeete, Naturgärten, in Großkulturen industriell genutzt

Abb. 250: ***Gentiana lutea***

Kalkliebende, höher wüchsige Gentiana-Arten

Abb. 249

Gentiana cruciata
Kreuzblättriger Enzian, Kreuzenzian

Familie: *Gentianaceae* – Enziangewächse
Herkunft: Europa, Kleinasien, Sibirien, Kaukasus
Wuchs: 20–40 cm, Stengel violett schattiert, kreuzweise beblättert, aufrecht
Blatt: Grundblätter rosettig, breitlanzettlich, fast ledrig
Blüte: keulenförmig, klein, dunkelblau, in Büscheln
Blütezeit: VI–VIII
Standort: sonnig, sehr genügsam, verträgt Trockenheit
Erde: lehmig, kalkhaltig
Vermehrung: Aussaat IX–X, in Schalen mit Schneedecke, Kaltkeimer
Pflege: vollkommen anspruchslos Liebt bei Trockenheit Dusche als Ersatz für den Morgentau in den Bergen
Verwendung: für Stein- und Naturgärten, Tröge. Nachbarpflanzen: *Festuca glauca, Inula ensifolia* 'Compacta'
Besonderheiten: Liebhaberpflanze. Bekannter Alpenenzian. Heimische, geschützte Gebirgswaldpflanze mit hohem Gartenwert

Abb. 249: ***Gentiana cruciata***

Gentiana dahurica
China-Enzian

Herkunft von Kleinasien bis West-China. 40 cm hoch. Kleine, tiefblaue Blüten, in Büscheln

Abb. 251 + 252

Gentiana septemfida var. *lagodechiana*
Sommerenzian

Herkunft Kleinasien, Persien, Altai, Turkestan, Kaukasus. 20–30 cm lange Triebe, Wurzelstock vieltriebig, Stengel aufrecht, leicht beblättert. Untere Blätter schuppenförmig, obere eiförmig. Blüte glockenförmig, leuchtendblau, innen weißlich. Endständige, dichte bis 8köpfige Schöpfe. Blütezeit von VII–IX. Standort sonnig bis halbschattig, liebt feuchten, lehmigen Boden mit Kalkgehalt. Aussaat IX–X, in Schalen mit Schneedecke, Kaltkeimer. Für Steingärten und Tröge, mit alpiner Bepflanzung. Leicht wachsend und blühend. Nachbarpflanzen: *Leontopodium alpinum, Sedum album* 'Coral Carpet', *Silene schafta* 'Splendens'. Sorten: 'Doeringiana', besonders reichblühend, große, tiefblaue Blüten, kompakt.

Abb. 251: ***Gentiana triflora***

Abb. 252: ***Gentiana septemfida*** **var.** ***lagodechiana***

Abb. 253

Geranium dalmaticum
Dalmatiner Zwergstorchschnabel

Abb. 253: ***Geranium dalmaticum***

Familie: *Geraniaceae* – Storchschnabelgewächse
Herkunft: Dalmatien, Montenegro
Wuchs: 10–15 cm hoch, dichtbuschig
Blatt: grundständig, klein, nierenförmig, 5lappig, glatt, sattgrün
Blüte: rosa, paarweise in Trugdolden, Dauerflor
Blütezeit: VII–VIII
Standort: anspruchslos
Erde: nicht zu schwere Gartenböden
Vermehrung: Aussaat II–III, Teilung II–V
Pflege: anspruchslos, Rückschnitt ebenerdig im Winter
Verwendung: Bodendecker für Steingärten, Tröge, Trockenmauern. Nachbarpflanzen: *Campanula portenschlagiana, Iberis saxatilis, Sempervivum*
Sorten: 'Album', weiße Varietät

Abb. 254: ***Geranium cinereum*** **'Ballerina'**

Abb. 254

Geranium cinereum
Storchschnabel

Herkunft Pyrenäen. Nur 15 cm hoch, Blätter 5–7lappig, unterteilt; Blüten blaßrosa, von VI–IX. Für Steingärten, Tröge. Sorte 'Ballerina', lilarosa mit dunklen Adern, lange Blütezeit

Geranium × cantabrigiense 'Biokovo' *(Gentiana dalmaticum × Gentiana macrorrhizum)*
Storchschnabel

Naturbastard. Wuchs bodendeckend, 20 cm hoch, immergrün. Blüten rosa-weiß oder lilarosa, stehen über dem Laub. Blütezeit von V–VII. Schöner, robuster Bodendecker, für Dachbegrünung, Steppengärten, Tröge. Sorten: 'Cambridge', rosa. 'Karmina', dunkel karminrot

Abb. 255

Geranium endressii
Pyrenäen-Storchschnabel

Herkunft Westpyrenäen. Wuchs 20–30 cm, Triebe niederliegend, aufstrebend verzweigt. Blatt langgestielt, 5lappig, etwas glänzend, hellgrün. Blüte leuchtendrosa, von VII–VIII. Standort sonnig bis halbschattig. Zusammen mit Gräsern geeignet für Vorflächen vor Gehölzen, Steingärten, Trockenmauern. Wüchsiger, wertvoller Bodenbedecker für trockene Lagen, mit Wildpflanzencharakter. Sorte 'Wargrave Pink'. lachsrosa, im Wuchs kleiner als die Art

Abb. 255: ***Geranium endressii***

Abb. 256

Geranium himalayense (Geranium grandiflorum)
Storchschnabel

Herkunft Zentralasien, Afghanistan, Nepal, Pamir. 30 cm hoch, stark verzweigte Stengel, behaart. Blatt tief 5lappig, frischgrün. Blüte violett, schalenförmig mit purpurner Mitte. Blütezeit von V–VI. Sehr vielseitig verwendbar, z.B. vor Gehölzen, für Steingärten, Trockenmauern, zu Rosen, Beetstauden und Gräsern.
Sorten: 'Alpinum', hellgeadert, niedrig. 'Gravetye', tiefblau, großblumig. 'Johnson's Blue', rote Aderung. 'Plenum', gefüllt

Abb. 256: ***Geranium himalayense***

Geranium macrorrhizum

Abb. 257

Immergrün-Storchschnabel

Herkunft Südostalpen, Balkan; 30 cm hoch, fast halbstrauchartig, dichtbuschig, Triebe kriechend;Blätter rund, behaart, meist 7lappig; Blütendolden zartrosa, aromatischer Duft, V–VI;
Standort sonnig–halbschattig, normaler Gartenboden, für Rabatten, Mauern, Gehölzvorflächen. Wildpflanzencharakter, wertvoller Bodendecker für trockene Lagen. Nachbarpflanzen: *Alchemilla mollis, Hypericum calycinum,* vor und zwischen Gehölzen
Sorten 'Czakor', rotviolett. 'Ingwersen', besonders robust, verträgt Trockenheit, intensiv rosa. 'Spessart', weiß mit rosa Kelch, besonders robust, verträgt Trockenheit

Abb. 257: *Geranium macrorrhizum* 'Spessart'

Geranium × magnificum

Abb. 258

Storchschnabel

Steriler Bastard von *Geranium ibericum × Geranium platypetalum.* Wüchsiger als die Art. 60 cm hoch, nicht immer standfest. Blüte blauviolett, von VI–VII. Blätter im Herbst rot und gelb gefärbt. Wertvolle, robuste, reichblühende Prachtstaude für Beete, Naturgärten, vor Gehölzen

Abb. 258: *Geranium × magnificum*

Geranium platypetalum

Abb. 259

Kaukasus-Storchschnabel

Herkunft Kaukasus, Persien, 50–60 cm hoch, buschig, locker; Blatt 5–7teilig, weichzottig behaart, unregelmäßig eingeschnitten, prächtige Herbstfärbung; große, leuchtend blauviolette Blüte, reichblühend von V–VI sonniger bis halbschattiger Standort, normaler Gartenboden; für Rabatten, Gehölzvorflächen. sehr wertvolle Wildstaude. Nachbarpflanzen: *Deschampsia cespitosa, Genista tinctoria,* vor und zwischen Gehölzen

Abb. 259: *Geranium platypetalum*

Geranium pratense

Abb. 260

Wiesen-Storchschnabel

Herkunft Europa, Sibirien, Mittelasien. 50–60 cm hoch, straffe Stiele. Blüte V–VI, leuchtend blau mit hellerer Mitte. Für Blumenwiesen, Bachläufe, Naturgärten auf lehmigen, kalkreichen Böden. Sorten: 'Album', weiß. 'Mrs. Kendall Clarke', hellblau. 'Striatum', weiß und violett gestreift

Abb. 260: *Geranium pratense*

Abb. 261

Geranium sanguineum
Blut-Storchschnabel

Abb. 261: *Geranium sanguineum*

Herkunft Europa, Kaukasus, Kleinasien. 20 cm lang, dünne, niederliegende, kriechendeTriebe, lockere Polster bildend. Blatt 5lappig, gegenständig. Blüte einzeln, karminrot, von V–IX. Braucht nicht zu schwere, mäßig feuchte Gartenböden. Besonders robuster Bodendecker für Steingärten, Tröge, Trockenmauern; für Sonne, Halbschatten und Schatten. Bienenfutterpflanze. Nachbarpflanzen: *Anchusa azurea* 'Little John', *Festuca amethystina, Koeleria glauca, Lotus corniculatus* 'Plenus', *Campanula carpatica, Gypsophila repens*

Abb. 262

Geum chiloense
Nelkenwurz

Familie: *Rosaceae* – Rosengewächse
Herkunft: Chile. Etwa 50 Arten dieser Gattung

Abb. 262: *Geum chiloense*

Wuchs: 40 cm hoch, ganze Pflanze flaumig behaart
Blatt: gefiedert
Blüte: halbgefüllt, karminrot, anemonenartig
Blütezeit: V–VIII
Standort: sonnig bis halbschattig
Erde: normale Gartenerde
Vermehrung: Aussaat II–III, Teilung
Pflege: anspruchslos, ebenerdiger Rückschnitt im Winter
Verwendung: für Staudenbeete, Steingärten, Tröge. Nachbarpflanzen: *Brunnera macrophylla, Doronicum,* Primula-Elatior-Hybriden
Besonderheiten: nur 3jährige Lebensdauer

Geum coccineum
Nelkenwurz

Herkunft Balkan, Kleinasien. 30–50 cm hoch, Halbrosette. Blatt aufrecht, behaart, Endblättchen nierenförmig, auffallend groß. Blüte orange. Blütezeit V, oft zweite Blüte IX–X. Verträgt auch Trockenheit. Sorten: 'Borisii', Blüte schalenförmig, die schönste und wichtigste *Geum*-Sorte. 'Feuermeer', Blüte halbgefüllt, leuchtendorangerot, anemonenartig; wertvolle Verbesserung der Art

Abb. 263 + 264

Geum-Hybriden
(Geum hybridum, Geum heldreichii)
Nelkenwurz

Gartenhybride, meist aus *Geum chiloense* und *Geum coccineum* entstanden. 25 cm hoch, Blatt gefiedert. Blüte anemonenartig, leuchtendorangegelb, von IV–VI. Anspruchslos, verträgt auch Trockenheit. Sorten: 'Georgenberg', orangegelb, einfach, 25 cm hoch. 'Mrs. Bradshaw', rot, gefüllt. 'Goldball', gelb, gefüllt, 60 cm hoch. 'Fire Opal', dunkelrot, gefüllt. Vermehrung durch Teilung. 'Rubin', karminrot

Abb. 263: Geum-Hybride 'Goldball'

Abb. 264: Geum-Hybride 'Feuerball'

Gillenia trifoliata (Spiraea trifoliata)
Dreiblattspiere

Familie: *Rosaceae* – Rosengewächse
Herkunft: Oststaaten der USA, 2 Arten
Wuchs: aufrecht, Höhe 70–100 cm
Blatt: wechselständig, dreizählig, an steifen Stengeln
Blüte: weiß mit rötlichem Kelch, in lockerer Rispe angeordnet
Blütezeit: VI–VII
Standort: sonnig bis halbschattig
Erde: humos, locker , nicht zu kalkhaltig, feucht
Vermehrung: Teilung im Frühjahr oder Aussaat
Verwendung: ausdauernde Wildstaude für Gehölzvorpflanzung, Naturgärten. Nachbarpflanzen: niedrige *Delphinium, Campanula lactiflora, Centaurea montana*

Gladiolus communis ssp. *byzantinus*
Gladiole, Siegwurz

Familie: *Iridaceae* – Schwertliliengewächse
Herkunft: Mittelmeergebiet. Beim Handel Artenschutzregelungen beachten!
Wuchs: 60–90 cm hoch; abgeflachte Knolle
Blatt: schwertförmig
Blüte: purpurrot, die Staubbeutel sind fast so lang wie die Staubfäden
Blütezeit: VI–VII
Standort: sonnig und warm; winterhart mit Schutzdecke aus Torf, Laub oder Reisig
Erde: trocken, durchlässig, mit Düngetorf oder Kompost angereichert. Stallmist ist ungeeignet, er kann Knollenerkrankungen verursachen
Vermehrung: durch Brutknollen oder Aussaat der Samen
Pflanzung: im Herbst, 15 cm tief
Pflege: ungestört jahrelang am Standort belassen. Je nach Bodenzustand kali- und phosphorbetont düngen
Verwendung: für Steingärten und Wildstaudenpflanzungen, auch zum Schnitt geeigent
Sorten: 'Albus', weißblühend

Gladiolus communis
Gladiole

Herkunft Mittelmeerraum, in Mitteleuropa verwildert auftretend. Etwa 60 cm hoch; abgeplattete Knolle. Lange Blütenstände, rosa, Staubfäden länger als Staubbeutel. Blütezeit V–VI

Gladiolus imbricatus
Abb. 265

Wiesensiegwurz

Herkunft Mittel- und Südosteuropa. Etwa 40–60 cm hoch. Kurze, gedrungene Blütenstände mit purpurroten Blüten. Verlangt feuchte Böden; daher gut für Uferbepflanzungen geeignet. Steht unter Naturschutz!

Abb. 265: ***Gladiolus imbricatus*** (Foto: Holmåsen)

Gladiolus palustris
Abb. 266

Sumpfsiegwurz

Herkunft Mittel-, Osteuropa. Wuchs 60 cm, Knolle eiförmig, bis 2 cm breit. Blätter schmal, lang zugespitzt. Blüte purpurrosa mit weißen Streifen. Blütezeit VI–VII. Verlangt feuchten, frischen Boden. Steht unter Naturschutz!

Abb. 266: ***Gladiolus palustris***

Glechoma hederacea (*Glecoma hederacea, Nepeta hederacea*)
Abb. 267

Gundermann

Familie: *Labiatae* – Lippenblütengewächse
Herkunft: Europa, Asien, im östlichen Nordamerika eingebürgert
Wuchs: ausläufertreibend, 15 cm hoch, bodendeckend
Blatt: 3–4 cm ø, gekerbt, nahezu rund
Blüte: blauviolett, in Scheinquirlen sitzend, zierlich, duftend
Blütezeit: IV–VI
Standort: Halbschattig bis schattig
Erde: humusreich, feucht
Vermehrung: leicht durch Abtrennen der Ausläufer, versamt sich selbst, sodaß die Pflanzen leicht zur unerwünschten Konkurrenz werden
Verwendung: hübscher Bodendecker zwischen schattigen Gehölzpartien, zum Überwuchern von Mauern, wo sich der Wuchs entfalten kann. Paßt gut zu *Digitalis*, Lilien, *Fritillaria*. Getopfte Pflanzen sind geschätzt als schnellwachsende, hängende Strukturpflanzen in Balkonkästen und Kübeln
Sorten; 'Variegata', weißbunte Form, beliebt im Balkonpflanzensortiment

Abb. 267: ***Glechoma hederacea*** **'Variegata'**

Globularia cordifolia
Kugelblume

Familie: *Globulariaceae* – Kugelblumengewächse
Herkunft: Mitteleuropa, Spanien , Apennin, Balkan, 28 Arten kommen von den Kanaren bis zum Balkan vor
Wuchs: Zwergstrauch, rasenbildend, immergrün, 10 cm hoch
Blüte: leuchtend blau, kugelförmig
Blütezeit: V–VI
Standort: sonnig bis halbschattig
Erde: kalkhaltig, durchlässig, schotterig
Vermehrung: Teilung im Frühjahr oder frühen Herbst, durch Aussaat und Stecklinge im Frühling
Verwendung: für kleine Flächen in Steingärten und Trögen, immergrün, rasenbildend. Leichter Reisigschutz empfehlenswert. Nachbarpflanzen: *Anaphalis, Dryas, Helianthemum, Potentilla, Veronica incana*

Abb. 268

Globularia punctata (Globularia elongata)
Kugelblume

Herkunft Mitteleuropa, Kaukasus. Höhe 15 cm , Blüten größer als vorige Art, leuchtendblau, immergrüner Bodendeckermeist zottig; Bodenbedecker für Gräber, Steingärten. Alle Arten stehen unter Naturschutz.

Abb. 268: ***Globularia punctata***

Abb. 269

Glyceria maxima
Süßgras, Wasserschwaden

Abb. 269: ***Glyceria maxima* 'Variegatus**

Familie: *Gramineae* – Süßgräser
Herkunft: Europa, Asien, Nordamerika. 16 Arten dieser Gattung
Wuchs: 70 cm hoch, locker, aufrecht
Blatt: schilfartig, gelblich, weißgestreift
Blüte: Rispen geschlossen, aufrecht
Blütezeit: VII–VIII
Standort: sonnig–halbschattig
Erde: liebt feuchten Gartenboden
Vermehrung: Teilung III–IV
Pflege: anspruchslos
Verwendung: Staudenbeete, Uferpflanze für Wassermotive, in allen Naturgärten, Parkanlagen und Gräsergärten. Nachbarpflanzen: Polsterstauden, andere flachwachsende Gräser, z.B. *Festuca cinerea, Festuca scoparia, Myosotis palustris, Acorus calamus, Trollius*
Besonderheiten: ist das schönste, eleganteste Bandgras
Sorten: 'Variegata', weißbunte Blätter

Goniolimon tataricum (Limonium tataricum)
Strandflieder, Statice

Familie: *Plumbaginaceae* – Bleiwurzgewächse
Herkunft: Bulgarien, Südrußland. Etwa 10 Arten
Wuchs: 30 cm hoch, locker
Blatt: graugrün, glatt, oblong, ausgebreitet
Blüte: Blütenschirme weiß
Blütezeit: VII–IX
Standort: vollsonnig
Erde: tiefgründiger, durchlässiger Gartenboden
Vermehrung: Aussaat III–IV, Wurzelschnittlinge XII–II
Pflege: anspruchslos, Rückschnitt ebenerdig XI–II
Verwendung: wertvolle Schnittblume zum Trocknen, in Staudenrabatten, auch zu Rosenbeeten geeignet. Nachbarpflanzen: *Anaphalis, Briza media, Carex buchananii, Inula ensifolia* 'Compacta', *Achnatherum calamagrostis*

Abb. 270

Gratiola officinalis
Gnadenkraut

Familie: *Scrophulariaceae* – Braunwurzgewächse
Herkunft: Mitteleuropa, Ural, Westasien, Altai, Kleinasien, USA
Wuchs: 20–30 cm hoch, ausladend, kriechender Wurzelstock
Blatt: gegenständig, lanzettlich
Blüte: weiß mit gelbem Schlund, rosa oder hellila
Blütezeit: VI–VIII
Standort: feucht, sumpfig, - 10 bis + 10 cm, sonnig bis halbschattig
Erde: Wasserpflanzenerde
Vermehrung: Teilung Sparganium
Verwendung: seit alters her bekannte Heilpflanze, Sumpfzone, Teichrand. Nachbarpflanzen: Sumpfpflanzenvegetation, *Iris sibirica , Iris pseudacorus,*
Besonderheit: Wildvorkommen stehen unter Naturschutz.

Abb. 270: ***Gratiola officinalis***

Gunnera manicata
Mammutblatt, Riesenrhabarber

Abb. 271

Abb. 271: ***Gunnera manicata***

Familie: *Haloragaceae* – Seebeerengewächse
Herkunft: Südbrasilien, ca. 50 Arten in dieser Gattung
Wuchs: bis 2 Meter hoch, umfangreich
Blatt: von gewaltigem Ausmaß, bis 1,5 Meter Durchmesser, tief eingeschnitten
Blüten: rötlichbraun, an aufrechtem, schwanzförmigem Blütenkolben
Blütezeit: VI–VII
Standort: sonnig - halbschattig, sumpfig bis feucht
Erde: nährstoffreich, humos
Pflege: im Herbst Rückschnitt und im Winter mit Stroh oder dichter Laubdecke vor Frost schützen, spätfrostgefährdet
Vermehrung: Teilung im Frühjahr
Verwendung: starkwachsende Solitärstaude für Teichränder, Bachufer, große Gärten und Parks. Nachbarpflanzen: *Iris pseudacorus, Eupatorium, Orontium, Macleya*

Gunnera tinctoria (Gunnera chilensis)
Mammutblatt

Herkunft Chile. Blätter etwas kleiner als vorige, auf rötlichen Stielen, die mit Hakenstacheln besetzt sind. Kann etwas trockener stehen.

Gypsophila paniculata
Schleierkraut

Abb. 272

Familie: *Caryophyllaceae* – Nelkengewächse
Herkunft: Südosteuropa, Kaukasus, Sibirien; Gartenhybride. Etwa 80 Arten dieser Gattung
Wuchs: je nach Sorte 20–120 cm hoch, Wurzelstock dick und lang, reich verästelt
Blatt: lineallanzettlich
Blüte: weiß oder rosa, schleierartig
Blütezeit: VII–IX
Standort: sonnig, trocken
Erde: tiefgründiger, lehmig-sandiger Gartenboden, auch kalkhaltig
Vermehrung: Aussaat II–III, Teilung im zeitigen Frühjahr. Stecklingsvermehrung im Gewächshaus IV–V ist die am meisten verbreitete Methode
Pflege: anspruchslos, ebenerdiger Rückschnitt im Winter
Verwendung: wertvolle Schnitt- und Trockenstaude für Staudenrabatten, Rosenbeete, zum Schnitt. Kultur auch im Gewächshaus für Schnittzwecke. Beliebte Trockenblume. Nachbarpflanzen: *Asphodeline, Lavandula, Lychnis chalcedonica,* Verbascum-Hybriden, hinter und zwischen Polyantha- und Strauchrosen
Sorten: 'Bristol Fairy', 100 cm hoch, Stengel locker aufrecht, kugeliger Busch; Blüte dichte halbkugellige, große, weißgefüllte, verzweigte Doldentrauben. 'Compacta Plena', 20 cm hoch, teppicharig, Blatt blaugrün, Blüte weiß gefüllt. Zählt zu den wichtigsten Steingartenpflanzen, äußerst wertvoll für Trockenmauern und Schnitt. Nachbarpflanzen: *Campanula carpatica, Campanula poscharskyana, Linum flavum, Viola, Veronica, Helianthemum.* 'Flamingo', 120 cm hoch, Blatt blaugrün, Blüte rosa, groß, gefüllt. 'Rahan', Auslese, eignen sich zur Unterglaskultur. Stammen aus israelischer Meristemkultur.'Rosenschleier', bis 50 cm hoch, bildet große, halbkugelige Kissen, zartrosa, gefüllt, zum Schnitt

Abb. 272: ***Gypsophila paniculata***

Gypsophila repens
Teppichschleierkraut

Abb. 273

Herkunft Pyrenäen, Alpen, Apennin. Je nach Sorte 10–30 cm hoch, Blatt spitz, graugrün. Rosa Blütenrispen, von V–VIII. Standort sonnig und trocken, kommt auch auf humusarmen, steinigen, kalkhaltigen Schotterhalden vor. Aussaat II–III, Stecklinge IV–VII. Rückschnitt ebenerdig, vor dem Winter. Für Steingärten, Tröge, Trockenmauern, Schnittblume: Nachbarpflanzen: *Campanula carpatica, Campanula poscharskyana, Linum flavum, Viola, Veronica, Helianthemum.* Sorten: 'Letchworth Variety', einfache, rosa Blüten, bildet große Polster. 'Rosa Schönheit', dunkelrosa, kompakter Wuchs. 'Rosea', 10 cm, locker, rasenartig; Blüte zartrosa, lockere Blütenrispen. 'Rosenschleier', 30 cm, Stengel kriechend oder aufsteigend; rosa gefüllte Blütenrispen

Abb. 273: Gypsophila repens 'Rosy Veil'

Abb. 275: Helenium-Hybride 'Goldene Jugend'

Abb. 274

Hakonechloa macra
Japanwaldgras

Familie: *Gramineae* – Süßgräser
Herkunft: Japan
Wuchs: 30 cm hoch, rasenartig den Boden bedeckend
Blatt: lanzettlich, weich überhängend
Blüte: unscheinbare Ähren
Blütezeit: VIII–X
Standort: sonnig bis halbschattig
Erde: humos, mäßig feucht, normaler Gartenboden
Vermehrung: Teilung III–IV
Verwendung: als Rasenersatz, Bodendecker, für Teichränder, Bachläufe, Japangärten, dauerhafte Kübelbepflanzung

Abb. 275

Helenium-Hybriden
Sonnenbraut

Familie: *Compositae* – Korbblütengewächse
Herkunft: Gartenhybride
Wuchs: 60–120 cm hoch, aufrecht
Blatt: lanzettlich
Blüte: gelb, gelbbraun, rot, rotbraun, je nach Sorte
Blütezeit: VII–IX
Standort: sonnig, trocken
Erde: normaler Gartenboden
Vermehrung: Teilung II–IV, Stecklinge V–VI
Pflege: anspruchslos, ebenerdiger Rückschnitt XI–II
Verwendung: für Rabatten. Nachbarpflanzen: *Delphinium*, Lilien-Hybriden, *Phlox paniculata, Rudbeckia nitida, Solidago, Veronica longifolia*
Besonderheiten: vielbesuchte Insektenfutterpflanze
Sorten: 'Baudirektor Linne', 100 cm hoch, Stengel oben verzweigt, Blatt leicht gezähnt; Blüte samtigrot mit brauner Mitte, von langer Blühdauer: unentbehrliche Beetstaude mit großer Blickwirkung. 'Goldene Jugend', 80 cm hoch, Stengel oben verzweigt; Blüte goldgelb mit gelber Mitte. 'Goldrausch', 150 cm hoch, goldgelb mit brauner Mitte. 'Kanaria', 120 cm hoch, standfeste Stiele, Blüte leuchtend goldgelb mit hellerer Mitte. 'Moerheim Beauty', 80 cm hoch, reich- und frühblühend, leuchtendbraunrot. 'The Bishop', 60–80 cm hoch, Stengel wenig verzweigt; Blatt länglich, stumpf, Blüte gelb, groß, mit brauner Mitte. Blütezeit von VI–VII. 'Waltraut', 80–100 cm hoch, aufrecht, Blüte groß, goldbraun, gelb getönt; besonders empfehlenswert

Abb. 276

Helianthemum-Hybriden
Sonnenröschen

Familie: *Cistaceae* – Zistrosengewächse
Herkunft: Gartenhybriden; etwa 80 Arten dieser Gattung
Wuchs: 20 cm hoch, halbimmergrün, strauchartig, Flachwurzler
Blatt: oval gegenständig, ganzrandig
Blüte: je nach Sorte
Blütezeit: VI–VIII
Standort: sonnenliebend, trocken
Erde: anspruchslos
Vermehrung: Grünstecklinge V–VII
Pflege: Rückschnitt nach der Hauptblüte VIII, anspruchslos

Abb. 274: *Hakonechloa macra* 'Alba-aurea'

Verwendung: Gruppenpflanze für Terrassen, Tröge, Steingärten, Mauern, trockene Böschungen. Nachbarpflanzen: *Festuca cinerea, Linum perenne*
Sorten: 'Braungold', Blüte einfach, hellbraun-orange, mit gelber Mitte, in großen Mengen, röschenartig. 'Cerise Queen', Blüte rosarot, gefüllt. 'Eisbär', weiß, 15 cm hoch. 'Gelbe Perle', röschenartig, gelb, gefüllt, zahlreich. 'Golden Queen', goldgelb, einfach. 'Henfield Brilliant', 20 cm hoch, leuchtendrot.'Lawrensons Pink', rosa mit oranger Mitte, einfach. 'Pink Double', 15 cm hoch, rosa, gefüllt. 'Rubin', dunkelrot, gefüllt. 'Sterntaler', goldgelb. 'Wisley Pink', 25 cm, zartrosa, großblumig. 'Wisley Primrose', großblumig, leuchtend hellgelb. 'Wisley White', 30 cm hoch, reinweiß

Abb. 276: Helianthemum-Hybride 'Wisley Pink'

Abb. 277

Helianthus atrorubens
Staudensonnenblume

Abb. 277: *Helianthus atrorubens*

Familie: *Compositae* – Korbblütengewächse
Herkunft: Nordamerika, in Wäldern, an Flußläufen. Etwa 100 Arten dieser Gattung
Wuchs: 180 cm hoch, aufrecht, Stengel rötlich mit weißen Haaren
Blatt: lanzettlich, unterseits grau
Blüte: goldgelbe Blütenköpfe, 5 cm groß
Blütezeit: VIII–IX
Standort: sonnig bis halbschattig
Erde: normaler Gartenboden
Vermehrung: Teilung II–III oder Aussaat
Pflege: anspruchslos, XI–II ebenerdiger Rückschnitt, Rhizomwucherung (Breitenwachstum) kann durch Containerpflanzung verhindert werden
Verwendung: sehr wertvolle Schnittstaude für große Rabatten und Zäune. Nachbarpflanzen: *Aster novae–angliae, Echinacea purpurea,* im Hintergrund von Laub- und Nadelgehölzen

Abb. 278

Helianthus decapetalus
Sonnenblume

Herkunft Nordamerika. Höhe 120 cm, aufrecht, Rhizom stark verdickt, Stengel glatt, oben rauh. Blattoberseite fast kahl, Unterseite rauh, eiförmig, lanzettlich. Blüte zitronengelb, einfach. Blütezeit von VIII–IX. Für Rabatten und Zäune, Schnittblume. Nachbarpflanzen: *Aster novae-angliae, Echinacea purpurea,* im Hintergrund von Laub- und Nadelgehölzen. Bekannte Massenschnittblume. Sorten: 'Capenock Star', zitronengelb, große, einfache Blüten. 'Soleil d' Or', goldgelb, gefüllt

Abb. 278: *Helianthus decapetalus* 'Capenock Star'

Helianthus × multiflorus
Sonnenblume

Gartenhybride *(Helianthus annuus × Helianthus decapetalus).* 150 cm hoch, aufrecht, Rhizom stark verdickt, Stengel unten glatt, oben rauh. Blatt lanzettlich, eiförmig, rauh behaart; Blüte goldgelb, goßblumig, gleichmäßig, vollgefüllt, von VII–VIII. Für große Rabatten, Zäune, im Hintergrund von Laub- und Nadelgehölzen, zum Schnitt

Abb. 279

Helianthus salicifolius
Weinblättrige Sonnenblume, Papyrussonnenblume

Herkunft Nordamerika, Prärien. 200–250 cm, lockerer, aufrechter, bogenartiger Wuchs, Stengel glatt, grün, etwas grau bereift, auffällig und ausdrucksvoll. Blatt wechselständig, linealisch, überhängend. Blüte gelb, Blütezeit von IX–X. Standort trocken, aber auch am Wasser, auf kalkhaltigem Boden. Exotisch wirkende Wildstaude, sehr schön an Wasserbecken, Teichen; Solitärpflanze. Nachbarpflanzen: *Arundo donax, Miscanthus, Spartina*

Abb. 279: *Helianthus salicifolius*

Helianthus tuberosus
Topinambur

Herkunft Nordamerika, in Mitteleuropa eingebürgert. 160 cm hoch, wenig verzweigt. Blatt rauh, wenig behaart, lanzettlich. Blüten einfach, 7–8 cm groß. Sehr wüchsig, auch wuchernd, reichblühend, für sandige Böden geeignet. Die Knollen werden als Gemüse gegessen

Helichrysum tianshanicum
Strohblume

Abb. 280

Abb. 280: Helichrysum tianshanicum

Familie: *Compositae* – Korbblütengewächse
Herkunft: Turkestan, Tienshan
Wuchs: mehrjährig, kissenbildend, 20–30 cm, Blätter behaart, stark aromatisch duftend
Blüte: goldgelb
Blütezeit: VI–X, sehr lange
Standort: sonnig
Erde: sandig-humos, durchlässig
Vermehrung: Teilung
Pflege: anspruchslos, Rückschnitt im Herbst, leichter Winterschutz empfohlen
Verwendung: robuste und wichtige Steingartenstaude, für Trockenmauern, Schalen, Rabatten
Sorten: 'Schwefellicht', schwefelgelbe Blüten
Weitere Arten: *Helichrysum stoechas* (*H. italicum* ssp. *serotinum*), Currykraut. Wuchs mehrjährig, Blätter silbrig behaart, starkes Curryaroma, weitgehend winterhart. Wuchs gedrungener als bei *Helichrysum italicum.* Blüte gelb, unscheinbar.

Helictotrichon sempervirens (Avena sempervirens)
Blaustrahlhafer

Abb. 281

Abb. 281: *Helictotrichon sempervirens*

Familie: *Gramineae* – Süßgräser
Herkunft: Südrußland, Westsibirien, Turkestan. Etwa 20 Arten dieser Gattung
Wuchs: 50–80 cm hoch, lockere, aufrechte, dichte Horste
Blatt: immergrün, bläulichgrau
Blüte: Blütenrispen, Ähren straff aufrecht, blaßgelb, hoch über den Blättern
Blütezeit: VII–VIII
Standort: verlangt Sonne
Erde: durchlässiger, kalkhaltiger Humusboden
Vermehrung: Teilung IV–VI oder Rißlinge IX–X
Pflege: anspruchslos, Rückschnitt erst II–III, da Gräser auch im Winter schön sind
Verwendung: zur Einzelstellung in Stein-, Heide-, Steppen- und Naturgärten, Parkanlagen, für Pflanztröge; wertvolles Flächengras. Nachbarpflanzen: Teppichsedum, *Festuca, Stipa, Koeleria glauca, Briza,* vor Koniferen
Sorten: 'Pendula', mit überhängenden Blütenhalmen

Heliopsis helianthoides var. *scabra (Heliopsis scabra)*
Sonnenauge

Abb. 282

Familie: *Compositae* – Korbblütengewächse
Herkunft: Gartenhybride; etwa 7 Arten dieser Gattung
Wuchs: 120–130 cm hoch, Stengel straff
Blatt: eiförmig, spitz gesägt
Blüte: hell- bis goldgelb
Blütezeit: VII–IX
Standort: verträgt Trockenheit
Erde: guter Gartenboden
Vermehrung: Teilung vor und nach der Blüte
Pflege: anspruchslos, jedoch Düngergabe II–III empfehlenswert, Rückschnitt ebenerdig XI–II
Verwendung: Rabatten mit viel Platzzuweisung, kann wuchern! Schnittblume. Nachbarpflanzen: Leucanthemum-Maximum-Hybriden, *Helenium, Monarda, Phlox paniculata, Delphinium, Veronica longifolia*
Sorten: 'Goldgefieder', aufrechter Wuchs, rauhhaarig; Blüte goldgelb, groß, stark gefüllt. 'Hohlspiegel', Wuchs aufrecht, rauhhaarig; Blüte goldgelb, großblumig, bis 9 cm ø. 'Karat', Wuchs aufrecht, rauhhaarig; Blüte leuchtendgelb, einfach, sehr groß. 'Sonnenschild', Wuchs aufrecht, rauhhaarig; Blüte dunkelgelb, gefüllt mit grüner Mitte. 'Spitzentänzerin', Blüte tiefgoldgelb, grazil aufgebaut, halbgefüllt, feinstrahlig, groß

Abb. 282: *Heliopsis helianthoides* var. *scabra*

Helleborus dumetorum (Helleborus atrorubens)
Schneerose, Nieswurz

Abb. 283

Abb. 283: Helleborus-Hybride 'Atrorubens'

Familie: *Ranunculaceae* – Hahnenfußgewächse
Herkunft: Ungarn, Niederösterreich, meist in Südeuropa, Westasien, an Waldrändern, steinigen, kalkreichen Abhängen. Etwa 22 Arten dieser Gattung
Wuchs: bis 50 cm, locker, hängend
Blatt: frischgrün, glänzend, langgestielt, sehr fein gesägt
Blüte: außen matt purpurrot, innen heller; 5 cm ø
Blütezeit: I–III
Standort: halbschattig bis schattig
Erde: nahrhafter, lehmdurchsetzter, kalkhaltiger Boden
Vermehrung: Aussaat sofort nach der Samenernte, Kaltkeimer
Pflege: anspruchslos, verlangt ungestörten Standort
Verwendung: Waldmotive, zur Vorpflanzung bei Gehölzgruppen mit Seidelbast, Farnen, *Hepatica, Erica.* Nachbarpflanzen: *Brunnera macrophylla, Carex morrowii* 'Variegata', *Daphne mezereum, Luzula sylvatica, Phyllitis scolopendrium, Pulmonaria*
Besonderheiten: Giftpflanze. Hervorragende, anspruchslose Schattenstaude

Abb. 285: ***Helleborus niger***

Helleborus foetidus

Abb. 284

Stinkende Nieswurz, Palmblatt-Schneerose

Abb. 284: ***Helleborus foetidus***

50 cm hoch, halbstrauchartiger Wuchs, Stengel reich beblättert. Blatt wintergrün, langgestielt. Blüte glockig, grün, mit rötlichem Saum. Blütezeit von I–V. Giftpflanze

Helleborus-Hybriden

Frühlingsschneerose

Hybriden verschiedener Herkunft. Wächst 40 cm hoch, büschelartig. Blatt wintergrün, langgestielt. Blüte weiß, rosa, rot bis purpurfarben, groß, je nach Sorte auch ausdrucksvoll gefleckt. Blütezeit von III–IV. Ist anspruchslos und klimahart. Beliebte Schnittblume, für Waldmotive, zur Vorpflanzung bei Gehölzgruppen mit Seidelbast, Farnen, *Hepatica, Erica.* Nachbarpflanzen wie *Helleborus dumetorum.* Giftpflanze.
Sorten: 'Atrorubens', 40 cm, Varietät in verschiedenen rötlichen Tönen. 'Burgunderblut', 30 cm, dunkelpurpurrot. 'Hyades', 25 cm, weiß mit rosa Punkten. 'Sirius', 25 cm hoch, hellgelb

Helleborus niger

Abb. 285

Christrose, Schneerose

Herkunft nördliche und südliche Kalkalpen, Apennin, Balkan, in Bergwäldern. 25 cm hoch, Wurzelstock schwarzbraun, Stengel rotbraun gepunktet, buschig. Blatt wintergrün; Blüte weiß, rötlich überdeckt, schalenförmig. von XII–III. Standort halbschattig, bis schattig. Aussaat sofort nach der Samenernte, Kaltkeimer. Beliebte Schnittblume zur Weihnachtstreiberei. Aber auch für Waldmotive, zur Vorpflanzung bei Gehölzgruppen mit Seidelbast, Farnen, *Hepatica, Erica.* Die wichtigste Schneerose für Garten und Schnitt. Giftpflanze! Besonders durch den Samengenuß können schwere Erkrankungen auftreten. Steht wie alle heimischen Helleborus-Arten unter Naturschutz! Sorten: 'Maximus', 30 cm hoch, mit großen Blüten. 'Praecox', Weihnachtsschneerose, 30 cm hoch, sehr früh blühend

Hemerocallis aurantiaca

Abb. 286

Taglilie

Herkunft Sibirien, Ost-Asien, in Mitteleuropa und Nordamerika oft eingebürgert als verwilderte Bauerngartenblume. Blüten orange-gelb, Blütezeit von VI–VII. 80 cm hoch. Nur noch selten im Handel. Geeignet für Halbschatten, in Bauerngärten, an Teichrändern, vor Gehölzen

Abb. 286: ***Hemerocallis aurantiaca***

Hemerocallis citrina
Duft-Taglilie

Abb. 287

Familie: *Liliaceae* – Liliengewächse
Herkunft: China, Japan
Wuchs: 90–120 cm, locker, dichtbüschelig, Wurzeln verdickt, Stengel steif aufrecht
Blatt: derb, fest, dunkelgrün linealisch, zweizeilig angeordnet
Blüte: schmal, trichterförmig, sehr lang und hell zitronengelb. Abends und nachts Maiglöckchenduft
Blütezeit: VII–VIII
Standort: ungestörter, langjährig gleicher Standort bevorzugt
Erde: keine dauernde Nässe, sonst anspruchslos
Vermehrung: Teilung nach der Blüte oder im Spätwinter
Pflege: anspruchslos, Rückschnitt ebenerdig XI–II
Verwendung: wichtige Solitär- und Gruppenstaude, für Parkanlagen, Staudenrabatten, Ufermotive, in Wassernähe für Teiche, Becken und Bäche. Nachbarpflanzen: *Campanula persicifolia, Euphorbia griffithii, Festuca gigantea, Iris chrysographes, Iris sibirica, Ligularia, Lythrum, Thalictrum, Trollius.*

Abb. 289: Hemerocallis-Hybriden

Abb. 287: *Hemerocallis citrina* 'Sovereign' (Foto: Stein)

Hemerocallis-Hybriden
Taglilie

Abb. 288 – 290

Abb. 288: Hemerocallis-Hybride

Familie: *Liliaceae* – Liliengewächse
Herkunft: in den USA durch viele Züchtungen eine Modestaude geworden
Wuchs: 70–100 cm hoch, je nach Sorte
Blatt: derb, fest, dunkelgrün, linealisch, zweizeilig angeordnet
Blüte: je nach Sorte gelb, rosa, orange oder rot
Blütezeit: VI–VIII
Standort: sonnig–halbschattig, ungestört
Erde: normaler Gartenboden, keine Staunässe
Vermehrung: Teilung nach der Blüte oder im Spätwinter
Verwendung: für Parkanlagen, Staudenrabatten, Ufermotive; in Wassernähe, für Teiche, Becken und Bäche; Solitärstaude. Nachbarpflanzen: *Iris sibirica, Kniphofia, Ligularia, Scabiosa caucasica, Pennisetum, Tradescantia, Trollius, Uniola*
Sorten: 'Atlas', 100 cm hoch, locker, dichtbüschelig, Wurzeln verdickt, Stengel steif aufrecht; Blüte riesig, hellgelb mit gewelltem Rand. 'Bonanza', gelb-braun, 60 cm hoch, Blütezeit VII–VIII. 'Crimson Glory', Wuchs 90–100 cm, locker aufrecht; Blüte rot, eine der besten roten Sorten: 'Crimson Pirate', 70 cm hoch, locker, aufrecht. Blüte leuchtendrot, Schlund orangefarbig. 'Golden Scepter', 100 cm hoch, locker, dichtbüschelig, Wurzeln verdickt, Stengel steif aufrecht; Blüte sehr auffallendes, tiefes Goldgelb, in Orange übergehend: 'Hyperion', 80 cm hoch, locker, dichtbüschelig, Wurzeln verdickt, Stengel steif aufrecht; Blüte groß, rein zitronengelb. 'Jake Russel', 80 cm, locker, dichtbüschelig, Wurzeln verdickt, Stengel steif aufrecht; Blüte leuchtend goldgelb, groß. 'Luxury Lace', 80 cm, locker, dichtbüschelig, Wurzeln verdickt, Stengel steif aufrecht; Blüte lavendelrosa mit grünem Schlund, am Rande gekraust. 'Pink Damask', 90 cm, locker, dichtbüschelig, Blüte reines, feines, zauberhaftes Rosa. 'Rajah', 100 cm hoch, orangegelb. 'Sammy Russell', 70 cm hoch, locker, dichtbüschelig, Wurzeln verdickt, Stengel steif aufrecht; Blüte ziegelrot, mittelgroß, Schlund orangefarbig. 'Shooting Star', 100 cm, locker, dichtbüschelig, Wurzeln verdickt, Stengel steif aufrecht; Blüte sehr groß, grünlichgelb

Abb. 290: Hemerocallis-Hybride

Abb. 291

Hepatica nobilis (Anemone hepatica)
Leberblümchen

Familie: *Ranunculaceae* – Hahnenfußgewächse
Herkunft: Europa, Asien, in Laubwäldern. Etwa 65 Arten dieser Gattung
Wuchs: 10–15 cm hoch, dichtbuschig
Blatt: wintergrün bei geschütztem Standort, 3lappig, oben dunkelgrün, unten violett. Neue Blätter erscheinen nach der Blüte
Blüte: anemonenähnlich, blau oder je nach Sorte
Blütezeit: III–IV
Standort: halbschattig bis schattig
Erde: nicht zu trocken, kalkliebend
Vermehrung: Teilung IV–VII, Aussaat XII–III
Pflege: anspruchslos, liebt ungestörten Standort
Verwendung: für Steingärten und Waldgartenmotive, Bienenfutterpflanze. Nachbarpflanzen: *Daphne mezereum, Helleborus, Lathyrus vernus, Omphalodes verna, Cyclamen purpurascens, Soldanella, Adonis*
Besonderheiten: steht unter Naturschutz; Giftpflanze
Sorten: 'Alba', reinweiß. 'Rubra Plena', karminrosa, gefüllt, Seltenheitswert!

Abb. 291: ***Hepatica nobilis***

Abb. 292: ***Heracleum mantegazzianum***

Abb. 292

Heracleum mantegazzianum
Herkulesstaude, Bärenklau

Familie: *Umbelliferae* – Doldengewächse
Herkunft: Kaukasus, in allen nördlichen gemäßigten Zonen. Etwa 60 Arten
Wuchs: 200–300 cm hoch, aufrecht mit dickem Wurzelstock, Stengel rotbraun, behaart
Blatt: bis 100 cm lang, fiederschnittig
Blüte: große, 100 cm breite Blütendolden aus tausenden weißen Einzelblüten
Blütezeit: VII–VIII
Standort: sonnig bis halbschattig
Erde: schwerer Gartenboden, humos, nährstoffreich, feucht
Vermehrung: Aussaat gleich nach der Samenreife, Kaltkeimer, Herbst und Wintermonate nutzen
Pflege: sofort nach der Blüte die Stengel zurückschneiden, wenn Selbstaussaat verhindert werden soll. Düngung II–III
Verwendung: Zweijährig. Solitär in Parkanlagen, zum Verwildern, in Rasenflächen und für Wassermotive. Blütenstände für Trockengestecke. Schön vor dunkelgrünen Nadelgehölzen
Besonderheiten: imposanter Solitär, der aber, vor allem bei intensiver Sonne, Hautausschlag durch die Stengelhaare verursachen kann. Nur mit Handschuhen berühren. Starkes Verbreitungsvermögen, daher in der freien Landschaft oft nicht erwünscht

Abb. 293

Hesperis matronalis
Nachtviole

Familie: *Cruciferae* – Kreuzblütengewächse
Herkunft: Europa, Asien. Etwa 20 Arten dieser Gattung
Wuchs: 80–120 cm hoch, 2jährig bis ausdauernd
Blatt: ungeteilt, fiedrig, rauh, dunkelgrün
Blüte: violett, purpurlila oder weiß, einfach oder gefüllt, in endständigen Trauben, starker Veilchenduft
Blütezeit: V–VI
Standort: schattig; etwas Winterschutz mit Fichtenreisig; soll vor allem im Winter nicht zu feucht stehen
Erde: kalkhaltiger, tiefgründiger Gartenboden
Vermehrung: Aussaat
Kultur: Freilandaussaat III–VI, gleich an Ort und Stelle, Keimzeit 3–4 Wochen bei 18°C
Verwendung: Zweijährige, mitunter staudig und beständig wachsende Schnittblume, Rabattenpflanze, war früher häufig in Bauerngärten anzutreffen. Bienen- und Schmetterlingsweide. Duftblume, Wildblume für Naturgärten
Sorten: 'Alba Plena', weiß, gefüllt. 'Nana Candidissima', weiß, 20–40 cm hoch. 'Purpurea Plena', gefüllt, violett

Abb. 293: ***Hesperis matronalis***

Abb. 294

Heuchera-Hybriden (*Heuchera × brizoides*)
Purpurglöckchen

Abb. 294: Heuchera-Hybride

Familie: *Saxifragaceae* – Steinbrechgewächse
Herkunft: Nordamerika, Mexiko, Gebirgspflanze; Gartenhybride. Etwa 27 Arten dieser Gattung
Wuchs: 50–70 cm hoch, buschige Staude, halbkugelig
Blatt: langstielig, herzförmig, 5–9lappig, wintergrün
Blüte: weiße, rosa oder rote Blütenglöckchen, je nach Sorte
Blütezeit: VI–VIII
Standort: sonnig–halbschattig
Erde: anspruchslos
Vermehrung: Teilung, auch Rißlinge, III–IV, Aussaat
Pflege: anspruchslos, XI–II ebenerdiger Rückschnitt
Verwendung: Steingärten, Terrassengärten, Tröge, Wildsträuchermotive. Wintergrüner Bodendecker. Nachbarpflanzen: *Campanula persicifolia, Doronicum, Geranium grandiflorum* 'Johnson', *Primula bulleyana, Oenothera, Veronica,* Gräser, *Erigeron, Gypsophila*
Sorten: 'Alba', 50 cm hoch, weiß. 'Gracillima', 50 cm, bizarre, rosa Blütenglöckchen, in feinverzweigten Rispen. 'Pluie de Feu' (Feuerregen), 50 cm hoch, feuerrot. 'Rakete', 70 cm, leuchtend zinnoberrote Blütenglöckchen, rispenartig. 'Red Spangles', 60 cm hoch, schöne, gedrungene, leuchtendscharlachrote Blütenglöckchen, rispenartig. 'Scintillation', 60 cm hoch, Blütenglöckchen leuchtendrosa, korallenrot getupft, rispenartig. 'Silberregen', 50 cm hoch, reinweiße Blütenglöckchen. 'Weserlachs', 50–60 cm, kräftige, lachsrosa Blütenglöckchen, rispenartig, besonders standfest. 'Widar', 50 cm hoch, besonders leuchtend rote Blüten

Abb. 295

Heuchera micrantha
Purpurglöckchen

Herkunft Weststaaten der USA. Hübsche, grau gezeichnete Blätter, Blüten rötlich weiß, bis 90 cm hoch. Sorte 'Palace Purple', ein Findling mit hervorragenden Eigenschaften: wüchsig, Blätter groß, bronzerot, mit seidigem Glanz. Fällt auch bei Aussaat echt. Verwendung als Blattstaude und in der Floristik

Abb. 295: *Heuchera micrantha* 'Palace Purple'

Abb. 296

Heuchera sanguinea
Purpurglöckchen

Gartenhybride. 30–40 cm hoch, Stengel behaart. Blatt rundlich, bis herzförmig, 5–7lappig, gezähnt. Leuchtend karminrote, zierliche Blütenglöckchen, rispenartig. Blütezeit von VI–VIII. Sorten: 'Bressingham Hybrids', rosarot. 'Splendens', aus Samen echt fallend, leuchtend karminrot

Abb. 296: *Heuchera sanguinea* 'Bressingham-Hybrids'

× *Heucherella tiarelloides* 'Rosalie'
Purpurglöckchen

entstanden aus der Kreuzung Heuchera-Hybride × *Tiarella cordifolia.* 20–30 cm hoch, ausläufertreibend. Blätter rundlich-herzförmig mit lappigem Rand. Blüten rosa. Dankbare Kleinstaude für Steingärten und Rabatten

Abb. 297

Hibiscus moscheutos
Sumpfeibisch

Abb. 297: *Hibiscus moscheutos* 'Disco Belle' F_1-Hybride

Familie: *Malvaceae* – Malvengewächse
Herkunft: Südöstliche USA. Etwa 200 Arten in Südeuropa, Asien, Nordafrika und Amerika
Wuchs: bis 80 cm hoch, von unten stark verzweigend
Blatt: eirund-länglich, gezähnt
Blüte: trichterförmig, bis 25 cm ø, weiß, karminrot, rosa, zweifarbig, nur kurze Zeit haltbar, dafür viele Blüten
Blütezeit: VII–X
Standort: sonnig und warm
Erde: nährstoffreich, lehmig
Kultur: Aussaat ab I bis Anfang III unter Glas (22–26°C), in 40°C warmem Wasser über Nacht vorkeimen. Keimdauer 14 Tage, danach bei 16–18°C weiter kultivieren, einmal pikieren, später in 15er-Topf. Auspflanzen nach Mitte V, Abstand 40–60 cm. Zur Überwinterung circa 15 cm hoch mit Stroh, Laub oder Torf abdecken. Ein- bis mehrjährig
Verwendung: schöne, auffällige Gruppenpflanze mit riesigen Blüten für Rabatten, Wassergärten, Kübel, auch für Tröge und Wintergärten geeignet
Sorten: 'Dixie-Belle', F_1-Hybride, Blütendurchmesser 25 cm, Mischung in auffälligen Farben, Höhe 50 cm. 'Disco-Belle', F1-Hybride, Blüten von 20 cm ø, weiß, rosa, karminrot, reinweiß mit Auge, Mischung, Höhe 45 cm

Abb. 298

Hieracium aurantiacum
Orangerotes Habichtskraut

Familie: *Compositae* – Korbblütengewächse
Herkunft: Europa, Nordamerika. Etwa 400 Arten dieser Gattung
Wuchs: Stengel 20 cm, rasenbildend, ausläufertreibend, wuchernd
Blatt: eiförmig, hellgrün, behaart
Blüte: orangegelbe Köpfchen
Blütezeit: VI–VIII
Standort: verträgt große Trockenheit
Erde: anspruchslos
Vermehrung: Teilung II–IV oder nach der Blüte, setzt kaum Samen an
Pflege: anspruchslos, ebenerdiger Rückschnitt XI–II
Verwendung: wertvoller Sommerblüher für Steingärten und Wildstaudenmotive. Nachbarpflanzen: *Campanula carpatica, Campanula poscharskyana, Festuca cinerea, Helianthemum, Lavandula, Potentilla aurea*

Abb. 298: *Hieracium aurantiacum*

Hieracium pilosella
Kleines Habichtskraut, Mausöhrchen

Herkunft Europa, Sibirien. Wuchs rasenartig, Stengel 10–20 cm hoch. Laub silbrig gefärbt. Blüten hellgelb, oft rot gestreift, von V–IX. Stark wachsender Bodendecker für trockenen, nährstoffarmen Standort; geeignet für Heidegärten.
Sorten: 'Kupferteppich', bildet kupferfarbene Polster; sät sich nicht selbst aus. 'Niveum', hellgelbe Blüten, bildet silbergraue Teppiche

Abb. 299

Hippuris vulgaris
Tannenwedel

Familie: *Hippuridaceae* – Tannenwedelgewächse
Herkunft: Europa, Westasien, Nordamerika, Australien. Eine Art dieser Gattung
Wuchs: 40 cm, starker Ausbreitungsdrang des Wurzelstockes unter Wasser, Stengel ragt über die Wasserfläche
Blatt: tannennadelartig und verzweigt, als dunkelgrüne Quirle mit linearen Blättern
Blüte: unscheinbar
Blütezeit: VII–VIII
Standort: sonnig bis halbschattig
Erde: kalkhaltiger lehmiger Sumpfboden mit bis zu 1 m Wassertiefe
Vermehrung: Teilung V–VI, Ausläufer-Schnittlinge VI–VIII
Pflege: Ausbreitungsdrang durch Containerpflanzung begrenzen
Verwendung: Wasser- und Sumpfpflanze für Becken, Teiche, Seen. Nachbarpflanzen: andere Sumpfpflanzen wie *Scirpus, Stratiotes, Trapa, Typha*

Abb. 299: *Hippuris vulgaris*

Abb. 300

Holcus lanatus
Honiggras

Familie: *Gramineae* – Gräser
Herkunft: Europa, Mittelmeerraum, Nordafrika, in Nordamerika eingebürgert, 8 Arten in dieser Gattung
Wuchs: 30–60 cm hoch, horstig, dichte Rasen bildend
Blatt: lanzettlich, wollig behaart
Blüte: in dichten Rispen
Blütezeit: VI–VIII
Standort: sonnig, feucht, auch sumpfig
Erde: nährstoffreich, sauer, sandig-lehmig

Abb. 300: ***Holcus lanatus*** **'Albovariegatus'**

Abb. 301

Hosta crispula

Riesen-Weißrandfunkie

Herkunft Japan, nur aus Gärten bekannt. 60 cm hoch, horstartige Büsche, langsam wachsend. Blatt herz-, eiförmig, 7–9 Nervenpaare, beiderseits grün, unten glänzend, unregelmäßiger, weißer, welliger Rand, Spitze lang auslaufend. Blüte trichterförmig, lila glänzend, von VII–VIII. Sehr beliebte weißbunte Blatt-Schmuckstaude als Gruppen- und Solitärpflanze, vor allem an Wassermotiven, auch in Parkanlagen. Verträgt mehr Sonne als andere Arten

Hosta elata *(Hosta fortunei* var. *gigantea)*

Grüne Riesenfunkie

Herkunft Japan. 90 cm hoch, üppige Horste bildend, Blütenschaft blattlos. Blatt herzförmig, länglich mit 8–10 Nervenpaaren, am Rand stark gewellt. Blütentrauben lang, trichterförmig, hellblauviolett. Blütezeit von VI–VII

Hosta sieboldii ***(Hosta albomarginata)***

Weißrandfunkie, Zwergfunkie

Familie: *Liliaceae* – Liliengewächse
Herkunft: China, Japan, Korea. Etwa 40 Arten dieser Gattung
Wuchs 30–60 cm hoch, Ausläufer bildend
Blatt: breit-lanzettlich, beidseitig grün, weich, flach, mit schmalem, weißem Saum
Blüte: trichterförmig, violett mit weißem Saum
Blütezeit: VII–VIII
Standort: bevorzugt Halbschatten, gedeiht aber auch an sonnigen Plätzen
Erde: anspruchslos
Vermehrung: Teilung II–III oder Aussaat
Pflege: bei großer Trockenheit wässern,zieht im Winter ein
Verwendung: dekorative, anspruchslose Schmuckstaude, die besonders durch die Blätter wirkt, als Gruppen- und Solitärpflanze, vor allem an Wassermotiven; auch in Parkanlagen. Nachbarpflanzen: *Astilbe, Campanula macrantha, Cimicifuga, Deschampsia cespitosa, Festuca gigantea, Lilium henryi, Polygonatum,* Primula-Bullesiana-Hybriden, *Pulmonaria*
Sorten: 'Alba', 40 cm hoch, Blätter grün; Blüten weiß, Blütezeit von VI–VII. 'Bianca', Blätter grün; Blüte weiß, Blütezeit von VIII–IX

Abb. 301: ***Hosta crispula***

Abb. 302 + 303

Hosta fortunei

Frühlingsgoldfunkie, Graublattfunkie

Abb. 302: ***Hosta fortunei*** **'Francee'**

Abb. 303: ***Hosta fortunei*** **'Obscura'**

Herkunft nicht genau bekannt. 60 cm hoch, horstbildend. Blatt goldbunt mit grünem Rand. Blüte lila, trichterförmig. Blütezeit von VII–VIII.
Sorten: 'Albopicta' ('Aureomaculata'), gelb mit grünem Rand, Blüten lila. 'Francee', Blätter dunkelgrün mit schmalem, weißem Rand, guter Bodendecker. 'Goldstandard', große Blätter, goldgelb mit schmalem, grünem Rand. Blüten lila. 'Betsy King', Blätter hellgrün, Blüten violett mit weißen Streifen. 'Marginato Alba', sehr große, wüchsige Horste. Blätter grün, unregelmäßiger weißer Rand. Blüten 50–80 cm hoch, über den Blättern. 'Ground Master', schmale Blätter, weiße Ränder, schnell wachsend. Blüte violett. 'Wide Brim', mittelgroße Blätter mit gelbem Rand, der sich laufend vergrößert. Blüten lila

Abb. 304

Hosta sieboldiana

Große Blaublattfunkie

Herkunft Japan. 40–60 cm hoch, horstartige Büsche. Blatt groß, fest, herzförmig, zugespitzt, kräftig, graugrün bereift. Blütentrauben dicht, weiß bis zartviolett. Blütezeit von VI–VIII. Bevorzugt Halbschatten, gedeiht aber auch an sonnigen Plätzen.
Sorten: 'Elegans', 60 cm hoch, Blüten hellila. 'Frances Williams' (*Hosta sieboldiana* 'Aureomarginata') Blätter grün, gelb geadert, Blüten lila

Abb. 304: ***Hosta sieboldiana*** **'Frances Williams'**

Abb. 305

Hosta undulata
Schneefeder, Wellblattfunkie

Japanische Kulturpflanze. 30 cm hoch, horstartige Büsche, Stiele weiß gestreift. Blatt 40 cm lang, 5–9 cm breit, oval lanzettlich, weiß gestreift. Blüte trichterförmig, hellviolett, etwas gestreift, von VII–VIII. Sorten: 'Albomarginata', 40–80 cm hoch, wüchsig, sehr schön mit weißrandigen Blättern. Identisch mit der Sorte 'Thomas Hogg'. 'Undulata' – Weißgrüne Wellblattfunkie: 20–50 cm hoch, schwach wachsend, Blätter weiß mit schmalem grünem Rand, Blattspitze oft zur Seite gedreht. Als Treibstaude verwendet

Abb. 305: ***Hosta undulata*** **'Aurea'**

Abb. 306

Hosta ventricosa
Glockenfunkie

Herkunft Japan. 60–90 cm hoch, Blattstiel kurz, Blütenschaft aufrecht, oft bis 1 m hoch, dichtbuschig. Blatt groß, herzförmig, eirund, dunkelgrün, unterseits stark glänzend. Blüte violettblau, glockig in langen, lockeren Blütentrauben, von VII–VIII. Sorten: 'Aureo Maculata', Blätter gelblich weiß gestreift und gefleckt, später grün. 'Aureomarginata', cremeweiße Ränder, Färbung bleibt bis zum Herbst erhalten

Abb. 306: ***Hosta ventricosa***

Abb. 307

Hottonia palustris
Wasserfeder

Familie: *Primulaceae* – Primelgewächse
Herkunft: Europa bis Sibirien und Kleinasien, in stehenden oder langsam fließenden Gewässern. 2 Arten dieser Gattung
Wuchs: bis 30 cm über dem Wasser schwebend, Wurzelbildung im Schlammboden
Blatt: einfach, fiederteilig
Blüte: weiß bis rötlich mit gelbem Schlund, traubiger Blütenstand bis 30 cm über dem Wasser schwebend
Blütezeit: V–VI
Standort: sonnig bis halbschattig
Erde: wurzelt im Schlammboden, oder in nahrhaftem, saurem, humusreichem Moorboden, bis zu 20 cm Wasserstand
Vermehrung: Teilung oder Aussaat V–VI, Ausläufer-Schnittlinge VI–VIII
Pflege: anspruchslos

Abb. 307: ***Hottonia palustris*** (Foto: Stein)

Verwendung: Uferränder, im Sumpf- und Wasserbereich. Nachbarpflanzen: *Lemna, Sagittaria, Scirpus, Trapa, Utricularia* jedoch mit großem Abstand (1 m^2 Pflanzraum)
Besonderheiten: Steht unter Naturschutz.

Abb. 308

Houttuynia cordata
Houttuynie

Familie: *Saururaceae* – Molchschwanzgewächse
Herkunft: Asien, Himalaya bis Japan. Nur eine Art
Wuchs: 40–50 cm, krautig, mit unterirdischen Rhizomen
Blatt: ei-herzförmig, rundlich
Blüte: in einer dichten Ähre, mit blütenblattähnlichem, 4lappigem weißem Hochblatt
Blütezeit: VI–VIII
Standort: halbschattig, geschützt, in flachem Wasser oder auf mäßig feuchten Böden
Erde: nährstoffreich, humos
Vermehrung: durch Teilung

Abb. 308: ***Houttuynia cordata*** **'Variegata'**

im Frühjahr, Abnahme der Rhizome
Pflege: Winterschutz durch Reisig geben, im Spätherbst sehr kurz zurückschneiden
Verwendung: als Bodendecker im Feuchtbereich, als Schmuckblattpflanze
Sorten: 'Chamaeleon', alte Gartenform aus Japan. Blätter grün-gelb-rot gefleckt. Sehr auffällig. 'Plena', mit grünen Blättern, viele Hochblattsegmente, wodurch der Eindruck einer gefüllten Blüte entsteht. 'Variegata', gelbweiße Flecken auf den Blättern, die sich teilweise rot färben, dadurch auffallender, sehr zierender Effekt

Abb. 309

Humulus lupulus
Gemeiner Hopfen

Abb. 309: ***Humulus lupulus***

Familie: *Moraceae* – Maulbeerbaumgewächse
Herkunft: Europa, Asien, USA. 2 Arten dieser Gattung
Wuchs: 4–6 m, kletternd, schnellwüchsig, zweihäusig
Blatt: 15–20 cm ø, sehr dekorativ, rauh behaart, handförmig, 5–7 gesägte Lappen
Blüte: unscheinbar, weibliche Blüte grünlichgelb, kätzchenförmig
Blütezeit: VII–VIII
Standort: sonnig bis halbschattig, an Bäumen, Zäunen
Erde: feuchter, aber nicht zu nasser Boden; relativ anspruchslos
Vermehrung: Teilung der Sprosse IX–III
Pflege: Rückschnitt im Spätherbst, nur 5–7 Triebe belassen
Verwendung: Blattschmuckpflanze, Kletterpflanze zum Bekleiden von Balkongittern, Lauben, Pergolen, Zäunen. An Bäumen hochwachsend. Auch für Nordseiten geeignet. Entwickelt sehr dichtes Laubwerk, dadurch vortrefflicher Sichtschutz
Sorten: 'Aureus', Blätter gelbgrün. 'Hallertau', für sonnige Lagen, schnellrankend, 4 m hoch, auch zur Biererzeugung geeignet

Abb. 310

Hydrocharis morsus-ranae
Froschbiß

Familie: *Hydrocharitaceae* – Froschbißgewächse
Herkunft: Europa, Sibirien. 2 Arten dieser Gattung
Wuchs: 5 cm, Ausläufer bis 20 cm mit Winterknospen, kann große Flächen bedecken
Blatt: schwimmend, kreisrund mit herzförmigem Einschnitt

Abb. 310: ***Hydrocharis morsus-ranae***

Blüte: weiß, zur Mitte gelb
Blütezeit: VII–VIII
Standort: sonnig bis halbschattig
Erde: sumpfiger, möglichst kalkarmer, Schlamm- oder Moorboden mit 20 cm Wasserstand
Vermehrung: Teilung V–VI (Winterknospen dazu verwenden)
Pflege: anspruchslos
Verwendung: Ufer-, Teichbereiche, sumpfige Wasserbecken. Nachbarpflanzen: *Calla, Hippuris, Hottonia, Lemna, Sagittaria, Utricularia, Pontederia, Typha*
Besonderheiten: Schwimmpflanze, ausgezeichneter Reinhalter des Wassers

Abb. 311

Hydrocleys nymphoides
Wassermohn, Wasserschlüssel

Abb. 311: ***Hydrocleys nymphoides*** (Foto: Stein)

Familie: *Butomaceae* – Wasserlieschgewächse
Herkunft: Südamerika. 3 Arten dieser Gattung
Wuchs: Stengel auf der Wasseroberfläche treibend, sich dort verzweigend
Blatt: Schwimmblätter lederartig dick, dunkelgrün
Blüte: hellgelb, 4–5 cm ø, etwa 10 cm über dem Wasser stehend
Blütezeit: VI–VIII
Standort: sonnig
Erde: nährstoffarm, sandig-kiesig
Vermehrung: Teilung nach der Überwinterung
Pflege: braucht im Freien Mindesttemperaturen von 20°C. Überwinterung frostfrei an einem hellen Platz, mäßig feucht, Mindesttemperaturen 5 °C
Verwendung: schöne, reichblühende Schwimmpflanze für sonnige Standorte im Freien und für die Zimmerkultur. Nicht winterhart! Wasserstand 30 cm

Abb. 312

Hypericum calycinum
Johanniskraut, Hartheu

Familie: *Hypericaceae* – Johanniskrautgewächse
Herkunft: Europa, Kleinasien, in allen subtropischen Zonen der nördl. Halbkugel. Etwa 200 Arten dieser Gattung
Wuchs: 20–40 cm hoch, halbstrauchig, ausläufertreibend
Blatt: immergrün, 5–10 cm lang, bläulichgrün, ledrig
Blüte: goldgelb, schalenförmig, 7–8 cm groß

Abb. 312: ***Hypericum calycinum***

Blütezeit: VI–IX
Standort: anspruchslos
Erde: verträgt sehr viel Trockenheit
Vermehrung: Grünstecklinge VI–VII, Teilung II–III. Abnahme von Ausläufern
Pflege: vollkommen anspruchslos, regeneriert auch ohne Frühjahrsrückschnitt
Verwendung: für begrenzte Großflächen wie Verkehrsinseln, Böschungen, Pflanzenbeete in Fußgängerzonen. Großer Ausbreitungsdrang. Nachbarpflanzen: *Astilbe, Bergenia, Hosta, Carex,* Kleingehölze
Besonderheiten: sehr wertvoller blühender Bodenbedecker für größere Flächen. Ersetzt Kleinrasenflächen

Abb. 313

Hypericum androsaemum
Johanniskraut

Herkunft West- und Südeuropa, Mittelmeerraum, Kleinasien, Kaukasus. Wuchs straff aufrecht, leicht verzweigt, ca. 50 cm hoch. Blätter klein, zierlich, hellgrün. Blüten hellgelb, Früchte orangerot, auffällig. Verwendung als floristisches Beiwerk, zum Schnitt, für Staudenrabatten

Abb. 313: *Hypericum androsaemum*

Abb. 314

Hypericum olympicum
Olymp-Hartheu

Herkunft Südosteuropa, Balkan, Kleinasien. 15 cm hoch, polsterbildend. Blatt breitlanzettlich, blaugrün, durchscheined punktiert. Blüte leuchtend zitronengelb, groß, in Trugdolden, von VI–VIII. bewährter Bodenbegrüner, für Trockenmauern, Steingärten, jedoch mit abgegrenzter Raumzuteilung. Nachbarpflanzen: *Campanula carpatica, Campanula portenschlagiana, Campanula poscharskyana,* Helianthemum-Hybriden. Sorte 'Citrinum', leuchtend zitronengelb

Abb. 314: *Hypericum olympicum*

Abb. 315

Hypericum polyphyllum
Zwerg-Johanniskraut

Herkunft Südwest-Kleinasien. 15 cm hoch, Triebe niederliegend. Blatt elliptisch, glänzend grün, schuppenförmig. Blüte leuchtendgelb, in dichten Trugdolden, bis 5 cm groß, von V–VI. Schöne, reichblühende Art für Steingärten, Tröge, Trockenmauern. Sorten: 'Schwefelperle', Blüten hellgelb, 10 cm hoch. 'Zitronenfalter', hellgelb, 15 cm hoch

Abb. 315: *Hypericum polyphyllum*

Abb. 316

Hyssopus officinalis* ssp. *officinalis
Ysop

Familie: *Labiatae* – Lippenblütengewächse
Herkunft: in Mitteleuropa eingebürgert, Südeuropa, Kleinasien, Nordafrika. Eine Art
Wuchs: aufrecht, wenig verzweigt, aus Horsten nach oben strebend, 30–40 cm hoch
Blatt: klein, lanzettlich, dunkelgrün, glänzend, aromatisch duften
Blüte: dunkelblau, je nach Sorte auch rosa oder weiß
Blütezeit: VIII–X
Standort: sonnig
Erde: durchlässig, mager
Vermehrung: Aussaat des feinen Samens II–V, pikieren in Töpfchen von 6–8 cm ø, auspflanzen V–VI; oder Teilung der Pflanze
Pflege: im Spätherbst oder Winter handhoch zurückschneiden
Verwendung: Gewürzkraut, schöne, lange blühende Staude, die häufig von Bienen oder Schmetterlingen besucht wird

Abb. 316: *Hyssopus officinalis* (Foto: Holmåsen)

Abb. 317

Hystrix patula
Flaschenbürstengras

Abb. 317: ***Hystrix patula***

Familie: *Gramineae* – Süßgräser
Herkunft: Nordamerika
Wuchs: 60 cm, horstbildend, Halme aufrecht
Blatt: schilfartig, hellgrün
Blüte: Ähren weiß behaart, zuerst weißlichgrün, dann bräunlich
Blütezeit: VI–VII
Standort: trocken, sonnig
Erde: sandig humoser bis normaler, feuchter Gartenboden
Vermehrung: Teilung V–VI, Aussaat II–III, in Schalen
Pflege: Winterschutz besonders gegen Kahlfrost, Rückschnitt II–III
Verwendung: Einzel- und Gruppenpflanze in Gräser- und Heidegärten. Nachbarpflanzen: *Festuca cinerea, Erica* in Farben, spätblühende Blütenstauden
Besonderheiten: auffälliges Gras mit bürstenartigen Fruchtständen. Sehr geeignet zum Schnitt für Trockensträuße; dazu die Ähren kurz vor der Reife schneiden

Iberis saxatilis
Schleifenblume, Schneekissen

Familie: *Cruciferae* – Kreuzblütengewächse
Herkunft: Süd-und Mitteleuropa. 30–40 Arten
Wuchs: 5–10 cm hoch, niederliegend, polsterartig, Stengel holzig, zerbrechlich
Blatt: immergrün, schmal, fleischig
Blüte: weiße Blütenkissen, die im Herbst noch einmal nachblühen
Blütezeit: IV–VI
Standort: sonnig, windgeschützt; im Halbschatten oft nicht winterhart
Erde: normale Gartenerde
Vermehrung: Stecklinge V–VII
Pflege: anspruchslos, Rückschnitt nach der Blüte um ⅓
Verwendung: unverzichtbarer Bestandteil in jedem Stein- und Mauergarten, für Tröge, Rabatten, bei Stauden als Einfassung, Gruppenpflanzungen, mit Wildpflanzencharakter. Nachbarpflanzen: *Alyssum, Aubrieta,* Iris-Barbata-Nana-Gruppe, *Phlox subulata, Viola cornuta* blau und gelb, zu Strauchrosen, roten Tulpen

Abb. 318: ***Iberis sempervirens***

Abb. 318

Iberis sempervirens
Immergrüne Schleifenblume

Herkunft Europa; Hybride. 15–25 cm hoch, polsterbildend. Blatt immergrün, lanzettlich, lederartig hart. Blüte weiß. Blütezeit von IV–VI. Sorten: 'Findel', 20 cm hoch, weiße Blütenbüschel, wertvolle gärtnerische Art, sehr winterhart. 'Schneeflocke', 25 cm hoch, weiße Blütenkissen, die im Herbst noch einmal nachblühen; sehr gute Einfassungspflanze, ist eine der besten nie versagenden Sorten mit besonderer Winterhärte. 'Zwergschneeflocke', 15 cm hoch, kleine Polster bildend, eine zierliche Form; weiße Blütenkissen, die im Herbst noch einmal nachblühen

Abb. 319

Incarvillea delavayi
Freilandgloxinie

Abb. 319: ***Incarvillea delavayi***

Familie: *Bignoniaceae* – Trompetenbaumgewächse
Herkunft: Tibet, Turkestan, China; Gebirgspflanze. Etwa 14 Arten dieser Gattung
Wuchs: 60 cm hoch, rübenartige, fleischige Wurzel, kräftige Stengel
Blatt: bis 30 cm lang, grobgezähnte, lanzettliche Blättchenpaare als Grundrosette
Blüte: rosarot, trompetenartig mit gelbem Schlund. Als Doldentraube auf hohem Schaft
Blütezeit: VI–VII
Standort: sonnig
Erde: nahrhafter, kalkhaltiger, tiefgründiger Boden
Vermehrung: Aussaat II–III, Teilung
Pflanzung: 8 cm tief
Pflege: Winterschutz ratsam; im Sommer, nach der Blüte, einziehen lassen
Verwendung: bekannteste Art mit besonderer Wüchsigkeit und Härte für Staudenrabatten und Steingärten. Nachbarpflanzen: *Bergenia, Campanula glomerata, Briza media, Festuca amethystina, Veronica prostrata* 'Alba', *Acer palmatum*

Incarvillea mairei (Incarvillea grandiflora)

Herkunft China, Tibet, Bhutan, Nepal. 15–30 cm hoch, rübenartige, fleischige Wurzel, kräftige Stengel. Blatt dunkelgrün, runzelig mit gesägten Rändern. Endblättchen rundlich oval. Blüte groß, karminrosa, trompetenartig mit goldgelbem Schlund, Kelch schwärzlich gestreift; von V–VI. Standort sonnig, auf Gebirgswiesen bis zu 3500 m

Abb. 320

Inula ensifolia
Zwerg-Alant

Familie: *Compositae* – Korbblütengewächse
Herkunft: Europa, Kaukasus, und Teilung
Pflege: Rückschnitt ebenerdig XI–II

Abb. 320: *Inula ensifolia*

Kleinasien. Etwa 120 Arten dieser Gattung
Wuchs: 20 cm hoch, kugelbuschig mit kräftigen Ausläufern, Stengel dünn, straff
Blatt: lanzettlich, dunkel- bis bräunlichgrün
Blüte: goldgelb, zahlreiche Strahlenblüten
Blütezeit: VII–IX
Standort: sonnige, grasige Abhänge, verträgt viel Sonne
Erde: verträgt Trockenheit
Vermehrung: Aussaat II–III
Verwendung: unermüdlich blühende Wildstaude für Parkanlagen, Stein- und Naturgärten, zum Schnitt, Insektenfutterpflanze. Nachbarpflanzen: *Anaphalis, Festuca amethystina, Liatris spicata, Origanum, Campanula carpatica, Geranium platypetalum*
Sorten: 'Compacta', 20 cm hoch, unermüdlich blühend, unempfindlich. 'Goldammer', sehr niedrig mit buschigem Wuchs, 10 cm hoch

Inula magnifica (Inula afghanica)
Riesen-Alant

Herkunft Kaukasus. 150 cm hoch, breitausladend, Stengel etwas behaart, stellenweise purpurn gefleckt. Grundblätter bis 1 m lang, herzförmig, unterseits filzig. Große, goldgelbe Strahlenblüten auf gespreizter Doldentraube, von VII–VIII. Viel Sonne, verträgt Trockenheit. Sehr effektvoll als Vorpflanzung vor dunklen Koniferen in Parkanlagen und Naturgärten, für Steppengärten und Teichrand, Insektenfutter. Nachbarpflanzen: *Picea omorika, Pinus montana.*

1. Gezüchtete Iris-Arten

Barbata-Elatior-Gruppe

Abb. 321 – 323

Iris germanica var. *germanica*
Schwertlilien, Hohe Bartiris

Familie: *Iridaceae* – Schwertliliengewächse
Herkunft: Mittelmeer, Süd-West-Asien, in Europa eingebürgert. Züchtungen aus verschiedenen Ländern. Nicht mehr zählbar, vor allem aus den USA
Wuchs: 60–100 cm hoch, je nach Sorte. Zwiebelige Knollen oder auch Rhizome
Blatt: zierlich, schwertförmig, gerippt
Blüte: Domblätter aufwärts gerichtet, Hängeblätter abwärts
Blütezeit: V–VI
Standort: sonnig, trocken
Erde: normaler bis sandig-humoser Gartenboden, nicht sauer, nicht zu feucht
Vermehrung: Teilung der Rhizomwurzeln und Knollen nach der Blüte VII–VIII
Pflanzung: beste Pflanzzeit 4 Wochen nach der Blüte, Ende VII–IX, evtl. noch X, sonst III–IV. Erhöhte (20–30 cm) Bankbeetpflanzung, also höher als das übrige Gartenniveau
Pflege: Rückschnitt handbreit über dem Boden im Spätherbst. Düngung mit Volldünger 10 Tage nach der Pflanzung, im Frühjahr nach dem Austrieb und kurz vor der Blüte
Verwendung: nicht wegzudenkende Liebhaberpflanze für Rabatten, Naturgärten, Parkanlagen, Wassermotive. Nachbarpflanzen: *Artemisia albula* 'Silver Queen', *Asphodeline, Avena, Carex buchananii, Eremurus, Hystrix, Linum, Melica, Stipa, Paeonia, Delphinium*
Sorten: Das Liebhabersortiment ist sehr stark im Fluß. Hunderte von Sorten werden alljährlich gezüchtet und prä-

Abb. 321: *Iris germanica* var. *germanica* 'Harbour Blue'

Abb. 322: ***Iris germanica* var. *germanica* 'Elizabeth of England'**

miert. Diese meist tetraploiden Neuheiten stellen an die Kultur höhere Ansprüche. Für ein jeweils aktuelles Sortiment bitte neueste Kataloge von Spezialfirmen wie z.B. Gräfin von Zeppelin, Salzburg-Laufen, Albrecht Hoch u.a. anfordern. Nur wenige dieser Neuheiten finden ihren Weg in die Standardsortimente, die in Staudengärtnereien und in Gartencentern zu finden sind. Die nachfolgenden Züchtungen besitzen einen höheren Bekanntheitsgrad: 'Allegiance', 100 cm hoch, Blüte gleichmäßig verteilt, marineblau, samtig; Domblätter seidig glänzend; Bart mittelblau, an den Spitzen mittelgelb. 'Arctic Snow', 90 cm,

Abb. 323: ***Iris germanica* var. *germanica* 'Goldfackel'**

weiß mit bläulichem Schimmer, sehr reichblühend. 'Bay Berry Candle', gelb, mit brauner Mitte, 70 cm. 'Beverly Sills', korallenrosa, bewegte Form, sehr gute Substanz, früh. 'Blue Sapphire', 100 cm, lavendelblau, eine hochbewertete Spitzensorte. 'Catalyst', reines Goldgelb, gute Verzweigung, 70 cm. 'Christabel', Domblätter kupfer, Hängeblätter tiefbraun, 80 cm. 'Elizabeth of England', lilablau, 70 cm. 'Empress of India', zartblau, 70 cm. 'Goldfackel', 90 cm, leuchtendgoldgelb. 'Harbour Blue', hellblau, 110 cm. 'Harriet Toreau', lilarosa, zauberhafte Farbe, 100 cm. 'High Above', 110 cm, zart himmelblau. Die Hängeblätter sind weit ausgestreckt und am Rand wunderschön gewellt. 'Karin von Hugo', rosa, 90 cm. 'L.A. Williams', tiefblau, 70 cm. 'Lusty Song', 110 cm, Domblätter burgunderrot, Hängeblätter weiß, eingerandet mit der Domfarbe. 'My Honeycomb', 120 cm, sirupbraun und honiggelb. 'New Snow', 100 cm, Blüte groß, fest, weiß mit schöner Wellung, kräftiger gelberBart. 'Ola Kala', 90 cm hoch, tiefgoldgelb, reichblühende aparte Sorte. 'Pinnacle', 80 cm, Domblätter kreideweiß, Hängeblätter hellgelb. 'Rippling Waters', Blüte groß, am Rand üppig gekraust, bläulich, orchideenfarbig. Der Bart ist mandarinenfarbig. 'Rococo', hellblau, 80 cm. 'Rosenquarz', 90 cm, reinrosa mit orangefarbenem Bart. Besonders wertvolle Züchtung. 'Sable Night', 90 cm, tiefschwarzblau mit einem weinroten Unterton, Bart dunkelbraun, sehr begehrenswerte Sorte. 'Sabre Dance', rosa, 50 cm, 'Star Shine', 100 cm, Domblätter rahmweiß, Hängeblätter waagrecht stehend mit weißem Mittelfleck, am Rande rahmfarbig, zur Mitte leicht blau getönt. 'Stepping Out', 90 cm hoch, reinweiß mit sattem Violett umrandet. 'Violet Harmony', 100 cm hoch, Blüte vollendet in einem schönen Violett. Hängeblätter nach der Mitte zu mit hellerer Zone. An den einzelnen Stielen öffnen sich gleichzeitig 3 wohlgeordnete Blüten. 'Wabash', 100 cm hoch, Domblätter sind kreideweiß, Hängeblätter veilchenblau mit weißem Rand. Nicht wegzudenkende Schmuckstaude. 'White Knight', 60 cm hoch, Dom- und Hängeblätter alabasterweiß. 'Wiener Walzer', auffallend blau mit weiß, 100 cm hoch

Barbata-Media-Gruppe

Abb. 324 + 325

Iris germanica var. *germanica*
Schwertlilie, Mittelhohe Bartiris

Familie: *Iridaceae* – Schwertliliengewächse
Herkunft: Züchtungen aus verschiedenen Ländern, vor allem aus den USA
Wuchs: 30–40 cm hoch, zwiebelige Knollen, der Stengel ist reich verzweigt
Blatt: schwertförmig
Blüte: Domblätter aufwärts gerichtet, Hängeblätter abwärts gerichtet
Blütezeit: V
Standort: sonnig bis halbschattig, trocken
Erde: Boden nicht feucht, nicht sauer
Vermehrung: Teilung der Rhizomwurzeln und Knollen nach der Blüte VI–VIII
Pflanzung: beste Pflanzzeit 4 Wochen nach der Blüte, Ende VII–IX, evtl. noch X, sonst auch III–IV. Erhöhte (20–30 cm) Bankbeetpflanzung, also höher als das übrige Gartenniveau
Pflege: Rückschnitt XI–II ebenerdig. Düngung mit Volldünger 10 Tage nach der Pflanzung, im Frühjahr nach dem Austrieb und kurz vor der Blüte
Verwendung: Liebhabersorten für Steingärten, Tröge, Wassermotive, Einfassungen. Nachbarpflanzen: *Artemisia albula* 'Silver Queen', *Asphodeline, Avena, Carex buchananii, Eremurus, Hystrix, Linum, Melica, Stipa*
Sorten: 'Findelkind', Dom- und Hängeblätter tiefgelb, sehr wüchsig und reichblühend.

Abb. 324: ***Iris germanica* var. *germanica***

'Forest Light', Dom- und Hängeblätter cremefarbig mit grüngelber Zeichnung, sehr reichblühend. 'Glycilla', Dom- und Hängeblätter leuchtendhimmelblau. 'Helge', hellgelb, 50 cm hoch. 'Lichtelfe', Blüte an stark verzweigten Stielen, Dom- und Hängeblätter lavendelblau mit olivfarbenem Anflug. 'Nachtmahr', Dom- und Hängeblätter schwarzviolett. 'Schwanensee', Dom- und Hängeblätter reinweiß. 'Spring Glow', Dom- und Hängeblätter auffallend braunrot. 'Weißer Dreispitz', weißgelb, 50 cm hoch

Abb. 325: ***Iris germanica* var. *germanica*** (Foto: Stein)

Barbata-Nana-Gruppe

Iris germanica var. *germanica*

Abb. 326 + 327

Zwergiris, Niedrige Bartiris, Miniatur- und Kleiniris

Abb. 326: *Iris germanica* var. *germanica* 'Libellula'

Familie: *Iridaceae* – Schwertliliengewächse
Herkunft: Züchtungen aus verschiedenen Ländern
Wuchs: 15–30 cm hoch, Wurzelknollen, Stengel kurz, unverzweigt, 1–2 Endknospen
Blatt: sichelförmig
Blüte: Domblätter aufwärts, Hängeblätter abwärts gerichtet
Blütezeit: IV–V
Standort: sonnig, trocken
Erde: kalkhaltig, kiesig
Vermehrung: Teilung der Rhizomwurzeln und Knollen nach der Blüte VI–VIII
Pflanzung: beste Pflanzzeit 4 Wochen nach der Blüte, Ende VII–IX, evtl. noch X, sonst III–IV. Erhöhte (20–30 cm) Bankbeetpflanzung, also höher als das übrige Gartenniveau
Pflege: Rückschnitt XI–II ebenerdig. Düngung mit Volldünger 10 Tage nach der Pflanzung, im Frühjahr nach dem Austrieb und kurz vor der Blüte
Verwendung: Liebhaberpflanze für Steingärten, Tröge, Wassermotive. Nachbarpflanzen: *Arabis, Aubrieta, Iberis, Phlox subulata,* Wildtulpen
Sorten: 'Coerulea', 15 cm, rein himmelblau.'Cyanea', 15–30 cm, ultramarinblau. 'Excelsa', 20 cm, ockergelb. 'Green Spot', 30 cm hoch, weiß mit auffallend grüner Aderung.'Jerry Rubin', 30 cm, rubinrot mit goldgelbem Bart, sehr reichblühend. 'Pinnacle', weißgelb, 25 cm hoch. 'Schneekuppe', 30 cm, schneeweiß. 'Tinkerbell', hellblau, 30 cm. 'Reichenbachii', goldgelb, 25 cm hoch

Abb. 327: *Iris germanica* var. *germanica*

2. Botanische Iris-Arten

Iris ensata (Iris kaempferi)

Abb. 328 + 329

Japanische Prachtiris, Japaniris

Abb. 328: *Iris ensata*

Familie: *Iridaceae* – Schwertliliengewächse
Herkunft: Japan, Korea, Mandschurei; durch Kreuzungen sind prachtvolle Gartensorten entstanden
Wuchs: 80–100 cm hoch, Stengel mit einem Seitenzweig, 3–4blütig
Blatt: frischgrün, mit deutlich erhöhter Mittelrippe
Blüte: Dom- und Hängeblätter bilden große, radförmig ausgebreitete Blüten in verschiedenen Farben
Blütezeit: V–VII
Standort: sonnig
Erde: kalkarmer oder kalkfreier Boden mit lehmigen oder anmoorigen, humosen Bestandteilen bei sumpfigem Boden oder flachem Wasserstand
Vermehrung: Teilung nach der Blüte VIII–IX
Pflege: verlangen von V–VIII flachen (5–10 cm) Wasserstand oder sumpfigen Boden. Ab IX–IV sollen sie trockener stehen. Aus diesem Grunde kann man Container oder Schalenpflanzung wählen und einsenken. Nach der Blüte nimmt man die Schalen aus dem Wasser und gibt der Pflanze einen wärmeren und trockenen Platz
Verwendung: wertvolle Iris für sumpfige Wassermotive. Nachbarpflanzen: *Caltha palustris, Carex grayi, Cyperus longus, Lythrum, Myosotis, Primula florindae, Trollius*
Sorten: 'Aiogata', Blüte 3teilig, bis 20 cm lang, dunkel purpurrosa, Hängeblätter groß, Domblätter schmal. 'Benibotan', Blüte 3teilig, bis 20 cm lang, dunkel purpurrosa, Hängeblätter groß, Domblätter schmal. 'Blue Pompon', dunkelblau, doppelte Blütenblätter. Hängeblätter breit, gewellt, 100 cm hoch.'Hakubotan', Blüte 3teilig, bis 20 cm lang, reinweiß, Hängeblätter groß, Domblätter schmal. 'Higo Typ', Riesenblüten von 15–20 cm ø in feinen Farben, Hängeblätter groß, Domblätter schmal. 'Kokuryuden', Blüte 3teilig, bis 20 cm lang, purpurrot, Hängeblätter groß, Domblätter schmal. 'Momozomo', lilarosa, doppelte Blüte mit leicht fallenden Hängeblättern, 85 cm.

Abb. 329: *Iris ensata*

'Ocean Mist', hellblaue, doppelte Blüten, die nach außen dunkler werden, großes, weißes Herz, 110 cm. 'Red Titan', sehr große, doppelte Blüten, purpurrot, 100 cm. 'Taiheiraku', Hängeblätter groß, Domblätter schmal, lavendelblau. 'Toryumon', Blüte 3teilig, bis 20 cm lang, rosa, an der Basis weiß, Hängeblätter groß, Domblätter schmal

Abb. 330 – 332

Iris sibirica

Sibirische Schwertlilie, Wieseniris, Wiesenschwertlilie

Abb. 330: ***Iris sibirica***

Familie: *Iridaceae* – Schwertliliengewächse
Herkunft: Sibirien, Europa; wertvolle Gartenzüchtungen aus vielen Ländern
Wuchs: 60–80 cm hoch, aufrecht, Stengel ungleich lang, hohl, oft verzweigt und mehrblütig
Blatt: schilfartig, leicht bläulich, schwertförmig, schmal, am Grunde oft rot
Blüte: Domblätter aufwärts gerichtet, Hängeblätter abwärts
Blütezeit: VI
Standort: feuchte Plätze
Erde: humusreich, verträgt noch trockene, magere Böden
Vermehrung: Teilung nach der Blüte VII–VIII
Pflege: anspruchslos, Rückschnitt ebenerdig XI–II
Verwendung: zu jedem Wassermotiv oder Gehölzrand. Nachbarpflanzen: *Lysimachia punctata, Primula* der Sektion *Sikkimensis, Ranunculus aconitifolius* 'Pleniflorus', *Spartina, Trollius*
Besonderheiten: sehr wertvolle, dankbare Art, hat lange unverpflanzt eine hohe Blühwilligkeit. Steht unter Naturschutz!
Sorten: 'Blue Cape', 90 cm hoch. Die straff aufrechten Domblätter von auffallend dunkelblauer Farbe bilden mit den Hängeblättern eine klassische zierliche Irisblüte. 'Caesar's Brother', 100 cm hoch, Dom- und Hängeblätter tiefveilchenviolett. 'Dreaming Yellow', 80 cm hoch, weiß mit gelb. 'Mountain Lake', 50 cm hoch, Stengel mehrblütig, Dom- und Hängeblätter lichtblau. 'Mrs. Rowe', 80 cm hoch, Stengel ungleich lang, hohl. Dom- und Hängeblätter silberweiß mit lavendelrosa. 'My Love', 70 cm hoch, mittelblau. 'Niklassee', 60 cm hoch, tiefblau. 'Weißer Orient', 70 cm hoch, reinweiß, große Blüten. 'White Swirl', 120 cm hoch, Stengel ungleich lang, hohl, oft verzweigt und mehrblütig; Blatt am Rande gekraust; reinweiß, spätblühend

Abb. 331: ***Iris sibirica*** **'Blue Cape'**

Abb. 332: ***Iris sibirica***

Abb. 333

Iris aphylla

Nachtstengel-Iris

Herkunft Mitteleuropa bis Rußland; Gartenhybride. Wuchs 50 cm hoch, Stiele weit verzweigt, aufrecht. Blüte dunkelviolett mit blauem Bart. Blütezeit IV–V und IX. Liebt normale, kalkhaltige Gartenerde. Geeignet für Steingärten und Tröge; Rabattenpflanze zur Vorpflanzung. Nachbarpflanzen: *Arabis, Iberis, Phlox subulata,* Wildtulpen

Abb. 333: ***Iris aphylla***

Abb. 334

Iris chrysographes

Violettfarbene Iris

Herkunft Westchina; Gartenhybride. 50 cm hoch, Stengel hohl, unverzweigt. Blatt schilfartig. Domblätter schlank, samtigdunkelviolett, Hängeblätter haben schmale goldgelbe Striche. Blütezeit VI. Sehr hübsche Art für Rabatten, Uferpflanzung, an Teichen, Bächen, für Wassermotive, Parkanlagen, Naturgärten, vor Gehölzgruppen

Abb. 334: ***Iris chrysographes*** **'Stjerneskud'** (Foto: Holmåsen)

Abb. 335

Iris cristata

Schwertlilie

Herkunft östl. Nordamerika. 15 cm hoch, flach ausgebreitet, kriechende Rhizome, Stengel meist 2blütig. Blatt 3 cm breit, bis 20 cm lang, weich, dunkelgrün. Blütenblätter außen hell lila mit orangefarbenem Fleck, innen weiß mit orange, von IV–V. Braucht feuchten Standort und kalkarmen, feuchten Humusboden. Liebhaberpflanze für Bachufer, Steingärten, Teichränder, Tröge. Nachbarpflanzen: *Gentiana sinoornata.* Sorte 'Alba', Blüte reinweiß, kurzgestielt.

Abb. 335: *Iris cristata* (Foto: Holmåsen)

Abb. 336: *Iris graminea* (Foto: Holmåsen)

Iris crocea (Iris aurea)
Schwertlilie

Herkunft Kleinasien, Kaschmir. 120 cm hoch, Stengel straff aufrecht. Blatt schwertförmig, steif aufrecht. Endständige Blütentraube, mit 12 cm langen, goldgelben Blüten, von VI–VII. Liebt ungestörten Standort und feuchte nährstoffreiche Erde. Uferstaude, Rabattenpflanze. Nachbarpflanzen: *Iris sibirica, Ligularia, Tradescantia.* Eine seltene prächtige Art, die Verbreitung verdient.

Iris forrestii
Schwertlilie

Herkunft Westchina. 50 cm hoch, Stengel hohl, mit kleinen, schmalen Blättern. Aufrechte, gelbe Domblätter, Hängeblätter gelb, etwas rotbraun geadert, von V–VI. Für Steingärten, Bauerngärten, Tröge; Uferpflanze für Bäche, Teiche und sonstige Wassermotive. Nachbarpflanzen: *Gladiolus communis, Iris sanguinea, Myosotis palustris, Trollius pumilus*

Iris graminea

Abb. 336

Pflaumenduftiris

Herkunft Südeuropa, Spanien bis Balkan. 15–40 cm hoch, dichte, rasenartige Horst bildend. Blatt sehr schmal, grasartig, länger als die Blütenstiele. Dom- und Hängeblätter hellviolett, duftend. Blütezeit V–VI. Anspruchslos, kommt mit jedem Gartenboden aus. Besonders beliebt für Bauerngärten. Nachbarpflanzen: *Gladiolus communis, Iris sanguinea, Myosotis palustris, Trollius pumilus*

Iris laevigata

Abb. 337 + 338

Japanische Sumpfiris

60 cm hoch, aufrecht; glattes Blatt, ohne Mittelrippe; Blüte sattblau, Domblätter schmal, Hängeblätter mit gelbem Mittelstreifen, VII–VIII; Samen halbrund, mit dicker, hellbrauner Hülle, die auf dem Wasser schwimmt; anspruchslos, ebenerdiger Rückschnitt XI–II; Liebhaberpflanze für Wassermotive.
Nachbarpflanzen: *Caltha palustris, Carex grayi, Cyperus longus, Lythrum, Myosotis, Primula florindae, Trollius*
Sorten: 'Monstrosa', Höhe 80–100 cm, Blüte auffallend groß, tiefblau mit weißer Mitte. 'Rose Queen', 80–100 cm hoch, Blüte prächtig rosa, Hängeblätter groß, Domblätter schmal. 'Variegata', Blüte blau mit weißer Mitte, 60 cm hoch, Blätter weiß-grün panaschiert

Abb. 337: *Iris laevigata*

Abb. 338: *Iris laevigata* 'Albovariegata' (Foto: Stein)

Iris orientalis (Iris ochroleuca)

Abb. 339

Schwertlilie

Herkunft Asien, Syrien, Griechenland. 120 cm hoch, aufrecht, Blatt straff aufrecht. Domblätter weiß mit gelbem Mittelstreifen, Hängeblätter gelb. Blütezeit von VI–VII. Sehr schöne Staude für Rabatten, Uferpflanzung, an Teichen, Bächen, für Wassermotive, Parkanlagen, Naturgärten, vor Gehölzgruppen. Nachbarpflanzen: *Hemerocallis, Iris sibirica, Lythrum, Primula* der Sektion *Sikkimensis, Spartina*

Abb. 339: *Iris orientalis*

Iris pallida
Dalmatinische Iris

Herkunft Südeuropa, Österreich, Jugoslawien. Schöne hellavendelfarbige Blüten, wohlriechend. Problemlose Wildiris. Die Wurzel wird gerieben als Fixativ für Potpourris und einzeln für Duftpflanzen benutzt. 100 cm hoch, Blütezeit VI. Verträgt Trockenheit. Sorten: 'Albovariegata', weißpanaschierte Blätter. 'Aureovariegata', creme-gelb-grün-panaschierte Blätter. Edle Blattstaude, in der Floristik beliebt

Iris pseudacorus
Abb. 340

Gelbe Sumpfschwertlilie

Abb. 340: *Iris pseudacorus*

Herkunft Europa bis Westasien. 80–100 cm hoch, Stengel verzweigt. Blatt grasgrün, 3 cm breit, schwertförmig. Blüte gelb, in der Mitte schwarzbraun gerandet, von V–VII. Reichblühend und robust. Standort sonnig bis halbschattig, humoser Sumpfboden. Für Teich- und Bachufer oder ähnliche Standorte, Wasser-, Schilf- und Sumpfpflanze. Für Pflanzenkläranlagen (Repositionspflanze). Nachbarpflanzen: *Butomus umbellatus, Carex pendula* oder *Scirpus lacustris, Cyperus longus, Myosotis palustris.* Heil- und Giftpflanze: Stengel und Blätter enthalten Giftstoffe. Sorte 'Variegatus', Blatt gelblich-weißbunt, schwertförmig

Iris sanguinea
Abb. 341

Schwertlilie

Herkunft Ostasien, Züchtung, Gartenform. 60 cm hoch, locker, aufrecht, Blatt schilfartig. Blüte elfenbeinweiß, sehr reichblühend, von VI–VII. Standort vollsonnig, wächst auch noch gut auf trockenen und mageren Böden. Rückschnitt ebenerdig XI–II. Für Rabatten, Wassermotive aller Art, Naturgärten, Parkanlagen. Nachbarpflanzen: *Lysimachia punctata, Primula* der Sektion *Sikkimensis, Ranunculus aconitifolius* 'Pleniflorus', *Spartina, Trollius.* Sorten: 'Schneeköni-

Abb. 341: *Iris sanguinea* 'Snow Queen' (Foto: Holmåsen)

Iris spuria
Abb. 342

Bastard-Schwertlilie, Steppeniris

Herkunft Europa Algerien, Asien; Gartenhybride, viele Züchtungen. 100–150 cm hoch, je nach Sorte, aufrecht. Blatt schmal, starr. Blüte je nach Sorte von VI–VII. Vollsonniger Standort mit normaler, lehmiger Gartenerde. Vermehrung durch Teilung der Wurzelrhizome und Knollen IX–X oder II–III. Auffällige Schmuckstaude für Rabatten, Naturgärten, Parkanlagen. Nachbarpflanzen: *Artemisia albula* 'Silver Queen', *Asphodeline, Avena, Carex buchananii, Eremurus, Linum, Melica, Stipa.* Steht unter Naturschutz.

Abb. 342: ***Iris spuria*** (Foto: Holmåsen)

Iris-Spuria-Hybriden
Schwertlilie

100 cm hoch, 'Dorothy Foster', Domblätter azurblau, stark geadert; Hängeblätter mit gelbem Mittelstreifen. 'Dutch Defiance', hellblau mit gelb, 100 cm hoch. 'Excelsior', leuchtend gelb, 100 cm. 'Shelford Giant', Blüte groß, Dom- und Hängeblätter weiß mit goldgelben Streifen. 'Trush Song', violett mit gelb, 100 cm. Nachbarpflanzen: *Hemerocallis, Iris sibirica, Lythrum, Primula* der Sektion *Sikkimensis, Spartina.* Verpflanzen nur wenn nötig; sehr seltene Gartenform

Iris tectorum
Dachiris

Herkunft Japan, China. 40–50 cm hoch, Rhizome braun, fleischig. Blatt breit, aufrecht, hellgrün, deutlich gerippt. Blüte lilablau mit hellerem Kamm, Hängeblätter waagrecht abstehend. Blüte im Mai. Standort warm, sonnig und trocken. Zur Vermehrung Teilung nach der Blüte. Schöne Schmuckstaude für Teichränder und Steppengärten. Nachbarpflanzen: *Carex montana, Gladiolus bycantinus*

Iris versicolor
Amerikanische Sumpfiris

Herkunft Nordamerika. Höhe 80–100 cm. Stengel verzweigt, aufrecht. Blatt purpur getönt ohne Mittelrippe. Blüte auffallend violettrot mit gelbem Saftmal. Blütezeit von VI–VII. Für sumpfiges Gelände, verträgt bis 5 cm Wasserstand. Beste Pflanzzeit III–IV oder IX–X. Rhizome, Knollen flach ausgebreitet, ebenerdig einlegen, nicht zu tief. Ebenerdiger Rückschnitt XI–II. Schmuckstaude für Teich- und Bachufer oder ähnliche Standorte. Wasser-, Schilf- und Sumpfpflanze. Nachbarpflanzen: *Butomus umbellatus, Carex pendula* oder *Scirpus lacustris, Cyperus longus, Myosotis palustris.* Sorte 'Kermesina', rosarot, haltbare Blüten. Es gibt auch Sorten in weiß, rosa, rötlichpurpur und weiß mit bläulichen Adern

Jasione laevis (Jasione perennis)
Sandglöckchen

Abb. 343

Familie: *Campanulaceae* – Glockenblumengewächse
Herkunft: in ganz Mittel-, West- und Südeuropa. 5 Arten
Wuchs: niedrig, 20–40 cm hoch, ausläuferbildend
Blatt: behaart, lanzettlich, dunkelgrün
Blüte: in 3 cm breiten, kugeligen Köpfchen, mittelblau
Blütezeit: VII–VIII
Standort: vollsonnig, mager
Erde: sandig, durchlässig, sauer, ohne Kalk
Vermehrung: durch Aussaat von III–IV, Teilung
Pflege: anspruchslos
Verwendung: zum Schnitt, für Steingärten, Tröge, Rabatten. Nachbarpflanzen: *Dianthus deltoides, Sedum acre, Thymus serpyllum*
Sorten: 'Blaulicht', 40 cm hoch, großblütig, reinblau

Abb. 343: ***Jasione laevis***

Jovibarba heuffelii (Sempervivum patens)
Jovibarba, Jadewirbelsteinwurz, Donarsbart

Familie: *Crassulaceae* – Dickblattgewächse
Herkunft: Alpen, Tatra, Tirol, franz. Alpen, Mittel- und Südosteuropa. 5 Arten dieser Gattung
Wuchs: rosettenförmig, 10 cm hoch
Blatt: dickfleischig, in Rosetten angeordnet, graugrün, mit roten Spitzen
Blüte: glockig, aufrecht, 10–20 cm hoch, bleichgelb, stark variierend
Blütezeit: VIII
Standort: sonnig, trocken
Erde: sandig
Vermehrung: durch Teilung der alten Rosetten
Verwendung: als Topfpflanzen, für Steingärten, Trockenmauern. Nachbarpflanzen: *Sedum, Sempervivum*
Sorten: 'Bronce Ingot', Blätter bronce verfärbt. 'Giuseppe Spiny', 'Purple Haze'

Jovibarba sobolifera (Sempervivum soboliferum)
Jovibarba, Sprossender Donarsbart

Abb. 344

Herkunft Mittel- und Osteuropa. Blattrosetten hellgrün, in dichten Polstern, kugelige Brutrosetten sitzen zahlreich auf den Blattrosetten. Blüte dicht, grünlich-gelb, trichterförmig, Blütensproß 10–20 cm hoch. Blütezeit VII

Abb. 344: ***Jovibarba sobolifera***

Juncus ensifolius

Abb. 346

Zwergbinse

Herkunft Nordamerika. Wuchs horstig, sich schnell asubreitend, 25–30 cm hoch. Blätter linealisch, spitz, bis 5 mm breit, flach. Blüten braun, Blütezeit VI–VIII

Abb. 346: ***Juncus ensifolius***

Juncus effusus

Abb. 345

Flatterbinse

Familie: *Juncaceae* – Binsengewächse
Herkunft: Kosmopolit, ca. 225 Arten in dieser Gattung
Wuchs: bis 40 cm hoch, aufrecht oder bei der Sorte 'Spiralis' auch korkenzieherartig gekrümmt, in dichten Horsten
Blatt: dunkelgrün, rund, glatt, speerartig
Blüte: braun, büschelig
Blütezeit: VII–VIII
Standort: nasse bis feuchte Uferränder, Sumpf
Erde: nährstoffarm, sandig
Vermehrung: Teilung im Frühjahr
Verwendung: Uferzonen an Teichrändern und Bächen. Nachbarpflanzen: Sumpf- und Wasserpflanzen

Abb. 345: ***Juncus effusus***

Kirengeshoma palmata

Abb. 347

Wachsglocke

Familie: *Saxifragaceae* – Steinbrechgewächse
Herkunft: Japan. Eine Art
Wuchs: in dichten Horsten, 60–80 cm hoch
Blatt: gegenständig, groß, gestielt, handförmig, rundlich
Blüte: gelb, glockig, nickend, in Trugdolden
Blütezeit: VIII–IX
Standort: unter schwachwurzelnden Gehölzen, schattig bis halbschattig
Erde: feucht, nährstoffreich
Vermehrung: Teilung im Frühjahr, Stecklinge IV–V, Aussaat
Verwendung: als Unterpflanzung zu Gehölzen, dekoratives Laub, schöner Herbstblüher. Nachbarpflanzen: Gehölze wie *Magnolia, Prunus,* Stauden wie Farne, *Rodgersia, Cimicifuga, Anemone japonica, Hosta*

Abb. 347: ***Kirengeshoma palmata***

Knautia arvensis (Scabiosa arvensis)
Knautie, Schmetterlingsblume, Witwenblume

Familie: *Dipsacaceae* – Kardengewächse
Herkunft: fast in ganz Europa, Sibirien, Nordafrika. Über 40 Arten dieser Gattung
Wuchs: grundständig verzweigt, aus langer Pfahlwurzel entspringend, 40–50 cm hoch
Blatt: löffelförmig, leicht behaart
Blüte: mittelblau, in dichten Köpfchen, mit abstehender Hülle
Blütezeit: VI–IX
Standort: vollsonnig
Erde: sandig, lehmig, durchlässig
Vermehrung: Aussaat II–V
Pflege: anspruchslos
Verwendung: Wildstaude für Naturgärten. Beliebte Insektenfutterpflanze. Nachbarpflanzen: *Coreopsis verticillata, Helenium, Stipa*

Knautia macedonica
Knautie

Abb. 348

Herkunft Balkan, Rumänien. 60–80 cm hoch, sparrig verzweigt. Blüte dunkelpurpurrot, 1,5–3 cm groß, über einen langen Zeitraum erscheinend (VII–IX). Sehr beliebt als Schmetterlingsfutterpflanze; für Steppengärten

Abb. 348: ***Knautia macedonica***

Kniphofia-Hybriden
Fackellilie

Abb. 349

Familie: *Liliaceae* – Liliengewächse
Herkunft: Afrika, Madagaskar. Etwa 60–70 Arten dieser Gattung; Gartenhybride
Wuchs: 60–100 cm, je nach Sorte, starke Stiele, horstartiger Wurzelstock, lockerer, aufrechter, kerzenartiger Wuchs
Blatt: dunkelgrün, zierlich, schmal, schilfartig
Blüte: kolben- oder kerzenartig, Farbe je nach Sorte
Blütezeit: VI–IX
Standort: geschützte, südseitige Tallagen, sonnig, nicht zu feucht; dann gut frosthart
Erde: normale Gartenerde
Vermehrung: Teilung II–III
Pflege: Winterschutz, gegen Barfrost, empfehlenswert (Torf oder Laub). Blätter nur im XI um ein Drittel einkürzen
Verwendung: hoher Gartenwert für Rabatten, als Schnittstaude, auch für Wassermotive geeignet. Nachbarpflanzen: *Chrysopogon nutans, Hystrix patula, Achnatherum calamagrostis, Pennisetum, Scabiosa caucasica, Caryopteris*
Sorten: 'Bronzeleuchter', 60 cm hoch, Blüte kerzenartig, grazile Blütenschäfte, hellbronzefarben mit rötlichgelbem Schimmer. 'Express', 80 cm hoch, Blütenkolben hell- bis dunkelorange, variiert in lachs- und karminrot. 'Royal Standard', 100 cm hoch, Blütenkolben gelb mit scharlach, beste Schnittsorte. 'Safranvogel', 80 cm hoch, Blütenkolben lachsrosa

Abb. 349: Kniphofia-Hybride

Kniphofia uvaria
Fackellilie

Herkunft Kapland. 120 cm hoch, Stiele steif, aufrecht. Blatt blaugrün, Blütenkolben sehr dicht, gelb in rot übergehend, reichblütig, von VI–IX. Standort geschützt, sonnig, nicht zu feucht. Mit Winterschutz gut frosthart. Blätter im IX um ein Drittel einkürzen. Sehr wichtige Schnittpflanze; für Rabatten, auch für Wassermotive. Sorte 'Grandiflora', signalrot-gelb, Blätter lauchartig

Koeleria glauca
Schillergras, Blaugrüne Kammschmiele

Abb. 350

Familie: *Gramineae* – Süßgräser
Herkunft: Mitteleuropa bis Westsibirien. Etwa 60 Arten dieser Gattung
Wuchs: 40–60 cm hoch, aufrecht, buschig, Halm am Grunde zwiebelartig verdickt
Blatt: graugrün, rinnig
Blüte: Ährchen grünlich, dicht
Blütezeit: VI–VII
Standort: sonnig
Erde: normale bis sandigmagere Böden
Vermehrung: Teilung V–VI
Pflege: anspruchslos, Rückschnitt II–III
Verwendung: Heidegarten mit anderen dafür geeigneten Gräsern und Stauden, z.B. *Anthemis biebersteiniana, Linum, Melica*. Gut geeignet zur Überpflanzung von Blumenzwiebeln z.B. *Allium, Crocus*,

Abb. 350: ***Koeleria glauca***

Abb. 351

Lamiastrum galeobdolon (Lamium galeobdolon)
Goldnessel

Familie: *Labiatae* – Lippenblütengewächse
Herkunft: Mitteleuropa, Vorderasien. Eine Art
Wuchs: 20 cm hoch, ausläufertreibend, rasenbildend
Blatt: weiß gefleckt, im Winter teilweise rötlich, fast immergrün
Blüte: gelbe Lippenblüten, außen behaart
Blütezeit: V–VI
Standort: schattig
Erde: anspruchslos
Vermehrung: Teilung III–IV, ohne Schwierigkeiten, Stecklinge V–VII
Pflege: ohne Ansprüche. Vorsicht, wuchert sehr! Begrenzung durch Rückschnitt II–III
Verwendung: wertvoller Bodenbedecker für Großflächen unter Gehölzen. Eine Benachbarung wird durch den großen Ausbreitungsdrang ausgeschlossen. Laubschluckend
Sorten: 'Florentinum', 20 cm, Blätter weniger gemasert. 'Silberteppich', stark silbriges Blatt, schöner Wuchs

Abb. 353: *Lamium maculatum* 'Shell Pink'

Abb. 351: *Lamiastrum galeobdolon*

Abb. 354

Lathyrus latifolius
Staudenwicke

Familie: *Leguminosae* – Hülsenfruchtgewächse
Herkunft: Südeuropa bis Rußland. Etwa 100 Arten
Wuchs: 2 m, kletternd
Blatt: eirund-lanzettlich
Blüte: karminrosa, zu 3–8 an langgestielten Blütentrauben
Blütezeit: VII–IX
Standort: sonnig bis halbschattig
Erde: normale Gartenerde
Vermehrung: Aussaat II–III oder Teilung III–IV
Pflege: ebenerdiger Rückschnitt XII–III
Verwendung: robuste Kletterstaude für Zäune und niedrige Mauern (1,5 m), zum Schnitt Nachbarpflanzen: *Campanula glomerata, Verbascum*
Sorten: 'Rosa Perle', rosa Blüten. 'Weiße Perle', weiße Blüten

Abb. 352 + 353

Lamium maculatum
Gefleckte Taubnessel

Familie: *Labiatae* – Lippenblütengewächse
Herkunft: Europa bis Sibirien. Etwa 40 Arten dieser Gattung
Wuchs: 20 cm hoch, ausläufertreibend, rasenbildend
Blatt: stark weiß gefleckt
Blüte: rötlich
Blütezeit: V–VI
Standort: schattig
Erde: anspruchslos
Vermehrung: Teilung II–III, Stecklinge V–VII
Pflege: ohne Ansprüche, Vorsicht, wuchert sehr! Begrenzung durch Rückschnitt II–III
Verwendung: wertvoller Bodenbedecker für Klein- und Großflächen unter Gehölzen. Eine Benachbarung wird durch den großen Ausbreitungsdrang ausgeschlossen. Wuchert weniger stark als *Lamiastrum*
Sorten: 'Argenteum', Blatt silbrig mit grünem Rand. Sehr dekorativ, Strukturpflanze für Balkonkästen und Schalen. 'Chequers', ganz silbrig mit kleinem grünem Rand, Blüten rosalila. 'White Nancy', Blätter weiß gezeichnet, Blüten weiß. Für Balkonpflanzung

Abb. 352: *Lamium maculatum* 'White Nancy' (Foto: Stein)

Abb. 354: *Lathyrus latifolius* 'Rosa Perle'

Abb. 355

Lathyrus vernus (Orobus vernus)
Frühlingsplatterbse

Abb. 355: ***Lathyrus vernus***

Herkunft: Europa, Sibirien. Etwa 100 Arten; 20–30 cm, dichtbuschig, ohne Ausläufer; Blatt: 3paarig; Blütentrauben mit 5–15 Blüten, anfangs rotviolett, später grünblau, erbsenartig; III–IV; Waldstaude Verwendung: reizvolle Waldstaude für Naturgärten. Locker bodendeckend. Nachbarpflanzen: *Campanula glomerata, Verbascum*

Abb. 356

Lavandula angustifolia (Lavandula spica)
Echter Lavendel, Speik

Abb. 356: ***Lavandula angustifolia*** **'Hidcote Blue'**

Familie: *Labiatae* – Lippenblütengewächse
Herkunft: Mittelmeergebiet, bis 1200 m, an Südhängen. Etwa 25 Arten.
Wuchs: 30–40 cm hoch, kompakt, Gehölzpflanze
Blatt: lanzettlich, silbergrau
Blüte: Blütenähren
Blütezeit: VII–VIII
Standort: sonnig
Erde: normaler Gartenboden, kalkliebend
Vermehrung: Stecklinge IV–V oder VIII, Aussaat II–III
Pflege: anspruchslos, Rückschnitt oder Heckenschnitt mit der Schere möglich XI–II
Verwendung: Einfassungsstaude, Steingärten, Tröge, Rabatten. Duftstaude; getrocknet als Hausmittel gegen Motten. Nachbarpflanzen: niedrige *Cotoneaster, Oenothera missouriensis, Origanum, Sedum cauticolum* 'Robustum', zu Polyantharosen
Besonderheiten: Lavendelkulturen an der Côte d'Azur, finden Verwendung in der Parfüm- und Seifenherstellung
Sorten: 'Grappenhall', stark wachsend, mit langen, blauen Blütenähren. 'Hidcote Blue', 30 cm hoch, Blatt immergrün, aromatisch duftend, schmallanzettlich, graugrün. Blütenähren tiefviolettblau. Sehr wertvolle Züchtung, höchste Bewertung. 'Hidcote Pink', rosa blühend. 'Munstead', 40 cm hoch, Blatt intensiv grau, breit; blaue Blütenähren, gedrungen wachsend
Arten: Lavandula angustifolia ssp. angustifolia (Lavandula officinalis, Lavandula vera)
Herkunft: Portugal; Blätter breiter als bei der Art

Abb. 357

Lavandula stoechas ssp. *pedunculata*
Schopflavendel

Herkunft Spanien, Portugal. 40–50 cm hoch, Blätter lanzettlich, aromatisch duftend. Blüten violett, schopfartiger Blütenstand, von VI–IX. Schöne Kübelpflanze, auch für Steingärten und Rabatten. Braucht Winterschutz

Abb. 357: ***Lavandula stoechas*** **ssp.** ***pedunculata*** (Foto: Stein)

Lavatera thuringiaca

Abb. 358

Buschmalve, Strauchpappel

Abb. 358: ***Lavatera thuringiaca*** **'Barnsley'**

Familie: *Malvaceae* – Malvengewächse
Herkunft: Mitteleuropa. Etwa 25 Arten dieser Gattung
Wuchs: 150 cm hoch, breitbuschig, aufrecht
Blatt: 5lappige, grüne Malvenblätter
Blüte: hellrosa, 4–5 cm breit
Blütezeit: VII–IX
Standort: anspruchslos
Erde: normale Gartenerde
Vermehrung: Aussaat II–III
Pflege: anspruchslos, ebenerdiger Rückschnitt XI–II
Verwendung: Solitärpflanze an Zäunen, Mauern, Rabatten und vor oder mit Gehölzen. Dauerblüher für Natur- und Steppengärten. Nachbarpflanzen: *Althaea ficifolia*, Gehölze
Besonderheiten: Heilpflanze

Lavatera olbia

Abb. 359

Malve

Herkunft Südfrankreich, Portugal. Bis 2 m hoch, Blüten purpurrosa, 7–8 cm breit, von VI–X. Sorte 'Rosea', intensives Rosa. Sehr reichlich blühend, leider nicht ganz winterhart, braucht Schutz durch Laubdecke. Schöne Kübelpflanze

Abb. 359: ***Lavatera olbia*** **'Rosea'**

Leersia oryzoides

Wilder Reis, Queckenreis

Familie: *Gramineae* – Süßgräser
Herkunft: südliches Europa, Asien, Amerika, in Sumpfgebieten im maritimen Bereich
Wuchs: 50–100 cm, wuchernd, Ausbreitungsdrang
Blatt: gelbgrün, sehr rauh
Blüte: lockere Blütenähren, teilweise in der Blattscheide verborgen
Blütezeit: VIII–X
Standort: sonnig bis halbschattig
Erde: Sumpfboden
Vermehrung: Teilung V–VI
Pflege: anspruchslos
Verwendung: Sumpfflächen mit 10 cm Wasserstand. Nachbarpflanzen: *Acorus, Calla, Eriophorum, Euphorbia palustris, Lysichitum, Mimulus ringens, Sagittaria*

Lemna trisulca

Abb. 360

Untergetauchte Wasserlinse, Dreifurchige Wasserlinse

Familie: *Lemnaceae* – Wasserlinsengewächse
Herkunft: überall beheimatet, in Teichen und stehenden Gewässern
Wuchs: Schwimmpflanze während der Blütezeit, sonst untergetaucht. Flächenausbreitungsdrang
Blatt: zusammenhängende, linsengroße Blätter
Standort: sonnig
Erde: 20 cm Wasserstand
Vermehrung: starke Eigenvermehrung
Pflege: anspruchslos, rigoros abfischen und beseitigen, wenn die Ausbreitung zu groß wird. Kann sich nur entwickeln, wenn zuviele Nährstoffe im Wasser sind
Verwendung: zur Wasserreinigung für Teiche. Nachbarpflanzen: *Nymphaea, Nuphar*

Abb. 360: ***Lemna trisulca***

Lemna minor

Abb. 361

Kleine Wasserlinse

heimisch, wird oft von Vögeln zugetragen. Kann alles Wachstum unterdrücken. Kleine, runde, hellgrüne Schwimmblätter. Reichert Wasser mit Sauerstoff an, unterdrückt Algen

Abb. 361: ***Lemna minor***
(Foto: Stein)

Abb. 362

Leontopodium alpinum
Alpenedelweiß

Familie: *Compositae* – Korbblütengewächse
Herkunft: europäische Alpen, Karpaten. 1700–3400 m, auf Grasbändern. Etwa 40 Arten
Wuchs: 5–20 cm hoch, dicht buschig
Blatt: weißwollig, länglich
Blüte: grau bis weiß, sternartig
Blütezeit: VI–IX
Standort: sonnig, trocken
Erde: kalkschottrige Pflanzerde
Vermehrung: Teilung II–III, Aussaat XI, Kaltkeimer
Pflege: anspruchslos; öftere Teilung nach 2–3 Jahren Standzeit ist vorteilhaft; nässeempfindlich
Verwendung: Steingärten, Tröge, Topfpflanze. Nachbarpflanzen: *Campanula pusilla, Gentiana septemfida* var. *lagodechiana, Primula auricula, Saxifraga aizoon, Thymus serpyllum*
Besonderheiten: steht unter Naturschutz! Viele Gärtnereien bieten heute schöne Hybriden an

Abb. 362: ***Leontopodium alpinum***

Abb. 363

Leontopodium souliei
China-Edelweiß

Herkunft Szechuan, Yunnan, 1700–3400 m, auf Grasbändern. 15 cm hoch, Stengel 10–25 cm, dichtrasig, unterirdische Ausläufer. Blatt lanzettlich, grau- bis weißfilzig. Blüte silberweiß. Blütezeit von VI–VII

Abb. 363: ***Leontopodium souliei*** **'Compactum'** (Foto: Holmåsen)

Abb. 364

Leucanthemum vulgare (Chrysanthemum leucanthemum)
Frühlingsmargerite, Wiesenmargerite

Familie: *Compositae* – Korbblütengewächse
Herkunft: Pyrenäen, in höheren Lagen. Wiesenmargerite, die durch Gartenformen verbessert wurde
Wuchs: je nach Sorte 50–60 cm hoch, buschig, Stengel aufrecht
Blatt: fleischig, dunkelgrün
Blüte: weiß
Blütezeit: V–VI
Standort: Keine feuchte Lage
Erde: kalkhaltiger, nährstoffreicher Boden
Vermehrung: nur durch Teilung II–III oder nach der Blüte
Pflege: es wird Frühjahrspflanzung empfohlen. Volldünger oder Kompostdüngergabe mehrmals in kleinen Mengen, von II–VII. Als Krankheiten können Schädlinge wie Blattälchen, Blattwanzen und Botrytis-Schimmelpilze auftreten. Mit Pflanzenschutzmitteln bekämpfen. Rückschnitt ebenerdig im Winter. Winterschutz durch Schnittreste
Verwendung: wertvolle Schnitt- und Gruppenstaude, für Staudenrabatten. Nachbarpflanzen: *Euphorbia polychroma, Papaver orientale, Polemonium, Salvia nemorosa* 'Mainacht'
Sorten: 'Hofenkrone', 50 cm, Blüte bis 10 cm ø, weiß, vollgefüllt; kann sich durch Selbstaussaat stark vermehren. 'Maistern', 60 cm hoch; früh- und reichblühende Neuheit, weiß

Abb. 364: ***Leucanthemum vulgare*** **'Maistern'**

Abb. 365 – 367

Leucanthemum-Maximum-Hybriden
Sommermargerite, Edelweißmargerite

Herkunft Pyrenäen; viele gezüchtete Gartensorten. 60–100 cm hoch, meist wenig verzweigt. Blatt lanzettlich, fleischig, dunkelgrün. Große, weiße Blüten von VII–IX. Robuste, wertvolle Schnitt- und Gruppenstaude, für Rabatten. Sorten: 'Christine Hagemann', 90 cm, buschig, Stengel aufrecht; Blüte gefüllt, locker, reinweiß, reichblühend. 'Eisrevue', 60 cm, reinweiß, einfach. 'Gruppenstolz', 60 cm hoch, kompakter Wuchs; spätblühend, weiß. 'Harry Pötschke', 100 cm hoch, mittel- bis spätblühend, reinweiße Riesenblüten. 'Julischnee', 80 cm, kräftige Stiele; Blüte halbgefüllt, weiß; wertvolle Schnittsorte. 'Schwabengruß', 90 cm, aufrecht, 12 cm ø. 'Snow-Lady' F_1-Hybride, 30 cm, großblumig. Aus Samen in wenigen Monaten verkaufsfertig für Töpfe und Staudenbeete. Fleuroselect-Medailliengewinner. 'Wirral Supreme', 90 cm, Blüte groß, weiß, stark gefüllt.

Abb. 365: Leucanthemum-Maximum-F_1-Hybride 'Snow-lady'

Abb. 366: Leucanthemum-Maximum-Hybride 'Esther Read'

Abb. 367: Leucanthemum-Maximum-Hybride 'Gruppenstolz'

Abb. 368

Lewisia cotyledon
Bitterwurz, Porzellanblümchen, Sekretärinnenblume

Familie: *Portulacaceae* – Portulakgewächse
Herkunft: Nord- und Mittelamerika. Etwa 20 Arten dieser Gattung
Wuchs: grundständige fleischige Rosetten, flach am Boden ausgebreitet
Blatt: immergrün, lederartig, feste Substanz, rundlich oder länglich
Blüte: in reichblütigen Rispen, etwa 3 cm ø, in Pastellfarben, cremeweiß, gelb, rosa, purpurrot, teils auch gestreift
Blütezeit: V–VII, weiterer Blühtermin im Herbst
Standort: absonnige Trockenplätze, Mauerritzen, Felsspalten, nicht feucht; geneigt, um Wasser abfließen zu lassen
Erde: sehr durchlässig, lehmig, ohne Kalk
Vermehrung: Aussaat II–IV oder Blattstecklinge
Pflege: Schottermanschette um die Blätter, als Nässeschutz, geben; leichter Schutz im Winter
Verwendung: schöne, lange blühende Steingartenpflanzen, fürs Alpinenhaus; Topfpflanzen, die wenig Pflege brauchen und sogar lange ohne Gießen auskommen. Nachbarpflanzen: *Arenaria tetraquetra, Asperula nitida,* Sempervivum-Arten
Sorten: viele Hybriden, z.B. 'Sunset Strain', mehrere Farbtöne in rot, orange, rosa, pastell. Ausserdem verschiedene Farbsorten

Abb. 368: *Lewisia cotyledon*

Abb. 369

Leymus arenarius (Elymus arenarius)
Riesenstrandhafer

Familie: *Gramineae* – Süßgräser
Herkunft: Mittel- und Nordeuropa, Sibirien, Nordamerika. Etwa 20 Arten dieser Gattung
Wuchs: 100 cm hoch, locker, stark wüchsig, wuchernd
Blatt: grasartig, stahlblau, leicht bereift
Blüte: Ähren unscheinbar
Blütezeit: VI–VII
Standort: sonnig, trocken
Erde: normal bis sandig
Vermehrung: Teilung V–VI
Pflege: anspruchslos
Verwendung: nur für Trockenplätze zur Dünen- und Böschungsbefestigung, in Gärten nur bedingt verwendbar, wuchert!

Abb. 369: *Leymus arenarius*

Abb. 370

Liatris spicata
Prachtscharte

Familie: *Compositae* – Korbblütengewächse
Herkunft: Nordamerika. Etwa 30 Arten dieser Gattung
Wuchs: 60–120 cm hoch, knollige Wurzel, aufrecht
Blatt: linealisch, grasartige Blattschöpfe
Blüte: Blütenähren violett-lila, blühen von oben nach unten auf
Blütezeit: VII–IX
Standort: sonnig
Erde: normale Gartenerde
Vermehrung: Aussaat II–IV
Pflege: ebenerdiger Rückschnitt XI–II; Düngergabe III–IV. Gegen Wühlmäuse und Schnecken schützen!
Verwendung: beliebte Schnittblume mit guter Haltbarkeit, für Rabatten, Tröge. Schmetterlingsfutterpflanze. Nachbarpflanzen: *Aster amellus, Campanula glomerata, Carex buchananii, Festuca, Inula ensifolia* 'Compacta', *Achnatherum calamagrostis, Platycodon,* Heidepflanzen
Sorten: 'Floristan Violett', 90 cm hoch, kompakt, lange Stiele: Blütenähren leuchtend violett; als Schnittstaude besondere Bedeutung, gut bewertet. 'Floristan Weiß', Blütenähren reinweiß; sehr gut bewertete Schnittstaude. 'Kobold', 40 cm hoch, buschig, kompakt, aufrecht; Blütenähren leuchtend violettlila; Schnittstaude

Abb. 370: ***Liatris spicata***

Abb. 372

Ligularia × hessei
Greiskraut

180 cm hoch, locker, aufrecht. Blatt groß, herzförmig. Blüte gelb in kolbenartigen Blütenständen, von VIII–IX. Standort feucht und halbschattig, gut an Wasserstellen. Einzelstaude oder in großen, breiten Staudenrabatten . Höchste Bewertung als Prachtstaude. Sorte 'Zepter', (Hybride). 200 cm hoch, goldgelbe Blüten, reichblühend, Blätter nierenförmig

Abb. 372: *Ligularia × hessei*

Abb. 373

Ligularia przewalskii
Greiskraut

Herkunft Nordchina. 100–150 cm hoch, aufrecht; Wurzelstock kriechend. Blatt tief eingebuchtet, fingerförmig geteilt. Blüte goldgelb, schmal, klein, Blütenähren streng aufrecht. Blütezeit von VII–IX. Standort feucht, gut an Wasserstellen. Erde humos, auch lehmig oder anmoorig. In guten Böden besteht Wucherungsgefahr. Einzelstaude oder in großen, breiten Staudenrabatten, Schmetterlingsfutterpflanze, zum Schnitt geeignet. Nachbarpflanzen: *Lythrum salicaria, Hemerocallis.* Robuste, wüchsige Prachtstaude, die nicht von Schnecken besucht wird

Abb. 373: *Ligularia przewalskii*

Abb. 371

Ligularia dentata (Ligularia clivorum)
Greiskraut, Kreuzkraut

Familie: *Compositae* – Korbblütengewächse
Herkunft: China, Japan. Etwa 80 Arten dieser Gattung
Wuchs: 100–150 cm hoch, locker, buschig
Blatt: groß, rundlich, ornamental, purpurrot
Blüte: orangegelb, flache Trugdolden frei über dem Laub
Blütezeit: VIII–X
Standort: feucht, gut an Wasserstellen, schattig
Erde: humos, auch lehmig oder anmoorig
Vermehrung: Teilung II–III oder Aussaat III–IV
Pflege: anspruchslos, ebenerdiger Rückschnitt XI–II
Verwendung: Einzelstaude oder in großen, breiten Staudenrabatten und an Wasserstellen. Nachbarpflanzen: *Filipendula, Hemerocallis, Iris sibirica, Darmera, Eupatorium, Spartina pectinata* 'Aureomarginata'
Besonderheiten: Bienenfutter! Sehr gute Prachtstaude, durch Schnecken stark gefärdet
Sorten: 'Desdemona', prächtige, orangegelbe Dolden, Laub dunkelpurpur, 1 m hoch. 'Moorblut', 80 cm hoch, Blätter rötlichbraun, Blüten hellorange

Abb. 371: *Ligularia dentata*

Abb. 374

Ligularia stenocephala
Greiskraut

Herkunft Japan, Taiwan, Nord-China. 120 cm hoch, Blätter herzförmig, gezähnt. Lockere, gelbe Blütenrispen. Blütezeit von VI–VII.

Abb. 374: *Ligularia stenocephala*

Ligularia wilsoniana
Greiskraut

Herkunft Zentralchina. 150–200 cm hoch, hohle, flaumigbehaarte Stiele. Blatt rundlich, nierenförmig. 6–8 goldgelbe Strahlenblüten, Blütenähre dicht, säulenförmig, pyramidal. Blütezeit von VII–IX.

Lilium-Hybriden
Lilienzüchtungen

Abb. 375 – 379

Abb. 375: Lilium-Orientalische-Hybride 'Stargazer'

Familie: *Liliaceae* – Liliengewächse
Herkunft: berühmte Lilienzüchter, u.a. Jan de Graaff, haben durch Kreuzungen eine unzählbare Menge von Sorten hervorgebracht; nachfolgend eine Zusammenstellung von Sorten, welche das mitteleuropäische Klima vertragen
Wuchs: je nach Sorte
Blatt: eirund, lanzettlich, glänzend
Blüte: je nach Sorte
Blütezeit: je nach Sorte
Standort: sonnig, halbschattig, beschatteter Boden
Erde: keine stauende Nässe, durch Drainage vorbeugen, sonst jeder Gartenboden
Vermehrung: Zwiebelschuppen und Brutzwiebeln XI–XII, Aussaat III–IV und Teilung nach der Blüte

Abb. 376: *Lilium auratum*

Abb. 377: Lilium-Hybride 'Fire King' (Foto: Stein)

Pflanzung: beste Pflanzzeit X–IV, wenn der Boden offen ist. Für Gruppenpflanzung horstweise, je Sorte für 0,5m 3 Stück
Pflege: Bankbeet oder Drainage für guten Wasserabfluß. Kalibetonte Düngergabe beim Austrieb und kurz vor der Blüte. Boden mulchen. Vor Spätfrösten schützen
Verwendung: Staudenrabatten, Rosenbeete, vor Laub- und Nadelgehölzen, zwischen Bodendeckern, zum Schnitt; duftende Sorten für Duftgärten
Sorten: 'Black Dragon', bis zu 10 riesige Trompetenblüten, innen reinweiß, außen dunkelbraun mit weißen Streifen, 150 cm hoch, Blütezeit VII–VIII. 'Bright Star', bis zu 12 weit offene, an den Spitzen leicht zurückgeschlagene Türkenbundblüten, silberweiß mit orangefabener Mitte. Sehr wüchsig, 100 cm hoch, Blütezeit VII–VIII. 'Citronella', reingelbe, braungepunktete Türkenbundblüten, zu 30 in pyramidaler Traube; 120 cm hoch, Blütezeit VII. 'Destiny', große, hellgelbe, braungepunktete, aufrechte Schalenblüten, zu mehreren in dichter Traube; 70 cm hoch, VI–VII. 'Enchantment', große, leuchtendkapuzinerrote, aufrechte Schalenblüten, zu mehreren in dichter Traube; 60 cm hoch, Blütezeit VI–VII. 'Golden Chalice', aufrechte, meist goldgelbe, braungepunktete Schalenblüten, zu mehreren in einer Traube; 40 cm hoch, Blütezeit V–VI. 'Harlequin Hybrids', Abkömmling von *Lilium cernuum,* Kreuzung. Bis 15 große Türkenbundblüten von cremeweiß über lila, rosa zu dunkelrot in pyramidaler Traube; 90 cm hoch, Blütezeit VI–VII. 'Harmony', große, leuchtendorangerote, aufrechte Schalenblüten, braungepunktet, in dichter Traube; 60 cm hoch, Blütezeit VI–VII. 'Imperial Crimson', Abkömmlinge von *Lilium auratum* und *Lilium speciosum* -Kreuzungen. Sehr große, weitoffene, an der Spitze leicht zurückgebogene Blüten, auf weißem Grund karminrot gepunktet und getuscht; 120 cm hoch, Blütezeit VIII–IX. 'Pink Perfection', Serie mit großen, weit geöffneten Trompetenblüten, dunkelrosa; 150 cm hoch, Blütezeit VII–VIII. 'Royal Gold', eine goldgelbe *Lilium regale,* mit den gleichguten Wuchseigenschaften. 90 cm hoch, Blütezeit VII–VIII. 'Sentinel Strain', herrlich geformte, weitoffene, beinahe schalenförmige Trichterblüten, reinweiß mit goldgelbem Schlund; 150 cm hoch, Blütezeit VII. 'Tabasco', Schalenblüten dunkelrot, aufrecht, zu mehreren in dichter Traube; 90 cm hoch, Blütezeit VI. 'Thunderbolt', weitgeöffnete Trompetenblüte, melonengelb; Blütezeit VII–VIII.
Weitere Arten siehe Kreuzer's Gartenpflanzen-Lexikon, Band 4.

Abb. 378: Lilium-Asiatische-Hybride 'Toscana'

Abb. 379: *Lilium candidum*

Abb. 380: *Limonium latifolium*

Limonium latifolium
Strandflieder

Abb. 380

Familie: *Plumbaginaceae* – Bleiwurzgewächse
Herkunft: Bulgarien, Südrußland. Etwa 200 Arten
Wuchs: 60 cm hoch, holzig, locker, Wurzelstock oben holzig, Stengel locker verzweigt
Blatt: elliptisch, bis 25 cm lang, dunkelgrün
Blüte: dichte, schleierkrautartige, violettblaue Blütenrispen
Blütezeit: VII–VIII
Standort: vollsonnig
Erde: tiefgründiger, durchlässiger Gartenboden
Vermehrung: Aussaat III–IV, Wurzelschnittlinge XII–II
Pflege: anspruchslos, Rückschnitt ebenerdig XI–II
Verwendung: wertvolle Schnittblume zum Trocknen, in Staudenrabatten, auch zu Rosenbeeten geeignet. Nachbarpflanzen: *Anaphalis, Briza media, Carex buchananii, Eryngium, Buphthalmum, Inula ensifolia* 'Compacta', *Achnatherum calamagrostis*
Weitere Arten: *Limonium tataricum* (wurde umbenannt in *Goniolium tataricum*, vgl. Bild 381 und Text auf S. 88)

Abb. 381: *Goniolium tataricum (Limonium tataricum)*

Linaria purpurea
Leinkraut

Abb. 382

Familie: *Scrophulariaceae* – Braunwurzgewächse
Herkunft: Mittelmeer. Etwa 75 Arten dieser Gattung
Wuchs: 80 cm, straff aufrecht
Blatt: lanzettlich, graugrün
Blüte: rosa, klein, löwenmaulähnlich, in einem kerzenartigen Blütenstand, der sich im oberen Teil verzweigt
Blütezeit: VII–X
Standort: sonnig–halbschattig
Erde: normale, durchlässige Gartenerde
Vermehrung: durch Kopfstecklinge I–III oder Aussaat I–II
Verwendung: für Wildstaudensammlungen, Steppengärten, Steingärten, zum Schnitt. Nachbarpflanzen: Helianthemum-Hybride 'Praecox', *Stachys lanata* 'Silver Carpet', *Stipa pennata*
Sorten: 'Canon Went', hellrosa

Abb. 382: *Linaria purpurea*

Linum narbonense
Stauden-Lein, Bergflachs

Abb. 383

Familie: *Linaceae* – Leingewächse
Herkunft: Mittelmeergebiet, Hybride. Etwa 10–12 Arten
Wuchs: 40–50 cm hoch, Stengel aufrecht, oben verzweigt
Blatt: nadelförmig-lanzettlich, scharf zugespitzt
Blüte: groß, himmelblau, nur kurz haltbar, dafür zahlreich erscheinend
Blütezeit: V–VII
Standort: anspruchslos
Erde: anspruchslos
Vermehrung: Teilung II–IV, Stecklinge VI–VII, Aussaat II–III
Pflege: Winterschutz gegen Barfrost durch Reisig empfehlenswert
Verwendung: Staudenrabatten, Steingärten. Nachbarpflanzen: niedere *Achillea, Asphodeline, Campanula, Iris germanica, Festuca cinerea, Koeleria glauca, Lotus corniculatus* 'Pleniflorus', *Melica, Malva, Papaver nudicaule, Potentilla verna* 'Nana', *Prunus tenella,* Ginster und Sommererika
Sorten: 'Heavenly Blue', wertvolle Sorte

Abb. 383: ***Linum narbonense***

Linum flavum
Goldflachs, Goldlein

Herkunft Mittel- und Südeuropa. Steht unter Naturschutz! Wuchs 30–40 cm hoch, kompakt, buschig. Blätter lanzettlich. Blüten 2 cm ø, reingelb, in 10–15 blütiger Trugdolde. Sorte 'Compactum', 25–30 cm hoch

Linum perenne
Staudenflachs

Abb. 384

Herkunft Schweiz bis Rußland. Steht unter Naturschutz!. 50 cm hoch, aufrecht, Wurzelstock vieltriebig. Blatt lineal-lanzettlich, graugrün. Blüte hellblau, reichblühend, von V–VII. Sehr wertvolle Wildstaude für Steppengärten. Sorten: 'Diamant', weiß, 25 cm. 'Nanum Album', weiß, Blütenstand reich verzweigt, 40 cm hoch. 'Nanum Saphir', blaue Blüten, 25 cm.

Abb. 384: ***Linum perenne***

Liriope muscari (Ophiopogon muscari)
Schlangenbart

Abb. 385

Familie: *Liliaceae* – Liliengewächse
Herkunft: Ostasien, 5 Arten dieser Gattung
Wuchs: 20–40 cm hohe, immergrüne Staude
Blatt: lang, breit-grasförmig, 3nervig
Blüte: tiefviolett
Blütezeit: VIII–XI
Standort: schattig, warm. Im Freiland für sehr guten Schutz vor Kälte und Sonne sorgen
Erde: nährstoffreiche, durchlässige, humose, saure Substrate
Verwendung: Im Freien als Waldstaude zusammen mit anderen immergrünen Pflanzen, wie *Rhododendron*, Farne. Auch für Topfkultur
Sorten: 'Curly Twist', breitblättrig. 'Golden Banded', mit gelbem Blattrand. 'Lilac Beauty', größere und schönere Blütenstände als die Art

Abb. 385: ***Liriope muscari***

Lithodora diffusa (Lithospermum canescens)
Steinsame

Abb. 386

Abb. 386: ***Lithodora diffusa***

Familie: *Boraginaceae* – Boretschgewächse
Herkunft: Südwesteuropa, 3 Arten in dieser Gattung
Wuchs: 15 cm hoch, rasenartig sich ausbreitend, Zwergstrauch mit niederliegenden Zweigen
Blatt: dunkelgrün, leicht behaart, glänzend
Blüte: leuchtend enzianblau
Blütezeit: V–VI
Standort: sonnig, geschützt
Erde: kalkfrei, humusreich, locker
Pflege: etwas Winterschutz geben
Vermehrung: Teilung im Frühjahr, durch Stecklinge von halbreifen Trieben
Verwendung: Wildstaude, als Bodendecker unter Gehölzen, im Steingarten, robust, verträgt Trockenheit. Nachbarpflanzen: Heidepflanzen wie *Calluna* oder *Erica*, Gräser wie *Luzula, Astrantia, Corydalis, Digitalis, Geranium macrorrhizum* 'Spessart'

Lobelia × *speciosa*
Lobelie

Abb. 387

Familie: *Campanulaceae* – Glockenblumengewächse
Herkunft: Nordamerika, viele Kreuzungen, die zu völlig neuen Gruppenpflanzen führten, über 350 Arten
Wuchs: 60 cm hoch, wenig verzweigt, lange, dicht mit Blüten besetzte Rispen
Blatt: lanzettlich, glänzend bis behaart
Blüte: mit typischen 3 breiteren unteren Petalen, oben 2 kleine Petalen, dicht besetzte, langsam von unten nach oben aufblühende Rispen
Blütezeit: VI–VIII
Standort: sonnig bis halbschattig
Erde: humos, feucht, durchlässig
Kultur: Aussaat I–II, Lichtkeimer, den feinen Samen nicht bedecken, sondern nur andrücken. Keimdauer 14–20 Tage bei 18°C. Nach 4–6 Wochen bei 10–16°C pikieren, ab IV Pflanzung im Freiland; mit Schutz überdauernd
Pflanzung: ab Mitte IV im Abstand 30 x 30 cm
Verwendung: mehrjährig, oft einjährig kultiviert, ausgezeichnete, lange haltbare und edel wirkende Schnittblume, mit straffen Stielen für den Sommer- und Herbstschnitt, auffällige, robuste Gruppenpflanze für Rabatten und Staudenpflanzungen
Sorten: F_1-Hybriden: 'Kompliment Scharlach', Fleuroselect-Goldmedaille, 75 cm hoch, blüht über Wochen in leuchtendem Rot, Blütendurchmesser 3–4 cm. 'Kompliment Blau', 70 cm hoch, blauviolett, Fleuroselect-Quality. 'Kompliment Tiefrot', 70 cm, waagerechte Blütenstellung, Fleuroselect-Quality.'Fan Tiefrot', 60 cm, buschiger, stark verzweigter Wuchs, Fleuroselect-Quality. 'Fan Zinnoberrosa', 60 cm hoch, von unten her stark verzweigt, Fleuroselect-Quality

Abb. 387: ***Lobelia* × *speciosa* 'Kompliment Scharlach' F_1-Hybride** (Foto: Fleuroselect)

Lobelia cardinalis
Kardinalslobelie

Abb. 388

Herkunft südöstliches Nordamerika. Höhe 70–80 cm, aufrechter kerzenförmiger Blütenstand, Blüten leuchtendrot, Blätter riemenförmig, glänzend. Standort naß bis feucht, sonnig. Braucht Winterschutz. Verwendung als Wasserpflanze für flachen Wasserstand und Sumpf

Abb. 388: ***Lobelia cardinalis***

Lobelia × *gerardii* (*Lobelia vedrariensis*)
Lobelie

Kreuzung aus *Lobelia cardinalis* x *Lobelia siphilitica*. Einjährig, in geschützter Lage winterhart. 90 cm hoch. Blütezeit von VIII–X. 'Blauzauber', 'Rosazauber', 'Diva'-Serie in Blau, Weinrot, Rosa und Mischung.

Lobelia siphilitica
Lobelie

Abb. 389

Herkunft mittleres Nordamerika. Staude, die bereits einjährig zur Blüte kommt. Überwintert ziemlich sicher. 60–80 cm hoch, Blütenrispen dicht besetzt, blüht lange, von VII–VIII

Abb. 389: ***Lobelia siphilitica***

Lobelia splendens
Kardinalslobelie

Heimat mittleres und südliches Nordamerika. 120 cm hoch, sehr attraktive Erscheinung mit straff aufrecht stehenden Rispen und leuchtend roten Blüten. Blätter glänzend, dunkelbraun-grün. Sumpfpflanze, die auch in trockeneren Verhältnissen gedeiht. Für Rabatten und zum Schnitt. Nur in milden Gebieten winterhart. Sorten: 'Königin Viktoria', dunkellaubig, 120 cm hoch. 'Illumination', 100 cm hoch. 'Blinkfüer', leuchtend rot, dunkles Laub, 70 cm hoch. 'Montana Violett' F_1-Hybride, 'Montana Rosarot' F_1-Hybride, sehr große Blüten auf straffen Stielen, 5 cm ø

Lobelia valida
Lobelie

Abb. 390

Heimat Südafrika. 30–40 cm, straff aufrecht stehende, dicht mit Blüten besetzte Triebe. Zart duftend, intensiv blaue Blüten mit weißer Mitte, 2 cm ø, haltbar und lange blühend, von V–X. Für Rabatten, Balkone, Töpfe und Kübel, besonders auch für windige Lagen. Winterschutz notwendig

Abb. 390: *Lobelia valida* (Foto: Stein)

Lotus corniculatus
Hornklee

Abb. 391

Familie: *Leguminosae* – Hülsenfruchtgewächse
Herkunft: nördliche Halbkugel, wächst auf trockenen Wiesen. Etwa 150 Arten

Wuchs: 10 cm hoch, kriechend, Stengel bis 40 cm lang
Blatt: 3teilig
Blüte: goldgelb in langgestielten Köpfchen
Blütezeit: VI–X
Standort: geschützt, trocken
Erde: normale Gartenerde
Vermehrung: Teilung oder Aussaat II–IV
Pflege: gegen Nässe schützen
Verwendung: Steingärten, Wildstaude für Blumenwiesen und Steppengärten. Nachbarpflanzen: *Linum, Origanum, Veronica incana*
Sorten: 'Plenus'

Abb. 392: *Lotus corniculatus*

Lupinus polyphyllus
Staudenlupine

Abb. 392

Familie: *Leguminosae* – Hülsenfruchtgewächse
Herkunft: westliches Nordamerika und Europa, sehr artenreich. Wildpflanze in Wiesen, auf Gebirgsflächen, Bahndämmen, an Waldrändern. Über 100 Arten

Abb. 392: *Lupinus polyphyllus*

Wuchs: 80–120 cm hoch, aufrecht, Wurzel tiefgehend, verzweigt, mit Bakterienknöllchen (Stickstoffsammler)
Blatt: 13–15teilig, lanzettlich, oberseits kahl, unterseits haarig
Blüte: Blütentrauben bis 50 cm lang, aufrecht, in gemischten Farbtönen
Blütezeit: V–VII und IX
Standort: anspruchslos
Erde: frische, gedüngte Gartenerde mit wenig Kalk
Vermehrung: Aussaat III–IV. Dabei schöne Farbtöne auswählen. Anzucht in Töpfen, da lange Pfahlwurzel
Pflege: anspruchslos, sofortiger Rückschnitt nach der Blüte VII, bringt im IX–X eine 2. Blüte
Verwendung: für Park- und Naturgärten, Bauerngärten, Autobahnbegrünung. Nachbarpflanzen: *Helenium, Papaver orientale,* vor Nadelgehölzen, großen Schwertlilien
Besonderheiten: eine stark verbreitete Standardpflanze. Der Giftstoff Alkaloid ist vor allem im Samen enthalten. Es ist darauf zu achten, daß Kinder diesen nicht essen!

Lupinus-Polyphyllus-Hybriden
Staudenlupine

Abb. 393 + 394

Abb. 393: Lupinus-Polyphyllus-Hybride 'Russels Hybriden'

Kreuzung; Farbe je nach Sorte; V–VII und IX; anspruchslos. Vermehrung: durch Grünstecklinge IV–VI, Aussaat III–IV. Anzucht in Töpfen, da lange Pfahlwurzel;
Sorten: 'Edelknabe', karminroter Farbton. 'Fräulein', cremeweiß bis weiß. 'Gallery-Mischung', etwas kompakter, in vielen Farben. 'Kastellan', blaue Farbtöne mit weißer Fahne. 'Kronleuchter', gelbe Farbtöne. 'Mein Schloß', ziegelrote Farbtöne. 'Schloßfrau', rosa Farbtöne mit weißer Fahne

Abb. 394: Lupinus-Polyphyllus-Hybriden 'Mein Schloß'

Abb. 395

Luzula nivea
Schneemarbel

Familie: *Juncaceae* – Binsengewächse
Herkunft: südliches Europa
Wuchs: 40–60 cm, grasartig, locker. Etwa 80 Arten dieser Gattung
Blatt: immergrün, am Rande silbrig behaart
Blüte: schneeweißer, doldiger Blütenstand
Blütezeit: VI–VII
Standort: verträgt Sonne, Halb- bis Ganzschatten und Baumdruck
Erde: normaler Garten- und Waldhumusboden
Vermehrung: Teilung V–VI, Aussaat II–III
Pflege: anspruchslos, Rückschnitt II–III
Verwendung: wertvolle Rabatten- und Schnittstaude für Bindereien und zur Unterpflanzung bei Gehölzgruppen. Nachbarpflanzen: Kleinstauden, Blumenzwiebeln
Sorten: 'Schneehäschen', 40 cm hoch, Blätter silbrigweiß, behaart, Blütenähren weiß

Abb. 395: ***Luzula nivea* 'Waldmarbel'**

Abb. 396: ***Luzula sylvatica***

Luzula pilosa
Haarmarbel

Herkunft Europa, in Wäldern. 10–20 cm hoch, lockerrasige Büschel mit Ausläufern. Blatt breit, lanzettlich, dicht, bräunlichgrün, bewimpert, wintergrün. Bräunliche Ähren, von IV–VI. Standort halbschattig, absonnig. Für kleine Unterpflanzungen in Gehölzmotiven, Steingärten, Pflanztröge. Nachbarpflanzen: *Carex morrowii, Festuca scoparia*

Abb. 396

Luzula sylvatica
Hainsimse, Waldmarbel

Herkunft Europa, Kleinasien. 25–40 cm hoch, locker, horstartig. Blatt 1 cm breit, 30 cm lang, dunkelgrün glänzend, am Rande dicht und lang bewimpert, wintergrün. Bräunliche Blütenähren, von V–VI. Standort halbschattig, absonnig. Für kleine Unterpflanzungen in Gehölzmotiven sehr geeignet, Steingärten, Pflanztröge. Nachbarpflanzen: *Carex morrowii, Festuca scoparia.* Sorten: 'Aureo Marginata': 30 cm, glatte, geschlossene Horste; Blatt mit deutlichem Silberrand, wintergrün. 'Siebertii', schmale, grüne Blätter, 20 cm. 'Silberhaar', 15 cm hoch, Blätter mit silbrigen Haaren. 'Tauernpass': Gartenhybride, grasartige Horste; Blatt besonders breitlineal, rinnig, frisch- und immergrün; Blütenähren bräunlichschwarz. 'Wäldler', 15 cm hoch, mit frischgrünen Blättern

Abb. 397

Lychnis chalcedonica
Brennende Liebe, Lichtnelke

Familie: *Caryophyllaceae* – Nelkengewächse
Herkunft: nördliche gemäßigte Zone, östliches Rußland, etwa 35 Arten
Wuchs: 60–100 cm hoch, buschig, aufrecht
Blatt: länglich, eiförmig, rauhhaarig
Blüte: feurig scharlachrot in Trugdolden
Blütezeit: VI–VII
Standort: anspruchslos
Erde: anspruchslos
Vermehrung: Teilung II–IV oder Grünstecklinge
Pflege: anspruchslos, ebenerdiger Rückschnitt XI–II
Verwendung: Liebhaberpflanze für Staudenrabatten, alte Bauerngartenpflanze, zum Schnitt. Pflanzengemeinschaft: *Achillea filipendulina* 'Coronation Gold', *Delphinium, Oenothera, Salvia nemorosa*
Sorten: 'Rosea', lachsrosa

Abb. 397: ***Lychnis chalcedonica***

Lychnis-Arkwrightii-Hybriden

Abb. 398

Lichtnelke

Kreuzung aus *Lychnis chalcedonica* x *Lychnis haageana*. Blüten groß, leuchtendrot, Laub zieht nach der Blüte ein. Blütezeit VII. Auffällige Rabattenstaude und zum Schnitt geeignet. Vermehrung durch Aussaat II–III. Sorte 'Vesuvius', mit dunkelbraunrotem Laub, 40 cm hoch

Abb. 398: Lychnis-Arkwrightii-Hybride 'Vesuvius'

Lychnis coronaria

Abb. 399

Kronen-Lichtnelke, Vexiernelke

Herkunft Südosteuropa, Kleinasien, Himalaya. 50 cm hoch, graufilzige Blätter. Blüten einfach, karminrot. Blütezeit von VI–IX. Geeignet für Bauerngärten, Staudenrabatten und zum Schnitt. Sorte 'Alba', weiß

Abb. 399: *Lychnis coronaria*

Lychnis flos-cuculi

Abb. 400

Kuckucks-Lichtnelke

Herkunft Europa; 50 cm hoch, Blüte rosa, Kronblätter fiederspaltig. Blütezeit V–VI. Für Blumenwiesen, Teichränder, Naturgärten, auf feuchtem Boden. Sorten: 'Altoplena', weiß. 'Rosaplena', rosa, gefüllt.

Abb. 400: *Lychnis flos-cuculi*

Lychnis viscaria

Abb. 401

Pechnelke, Klebenelke

Herkunft Europa, Sibirien, Japan. Wuchs 40 cm hoch, buschig aufrecht, Stengel knotig und klebrig; Blatt lineallanzettlich. Blüte gefüllt, leuchtend karminrot. Blütezeit von V–VII. Verträgt auch trockene Lage. Ausgezeichnete Schnittstaude, für Rabatten. Nachbarpflanzen: *Aster tongolensis, Campanula portenschlagiana, Gypsophila repens* 'Rosenschleier', *Veronica teucrium*.Sorte 'Plena', 40 cm hoch, gefüllt, leuchtend karminrot

Abb. 401: *Lychnis viscaria* 'Splendens Plena'

Lysichiton americanus

Abb. 402

Amerikanische Scheinkalla

Familie: *Araceae* – Aronstabgewächse
Herkunft: westliches Nordamerika an Wasserläufen, Teichufer. 2 Arten dieser Gattung
Wuchs: 50–70 cm hoch, aufrecht
Blatt: breit, grundständig bis 30 cm breit und 100 cm lang, blaugrün
Blüte: Blütenkolben gestielt, 15 cm lang, von einer großen, gelben, muschelförmigen Scheide umgeben
Blütezeit: IV–V
Standort: am liebsten anmooriges (kalkfreies) Wasser, verlangt viel Erdreich zur Wurzelbildung und Entwicklung
Erde: tiefgründiger, feuchter Sumpfboden
Vermehrung: Aussaat im Sumpfbeet nach Samenreife V–VI, Teilung
Pflege: anspruchslos
Verwendung: Naturgärten, Parkanlagen. Nachbarpflanzen: *Calla, Eriophorum, Leersia, Sagittaria*

Abb. 402: *Lysichiton americanus*

Lysichiton camtschatcensis
Kamtschatka-Scheinkalla

Abb. 403

Herkunft Ostsibirien, Japan, an Wasserläufen, Teichufer. 40 cm hoch, Blatt breit, grundständig, bis 30 cm breit und 100 cm lang, blaugrün. Blütenscheide weiß, von V–VI. Bei Kahlfrost Winterschutz nötig. Für Naturgärten, Parkanlagen. Nachbarpflanzen: *Calla, Eriophorum, Leersia, Sagittaria*

Abb. 403: *Lysichiton camtschatcensis*

Lysimachia thyrsiflora
Strauß-Gilbweiderich, Straußfelberich

Familie: *Primulaceae* – Primelgewächse
Herkunft: nördliche, gemäßigte Zone; Teichränder, Sümpfe, Moore. Etwa 110 Arten dieser Gattung
Wuchs: 30 cm, Triebe mit unterirdischen Ausläufern
Blatt: kreuzweise gegenständig, schmallanzettlich, zugespitzt
Blüte: klein, gelb in dichtgedrungenen Trauben in den Blattachseln
Blütezeit: VI–VII
Standort: sonnig–halbschattig
Erde: sumpfiger Boden bis 10 cm Wasserstand
Vermehrung: Teilung V–VI
Pflege: anspruchslos
Verwendung: für Sumpfbeete, Naturgärten, Parkanlagen, Wassermotive. Nachbarpflanzen: *Acorus, Calla, Eriophorum, Mimulus ringens, Typha minima, Lobelia cardinalis, Pontederia, Lythrum, Veronica*

Lysimachia clethroides
Schneefelberich

Abb. 404

Herkunft Japan, Korea, China. 70 cm hoch, Stengel aufrecht, flaumig behaart. Blätter wechselständig, lanzettlich. Blüten in schwanenhalsartig gebogenen Ähren, reinweiß. Blütezeit von VII–IX. Braucht etwas Winterschutz und sonnigen, feuchten Standort. Schöne Wildstaude für Teichränder und Bäche, Schmetterlingsfutterpflanze

Abb. 404: *Lysimachia clethroides*

Lysimachia nummularia
Pfennigkraut

Abb. 405

Herkunft Europa, Kaukasus. Bodendecker, wächst über und unter Wasser mit dicht wurzelnden Trieben. 5 cm hoch. Blüten gelb, von V–VII. Ideal zum Bedecken von Teichrändern, auch im feuchten Uferbereich

Abb. 405: *Lysimachia nummularia*

Lysimachia punctata
Goldfelberich

Abb. 406

80 cm hoch, aufrecht, locker, Stengel wenig verzweigt, kantig, behaart. Blatt eiförmig, lanzettlich, quirlständig zu 3–4. Blüte sternförmig, goldgelb, in den Blattwinkeln, von VI–VIII. Unverwüstliche Staude für Unterpflanzungen, am Teichrand, zum Verwildern, zum Schnitt. Wertvoller Dauerblüher. Nachbarpflanzen: *Filipendula, Geranium platypetalum, Polygonum amplexicaule, Primula* der Sektion *Sikkimensis, Veronica virginica, Stachys grandiflora* 'Superba'

Abb. 406: ***Lysimachia punctata***

Familie: *Lythraceae* – Blutweiderichgewächse
Herkunft: in allen Erdteilen verbreitet. Etwa 30 Arten dieser Gattung
Wuchs: 60–150 cm hoch, buschig, aufrecht, Stengel vierkantig, behaart
Blatt: schmal, lanzettlich, gegenständig
Blüte: je nach Sorte
Blütezeit: VII–IX
Standort: sonnig bis halbschattig, feuchte Wiesen, verträgt aber auch Trockenheit
Erde: liebt feuchten Boden
Vermehrung: Aussaat II–III oder Teilung III–IV
Pflege: anspruchslos, ebenerdiger Rückschnitt XI–II
Verwendung: Unterpflanze, vor Gehölzen, Wiesenpflanze, für Staudenrabatten. Nachbarpflanzen: *Cyperus longus, Iris sibirica, Myosotis, Lysimachia clethroides, Tradescantia*
Besonderheiten: sehr gut bewertet als Dauerblüher und als Wildstaude, als Insektenfutterpflanze
Sorten: 'Feuerkerze', 150 cm hoch; lange, rosenrote Blütenstände. 'Robert', 60–80 cm hoch. Blütenrispen lachskarminrot. 'Rosensäule', tiefrosa, standfest, 120 cm hoch. 'Stichflamme', rot, großblumig, buschig, 120 cm hoch. 'Zigeunerblut', leuchtend dunkelrot, 120 cm hoch

Abb. 407

Lysimachia vulgaris
Gemeiner Gilbweiderich

Heimische Art. Blätter schmallanzettlich. Blüten gelb, in lockeren Trauben, in den Blattachseln. Blütezeit von VI–VIII. Kann wuchern. Für Sumpfzone oder Teichrand

Abb. 407: ***Lysimachia vulgaris***

Lythrum virgatum
Rutenweiderich

in allen Erdteilen verbreitet. 60 cm hoch, buschig, aufrecht, Stengel kahl. Blatt lang, zugespitzt. Zierliche, rosarote, rispenartige Blütenstände; außerordentlich lang blühend. Blütezeit von VII–IX. Schöne Wildstaude für den Wasserbereich. Insektenfutterpflanze. Sorten 'Rose Queen', 60 cm hoch, rosarot. 'The Rocket', leuchtend rosa, 80 cm

Abb. 408

Lythrum salicaria
Blutweiderich

Abb. 408: ***Lythrum salicaria***

Abb. 409

Macleaya cordata
Federmohn

Familie: *Papaveraceae* – Mohngewächse
Herkunft: China, Japan. 2 Arten dieser Gattung
Wuchs: 200 cm hoch, aufrecht, buschig; Wurzeln bilden unterirdische Ausläufer; Stengel kräftig, blaugrau bereift mit bräunlichem Milchsaft
Blatt: groß, rundlich, herzförmig, blaugrün, gelappt mit bräunlicher Unterseite
Blüte: große, lockere, weißlich bis korallenrosafarbene Blütenrispen
Blütezeit: VII–VIII
Standort: sonnig–halbschattig
Erde: jede Erde, besonders gut

Abb. 409: ***Macleaya cordata***

auf leichten Böden, auch trocken
Vermehrung: Teilung II–IV oder Wurzelschnittlinge
Pflege: anspruchslos, Rückschnitt ebenerdig XI–II, Wuchereigenschaft beachten bei der Standortwahl; evtl. in Kübel oder Container pflanzen und versenken
Verwendung: dekorative Blattschmuckstaude für Rabatten oder zur Einzelstellung vor Gehölzgruppen, an Zäunen, vor Mauern. Nachbarpflanzen: *Helianthus salicifolius*, robuste Gehölze, Gräser
Sorten: 'Korallenfeder', 180 cm hoch, Blütenstand kupferrosa, Laub zimtfarben

Macleaya microcarpa
Federmohn

Herkunft China. 200–250 cm hoch, Blätter rundlich, gelappt, oberseits graugrün, unterseits grauweiß. Zahlreiche, kupferfarbene Blüten. Als Solitärstaude, besonders für Teichlandschaften und Gräsergärten geeignet.

Malva moschata
Bisammalve, Moschusmalve

Abb. 410

Abb. 410: ***Malva moschata***

Familie: *Malvaceae* – Malvengewächse
Herkunft: Europa, auf trockenen Wiesen, an Waldrändern. Etwa 30 Arten dieser Gattung
Wuchs: 60–80 cm hoch, buschig, Stengel ästig, aufrecht
Blatt: untere Blätter kreisrund, obere handförmig, gelappt
Blüte: hellrosa, duftend
Blütezeit: VI–IX, Dauerblüher
Standort: sonnig bis halbschattig
Erde: normale bis sandig-steinige Gartenerde
Vermehrung: Aussaat II–IV
Pflege: anspruchslos
Verwendung: Rabatten, Naturgärten, vor Gehölzgruppen, Steppen- und Heidegärten. Nachbarpflanzen: Gräser, *Armeria, Geranium sylvaticum, Potentilla recta, Sedum* -Arten
Sorten: 'Alba', weißblühend

Malva alcea
Siegmarskraut, Rosenpappel

Herkunft ganz Europa, in Nordamerika eingebürgert. Buschartiger Wuchs, reich verzweigt, 1 Meter hoch. Blätter rundlich-herzförmig. Blüten hellrosa, 5–6 cm ø. Blütezeit von VI–IX. Für Naturgärten an sonnigen Stellen und vor Gehölzgruppen. Versamt sich selbst

Marrubium supinum (Marrubium sericeum)
Andorn, Mauseohr

Abb. 411

Familie: *Lamiaceae* – Taubnesselgewächse
Herkunft: Mittel- und Südspanien, Nordafrika
Wuchs: 15–20 cm hoch, polsterbildend
Blatt: filzig behaart, runzelig, löffelförmig
Blüte: klein, rosalila, unbedeutend
Blütezeit: VI–VII
Standort: sonnig, trocken, heiß
Erde: durchlässig, mager
Vermehrung: Stecklinge im Frühsommer, Teilung; Nachbarpflanzen: trockenheitsliebende Gräser, *Opuntia, Anaphalis triplinervis*

Abb. 411: ***Marrubium velutinum***

Verwendung: Steingarten, für heiße, trockene Plätze, Steppengärten, Tröge
Arten: *Marrubium velutinum*

Marsilea quadrifolia
Vierblättriger Kleefarn

Familie: *Marsileaceae* – Kleefarngewächse
Herkunft: Europa, Kleinasien, Mittelasien. Etwa 70 Arten
Wuchs: 10 cm hoch
Blatt: vierzählig, lange Stiele, ähnlich Klee
Blüte: unscheinbar
Standort: sonnig bis halbschattig
Vermehrung: Selbstaussaat, Teilung der Rhizome im Spätwinter
Pflege: nicht winterhart, daher Überwinterung bei 15–18 °C in einem hellen Raum
Verwendung: interessante Sumpfpflanze für Zimmerkultur, im Sommer im Freien, an geschützter und sonniger Stelle

Matricaria caucasica
Teppichkamille

Abb. 412

Familie: *Compositae* – Korbblütengewächse
Herkunft: Syrien, Kleinasien. Etwa 50 Arten
Wuchs: 10 cm hoch, rasenbildend
Blatt: länglich, fein doppeltfiederschnittig, leicht seidig behaart
Blüte: Blütenköpfchen weiß, margeritenähnlich
Blütezeit: V–VII
Standort: sonnig
Erde: trocken, sandig, steinig, kalkhaltig
Vermehrung: Teilung II–IV
Pflege: anspruchslos
Verwendung: widerstandsfähiger Bodendecker, der auch als Blatteppich wirkt; für Steingärten, als Rasenersatz auch an sonnigen, trockenen Böschungen geeignet. Nachbarpflanzen: *Gypsophila repens* 'Rosenschleier', *Sedum telephium* 'Herbstfreude'

Abb. 412: ***Matricaria caucasica***

Abb. 413: ***Matteuccia struthiopteris*****, fertile Wedel**

Abb. 415: ***Matteuccia struthiopteris***

Matteuccia struthiopteris

Abb. 413 – 415

Trichterfarn, Straußenfarn

Familie: *Onocleaceae* – Perlfarngewächse
Herkunft: Ost- und Mitteleuropa, Ostasien, Nordamerika, besonders im Gebirge beheimatet, bis zur Waldgrenze. 4 Arten dieser Gattung
Wuchs: 80–120 cm hoch, Wurzelstock mit unterirdischen, schwarzen Ausläufern, wuchert
Blatt: Wedel zweifach, gefiedert, hellgrün, auffallend trichterförmig angeordnet
Blüte: Fruchtwedel aus der Mitte des Trichters
Standort: halb- bis ganzschattiges Waldklima
Erde: Waldboden
Vermehrung: Teilung II–V, Selbstaussaat, treibt Ausläufer
Besonderheiten: leicht wachsend, Winterschmuckwert, für große Schattenpartien gut geeignet. Steht unter Naturschutz!

Abb. 414: ***Matteuccia struthiopteris***

Meconopsis betonicifolia

Himalaja-Scheinmohn

Familie: *Papaveraceae* – Mohngewächse
Herkunft: Tibet, Westchina, Burma. Etwa 45 Arten
Wuchs: 120 cm hoch, Stengel locker beblättert, aufrecht, wenig verzweigt
Blatt: oval, gekerbt, glatt, substanzreich
Blüte: leicht nickend, an den obersten Blattachseln entspringend, 4 Petalen, himmelblau mit gelben Staubgefäßen
Blütezeit: VI–VII
Standort: sonnig bis halbschattig, kühl, luftfeucht, z.B. zwischen Rhododendren
Erde: humos, nährstoffreich, mäßig feucht
Vermehrung: Aussaat III–IV unter Glas, auspflanzen VII, nicht austrocknen lassen
Pflege: Jungpflanzen öfter übersprühen, nach der Blüte Samenkapseln abschneiden, damit sich die Pflanzen nicht verausgaben. Nicht ganz einfach zu halten. Wenn einmal etabliert, allerdings am zusagenden Standort, ausdauernd
Verwendung: sehr prächtige Liebhaberpflanzen für Rabatten und Pflanzung zwischen Gehölzen. Nachbarpflanzen: *Rhododendron,* Azaleen, *Tiarella,* Gräser, Farne

Meconopsis cambrica

Abb. 416

Schottischer Scheinmohn

Herkunft Wales, Schottland, England. 50–60 cm hoch, buschig verzweigt, üppig und leicht gedeihend durch Selbstaussaat. Blüte gelb bis orange, runde Schalenblüten, von V–VII. Gedeiht im Halbschatten auf humosem, nährstoffreichem Boden als Unterpflanzung zu Gehölzen, in Nachbarschaft zu Farnen, Geranium-Arten, Rhododendren, auch in Steingärten und in Mauerritzen. Kann lästig werden; vor Samenbildung zurückschneiden. Sorten: 'Aurantiaca', orangegelb, 50 cm hoch. 'Plena', gelb, gefüllt, 50 cm hoch

Abb. 417

Meconopsis × *sheldonii*
Scheinmohn

Abb. 417: *Meconopsis* × *sheldonii*

Gartenhybride; (Kreuzung aus *Meconopsis betonicifolia* x *Meconopsis grandis*). 1 Meter hoch, Blüten größer und substanzreicher als bei der Art, sehr schön, kräftig himmelblau, Sorten auch in anderen Farben . Nur vegetativ vermehrbar

Abb. 418

Melica ciliata
Wimperperlgras

Familie: *Gramineae* – Süßgräser

Herkunft: Europa, Kaukasus, an sonnigen Berghängen und Felsen. Etwa 30 Arten dieser Gattung
Wuchs: 30–60 cm
Blatt: graugrün
Blüte: Ähren zylindrisch, in der Reife fahlgelb
Blütezeit: V–VI
Standort: sonnig
Erde: kalkhaltiger, normaler Gartenboden
Vermehrung: Teilung V–VI
Pflege: anspruchslos
Verwendung; große Stein- und Naturgärten, Gräsermotive, Pflanztröge. Nachbarpflanzen: *Avena, Bouteloua, Stipa,* Bartiris als Zwischenpflanzung
Sorten: 'Erecta', 40 cm hoch, mit weißen, aufrechten Kolbenblüten

Abb. 418: *Melica ciliata*

Melica altissima 'Atropurpurea'
Riesenperlgras

Herkunft Asien, östliches Europa. 40 cm hoch, Blüten purpurbraun.

Melica nutans
Nickendes Perlgras

Herkunft Europa, Kaukasus, in Laubwäldern. 30–60 cm hoch, locker, rasenartig, ausläufertreibend. Blatt eingerollt, grasgrün. Blütenähren länglich, eiförmig, purpurbraun mit weißhäutigem Rand. Blütezeit V–VI. Standort sonnig bis halbschattig

Abb. 419

Melissa officinalis
Melisse, Zitronenmelisse, Goldmelisse

Familie: *Labiatae* – Lippenblütengewächse
Herkunft: Südeuropa, Vorderasien. 4 Arten dieser Gattung
Wuchs: 60–70 cm hoch, buschig, verzweigt, üppig
Blatt: spitz-oval, gekerbt, leicht behaart, mit ausgeprägtem Zitronengeschmack
Blüte: weiß, unscheinbar
Blütezeit: VII–VIII
Standort: sonnig, halbschattig oder schattig
Erde: humos, nährstoffreich, feucht
Vermehrung: durch Teilung im Herbst oder Frühjahr, Aussaat III–IV

Abb. 419: *Melissa officinalis* 'Aurea' (Foto: Stein)

Pflege: anspruchslos, ebenerdiger Rückschnitt im Spätherbst
Verwendung: als hübsche, dekorative Würz- und Heilpflanze, für Duftgärten. Insektenfutterpflanze. Die Sorte 'Variegata' wird gerne als Kontrastpflanze in Staudenrabatten verwendet
Sorten: 'Aurea', gelbgrün panaschiert. 'Variegata', weißbunt

Abb. 420

Melittis melissophyllum
Immenblatt

Familie: *Labiatae* – Lippenblütengewächse

Abb. 420: ***Melittis melissophyllum***

Herkunft: Europa, Ukraine. Nur diese Art
Wuchs: 50 cm hoch, aus tief in die Erde eindringendem Wurzelstock entspringend, taubnesselähnlich, ohne Ausläufer
Blatt: eiförmig, grob gesägt, stark genervt, leicht behaart
Blüte: groß, rosa mit purpurroter Unterlippe oder weiß mit rosa oder lila Unterlippe, sehr dekorativ, je nach Standort in zahlreichen Farbvarianten
Blütezeit: V–VI
Standort: schattig-halbschattig
Erde: humusreich, auch kalkhaltig
Vermehrung: Aussaat im Frühjahr
Verwendung: wertvolle Schattenstaude für Gehölzränder; Nachbarpflanzen: *Dictamnus, Stachys, Omphalodes, Pulmonaria, Geranium*

Abb. 421

Mentha aquatica
Wasserminze

Familie: *Labiatae* – Lippenblütengewächse
Herkunft: Europa, Korsika; an moorigen Uferflächen bei Bächen oder an Teichen. Etwa 16 Arten dieser Gattung
Wuchs: 60 cm hoch, buschig
Blatt: eiförmig
Blüte: rot-violett, Blütenköpfchen aus den Blattachseln
Blütezeit: VI–VIII
Standort: sonnig
Erde: anmooriger Sumpfboden, mit bis zu 5 cm Wasserstand
Vermehrung: Teilung V–VI
Pflege: anspruchslos
Verwendung: Naturgärten, Bach-, Teich- und Sumpfmotive. Nachbarpflanzen: *Carex pseudocyperus, Scirpus, Euphorbia palustris*

Abb. 421: ***Mentha aquatica***

Abb. 422

Menyanthes trifoliata
Fieberklee

Abb. 422: ***Menyanthes trifoliata***

Familie: *Gentianaceae* – Enziangewächse
Herkunft: Europa, Asien, Nordamerika; an Teich- und Bachrändern
Wuchs: 30 cm hoch, Wurzelstock kriechen, Sumpfstaude
Blatt: lederartig, dreiteilig, dunkelgrün
Blüte: gefranste, auffällige Blütentrauben, weiß bis rosa, 10–15blütig
Blütezeit: V–VI
Standort: sonnig
Erde: Sumpfboden bis 30 cm Wasserstand
Vermehrung: Teilung V–VI, Wurzelschnittlinge VI–VIII
Pflege: anspruchslos
Verwendung: Liebhaberpflanze für Naturgärten, Parkanlagen, Sumpfbecken mit Wassermotiven, als Uferpflanze. Nachbarpflanzen: *Potentilla palustris, Pontederia, Sagittaria, Scirpus, Sparganium*
Besonderheiten: Steht unter Naturschutz!

Abb. 423

Mertensia virginica (Pulmonaria virginica)
Blauglöckchen, Virginisches Lungenkraut

Familie: *Boraginaceae* – Boretschgewächse
Herkunft: östliches Nordamerika. Etwa 40 Arten
Wuchs: 40–60 cm hoch, locker aufrecht, Wurzelstock schwarzbraun, fleischig
Blatt: im Austrieb schwärzlich-purpurn, metallisch schimmernd, später graugrün, verkehrt eiförmig
Blüte: purpurviolett, glockig, 2–3 cm groß in Doldentrauben
Blütezeit: IV–V
Standort: halbschattig bis schattig
Erde: feucht, humos
Vermehrung: Teilung oder Aussaat III–IV, Stecklinge VI
Pflege: anspruchslos, zieht nach der Blüte ein
Verwendung: wunderschöne Steingartenpflanze. Nachbarpflanzen: *Adiantum pedatum, Epimedium grandiflorum* 'Rose Queen'

Abb. 423: ***Mertensia virginica***

Abb. 424

Meum athamanthicum
Bärwurz

Familie: *Umbelliferae* – Doldengewächse
Herkunft: Mitteleuropa, Bulgarien
Wuchs: 60 cm hoch, dichte Horste bildend
Blatt: filigran geteilt, aromatisch duftend, leuchtendgrün
Blüte: weiß, auf fein verästelten Dolden, duftend
Standort: sonnig-halbschattig, auf fetten Wiesen beheimatet, feucht
Erde: nährstoffreich, lehmig, humos
Vermehrung: Teilung im Frühjahr, Wurzelschnittlinge
Verwendung: Wildstaude, Heilpflanze, Insektenfutterpflanze, für Teichränder, Blumenwiesen, vor Gehölzen, Waldmotive; Nachbarpflanzen: *Aquilegia, Caltha palustris, Orchis, Filipendula, Angelica*

Abb. 424: *Meum athamanthicum*

Mimulus cardinalis
Kardinal-Gauklerblume

Familie: *Scrophulariaceae* – Braunwurzgewächse
Herkunft: westliches Nordamerika. Etwa 150 Arten dieser Gattung
Wuchs: 50–70 cm hoch, Stengel aufrecht,
Blatt: eirund-lanzettlich, klebrig, scharf gezähnt, silbrig behaart
Blüte: scharlachrot, langstielig
Blütezeit: VI–IX
Standort: sonnig, trocken
Erde: normale Gartenerde
Vermehrung: Aussaat oder Teilung II–IV, Stecklinge V–VI
Pflege: ebenerdiger Rückschnitt XI–II. Bei Kahlfrost Winterschutz nötig
Verwendung: für Steingärten, Rabatten. Nachbarpflanzen: *Myosotis palustris, Primula rosea, Trollius europaeus*

Abb. 425

Mimulus cupreus
Gauklerblume

Herkunft Chile. Rasenartig wachsend, 10–20 cm hoch. Stengel verästelt, Blätter klein, gezähnt. Blüten kupferrot. Blütezeit von VII–IX. Sehr schöne Steingartenpflanze für sonnigen bis halbschattigen Standort. Sorten: 'Burnettii', gelb, mit großen roten Flecken. 'Nanus', besonders niedrig, leuchtend orange-goldgelb mit rot punktiertem Schlund. 'Roter Kaiser', 20 cm hoch, karmesin-scharlachrot. Samt sich selbst aus, nicht winterhart.

Abb. 425: *Mimulus cupreus*

Abb. 426

Mimulus luteus
Gelbe Gauklerblume

Herkunft Chile. Wuchs aufrecht oder lagernd, am Grunde Wurzeln bildend. Blätter rundlich bis herzförmig. Blüten goldgelb oder in den zahlreichen Kreuzungen mit *Mimulus cupreus* oder *Mimulus cardinalis* auch mit braunroten Punkten. 30–60 cm hoch, Blütezeit V–VIII. Üppige, lange blühende Staude für den Sumpf- und Uferrand

Abb. 426: *Mimulus luteus*

Abb. 427

Mimulus ringens
Blaue Gauklerblume

Familie: *Scrophulariaceae* – Braunwurzgewächse
Herkunft: westliches Nordamerika, als Uferpflanze an Bächen und Teichen. Etwa 70 Arten dieser Gattung
Wuchs: 80 cm hoch, aufrecht, Flachwurzler, Wucherpflanze
Blatt: lanzettlich, eirund
Blüte: violett, Blütenstengel beblättert und behaart
Blütezeit: VI–VII

Abb. 427: ***Mimulus ringens***

Standort: sonnig bis halbschattig
Erde: Sumpfboden, bis 10 cm Wasserstand
Vermehrung: Teilung V–VI
Pflege: Winterschutz nötig bei Kahlfrost
Verwendung: sehr reichblühende Staude für die Uferzone in Sumpfbecken, Naturgärten, Parkanlagen mit Wassermotiven. Nachbarpflanzen: *Eriophorum, Pontederia, Veronica beccabunga*

Minuartia laricifolia
Granitmiere

Familie: *Caryophyllaceae* – Nelkengewächse
Herkunft: Pyrenäen, Alpen, Balkan. Etwa 100 Arten dieser Gattung
Wuchs: 10–15 cm hoch, dichtrasig, mattenbildend
Blatt: fadenförmig, dunkelgrün, pfriemlich
Blüte: weiß, bis 1 cm groß, in lockeren Trauben, reichblühend
Blütezeit: VII–VIII
Standort: sonnig
Erde: kalkhaltig
Vermehrung: Teilung, Wurzelrißlinge oder Aussaat II–IV
Pflege: anspruchslos
Verwendung: für Steingärten, Trockenmauern. Nachbarpflanzen: *Campanula carpatica, Campanula portenschlagiana, Campanula poscharskyana, Paradisea liliastrum* 'Major'. *Dianthus, Sempervivum*

Miscanthus floridulus (Miscanthus japonicus)
Riesenchinaschilf

Abb. 428

Familie: *Gramineae* – Süßgräser
Herkunft: Ostasien, Japan, Taiwan; etwa 7 Arten dieser Gattung
Wuchs: 350 cm hoch, Halme steil aufrecht, Rhizome, große Horste bildend, die Halme werden jedes Jahr neu aufgebaut
Blatt: schilfartig, überhängend
Blüte: Ähren, blühen nur selten bei uns, meistens nur nach vielen schönen, warmen Herbsttagen
Blütezeit: IX–XII
Standort: will Sonne, verträgt aber noch Halbschatten
Erde: nahrhaft, tiefgründig, trocken
Vermehrung: nur Teilung IV–V
Pflege: ebenerdiger Frühjahrsrückschnitt (III) bringt Bambusstangen
Verwendung: Solitärstaude an Wasserbecken, im Rasen oder Gräsergarten und auch als Hintergrund bei Staudenrabatten. Nachbarpflanzen: *Kniphofia, Hemerocallis*, Phlox-Paniculata-Hybriden, *Monarda*, große Blattstauden, z.B. *Rodgersia*
Besonderheiten: für uns das größte Gartengras

Abb. 428: ***Miscanthus floridulus***

Miscanthus sacchariflorus
Silberfahnengras

Abb. 429

Herkunft Amurgebiet. Höhe 150–200 cm, aufrecht, wuchert, ausläufertreibend, bildet dichte Horste. Blatt schilfartig mit braunroten Mittelstreifen, im Herbst hellbraunrot. Hohe blütenweiße Silberfahnen. Blütezeit von VIII–IX. Verträgt auch leichte, trockene Gartenböden, bei sonniger Lage. Standort begrenzen oder entsprechend groß wählen. Rückschnitt X oder III, ebenerdig. Für Böschungen, Wassermotive in Naturgärten, Einzelstaude, Uferbefestigungspflanze, begehrter Vasen- und Gartenschmuck. Nachbarpflanzen: *Ligularia, Rudbeckia* 'Goldsturm'. Sorte 'Robustus', 150 cm hoch, silberweiße Blüten, stark wuchernd

Abb. 429: ***Miscanthus sacchariflorus***

Abb. 430 – 433

Miscanthus sinensis
Chinaschilf

Abb. 430: ***Miscanthus sinensis*** **'Kleine Fontäne'**

Abb. 432: ***Miscanthus sinensis*** **'Strictus'**

Familie: *Gramineae* – Süßgräser
Herkunft: China; etwa 7 Arten dieser Gattung
Wuchs: je nach Sorte 150–200 cm hoch,
Blatt: je nach Sorte
Blüte: je nach Sorte
Blütezeit: IX–X
Standort: sonnig
Erde: je nach Sorte
Vermehrung: Teilung IV–V
Pflege: je nach Sorte
Verwendung: bei Staudenrabatten als Hintergrund oder Solitär im Rasen oder Gräsergarten, an Wassermotiven. Nutzpflanze als Lieferant nachwachsender Rohstoffe zur Energiegewinnung, für Isoliermaterial. Nachbarpflanzen: große Blattstauden, z.B. *Ligularia, Rodgersia*
Sorten: 'Condensatus': 200 cm hoch, aufrecht, dichte Horste; Blatt 2 cm breit, schilfartig, dekorativ; blüht sicher, Ähren violettbraun, stark gewellt; sehr gut bewertet; Frühjahrsrückschnitt. 'Gracillimus' – Eulaliagras: 150 cm hoch, überhängend, dichtbuschig, Winterhalme bronzefarbig; Blatt schmal, graziös, überhängend; silbrige Blütenfahnen; anspruchslos, Rückschnitt X oder III; hat auch im Winter durch den Rauhreif hohen Schmuckwert, sehr gut bewertet. 'Graziella', 180 cm, blüht rosa auf, später silberweiß, schöne rotbraune Herbstfärbung. 'Große Fontäne', 170 cm hoch, Blüten rot. 'Kleine Fontäne', 90–170 cm, blüht früh, Blüten rosa-silbrig, von VII–X. 'Kleine Silberspinne', 80 cm, Blüten rötlich, reichblühend. 'Malepartus', 200 cm, die rötlichen Blüten stehen über dem Laub. 'Nippon', 150 cm, 'Gracillimus'-Typ, niedrig, Laub im Herbst kupferfarbig. 'Rotsilber', 175 cm, Blätter silberstreifig, Blüten rotsilbrig.'Silberfeder', 200 cm hoch, aufrecht, hohe Stiele, wuchert nicht; Blatt schmal, hängend, silberrinnig; eine sicherblühende Auslese, Ähren silbrig, fächerförmig; Blütezeit VIII–IX; wünscht durchlässigen, sandigen Boden; Vermehrung durch Teilung IV–V, Rhizomschnittlinge I–IV; sehr hoher Gartenwert, Wirkung bis lange in den Winter hinein, Trockengras; Nachbarpflanzen: *Aster novi-belgii* blau und rot, Dendranthema-Grandiflorum-Hybriden. 'Silberspinne', 200 cm, schmalblättrige Gracillimusform, blüht sehr reichlich. 'Strictus' – Stachelschweingras: 150 cm hoch, steil, aufrecht; Blatt blau mit gelblichen Querstreifen; Ähren silbrig, fächerförmig; sehr gut bewertet als Schnittgras für den Vasenschmuck; anspruchslos, Rückschnitt X oder III. 'Variegatus' – Silberfahnengras: 150 cm, aufrecht, Spitzen überhängend; Blätter und Schäfte weißbunt gestreift; Ähren silbrig, fächerförmig; sehr gut bewertet als Schnittgras für den Vasenschmuck; anspruchslos, 'Purpurascens', nur 100 cm, kleinste Art, führt im Herbst rotes Laub. 'Yakushima Dwarf', 80 cm, blüht sehr früh, robustes Wildgras, für durchlässigen, trockenen Standort. 'Zebrinus', 150 cm, mit überhängenden, gelbgestreiften Blättern.

Abb. 431: ***Miscanthus sinensis*** **'Silberfeder'**

Abb. 433: ***Miscanthus sinensis*** **'Gracillimus'**

Abb. 434

Molinia arundinacea (Molinia altissima)
Riesenpfeifengras

Abb. 434: ***Molinia arundinacea* 'Karl Foerster'**

Familie: *Gramineae* – Süßgräser
Herkunft: Europa. 5 Arten dieser Gattung
Wuchs: 150–200 cm, je nach Sorte
Blatt: schmal, goldbraune Herbstfärbung
Blüte: je nach Sorte
Blütezeit: VIII–IX
Standort: sonnig–halbschattig
Erde: normaler, kalkhaltiger Gartenboden
Vermehrung: Teilung IV–VI, Aussaat I–III
Pflege: anspruchslos, Rückschnitt II–III
Verwendung: Einzelstellung oder in Staudenrabatten und Heidegärten. Geeignet zum Schnitt als Vasenschmuck. Nachbarpflanzen: *Festuca,* Heidepflanzen, auch *Iris*
Sorten: 'Bergfreund', 150 cm hoch, graugrüne Blätter, lockere Blütenähren. 'Fontäne', buschig, aufrechte, mannshohe Halme; zahlreiche, riesige Ähren, überhängend. 'Karl Foerster', 180 cm, aufrechte, dann überhängende Wuchsform; Blütenstände mit abstehenden Rispenästen, schmal aufragend; wertvolles Wildgras. 'Transparent', 160 cm, eleganter Wuchs, bräunliche Blüten. 'Windspiel', 60 cm, braune, lange Blüten

Abb. 435

Molinia caerulea
Blaues Pfeifengras

Herkunft Europa, in Moorgebieten. 80 cm hoch, dichte, stattliche Horste bildend. Blatt bläulich-grün, dichter Grasschopf. Ähren auf drahtigen Stielen in schmalen Rispen, von VIII–X. Liebt anmoorige Gartenerde (Moorboden). Für Naturgärten mit Gräsermotiven, Gehölzränder. Nachbarpflanzen: *Euonymus alatus,* Polstergräser. Sorten: 'Dauerstrahl', 140 cm, bräunliche Blüten mit schöner Herbstfärbung. 'Heidebraut', 150 cm, Blatt hellgrün. 'Moorflamme', 100 cm, Blüten bräunlich, rötliche Herbstfärbung. 'Moorhexe', Blüten schwarzbraun, 70 cm, schöne Herbstfärbung. 'Strahlenquelle', 100 cm, grüne Blätter, lockere Blüten. 'Variegata' – Weißbuntes Zwergpfeifengras: Hybride, 40–50 cm, locker, buschiger Grasschopf; Blatt weißlichgelbgrün, spät austreibend; dunkelbraune Blütenrispen auf straffen Stielen

Abb. 435: ***Molinia caerulea* 'Heidebraut'**

Abb. 436 + 437

Monarda-Hybriden
Indianernessel, Goldnessel, Pferdminze

Abb. 436: Monarda-Hybride 'Präriennacht'

Familie: *Labiatae* – Lippenblütengewächse
Herkunft: Nordamerika, Gartensorte aus Kreuzung *Monarda fistulosa* x *Monarda didyma.* Über 15 Arten
Wuchs: 100–150 cm hoch, je nach Sorte; aufrecht, buschig, Ausdehnungsdrang, kantige Stengel
Blatt: gegenständig, gezähnt, lanzettlich bis eirund. Die Pflanze hat einen aromatischen Duft
Blüte: 2–3 übereinanderstehende, quirlständige Blütenköpfe
Blütezeit: VII–IX
Standort: anspruchslos
Erde: jeder Gartenboden, verträgt viel Trockenheit
Vermehrung: Teilung III–IV, Grünstecklinge V–VI
Pflege: ebenerdiger Rückschnitt XI–II, Frühjahrsdüngung empfehlenswert
Verwendung: wertvolle Liebhaberstaude für Rabatten und zur Unterpflanzung lichter Gehölze. Wird für Tees und als Mittel gegen Erkältungen benutzt. Schmetterlingsfutterpflanze. Nachbarpflanzen: *Achillea, Coreopsis,* gelbe *Helenium,* Solidago-Hybriden, *Veronica longifolia* 'Blauriesin'
Sorten: 'Adam', 100 cm hoch, Blüte karminrot. 'Beauty of Cobham', leuchtend lilarosa, dunkellaubig. 'Croftway Pink', 120 cm hoch, Blüte lachsrosa. 'Kardinal', leuchtendrot. 'Morgenröte', 120 cm hoch, Blüte leuchtend lachsrot, sehr gut bewertet. 'Präriebrand', 120 cm hoch, Blüte leuchtend tieflachsrot, sehr gut bewertet. 'Prärienacht', 150 cm hoch, Blüte dunkelpurpurlila. 'Schneewittchen', 100 cm hoch, weiß

Abb. 437: Monarda-Hybride 'Panorama'

Abb. 438 + 439

Morina longifolia
Kardendistel

Familie: *Dipsacaceae* – Kardengewächse
Herkunft: Nepal, ca. 17 Arten in dieser Gattung
Wuchs: aus einer Blatt-Rosette erheben sich 60–100 cm hoch aufrechte, kräftige Stengel
Blatt: hellgrün, bestachelt, fiederspaltig, distelartig, 15–20 cm lang und 2–3 cm breit
Blüte: weiß, später rötlich, duftend, in dichten Scheinquirlen
Blütezeit: VI–VIII
Standort: sonnig, trocken
Erde: durchlässige, sandig-lehmige Gartenerde, gut Kalk vertragend
Pflege: etwas Winterschutz geben
Vermehrung: schlecht durch Teilung (Pfahlwurzel), besser Aussaat und Anzucht in Töpfen, auch Wurzelschnittlinge
Verwendung: schöne und lange blühende Steingartenpflanze; Nachbarpflanzen: niedere Steingartenpflanzen und Gräser

Abb. 438: ***Morina longifolia***

Abb. 439: ***Morina longifolia***

Abb. 440

Myosotis palustris
Sumpfvergißmeinnicht

Familie: *Boraginaceae* – Boretschgewächse
Herkunft: Europa, Sibirien. Etwa 50 Arten dieser Gattung
Wuchs: 30 cm hoch, buschig, Ausläufer treibend
Blatt: frischgrün
Blüte: dunkelblau, groß
Blütezeit: V–IX
Standort: feucht bis naß
Erde: anspruchslos
Vermehrung: Teilung und Aussaat II–IV, Grünstecklinge V–VI
Pflege: anspruchslos, ebenerdiger Rückschnitt XI–II
Verwendung: an Wasserbecken, Bach- und Teichrändern, als Vorpflanzung bei Gehölz- und Koniferengruppen; Schnittblume. Nachbarpflanzen: *Caltha palustris, Mimulus, Primula* der Sektion *Sikkimensis, Ranunculus aconitifolius* 'Pleniflorus', *Carex*
Sorten: 'Thüringen'

Abb. 440: ***Myosotis palustris***

Abb. 441

Myosotis rehsteineri
Bodensee-Vergißmeinnicht, Zwergvergißmeinnicht

Herkunft Bodenseegebiet. Nur 5 cm hoch. Blüte himmelblau, von V–VIII. Für Gefäße und für den Teichrand; steht unter Naturschutz.

Abb. 441: ***Myosotis rehsteineri***

Abb. 442

Myriophyllum aquaticum (Myriophyllum brasiliense)
Papageienfeder, Tausendblatt

Familie: *Haloragaceae* – Seebeerengewächse
Herkunft: Südamerika, in Südeuropa teilweise eingebürgert. Etwa 40 Arten dieser Gattung
Wuchs: Unterwasserpflanze, die fedrige Wasserrasenflächen bildet
Blatt: kammartig gefiedert, quirlig, zartgrün
Blüte: kleine Ähren, unscheinbar, über dem Wasser stehend
Blütezeit: VI–VIII
Standort: sonnig bis halbschattig, Wassertiefe 5–10 cm
Erde: Sumpfboden
Vermehrung: Teilung V–VI
Pflege: Winterschutz bei Kahlfrost nötig, überdauert in tieferem Wasser
Verwendung: für Wasserflächen in Parkanlagen, Gartenteichen, für Wassertröge, auch im Innenbereich in Wasserbecken. Nachbarpflanzen: *Eichhornia, Orontium, Scirpus, Veronica beccabunga*

Abb. 442: ***Myriophyllum aquaticum***

Myriophyllum verticillatum
Quirlblütiges Tausendblatt

Herkunft Europa, in stehenden Gewässern. Unterwasserpflanze mit Wuchereigenschaft. Blatt kammartig, gefiedert, quirlartig. Rosa Blütenähren, quirlständig, von VI–VIII. Standort sonnig bis halbschattig, liebt stehendes Gewässer bis 30 cm Wasserstand. In Töpfe pflanzen, wuchernd! Für Naturgärten, Gartenteiche, Sumpfbecken, Parkanlagen mit Wassermotiven. Nachbarpflanzen: *Hippuris, Hottonia, Sagittaria, Scirpus, Trapa, Utricularia.* Für Aquarium und Fischzucht wertvoll

Myrrhis odorata
Süßdolde, Myrrhenkerbel

Abb. 443

Familie: *Umbelliferae* – Doldengewächse
Herkunft: Europa, Alpen und Südeuropa. 2 Arten
Wuchs: bis 1,5 m hoch, farnartige Gestalt
Blatt: fein gefiedert, weich behaart, blaßgrün mit weißen Flecken, nach Anis duftend
Blüte: weiß, in flachen Dolden. Bald danach ausdrucksvolle Samenstände mit später glänzenden schwarzbraunen Samen, die als Gewürz Verwendung finden
Blütezeit: V–VI
Standort: sonnig, halbschattig oder schattig
Erde: humos, nährstoffreich, feucht
Vermehrung: Teilung oder Aussaat im Herbst oder Winter, Kaltkeimer
Pflege: anspruchslos, Rückschnitt nach der Blüte
Verwendung: schöne und seltene Wildstaude für schattige Bereiche, dekorativ durch die farnartige Gestalt. Insektenfutterpflanze. Würzkraut für Salate und als Gemüse. Samen schmecken lakritzartig

Abb. 443: ***Myrrhis odorata***

Nasturtium officinale
Brunnenkresse

Abb. 444

Familie: *Cruciferae* – Kreuzblütengewächse
Herkunft: Europa, ganze Welt, in kühlen Bächen
Wuchs: stark verzweigt, 25 cm
Blatt: rundlich, herzförmig, pikant schmeckend infolge der enthaltenen Senföle
Blüte: weiß, unscheinbar
Blütezeit: VI–VIII
Standort: halbschattig bis schattig
Erde: nährstoffreich, humos
Vermehrung: durch Aussaat ganzjährig möglich, ideal von IV–VIII, durch Triebstecklinge, die sehr leicht bewurzeln
Verwendung: für flachen Wasserstand, 10–25 cm, für Bachläufe, Teiche, in der immerfeuchten Uferzone. Hervorragend als Salatgemüse

Abb. 444: ***Nasturtium officinale***

Nelumbo nucifera
Indische Lotosblume

Abb. 445

Abb. 445: ***Nelumbo nucifera***

Familie: *Nymphaeaceae* – Seerosengewächse
Herkunft: Wolgadelta, Ägypten, östliches Mittelmeer, Iran, Mittelasien bis Australien
Wuchs: auf Schwimmblätter folgen hochgestielte, schildförmige Blätter, 150–200 cm hoch
Blatt: rund, leicht gewellt, glänzend, mit glattem Rand
Blüte: 15–5 cm Durchmesser, rosa, rötlich oder weiß, nach Anis duftend, schräg gestellt, 40 cm über. Mit ausdrucksvollem Samenstand, der zu Trokkenzwecken Verwendung findet
Blütezeit: VI–IX
Standort: sonnig, geschützt, warm, mindestens 10 cm Wasserstand
Erde: nährstoffreich, humos, mindestens 30 cm dicke Schicht bei Verwendung in Kübeln
Vermehrung: durch Rhizomteilung
Verwendung: exclusive tropische Wasserpflanze mit hohen Ansprüchen, braucht beheiztes Wasser auch im Sommer, muß im Haus hell und frostsicher überwintert werden, braucht ca. 1 qm Platz. Viele Sorten, z.B. 'Alba Striata', 'Pekinensis Rubra', 'Pygmea', 'Shiroman'; Nachbarpflanzen: *Cyperus papyrus, Zantedeschia aethiopica*, tropische Seerosen

Nelumbo lutea
Amerikanische Lotosblume

Herkunft östliches Nordamerika, von Ontario bis Mittelamerika. Wuchs bis 1 m hoch, Blätter auf hellgrünen, schwach bestachelten Stielen. Blattdurchmesser 45–55 cm, Blüten hellschwefelgelb, angenehm duftend, 20–24 cm Durchmesser. Ist weniger anspruchsvoll als die asiatische Art.

Abb. 446

Nepeta × faassenii
Katzenminze, Blauminze

Abb. 446: ***Nepeta × faassenii***

Familie: *Labiatae* – Lippenblütengewächse
Herkunft: nördliche Halbkugel. Etwa 150 Arten dieser Gattung
Wuchs: 30 cm, kleinbuschig
Blatt: kurzgestielt, oval, gekerbt, graugrün
Blüte: lilablau, quirlständig, Dauerblüher
Blütezeit: VI–IX
Standort: gern sonnig und trocken
Erde: jeder Gartenboden
Vermehrung: Teilung II–IV, Stecklinge V–VI
Pflege: blüht nach Rückschnitt im VII–VIII fortlaufend weiter, ebenerdiger Rückschnitt XI–II
Verwendung: interessante Einfassungspflanze und für Natur- und Steingärten. Nachbarpflanzen: *Alyssum montanum* 'Berggold', *Asphodeline, Centranthus, Coreopsis verticillata* 'Grandiflora', *Malva moschata, Oenothera*, zu Rosen und *Potentilla fruticosa*

Nepeta racemosa (Nepeta mussinii)
Katzenminze

Herkunft Kleinasien, Iran, Kaukasus. 25 cm hoch, Blätter größer als bei *Nepeta* x *faassenii.* Blüten lavendelblau. Blütezeit VI–VII. Sorte 'Six Hills Giant', 50 cm hoch, kräftiger als die Art

Abb. 447

Nitella flexilis
Armleuchteralge

Familie: *Characeae* – Armleuchtergewächse
Herkunft: Europa; Sumpfgebiete, stehende Gewässer

Wuchs: Unterwasserpflanze
Blatt: feinverästelt
Standort: anspruchslos, 20 cm Wasserstand
Erde: anspruchslos
Vermehrung: Teilung V–VI
Pflege: anspruchslos
Verwendung: Teiche, Seen, Gartenteiche. stehendes Gewässer in Naturgärten, Parkanlagen, Sumpfbecken. Nachbarpflanzen: *Hippuris, Hottonia, Hydrocharis*
Besonderheiten: besondere Bedeutung für die Reinhaltung des Wassers, auch gegen Algen

Abb. 447: ***Nitella flexilis***

Abb. 448

Nuphar lutea
Mummel, Gelbe Teichrose

Familie: *Nymphaeaceae* – Seerosengewächse
Herkunft: nördliche Halbkugel in gemäßigten Zonen; in Seen und Teichen. Etwa 20 Arten dieser Gattung
Wuchs: kriechender Wurzelstock
Blatt: herzförmig, auf dem Wasser schwimmend
Blüte: halbkugelig, gelb, auf emporgestrecktem Stiel
Blütezeit: VI–VIII
Standort: sonnig–halbschattig
Erde: jeder Gartenboden mit 40–200 cm Wasserstand
Vermehrung: Teilung des Wurzelstockes V–VI, Rhizom-Schnittlinge IV–V
Pflege: anspruchslos
Verwendung: kann nur in größeren Wasserbecken und in Teichen angesiedelt werden, für Naturgärten, Parkanlagen. Nachbarpflanzen: *Stratiotes, Potamogeton, Nymphoides*
Besonderheiten: steht unter Naturschutz!

Abb. 448: ***Nuphar lutea***

Nuphar pumila
Zwergmummel, Kleine Zwergteichrose

Herkunft Mittel- und Osteuropa, Sibirien. Steht unter Naturschutz! Blätter klein, oval, herzförmig, 10–13 cm lang, unterseits behaart. Blüten gelb, sternförmig, 2–3 cm breit. In allem kleiner als *Nuphar lutea*, daher für kleinere Teiche besser geeignet. Wassertiefe 20–25 cm

Abb. 449

Nymphaea
Seerose, Wasserrose

Familie: *Nymphaeaceae* – Seerosengewächse
Herkunft: alle Erdteile, meist in den Tropengebieten. Etwa 40 Arten dieser Gattung. Daraus entstanden durch Kreuzungen wertvolle Garten-Seerosen
Wuchs: 10–15 cm über den Wasserspiegel ragend, Rhizomwurzeln, kriechend oder knollig, lange, schlauchartige Stiele
Blatt: 10–30 cm ø, rundlich, ganzrandig, Blätter liegen schwimmend auf dem Wasser, die Blüten stehen darüber
Blüte: 10–20 cm ø, 4 Kelchblätter, rosettenförmig angeordnete, substanzreiche Blütenblätter; auf der Wasserfläche schwimmend oder auf festem Stiel 10–15 cm darüber. Sie öffnen sich mit dem späten Sonnenaufgang und schließen sich mit dem frühen Sonnenuntergang. Die nachfolgenden Sorten haben sich als Freilandseerosen bewährt
Blütezeit: VI–IX
Frucht: Beeren, die unter Wasser reifen

Abb. 449: ***Nymphaea*** (Foto: Stein)

Abb. 450: ***Nymphaea alba***

Nymphaea alba

Abb. 450

Weiße Seerose

Herkunft Europa; Wuchs von der Spitze eines dicken, fleischigen Rhizoms ausgehend; Blatt eirund, ledrig; Blüte weiß, 10–12 cm ø, duftend; Blütezeit VI–IX; Standort Wasserstand 0,80–1,0 m. Platzbedarf der Blattflächen je Pflanze 1,5 m^2 Wasserfläche. Steht unter Naturschutz!

Nymphaea × daubenyana

Abb. 451

Tropische Seerose

Abb. 451: ***Nymphaea × daubenyana***

Herkunft: Naturhybride aus einer afrikanischen und einer ägyptischen Art. Blatt dunkelgrün, glänzend, leicht gewellt. Blüten prächtig blau oder in weißlichen bis rötlichen Schattierungen, 20 cm über dem Wasser stehend. Durchmesser 5–18 cm, je nach Sorte. Blüten öffnen sich morgens. Für beheizte Becken unter Glas und im Freiland.

Standort: mindestens 6–8 Stunden volle Sonne. Alle Sumpf- und Wasserpflanzen lieben warmes, kalkarmes Wasser. Humintorf senkt den pH-Wert des Wassers und erhöht den Säuregehalt. Die Fische und Pflanzen fühlen sich in einem solchen Wasser sehr wohl.Geeignete Wassertiefen je nach Sorte

Erde: kalkarmer, nahrhafter Boden (⅔ Moor-, Ton- und Lehmboden, ⅓ gewässerter Torf mit 1 kg Hornspänen oder Langzeitdünger als Vorratsdüngung für 1 m^3 Erde)

Vermehrung: die Vermehrung der reinen Arten erfolgt durch Aussaat in Schalen mit sumpfig-feuchtem Boden bei gleichbleibendem Wasserstand. Die Teilung nur während der Wachstumszeit also V–VI, wenn die Pflanzen im Trieb sind. Teilstücke des Wurzelstockes bilden sofort neue Wurzeln, wenn sie umgehend in den Sumpfboden gesetzt werden. Die Vermehrung kann auch in Töpfen, Tonschalen oder Gittertöpfen geschehen und beginnt im Wasserbecken mit 10–20 cm Anfangstiefe. Nach dem erfolgten Austrieb wird der Wasserstand auf 30 cm erhöht

Pflanzung: beste Pflanzzeit V

Düngung: Das natürliche Gleichgewicht, Pflanze – Fische – Wasser, im Teich und im See genügt und es bedarf nur selten einer Düngung. Seerosen in Behältern können durch einen Düngerbeutel (Hornspäne) oder durch Düngertabletten (V–VIII) monatlich gefüttert werden

Pflege: Seerosen müssen frostfrei überwintern. In Wassertiefen über 50 cm ist dies in der Regel gewährleistet. Wird das Wasser in kleinen, flachen Becken abgelassen, empfiehlt es sich, die Seerosen, wenn sie in Pflanzgefäße (Körbe, Holzkisten, Ton- oder Kunststoffgefäße, Gittertöpfe, Drahtkörbe, Kokos- oder Jutebeutel) gepflanzt sind, im Keller frostfrei, aber feucht, zu überwintern

Verwendung: unverzichtbare Standardpflanze für Teiche, Tümpel, Kübel, Gartenteiche, Seen, Wasserbecken in Naturgärten und in Parkanlagen. Nachbarpflanzen: *Nymphoides peltata, Hippuris, Utricularia, Hottonia*

Besonderheiten: Seerosen als Schnittblume für Tischdekoration: Dafür legt man Blüten 20–30 Minuten nach dem Schneiden in die volle Sonne. Sie schließen sich dann und halten 3–5 Tage mit nachgeschnittenem Stengel in einer Schale mit frischem Wasser.

Nymphaea-Hybriden

Abb. 452 – 457

Seerose

Sorten: 'Aurora': Blüte kupferrosa bis orangerot; Wasserstand 0,40–0,80 m; Platzbedarf der Blattflächen je Pflanze 0,5 m^2 Wasserfläche. 'Charles de Meurville': Blüte weinrot, außen weißlich; Blätter ornamental; Wasserstand 50–150 cm; Platzbedarf der Blattflächen je Pflanze 1,0–1,5 m^2 Wasserfläche. 'Escarboucle': Blüte karminrot, groß, auffallende, gleichfarbige Staubgefäße; Wasserstand 60–100 cm; Platzbedarf der Battflächen je Pflanze 1,0–1,3 m^2 Wasserfläche. 'Froebeli': Blüte dunkelkarmin, gelbe Staubfäden; Wasserstand 20–40 cm; Platzbedarf der Blattflächen je Pflanze 0,5 m^2 Wasserfläche.

Abb. 452: Nymphaea-Hybride 'Laydekeri Purpurata'

'Gloriosa': Blüte leuchtend-johannisbeerrot, gut gefüllt; Wasserstand 40–80 cm; Platzbedarf der Blattflächen je Pflanze 1,0–1,3 m² Wasserfläche. 'James Brydon': Blüte rosarot, gut gefüllt; Wasserstand 40–80 cm; Platzbedarf der Blattflächen je Pflanze 1,0–1,3 m² Wasserfläche. 'Laydekeri Lilacea': Blüte lilarosa in karminrot übergehend; Wasserstand 20–40 cm, Platzbedarf der Blattflächen je

Abb. 453: Nymphaea-Hybride 'Escarboucle'

Abb. 454: Nymphaea-Hybride 'Marliacea Albida'

Pflanze 0,25–0,75 m² Wasserfläche.
'Laydekeri Purpurata': Blüte tiefkarminrot; Wasserstand 20–40 cm; Platzbedarf der Blattflächen je Pflanze 0,25–0,75 m² Wasserfläche. 'Marliacea Albida': Blüte reinweiß, duftend; Wasserstand 40–80 cm; Platzbedarf der Blattflächen je Pflanze 1,0–1,3 m² Wasserfläche. 'Marliacea Chromatella': Blüte hellgelb, groß; Wasserstand 60–100 cm; Platzbedarf der Blattflächen je Pflanze 1–1,3 m² Wasserfläche. 'Masaniello': Blüte rosarot, schwach duftend; Wasserstand 40–80 cm; Platzbedarf der Blattflächen je Pflanze 1,0–1,3 m² Wasserfläche. 'Maurice Laydeker': Blüte klein, purpurrot, reizende Zwergform; Wasserstand 20–40 cm; Platzbedarf der Blattflächen je Pflanze 0,25–0,75 m² Wasserfläche; zur Pflanzung in Schalen geeignet. 'Paul Hariot': Blüte gelb, kupfrigrot; Blätter rotbraun gefleckt; Wasserstand 20–40 cm; Platzbedarf der Blattflächen je Pflanze 0,25–0,75 m² Wasserfläche. 'Gladstoniana' Blüte besonders groß, 30 cm ø, schneeweiß; Wasserstand 80 – 150 cm; Platzbedarf der Blattflächen je Pflanze 1,5–1,8 m² Wasserfläche. 'Sioux': Blüte im Aufblühen gelb, dann in Kupferrosa übergehend; Wasserstand 20–80 cm; Platzbedarf der Blattflächen je Pflanze 1,0–1,5 m² Wasserfläche.

Abb. 455: Nymphaea-Hybride 'Chromatella' (Foto: Wachter)

Abb. 456: Nymphaea-Hybride 'Maurice Laydeker'

Abb. 457: Nymphaea-Hybride 'Gladstoniana' ('Pöstlingberg') (Foto: Wachter)

Nymphaea odorata
Wohlriechende Seerose

Abb. 458 + 459

Abb. 458: ***Nymphaea odorata***

Herkunft: Nordamerika, Neufundland bis Mexiko;
Blatt: rundliche Blattlappen fast geschlossen, mit kleinen Spitzen
Blüte: 10–15 cm ø, schwimmend, duftend, von VI–IX
Sorten: 'Gigantea': Blätter bis 40 cm ø, Blüten 15 cm groß. 'Rosennymphe': Blüte mittelgroß, sternförmig, anfangs dunkelrosa, später lichtrosa; Wasserstand 40–80 cm; Platzbedarf der Blattflächen je Pflanze 1–1,5 m² Wasserfläche. 'Sulphurea': Blüte zartschwefelgelb; 40–60 cm Wasserstand Platzbedarf der Blattflächen je Pflanze 0,25–0,75 m² Wasserfläche. Alle Sorten benötigen viel Sonne und wärmeres Wasser als die Art.
N. odorata 'Sulphurea Grandiflora: Blüte groß, sternförmig, hellgelb, etwas aus dem Wasser ragend; Wasserstand 40–80 cm; Platzbedarf der Blattflächen je Pflanze 1,0–1,3 m² Wasserfläche

Abb. 459: *Nymphaea odorata* 'Sulphurea' (Foto: Stein)

Nymphaea tetragona (Nymphaea pygmaea 'Alba'*)*
Zwergseerose

Abb. 460

Herkunft: Finnland, Sibirien, China, Japan, Nordamerika;
Blatt: klein, rundlich, oberseits dunkelgün, unterseits dunkelrot. Blüte: reinweiß, duftend.
Standort: 20–30 cm Wasserstand
Sorten: 'Alba': wunderschöne Liebhabersorte für Kleinbecken und Steingartentümpel. 'Helvola', schwefelgelb, zierliche Blüten. Blätter olivgrün, braun gefleckt. Läßt sich nur über Samen vermehren

Abb. 460: *Nymphaea tetragona* 'Alba'

Abb. 461: *Nymphaea tuberosa* 'Maxima' ('Richardsonii')

Nymphaea tuberosa
Seerose

Abb. 461

Herkunft: nördliche und mittlere USA,
Wuchs: sehr kräftig, Wurzelstock kriechend, 30–80 cm;
Blatt: kreisrund, wellig gerandet;
Blüte: weit über dem Wasser, 10–20 cm ø, weiß, ohne Duft
Sorten: 'Rosea', Blüten fleischfarben rosa, 12 cm ø, große, gelbe Staubgefäße, Narbe orangerot. Blütenblätter zahlreich, locker auseinanderstehend. 'Maxima' ('Richardsonii'): Blüte ballförmig gefüllt, weiß; Wasserstand 40–100 cm; Platzbedarf der Blattflächen je Pflanze 1,5–2,0 m² Wasserfläche. Nur für große Wasserflächen!

Nymphoides peltata
Seekanne

Abb. 462 + 463

Familie: *Gentianaceae* – Enziangewächse
Herkunft: Süd- und Mitteleuropa, Asien. Etwa 20 Arten dieser Gattung
Wuchs: 5 cm, dünne Rhizome im Schlamm kriechend
Blatt: herzfömig bis kreisrund, seerosenartig, schwimmend
Blüte: gelb, auf hochgestelltem Stiel
Blütezeit: VII–VIII
Standort: sonnig–halbschattig
Erde: Sumpfboden mit 30–50 cm Wasserstand
Vermehrung: Teilung des Wurzelstockes V–VI, Ausläuferschnittlinge VI–VIII
Pflege: anspruchslos
Verwendung: Liebhaberpflanze, die etwas wuchert, für große Gartenteiche, Sumpfbecken, Naturgärten, Parkanlagen. Nachbarpflanzen: *Nuphar, Potamogeton, Trapa, Stratiotes, Pontederia*
Besonderheiten: Steht unter Naturschutz!

Abb. 462: *Nymphoides peltata*

Abb. 463: *Nymphoides peltata* (Foto: Stein)

bewertet. 'Hohes Licht', 60 cm hoch, aufrecht; Blütenknospen leuchtendgelb, reichblühend. 'Sonnenwende', Blüten dunkelgoldgelb, schöner Kontrast zum Laub, Herbstfärbung

Oenothera missouriensis
Missouri-Nachtkerze

Abb. 464

Abb. 464: *Oenothera missouriensis*

Familie: *Onagraceae* – Nachtkerzengewächse
Herkunft: südliches Nordamerika. Etwa 200 Arten dieser Gattung
Wuchs: 10–20 cm hoch, niederliegend, Wurzelstock kräfig, tiefgehend
Blatt: lanzettlich, hellgrün
Blüte: hellgelb, glockenartig, groß, Nachtblüher, große, geflügelte Samenstände, duftend
Blütezeit: VII–IX
Standort: warm, sonnig
Erde: gute Gartenerde
Vermehrung: Aussaat II–IV, Stecklinge V–VI
Pflege: anspruchslos, Rückschnitt ebenerdig XI–II
Verwendung: wertvoller Dauerblüher für Steingärten, Mauern, Rabatten. Nachbarpflanzen: *Cerastium tomentosum, Ceratostigma, Gentiana*-Arten, *Campanula carpatica, Veronica spicata, Platycodon, Nepeta x faassenii, Sedum cauticolum,* Gräser
Sorten: 'Greencourt Lemon', Blätter helles Graugrün, Blüten zitronengelb

Oenothera tetragona
Bronzeblatt-Nachtkerze

Abb. 465

Herkunft Nordamerika, Gartenhybride. 40–60 cm hoch, locker im Wuchs. Blatt lanzettlich bis eirund, Blattrosetten bronzefarben. Blüte je nach Sorte, gelb, von V–VIII. Für Steingärten, Natur- und Steppengärtem. Mauern, Rabatten, Schmetterlingsfutterpflanze, Nachbarpflanzen: *Aster amellus, Campanula persicifolia, Geum coccineum, Helianthemum, Erigeron, Lychnis chalcedonica, Salvia nemorosa.* Sorten: 'Fryverkeri', 40 cm hoch, Stengel kahl, blaugrün; Blütenknospen dunkelrot, die Blütendolden kobaltgelb; Liebhaberpflanze mit Schnittwert, sehr gut

Abb. 465: *Oenothera tetragona* 'Fryverkeri'

Omphalodes verna
Waldvergißmeinnicht, Gedenkemein

Abb. 466

Abb. 466: *Omphalodes verna*

Familie: *Boraginaceae* – Boretschgewächse
Herkunft: südliches Europa und Asien. Etwa 25 Arten dieser Gattung
Wuchs: 10 cm hoch, Ausläufertreibend, Bodenbedecker
Blatt: eiförmig, gestielt, grün
Blüte: himmelblau mit weißer Mitte, in lockeren Trauben
Blütezeit: IV–V
Standort: anspruchslos
Erde: jeder Gartenboden
Vermehrung: Aussaat II–III oder Teilung III–IV
Pflege: anspruchslos
Verwendung: beliebte, wertvolle, bodenbedeckende Kleinstaude für Steingärten, vor und zwischen Gehölzpflanzungen. Nachbarpflanzen: *Carex morrowii* 'Variegata', *Dicentra eximia, Dryopteris filix-mas* 'Linearis-Polydactylon', *Epimedium, Lathyrus vernus, Waldsteinia geoides*
Sorten: 'Alba', mit weißen Blüten

Onoclea sensibilis
Perlfarn

Abb. 467

Familie: *Onocleaceae* – Perlfarngewächse
Herkunft: östl. Nordamerika, Ostasien. 1 Art dieser Gattung
Wuchs: 40–50 cm, kriechende Rhizome mit Ausbreitungsdrang
Blatt: Wedel breit, doppelt gefiedert, hellgrün, senkrecht stehend, krautig mit perlschnurartig aufgereihten Fiederchen
Standort: verträgt sogar Sonne bei seichtem Wasserstand
Erde: Moorerde
Vermehrung: Teilung II–V
Pflege: ungestört am Standort belassen
Verwendung: für feuchte Stellen. Nachbarpflanzen: *Osmunda regalis, Carex pendula, Aruncus*

Abb. 467: *Onoclea sensibilis*

Abb. 468 + 469

Ophiopogon planiscapus
Schlangenbart

Abb. 468: *Ophiopogon planiscapus* 'Nigrescens'

Familie: *Liliaceae* – Liliengewächse
Herkunft: Asien, Japan an Waldrändern. Etwa 8 Arten
Wuchs: grasartig, 20 cm hoch, bodendeckend
Blatt: linealisch, überhängend, dunkelgrün, glänzend
Blüte: weiß
Blütezeit: V–VI
Standort: schattig bis halbschattig
Erde: humos, lehmig, leicht sauer, feucht
Vermehrung: Teilung oder Aussaat II–IV
Pflege: Winterschutz erforderlich, verträgt nur leichte Fröste
Verwendung: an geschützten Stellen und südlich der Alpen als Bodendecker. Beliebt in Wintergärten und in Alpinenhäusern, auch als dekorative Topfstaude
Sorten: 'Albo Variegata', weiß-grün gestreift, sehr dekorativ. 'Nigrescens', 15 cm, Blätter schwarzgrün, dekorativ

Abb. 469: *Ophiopogon planiscapus* 'Albo-Variegata' (Foto: Stein)

Abb. 470 + 471

Opuntia compressa (Opuntia humifusa)
Feigenkaktus

Abb. 470: *Opuntia fragilis* (Foto: Stein)

Familie: *Cactaceae* – Kakteengewächse
Herkunft: mittleres Nordamerika, etwa 200 Arten
Wuchs: 20–30 cm hoch, niederliegend
Blatt: dunkelgrün, kreisrund bis eiförmig, 7–12 cm ø, bestachelt
Blüte: schwefelgelb, rötliche Mitte
Blütezeit: VI–VII
Standort: vollsonnig, stark ausgetrocknet, frost- und windgeschützt
Erde: sandig, ohne stauende Nässe
Vermehrung: durch Abtrennen der Glieder, die flach auf dem Boden liegend, leicht wurzeln
Pflege: Winterschutz: lockeres Tannenreisig
Verwendung: ausgesprochene Liebhaberpflanze für Stein- und Sukkulentengärten. Nachbarpflanzen: *Avena sempervirens, Carex buchananii, Asphodeline, Bouteloua, Sedum, Sempervivum, Verbascum bombyciferum, Yucca*
Weitere Arten: Folgende Arten sind als winterhart anzusehen: *Opuntia fragilis:* Blüte gelb, außen grünlichgelb, Glieder walzenförmig.

Abb. 471: *Opuntia phaeacantha* (Foto: Stein)

Opuntia compressa: Blüten gelb, Glochidien gelblichgrün, in Südtirol und im Wallis verwildert.
Opuntia phaeacantha: Blüte gelb, außen gerötet, Glieder oval, 15 cm lang, reichverzweigt, braune Dornen.
Opuntia polyacantha: Blüte gelb, außen gerötet, 15 cm lang, Glieder rund, reichverzweigt, braune Dornen

Origanum vulgare
Gemeiner Dost, Zwergheidegünsel

Abb. 472

Abb. 472: ***Origanum vulgare*** **'Compactum'**

Familie: *Labiatae* – Lippenblütengewächse
Herkunft: Mittelmeergebiet, an trockenen Hängen und in Wiesen. Etwa 7 Arten
Wuchs: 20 cm hoch, dichtbuschig, Ausläufer treibend, Stengel purpurn
Blatt: aromatisch duftend
Blüte: rosalila, dichtblühend
Blütezeit: VII–IX
Standort: sonnig, trocken
Erde: verträgt jede normale Gartenerde und auch Waldhumusboden
Vermehrung: leicht durch Teilung III–IV oder Stecklinge V–VI
Pflege: anspruchslos, Rückschnitt ebenerdig XI–II
Verwendung: Heidegärten, Steingärten, flächige Staudenbeete, Küchenkraut, Schmetterlingsfutterpflanze. Nachbarpflanzen: *Dianthus arenarius, Erica, Festuca, Lavandula, Perovskia, Platycodon, Salvia, Veronica incana*
Besonderheiten: als Küchenkraut beliebt
Sorten: 'Compactum', 10 cm hoch, sehr gedrungen, aromatisch duftend. 'Thumbles Variety', Blätter goldgelb, Blüten lilarosa, 20 cm hoch. Für halbschattige Plätze

Origanum laevigatum
Dost

Herkunft Zypern. Blätter schmal, graublau, Blüten purpurrosa, 60 cm hoch. Sorten 'Herrenhausen', Blüte tiefviolett, lange blühend, 40 cm hoch, dunkles Laub

Orontium aquaticum
Goldkeule

Abb. 473

Familie: *Araceae* – Aronstabgewächse
Herkunft: östliches Nordamerika, an Teichen. Eine Art dieser Gattung
Wuchs: 30 cm hoch, Schwimmpflanze mit stehenden Blättern
Blatt: grundständig, lanzettlich, graugrün, unterseits silbrig
Blüte: Blütenkolben goldgelb auf 30 cm langen, verdickten Stielen
Blütezeit: V–VI
Standort: sonnig
Erde: lehmiger, tiefgründiger Sumpfboden mit 10–20 cm Wassertiefe
Vermehrung: Teilung des Wurzelstockes V–VI, Aussaat VI–VII
Pflege: evtl. Rückschnitt III–IV, von abgestorbenen Pflanzenteilen. Bei Barfrost ist Winterschutz angebracht
Verwendung: interessante Sumpf- und Wasserstaude für Sumpfbecken, Parkanlagen, Naturgärten, auch für kleinere Wasserbecken geeignet. Nachbarpflanzen: *Hippuris, Hottonia, Hydrocharis, Sagittaria.* Als Solitär am wirkungsvollsten

Abb. 473: ***Orontium aquaticum***

Osmunda regalis
Königsfarn

Abb. 474

Familie: *Osmundaceae* – Königsfarngewächse
Herkunft: nördl. und südl. gemäßigte Zone; in Deutschland vereinzelt in moorigen Wäldern. 14 Arten dieser Gattung
Wuchs: 100–120 cm, locker, aufrecht
Blatt: Wedel doppelt gefiedert, gelblich grün, an den inneren Wedeln braune Fruchtfiedern
Standort: halbschattige bis ganzschattige Lage ist Bedingung
Erde: feuchter Moorboden, Walderde
Vermehrung: Teilung II–V
Pflege: ungestört am Standort belassen
Verwendung: für feuchte Partien am Wasser
Besonderheiten: steht unter Naturschutz, ein seltener, wertvoller Farn
Sorten: 'Gracilis' – Zwergkönigsfarn: Herkunft Südamerika, 60–80 cm hoch, lockerer, eleganter Aufbau, Stiel unten kahl, oben rotbraun; Wedel rotbraun, früh ausrollend, kleine Fiedern, am Wedelende schmale Sporenträger, hellbraune Fruchtstiele bilden sich aus den inneren Wedeln; tabakbraune Herbstfärbung. Ein prachtvolles Gegenstück zu *Osmunda regalis.* 'Purpurascens' – Bronzekönigsfarn: , 120 cm, aufrecht, etwas schmaler als bei der Ausgangsart; Wedel mit Purpurfärbung, doppelt gefiedert, von Sommer bis Ende Oktober kupferfarben; ein einmalig schöner Farn

Abb. 474: ***Osmunda regalis***

Abb. 475

Oxalis adenophylla
Kordilleren-Sauerklee

Abb. 475: ***Oxalis adenophylla***

Familie: *Oxalidaceae* – Sauerkleegewächse
Herkunft: Chile, Westargentinien; bis in Höhen von 2000 m. Etwa 800 Arten dieser Gattung
Wuchs: 10 cm hoch; kleine schuppige Knolle
Blatt: silbrig glänzend, verkehrt eirund, 2lappig
Blüte: rosa mit weißem Schlund, 3 cm ø, tellerförmig
Blütezeit: IV–VI
Standort: sonnig, warm
Erde: kalkfreie, gut drainierte Substrate
Vermehrung: vor allem durch Brutknollen
Pflanzung: im Herbst oder Frühjahr, 5 cm tief, in Töpfe
Verwendung: ausdauerndes Knollengewächs, für Steingärten; schöner, niedriger Bodenbedecker; Topfpflanze für kühle Räume

Oxalis acetosella
Waldsauerklee

Herkunft Europa, Sibirien, Mittelasien. Breitet sich teppichartig aus. 5–15 cm hoch, Blätter dreiteilig, kleeblattartig. Blüten einzeln, weiß, mit rötlichen Adern. Blütezeit IV–V. Liebt sauren Boden, kann sich dort stark ausbreiten. Schöner Bodendecker für Waldsituationen, zur Gehölzunterpflanzung

Abb. 476: ***Oxalis bowiei*** (Foto: Stein)

Abb. 476

Oxalis bowiei
Sauerklee

Herkunft: Kap, Blüten dunkelrosa, zahlreich. Laub hellgrün, kissenförmiger Wuchs. Blütezeit VI–XI. Für Steingärten in sonniger Lage, für Mauern und Töpfe und Tröge. Benötigt etwas Winterschutz.

Abb. 477

Pachysandra terminalis
Dickanthere, Ysander, Dickmännchen

Familie: *Buxaceae* – Buchsbaumgewächse
Herkunft: Ostasien, Japan und östliches Nordamerika. 5 Arten dieser Gattung
Wuchs: 20–30 cm hoch, staudiger Halbstrauch, Ausläufer treibend, kriechende Rhizome
Blatt: grobgezähnt, lederartig, dunkelgrün
Blüte: endständig, weißgrün und purpur verfärbt, unscheinbar
Blütezeit: IV–V
Standort: halbschattig bis schattig
Erde: nicht zu trockener Gartenboden
Vermehrung: Teilung II–IV, kaum eine Samenbildung
Pflanzung: Rhizome flach einlegen, nicht senkrecht
Pflege: anspruchslos
Verwendung: zur Abpflanzung von Großflächen in Naturgärten und städtischen Anlagen bestens geeignet. Benachbarung schwierig, da großer Ausbreitungsdrang. Vor und zwischen Rhododendron und in Gehölzgruppen. Nachbarpflanze: *Aruncus, Campanula macrantha, Digitalis,* hohe Farne
Besonderheiten: wertvoller wintergrüner Bodenbedecker
Sorten: 'Green Carpet', geschützte Sorte. 15 cm hoch, wertvolle Neuheit mit Zukunftswert; in allen Teilen zierlicher als die Art. 'Variegata', Blatt weißlich gestreift

Abb. 477: ***Pachysandra terminalis***

Abb. 478 + 479

Paeonia lactiflora (Paeonia albiflora, Paeonia sinensis)
Chinesische Pfingstrose, Edelpfingstrose

Familie: *Ranunculaceae* – Hahnenfußgewächse
Herkunft: Asien, China, Tibet, Korea, Sibirien. Mit Beginn des 19. Jahrhunderts bei uns bekannt geworden. Etwa 33 Arten dieser Gattung
Wuchs: 60–100 cm hoch, strauchartig, Wurzelknollen braun, spindelförmig, horstartig
Blatt: meist doppelt bis dreiteilig, hart
Blüte: je nach Sorte, teilweise duftend
Blütezeit: V–VI
Standort: Pfingstrosen erreichen erst im 3. und 4. Jahr nach der Pflanzung ihre volle Schönheit, sie lieben jahrelang (bis zu 10 Jahre) einen ungestörten, sonnigen, warmen Platz
Erde: nährstoffreiche, leicht saure Böden
Vermehrung: Teilung des knolligen Wurzelballens durch scharfen Messerschnitt IX–X

Abb. 478: ***Paeonia lactiflora***

Pflanzung: die Augen der Pflanzknolle dürfen nur 3 cm tief liegen. Keinen organischen Dünger geben!
Pflege: ab 2. oder 3. Jahr Düngung mit Thomasmehl und Kali
Verwendung: für Bauerngärten, Staudenrabatten, Einzelstellung und zum Schnitt. Nachbarpflanzen: *Delphinium, Helenium, Iris germanica, Lupinus.* Gut vor Gehölzen wie *Chaenomeles, Kerria japonica, Kolkwitzia amabilis, Syringa*

Sorten: 'Adolphe Rousseau': frühblühend, dunkelrot, gefüllt. 'Avalanche': mittelfrühblühend, Blüte gefüllt, weiß, am Grunde in Lichtgelb übergehend. 'Duchesse de Nemours': frühblühend, gefüllt, schalenförmig, reinweiß mit grünlich-gelber Füllung; wertvolle Schnittstaude. 'Felix Crousse': mittelfrühblühend, Blüte gefüllt, leuchtend tiefrot; wertvolle Schnittstaude. 'Festiva Maxima': früh-mittelfrühblühend, Blüte gefüllt, reinweiß, mit purpurnen Flecken; wertvolle Schnittstaude. 'Inspecteur Lavergne': spätblühend, Blüte gefüllt, rot; wertvolle Schnittstaude. 'Karl Rosenfield': mittelfrühblühend, gefüllt, tief kirschrot. 'Lady Alexander Duff': mittelfrühblühend, gefüllt, weißlichrosa. 'Mons. Jules Elie': mittelfrühblühend, Blüte gefüllt, lilarosa mit Silberschein; wertvolle Schnittstaude. 'Murillo': früh bis mittelfrüh, Blüte einfach, zartrosa mit auffallend goldgelben Staubgefäßen; Liebhabersorte. 'Noemi Demay': frühblühend, gefüllt, fleischfarben. 'Sarah Bernhardt': spätblühend, Blüte groß, gefüllt, apfelblütenrosa. 'Surugu': früh- bis mittelfrühblühend, Blüte einfach, kirschrot mit auffallenden gelben Staubgefäßen
Weitere Arten: *Paeonia suffruticosa* – Baumpaeonie, Strauchpaeonie zählt zu den Gehölzen. Vgl. Kreuzers Gartenpflanzenlexikon, Band 1.

Abb. 479: ***Paeonia lactiflora***

Abb. 480

Paeonia-Lactiflora-Hybriden

Edel-Pfingstrose

'Claire de Lune', gelb mit dunkler Füllung. 'Red Charm', tiefrot, gefüllt, 80 cm hoch. 'Toro No Maki', einfach, weißlilarosa mit gelben Staubgefäßen, 80 cm hoch. 'Starlight', cremeweiß, halbgefüllt, 60 cm hoch

Abb. 480: Paeonia-Lactiflora-Hybride

Abb. 481

Paeonia officinalis

Bauernpfingstrose

Herkunft südliches Alpengebiet bis zum Westbalkan. Steht unter Naturschutz. 30–60 cm hoch, buschig, länglich gestielte Knollen. Blatt ledrig, doppelt dreizählig. Blüte je nach Sorte von V–VI, 2 Wochen vor den Chinesischen Pfingstrosen. Sorten: 'Alba Plena', Blüte weiß, gefüllt. 'Anemonaeflora Rosea', Blüte leuchtendrosa, einfach. 'J.C. Wegelin', leuchtend karminrot, großblumig, einfach, 80 cm hoch. 'Mollis', dunkelrosa, einfach, 60 cm. 'Rosea Plena', Blüte rosa, gefüllt. 'Rubra Plena', Blüte rot, gefüllt

Abb. 481: ***Paeonia officinalis*** **'Rubra Plena'**

Abb. 482

Paeonia tenuifolia
Netzblatt-Pfingstrose

Herkunft Südosteuropa, Kaukasus, Kleinasien, auf Trockenwiesen. 50 cm hoch, Wurzeln knollig, verdickt, Stengel unverzweigt. Blatt dreiteilig, zerschlitzt. Blüte ziegel- bis purpurrot, Staubblätter rot, Staubbeutel gelb, von V–VI. Sorten: 'Alba', weiß. 'Plena', Blüten dunkelrot, gefüllt, 50 cm hoch. Sehr alte Kulturform. 'Rosea', zartrosa, einfach

Abb. 482: ***Paeonia tenuifolia*** (Foto: Stein)

Panicum clandestinum
Bambushirse

Familie: *Gramineae* – Süßgräser
Herkunft: Amerika. Etwa 500 Arten dieser Gattung
Wuchs: 100–120 cm, aufrecht, dann überhängend
Blatt: breitoval, braun, schilfartig
Blüte: Ähren kurz, bräunlich, in lockeren Rispen
Blütezeit: VII–VIII
Standort: sonnig
Erde: kräftiger, tiefgründiger, frischer bis feuchter Boden
Vermehrung: Teilung IV–VI, Aussaat I–III
Pflege: anspruchslos, Rückschnitt III
Verwendung: Heideflächen, Großstaudenbeete und Gräsermotive in Naturgärten, am Wasser oder Gehölzrand, Pflanztröge, sehr schöne Einzelpflanze, schöner Vasenschmuck; zusammen mit Heidepflanzen, Rabattenstauden

Abb. 483

Panicum virgatum
Rutenhirse, Zierhirse

Herkunft Amerika. 100–180 cm hoch, braune schimmernde Blätter und Halme. Ähren kurz, bräunlich, in lockeren Rispen, von VII–VIII. Für sonnige Flächen und kräftigen, tiefgründigen, frischen bis feuchten Gartenboden. Für Heideflächen, Großstaudenbeete und Gräsermotive in Naturgärten, am Wasser oder Gehölzrand, Pflanztröge, sehr schöne Einzelpflanze, schöner Vasenschmuck. Nachbarpflanzen: Heidepflanzen, Rabattenstauden. Sorten: 'Rehbraun', 100 cm hoch, aufrecht, dann überhängend, horstartig. 'Rotstrahlbusch', sehr früh rotfärbend, 120 cm hoch. 'Strictum', 180 cm, straffer und starker Wuchs, knickt im Alter nicht

Abb. 483: ***Panicum virgatum*** **'Rehbraun'**

Abb. 484

Papaver burseri (Papaver alpinum)
Alpenmohn

Familie: *Papaveraceae* – Mohngewächse
Herkunft: Mittel- und Südeuropa, Asien, österreichische Kalkalpen, bis 2500 m. Etwa 80 Arten dieser Gattung
Wuchs: 10 cm hoch
Blatt: blaugrün, mehrfach fiederteilig
Blüte: weiß mit gelblichem Grund, schalenförmig
Blütezeit: V–IX
Standort: sonnig
Erde: liebt kalkhaltigen Boden (Kalkschutt)
Vermehrung: Aussaat II–IV
Pflege: anspruchslos, Rückschnitt ebenerdig XI–II
Verwendung: Liebhaberpflanze für Steingärten, für warme Mauerstellen und Alpinum. Nachbarpflanzen: *Bouteloua, Festuca alpina, Linum, Potentilla nitida, Acinos alpina, Saxifraga lantoscana* 'Superba'

Abb. 484: ***Papaver burseri***

Papaver nudicaule
Islandmohn

Abb. 485

Herkunft nördliche Zone, arktische und subarktische USA bis Rocky Mountains. 30–40 cm hoch, Stengel drahtartig, blattlos. Blatt fiederschnittig, grundständig, zerteilt. Blüte gelb, schalenförmig, von V–IX. Zweijährig, oft einjährig kultiviert. Samt sich oft selber aus. Standort sonnig bis halbschattig, auf leichtem, humosem, kalkhaltigem Boden. Vermehrung durch Aussaat, II–VIII. Liebhaberpflanze für Steingärten, warme Mauerstellen, Alpinum, zum Schnitt, für Rabatten und Schalen. Nachbarpflanzen: *Bouteloua, Festuca alpina, Linum, Potentilla nitida, Acinos alpina, Saxifraga lantoscana* 'Superba'.
Sorten: 'Matador', 50 cm, riesenblumig, scharlachrot. 'Gartenzwerg', 20–30 cm, Mischung. 'Illumination', 50 cm hoch, riesenblumige Mischung

Abb. 485: *Papaver nudicaule*

Papaver orientale
Türkenmohn, Feuermohn

Abb. 486 + 487

Abb. 486: *Papaver orientale* 'Brilliant'

Herkunft Orient, daraus entstanden viele Gartensorten. 40–100 cm hoch. Blatt weich, silbrig behaart, fiederteilig. Blüte je nach Sorte, Blütezeit V–VII. Liebt sonnigen Standort und gute Gartenerde. Vermehrung durch Wurzelstecklinge I–III, oder nach der Blüte und durch Aussaat IV. Empfindlich gegen Verpflanzen; zieht nach der Blüte ein. Für Staudenrabatten. Nachbarpflanzen: *Delphinium, Eremurus, Salvia nemorosa* 'Mainacht'. Vor Gehölzen wie *Cytisus praecox, Deutzia gracilis, Philadelphus lemoinei, Spiraea vanhouttei.*
Sorten: 'Aladin', 80 cm, leuchtend rot, frühe Blüte. 'Beauty of Livermere', 100 cm, aufrecht, locker, Stengel kräftig, milchsaftführend; Blüte glühend dunkelrot, großblumig. 'Brilliant', 80 cm hoch, feuerrot, mit schwarzen Flecken. 'Catharina', 100 cm hoch, aufrecht, locker, Stengel kräftig, milchsaftführend; Blüte lachsrosa, am Grunde schwarz. 'Feuerriese', 80 cm hoch, straffe Stiele; Blüte ziegelrot. 'Marcus Perry', 40–60 cm hoch; Blüte groß, orangescharlach. 'Perry's White', 80 cm hoch, aufrecht, locker, Stengel kräftig, milchsaftführend; Blüte groß, weiß, am Grunde schwarz. 'Polka', 80 cm hoch, weiß mit breitem, rotem Rand. 'Raspberry Queen', 70 cm hoch, himbeerrosa. 'Pizzicato-Mix', Fleuroselect Goldmedaille 1995: 50 cm hoch, aufrecht und locker wachsend, Stengel kräftig, milchsaftführend; Blüten in mehreren Farben, besonders zum Schnitt geeignet. 'Türkenlouis', rot, großblumig, 70 cm hoch.

Abb. 487: *Papaver orientale* 'Raspberry Queen'

Paradisea liliastrum
Paradieslilie

Familie: *Liliaceae* – Liliengewächse
Herkunft: Süd- und Mitteleuropa, bis ins Hochgebirge. Nur eine Art dieser Gattung
Wuchs: 70–90 cm hoch, aufrecht, Rhizomwurzeln
Blatt: grasartig
Blüte: weiß, ziemlich groß, trichterförmig, duftend
Blütezeit: V–VI
Standort: sonnig, trocken
Erde: lockerer Boden
Vermehrung: Teilung nach der Blüte und Aussaat gleich nach der Samenreife
Pflege: anspruchslos, zieht nach der Blüte ein
Verwendung: Schnittblume, für Staudenrabatten. Nachbarpflanzen: *Astrantia, Campanula carpatica, Campanula portenschlagiana, Linum martagon, Ranunculus gramineus*
Besonderheiten: Steht unter Naturschutz!

Parnassia palustris
Sumpfherzblatt

Familie: *Saxifragaceae* – Steinbrechgewächse
Herkunft: nördliche Halbkugel, gemäßigte Klimazonen. Es gibt ca. 44 Arten in dieser Gattung
Wuchs: 10–20 cm hoch
Blatt: langgestielte, herzförmige Grundblätter
Blüte: weiß, anemonenartig
Blütezeit: VII–IX
Standort: sonnig bis halbschattig, feucht
Erde: humos
Vermehrung: Teilung und Aussaat im Frühjahr
Verwendung: an Teich- und Bachrändern
Besonderheiten: Steht unter Naturschutz.

Pennisetum alopecuroides (Pennisetum compressum, Pennisetum japonicum)
Australisches Lampenputzergras

Abb. 488

Familie: *Gramineae* – Süßgräser
Herkunft: Australien, in windgeschützten Tallagen. Etwa 50 Arten dieser Gattung
Wuchs: 80 cm, locker, aufrechter Halmbusch
Blatt: schmal, graugrün, zierlich
Blüte: Blütenähren walzenförmig, rotbraun
Blütezeit: VIII–IX
Standort: sonnig, geschützt, im Winter keine stauende Nässe
Erde: normaler, durchlässiger Gartenboden
Vermehrung: Teilung V–VI
Pflege: Rückschnitt erst im Frühjahr
Verwendung: Schnittpflanze und wertvolles Gartengras, als Einzelpflanze oder Horstpflanze im Heide- und Gräsergarten, in Staudenrabatten, an Wasserbecken. Nachbarpflanzen: *Scabiosa, Kniphofia,* herbstblühende Rabattenstauden
Sorten: 'Hameln' – Federborstengras: Gartenhybride; 60 cm hoch, Blütenähren rotbraun, walzenförmig, sehr reichblüend, VII–IX. 'Japonicum', 40 cm, bildet lichte Horste, die aufrechten Blüten haben weiße Spitzen. 'Weserbergland', 40 cm, mit niedrigem, gefächertem Wuchs

Abb. 488: *Pennisetum alopecuroides*

Pennisetum orientale
Orientlampenputzergras

Herkunft Nordafrika, Indien, Mittel-Südwest-Asien. 50 cm hoch, Blätter und Blüten hellbraun, dauerblühend. Winterschutz empfehlenswert. Empfindlich gegen stauende Nässe. Als Solitär in Steppen- und Steingärten, in voller Sonne

Penstemon barbatus
Bartfaden

Abb. 489

Abb. 489: *Penstemon barbatus*

Familie: *Scrophulariaceae* – Braunwurzgewächse
Herkunft: Mexiko. Etwa 250 Arten dieser Gattung
Wuchs: 100 cm hoch, aufrecht, buschig, kriechender Wurzelstock
Blatt: lanzettlich bis lineallanzettlich
Blüte: rosa bis purpurrote Blütenrispen
Blütezeit: VI–IX
Standort: unbedingt warm und sonnig
Erde: leichter, humoser, neutraler Gartenboden
Vermehrung: Stecklinge V–VI
Pflege: nach Rückschnitt XI frostfrei überwintern oder Laubschutz geben
Verwendung: wertvoller Sommerblüher für Staudenrabatten. Meist einjährig kultiviert. Nachbarpflanzen: Delphinium-Hybride 'Völkerfrieden', *Hystrix patula, Oenothera tetragona*
Sorten: 'Praecox Nanus', 50 cm hoch, Blüten rosa

Penstemon-Barbatus-Hybriden
Bartfaden

Abb. 490 + 491

Entstanden aus Kreuzungen von *Penstemon barbatus* mit *Penstemon virgatus* und anderen Arten. 50–60 cm hoch, aufrecht. Blatt lanzettlich, glänzend. Blüte weiß, rosa, purpur, scharlach, auch gefleckt, hellblau. Für Staudenrabatten. Sorten: 'Blue Spring', 30 cm hoch, hellblau. 'Chica', aufrecht, mit vielen leuchtend roten Einzelblüten. 'Evelyn', rosa, 60 cm hoch. 'Schönholzeri': 60 cm hoch, Blatt lanzettlich, glänzendgrün; Blüte groß, schar-

Abb. 490: Penstemon-Barbatus-Hybride 'Schoenholzeri'

Abb. 491: Penstemon-Barbatus-Hybride 'Blue Spring'

lachrot; Blütezeit VI–IX. Nachbarpflanzen: *Leucanthemum maximum, Veronica longifolia,* Solidago Hybriden. 'Zürichblau': 50 cm hoch, aufrecht, buschig, kriechender Wurzelstock; Blatt lanzettlich bis lineallanzettlich; Blüte enzianblau

Abb. 492

Penstemon pinifolius
Bartfaden

Herkunft westl. Nord-Amerika. 20 cm hoch, polsterartig. Blatt klein, nadelartig, zierlich. Blüte scharlachrot, schlank, röhrenförmig, von VII–VIII. Sehr schöne Steingartenpflanze, für Tröge, zusammen mit *Veronica incana*

Abb. 492: *Penstemon pinifolius*

Abb. 493

Penstemon scouleri (Penstemon fruticosus)
Bartfaden

Herkunft Nordamerika. 50 cm hoch, aufrecht. Blatt lineallanzettlich, dunkelgrün. Blüte lilarot in endständigen Blütenrispen. Blütezeit von VI–VIII. Braucht leichte Erde, voller Humus, ohne Kalk. Für Staudenrabatten geeignet. Sorten: 'Albus', weiß. 'Katherine de la Mere'

Abb. 493: *Penstemon scouleri*

Abb. 494

Perovskia abrotanoides
Silberstrauch, Perovskie

Familie: *Labiatae* – Lippenblütengewächse
Herkunft: Iran, Turkestan, Afghanistan, Kaschmir, Tibet
Wuchs: Halbstrauch, der sich alljährlich durch neu austreibende Triebe wie eine Staude erneuert. Höhe 120–150 cm
Blatt: lanzettlich, fahlgrau, an dünnen, langen Stengeln
Blüte: klein, blau, attraktiv
Blütezeit: VIII–X
Standort: sonnig-halbschattig, trocken, warm
Erde: sandig, humusreich
Vermehrung: Stecklinge im Frühsommer
Verwendung: schöner, zierlicher Halbstrauch für Hauseingänge, Gefäße, Steppengärten, Staudenrabatten, Nachbarpflanzen: paßt gut zu Rosen und Gräsern sowie zu *Sedum spectabile*

Abb. 494: *Perovskia abrotanoides* (Foto: Stein)

Perovskia atriplicifolia
Perovskie

Herkunft Afghanistan, Tibet. Blätter und Blüten zierlicher, Farbe intensiver. Sorte: 'Blue Haze', dunkelblau

Abb. 495

Petasites hybridus (Petasites officinalis)
Gemeine Pestwurz

Abb. 495: ***Petasites hybridus***

Familie: *Compositae* – Korbblütengewächse
Herkunft: Mittelmeergebiet. Etwa 20 Arten dieser Gattung
Wuchs: 30 cm hoch, mit horizontalem Rhizom, dicht buschig
Blatt: breit, herzförmig
Blüte: weißlich-lila, duftet nach Vanille, erscheint vor den Blättern
Blütezeit: I–III
Standort: große Fläche, Wucherpflanze!
Erde: anspruchslos
Vermehrung: Teilung II–III
Pflege: anspruchslos, evtl. Wuchs begrenzen
Verwendung: nur auf größeren Flächen an Teichufern und Bachläufen. Nachbarpflanzen: wegen Ausbreitungsdrang schwierig; zu Gehölzen wie *Salix*.

Petasites albus
Weiße Pestwurz

Herkunft Europa, Asien. 30 cm hoch. Blätter erscheinen nach der sehr zeitigen Blüte. Blütenstand purpur-weiß, doldentraubig, von II–IV. Für großflächige Naturgärten, an Bächen und Teichen, für Halbschatten, in Verbindung mit Farnen; wuchernd. Im Hausgarten begrenzen durch versenkte Kübel. Männliche und weibliche Blüten erscheinen getrennt

Abb. 496

Petasites japonicus
Japanische Riesenpestwurz

Herkunft Sachalin. 100 cm hoch, dicht buschig, flachliegende Rhizomwurzeln. Blatt 80–100 cm breit, am Rande gewellt. Dichtgedrängte Blütenköpfe, die vor dem Blattaustrieb erscheinen, etwas bitterer Duft. Blütezeit III–IV. Für Naturgärten, Bachufer und Teichränder, vor Gehölzen, zusammen mit *Miscanthus sacchariflorus* 'Robustus'

Abb. 496: ***Petasites japonicus* 'Giganteus'**

Abb. 497

Petrorhagia saxifraga (Tunica saxifraga)
Felsennelke

Familie: *Caryophyllaceae* – Nelkengewächse
Herkunft: Südeuropa, Kleinasien, Persien. Etwa 30 Arten
Wuchs: 20 cm, locker, rasenartig, Stengel aufstrebend, jedoch verästelt
Blatt: nadelförmig
Blüte: rosa getönt, trichterförmig, schleierartig
Blütezeit: VI–IX
Standort: sonnig, trocken
Erde: normaler bis sandig humoser, durchlässiger Boden
Vermehrung: Aussaat III–IV, Teilung IV–V
Pflege: anspruchslos
Verwendung: für Stein- und Heidegärten. Nachbarpflanzen: *Campanula portenschlagiana, Gentiana*-Arten, *Aubrieta, Arabis, Dianthus, Veronica*
Sorten: 'Alba Plena', weiß, gefüllt. 'Rosette', dunkelrosa, gefüllt, trichterförmig mit langanhaltendem Flor

Abb. 497: ***Petrorhagia saxifraga***

Abb. 498

Phalaris arundinacea
Glanzgras

Familie: *Gramineae* – Süßgräser
Herkunft: Mittelmeergebiet, als Sumpf- und Uferpflanze. Etwa 10 Arten dieser Gattung
Wuchs: 100 cm, locker, aufrecht, ausläufertreibend
Blatt: schilfartig, rötlich violett und weiß gestreift, hängend
Blüte: weiß, unscheinbar
Blütezeit: VI–VII
Standort: sonnig

Abb. 498: ***Phalaris arundinacea***

Erde: normaler, feuchter Gartenboden
Vermehrung: Teilung IV–V ohne Rückschnitt
Pflege: anspruchslos, Rückschnitt III
Verwendung: dekoratives, sehr wüchsiges Gras für Teichränder zur Uferbefestigung, Naturgärten mit Wassermotiven. Nachbarpflanzen: *Miscanthus, Spartina, Stipa, Lasiagrostis*
Sorten: 'Picta', grün-weiß gestreift. 'Tricolor', rot-weiß-grün gestreift, 80 cm hoch

Phlomis russeliana (Phlomis viscosa)
Brandkraut, Goldquirl

Familie: *Labiatae* – Lippenblütengewächse
Herkunft: Türkei (Anatolien). Etwa 70 Arten dieser Gattung
Wuchs: bodenbedeckend, Triebe erheben sich aus der Pflanzendecke bis 1 Meter in die Höhe
Blatt: wollig behaart, grundständig, herzförmig, gestielt
Blüte: gelb, in Quirlen etagenförmig angeordnet, schöne Fruchtstände, die den Winter über erhalten bleiben
Blütezeit: VI–VII
Standort: sonnig, trocken, geschützt z.B. durch Mauern
Erde: durchlässig, nährstoffreich
Vermehrung: Teilung und Aussaat III–IV
Pflege: anspruchslos, etwas Winterschutz geben
Verwendung: interessanter Sommerblüher mit außergewöhnlichem Aussehen, für Staudenrabatten und Steppengärten

Phlomis chrysophylla
Goldquirl

Herkunft Kleinasien. 130 cm hoch, strauchartig, Blätter groß, weißwollig behaart. Blüten groß, gelb und weiß. Braucht geschützten Standort.

Phlomis samia
Goldquirl

Abb. 499

Abb. 499: *Phlomis samia*

Herkunft Kleinasien, Griechenland. Ähnlich *Phlomis russeliana*. 120 cm hoch. Blüten gelb, Braucht guten Winterschutz

Phlomis tuberosa
Goldquirl

Herkunft Mittel- und Osteuropa. 150 cm hoch, Blüten rosa-purpur-violett, innen mit weißen Bärten. Diese Art ist sehr variabel. Geeignet für sonnige Gehölzränder. Als Nachbarpflanzen eignen sich *Geranium*-Arten

Niedrige Phlox-Arten

Phlox amoena
Polsterphlox, Teppichphlox

Abb. 500

Familie: *Polemoniaceae* – Himmelsleitergewächse
Herkunft: Nordamerika. Etwa 60 Arten dieser Gattung
Wuchs: 20 cm hoch, flachwachsend
Blatt: schmal-lanzettlich
Blüte: karminrot
Blütezeit: V–VI
Standort: sonnig
Erde: durchlässige, nahrhafte Gartenböden, alkalisch bis stark sauer, nicht schwer und sandig
Vermehrung: Grünstecklinge IV–VI. Aussaat XI–XII in Schalen, jedoch dann nicht sortenechte Nachkommen
Pflege: lange Kahlfröste schaden! Laubabdeckung empfehlenswert. Im Frühjahr Fläche mit Kompost und Humus anreichern, dabei Putzschnitt
Verwendung: wertvolle Standardpflanzen für Steingärten, Trockenmauern, Einfassungen, Rasenersatz. Nachbarpflanzen: *Campanula*-Arten, *Alyssum, Veronica, Aster amellus, Aubrieta, Cerastium,* Gräser, *Iberis,* Iris (Barbata-Nana-Gruppe), *Saxifraga aizoon*

Abb. 500: *Phlox amoena*

Phlox divaricata
Kanadischer Phlox

Herkunft östl. Nordamerika, in lichten Laubwäldern. 30–35 cm hoch, niederliegende Triebe. Blätter etwas klebrig. Blütendolden auf straffen Stielen, hellviolett bis dunkelpurpur. Für Staudenrabatten im Halbschatten. Die Sorte 'Dirigo Ice', ist 25 cm hoch und wasserblau

Phlox douglasii
Polsterphlox

Abb. 501

Herkunft Nordamerika, es sind viele Sorten durch Züchtung entstanden. 5–10 cm hoch, flachwachsend, rasenartig, polsterbildend. Blatt lanzettlich, klein. Blüte rosalila bis purpurrot. Blütezeit von V–VI. Sorten: 'Crackerjack', leuchtend karminrote Blüten mit sternartiger Form. 'Georg Arends', 5 cm hoch, bildet rundliche Polster, Blüte rosalila. 'Red Admiral', karminrot mit runden Blüten. 'Rose Queen', hell-lilarosa. 'Waterloo', dunkelkarminrot

Abb. 501: *Phlox douglasii* 'Crackerjack'

Phlox subulata

Abb. 502

Moosphlox, Polsterphlox

Herkunft südliches Nordamerika, es sind viele Sorten durch Züchtung entstanden. 10 cm hoch, flachwachsend, rasenartig. Blüte je nach Sorte blau, karmin oder weiß. Blütezeit von IV–V.
Sorten: 'Atropurpurea', 10–15 cm hoch, die dunkelste rote Sorte. 'Brightness', große Blüten, tiefrosa, blüht 6 Wochen lang. 'Emerald Cushion Blue', intensives Blau. 'G.F. Wilson', 10–15 cm hoch, weniger kompakt als 'Emerald Cushion Blue', starkwachsende Sorte; schieferblaue sternförmige Blüten. 'Maischnee', 10–15 cm hoch, dichte Polster; Blüte weiß, sehr wertvolle Sorte. 'Temiscaming', 10–15 cm hoch, sehr wüchsige Polster; Blüte leuchtendmagentarot, von außerordentlicher Leuchtkraft. 'Violet Seedling', rötlichviolett; 15 cm. 'White Delight', bis 10 cm hoch, starkwachsende Polster, Blüte reinweiß

Abb. 502: *Phlox subulata* 'Emerald Cushion Blue'

Hohe Phlox-Arten

Phlox-Paniculata-Hybriden

Abb. 503 – 505

Hoher Staudenphlox

Familie: *Polemoniaceae* – Himmelsleitergewächse
Herkunft: östliches Nordamerika, nicht mehr zählbare Züchtungsergebnisse, die durch Überprüfung laufend gesichtet werden
Wuchs: je nach Sorte 50–100 cm hoch, aufrecht
Blatt: eirund bis lanzettlich, halbgegenständig
Blüte: breitgewölbte Blütendolden, Blütenfarbe je nach Sorte, weithin leuchtend! Ein angenehmer Wohlgeruch der Pflanze ist besonders abends bemerkbar
Blütezeit: VI–IX
Standort: sonnig
Erde: nahrhafter, neutraler, schwach saurer, feuchter Gartenboden bevorzugt
Vermehrung: Grünstecklinge IV–V oder VII–VIII; oder Wurzelschnittlinge IX oder IV
Pflege: durch Einkürzen einiger Blütentriebe Ende Juni erreicht man einen wochenlangen Nachflor. Frühjahrsdüngung mit Volldünger und Kompost empfehlenswert. Achtung auf Älchenbefall (verkrüppelte Triebe, schwacher Wuchs) und Pilzkrankheiten. Bekämpfung durch Beseitigung kranker Triebe und Behandlung mit Pflanzenschutzmittel! Bei langem Kahlfrost Torf- und Laubabdeckung. Rückschnitt ebenerdig XI–II

Abb. 503: Phlox-Paniculata-Hybride 'Nachtsommer'

Verwendung: Standardstaude mit sehr großem Gartenwert für Staudenbeete, Phloxbeete, Duftgärten, Bauerngärten, zum Schnitt. Nachbarpflanzen: *Achillea ptarmica, Leucanthemum maximum, Helenium, Heliopsis*
Sorten: 'Abenddämmerung': Wuchs bis 80 cm, Blüte dunkelviolett. 'Leo Schlageter': Blüte leuchtendscharlachrot. 'Nachtsommer': Wuchs 90 cm, Blüte warmlachsrosa. 'Dorffreude': Wuchs bis 120 cm, Blüte rosalila, mit dunkelrotem Auge. 'Düsterlohe': Wuchs bis 80 cm, Blüte dunkelviolett. 'Fanal': Blüte leuchtendrot. 'Frau A. von Mauthner': Wuchs bis 90 cm, Blüte ziegelrot, mit karminrotem Auge. 'Frauenlob': Wuchs bis 100 cm, Blüte hellrosa mit

Abb. 504: Phlox-Paniculata-Hybride (Foto: Stein)

dunklerem Auge. 'Furioso': Wuchs bis 100 cm, großdoldig, Blüte dunkellilarot, sehr auffallend. 'Kirmesländler': Wuchs 120–140 cm hoch; Blüte weiß mit rot, spätblühend. 'Landhochzeit': Wuchs bis 120 cm; Blütendolden groß, Blüte frischrosa mit rotem Auge. 'Le Mahdi': Wuchs bis 90 cm, Blüte dunkelblau, mittelfrühblühend. 'Mia Ruys': Wuchs bis 50 cm, Blüte reinweiß, frühblühend. 'Nymphenburg': Wuchs bis 140 cm, starkwüchsig; Blüte weiß, spätblühend, langanhaltender Flor. 'Orange': Wuchs bis 80 cm, Blüte orangerot, mittel-spätblühend. 'Pastorale': Wuchs bis 100 cm, Blüte hellrot, mittel-spätblühend. 'Pax': Wuchs bis 90 cm; Blüte reinweiß, dichtbuschig, spätblühend. 'Sommerfreude', Wuchs bis 80 cm; Blüten warmrosa in riesigen Blütendolden, früh-mittelblühend. 'Sommerkleid': Wuchs bis 90 cm; Blüte weiß mit auffallend rotem Auge. 'Spätrot': Wuchs bis 100 cm; Blüte orangescharlach.'Starfire': Wuchs bis 90 cm; Blüte leuchtendrot, groß, mittelblühend. 'Sternhimmel': Wuchs bis 80 cm, Blüte hellviolett mit weißem Auge, mittelfrühblühend. 'Wilhelm Kesselring': Wuchs bis 80 cm; Blüte violettpurpur, mit weißem Auge, frühblühend. 'Württembergia': kompakter Wuchs, bis 60 cm; Blüte karminrosa mit hellem Auge, frühblühend.

Abb. 505: Phlox-Paniculata-Hybride 'Kirmesländer'

Phlox maculata
Wiesenphlox

Herkunft östliches Nordamerika. Blätter glatt mit seitlichen Nerven. 80 cm hoch. Blüten purpurn oder weiß an langzylindrischen Rispen. Blütezeit VI–VII. Sehr wüchsiger Phlox, reichblühend, mit kleineren Blüten. Für Staudenrabatten, Natur- und Duftgärten. Sorten: 'Alpha', lilarosa, 80 cm. 'Delta', weiß mit Auge, 80 cm. 'Omega', weiß, 80 cm hoch. 'Rosalinde', karminrosa, 100 cm hoch

Phragmites australis (Phragmites communis)
Schilf, Rohr

Abb. 506

Familie: *Gramineae* – Süßgräser
Herkunft: Kosmopolit, 3 Arten in dieser Gattung
Wuchs: 3 Meter hoch, flächig sich ausbreitend
Blatt: lanzettlich, leicht überhängend
Blüte: filigraner Blütenstand, gelbbraun
Blütezeit: IX–X
Standort: Verlandungszone in Teichen und stehenden Gewässern
Erde: nährstoffreich, humos
Vermehrung: durch Ausläufer
Verwendung: in der Uferzone größerer Gewässer, stark wuchernd. Retentionspflanze, zur Wasserreinigung Sorten auch für Zierteiche (nur in Körben ausbringen). Nachbarpflanzen: *Typha, Nymphaea*
Sorten: 'Humilis', Zwergschilf, nur 20 cm hoch. 'Striatopictus', 2 Meter hoch, gelb gestreifte Blätter. 'Variegatus', während des Austriebs gelbgrün gestreift, vergrünt später.

Abb. 506: ***Phragmites australis***

Phuopsis stylosa (Crucianella stylosa)
Scheinwaldmeister, Rosenwaldmeister

Abb. 507

Familie: *Rubiaceae* – Rötegewächse
Herkunft: Kaukasus
Wuchs: 15–20 cm hoch, gelbe Wurzeln, Triebe niederliegend
Blatt: lanzettlich, quirlig
Blüte: purpurrosa, an endständigen Blütenköpfchen
Blütezeit: V–VII
Standort: anspruchslos
Erde: anspruchslos
Vermehrung: Teilung II–VIII, Aussaat II
Pflege: II–IV ebenerdiger Rückschnitt, Achtung, wuchert!
Verwendung: Trockenmauern, Gehölze. Nachbarpflanzen: *Campanula glomerata* 'Acaulis', *Clematis integrifolia.*
Sorten: 'Rubra'

Abb. 507: ***Phuopsis stylosa***

Phygelius capensis
Kafferlilie, Kap-Fuchsie

Abb. 508

Familie: *Scrophulariaceae* – Braunwurzgewächse
Herkunft: Südafrika. 2 Arten dieser Gattung
Wuchs: 80–120 cm hoch, aufrechter, verzweigter, Halbstrauch, Stengel vierkantig
Blatt: gegenständig, langellip-

Abb. 508: *Phygelius capensis*

tisch, gezähnt
Blüte: röhrig, hängend, glänzend orangerot, 4–5 cm lang, mit gelbem Schlund, zahlreich in lockeren Rispen
Blütezeit: VI–X
Standort: geschützt, sonnig, warm
Erde: nährstoffreiche Gartenerde
Pflege: nur im Weinbauklima ausreichend winterhart, dick mit Laubschicht abdecken oder im Kalthaus wie Fuchsien überwintern
Verwendung: schöne, reichblühende Rabatten- und Kübelpflanze
Sorten: 'Coccineus', zinnoberrot

Abb. 509

Phyllitis scolopendrium
Hirschzungenfarn

Familie: *Aspleniaceae* – Streifenfarngewächse
Herkunft: Europa, in unseren Bergwäldern zu Hause. Etwa 6 Arten dieser Gattung
Wuchs: 20–40 cm hoch, aufrecht, locker, buschig
Blatt: Wedel breitlanzettlich, ungefiedert, lederartig, dunkelgrün, wintergrün
Standort: nur halbschattige und schattige Lagen
Erde: kalkhaltiger, feuchter, nährstoffreicher Waldhumusboden
Vermehrung: Teilung II–V
Pflege: ungestört am Standort belassen
Verwendung: interessanter Farn, auffällige Erscheinung, für Schattengärten, Mauerwerk, Tröge, Wassergärten. Auch als Topfpflanze für kühle Wintergärten. Nachbarpflanzen: Astilbe-Arendsii-Hybriden, *Cimicifuga*-Arten, Anemone-Japonica-Hybriden, *Asplenium ruta-muraria*
Sorten: 'Angustifolia' – Schmaler Hirschzungenfarn: 30–40 cm hoch, steif aufrecht; Wedel dunkelgrün, sehr schmal, am Rande unregelmäßig geschlitzt und gebuchtet. 'Crispa' – Wellen-Hirschzungenfarn: 40 cm hoch, gedrungen, locker, aufrecht; Wedel am Rande gewellt, immergrün; sehr schön. 'Cristata' – Hahnenkamm-Hirschzungenfarn: 20–40 cm hoch, rosettenartiger Wuchs; Wedel am Rande gekräuselt und kammartige Ausbildungen, wintergrün. 'Digitata Cristata' – Geweih-Hirschzungenfarn: , 40 cm hoch, locker, geöffnet; Wedel am Ende verzweigt, mit gewellten Rändern; geweihartige Wirkung. Steht unter Naturschutz!

Abb. 509: *Phyllitis scolopendrium* 'Crispa'

Abb. 510

Phyllostachys aurea (*Bambusa aurea*, *Phyllostachys bambusoides* var. *aurea*)
Schirmgriff-Unrund, Schirmgriff-Bambus

Abb. 510: *Phyllostachys aurea*

Familie: *Gramineae* – Süßgräser
Herkunft: China.
Wuchs: horstig mit kurzen Ausläufern, straff aufrecht. Internodien an der Triebbasis und gelegentlich auch höher dicht gestaucht. 4–10 Meter hoch
Blatt: lanzettlich 8–10 cm lang, gelbgrün
Standort: sonnig bis halbschattig, geschützt
Erde: humos, sandig-lehmig
Vermehrung: Teilung im Spätherbst oder Frühjahr
Verwendung: als wintergrüner Sicht- und Windschutz. In Japangärten, am Teichrand, in Patiogärten. Winterhart bis - 20 ° C. Für Angelruten. Nachbarpflanzen: andere Bambusarten, Ziergräser, z.B. *Miscanthus sinensis*

Abb. 511 + 512

Phyllostachys aureo-sulcata
Gelbgruben-Unrund, Gelbgruben-Bambus.

Herkunft Chekiang. Besonders winterfeste Art mit straff aufrechtem Wuchs und auffallend rauhen Jungtrieben. Goldgelbe Abflachung, Blätter dunkelgrün, locker, filigran. Höhe 5–10 Meter, winterhart bis - 20 °C.

Abb. 511 + 512: ***Phyllostachys aureo-sulcata*** (gr. Foto: Eberts)

Phyllostachys bambusoides (Phyllostachys quilioi, Phyllostachys reticulata, Phyllostachys mazelli)

Abb. 513

Schirmgriff-Unrund, Schirmgriff-Bambus

Herkunft Mittel- und Südchina. Wuchs straff aufrecht, Halme dunkelgrün, mitunter in Bodennähe mit zick-zack-förmigen Knoten. Bis 20 Meter hoch. Blätter 12–15 cm lang, 2–3 cm breit, eßbare Sprossen, die sich erst im Juni oder Juli bilden. Anspruchslos. Das Holz wird in China als Baumaterial verwendet.
Sorten: 'Violascens', mit zunächst olivgrünen, später gelben und im Alter rotbraun gestreiften Halmen. Sprosse bilden sich schon im April. Für Gruppen und freistehend ideal.

Abb. 513: ***Phyllostachys bambusoides***

Phyllostachys nigra (Bambusa nigra)

Abb. 514

Schirmgriff-Unrund, Schirmgriff-Bambus

Herkunft China, in Japan und Ostasien weit verbreitet. Mehrere, sich unterscheidende Klone, sind in Kultur. Wuchs horstig, graziös überhängende Triebe, dichtes, feines Laub. Triebe anfangs grün, später schwarz. Dicke Halme, frosthart bis - 20 ° C.
Klone 'Boryana' *(Phyllostachys puberula* var. *boryana)*, Durchmesser der Halme bis 12 cm, Höhe bis 18 Meter. Dunkelgrüne, pantherartig gefleckte Blätter, Halme und Jungtriebe. 'Henonis' *(P. puberula, Phyllostachys henonis, Phyllostachys nigra* var. *Henon)*, Herkunft Szechua, Guandong. Steife Halme, die erst olivgrün sind und sich später gelb oder blaugrün färben. Blätter zierlich 8 – 10 cm lang, Wuchs fein und locker, erst hell-, dann dunkelgrün. Verwendung als Hecke oder in Gruppen, anspruchslos, verträgt Trockenheit.

Abb. 514: ***Phyllostachys nigra***

***Physalis alkekengi* var. *franchetii* (*Physalis franchetii*)**

Abb. 515

Lampionblume

Abb. 515: ***Physalis alkekengi*** **var.** ***franchetii***

Familie: *Solanaceae* – Nachtschattengewächse
Herkunft: Japan. Etwa 100 Arten dieser Gattung
Wuchs: 40–100 cm hoch, buschig, aufrecht, ausläuferbildend
Blatt: dreieckig-eirund
Blüte: weißlichgelb in den Blattwinkeln, unansehnlich
Blütezeit: VIII–IX
Frucht: kelchartig, orangerot, VIII–IX, eßbare Beeren
Standort: sonnig
Erde: feuchter, normaler Gartenboden, kalkliebend
Vermehrung: Teilung III–IV
Pflege: Wucherpflanze! Standortbegrenzung durch Containerpflanzung. Ebenerdiger Rückschnitt XI–II
Verwendung: für Steingärten, Staudenbeete, Tröge, als Schnittblume. zu Gehölzen

Physostegia virginiana
Etagenerika, Gelenkblume

Abb. 516

Familie: *Labiatae* – Lippenblütengewächse
Herkunft: Nordamerika. Etwa 5 Arten dieser Gattung
Wuchs: 60–100 cm hoch, locker, aufrecht, kriechende Rhizome
Blatt: lanzettlich, gezähnt, quirlständig
Blüte: Blütenähren je nach Sorte
Blütezeit: VII–IX
Standort: anspruchslos
Erde: normaler Gartenboden
Vermehrung: Teilung III–IV
Pflege: anspruchslos, ebenerdiger Rückschnitt XI–II
Verwendung: für Staudenrabatten, schöne Schnittblume. Nachbarpflanzen: *Aster dumosus, Iris sanguinea, Tradescantia, Veronica longifolia* 'Blauriesin'
Sorten: 'Bouquet Rose': 70 cm hoch, Blütezeit VII–IX. Blüte leuchtend violettrot, sitzen beweglich in endständigen Blütenähren. Schöne Schnittblume. 'Summersnow': 90–100 cm hoch, Blütenähren auffallend, reinweiß. Blütezeit VIII–IX. 'Summer Spire', violettrot, 120 cm hoch. 'Vivid': 60 cm hoch, Blüte leuchtend weinrot, groß. Sehr wertvolle Schnittstaude. Blütezeit IX–X

Abb. 516: ***Physostegia virginiana***

Phyteuma nigrum
Teufelskralle, Rapunzel

Familie: *Campanulaceae* – Glockenblumengewächse
Herkunft: Mitteleuropa, ca. 30 Arten in dieser Gattung
Wuchs: 60 cm hoch, rübenförmige Wurzeln, rosettenartige Grundblätter
Blatt: wechselständig, herzförmig-eilanzettlich
Blüte: in eiförmigen-zylindrischen länglichen Ähren, schwarzviolett
Blütezeit: VI–VII
Standort: schattig-halbschattig, nicht zu trocken
Erde: sandig, lehmig
Vermehrung: Aussaat im Frühjahr, Anzucht in Töpfen
Pflanzengemeinschaft: Wiesengräser, *Aquilegia, Thalictrum, Centaurea montana*
Verwendung: bekannte Waldpflanze, in Blumenwiesen, Naturgärten

Phyteuma orbiculare
Teufelskralle

Herkunft Mittel- und Südeuropa. 10–50 cm hoch. Blätter herzeiförmig. Blütenköpfe rund, Blüten blau, blauviolett, auch weiß. Blütezeit V–VI.

Phyteuma scheuchzeri
Teufelskralle

Abb. 517

Herkunft Südalpen, Apennin. Wuchs bis 45 cm hoch, untere Blätter spitzeirund bis lanzettlich, gekerbt, an langen Stielen. Blütenstand kugelig, Blüten tiefblau, lange blühend von VI–VII.
Für kalkhaltigen Boden, Steingärten. Auffällige, schöne Pflanze.

Abb. 517: ***Phyteuma scheuchzeri***

Phytolacca americana (Phytolacca decandra)
Kermesbeere

Abb. 518

Abb. 518: ***Phytolacca americana***

Familie: *Phytolaccaceae* – Kermesbeerengewächse
Herkunft: östliche Staaten Nordamerikas, von Quebec bis Neu-Mexiko, ca. 35 Arten in dieser Gattung
Wuchs: kräftig, bis 2 Meter
Blatt: gegenständig, groß, länglich-eiförmig
Blüte: weiß, in langen, kerzenähnlichen Trauben. Zierende Fruchtstände mit anfangs rötlichen, später schwärzlichen Beeren; Giftpflanze
Standort: sonnig-halbschattig
Erde: humusreich, feucht, nährstoffreich
Vermehrung: Aussaat im zeitigen Frühjahr
Verwendung: schöne Fruchtstände, für größere Gärten, Teichränder, Früchte wurden

früher gern zum Färben von Rotwein benutzt. Nachbarpflanzen: üppig wachsender Solitär, paßt zu Gehölzen, Astilben, *Cimicifuga*, Farnen, Gräsern, Blattstauden

Abb. 519

Pistia stratiodes
Wassersalat, Muschelblume

Familie: *Araceae* – Aronstabgewächse
Herkunft: Tropen und Subtropen. Eine Art dieser Gattung
Wuchs: Schwimmpflanze, schon bei geringem Wasserstand verwendungsfähig
Blatt: muschelförmig, leicht behaart, mit deutlichen Nerven, blaugrün
Standort: sonnig, halbschattig oder schattig, warm
Vermehrung: durch Ableger
Verwendung: schöne, nicht winterharte Schwimmpflanze für Teiche und Kübel, und sogar für Zimmerkultur geeignet

Abb. 519: ***Pistia stratiodes***

Abb. 520 + 521

Platycodon grandiflorus
Ballonblume

Familie: *Campanulaceae* – Glockenblumengewächse
Herkunft: Ostasien. Eine Art
Wuchs: 30–60 cm hoch, je nach Sorte; auftrecht, Wurzelrübenartig, fleischig
Blatt: lanzettlich bis eilanzettlich, gezähnt, bläulichgrün
Blüte: Glockenblüte je nach Sorte
Blütezeit: VII–VIII
Standort: anspruchslos
Erde: liebt kräftigen, durchlässigen Boden
Vermehrung: nur durch Samen, Aussaat III–IV
Pflege: anspruchslos, ebenerdiger Rückschnitt XI–II
Verwendung: ausgezeichnete Rabattenstaude, für Steingärten, zum Schnitt, für Töpfe und Schalen. Nachbarpflanzen: *Liatris*, *Oenothera tetragona*, *Panicum virgatum* 'Rehbraun', *Potentilla nepalensis* 'Miss Willmott', *Stachys spicata* 'Rosea', *Oenothera tetragona*, *Scabiosa caucasica*
Sorten: 'Album': 60 cm hoch, Blüte breitglockig, bis 8 cm ø, weiß mit hellblauen Adern. Als Knospe ballonartig aufgebläht. 'Fuji', tiefblau, 50 cm. 'Fuji White', reinweiß, 50 cm. 'Mariesii': 30–40 cm hoch, Blüte großglockig, bis 8 cm ø, leuchtendblau. 'Perlmuttschale': 60 cm hoch, Blüte groß, prächtig, in Perlmuttrosa; höchste Bewertung, ausgezeichnete Rabattenstaude. 'Sentimental Blue', F_1-Hybride, 25 cm hoch, blau. 'Zwerg', große blaue Blüten, 15 cm

Abb. 521: ***Platycodon grandiflorus* 'Album'**

Abb. 522

Pleioblastus pygmaeus (Sasa pygmaea, Arundinaria pygmaea)
Dichtbüschelbambus, Zwergbambus

Familie: *Gramineae* – Süßgräser
Herkunft: Japan. Etwa 20 Arten dieser Gattung
Wuchs: 30 cm, aufrecht, großer Ausbreitungsdrang
Blatt: Halme dünn, oft verzweigt, Knoten mit bläulichem Ring, oben frischgrün, unten blaugrün, Blatt sehr klein, 2–3 cm lang
Standort: absonnig bis halbschattig, winterhart
Erde: normale, feuchte Gartenerde
Vermehrung: Teilung IV–V ohne Rückschnitt
Pflege: Rückschnitt III, bis 10 cm, evtl. in Container pflanzen, damit die Ausbreitung verhindert wird
Verwendung: wertvoller, blattzierender Bodendecker, als Rasenersatz. Unterpflanzung bei Gehölzen, für halbschattige Großflächen, vor Gehölzrändern in Stein- und Naturgärten und bei Wassermotiven. Nachbarpflanzen: *Festuca scoparia*, *Luzula*, *Carex plantaginea*, *Scirpus*, *Sinarundinaria*
Besonderheiten: stark wuchernd, vor dem Frühjahr abmähen. Winterhart bis -23°C

Abb. 520: ***Platycodon grandiflorus***

Abb. 522: ***Pleioblastus pygmaeus***

Pleioblastus disticulus

Herkunft Japan. Wuchs 80 cm hoch, stark wuchernd, vor dem Frühjahr abmähen. Halm am Blattansatz rötlich, Blätter 9–10 cm lang, 1–1,5 cm breit. Winterhart bis -23°C

Abb. 523

Pleioblastus pumilus (Arundinaria pumila, Sasa pumila)

Herkunft Japan. Sehr kräftig wachsend. 40–80 cm hoch, Blätter grün. Gedeiht bei allen Bedingungen, gut auch im Schatten. Zum Abpflanzen von Böschungen, unter Gehölzen. Winterhart bis -20 °C

Abb. 523: *Pleioblastus pumilus*

Abb. 524

Pleioblastus viridistriatus (Arundinaria auricoma, Arundinaria viridistrata)
Gelbbunter Büschelbambus

Abb. 524: *Pleioblastus viridistriatus*

Herkunft Japan. 60–100 cm hoch, Blätter 18–20 cm lang, 2–2,5 cm breit, gelb mit grünen Streifen. Standort sonnig aber auch schattig. Geeignet für Tröge und niedrige Hecken. Sehr dekorativ, winterhart bis –23°C

Abb. 525

Pleione limprichtii
Tibetorchidee

Familie: *Orchidaceae*– Orchideengewächse
Herkunft: Zentralchina, Osttibet, Sezchuan. Stammt aus Höhen von 1800–3200 m und gedeiht an einem von eisenhaltigem Wasser überrieselten Urgestein. Etwa 15 Arten dieser Gattung
Wuchs: 10 cm hoch, Stiele aufrecht
Blatt: lanzettlich
Blüte: wundervolle Orchideenblüten in Dunkelcattleyenrosa.

Abb. 525: *Pleione limprichtii*

Die Lippe ist weiß, innen dunkelrot gefleckt
Blütezeit: IV–VI
Standort: halbschattig, geschützt
Erde: kalkfrei, sandig, humos
Vermehrung: Teilung III–IV oder Brutsprosse nach der Blüte
Pflege: viel Feuchtigkeit im Frühjahr und Sommer, im Herbst und Winter trocken halten. abdecken mit Glasscheibe oder Klarsichtfolie. Braucht unbedingt Schutz im Winter oder frostfrei im Topf überwintern
Verwendung: prächtige Liebhaberpflanze für Alpinum, Steingärten, Tröge; als Fensterbrettorchidee in England bekannt.
Nachbarpflanzen: *Adiantum pedatum* 'Imbricatum', *Luzula pilosa*

Abb. 526: *Pleione formosana*

Pleione formosana
Tibetorchidee

Abb. 526

Herkunft Yunnan, China. Bulben hellbraun, sehr groß. Blüten meist rosa, mit gelbbraunen Flecken. Benötigt Frostschutz

Podophyllum hexandrum (Podophyllum emodi)
Maiapfel, Fußblatt

Abb. 527

Abb. 527: ***Podophyllum hexandrum***

Familie: *Berberidaceae* – Sauerdorngewächse
Herkunft: China, Formosa, Himalaja. Etwa 8 Arten dieser Gattung
Wuchs: 50 cm hoch, horizontale Rhizome
Blatt: schildförmig, handförmig gelappt, dekorativ, im Austrieb rot marmoriert
Blüte: hellrosa und weiß, einzelstehend, vor dem Blattaustrieb
Blütezeit: V
Frucht: hühnereigroß und leuchtend korallenrot
Standort: halb- bis ganzschattig
Erde: feucht, humos
Vermehrung: Teilung VIII–IX oder III–IV
Pflege: anspruchslos, ebenerdiger Rückschnitt XI–II
Verwendung: eigenartige Schattenpflanze, als Wildstaude an Gehölzrändern. Nachbarpflanzen: *Anemone nemorosa, Mertensia virginica, Polystichum lonchitis,* Primula- Elatior-Hybriden; Giftpflanze

Polemonium reptans
Jakobsleiter, Sperrkraut, Himmelsleiter

Abb. 528

Abb. 528: *Polemonium reptans* 'Blue Pearl'

Familie: *Polemoniaceae* – Himmelsleitergewächse
Herkunft: östliches Nordamerika. Etwa 30 Arten dieser Gattung
Wuchs: 30 cm hoch, kriechende Rhizomwurzel
Blatt: gefiedert, frischgrün
Blüte: glockenförmig, hängend, lasurblau
Blütezeit: V–VII
Standort: schattig
Erde: humoser, feuchter Boden
Vermehrung: Teilung, Aussaat III–IV
Pflege: anspruchslos, ebenerdiger Rückschnitt XI–II; leidet häufig unter Schneckenfraß
Verwendung: Steingärten und zur Vorpflanzung bei Gehölzgruppen. Nachbarpflanzen: *Doronicum caucasicum* 'Frühlingspracht', Heuchera-Hybriden, Gartennarzissen, *Primula acaulis, Trollius*
Sorten: 'Blue Pearl', hellblau, 30 cm hoch. 'Königssee', enzianblau, 40 cm hoch. 'Pink Beauty', rosa, 40 cm

Polemonium caeruleum
Blaue Himmelsleiter

Abb. 529

Herkunft Nord- und Mitteleuropa, Rußland, Sibirien. 80 cm hoch, Blätter zusammengesetzt, gefiedert. Blütenstand aufrecht, wenig verzweigt, kopfig. Blüten himmelblau, 10–20 cm ø. Blütezeit von VI–VII. Nachbarpflanzen: *Hemerocallis, Leucanthemum,* Farne. Für Naturgärten, Teichränder, Bachläufe, Rabatten, an sonnigen und halbschattigen Stellen. Samt sich aus, Steht unter Naturschutz! Sorte 'Album', weiß, 40 cm hoch

Abb. 529: ***Polemonium caeruleum***

Polygala chamaebuxus
Buchsblättrige Kreuzblume

Abb. 530

Familie: *Polygalaceae* – Kreuzblumengewächse
Herkunft: Mitteleuropa, Alpen, Jugoslawien. ca. 600 Arten in dieser Gattung
Wuchs: 20 cm hoch, immergrüner Halbstrauch
Blatt: lanzettlich, glänzend dunkelgrün
Blüte: gelbweiß, 'Grandiflora' rot-gelb, in Achseln zu 1–3 stehend
Blütezeit: IV–X
Standort: sonnig-halbschattig
Erde: humos, durchlässig
Vermehrung: Aussaat und

Abb. 530: ***Polygala chamaebuxus*** (Foto: Holmåsen)

durch Stecklinge
Verwendung: Wildgärten, Steingärten, Tröge, an Gehölzrändern, in Blumenwiesen. Nachbarpflanzen: *Jasione, Armeria, Sedum, Sempervivum*

Polygonatum commutatum (Polygonatum giganteum)

Abb. 531

Großer Salomonssiegel, Weißwurz

Familie: *Liliaceae* – Liliengewächse
Herkunft: nördliche gemäßigte Zonen, Nordamerika, Japan. Etwa 30 Arten dieser Gattung
Wuchs: 120 cm, dichter, fleischiger Wurzelstock, Stengel aufrecht und dann übergebogen
Blatt: eiförmig bis lanzettlich, korallennervig, wechselständig
Blüte: hängend, röhrenförmig, weiß
Blütezeit: V–VI
Standort: liebt ausgesprochene Schattenlagen
Erde: feuchter Waldhumusboden
Vermehrung: Teilung II–IV
Pflege: anspruchslos, ebenerdiger Rückschnitt II–III
Verwendung: für Garten- oder Parkmotive mit Waldcharakter. Nachbarpflanzen: *Podophyllum, Trollius,* Farne

Abb. 531: *Polygonatum commutatum*

Polygonatum-Hybriden *(Polygonatum multiflorum × Polygonatum odoratum)*

Weißwurz

Teils stattliche Sorten, wie z.B. 'Weihenstephan', 60–90 cm hoch, Blüten groß, etwa 20 mm lang, sehr wüchsig, steril. Bildet große Horste

Polygonatum multiflorum

Abb. 532

Vielblütige Weißwurz

Herkunft Europa, Vorderasien, Himalaya, Sibirien, Nordamerika. 60 cm hoch, Blätter an bogigem fast waagerechtem Stengel. Blüten glockenförmig, weiß, hängend. Für Naturgärten, Waldpartien, zum Verwildern. Die Sorte 'Variegatum' hat dekorative weißgestreifte Blätter; Giftpflanze

Abb. 532: *Polygonatum multiflorum* 'Variegatum'

Polygonum affine

Abb. 533

Schneckenknöterich

Familie: *Polygonaceae* – Knöterichgewächse
Herkunft: Himalaja. Etwa 150 Arten dieser Gattung
Wuchs: 25 cm hoch, polsterbildend
Blatt: freudig grün, lanzettlich
Blüte: tiefrosa Blütenähren, die weißlich verblühen
Blütezeit: VII–IX
Standort: anspruchslos
Erde: jede Erde
Vermehrung: Teilung III–IV
Pflege: anspruchslos
Verwendung: sehr schöne Liebhaberstaude für Steingärten, Großflächen die wenig Pflege haben sollen. Nachbarpflanzen: *Anemone japonica, Campanula macrantha, Saxifraga, Veronica, Hosta*
Sorte: 'Dimity', Blüten erst rosa, dann rot; leuchtendrote Herbstfärbung. 'Superbum', gleich wie 'Dimity', aber orangerote Herbstfärbung

Abb. 533: *Polygonum affine*

Polygonum amphibium
Wasserknöterich

Abb. 534

Familie: *Polygonaceae* – Knöterichgewächse
Herkunft: nördliche Halbkugel, gemäßigte Zonen. Etwa 150 Arten dieser Gattung
Wuchs: Schwimmpflanze mit aufliegenden Blättern
Blatt: glänzend, lang-elliptisch, abgerundet
Blüte: rote Blütenähren
Blütezeit: VI–X
Standort: sonnig–halbschattig
Vermehrung: leicht durch Teilung der Triebe, sehr stark ausläufertreibend
Verwendung: nur für gößere Gewässer wegen des sehr starken Ausbreitungsdranges; für Fischteiche. Bildet auch eine Landform aus mit schmaleren Blättern. Optimale Wassertiefe 50 cm

Abb. 534: ***Polygonum amphibium***

Abb. 537: ***Polygonum bistorta* 'Superbum'**

Polygonum amplexicaule
Kerzenknöterich

Abb. 535

100 cm hoch, aufrecht, Stengel unten verholzend. Blatt stengelumfassend, eiförmig bis lanzettlich. Blüte leuchtend rosarot, groß, in langen gestielten Ähren, von VIII–X. Rückschnitt ebenerdig, XI–II. Sehr schöne Liebhaberstaude für Gehölzränder und als Einzelpflanze. Nachbarpflanzen: *Aster* x *frikartii*, *Clematis bonstedtii* 'Mrs. Robert Brydon', *Clematis integrifolia*, vor *Miscanthus sinensis* 'Silberfeder', zu *Hibiscus syriacus* 'Totus Albus'. Sorten: 'Album', weiß. 'Atropurpureum', leuchtend rosarot, 100 cm. 'Speciosum'('Firetail'), leuchtendrot, 120 cm

Abb. 535: ***Polygonum amplexicaule* 'Firetail'** (Foto: Stein)

Polygonum bistorta
Wiesenknöterich

Abb. 536 + 537

Herkunft Europa, Asien. 80–90 cm hoch. Blüten hellrosa. Wuchs üppig, auf feuchten Böden wuchernd. Nachbarpflanzen: *Iris versicolor*, *Iris sibirica*, *Iris pseudacorus*, *Carex pendula*, Trollius-Hybriden. Geeignet für Teichränder, Sumpfzonen, Blachläufe, Naturgärten. Sorten: 'Superbum', 80 cm, leuchtendrosa, nicht wuchernde Form

Abb. 536: ***Polygonum bistorta* 'Superbum'**

Polygonum weyrichii
Knöterich

Herkunft Sachalin, Kurilen. 100 cm hoch, großblättrig, Blüten cremeweiß. Wuchert nicht. Für Naturgärten, zwischen Gehölzen mit bunter Herbstfärbung

Polypodium interjectum
Gesägter Tüpfelfarn, Federtüpfelfarn

Abb. 538

Familie: *Polypodiaceae* – Tüpfelfarngewächse
Herkunft: England. Etwa 300 Arten dieser Gattung
Wuchs: 30 cm, locker aufrecht
Blatt: Wedel sehr fein zerteilt, stark gefiedert
Standort: halb- bis ganzschattiges Waldklima
Erde: saurer Wald- oder Moorboden
Vermehrung: Teilung II–V
Pflege: ungestört am Standort belassen
Verwendung geeignet zur Bodenbegrünung, in Mauerfugen
Sorten: 'Cornubiense' – Cornwall-Federtüpfelfarn: Wedel sehr fein zerteilt, 25 cm hoch

Abb. 538: ***Polypodium interjectum* 'Cornubiense'**

Polypodium vulgare
Tüpfelfarn, Engelsüß

Herkunft nördliche gemäßigte Zone, in Laubmischwäldern. 30–40 cm hoch, aufrecht, Wurzelstock weitkriechend. Wedel schmal-dreieckig, tieffiederteilig, lederartig, wintergrün. Nur für schattige und besonders feuchte Plätze

Polystichum aculeatum
Glanzschildfarn

Abb. 539

Abb. 539: *Polystichum aculeatum*

Familie: *Aspidiaceae* – Schildfarngewächse
Herkunft: gemäßigte Zonen, Europa, Asien, sogar in tropischen Gebirgswäldern. Etwa 225 Arten dieser Gattung
Wuchs: 80–100 cm hoch, aufrecht, Blattstiele bis 20 cm kahl, mit kupferfarbigen Spreuhaaren
Blatt: Wedel doppelt bis 3fach gefiedert, ledrig, oberseits glänzend, wintergrün, Fiederchen wechselständig
Standort: halb- bis ganzschattiges Waldklima
Erde: Waldboden
Vermehrung: Teilung II–V
Pflege: ungestört am Standort belassen
Verwendung: sehr wertvoller Farn, weil wintergrün. Braucht etwas Schutz vor Kahlfrösten. Verträgt relativ viel Sonne. Für schattige Wald- und Wassergärten

Polystichum lonchitis
Lanzenschildfarn

Herkunft Europa, Grönland, Himalaja, im Gebirge, bis 2700 m. Wuchs 30–50 cm hoch, Wedel bogig überhängend, oft bis zum Boden; lanzettlich, einfach gefiedert, glänzend dunkel- und wintergrün, sichelförmig aufwärts gekrümmte, stachelspitze, gezähnte Fiedern. Für kalkhaltigen, feuchten Boden (Kalkgestein)

Polystichum polyblepharum
Japanischer Glanzschildfarn, Bärentatze

Abb. 540

Abb. 540: *Polystichum polyblepharum* 'Bornim'

Herkunft Japan, China, Korea. Wedel trichterförmig, breit und bogig überhängend im Wuchs, 50–70 cm lang und 15–20 cm breit, doppelt gefiedert. Wintergrün, Verwendung zum Schnitt. Mit Laub gegen Frostaustrocknung schützen. Sorte: 'Bornim', Prachtglanzschildfarn. Wedel dunkelgrün, glänzend, breit, 40 cm hoch.

Polystichum setiferum
Südlicher Schildfarn

Abb. 541 + 542

Abb. 541: *Polystichum setiferum* 'Plumosum Densum'

Herkunft Mittel- und Südeuropa, Indien, Ceylon. Je nach Sorte 50–100 cm hoch, Blatt je nach Sorte geformt. Braucht halb- bis ganzschattiges Waldklima und Wald- oder Moorboden. Sorten: 'Proliferum' – Brutfiligranfarn: 60–80 cm hoch, lockerer Wuchs; die filigranen Wedel haben ein feines, grünes Spitzengewebe, 3fach gefiedert, bräunlich behaart; für Schnitt geeignet, immergrün. 'Dahlem' – Bulbenfiligranfarn, Riesenfiligranfarn: 60–100 cm, mehr breit als hochwachsend, bei guter Kultur Brutbulben am Wedelstiel entwickelnd; Wedel 22–25 cm breit, überhängend, wintergrün, Fiederchen leicht gesägt. 'Herrenhausen' – Großer Filigranfarn: mit besonders schöner Fiederung. 'Plumosum Densum' – Flaumfeder-Filigranfarn: Varietät, 50 cm hoch, aufrecht, schräg, schindelartig gefächert; Wedel moosgrün, mehrfach gefiedert, Fiederchen fein zerteilt und ineinander übergreifend; eine sehr schöne, edle Form und Kostbarkeit, für den Schnitt geeignet. Alle Arten stehen unter Naturschutz!

Abb. 542: *Polystichum setiferum*

Pontederia cordata
Herzblättriges Hechtkraut

Abb. 543

Familie: *Pontederiaceae* – Hechtkrautgewächse
Herkunft: Amerika, in Sumpfgebieten von Teichen und kleinen Gewässerflächen. 4 Arten dieser Gattung
Wuchs: 60 cm hoch, aufrecht, dicke, im Schlamm kriechende Wurzeln
Blatt: herz-eiförmig, glänzendgrün
Blüte: blaue Blütenähren
Blütezeit: VII–VIII
Standort: sonnig
Erde: tiefgründiger Schlammboden, verträgt bis 30 cm Wasserstand
Vermehrung: Teilung des Wurzelstockes V–VI oder Ausläuferschnittlinge VI–VIII
Pflege: anspruchslos; bei flachem Wasserstand den Winter über mit Laub abdecken, Rückschnitt. Bei tieferem Wasserstand überwintert die Pflanze ohne Schutz im Freien
Verwendung: dekorative Staude für Sumpfbecken, Uferstellen an Gewässern in Naturgärten, Parkanlagen. Nachbarpflanzen: *Elodea, Hydrocharis, Nuphar, Nymphoides, Sagittaria, Stratiotes, Trapa, Utricularia*

Abb. 543: ***Pontederia cordata***

Pontederia lanceolata
Lanzenblättriges Hechtkraut

Herkunft Amerika; in tropischen und subtropischen Zonen. 100 cm hoch, Blätter lanzettlich, an langen Stielen. Hellblaue Blütenähren. Blütezeit von VII–VIII

Potamogeton crispus
Krauses Laichkraut

Abb. 544

Abb. 544: ***Potamogeton crispus***

Familie: *Potamogetonaceae* – Laichkrautgewächse
Herkunft: auf der ganzen Welt verbreitet, mit Ausnahme von Südamerika. Etwa 60 Arten dieser Gattung
Wuchs: wurzelnde Unterwasserpflanze
Blatt: lineallänglich, wellig gekraust
Blüte: rötlich überlaufene, bräunliche Blütenähren
Blütezeit: VI–IX
Standort: sonnig oder halbschattig
Erde: Sumpfboden mit 30–100 cm Wasserstand
Vermehrung: Teilung des Wurzelstockes V–VI oder Ausläuferschnittlinge VI–VIII
Pflege: anspruchslos
Verwendung: Fischteiche in Naturgärten und Parkanlagen. Nachbarpflanzen: *Elodea, Nuphar, Sparganium, Stratiotes, Trapa, Utricularia*
Besonderheiten: nur für Fischteiche empfehlenswert, guter Laichplatz und Unterschlupf für Fische und die Fischbrut

Potamogeton natans
Schwimmendes Laichkraut

Abb. 545

Herkunft nördliche Halbkugel, in Gewässern. Schwimmblattpflanze mit lederartigem, ovalem, länglichem Blatt. Weißliche Blütenähren. Blütezeit von VI–VIII. Bevorzugt stehendes Gewässer, z.B. Gartenteich, Fischteiche

Abb. 545: ***Potamogeton natans***

Potentilla atrosanguinea
Himalajafingerkraut

Abb. 546

Familie: *Rosaceae* – Rosengewächse
Herkunft: Himalaja bis in alpine Zonen. Etwa 300 Arten dieser Gattung
Wuchs: 40 cm hoch, aufrecht
Blatt: erdbeerartig, 4–5zählig
Blüte: leuchtendscharlachrote Trugdolden
Blütezeit: VI–VII
Standort: sehr sonnig
Erde: trockener, magerer Gartenboden
Vermehrung: Teilung III–IV, Stecklinge V–VI
Pflege: anspruchslos
Verwendung: Alpinum, Steingärten. Nachbarpflanzen: *Helianthemum* 'Sterntaler', *Linum flavum* 'Compactum', *Oenothera tetragona, Platycodon, Salvia nemorosa* 'Ostfriesland'
Sorten: 'Gibsons Scarlet', 30 cm hoch

Abb. 546: *Potentilla atrosanguinea*

Potentilla megalantha (Potentilla fragiformis)

Abb. 548

Fingerkraut

Herkunft Asien, Altai bis Alaska. Große Blätter, graufilzig behaart. 3 cm große, goldgelbe Blüten, die einzeln auf Stielen stehen. Blütezeit VI–VII. Höhe 20 cm. Wuchs kompakt, nicht kriechend. Für halbschattige Stellen.

Potentilla nepalensis

Abb. 549

Nepalfingerkraut

Herkunft westl. Himalaja. 50 cm hoch, dichtbuschig. 3–5zählig, behaart. Blüte karminrosa, von VII–VIII. Für Steingärten, Alpinum, Tröge. Sorten: 'Flammenspiel', rot mit gelbem Rand, 40 cm.'Miss Willmott', kirschrosa, 50 cm. 'Roxana', kupfrigrosa mit kirschrotem Auge, 40 cm

Abb. 549: *Potentilla nepalensis* 'Miss Willmott'

Potentilla aurea

Abb. 547

Goldfingerkraut

Abb. 547: *Potentilla aurea*

Herkunft Europa. 10–25 cm hoch, aufrecht. Blatt 5zählig, gefingert, unterseits leicht silbrig behaart, glänzendgrün. Blüte goldgelb mit orangenem Grund. Blütezeit von V–VI. Will Sonne und feuchten, dichten, aber sommertrockenen, sauerhumosen Lehmboden. Für Alpinum und Steingärten geeignet. Sorten: 'Aurantiaca', goldgelb, 15 cm hoch. 'Gold Klumpen', goldgelb, 10 cm hoch. 'Goldteller', 5 cm hoch, goldgelb. 'Goldrausch', leuchtend gelb, 5 cm hoch

Abb. 548: *Potentilla megalantha*

Potentilla neumanniana (Potentilla verna)

Frühlingsfingerkraut

Herkunft Europa. 5 cm hoch, wuchernd, buschig. Blatt 5–7zählig, etwas behaart, grasgrün. Blüte goldgelb, 1–2 cm ø, von IV–VIII. Bodenbedecker und Dauerblüher für größere Freiflächen, begrenzte Flächen in Steingärten, für Dachbegrünung und Tröge. Nachbarpflanzen: *Festuca cinerea*l*beris saxatilis*, Iris (Barbata-Nana-Gruppe), *Sedum*, *Sempervivum*. Sorte 'Nana', 5 cm hoch, Blüten goldgelb

Potentilla nitida

Dolomitenfingerkraut

Herkunft Südostalpen, in den Dolomiten, zwischen Felsspalten und Geröllhalden. 5 cm hoch, dichtrasig, Blütenstengel sehr kurz. Blatt 3zählig, filzig, silberseidig behaart. Blüte zartrosa, von VII–VIII. Sonniger Standort, zwischen Gestein, auf magerem kalkhaltigem Boden. Für Steingärten, Alpinum

Potentilla palustris (Comarum palustre)
Blutauge

Abb. 550

Abb. 550: ***Potentilla palustris***

Familie: *Rosaceae* – Rosengewächse
Herkunft: Eurasien, Nordamerika. Über 300 Arten dieser Gattung
Wuchs: 40–50 cm hoch, mit langen, verzweigten Stielen und kriechendem Wurzelstock
Blatt: fiedrig, 6–7 cm ø
Blüte: purpurrot, auffallend
Blütezeit: VI–VIII
Standort: sonnig–halbschattig
Erde: nährstoffreich, feucht
Vermehrung: Rhizomteilung III–IV
Verwendung: auffällige heimische Wildstaude für den sumpfigen Uferrand

Kissen- oder Polsterprimeln

Primula juliae
Kaukasus-Kissenprimel, Polsterprimel, Teppichprimel

Familie: *Primulaceae* – Primelgewächse
Herkunft: östlicher Kaukasus, feuchte felsige Rasenbänke im Gebirge. Etwa 550 Arten dieser Gattung
Wuchs: 5 cm hoch, rasenbildend, kriechend
Blatt: glänzend, rundlich, nierenförmig
Blüte: grundständig, zart violett mit gelbem Auge. Die Blüten stehen einzeln oder auf extrem kurzem Stiel, sodaß sich ein kissenförmiger Wuchs ergibt
Blütezeit: III–V
Standort: halbschattig bis schattig
Erde: schwerer, feuchter Humusboden
Vermehrung: Aussaat II–IV, Teilung nach der Blüte
Pflege: nach 3–4 Jahren umpflanzen, da die Blütenfülle nachläßt oder jedes Jahr Dünger im Februar geben
Verwendung: üppig blühende, rasenbildende Primel für Steingärten, Mauermotive, in Teichnähe, unter Gehölzen. Nachbarpflanzen: *Cyclamen purpurascens*, Saxifraga-Arendsii-Hybriden

Primula-Juliae-Hybriden *(Primula × pruhoniciana)*
Kissenprimel

Abb. 551 + 552

15 cm hoch, kissenartig. Dichte, runde Blatthorste. Starke Blütenfülle aus den Blattbüscheln in verschiedenen Farben. Blütezeit von III–V. Standort halbschattig bis schattig bei normaler Gartenerde. Sehr wertvolle Primel für alle Zwecke, Steingärten, Flächenpflanzungen, Einfassungspflanze. Sorten: 'Gartenmeister Bartens', leuchtend amarantrot, starke Blütenfülle aus den Blattbüscheln. 'Oberschlesien', purpurviolett mit gelbem Auge, starke Blütenfülle. 'Ostergruß', bläulichpurpur, starke Blütenfülle. 'Purpurkissen', karminpurpur, starke Blütenfülle. 'Schneewittchen', reinweiß, starke Blütenfülle. 'Wanda', rötlichpurpur mit gelbem Auge, starke Blütenfülle. Auch zum Treiben

Abb. 551: Primula-Juliae-Hybride 'Purpurkissen'

Abb. 552: Primula-Juliae-Hybride 'Wanda'

Primula veris
Wiesenschlüsselblume

Abb. 553

Abb. 553: ***Primula veris***

Herkunft Europa, Sibirien, Mittel- und Vorderasien, in trockenen, sonnigen Wiesen. Steht unter Naturschutz. Blüten nickend, gelb mit 5 orangefarbenen Flecken im Schlund; duftend. Zahlreiche Formen. Beliebte Wildstaude für Naturgärten, Steingärten und Tröge

Doldenprimeln

Primula auricula
Alpenaurikel, Gamsblume

Abb. 554

Familie: *Primulaceae* – Primelgewächse
Herkunft: Alpen, Kalkgebirge; Hochgebirgspflanze. Etwa 550 Arten dieser Gattung
Wuchs: 10 cm hoch

Abb. 554: *Primula auricula*

Blatt: Blattrosetten mehlig bestäubt

Blüte: goldgelb mit silberweißem Schlundring, herrlicher Duft. Aus einer Blattrosette erhebt sich in Stengel mit einer mehrblütigen Dolde.
Blütezeit: IV–VI
Standort: sonnig–halbschattig
Erde: feuchter, steiniger, humoser, kalkhaltiger Boden
Vermehrung: Teilung nach der Blüte, Aussaat II–IV
Pflege: pflegebedürftig hinsichtlich Bodenansprüche wie alle Hochgebirgsprimeln
Verwendung: Steingärten, Tröge, Felsspalten. Nachbarpflanzen: *Cyclamen purpurascens,* Saxifraga-Arendsii-Hybriden
Besonderheiten: steht unter Naturschutz! Sehr variabel, leicht einkreuzend

Abb. 555

Primula-Auricula-Hybriden
(Primula × hortensis, Primula pubescens)
Gartenaurikel

Seit 1582 in Gärten bekannt. Durch Züchtungen sind viele Farben und Formen entstanden. Wuchs 10 cm hoch, polsterartig, Stiele 5–10 cm lang. Blatt verkehrt eiländlich, runzelig. Mischung feinster Pastelltöne. Blütezeit von V–VI. Standardstaude für Moorbeete, lichte Gehölzgruppen, Steingärten, Primelbeete. Nachbarpflanzen: Saxifraga-Arendsii-Hybriden, *Saxifraga umbrosa, Rhododendron.*
Sorte 'Queen Alexandra', reingelb, großblumig.

Abb. 555: Primula-Auricula-Hybriden

Abb. 556

Primula-Elatior-Hybriden
(Primula × polyantha)
Gartenprimel

Abb. 556: Primula-Elatior-Hybriden

Herkunft Europa bis Zentralasien, an Wiesen- und Waldrändern. 25–30 cm hoch, Blatt nicht gelappt, unbemehlt. Blüte in Dolden auf 10–15 cm hohem Stiel, gelb, braunrot, blau und Pastelltöne. Blütezeit III–IV. Standort schattig bis halbschattig bei humosem, nicht zu trockenem Gartenboden. Vermehrung durch Aussaat III–VI. Für Naturgärten, zum Verwildern in Parkanlagen, Steingärten, in Schalen und Balkonkästen, zum Schnitt. Nachbarpflanzen: *Anemone nemorosa, Brunnera, Aquilegia alpina* 'Superba', *Pulmonaria rubra, Tiarella wherryi, Phyllitis, Polystichum.* Sorten: 'Grandiflora', rot, violett oder schwefelgelb, duftlos, in großen Dolden. 'Pacific Giant', Riesenblüten bis 6 cm ø, Farbmischung

Abb. 557

Primula farinosa
Mehlprimel

Herkunft Europa, Alpen, Nordasien, bis zum Pazifischen Ozean, südliches Altaigebirge. Steht unter Naturschutz! 10–20 cm hoch, aufrechter Stiel. Blatt verkehrt eilänglich, 2–5 cm lang, 1–2 cm breit, unterseits weißmehlig. Blüte lila bis purpur, mit gelbem Schlund, vielblütige Dolde, von IV–V. Standort sonnig oder halbschattig in feuchtem, torfigem Moorboden aber keine stauende Nässe. Für Flächenpflanzungen vor Gehölzen, Steingärten, Tröge. Nachbarpflanzen: *Caltha, Omphalodes, Onoclea, Trollius.*

Abb. 557: *Primula farinosa*

Primula marginata

Abb. 558

Alpenaurikel

Herkunft Cottische Alpen, typische Hochgebirgspflanze. 15–20 cm hoch, dichtbuschig. Blätter in Rosetten, länglich-eiförmig, tief gezähnt, rahmgelb gepudert. Blüte hell- bis dunkellila, mit silberweißem Schlundring, bis zu 20 in einer Dolde. Blütezeit III–IV. Standort östliche oder nördliche Lage, halbschattig bis schattig. Erde moorig, torfig mit Kalkzusatz. Für Steingärten und Felsspalten. Nachbarpflanzen: *Cyclamen purpurascens,* Saxifraga-Arendsii-Hybriden

Abb. 558: *Primula marginata*

Primula rosea

Abb. 559

Rosenprimel

Herkunft Westhimalaja. 10–20 cm hoch, hochstengelig. Blatt länglich-eiförmig, gekerbt und gezähnt, bemehlt. Großblumige Blütendolden, hellkarminrot, erscheinen vor den Blättern. Blütezeit III–IV. Standort sonnig bis halbschattig, feuchter Garten- oder Moorboden. Vermehrung durch Aussaat, gleich nach der Samenernte oder durch Teilung III–IV. Beliebte Art mit sehr früher Blüte für Naturgärten, Bach-, Teich- Wassermotive. Nachbarpflanzen: *Caltha, Trollius.*
Sorten: 'Gigas', großblumig, hochstengelig. 'Grandiflora', ähnlich der Art, jedoch großblumiger. 'Micia Visser de Geer', Blüten groß, dunkelrosa

Abb. 559: *Primula rosea*

Primula sieboldii

Abb. 560

Japanische Wiesenprimel

Abb. 560: *Primula sieboldii*

Herkunft Japan, Transbaikalien, auf sumpfigen Wiesen. 20–30 cm hoch, Blatt drüsig, behaart, herzförmig, zieht schon im Sommer ein. Blüte hell- bis dunkelrosa, in vielblütigen Dolden, von IV–V. Standort halbschattig bis schattig, Erde locker, humos. Anspruchslose Art für Steingärten, Rabatten mit Gruppenpflanzungen, vor Gehölzen. Nachbarpflanzen: *Athyrium filix-femina* 'Minutissima', *Saxifraga fortunei, Primula sikkimensis, Saxifraga rotundifolia*

Primula vialii

Abb. 561

Orchideenprimel

Herkunft Nordwestyunnan, Südwestszechuan, wächst 3100–3900 m hoch, auf feuchten, steinigen, trockenen Wiesen und zwischen immergrünen Gehölzen. 30–50 cm hoch, aufrechter Stengel. Blatt breitlanzettlich, gezähnt, behaart, erscheint erst im April. Blütenähren scharlach bis purpurviolett, von VI–VIII. Standort halbschattig, auf feuchtem, durchlässigem, humosem Boden. Kultur sehr schwierig, verlangt im Sommer feucht, im Winter trocken. Winterschutz durch Kiefernnadeln empfehlenswert. Sehr wertvolle und auffällige Liebhaberpflanze für Steingärten, Gehölzmotive, für Schalen und Tröge. Nachbarpflanzen: *Adiantum pedatum, Carex plantaginea, Gentiana asclepiadea, Saxifraga fortunei*

Abb. 561: *Primula vialii*

Kugelprimeln

Primula denticulata
Kugelprimel

Abb. 562

Abb. 562: *Primula denticulata*

Familie: *Primulaceae* – Primelgewächse
Herkunft: Afghanistan, Yunnan, Assam, im Hochland, 2000–4000 m
Wuchs: 30–40 cm hoch, starker Schaft
Blatt: stumpf, eilanzettlich, erscheint nach der Blüte
Blüte: kugelige Blütenstände, Farbe je nach Sorte. Die Blütenstände sind ballförmig.
Blütezeit: III–V
Standort: halb- bis ganzschattig
Erde: guter, nicht zu schwerer, aber feuchter Gartenboden
Vermehrung: Teilung nach der Blüte oder Aussaat II–IV, durch Wurzelschnittlinge
Pflege: anspruchslos
Verwendung: für Steingärten, lichte Gehölzplätze, Bachlandschaften, Tröge, Schalen, Balkonkästen. Nachbarpflanzen: *Polygonum affine, Dicentra eximia*, Hyazinthen, *Myosotis, Thalictrum dipterocarpum*, Tulpen, Farne, Schattengräser, *Rhododendron*
Sorten: 'Alba', 30 cm hoch, Blüte blendend weiß. 'Cachemiriana Rubin', 30 cm hoch, Blüte rotviolett. 'Grandiflora', Gartenhybride, 40 cm hoch, Blüte lila, rosa, violette Farbtöne

Etagenprimeln

Primula aurantiaca
Etagenprimel, Kandelaberprimel

Familie: *Primulaceae* – Primelgewächse
Herkunft: Yunnan, Asien, auf feuchten Wiesen und an Bächen, auf Kalkstein und Schiefer bis 3300 m. Etwa 550 Arten dieser Gattung
Wuchs: 30 cm hoch, Stengel rotbraun
Blatt: papierdünn, lanzettlich
Blüte: rötlichorange, kurzgestielt bis zu 12 Blüten in 2–6 Quirlen, etagenförmig, trichterförmig. Die Blüten sind in mehreren Etagen übereinander angeordnet
Blütezeit: VI–VIII
Standort: Halbschattig bis schattig
Erde: sandig humoser Boden mit Torfzusatz
Vermehrung: Teilung nach der Blüte, Aussaat II–IV
Pflege: pflegebedürftig hinsichtlich Bodenansprüche wie alle Hochgebirgsprimeln
Verwendung: Liebhaberpflanze für Gehölzflächen, für Bachläufe und Teichränder. Nachbarpflanzen: *Polygonatum commutatum, Dicentra eximia, Thalictrum dipterocarpum*, Farne, Schattengräser, *Rhododendron*

Primula beesiana
Lilarote Kandelaberprimel

Abb. 563

Herkunft Nordwestyunnan, Südwestszechuan, in feuchten Wiesen; Hochgebirgspflanze. 40 cm hoch, aufrecht, oberer Stengelteil bemehlt. Blatt breitlanzettlich mit dunkelroter Rippe, unregelmäßig gezähnt, Oberseite glatt, Unterseite leicht behaart. Blüte lilapurpur mit orangegelbem Auge, in 5–8 Quirlen (Etagen) bis zu 16 duftende Blüten. Blütezeit VI–VIII. Standort halbschattig bis sonnig, bei lehmiger, humoser, feuchter Erde. Für Bachränder, Naturgärten, Steingärten, vor Gehölzen. Sorten: 'Bressingham Strain', enthält mehrere Farben, rosa, orange, lachsrot u.a. 60–70 cm hoch

Abb. 563: *Primula beesiana*

Primula-Bullesiana-Hybriden
(Primula beesiana × Primula bullesiana)
Terrakottaprimel

Abb. 564

40 cm hoch, oberer Stengelteil bemehlt. Blatt breitlanzettlich mit dunkelroter Rippe, unregelmäßig gezähnt, Oberseite glatt, Unterseite leicht behaart. Blüte in schönen Farbtönen, gelb, rot, orange, pastellfarben, von VII–VIII. Standort sonnig bis halbschattig bei lehmigem, humosem Boden. Sorte 'Moerheim-Hybriden'

Abb. 564: Primula-Bullesiana-Hybride

Primula bulleyana

Abb. 565

Nankinggelbe Kandelaberprimel

Abb. 565: *Primula bulleyana*

Herkunft Nordwestyunnan, Südwestszechuan; Hochgebirgspflanze. 40 cm hoch, aufrecht, oberer Stengel bemehlt, Stiel breit geflügelt. Blatt eilanzettlich, Rippen und Nerven etwas rot. Blüte tieforangerot oder gelb, duftend, zu je 18 Blüten in 7 Quirlen (Etagen). Blütezeit VII–VIII. Für Bachläufe, Teichlandschaften, Steingärten, Alpinum, Tröge

Primula japonica

Abb. 566 + 567

Japanische Etagenprimel

Herkunft Japan, in 3700–4600 m Höhe; in der Urheimat auf feuchten, alpinen Weiden und in schattigen, sumpfigen, leichten Gehölzflächen. 50 cm hoch, Stengel aufrecht. Blatt verkehrt eilänglich. Blüte tiefkarminrot, in übereinanderstehenden Quirlen, Blütezeit von VI–VIII. Standort halbschattig bis schattig bei guter, durchlässiger, kalkfreier Gartenerde mit viel Torf. Auch Sumpfboden geeignet. Dankbarer Sommerblüher für Bachränder oder feuchte Stellen im Steingarten. Sorten: 'Alba', weiß, 60 cm hoch. 'Atropurpurea', karmesinrot.

Abb. 566: *Primula japonica* 'Alba'

Abb. 567: *Primula japonica* (Foto: Stein)

Primula pulverulenta

Abb. 568

Bestaubte Etagenprimel

Herkunft China, West-Szechuan. Höhe bis 80 cm, bis 30 cm lange sommergrüne Blätter, grobgezähnt. Blüten karminpurpur oder in rosa Tönen, bis 3 cm breit, in 6–10 Quirlen. Blütezeit VI–VIII. Stengel und Kelche stark bemehlt.Standort sonnig–halbschattig, feuchter, lehmiger, humoser Boden

Abb. 567: *Primula pulverulenta*

Glockenprimeln

Abb. 569

Primula alpicola (*Primula microdontha* var. *alpicola*)

Sumpfprimel

Abb. 569: *Primula alpicola*

Familie: *Primulaceae* – Primelgewächse
Herkunft: Südosttibet, Becken des Tsangpo, in 3700–4600 m, in der Urheimat auf feuchten, alpinen Wiesen und in schattigen Sümpfen

Wuchs: 60 cm hoch, locker, aufrechte Stiele
Blatt: eirundlich, etwas ledrig, gestielt
Blüte: gelb, trichterförmig in 15–20blütiger Dolde. Eine Abart blüht weiß und duftet. Der Blütenstand trägt glockige, nickende Blüten auf langen Stielen
Blütezeit: VI–VII
Standort: Halbschattig bis schattig
Erde: guter, durchlässiger, kalkfreier Gartenboden mit viel Torf, auch Sumpfboden ist geeignet
Vermehrung: Aussaat II–IV, Teilung nach der Blüte
Pflege: anspruchslos
Verwendung: Liebhaberpflanze für Gehölzflächen. Nachbarpflanzen: *Polygonatum commutatum, Dicentra eximia, Thalictrum dipterocarpum,* Farne, Schattengräser

Abb. 570

Primula florindae

Tibet-Sommerprimel, Sommer-Glockenprimel

Herkunft Südwesttibet, bis 4000 m in schattigen Sümpfen am fließenden Wasser, Gartenform. 40–80 cm hoch, Blütenstiele rötlich. Blatt langgestielt, groß, herzeiförmig, stumpf gezähnt. Überhängende, schwefelgelbe, duftende Blütendolden, von VI–VIII. Gedeiht mit reichlicher Bodenfeuchtigkeit in jedem guten, durchlässigen Gartenboden. Sehr dekorative, sommerblühende, leicht gedeihende Art für Moorbeete, Bach- und Teichufer, auch zum Schnitt. Nachbarpflanzen: *Aquilegia alpina* 'Superba', *Pulmonaria rubra, Tiarella wherryi, Phyllitis, Polystichum,* unter lichtem Gehölz, besonders zu Astilben und *Rhododendron.*

Abb. 570: *Primula florindae*

Abb. 571

Primula sikkimensis

Hängeglockenprimel

Herkunft Sikkim bis Himalaja, an Bächen, von 3700–5000 m Höhe. 50–70 cm hoch, Blatt kahl, unbemehlt, bis 35 cm lang und bis 5 cm breit, länglich, verkehrt-eiförmig. Blüte gelb, angenehmer Duft, nickend an schlanken Stielchen, von VI–VII. Im Sommer feucht halten. Liebhabersorte für Staudenpflanzengruppen, Steingärten. Nachbarpflanzen: *Polygonatum commutatum, Dicentra eximia, Thalictrum dipterocarpum,* Farne, Schattengräser

Abb. 571: *Primula sikkimensis*

Abb. 572 + 573

Primula vulgaris (*Primula acaulis*)

Kissenprimel, Stengellose Primel

Abb. 572: *Primula vulgaris*

Herkunft Europa, nördliche und westliche Länder, Alpen, Kleinasien, Mittelmeer, auf Wiesen und in Gebüschen. 10 cm hoch, Blüte zartgelb, stengellos. Samen wird von Ameisen verbreitet. Viele Unterarten. Steht unter Naturschutz! Anzucht aus Samen oder Teilung. Für Blumenrasen, Gebüsche, Naturgärten. Zahlreiche Kultursorten (vgl. Kreuzers Gartenpflanzenlexikon, Band 4).

Abb. 573: *Primula vulgaris*

Primula vulgaris ssp. *sibthropii*
Karnevalsprimel

Herkunft Mittelmeergebiet bis zum Kaukasus. 10 cm hoch, Blatt verkehrt-eilänglich, runzelig. Blüte rosa, karmin, purpur, von II–III. Standort sonnig bis halbschattig, liebt vermooste, rasige, unberührte, nicht offene Kulturböden. Vermehrt sich oft durch Selbstaussaat. Als Vorpflanzung vor geschützte, lichte Gehölzränder. Nachbarpflanzen: *Anemone hupehensis, Anemone nemorosa, Brunnera, Aquilegia alpina* 'Superba', *Pulmonaria rubra, Tiarella wherryi, Phyllitis, Polystichum.* Die frühblühendste Primel

Abb. 574

Prunella grandiflora
Braunelle

Familie: *Labiatae* – Lippenblütengewächse
Herkunft: Europa, Nordafrika, Wiesenpflanze. 5 Arten dieser Gattung
Wuchs: 15–25 cm hoch, kriechender Wurzelstock, mattenartiger Wuchs
Blatt: ganzrandig, tiefgezähnt
Blüte: in dichten Ähren
Blütezeit: VII–IX
Standort: sonnig–halbschattig
Erde: feuchter Gartenboden
Vermehrung: Teilung II–IV
Pflege: anspruchslos
Verwendung: für größere Pflanzflächen in Naturgärten und für Einfassungen. Nachbarpflanzen: *Inula barbata*
Besonderheiten: anspruchslose Pflanze, die dichte Matten bildet, Dauerblüher
Sorten: 'Alba', reinweiß. 'Loveliness', Blüte groß, helllila. 'Rosea', rosa, reichblühend

Abb. 574: ***Prunella grandiflora***

Abb. 575

Prunella × *webbiana*
Braunelle

Abb. 575: ***Prunella* × *webbiana***

Vermutlich eine Kreuzung aus *Prunella grandiflora* × *Prunella hastifolia.* 15–25 cm hoch, kriechender Wurzelstock. Blatt ganzrandig, tiefgezähnt. Blüte groß, violett, in dichten Ähren. Blütezeit von VII–IX. Geeignet für größere Pflanzflächen in Naturgärten und für Einfassungen

Abb. 576

Pseudosasa japonica (Arundinaria japonica, Sasa japonica, Bambusa metake)
Breitblattbambus

Abb. 576: ***Pseudosasa japonica*** (Foto: Eberts)

Familie: *Gramineae* – Süßgräser
Herkunft: Ostasien, an wind- und frostgeschützten Standorten. 3 Arten dieser Gattung
Wuchs: 2–3 m, aufrecht, ausläufertreibend, kräftig wuchernd, 180 cm hoch
Blatt: lanzettlich, 24 cm lang, 2–4 cm breit, oben glänzend dunkelgrün, unten blaugrün mit grünen Randstreifen
Blüte: blüht nur im hohen Alter
Standort: sonnig bis halbschattig, trocken
Erde: normale, mäßig feuchte Gartenerde
Vermehrung: Teilung IV–VI
Pflege: verlangt Winterschutz wie das Pampasgras, geht ein, wenn der Standort zu feucht ist; Rückschnitt III
Verwendung: Einzelstellung an Wassermotiven in Naturgärten, als Hintergrund bei großen Staudenrabatten. Nachbarpflanzen: mittelhohe Blütenstauden und Polstergräser, auch Kleingehölze

Pteridium aquilinum
Adlerfarn

Familie: *Hypolepidaceae* – Adlerfarngewächse
Herkunft: verbreiteter Kosmopolit
Wuchs: kann auf saueren Humusböden bis 200 cm hoch, in lockeren Gehölzen als Spreizklimmer sogar bis 4 Meter hoch werden, in großen Beständen wuchernd
Blatt: Wedel beim Austrieb an einen Adler erinnernd, Gefäßbündel deuten im Querschnitt einen Doppeladler an
Standort: schattig-halbschattig
Erde: sauer, humos, feucht
Verwendung: schöner, graziler Farn, jedoch sind ausgewachsene Wedel und besonders die Rhizome giftig – Vieh entfernt halten!
Wegen der Wuchskraft in große Kübel pflanzen, ist dann ein interessanter Solitär. Ist dominierend, gilt als Forstunkraut

Abb. 577

Pulmonaria angustifolia
Enzianlungenkraut, Schmalblättriges Lungenkraut

Familie: *Boraginaceae* – Boretschgewächse
Herkunft: Europa bis Kaukasus. 10 Arten dieser Gattung
Wuchs: 30 cm hoch, kriechende Wurzel, dichtbuschig
Blatt: rauhaarig, Grundblätter rosettig, ungefleckt
Blüte: leuchtend enzianblau, trichterförmig
Blütezeit: IV–V
Standort: sonnig bis halbschattig
Erde: nahrhafte, nicht zu trockene Gartenerde oder Waldhumusboden
Vermehrung: Teilung II–IV
Pflege: anspruchslos, ebenerdiger Rückschnitt XI–II
Verwendung: wertvolle Flächenpflanze und für Steingärten. Bienenfutterpflanze. Nachbarpflanzen: *Hepatica nobilis* 'Alba', *Lathyrus vernus,* vor Gehölzen; steht unter Naturschutz.

Abb. 577: *Pulmonaria angustifolia*

Pulmonaria rubra
Korallenlungenkraut

Herkunft Ostkarpaten. 40 cm hoch, dichtbuschig; Blatt hellgrün, weich behaart, ungefleckt. Blüte ziegelrot, trichterförmig, von III–V. Wertvolle Flächenpflanze zur Unterpflanzung bei Gehölzgruppen. Nachbarpflanzen: *Anemone nemorosa, Polygonatum commutatum,* Farne.

Abb. 578

Pulmonaria saccharata
Silberblatt-Lungenkraut

Herkunft Südeuropa. 30 cm hoch, dichtbuschig. Blatt groß, ineinanderlaufende weiße Flecken, marmoriert. Blüte leuchtendrot, bläulich verbühend, trichterförmig, von IV–V. Typische Schattenpflanze auf feuchtem Waldhumusboden. Wertvolle Flächenpflanze, für Steingärten. Nachbarpflanzen: *Anemone nemorosa,* Farne. Sorten: 'Frühlingshimmel', himmelblau, 25 cm hoch. 'Mrs. Moon', besonders auffälliges silbergeflecktes Laub, Blüten blaurot.

Abb. 578: *Pulmonaria saccharata* 'Mrs. Moon'

Abb. 579 – 581

Pulsatilla vulgaris (Anemone pulsatilla)
Küchenschelle, Kuhschelle

Abb. 579: *Pulsatilla vulgaris* 'Papageno'

Familie: *Ranunculaceae* – Hahnenfußgewächse
Herkunft: Europa
Wuchs: etwa 25 cm, Stengel aufrecht, lockerer Wuchs
Blatt: pelzig behaart, fiederschnittig, nach der Blüte erscheinend
Blüte: dunkel- bis hellviolett, Staubblätter gelb
Blütezeit: IV–V
Standort: geschützt, sonnig bis halbschattig
Erde: Waldhumusboden, nicht naßkalt (Lauberde), trockene kalkhaltige Wiesen
Vermehrung: Aussaat, Teilung II–IV, Wurzelschnittlinge nach der Blüte
Pflege: anspruchslos
Verwendung: Wildstaude als Unterpflanzung im Halbschattenbereich der Laubgehölze, im Steingarten. Insektenfutterpflanze. Nachbarpflanzen: Primula-Elatior-Hybriden 'Vierländer', *Pulmonaria*
Besonderheiten: Steht unter Naturschutz, wertvolle Liebhaberpflanze; giftig
Sorten: 'Alba', weiß. 'Papageno', offene Blüten, in Mischung. 'Rote Glocke', tiefrot. 'Rubra', weinrot.

Abb. 580: *Pulsatilla vulgaris* 'Rubra'

Abb. 581: ***Pulsatilla vulgaris***

Abb. 583: ***Ramonda myconi***

Ramonda myconi (Ramonda pyrenaica)

Felsenteller

Abb. 582 + 583

Familie: *Gesneriaceae* – Gesneriengewächse
Herkunft: Pyrenäen, nur an Kalkfelsen, Tuffgestein und in Steinfugen zu finden. 3 Arten
Wuchs: 10–20 cm hoch, Stengel 1–7blütig
Blatt: eirund, kurzgestielt, unterseits dicht filzig behaart, Blattrosetten matt, dunkelgrün
Blüte: dunkelviolettblau, Staubbeutel hellgelb
Blütezeit: VI–VII
Standort: absonnig, windgeschützt oder beschattet
Erde: humoser, kalkhaltiger, nahrhafter Gartenboden
Vermehrung: Aussaat II–IV, Teilung alter Horste IV oder nach der Blüte
Pflege: zähe Pflanze, verträgt große Dürre
Verwendung: eine der edelsten Alpinumpflanzen; geeignet für Steingarten mit vorbereitetem Pflanzraum. Nachbarpflanzen: *Soldanella, Primula auricula, Saxifraga*

Abb. 582: ***Ramonda myconi*** (Foto: Holmåsen)

Ranunculus aconitifolius

Silberhahnenfuß

Familie: *Ranunculaceae* – Hahnenfußgewächse
Herkunft: Europa, an Bachufern, in lichten Wäldern, auf feuchten Gebirgswiesen bis 2600 m. Etwa 300 Arten dieser Gattung
Wuchs: 40 cm hoch, Stengel aufrecht, kahl
Blatt: langgestielt, handförmig, eisenhutblättrig, Blätter ziehen nach der Blüte ein
Blüte: weiß, kugelig, dichtgefüllt
Blütezeit: V–VI
Standort: halbschattig bis schattig, feucht
Erde: normaler bis sandighumoser Gartenboden
Vermehrung: Teilung II–IV und Aussaat, möglichst gleich nach der Reife
Pflege: anspruchslos
Verwendung: Liebhaberpflanze für Wassermotive aller Art. Nachbarpflanzen: *Digitalis purpurea* 'Gloxiniaeflora', *Omphalodes verna, Myosotis alpestris, Geum, Trollius*
Sorten: 'Pleniflorus'

Ranunculus acris

Abb. 584

Scharfer Hahnenfuß, Butterblume

Herkunft Eurasien, in Nordamerika eingebürgert. Bis 1 Meter hoch. Blüte dottergelb, glänzend, V–IX. Für Blumenwiesen, Naturgärten. 'Multiplex', gefüllt, 60 cm; giftig

Abb. 584: ***Ranunculus acris***

Abb. 585

Ranunculus ficaria
Scharbockskraut, Feigwurz

Herkunft Europa, Südwestasien. Knollenbildend. Wuchs kriechend mit glänzenden, fleischigen Blättern, bodenbedeckend. Blüten sehr zahlreich schon im III–IV, leuchtend gelb. Blätter ziehen bald ein. Wildstaude für Naturgärten, Bachläufe, Teichränder, sumpfige Zonen, wenig gepflegte Gehölzränder. Liebt nährstoffreichen, humosen Boden, kann durch Wuchern lästig fallen. Paßt zu verwildernden Blumenzwiebeln wie *Eranthus, Scilla, Galanthus, Leucojum*, Wildnarzissen und zu Primeln. Sorten: 'Albus', weiß. 'Aurantiaca', Blüten orangegelb, stark glänzend, Blätter braun marmoriert. 'Plena', gefüllt, gelb.

Abb. 585: *Ranunculus ficaria*

Ranunculus gramineus
Grasblättriger Hahnenfuß

Herkunft Mittelmeergebiet. 20–40 cm hoch, fleischige Wurzelbündel. Stengel aufrecht. Blatt grasartig, lineallanzettlich, ganzrandig. Blüte einfach, leuchtend goldgelb, von V–VI. Willig gedeihende, empfehlenswerte Wassermotiv-Staude. Nachbarpflanzen: *Antennaria, Linum narbonense*

Abb. 586

Ranunculus aquatilis
Wasserhahnenfuß

Familie: *Ranunculaceae* – Hahnenfußgewächse
Herkunft: über die ganze Erde verbreitet. Etwa 300 Arten dieser Gattung
Wuchs: Stengel untergetaucht, bis über 1 m lang, Schwimmpflanze
Blatt: nierenförmige Schwimmblätter, Unterwasserblätter, feinzerteilt, fadenförmig
Blüte: weiß mit gelbem Schlund, über dem Wasser stehend, langgestielt
Blütezeit: VI–VIII
Standort: nur sonnige Lagen
Erde: Sumpfboden mit 30 cm Wasserstand. Benötigt ständig frisches Wasser
Vermehrung: Teilung des Wurzelstockes V–VI
Pflege: anspruchslos; bei nicht fließendem, zu warmem Wasser schädigende Algenbildung
Verwendung: in der freien Landschaft, Flüsse, Bäche, Sumpfbecken, Gartenteiche in Naturgärten, Parkanlagen. Nachbarpflanzen: *Menyanthes, Nymphoides, Potamogeton, Sparganium, Stratiotes, Trapa*

Abb. 586: *Ranunculus aquatilis*

Abb. 587

Ranunculus flammula
Brennender Hahnenfuß

Herkunft Europa und Asien. 20–50 cm hoch. Stengel verzweigt. Blüten gelb, bis 2 cm groß, von VI–X. Sumpfpflanze für flachen Wasserstand, paßt gut zu Sumpfvergißmeinnicht

Abb. 587: *Ranunculus flammula*

Abb. 588

Ranunculus lingua
Zungenhahnenfuß

Herkunft Europa, Sibirien, in Sumpfgebieten. Steht unter Naturschutz! 80–150 cm hoch, aufrecht, Wurzelstock hat bis 80 cm lange Ausläufer, Stengel hohl, straff, oben verzweigt. Blatt schmallanzettlich, graugrün. Blüte groß, schalenförmig, goldgelb, von VI–VIII. Sumpfboden, mit 20 cm Wasserstand. Für Bach- und Teichufer, große Sumpfbecken, wuchernd; in Naturgärten und Parkanlagen. Nachbarpflanzen: *Alisma, Menyanthes, Pontederia, Sparganium*

Abb. 588: *Ranunculus lingua*

Reynoutria japonica (Polygonum cuspidatum)
Japan-Knöterich

Familie: *Polygonaceae* – Knöterichgewächse
Herkunft: Japan, Korea, China, in Europa eingebürgert. 2 Arten
Wuchs: bis 2 Meter hoch, wuchernd. Starke Wurzelbildung, kriechender Wurzelstock, Stengel hohl
Blatt: groß, breit-eiförmig
Blüte: weiß, Blütenstände hängend, ährenförmig
Blütezeit: VI–IX
Standort: feucht oder naß, halbschattig, auch sonnig
Erde: nährstoffreich, humos
Vermehrung: Teilung im Frühjahr vor dem Austrieb
Verwendung: Bodenbedecker für große Flächen. Nachbarpflanzen:Solitär, unterdrückt schwächere Nachbarn

Abb. 589

Reynoutria japonica var. compacta
Japan-Knöterich

Herkunft Ostasien, Japan. Nur 40–60 cm hoch, mit braunrot schattierten Blättern. Zierliche Blütenrispen, rot, Blüht von VIII–IX. Für feuchte, sonnige Lagen.

Abb. 589: *Reynoutria japonica* var. *compacta*

Reynoutria sachalinensis (Polygonum sachalinensis)
Sachalin-Knöterich

Herkunft Japan, Sachalin, Südkurilen. Bis 3 Meter hoch, gestreifte Stengel. Blüte weiß, Blütezeit IX–X, schöne Herbstfärbung. Stark wuchernd. Aus den Blättern wird ein Mehltaumittel gewonnen. Für große Gärten und Parks.

Abb. 590: *Rheum palmatum*

Abb. 590

Rheum palmatum
Russischer Zierrhabarber, Medizinalrhabarber

Familie: *Polygonaceae* – Knöterichgewächse
Herkunft: Kleinasien bis Sibirien, China. Etwa 25 Arten
Wuchs: 200 cm hoch, kräftiger Wurzelstock, Stengel kräftig, verzweigt, aufrecht, weich behaart
Blatt: länglich, tief spitzlappig, eingeschnitten, 3–5rippig, unterseits rötlich, flaumig, im Austrieb rötlich, später dunkelgrün
Blüte: rote Blütenrispen
Blütezeit: V–VII
Frucht: rotbraun
Standort: anspruchslos
Erde: kräftiger, tiefgründiger, gut gedüngter Gartenboden
Vermehrung: Teilung oder Aussaat II–IV
Pflege: zieht nach der Blüte ein. Im Frühjahr organischen Volldünger geben (200–300 g je Pflanze)
Verwendung: dekorativ zur Einzelstellung in Wassernähe. Nachbarpflanzen: *Helianthus salicifolius*
Besonderheiten: der schönste zu empfehlende Zierrhabarber
Sorten: 'Tanguticum'

Abb. 591

Rhodohypoxis baurii
Rhodohypoxe

Familie: *Hypoxidaceae* – Hypoxisgewächse
Herkunft: Südafrika, Natal
Wuchs: 5–10 cm hoch, grasartig, aus haselnußgroßen, verdickten Wurzelstöcken
Blatt: schmal-lanzettlich, glänzend, an den Rändern bewimpert
Blüte: sternförmig, flach ausgebreitet, etwa 3 cm groß, einzeln auf dünnen Stielchen
Blütezeit: VI–VIII
Standort: sonnig, in Schalen oder im Alpinenhaus
Erde: kalkfrei, sehr durchlässig
Vermehrung: Teilung beim Austrieb III–VI, Aussaat III; sehr feiner Samen
Pflege: im Sommer reichlich gießen, frostfrei überwintern, trocken halten
Verwendung: sehr hübsche Liebhaberpflanze mit langer Blütezeit, für Alpinum, Steingärten, Tröge

Abb. 591: *Rhodohypoxis baurii*

Abb. 592

Rodgersia aesculifolia
Kastanien-Schaublatt

Familie: *Saxifragaceae* – Steinbrechgewächse
Herkunft: Mittelchina, in Bergwäldern. Etwa 6 Arten dieser Gattung
Wuchs: aufrecht, locker.

Abb. 592: *Rodgersia aesculifolia*

70–100 cm hoch, dicke, flachkriechende Rhizomwurzel, Stengel braunzottig behaart
Blatt: rund, bis 50 cm groß, behaart, kastanienähnlich
Blüte: weiße Blütenrispen, pyramidal, locker verzweigt
Blütezeit: VI–VII
Standort: halbschattig bis schattig
Erde: Waldhumus oder sandigen, humosen Boden
Vermehrung: Teilung II–IV oder Aussaat
Pflege: anspruchslos, liebt keine stauende Nässe
Verwendung: auffallend schöne, dekorative Staude vor Gehölzrändern oder am Wasser, Moorbeete. Nachbarpflanzen: *Rhododendron, Campanula macrantha, Cimicifuga,* Farne, *Astilbe, Carex pendula, Ligularia clivorum* 'Desdemona'

Abb. 593

Rodgersia pinnata
Flieder-Schaublatt

Herkunft China (Yunnan), in Bergwäldern. 100 cm hoch, aufrecht, Stengel rötlich, spärlich behaart, flachkriechende Rhizomwurzel. Blatt dunkelgrün, glänzend, 6teilig, ähnlich Kastanienblättern. Hellrosa Blütenrispen mit dunkelroten Samenkapseln. Blütezeit VI–VII. Sorte 'Superba'.

Abb. 593: *Rodgersia pinnata*

Abb. 594

Rodgersia podophylla
Zacken-Schaublatt

Herkunft Japan, Korea. 150 cm hoch, flachkriechende Rhizomwurzel, locker aufrecht. Blatt glänzend, bis über 50 cm ø, tiefgesägte Ränder, im Austrieb schön bronzefarbig, braun behaart. Blüte gelblichweiß in überhängenden Blütenrispen. Blütezeit von VI–VII. Schmuckstaude, vor allem am Wasser sehr schön. Vor Gehölzrändern, auch für Rhododendron-und Moorbeete, zu Koniferen

Abb. 594: *Rodgersia podophylla*

Rodgersia sambucifolia
Holunder-Schaublatt

Herkunft China. 70–100 cm hoch, locker, aufrecht, dicke, flachkriechende Rhizomwurzel. Stengel braunzottig behaart. Blatt holunderähnlich, glanzlos. Blüte rosa, dichtrispige Blütenstände. Blütezeit von VI–VII

Abb. 595

Roscoea cautleoides
Ingwerorchidee

Abb. 595: *Roscoea cautleoides*

Familie: *Zingiberaceae* – Ingwergewächse
Herkunft: China, Yünnan, Gebirgspflanze. Etwa 15 Arten dieser Gattung
Wuchs: 30–40 cm hoch, fleischige Wurzelbüschel, tiefgehend, tütenförmige Triebe
Blatt: lanzettlich
Blüte: hellgelb gestreift, in 4–8blütigen endständigen Ähren
Blütezeit: VI–VIII
Standort: sonnig–halbschattig
Erde: lehmig bis sandig-humos
Vermehrung: Aussaat, Teilung II–IV
Pflege: Pflanze zieht im Herbst ein. Frostschutz mit Laub unbedingt erforderlich
Verwendung: Natur- und Steingärten. Nachbarpflanzen: *Luzula nivea, Dodecatheon, Tricyrtis*
Besonderheiten: orchideenartiges Aussehen, empfehlenswerte Liebhaberpflanze! Die üppigste und härteste Art

Abb. 596

Roscoea purpurea
Ingwerorchidee

Herkunft Himalaja. Wuchs 40 cm hoch. Blüten purpur, sehr lange Blütezeit, von VII–IX

Abb. 596: *Roscoea purpurea*

Abb. 597

Rudbeckia fulgida var. *sullivantii* (*Rudbeckia sullivantii*)
Sonnenhut

Familie: *Compositae* – Korbblütengewächse
Herkunft: Gartensorte, etwa 40 Arten dieser Gattung
Wuchs: 60 cm hoch, aufrecht, buschig, Wurzelstock mit Ausläufern
Blatt: spatelig-eilanzettlich
Blüte: groß, goldgelb, mit schwarzbrauner Scheibe
Blütezeit: VIII–X
Standort: sehr sonnig
Erde: guter, nahrhafter Gartenboden
Vermehrung: Teilung II–IV
Pflege: anspruchslos, alle 5–6 Jahre umpflanzen. Diese Verjüngung bringt wieder eine starke Blühfähigkeit
Verwendung: sehr wertvolle Rabattenstaude, besonders wirksam bei Flächenpflanzungen, auch für Einzelbeete, vor Koniferen und Gehölzen. Zur Dauerbepflanzung in Balkonkästen geeignet. Nachbarpflanzen: *Aster amellus, Aster dumosus, Echinops ritro, Gypsophila paniculata,* niedrige, rotbraune *Helenium, Salvia nemorosa*
Sorten: 'Goldsturm', besonders wichtige Sorte, 60 cm hoch, lange Blütezeit

Abb. 597: *Rudbeckia fulgida* var. *sullivantii* 'Goldsturm'

Rudbeckia fulgida var. *deamii*
Sonnenhut

Herkunft USA, Indiana. Wuchs lockerer als bei *Rudbeckia nitida*. Verträgt mehr Trockenheit

Rudbeckia fulgida var. *speciosa*
Sonnenhut

Herkunft Nordamerika. 70–80 cm hoch, aufrecht, Wurzelstock mit Ausläufern. Blatt eirund-lanzettlich, gesägt. Blüte goldgelb, mit schwarzbrauner Scheibe, reichblühend.

Abb. 598

Rudbeckia laciniata
Sonnenhut

Herkunft Nordamerika; in allen Bauerngärten bis zum Balkan. 80–150 cm hoch, aufrecht, Wurzelstock mit Ausläufern. Grundblätter 3lappig, frischgrün. Große, gefüllte, hellgelbe Blütenbälle, von IX–X. Gartenzaunpflanze in Verbindung mit Ziersträuchern und anderen hohen Stauden. Gut zum Schnitt, sehr robust. Nachbarpflanzen: *Leucanthemum maximum, Delphinium, Phlox paniculata, Veronica longifolia* 'Blauriesin', buntblättrige Ziersträucher. Sorten: 'Goldkugel', 150 cm hoch, dicht gefüllt. 'Goldquelle', diese Sorte hat eine bessere Tragfähigkeit der Blütenbälle und ist eine sehr wertvolle Schnittstaude, 80 cm hoch.

Abb. 598: *Rudbeckia laciniata* 'Goldquelle'

Rudbeckia maxima
Sonnenhut

Herkunft Nordamerika, in feuchten Kiefernwäldern. 200 cm hoch, aufrecht, Wurzelstock mit Ausläufern. Blatt glatt, lederartig, blaugrün, eiförmig. Blüte goldgelb, groß, hängende Strahlenblüten, von VII–IX. Liebt feuchte, lichte Lagen. Besonders schöne Wildstaude als Gartenzaunpflanze in Verbindung mit anderen hohen Stauden oder Ziersträuchern; oder Einzelstellung

Abb. 599

Rudbeckia nitida
Sonnenhut

Herkunft Nordamerika, in allen Bauerngärten bis zum Balkan. 200 cm hoch, aufrecht, Wurzelstock mit Ausläufern. Blatt eirund-spatelförmig. Blüte goldgelb, groß, strahlenartig, hängend, Blütezeit je nach Sorte. An feuchten Plätzen als Gartenzaunpflanze, in Verbindung mit Ziersträuchern oder anderen hohen Stauden; oder Einzelstellung. Schön zu hoher *Helenium*.
Sorten: 'Herbstsonne', Blütezeit VII–IX; diese Sorte hat eine bessere Tragfähigkeit der Blütenbälle. 'Juligold', Blüte goldgelb, Blütezeit VI–VIII, starke Stiele, daher gut zum Schnitt

Abb. 599: *Rudbeckia nitida*

Rudbeckia subtomentosa
Sonnenhut

Herkunft USA, Indiana bis Texas, Louisiana. 130 cm hoch, gelbe Margeritenblüten mit brauner Mitte. Gute Schnittblume, duftendes Laub. Blütezeit VII–IX

Rumex × hydrolapathum
Flußampfer

Abb. 600

Abb. 600: ***Rumex × hydrolapathum***

Familie: *Polygonaceae* – Knöterichgewächse
Herkunft: Europa. 120 Arten dieser Gattung
Wuchs: imposant mit bis zu 180 cm Höhe
Blatt: groß, bis 100 cm lang, nach oben immer kürzer werdend
Blüte: Blütenähren in den Blattachseln, rötlichgrün
Standort: sonnig–halbschattig
Erde: immer feucht, nährstoffreich
Vermehrung: Teilung in der vegetationsarmen Zeit, Aussaat III–V
Verwendung: auffällige Großstaude für den immerfeuchten Uferrand

Sagina subulata
Sternmoos, Mastkraut

Abb. 601

Familie: *Caryophyllaceae* – Nelkengewächse
Herkunft: Mittel- und Südeuropa Etwa 30 Arten
Wuchs: 5 cm hoch, dichtrasige, moosartige Polster
Blatt: dunkelgrüne Blättchen, dicht gereiht
Blüte: weiß, klein
Blütezeit: VI–VII
Standort: anspruchslos, keine Trockenheit
Erde: jede Erde
Vermehrung: Teilung IV–VII
Pflege: vollkommen anspruchslos
Verwendung: Gräber, Fugenpflanze für Plattenwege, Trittsteie, Steingärten und Terrassen. Nachbarpflanzen: Blumenzwiebeln, Zwergkoniferen bei Flächenpflanzungen

Abb. 601: ***Sagina subulata***

Sagittaria latifolia
Breitblättriges Pfeilkraut

Abb. 602

Familie: *Alismataceae* – Froschlöffelgewächse
Herkunft: Nordamerika, in Europa teilweise eingebürgert; in Sumpfgebieten, an Teichen und Bächen. Etwa 30 Arten dieser Gattung
Wuchs: 50 cm hoch, aufrecht, Wurzelstock knollig, ausläufertreibend
Blatt: untere Blätter nierenförmig, die aus dem Wasser ragenden Blätter pfeilförmig, langgestielt
Blüte: weiß, in lockeren Quirlen
Blütezeit: VI–VII
Frucht: walnußgroß, eine Lieblingsspeise der Enten
Standort: sonnig bis halbschattig
Erde: Sumpfboden, mit 10–30 cm Wasserstand
Vermehrung: Teilung des Wurzelstockes IV–V oder Pflanzenteilung V–VI
Pflege: anspruchslos, wuchert sehr, evtl. in Container pflanzen
Verwendung: hübsche Seichtwasserpflanze für Wasser- und Sumpfbecken in Naturgärten, Parkanlagen, Uferpflanze an Bächen und Teichen. Nachbarpflanzen: *Eichhornia, Elodea, Hippuris, Hottonia, Hydrocharis, Sparganium, Stratiotes, Trapa*

Abb. 602: ***Sagittaria latifolia*** (Foto: Stein)

Sagittaria graminea
Grasblättriges Pfeilkraut

Herkunft Nordamerika. Wuchs zierlich, Unterwasserblätter länglich, bandartig, Überwasserblätter linealisch, elliptisch oder breitoval. Blüten weiß, mit gelben Staubbeuteln. Überwinterung in Form von eiförmigen Knollen; frostempfind-

Sagittaria sagittifolia
Pfeilkraut

Abb. 603

Herkunft Europa, Asien; in Sumpfgebieten, an Teichen und Bächen. Blatt pfeilförmig, langgestielt, Form und Breite verschieden. Blüte weiß mit purpurrotem Grundfleck.Blütezeit VI–VII . Sonst wie *Sagittaria latifolia*

Abb. 603: ***Sagittaria sagittifolia***

Abb. 604 + 605

Salvia nemorosa
Steppensalbei

Familie: *Labiatae* – Lippenblütengewächse
Herkunft: Mitteleuropa bis Sibirien. Etwa 800 Arten dieser Gattung
Wuchs: 30–50 cm hoch
Blatt: je nach Sorte
Blüte: Blütenähren je nach Sorte

Abb. 604: *Salvia nemorosa* 'Ostfriesland'

Abb. 605: *Salvia nemorosa* 'Blauhügel'

Blütezeit: V–X
Standort: sonnig
Erde: kalkhaltiger, normaler Boden
Vermehrung: Aussaat oder Teilung III–IV, Stecklinge V–VII
Pflege: sofort nach der Blüte zurückschneiden, dann gibt es Nachflor, Rückschnitt XI–II, ebenerdig
Verwendung: eine der wertvollsten Gartenstauden für Steingärten, Staudenrabatten, Heidegärten. Dauerbepflanzung in Balkonkästen. Nachbarpflanzen: *Achillea millefolium* und *ptarmica, Coreopsis, Gypsophila repens* 'Rosenschleier', *Oenothera, Rudbeckia sullivantii 'Goldsturm'*
Sorten: 'Blauhügel': 30 cm hoch, buschig, fester Wurzelstock, Stengel aufsteigend, rötlich; Blatt kurzgestielt, ovallanzettlich, trübgrün; mittelblaue Blütenähren, dicht die ganze Pflanze überziehend. 'Mainacht': 40 cm hoch, dicht buschig; Blatt rundlich, an kurzen Stielen; Blüte nachtblau, in großen, reich verzweigten Blütenähren. 'Ostfriesland': 50 cm hoch, aufrecht, dicht buschig; Blatt kurzgestielt, ovallanzettlich, trübgrün; Blütenähren leuchtenddunkelviolett. 'Rosa Auslcsc', ticfrosa. 'Rügen', 40 cm hoch, blüht schon V–VI, blau. 'Tänzerin', tiefviolett, 80 cm hoch

Salvia argentea
Silberblattsalbei

Herkunft Südosteuropa, Mittelmeer. Zweijährig, Blätter stark behaart, silberweiß, Blüten weiß, 120 cm hoch

Salvia lavandulifolia
Lavendelblättriger Salbei

Herkunft Spanien, Südfrankreich, Nordwestafrika. 20 cm hoch, schmale Blätter, bildet wintergrüne Büsche. Blüht blau

Abb. 606 + 607

Salvia officinalis
Gartensalbei

Herkunft Süd- und Mitteleuropa. 50 cm hoch, buschig, Stengel aufrecht. Blatt elliptisch, stumpfrot, derb, wintergrün. Lilablaue Blütenähren, aromatischer Duft. Blütezeit von VII–VIII. Rückschnitt erst II–III, wegen der wintergrünen Belaubung. Für Blumenwiesen, Heidegärten, Staudenrabatten. Nachbarpflanzen: *Artemisia albula* 'Silver Queen', *Anchusa*

Abb. 606: *Salvia officinalis* 'Aurea'

italica. Heilpflanze und Küchenkraut; altbekannt in Bauerngärten.
Sorten: 'Aurea', weiß-gelb. 'Berggarten', schöne samtiggrüne Blätter 'Purpurascens', purpurrot. 'Tricolor', weißbunt, lila.

Abb. 607: *Salvia officinalis* 'Tricolor'

Abb. 608 + 609

Salvinia natans
Schwimmfarn

Familie: *Salviniaceae* – Schwimmfarngewächse
Herkunft: Eurasien, Algerien bis Sibirien. 12 Arten
Wuchs: Schwimmpflanze von ca. 10 cm Länge, stirbt im Winter ab
Blatt: 2–3 cm lang, hellgrün bis blaugrün
Standort: sonnig, warm
Vermehrung: Regeneration im Frühjahr durch im Herbst abgesunkene Sporen, sicherheitshalber jedoch einige Pflanzen im hellen Haus frostfrei überwintern. Steht unter Naturschutz.

Abb. 608: *Salvinia natans*

Abb. 609: *Salvinia natans*

Abb. 610

Santolina chamaecyparissus
Heiligenkraut, Heiligenblume

Familie: *Compositae* – Korbblütengewächse
Herkunft: westliches Mittelmeergebiet. Etwa 80 Arten dieser Gattung
Wuchs: 30 cm hoch, Halbstrauch, kampakter, rundlicher Busch
Blatt: immergrün, fein gefiedert, silbergraufilzig, aromatischer Duft
Blüte: flachrunde, gelbe Blütenköpfe, langgestielt
Blütezeit: VII–VIII
Standort: nur verwendbar in milden Gegenden, z.B. Weinbaugebiete, da nicht winterhart! Sonnig, geschützt
Erde: normaler Gartenboden, kalkhaltig
Vermehrung: Stecklinge V–VII
Pflege: Winterschutz durch Fichtenreisig empfehlenswert, Formschnitt II–III
Verwendung: Liebhaberpflanze als Rabattenstaude, vor allem Einfassungsstaude mit guter Schnittverträglichkeit, Innenhöfe, Steingärten. Nachbarpflanzen: *Platycodon, Veronica spicata, Perovskia,* sehr schön als Einfassung für rote Polyantharosenbeete

Abb. 610: *Santolina chamaecyparissus*

Saponaria × lempergii
Seifenkraut

Familie: *Caryophyllaceae* – Nelkengewächse
Herkunft: Südwesteuropa, Mittelmeergebiet; Gebirgspflanze. Etwa 30 Arten dieser Gattung
Wuchs: 30 cm, niederliegende Triebe, stark verzweigt, dann aufstrebend
Blatt: lanzettlich, dunkelgrün, kurz behaart
Blüte: karminrosa, achselständig, Kelch rötlich
Blütezeit: VII–VIII
Standort: sonnig
Erde: kalkhaltige Gartenerde
Vermehrung: nur durch Stecklinge IV–VI
Pflege: anspruchslos, evtl. Rückschnitt II–IV, soweit nötig
Verwendung: vor allem für Steingärten, oder für Tröge und Trockenmauern, zum Überhängen auf Mauerkronen. Nachbarpflanzen: *Campanula poscharskyana, Lavandula, Linum flavum* 'Compactum', *Oenothera missouriensis*
Bewertung: außerordentlich wertvolle Steingartenpflanze

Abb. 611

Saponaria ocymoides
Rotes Seifenkraut

Abb. 611: *Saponaria ocymoides*

Herkunft Südwesteuropa, Sardinien, Korsika; Gebirgspflanze. 10–20 cm, Stengel niederliegend, verzweigt. Blatt verkehrt eiförmig bis spatelig. Blüte karminrot, in kleinen Trugdolden, von V–VII. Standort sonnig, auf steinig-sandiger Erde. Vermehrung durch Selbstaussaat. Bekannte, anspruchslose Steingartenpflanze, für Trockenmauern, Tröge. Nachbarpflanzen: *Campanula portenschlagiana, Cerastium tomentosum,* Helianthemum-Hybriden

Saponaria officinalis
Echtes Seifenkraut

Herkunft Europa, Sibirien, Vorderasien, Nordamerika. 80 cm hoch, Wurzelstock stark ausläufertreibend und wuchernd. Blüten in blaßrosa oder weiß, einfach oder gefüllt, zart duftend. Blütezeit von VII–VIII

Abb. 612

Sasa palmata (Bambusa palmata, Arundinaria palmata)
Palmwedelbambus

Abb. 612: ***Sasa palmata***

Familie: *Gramineae* – Süßgräser
Herkunft: Japan, Sachalin. Etwa 30 Arten dieser Gattung
Wuchs: 150–200 cm, aufrecht, mit starkem Ausbreitungsdrang, Halme dünn, Halmscheiden ockerfarben
Blatt: 25–30 cm lang, 6–8 cm breit, hellgrün, immergrün, sehr attraktiv
Standort: sonnig bis halbschattig, winterhart bis -25°C
Erde: normale, feuchte Gartenerde
Vermehrung: Teilung IV–V ohne Rückschnitt
Pflege: Rückschnitt vor dem Neuaustrieb, evtl. in Container setzen, damit der Ausbreitungsdrang verhindert wird
Verwendung: für Naturgärten, Gräser- und Wassermotive. Nachbarpflanzen: *Festuca scoparia, Luzula, Carex plantaginea, Scirpus, Sinarundinaria*

Sasa veitchii (Bambusa veitchii)
Palmwedelbambus

Herkunft Japan. 50–80 cm hoch, Blätter 20–25 cm lang, 4–5 cm breit, dunkelgrün, im Winter weiß berandet. Für Sonne und Halbschatten, vor Koniferen. Winterhart bis -23°C

Saururus chinensis (Saururus loureirii)
Asiatischer Molchschwanz

Familie: *Saururaceae* – Molchschwanzgewächse
Herkunft: China, Japan; im Tiefland, Teiche, Bäche, Sumpfwiesen. 2 Arten dieser Gattung
Wuchs: 40 cm hoch, aufrecht, Stengel kantig, ausläufertreibende Sumpfpflanze
Blatt: herzförmig, wechselständig
Blüte: klein, gelblich-weiß, zylindrisch, in den Blattachseln
Blütezeit: VII–VIII
Standort: sonnig bis halbschattig
Erde: Sumpfboden mit bis zu 10 cm Wasserstand
Vermehrung: Teilung des Wurzelstockes V–VI
Pflege: verlangt guten Winterschutz (30 cm Laubabdeckung)
Verwendung: ausgesprochene Liebhaberpflanze fürWassermotive, Gartenteiche, in Naturgärten, Parkanlagen. Nachbarpflanzen: *Orontium, Pontederia, Veronica beccabunga*

Abb. 613

Saururus cernuus
Amerikanischer Molchschwanz

Abb. 613: ***Saururus cernuus***

Herkunft Amerika, Kanada bis Florida. Bis 1,2 m hoch, Rhizom weit kriechend. Blätter herzförmig, zugespitzt. Blüten weiß, wohlriechend. Blütezeit von VII–VIII. Geeignet für Gartenteiche, Wassertiefe bis 10 cm

Polstersteinbrech

Abb. 614

Saxifraga × apiculata
Polstersteinbrech

Herkunft: Ostalpen, Pyrenäen. Etwa 300 Arten dieser Gattung
Wuchs: 5–10 cm, feste Polster
Blatt: dichte, kleine, immergrüne Rosetten
Blüte: gelb, in Massen
Blütezeit: III–IV oder IX
Standort: absonnig, Ost- und Nordostlagen
Erde: Pflanzerde mit Sand- und Kalkschotter
Vermehrung: Teilung V–VI
Pflege: empfindlich gegen Nässe
Verwendung: für Steingärten, Felsspalten, Felslöcher, Tröge, Alpinum; sehr schön in Steinschalen. Nachbarpflanzen: *Soldanella, Androsace, Colchicum bulbocodium, Hepatica, Cyclamen, Lewisia, Thymus*
Sorten: 'Primrose Bee', hellgelb, 5 cm hoch

Abb. 614: ***Saxifraga* × *apiculata***

Abb. 616: Saxifraga-Arendsii-Hybride 'Blütenteppich'

Abb. 615

Saxifraga oppositifolia
Roter Steinbrech

Herkunft arktische Gebiete, im Hochgebirge bis 3500 m im Fels und an grasarmen Hängen. 10–20 cm hoch, polsterartige Matten, kriechende Triebe, dünn. Blatt stumpf, elliptisch, am Rande gewimpert. Blüte weinrot, einzelstehend. Blütezeit von IV–V. Sehr pflegebedürftige Pflanze, empfindlich gegen Trockenheit und Sonnenbrand. Eine wunderhübsche Liebhaberpflanze, die gleich nach der Schneeschmelze blüht; selten im Staudensortiment.

Abb. 615: *Saxifraga oppositifolia*

Moossteinbrech

Abb. 616

Saxifraga-Arendsii-Hybriden
Moossteinbrech

Familie: *Saxifragaceae* – Steinbrechgewächse
Herkunft: Gartenhybride. Durch Kreuzung verschiedener Arten entstanden. Über 300 Arten dieser Gattung
Wuchs: 15–20 cm hoch, moosartige Polster
Blatt: rosettenartig, grün, fiederlappig
Blüte: üppig, mehrblütiger Blütenstengel, Farbe je nach Sorte
Blütezeit: IV–V
Standort: nicht prallsonnige Steingartenplätze
Erde: feuchter, humoser Gartenboden
Vermehrung: Teilung III–IV, Stecklinge IX unter Glas
Pflege: anspruchslos
Verwendung: Steingärten, Alpinum, Felsmotive, Trockenmauern, Gräber. Nachbarpflanzen: *Arabis, Aquilegia, Bergenia, Heuchera,* Primula-Auricula-Hybriden
Sorten: 'Birch Baby', 3 cm hoch, Blüte rosa. 'Blütenteppich', karminrosa. 'Ingeborg', leuchtend dunkelrot, sehr reichblühend. 'Pixie', 5 cm hoch, reinrosa, feste Polster. 'Schneeteppich', Blüte weiß. 'Schneezwerg', 3 cm hoch, reinweiß. 'Schwefelblüte', schwefelgelb. 'Triumph', Blüte dunkelkarminrot

Saxifraga muscoides
Alpensteinbrech

Herkunft Alpen. Kalkfliehend; bildet feste, harte Polster, nach Harz duftend, Blüten klein und blaßgelb. Im Garten schwer zu halten, hochalpine Pflanze.

Rosettensteinbrech

Abb. 617 + 618

***Saxifraga paniculata* (*Saxifraga aizoon*)**
Rosettensteinbrech

Herkunft: Spanien bis Kaukasus, Europa bis zur Arktis, Nordamerika; Gebirgspflanze
Wuchs: 20 cm hoch, Rosettenteppiche bildend
Blatt: hellgraugrün bis silbriggrün
Blüte: rosa Blütenrispen
Blütezeit: V–VI
Standort: volle Sonne
Erde: kalkhaltiger Gesteinsboden
Vermehrung: Teilung III–VII
Pflege: anspruchslos
Verwendung: Liebhaberpflanze für Steinfugen, Alpinum. Nachbarpflanzen: *Dianthus caesius, Sempervivum, Sedum*
Sorten: 'C. M. Prichard', weiße Blüten, mittelgroß, 40 cm. 'White Hill', sehr kleine Rosetten, weiß, 20 cm
Weitere Arten: *Saxifraga crustata:* Herkunft Alpen bis Mittel-Jugoslawien. Rosettenbildend

Abb. 617: *Saxifraga paniculata*

Abb. 618: ***Saxifraga paniculata***

Abb. 620

Saxifraga cotyledon
Silberfahnen-Steinbrech

Herkunft Pyrenäen, Südwestalpen, Island, Norwegen; im Gebirge auf Urgestein.
50–60 cm hoch, aufrecht. Blatt fleischig, breitlinealisch, als flache Rosetten. Große, pyramidale, weiße Blütenrispen, breite Dolden, einzelne Blütchen weiß mit roten Punkten am Schlund. Standort absonnig, auf kalkarmem Boden, mäßig feucht. Der prächtigste Steinbrech für Alpinum, Felspartien, auch als Topfpflanze oder in Trögen verwendbar und zum Schnitt. Sehr auffällig. Nachbarpflanzen: *Sedum spathulifolium.* Sorten: 'Pyramidalis', 50 cm hoch, Blüten weiß, spätblühend VI–VII. 'Somerset Seedling', 60 cm hoch, Blüten am Grund stark rot gepunktet. 'Southside Seedling', Blattrosetten groß, breite Dolde mit weißen Blütchen, am Schlund rote Punkte.

Abb. 619

Saxifraga callosa (Saxifraga lingulata)
Hängerispen-Steinbrech

Abb. 619: *Saxifraga callosa* 'Albidia'

Herkunft Pyrenäen, Südwestalpen; Gebirgspflanze. 30 cm hoch, Stengel beblättert. Blatt blaugrün, lineallanzettlich, spatelig, Rosetten büschelig, sehr auffallend. Blütenstand doldenrispig, weiß mit roten Tupfen, von VI–VII. Für Steinfugen und Alpinum. Nachbarpflanzen: *Acinos alpina, Campanula, Heuchera, Mertensia.* Sorten: 'Lantosana', 25 cm hoch, weiße Hängerispen. 'Superba', 20 cm hoch, weiß. 'Winterfeuer', 20 cm, weiß, zinnoberrote Winterfärbung

Abb. 620: *Saxifraga cotyledon* 'Southside Seedling'

Schattensteinbrech

Abb. 621 + 622

Saxifraga umbrosa
Schattensteinbrech, Porzellanblümchen, Jehowablümchen

Herkunft: Europa, Pyrenäen
Wuchs: 30 cm hoch, Blütenstengel bis 30 cm, teppichartig
Blatt: dunkelgrün, unterseits rötlich, locker, rosettig, eiförmig
Blüte: klein, sternförmig, weiß, in lockeren Blütenrispen
Blütezeit: IV–V
Standort: liebt Halbschatten oder absonnige Lage
Erde: feuchter Gartenboden
Vermehrung: Teilung II–IV oder VII–VIII
Pflege: anspruchslos
Verwendung: unentbehrliche Steinbrechsorte als Einfassungspflanze und Bodenbegrüner, für Steingärten und Tröge. Nachbarpflanzen: *Aquilegia caerulea, Dicentra eximia,* Primula-Auricula-Hybriden, *Iris pumila, Brunnera, Epimedium, Tiarella, Waldsteinia*
Sorten: 'Aureopunctata', 20 cm hoch, Blütenstengel bis 20 cm, teppichartig. Blattrosetten dunkelgrün, gelbgefleckt. 'Elliott', Hybride; 20 cm hoch, kompakt, Stengel rötlich; Blatt dunkelgrün, eiförmig, Blattrosetten zierlich; rote Blütenrispen, reichblühend; wertvolle Einfassungsstaude im Halbschatten. 'Weiße Elliot', weiß, sonst wie vorige

Abb. 621: *Saxifraga umbrosa*

Abb. 622: *Saxifraga umbrosa* 'Elliott'

Saxifraga cortusifolia var. *fortunei* (*Saxifraga fortunei*)

Abb. 623

Herbststeinbrech, Oktobersteinbrech

Herkunft: Ostasien, Japan, Sachalin
Wuchs: 30 cm hoch
Blatt: rundlich bis nierenförmig, unterseits rot, oberseits bräunlich-grün
Blüte: weiß, in lockeren Blütenrispen
Blütezeit: IX–X
Standort: absonnig
Erde: humos
Vermehrung: Teilung III–IV
Pflege: Winterschutz gegen Barfrost empfehlenswert
Verwendung: für Steingärten, Alpinum. Nachbarpflanzen: *Actaea alba, Deschampsia cespitosa, Gentiana asclepiadea, Polystichum setiferum, Tricyrtis, Helleborus, Epimedium, Tiarella*
Besonderheiten: ist im Steingarten der letzte Steinbrechblüher

Abb. 623: ***Saxifraga cortusifolia*** **var.** ***fortunei***

Saxifraga cochlearis

Rosettensteinbrech

Herkunft Seealpen. 20 cm hoch, Rosetten sehr klein, Blüten reinweiß, 20 cm hoch. Sorte 'Minor', 15 cm hoch, Blütezeit V–VI, rundliche, kleine Rosetten

Saxifraga longifolia

Abb. 624

Riesensteinbrech

Abb. 624: ***Saxifraga longifolia***

Herkunft Pyrenäen, an Kalkfelsen bis 2400 m; Gartenhybride. 15 cm hoch, Rosetten dicht, steifblättrig, Blütenstengel bis 70 cm, steif, drüsig behaart. Blatt lineallanzettlich, silbrig graugrün, riesige Blattrosetten. Blütenstand weiß, zylindrisch, bis zu tausend Blüten. Blüht nach Jahren nur einmal, stirbt dann ab! Blütezeit VII. Standort halbschattig, möglichst nach Osten gerichtet. Erde kalkhaltig, durchlässig. Vermehrung durch Aussaat II–III, auch Selbstaussaat. Nachzucht ist nur durch Samen gewährleistet, Anzucht dauert mehrere Jahre.Für Alpinum, Trockenmauerfugen, senkrechte Felsmulden. Nachbarpflanzen: *Acinos alpina, Campanula, Heuchera, Mertensia.* Ein erlesenes Schmuckstück! „Der König der Steinbreche", eine ausgesprochene Liebhaberpflanze! Sorten: 'Tumbling Waters' (Hybride *Saxifraga callosa* × *Saxifraga longifolia*), 60 cm langer Blütenstand mit Seitensprossen

Saxifraga rotundifolia

Steinbrech

Herkunft Europa, Kaukasus. 30–60 cm hoch, Wurzelstock knotig, buschige Kleinstaude. Blatt rundlich bis nierenförmig, langgestielt, hellgrün, behaart. Blütenrispen weiß, gelb und rot gepunktet, von V–VII. Standort halbschattig bis schattig in guter Gartenerde oder auf sandighumosem Boden. Bei richtigem Standort Selbstaussaat. Hübsch an Bächen, an Wasserstellen, im Alpinum. Nachbarpflanzen: *Actaea alba, Deschampsia cespitosa, Gentiana asclepiadea, Polystichum setiferum*

Saxifraga stolonifera

Judenbart

Herkunft Japan, China. 40 cm hoch, hängend mit langen Ausläufern. Rosette locker, Blätter gewölbt, rundlich, olivgrün mit silbergrauen Adern, unterseits rötlich, behaart. Blüten weiß. Bekannte Zimmerpflanze für kühle Räume. Winterharter Klon 'Cuscutiformis', 40 cm hoch, Blütezeit VII; wird gern als als Bodendecker verwendet

Scabiosa caucasica

Abb. 625 + 626

Kaukasus-Skabiose, Witwenblume

Abb. 625: ***Scabiosa caucasica***

Abb. 626: *Scabiosa caucasica*

Familie: *Dipsacaceae* – Kardengewächse
Herkunft: Kaukasus. Etwa 80 Arten dieser Gattung und viele Sorten
Wuchs: 70–80 cm hoch, Stengel aufrecht, straff
Blatt: glatt, fiederspaltig, graugrün, lanzettlich
Blüte: je nach Sorte
Blütezeit: VI–IX
Standort: vollsonnig, geschützt
Erde: kalkhaltiger, normaler Gartenboden
Vermehrung: Aussaat und Teilung II–IV, Stecklinge V–VI
Pflege: gegen Nässe empfindlich! Ebenerdiger Rückschnitt XI–III, evtl. Winterschutz gegen Barfrost
Verwendung: Rabattenstaude, wertvolle und beliebte Schnittblume. Sehr beliebt bei Schmetterlingen. Nachbarpflanzen: *Achillea ptarmica* 'Schneeball', Kniphofia-Hybriden, *Liatris, Hystrix patula*
Sorten: 'Blauer Atlas', tiefblaue, schalenförmige Blütenköpfe. 'Clive Greaves', helllobelienblau, großblumig; sehr gute Schnittstaude. 'Miss E. Willmott', Blüte groß, reinweiß. 'Moerheim Blue', 70 cm, blauviolett. 'Nachtfalter', dunkelviolett. 'Prachtkerl', Blüte sehr groß, leuchtendblau 'Stäfa', 80 cm, dunkelblau

Scabiosa graminifolia
Kissenskabiose

Herkunft Südeuropa, Schweden, Pyrenäen. 30–40 cm hoch, halbstrauchig. Blüte VII–IX, für sonnige Trockenmauern.

Scabiosa ochroleuca
Gelbe Skabiose

Herkunft Mitteleuropa, Sibirien. 60–80 cm hoch, Stengel reich verzweigt. Blüten hellgelb. Blütezeit von VI–X. Vor allem für Naturgärten geeignet

Scirpus sylvaticus
Waldsimse

Familie: *Cyperaceae* – Riedgrasgewächse, Sauergräser
Herkunft: Europa. Etwa 200 Arten dieser Gattung
Wuchs: 50–100 cm hoch, aufrecht
Blatt: rinnig, stumpfgrün
Blüte: Blütenährchen in gestielten Büschen
Blütezeit: V–VI
Standort: sonnig–halbschattig
Erde: Sumpfboden oder feuchte, normale Gartenerde
Vermehrung: Teilung IV–V
Pflege: anspruchslos, Rückschnitt II–III
Verwendung: für horstweise Flächenpflanzung geeignet, Teiche, Tümpel, Sumpfbecken, Naturgärten. Nachbarpflanzen: Sumpfpflanzen, z.B. *Iris pseudacorus*

Scirpus lacustris
Seesimse

Abb. 627

Familie: *Cyperaceae* – Riedgrasgewächse, Sauergräser
Herkunft: Europa, Asien, Nordamerika; im Tiefland, Sümpfe, Gewässer, Teiche. Etwa 200 Arten dieser Gattung
Wuchs: 150 cm hoch, locker, aufrecht, bizarr; Wurzelstock breitet sich stark wuchernd aus
Blatt: Blatthalme zylindrisch, peitschenförmig
Blüte: unscheinbar
Blütezeit: VI–VIII
Standort: sonnig bis halbschattig
Erde: lehmiger Sumpfboden mit 5–30 cm Wasserstand; aber auch bei bis 1 m tiefem Wasserstand lebensfähig
Vermehrung: Teilung V–VI
Pflege: anspruchslos, wuchert sehr, Rückschnitt XI–II, Beschränkung durch Topf- und Kübelpflanzung im Becken empfehlenswert
Verwendung: dekorative Sumpfstaude für Wasser- und Sumpfbecken, Teiche, Tümpel. Nachbarpflanzen: *Nymphaea, Elodea, Hippuris, Hottonia, Lemna, Mitella, Nymphoides, Orontium, Stratiotes*
Sorten: 'Albescens', Blütenhalme deutlich gelbgrün gestreift, 150 cm hoch. 'Spiralis', 100 cm hoch, die dunkelgrünen Halme sind bizarr gedreht und gewunden

Abb. 627: *Scirpus lacustris*

Scirpus lacustris ssp. *tabernaemontani*
Zebrasimse

Abb. 628

Herkunft Europa, Asien, Nordafrika; Sumpfgebiete, Teiche, Seen, Bäche. 120 cm hoch, locker, aufrecht, bizarr; Wurzelstock breitet sich stark wuchernd aus. Blatt gelblich grün bis weiß, quergestreifte, peitschenartige Halme, die an Stachelschweinborsten erinnern. Blüte unscheinbar, von VI–VIII. Umpflanzen oder Teilen, wenn die Blätter vergrünen; wuchert sehr. Rückschnitt XI–II, Beschränkung durch Topf- und Kübelpflanzung im Becken empfehlenswert. Beliebte Sorte mit Zierwert für Sumpfbecken, Teiche, Kübel, Tröge, Seen, Bäche, in Parkanlagen und Naturgärten. Nachbarpflanzen: *Nymphaea, Lemna trisulca, Elodea, Hippuris, Hottonia, Mitella, Nymphoides Orontium, Stratiotes*
Sorten: 'Albescens', Halme gelblichgrün, längsgestreift. 'Zebrinus', Halme dekorativ quergestreift

Abb. 628: *Scirpus lacustris* ssp. *tabernaemontani* 'Zebrinus'

Scutellaria alpina
Alpen-Helmkraut

Abb. 629

Abb. 629: *Scutellaria alpina*

Familie: *Labiatae* – Lippenblütengewächse
Herkunft: Hochgebirge Südeuropas. Etwa 180 Arten dieser Gattung
Wuchs: 15–25 cm hoch, buschig, leicht verholzend
Blatt: spatenförmig-eiförmig, kerbig gesägt, kahl bis flaumig behaart, kurz gestielt
Blüte: violett, helmartig, in dichtem fast vierseitigem Blütenstand
Blütezeit: V–VII
Standort: sonnig
Erde: kalkhaltig, gut drainiert
Vermehrung: Teilung im Frühjahr
Verwendung: für Steingärten, Alpinum, Tröge

Scutellaria baicalensis
Baikal-Helmkraut

Abb. 630

Herkunft Sibirien, Mongolei, China. 30–60 cm hoch, wüchsig, buschig wachsend. Blüten dunkelblau, von VI–IX

Abb. 630: *Scutellaria baicalensis*

Scutellaria scordifolia
Knöllchen-Helmkraut

Herkunft Sibirien, Korea. 20 cm hoch, kriechend, Blüten purpurviolett. Blütezeit von VI–VIII. Vermehrung durch unterirdische Knollen an den Wurzeln

Sedum acre
Scharfer Mauerpfeffer

Abb. 631

Familie: *Crassulaceae* – Dickblattgewächse
Herkunft: Europa, Nordafrika, Nordasien. Etwa 500 Arten
Wuchs: 5–10 cm, rasenbildend, Stengel kriechend
Blatt: walzig, fleischig, grün
Blüte: sternförmig, leuchtendgelb
Blütezeit: VI–VII
Standort: sonnig, dürre Plätze
Erde: sandig, kalkfrei
Vermehrung: Selbstaussaat, Teilung II–IV
Pflege: anspruchslos, kann lästig werden
Verwendung: Gartenmauern, Rasenersatz auf Trockenplätzen, zur Dachbegrünung. Nachbarpflanzen: zur Überpflanzung von Blumenzwiebeln, *Dianthus deltoides, Thymus serpyllum, Festuca*
Besonderheiten: Giftpflanze

Abb. 631: *Sedum acre*

Sedum aizoon (Sedum maximowiczii)

Herkunft Sibirien, China, Japan. 40–80 cm hoch, Triebe steif, aufrecht, grün. Blätter breitoval, stark gezähnt. Blüten gelb, im Juli. Für größere Gärten, wertvolle Schnittblume

Sedum album
Korallenmoos-Sedum

Abb. 632 + 633

Herkunft Europa bis Sibirien, Nordafrika. 5–10 cm , teppichartig, Blatt je nach Sorte, im Sommer grün, im Herbst und Winter rötlich. Blüte je nach Sorte von VI–VII. Vermehrung durch Selbstaussaat oder Teilung II–IV. Sehr wertvoller dichter Bodenbedecker, zur Dachbegrünung, für Steingärten, Gartenmauern, Rasenersatz auf Trockenplätzen. Nachbarpflanzen: *Alyssum montanum, Crocus speciosus, Festuca cinerea.*
Sorten: 'Coral Carpet', 5 cm hoch; Blatt walzig, dicht, dunkelgrün im Sommer, bronzegrün im Winter. Weiße Doldenrispen. 'Micranthum chloroticum', hellgrün, dichter Rasen, weiße Blüten. 'Murale', 10 cm hoch, Blatt braunrot, walzig. Blaßrosa Blütendolden

Anchusa italica 'Little John', *Cerastium columnae, Crocus speciosus* 'Albus', *Aster dumosus.* Sorten: 'Robustum', 25 cm hoch, büschelig, Triebe niederliegend, rotbraun; Blatt blaugrün, größer als bei *Sedum cauticola;* leuchtende Blütenstände. 'Vera Jameson', Blüte rosarot, Blatt purpur, 20 cm hoch

Sedum cyaneum
Rosenteppich-Sedum

Herkunft Sachalin, Japan, Sibirien. 7–10 cm hoch, in kleinen Büscheln. Triebe niederliegend, verzweigt. Blätter graugrün, bläulich bereift. Blüten karminrosa. Blütezeit von VII–VIII. Für Steingärten, Tröge, zur Dachbegrünung

Sedum ewersii
Himalaya-Sedum

Abb. 635

Herkunft Westhimalaja, Altai, Mongolei. 10 cm hoch, Triebe rotbraun, niederliegend, dann aufstrebend. Blatt blaugrau, gegenständig, herzförmig, rotbraun gesäumt, nicht wintergrün. Halbkugeliger, rosa Blütenstand, von VIII–IX. Zur Dachbegrünung, für Steingärten, Gartenmauern, Rasenersatz auf Trockenplätzen. Nachbarpflanzen: *Achillea ptarmica* 'Schneeball', Kniphofia-Hybriden, *Liatris, Hystrix patula.*

Abb. 632: *Sedum album* 'Corporal Carpet'

Abb. 633: *Sedum album* 'Murale'

Sedum cauticola
September-Sedum

Abb. 634

Herkunft Japan, auf Felsen. 10 cm hoch, büschelig, Triebe niederliegend, rotbraun. Blatt blaugrau bereift, rötlich purpurgerandet. Blüte anfangs bläulich, später karminrot, in Trugdolden. Blütezeit von VIII–IX. Für Steingärten, zur Dachbegrünung, Felsen, Mauern, Trockenplätze; Insektenfutterpflanze. Nachbarpflanzen:

Abb. 634: *Sedum cauticola*

Abb. 635: *Sedum ewersii*

Sedum floriferum
Reichblühendes China-Sedum

Abb. 636

Herkunft Nordost-China auf Felsen. 20 cm hoch, Wurzelstock knotig, starker Ausbreitungsdrang. Triebe rötlich, niederliegend. Blatt dunkelgrün, lanzettlich. Leuchtende, goldgelbe Trugdolden. Blütezeit von VII–VIII. Rasenersatz, Bodenbedecker, zur Dachbegrünung, für Einfassungen, Steingärten, Rabattenstaude. Starker Ausbreitungsdrang, wertvolle Bienenfutterpflanze. Nachbarpflanzen: *Berberis thunbergii* 'Atropurpurea', *Perovskia.* Sorten: 'Weihenstephaner Gold', 15 cm hoch, Blatt grün, Blüten leuchtend goldgelb, auch für feuchte Standorte geeignet

Abb. 636: ***Sedum floriferum*** **'Weihenstephaner Gold'**

Abb. 638: ***Sedum hybridum***

Sedum forsterianum (Sedum rupestris)

Abb. 637

Grünes Schlangenmoos-Sedum

Herkunft West-Europa, Marokko, auf Felsen. 20 cm hoch, locker-rasig, Wurzel spindelförmig. Triebe niederliegend, dann aufsteigend. Blatt lanzettlich, stielrund, reingrün. Lockere, gelbe Trugdolden. Blütezeit von VI–VIII.

Abb. 637: ***Sedum forsterianum*** **ssp.** ***elegans***

Sedum hybridum

Abb. 638

Immergrünes Mongolen-Sedum

Herkunft Sibirien, Mongolei. Keine Hybride, sondern eine Art! 15 cm hoch, mattenartig wachsend. Triebe niederliegend, dann aufstrebend, rötlich. Blatt länglich, immergrün. Blüte sternförmig, gelbe Trugdolden. Blütezeit von VI–VIII. Geeignet als Rasenersatz, zur Dachbegrünung, für Steingärten. Gute Insektenfutterpflanze. Großer Ausbreitungsdrang! Nachbarpflanzen: *Berberis thunbergii* 'Atropurpurea', *Perovskia.* Sorten: 'Immergrünchen', 15 cm hoch, ähnlich *Sedum spurium*, aber immergrün

Sedum kamtschaticum

Abb. 639

Kamtschatka-Sedum

Herkunft China, Asien, Korea, auf Felsen. 15 cm hoch, Wurzelstock dick, verzweigt, Triebe aufrecht. Blatt dunkelgrün, glänzend, spatelförmig. Blüte orangegelb, von VIII–IX. Rasenersatz, zur Dachbegrünung, Bodendecker, für Steingärten, Rabattenstaude. Wertvolles Insektenfutter, großer Ausbreitungsdrang. Sorten: 'Variegatum', Blatt gelblich, weiß gesäumt, sehr schöne Kleinstaude. *Sedum kamtschaticum* var. *ellacombianum:* Herkunft Japan, 10 cm hoch, verträgt gut Halbschatten. Blätter frischgrün, Blüten gelb, von VI–VIII. Guter Bodendecker. *Sedum kamtschaticum,* var. *middendorffianum* – Grünes Amur-Sedum: Herkunft Mandschurei, Ost-Sibirien. 20 cm hoch. Blüten gelb, Blätter schmaler, grün. schöne Herbstfärbung, guter Bodendecker

Abb. 639: ***Sedum kamtschaticum***

Abb. 640

Sedum lydium
Sedum

Herkunft Westliches Kleinasien. 5 cm hoch, polsterbildend, Blatt grün. Blüte weißlichrosa. Blütezeit von VI–VII. Bodenbedecker.
Sorten: 'Glaucum', graugrün, schnell wachsend. 'Schottland', dunkelgrün

Abb. 640: *Sedum lydium*

Abb. 643

Sedum sieboldii
Oktober-Sedum

Herkunft Japan. Blätter blaugrün, oft panaschiert. Blüten rosa, in Trugdolden, von IX–XI. Schöne Art, oft als Topfpflanze gezogen, braucht Winterschutz. Sorte 'Mediovariegata', Blätter mit gelblichweißem Mittelfleck

Abb. 643: *Sedum sieboldii* 'Variegatum'

Abb. 641

Sedum pluricaule
Sedum

Herkunft Sachalin, Japan, auf Felsen. 10 cm hoch, kleinbüschelig, Triebe niederliegend, verzweigt. Blatt wechselständig, rundlich bis oval, graugrün, bläulich bereift. Blüte karminrosa in reichblütigen Dolden. Blütezeit von VII–IX. Sehr hübsche, dankbare Steingartenpflanze, für Felsen, Mauern, Trockenplätze, Tröge. Nachbarpflanzen: *Cerastium columnae, Festuca valesiaca* 'Glaucantha', *Inula ensifolia* 'Compacta'. Sorte 'Rosenteppich'

Abb. 641: *Sedum pluricaule*

Abb. 642

Sedum reflexum
Tripmadam, Blautannen-Sedum

Herkunft Mitteleuropa, Nord- und Südeuropa. Triebe niederliegend, 15–30 cm. Blätter dachziegelartig angeordnet, blaugrün. Blüten goldgelb von VII–VIII. Sorten: 'Elegant', Blüte gelb, blaugrüne Blätter. Gewürzkraut, für Mauern, zwischen Platten. 'Glasmurmel', graugrüne Polster, Blüte gelb

Abb. 642: *Sedum reflexum*

Abb. 644 + 654

Sedum spathulifolium
Sedum

Herkunft Nordamerika.10 cm hoch, polsterartig. Dicke, silberweiße Blattrosetten, immergrün. Blüte gelb, in flachen Trugdolden, von V–VII. Verträgt keine Nässe, Rosetten faulen sonst! Für Steingärten, Felsen, Mauern, Trockenplätze. Nachbarpflanzen: *Dianthus deltoides, Lychnis alpina, Saxifraga cotyledon, Veronica, Sempervivum*.. Sorten: 'Capa Blanca', Rosetten braunrot, silberweiß bemehlt, 10 cm hoch.

Abb. 644: *Sedum spathulifolium* 'Purpureum'

Abb. 645: ***Sedum spathulifolium*** **'Cape Blanca'**

verkehrt eiförmig, gekerbt; Blüte weiß, trichterförmig, vereinzelt. 'Fuldaglut', karminrot, sehr reichblühend. 'Purpurteppich', Blatt dunkelrot, verkehrt eiförmig, Blattrand gekerbt, sehr leicht behaart; dunkelrote, trichterförmige Trugdolden. 'Schorbusser Blut', Blatt bräunlich, Blüte karminrot. 'Tricolor', Blüte rosa, Blatt rötlichweißbunt

Abb. 647: ***Sedum spurium***

Abb. 646

Sedum spectabile

Große Japan-Fetthenne

Herkunft Japan, China, Hybride. 30–50 cm hoch, Wurzeln fleischig, Stengel glatt. Blatt fleischig, gezähnt, breit-oval. Blüte dunkelkarminrosa, in schirmartigen Blütendolden, von VIII–IX. Standardstaude für Steingärten, Topf- und Balkonpflanze, Rabattenpflanze, Bienen- und Schmetterlingsfutterpflanze, für Staudenbeete. Nachbarpflanzen: *Avena, Eryngium planum, Achnatherum calamagrostis,* blaue *Aster dumosus, Salvia nemorosa*-Sorten. Sorten: 'Brillant', dunkelrosa, 40 cm hoch. 'Carmen', karminrosa, 50 cm hoch. 'Nordlicht', rosarot, 30 cm. 'Stardust', weiß, 30 cm.

Abb. 646: ***Sedum spectabile***

Abb. 647

Sedum spurium

Kaukasus-Sedum

Herkunft Kaukasus, Hybride. 10–15 cm hoch, Triebe kriechend und wurzelnd, üppige, dichte Polster, großer Ausbreitungsdrang. Blatt verkehrteiförmig, gegenständig. Blüte rosa, in Trugdolden, von VII–VIII. Für teppichartige Pflanzflächen, als Rasenersatz, ohne Begehung, für Steingärten, zur Dachbegrünung, für Tröge, Insektenfutterpflanze. Nachbarpflanzen: *Sedum telephium;* vor und zwischen Zwerggehölzen und zu Rosen, Krokussen und kleinen Blumenzwiebeln. Sorten: 'Album Superbum', Blatt gegenständig,

Abb. 648

Sedum telephium

Herbst-Fetthenne

Herkunft Europa bis Sibirien. 40–50 cm hoch, buschig, straffer Stengel, Rhizomwurzel. Blatt oval, unregelmäßig gezähnt, bläulichgrau. Große Blütenstände, bräunlichrot, flach gewölbt, von IX–X. Kein Rückschnitt im Herbst, erst im März, da den ganzen Winter über noch eine vornehme Wirkung geboten wird. Bienen- und Schmetterlingsfutterpflanze, Rabattenstaude, auch für Naturgärten. Nachbarpflanzen: *Avena, Eryngium planum, Achnatherum calamagrostis,* blaue *Aster dumosus, Cimicifuga racemosa, Cimicifuga simplex, Salvia nemorasa*-Sorten. Sorten: 'Herbstfreude', rostrot, 50 cm hoch, sehr wüchsig. 'Munstead Red', bräulich-rot, 50 cm. 'Variegata', hellrot, 60 cm

Abb. 648: ***Sedum telephium*** **'Herbstfreude'**

Abb. 649

Sempervivum-Hybriden

Dachwurz, Hauswurz, Steinwurz

Familie: *Crassulaceae* – Dickblattgewächse
Herkunft: Pyrenäen bis Balkan, Kleinasien bis Kaukasus. Etwa 30 Arten dieser Gattung, mit vielen Varietäten
Wuchs: flache, dickblättrige Rosettenstaude
Blatt: je nach Sorte
Blüte: je nach Sorte
Blütezeit: je nach Sorte
Standort: sonnig, trocken
Erde: normale bis sandig-trockene Gartenerde
Vermehrung: sehr leicht durch Teilung V–VII, Tochterrosetten abnehmen
Pflege: vollkommen anspruchslos, Durst- und Hungerkünstler
Verwendung: Steingärten, Tröge, Schalen, Mauerfugen,

Abb. 649: Sempervivum-Hybride 'Commander Hay'

Abb. 650: ***Sempervivum arachnoideum***

Dachgärten, Gräber, Einfassungen, Löcher in Tuff- und Kalkfelsen. Nachbarpflanzen: Iris (Barbata-Nana-Gruppe), *Koeleria, Saxifraga paniculata*
Besonderheiten: von den vielen Varietäten sind die derzeit gesichteten Hybrid-Sorten ausgewählt
Sorten: 'Alpha': Blattrosetten mittelgroß, braunviolett; Blüte rosa. 'Braunkugel'; Rosetten braunrot, groß, an den Spitzen rötlich überlaufen; Blüte rot. 'Beta': Rosetten mittelgroß, rotbraun; Blüte dunkelrosa. 'Commander Hay': Blattrosetten riesig, hellbraun-violett, in eine grüne Spitze auslaufend; Blüte rosarot. 'Donarrose': Rosette groß, braunrot; Blüte dunkelrosa. 'Gamma': Rosetten mittelgroß, rotbraun; Blüte rosa. 'Granat': Rosetten mittelgroß, auffallend rot; Blüte rosa. 'Hey-Hey', 10 cm, mittelgroß, grün behaart. 'Noir', mittelgroß, dunkelgrün mit dunkelroten Spitzen, wirkt fast schwarz. 'Norne': Rosetten groß, bläulichgrün, mit prupurnem Schimmer und dunkleren Spitzen; Blüte rötlich. 'Othello': Rosetten sehr groß, tief dunkelbraunrot; Blüte dunkelrosa. 'Purpurriese': Rosetten sehr groß, dunkelpurpurrot; Blüte rosa. 'Rauhreif'': Rosetten braunrot, silbrig übersponnen; Blüte karminrot. 'Rheinkiesel': Rosetten mittelgroß, silbrig übersponnen; Blüte rosa. 'Rotsandsteinriese': Rosetten sehr groß, bräunlichrot mit violettem Schimmer; Blüte rot. 'Rotspitz': Rosetten sehr groß, an der Basis hellgrün in eine breite, rötliche Zone übergehend; Blüte rötlich. 'Rubin': Rosetten mittelgroß, dunkelrot; Blüte lachsrot. 'Smaragd': Rosetten mittelgroß, grün, mit braunen Spitzen; Blüte rosa. 'Topas': Rosetten mittelgroß, dunkeltopasfarben; Blüte dunkelrosa. 'Wunderhold': Rosetten sehr groß, auffallend grünlichgelb, Blattspitzen braun; Blüte rötlich. 'Zwielicht', Rosetten sehr groß, an der Basis olivgrün, breite, auffallend dunkle Blattspitzen; Blüte rot.

Abb. 650

Sempervivum arachnoideum

Spinnweb-Hauswurz

Herkunft Alpen, Pyrenäen, Apennin, Karpaten. 10–20 cm hoch, Blattrosetten klein bis mittelgroß, silbrig übersponnen. Blüte rosenrot, 8–10 strahlig, VI–VII. Steht unter Naturschutz. Sorten: 'Album', 10 cm, reinweiße Blüten. 'Cariot', Rosetten kugelig, dicht, silberweiß übersponnen; Blüten rot; besonders wertvoll. 'Clärchen', Rosette größer, hübsch übersponnen, 2–3 cm groß. 'Minor', rosa, Rosetten silbrig, klein. 'Tomentosum', Rosetten silberweiß übersponnen. 'Zinal-Rothorn', rosa, Rosetten stark übersponnen

Sempervivum ciliosum (Sempervivum ciliosum var. *borisii)*

Steinwurz

Herkunft Bulgarien, Mazedonien. Rosetten mittelgroß, ballartig geschlossen, silbergrau und behaart. Blüte gelb, sternförmig. Blütezeit von VI–VII

Abb. 651

Sempervivum marmoreum (Sempervivum schlehanii)

Grüne Riesensteinwurz

Herkunft Südost-Europa, Ungarn, Griechenland. Blattrosetten groß, grün. Blüten hoch, sternförmig, purpurrosa, Blütensproß 10–15 cm hoch. Blütezeit VII

Abb. 651: ***Sempervivum marmoreum***

Abb. 652 + 653

Sempervivum tectorum
Dachwurz, Donnerwurz

Herkunft Pyrenäen bis zum Balkan, daraus entstanden viele Hybriden. 10–20 cm hoch, flach. Blattrosetten grün, mit geröteter Spitze, flach offen, bis 20 cm breit. Blüte trübpurpurrot, sternförmig, Blütensproß 20–30 cm hoch. Blütezeit von VI–VIII. Für Steingärten, zur Dachbegrünung, Tröge, Schalen, Mauerfugen, Dachgärten, Gräber, Einfassungen, Löcher in Tuff- und Kalkfelsen. Wurde im vorigen Jahrhundert sogar auf Stalldächern angesiedelt, um die Blitzgefahr abzuwenden, und auch als Hausmittel gegen Flechten bekannt.
Sorten: 'Atropurpureum', Blattrosetten dunkelviolett, Blüte rosa. 'Giganteum', Blattrosetten olivgrün, groß; Blüte rot. 'Sunset', Rosetten gelbgrün, mit roten Spitzen. 'Triste', Blattrosetten grau, groß; Blüte dunkelrosa. 'Violaceum', Rosetten braunviolett

Abb. 653: *Sempervivum tectorum*

Abb. 652: *Sempervivum tectorum*

Sempervivum tectorum ssp. *calcareum*
Rotspitzensteinwurz

Herkunft Westalpen, Frankreich. Blattrosetten hell-graugrün, Blattspitzen rotbraun. Blüte purpurrot. Blütezeit von VI–VII. Sehr schöne Art für Steingärten, zur Dachbegrünung, für Tröge, Schalen, Mauerfugen, Gräber, Einfassungen, Löcher in Tuff- und Kalkfelsen.
Sorten: 'Bicolor', grüne Rosette mit braunen Spitzen. 'Colde Baillard', hellgrün mit hellbraunen Spitzen. 'Greeni', rosa Blüten, blaugrüne Rosetten. 'Mrs. Guiseppi', rosa, blaugrüne kleinere Rosetten. 'Nigrum', Spitzen fast schwarz.

Sesleria argentea
Kopfgras, Blaugras

Familie: *Gramineae* – Süßgräser
Herkunft: Europa. 14 Arten dieser Gattung
Wuchs: 50 cm, aufrecht, locker
Blatt: linealisch, lang, überhängend, stachelspitzig
Blüte: Blütenrispen eiförmig, länglich, bläulich glänzend
Blütezeit: VI–VII
Standort: sonnig
Erde: normale, kalkhaltige Gartenerde
Vermehrung: Teilung IV–V
Pflege: anspruchslos, Rückschnitt III
Verwendung: anspruchsloser Bodenbedecker, für Steingärten, Naturgärten mit Gräsermotiven, Staudenbeete. Nachbarpflanzen: Gräser und Stauden mit niedrigem Wuchs, z.B. *Festuca, Helianthemum*

Abb. 654

Sesleria caerulea
Blaues Kopfgras

Abb. 654: *Sesleria caerulea*

Herkunft Europa, Schweden bis Bulgarien. 25 cm hoch, grasartig. Blatt schmal, bläulich bereift. Bläuliche Blütenähren, von V–VII. Zierliches, robustes Kleingras, Bodendecker für sonnige Stellen und für Steingärten, Naturgärten mit Gräsermotiven, Staudenbeete. Nachbarpflanzen: Gräser und Stauden mit niedrigem Wuchs, z.B. *Festuca, Helianthemum*

Sesleria heuffleriana
Grünes Kopfgras

Herkunft Südosteuropa. 50 cm hoch, dichte Horste bildend. Blütezeit von IV–V. Schwarze Rispenähren. Für Kalkböden und sonnige bis halbschattige Standorte, z.B. unter Gehölzen. Bleibt lange wintergrün

Abb. 655: *Sidalcea malviflora* 'Loveliness'

Abb. 655

Sidalcea malviflora
Prairiemalve

Familie: *Malvaceae* – Malvengewächse
Herkunft: westliches Nordamerika, Kalifornien. Etwa 35 Arten dieser Gattung
Wuchs: bis 1 Meter, buschig, steif aufrecht, wenig verzweigt, nicht immer standfest
Blatt: handförmig geteilt, tief eingeschnitten, glänzend
Blüte: zartrosa, malvenförmig, auf dichten Blütenständen
Blütezeit: VI–VIII
Standort: sonnig
Erde: lehmig-humos, kalkarm, keine Staunässe
Vermehrung: Teilung über Winter, Aussaat III–V
Pflege: anspruchslos, nach der Blüte sofort bodennah zurückschneiden, während des Wachsens Halt geben
Verwendung: reichblühende, schöne Schnittstaude, für Rabatten, Steppengärten
Weitere Arten: Sidalcea-Hybriden: Sorte 'Brillant', karminrot, 60 cm hoch

Sidalcea oregana

Herkunft westliches Nordamerika. 60–80 cm hoch, Blüten klein, in ährenförmigen Trauben, sattrosa

Abb. 656

Silene vulgaris (Silene maritima)
Gemeines Leimkraut

Familie: *Caryophyllaceae* – Nelkengewächse
Herkunft: an den Küsten Westeuropas. Etwa 400 Arten dieser Gattung
Wuchs: 10–20 cm, locker, rasig, Stengel niederliegend
Blatt: grasgrün, breit-lanzettlich
Blüte: weiß, reizend
Blütezeit: V–VI
Standort: sonnig–halbschattig
Erde: kalkhaltiger Gartenboden
Vermehrung: Teilung III–V, Stecklinge V–VII
Pflege: anspruchslos
Verwendung: Sommerblüher im Steingarten und in Naturgärten. Nachbarpflanzen: *Campanula turbinata, Dianthus caesius, Geranium dalmaticum,* Helianthemum-Hybriden, Blumenzwiebeln
Sorten: 'Plena', weiß, gefüllt, 10 cm hoch, 'Rosea', lilarosa, 'Weißkehlchen', weiß, Polster graugrün

Abb. 656: ***Silene vulgaris*** **'Weißkehlchen'**

Abb. 657

Silene schafta
Kaukasisches Herbstleimkraut

Abb. 657: ***Silene schafta***

Herkunft Ostkaukasus, Nordpersien. 10 cm hoch, locker, rasenartig, Stengel aufsteigend. Blatt lanzettlich, zugespitzt, grün. Blüte leuchtend tiefrosa, sehr reichblühend, von VIII–IX. Sorte 'Splendens', grüne Polster, Blüten tiefrosa

Silphium laciniatum
Kompaßpflanze, Harzkraut

Familie: *Compositae* – Korbblütlengewächse
Herkunft: amerikanische Prärien; etwa 25 Arten
Wuchs: bis 2 Meter hoch, mit steifen Stengeln
Blatt: wechselständig, tief fiederspaltig, unten bis 50 cm lang, oben 10–12 cm, rauh behaart
Blüte: Strahlenblüten gelb, Scheibenblüten braun, sonnenblumenähnlich
Blütezeit: VII–VIII
Standort: sonnig, trocken
Erde: nährstoffreich, tiefgründig, humos
Vermehrung: Aussaat im Frühjahr
Verwendung: botanisch interessante Liebhaberpflanze: bei jüngeren Pflanzen sind die Blattränder nach Nord und Süd ausgerichtet, die Flächen zeigen nach Ost und West, sodaß die heiße Mittagssonne nur die Blattränder treffen kann.

Silphium perfoliatum
Becherpflanze.

Herkunft Nordamerika, Prärien. Wuchs bis 2 Meter hoch, vierkantige Stengel, im oberen Bereich verzweigt. Blätter gegenständig, am Stengel becherartig zusammengewachsen, eiförmig-spitz, rauh. Blüten gelb, bis 8 cm breite Köpfchen.
Blütezeit VII–IX.

Abb. 658

Sinarundinaria nitida (Fargesia nitida)
Chambambus, Chinarohrgras

Familie: *Gramineae* – Süßgräser
Herkunft: Mittel- und Westchina. 2 Arten dieser Gattung
Wuchs: 150–300 cm hoch, aufrecht, rohrartige Stengel, Halmscheiden fein behaart
Blatt: zierlich, glänzend purpurn, 5–8 cm lang, immergrün
Standort: sonnig bis halbschattig, sogar trocken; absolut winterhart

Abb. 658: ***Sinarundinaria nitida***

Erde: normaler, frischer Gartenboden
Vermehrung: Teilung IV–V ohne Triebrückschnitt
Pflege: anspruchslos, Rückschnitt III
Verwendung: wertvolles winterhartes Ziergras mit Blattschmuck für Steingärten, Japangärten, Naturgärten mit Wassermotiven, an Gehölzrändern, auch in Einzelstellung. Nachbarpflanzen: andere Gräser z.B. *Festuca, Avena* und Wasserstauden z.B. *Iris, Tradescantia, Kniphofia*

Abb. 659

Sisyrinchium angustifolium (Sisyrinchium gramineum)
Binsenlilie

Familie: *Iridaceae* – Schwertliliengewächse
Herkunft: Nordamerika, mittlere Staaten. Etwa 70 Arten dieser Gattung
Wuchs: büschelig, 15–20 cm hoch, in dichten Horsten
Blatt: schmal-lanzettlich, irisähnlich, dunkelgrün
Blüte: in Büscheln, violettblau mit gelbem Grund
Blütezeit: V–VI
Standort: sonnig, nicht zu trocken
Erde: sehr durchlässig
Vermehrung: Teilung und oft durch Selbstaussaat
Verwendung: besonders ausdrucksvolle Liebhaberpflanze für Steingärten, Schalen, Tröge und Töpfe. Nicht ganz winterhart, braucht Schutz. Nachbarpflanzen: *Festuca*-Arten, *Campanula portenschlagiana, Hypericum olympicum,* Heidepflanzen

Abb. 659: ***Sisyrinchium angustifolium***

Abb. 660

Sisyrinchium californicum
Binsenlilie

Herkunft Oregon, Kalifornien. 10 cm hoch, Blüten goldgelb. Blütezeit von V–VII. Liebt feuchte, sonnige Plätze, z.B. in Trögen. Winterschutz erforderlich

Abb. 660: ***Sisyrinchium californicum***

Abb. 661

Sisyrinchium striata
Binsenlilie.

Herkunft Argentinien, Chile. Blätter breit, irisähnlich. Blütentriebe 60–80 cm hoch, Blüten cremegelb, Blütezeit VI–VII. Standort sonnig bis halbschattig. Benötigt in kalten Wintern etwas Schutz vor Kahlfrost.

Abb. 661: ***Sisyrinchium striata***

Abb. 662

Smilacina racemosa
Schattenblume

Abb. 662: ***Smilacina racemosa***

Familie: *Liliaceae* – Liliengewächse
Herkunft: Nordamerika und Asien. Etwa 20 Arten dieser Gattung
Wuchs: 100 cm hoch, überhängend, ähnlich Salomonsiegel, mit kriechendem Rhizom
Blatt: sitzend, ohne Stiel, breitlanzettlich, Oberseite hellgrün, matt, Unterseite glänzend mit stark sichtbaren Adern
Blüte: gelblichweiß, in Rispen, bis 15 cm lang
Frucht: hellrote Beeren
Standort: halbschattig bis schattig
Erde: lehmig-humos, gut durchlässig, feucht
Vermehrung: Teilung und Aussaat
Verwendung: schöne Schattenstaude für Rabatten, Gehölze, in Gesellschaft mit Farnen. Nachbarpflanzen: *Arum italicum, Cimicifuga simplex, Polygonatum commutatum, Anemone vitifolia, Epimedium*

Abb. 663

Solanum dulcamara
Bittersüßer Nachtschatten, Bittersüß

Abb. 663: ***Solanum dulcamara***

Familie: *Solanaceae* – Nachtschattengewächse
Herkunft: heimisch, Eurasien, in Nordamerika eingebürgert. Etwa 1500 Arten dieser Gattung
Wuchs: Halbstrauch, Triebe schwach, liegend oder bei Gelegenheit auch kletternd, 80–100 cm lang
Blatt: spitzeiförmig, leicht behaart
Blüte: lockere Dolden von tiefvioletten Blüten, 2 cm ø, leuchtend gelbe Staubgefäße
Frucht: leuchtendrote Beeren, im Spätherbst, die für den Menschen giftig sind
Standort: sonnig–halbschattig, sowohl im Wasser als auch auf dem feuchten Uferrand
Erde: immer feucht, nährstoffreich
Vermehrung: Aussaat III–V
Verwendung: auffällige Erscheinung am Uferrand von Bächen und größeren Teichen in der Nachbarschaft von *Iris pseudacorus, Acorus* und ufernahen Gehölzen

Abb. 664

Soldanella alpina
Großes Alpenglöckchen, Troddelblume

Familie: *Primulaceae* – Primelgewächse
Herkunft: Mitteleuropa, Pyrenäen; Gebirgspflanze. Etwa 6 Arten dieser Gattung
Wuchs: 5–15 cm
Blatt: rundlich, nierenförmig
Blüte: lilablaue Glöckchen
Blütezeit: III–V
Standort: absonnig, kühl
Erde: feuchte, humose, mit Sphagnum durchsetzte Böden
Vermehrung: Selbstaussaat
Pflege: sehr pflegebedürftig, da Bodenfeuchtigkeit und Kalksubstanz erhalten werden müssen. Vor Schneckenfraß schützen!
Verwendung: Steingärten, Alpinum. Nachbarpflanzen: *Gentiana acaulis, Primula farinosa, Oxalis,*
Besonderheiten: interessante Alpenpflanze für Liebhaber, mit Seltenheitswert. Steht unter Naturschutz!

Abb. 664: ***Soldanella alpina***

Soldanella montana
Berg-Alpenglöckchen

Herkunft Mitteleuropa, Italienische Alpen, in Wiesen und Wäldern. 20–30 cm hoch. Blüten violett. Blütezeit von V–VI. Wächst leichter als *Soldanella alpina.* Ideal für Moorbeete. Steht unter Naturschutz!

Abb. 665

Solidago caesia
Goldrute

Familie: *Compositae* – Korbblütengewächse
Herkunft: Nordamerika, in der freien Landschaft an Böschungen (Bahndämmen) eingebürgert. Etwa 130 Arten dieser Gattung
Wuchs: 80 cm hoch, aufrecht, buschig, dichter Wurzelstock, Stengel drahtig, graugrün, bogig überhängend
Blatt: lanzettlich, weidenblattartig, hellgrün
Blüte: goldgelb, in zierlichen Blütenrispen
Blütezeit: IX–X
Standort: sonnig
Erde: normaler Gartenboden

Abb. 665: ***Solidago caesia***

Vermehrung: Teilung III–V
Pflege: anspruchslos, Rückschnitt ebenerdig XI–II
Verwendung: Staudenbeete, Böschungen, zum Schnitt, für Naturgärten, Insektenfutterpflanze. Nachbarpflanzen: *Aster sedifolius* 'Nanus', *Ceratostigma, Aster dumosus, Aster novi-belgii,* Delphinium-Hybride 'Völkerfrieden', *Erigeron, Monarda, Scabiosa,* braunrote *Helenium,* vor Gehölzen mit Herbstfärbung

Abb. 666 + 667

Solidago-Hybriden
Goldrute

Abb. 666: Solidago-Hybride 'Goldwedel'

50–80 cm hoch, je nach Sorte; gelbe Blüte, VII–IX.
Sorten: 'Cloth of Gold': 50 cm hoch, dichtbuschig; Blüte goldgelb in dichten Blütenrispen. 'Golden Gate'; 50 cm hoch, hellgelb. 'Goldenmosa'; 70 cm hoch, Rispen spitzkegelig, goldgelb. 'Golden Shower': 80 cm hoch, aufrecht; Blüte dunkelgelb, in schön geformten Blütenrispen; sehr gute Schnittblume. 'Goldwedel': 60 cm hoch, aufrecht; Blüte goldgelb, in dichten Blütenrispen. 'Ledsham': 80 cm hoch, locker, aufrecht; Blüte hellgelb, in lockeren Blütenrispen. 'Strahlenkrone': 60 cm hoch, sehr gleichmäßig, aufrecht; Blüte goldgelb, in flachen Blütenrispen; gute Schnittblume

Abb. 667: Solidago-Hybride 'Laurin'

Abb. 668

× *Solidaster luteus*
Septemberkraut, Goldaster

Familie: *Compositae* – Korbblütengewächse
Herkunft: Gattungsbastard zwischen *Aster ptarmicoides* und *Solidago*
Wuchs: 60 cm hoch, wenig standfest
Blatt: schmal-lineal-lanzettlich, glatt
Blüte: hellgelb in üppig verzweigten Stäußen
Standort: sonnig bis halbschattig
Erde: humose Gartenerde, nicht zu trocken
Vermehrung: Teilung und Stecklinge
Verwendung: zum Schnitt, als Beiwerk zu Sträußen. Für Beete zuwenig standfest

Abb. 668: × ***Solidaster luteus***

Abb. 669

Sorghastrum nutans (Chrysopogon nutans)
Gelbbartgras

Familie: *Gramineae* – Süßgräser
Herkunft: östliches und mittleres Nordamerika
Wuchs: bis 150 cm hohes Horstgras
Blatt: Halme beblättert, 1 cm breit und 50 cm in der Länge
Blüte: rotbraun, in einer schmalen Rispe
Blütezeit: VIII–IX
Standort: sonnig, geschützt
Erde: kalkhaltig, humos, durchlässig
Vermehrung: Aussaat oder Teilung III–IV, bei warmen Temperaturen anwachsen lassen
Verwendung: für Staudenrabatten, Steppengärten, zum Schnitt und zum Trocknen. Nachbarpflanzen: *Aster amellus, Kniphofia, Galtonia, Eremurus, Scabiosa*

Abb. 669: ***Sorghastrum nutans***

Abb. 670

Sparganium emersum
Einfacher Igelkolben

Herkunft Europa, Mittelasien. 50–60 cm hoch, Blüten mit kurzen Ästen. Für den Uferbereich, 0–20 cm Wassertiefe

Abb. 670: ***Sparganium emersum***

Abb. 671

Sparganium erectum (Sparganium ramosum)
Ästiger Igelkolben

Familie: *Sparganiaceae* – Igelkolbengewächse
Herkunft: Europa, Asien; 20 Arten
Wuchs: 50 cm hoch, aufrecht, locker, Wurzelstock treibt Ausläufer
Blatt: bandförmig im Wasser, sonst aufrecht, unten dreikantig
Blüte: grünlichweiße, rispige, kugelförmige Köpfe, die sich zu runden Stachelfrüchten umbilden
Blütezeit: VI–VII
Standort: sonnig–halbschattig
Erde: Sumpfboden , verträgt bis 30 cm Wasserstand
Vermehrung: Teilung des Wurzelstockes, V–VI
Pflege: anspruchslos
Verwendung: Naturgärten, Parkanlagen mit Wassermotiven und Sumpfbecken; Teichufer, Seen, Bäche, Tümpel. Nachbarpflanzen: *Menyanthes, Pontederia*

Abb. 671: ***Sparganium erectum***

Abb. 672

Spartina pectinata (Spartina michauxiana)
Goldleistengras, Bandleistengras, Goldbandleistengras

Familie: *Gramineae* – Süßgräser
Herkunft: nördliches Nordamerika. 10 Arten dieser Gattung
Wuchs: 150 cm hoch, Wurzelstock mit kurzen Ausläufern, aufrecht, neigt zur Wucherung, Blütenstiele aufstrebend, sehr schön
Blatt: schmale, lange, stark übergebogene grüne Blätter mit breiten, gelben Leisten
Blüte: Ähren hellbraun an starren Stengeln
Blütezeit: VIII–IX
Standort: sonnig
Erde: normaler, feuchter Gartenboden
Vermehrung: Teilung V–VI
Pflege: anspruchslos, der Ausbreitungsdrang kann durch Containerpflanzung gestoppt werden; Rückschnitt III, Winterschönheit erhalten
Verwendung: zur Einzelstellung für Wassermotive in Naturgärten, Rabatten, an Gartenzäunen und zur Vorpflanzung bei Gehölzrändern; sehr wertvolle Schnittpflanze für den Vasenschmuck. Nachbarpflanzen: Polstergräser, z.B. *Festuca,* oder niedrige Stauden wie *Helianthemum*
Sorten: 'Aureomarginata', weit überhängende, gelbgeränderte Blätter

Abb. 672: ***Spartina pectinata***

Spodiopogon sibiricus (Spodiopogon splendens)
Zottenrauhgras, Graubartgras

Familie: *Gramineae* – Süßgräser
Herkunft: Sibirien
Wuchs: 120 cm hoch, aufrecht, buschige Horste bildend, schilfartiger Eindruck
Blatt: schmal, lanzettlich, weich
Blüte: Blütenähren gelblich, in dichten Rispen
Blütezeit: VII–IX
Standort: sonnig bis halbschattig
Erde: nährstoffreicher, sandiger, humoser Boden
Vermehrung: Teilung IV–V
Pflege: anspruchslos, Rückschnitt III
Verwendung: als Solitär oder horstweise in Naturgärten mit Wasser- oder Gräsermotiven; Steingärten. Nachbarpflanzen: *Festuca, Helianthemum, Hemerocallis, Iris, Lythrum*

Abb. 673

Stachys grandiflora
Rosenziest

Familie: *Labiatae* – Lippenblütengewächse
Herkunft: Kaukasus, Persien. Etwa 200 Arten
Wuchs: 30–50 cm hoch, dichtbuschig, aufrecht
Blatt: eirund, langgestielt, gekerbt
Blüte: purpurrosa, in dichten Quirlen
Blütezeit: VII–VIII
Standort: sonnig–halbschattig
Erde: normaler, kalkhaltiger Gartenboden
Vermehrung: Teilung III–V
Pflege: anspruchslos, ebenerdiger Rückschnitt XI–II
Verwendung: Für Staudenbeete und Naturgärten. Nachbarpflanzen: *Campanula macrantha, Campanula poscharskyana, Achnatherum, Deschampsia cespitosa, Lysimachia punctata,* vor Gehölzgruppen
Besonderheiten: vorzügliche Gartenstaude, die dichte Horste bildet, Insektenfutterpflanze
Sorten: 'Superba', dichtbuschig wachsend

Abb. 673: *Stachys grandiflora*

Abb. 674 + 675

Stachys byzantina (Stachys lanata)
Silberwollziest, Eselohren, Hasenohren

Abb. 674: *Stachys byzantina*

Herkunft Kaukasus. 30 cm hoch, kriechend. Blatt gestielt, breit oval, dick, weißfilzig. Blüte klein, unscheinbar, von VII–IX. Standort sonnig, bei trockenem magerem sandigem Boden. Zu Gruppenbepflanzungen, Bodendecker, Einfassungen, Steingärten. Nachbarpflanzen: rote Polyantharosen, *Aster amellus, Lychnis viscaria* 'Plena', *Nepeta × faassenii.* Besonders wertvoller Bodendecker für trockene Stellen. Bienenfutterpflanze. Sorten: 'Silver Carpet', blüht kaum, sieht immer ordentlich aus, dicht bodendeckend. 'Sheila Mc Queen', kompakt wachsend, Blätter wollig und silbrig.

Abb. 675: *Stachys byzantina* 'Silver Carpet'

Stachys lavandulifolia
Lavendelziest

Herkunft Kleinasien, Kaukasus, Iran. 10–15 cm hoch, kriechender Wuchs. Blütenstand walzenförmig, Blüten rosarot. Knospen und Blätter wollig behaart. Sehr hübsche Steingartenpflanze für volle Sonne und steinigen Boden.

Stachys monnieri (Stachys densiflora)
Dichtblütiger Ziest

Herkunft Alpen, Pyrenäen. 30 cm hoch, kriechend; Blatt dunkelgrün, dem Boden aufliegend, gekerbt. Blüte tiefrosa, in dichten Ähren. Blütezeit von VI–VII.
Sorte 'Rosea', rosa Blüten, gekerbte Blätter

Stipa barbata
Reiherfedergras

Familie: *Gramineae* – Süßgräser
Herkunft: Mittelmeergebiet. 100 Arten dieser Gattung
Wuchs: 80 cm, locker, horstbildend
Blatt: sehr schmal und lang, oft am Rande eingerollt
Blüte: Grannen sehr lang, bogig überhängend, silberseidig
Blütezeit: VII–VIII
Standort: sonnig, trocken
Erde: sandig, kiesig, kalkhaltig
Vermehrung: Teilung V–VII, Aussaat IX–XII
Pflege: Rückschnitt III
Verwendung: Solitärgras und für Horstpflanzung geeignet, an Treppenwangen, Trockenmauern, Naturgärten, Heidegärten, Wasser- und Gräsermotive, Gehölzrändern. Zusammen mit anderen Gräsern und Stauden
Besonderheiten: ausgeprägte Trockenpflanze mit Schnittwert, prächtiges Staudengras. Steht unter Naturschutz!

Abb. 676

Stipa capillata
Büschelfedergras, Büschelhaargras

Herkunft Mittelmeergebiet, Südalpen bis Sibirien, an sonnigen Hanglagen. Steht unter Naturschutz! 60–80 cm, hohe, aufrechte Halmbüsche, Halme steif, aufrecht, beblättert. Blatt steif, schmal, aufrecht. Rispen silbrig, langbegrannt, unbehaart, von VII–VIII. Für Naturgärten, Heidegärten mit Gräsermotiven, zusammen mit anderen Gräsern und Stauden.

Abb. 676: *Stipa capillata*

Stipa gigantea
Pyrenäenfedergras

Abb. 677

Abb. 677: ***Stipa gigantea***

Herkunft Spanien. 100 cm hoch, locker aufrecht, horstbildend, Halme dichtstehend, stark. Blatt eingerollt, schmal, blaugrün. Ähren gelb, auf starken Stielen, in lockeren bis mannshohen Blütenrispen. Blütezeit VI–VIII. Verlangt vollsonnige Lage mit Winterschutz. Ungewöhnliches, schönes Gras mit Schnittwert, für Einzelstellung in Naturgärten mit Wasser- oder Gräsermotiven, auch an sonnigen Gehölzrändern. Steht unter Naturschutz!

Stipa pennata
Flauschfedergras

Abb. 678

Abb. 678: ***Stipa pennata***

Herkunft Mittel- und Südeuropa, bis Sibirien. 40–50 cm hoch, horstbildend, locker. Blatt horstig, zusammengefaltet. Blütenrispen einfach, Grannen bis 20 cm hoch, fedrig behaart. Blütezeit von V–VI. Für Naturgärten mit Wasser- und Gräsermotiven, Wasserbecken, Steingartenmotive, Heidegärten. Als Schnittpflanze für den Vasenschmuck, aber frühzeitig schneiden, sonst fallen die Rispen ab; wertvolle Wildstaude. Steht unter Naturschutz!

Stokesia laevis
Stokesie, Kornblumenaster

Abb. 679

Familie: *Compositae* – Korbblütlengewächse
Herkunft: südöstliche Staaten der USA, nur diese Art
Wuchs: 30–40 cm hoch. Lockere Blattrosette, Wurzelstock fleischig.
Blatt: lanzettlich, gestielt, mit glattem Rand, lederartig
Blüte: ähnelt Astern, mit gefransten Randblüten. Ca. 10 cm breit, lilablau mit heller Mitte.
Blütezeit: August–September
Standort: sonnig, warm, geschützt
Erde: sandig-lehmig, durchlässig, keine Staunässe
Vermehrung: Aussaat, Teilung im Frühjahr
Verwendung: schöne Schnittstaude, für Steppengärten, Rabatten. Nachbarpflanzen: *Oenothera, Liatris,* Rosen, *Sidalcea*, Gräser

Abb. 679: ***Stokesia laevis***

Stratiotes aloides
Wasseraloe, Krebsschere

Abb. 680

Familie: *Hydrocharitaceae* – Froschbißgewächse
Herkunft: Mitteleuropa, Kaukasus; Sumpfgebiete, Teiche, Tümpel, Seen. Eine Art dieser Gattung
Wuchs: 25 cm, Schwimmpflanze, wenig Wurzeln
Blatt: bis 40 cm, lang, bräunlichgrün, schwertförmig, stachelig gezähnt. Trichterförmige Blattrosetten, im Winter untergetaucht, im Sommer aus dem Wasser ragend
Blüte: weiß, die sich aus dem Wasser hebt
Blütezeit: VII–VIII
Standort: sonnig
Erde: liebt kalkfreies, stehendes Wasser von 30–100 cm Wassertiefe und Schlammboden
Vermehrung: durch Brutknospen IV–V
Pflanzung: beim Pflanzen Wurzel oder sogar die Blattrosette gut in den Boden drücken
Pflege: anspruchslos

Verwendung: Gartenteiche, Wasser- und Sumpfbecken in Naturgärten und Parkanlagen. Nachbarpflanzen: *Nuphar, Nymphoides, Nymphaea, Trapa, Typha*
Besonderheiten: steht unter Naturschutz!

Abb. 680: ***Stratiotes aloides***

Abb. 681: ***Symphytum grandiflorum*** **'Hidcote Blue'**

Symphytum asperum
Beinwell, Wallwurz, Comfrey

Familie: *Boraginaceae* – Boretschgewächse
Herkunft: Kaukasus, West-Iran, Armenien. 25 Arten
Wuchs: etwa 1,5 Meter hoch
Blatt: dunkelgrün, borstig behaart
Blüte: nickend, röhrenförmig, anfangs rötlich, im Abblühen blau
Blütezeit: VI–VIII
Standort: sonnig bis schattig, jedoch feucht
Erde: humos, nährstoffreich, durchlässig
Vermehrung: durch Wurzelschnittlinge, Teilung
Verwendung: im Biogarten zum Mulchen und für Kräuterauszüge, zum biologischen Düngen. Schöne Schattenstaude für den Teichrand und vor Gehölzen
Besonderheiten: Giftpflanze
Sorten: 'Aureovariegatum', Blätter goldgelb gefleckt

Symphytum caucasicum
Beinwell

Herkunft Kaukasus. 60 cm hoch. Bildet dekorative Horste mit schönen, azurblauen Blüten

Abb. 681

Symphytum grandiflorum
Beinwell

Herkunft Kaukasus.
Nur 30 cm hoch, Blüten cremeweiß. Gerne verwendet als Bodenbedecker, zum Verdrängen anderer, unerwünschter Pflanzen. Sorten: 'Blaue Glocken', reinblau, 30 cm hoch. 'Goldsmith', cremeweiß mit gelb gerandeten Blättern. 'Hidcote Blue', zartblau. 'Hidecote Pink', rosa bis cremefarben. 'Saphir', blau

Abb. 682

Symphytum officinale
Gemeiner Beinwell

Europa bis Westsibirien. 60–70 cm hoch, hat längere Blütenkelche als *Symphytum. asperum* und weniger rauh behaarte, breit-lanzettliche Blätter. Blüten violett und purpurn, auch gelblichweiß. Blüht besonders üppig an feuchten Standorten. Blütezeit von V–VIII. Die Sorte 'Argenteum' hat weiß gezeichnete Blätter; Giftpflanze

Abb. 682: ***Symphytum officinale*** (Foto: Holmåsen)

Tanacetum coccineum (Chrysanthemum coccineum)

Abb. 683 + 684

Bunte Margerite

Abb. 683: ***Tanacetum coccineum* 'Brenda'**

Familie: *Compositae* – Korbblütengewächse
Herkunft: Bergwiesen im Kaukasus
Wuchs: 80 cm hoch, kompakt, aufrecht, drahtige lange Stiele
Blatt: doppelt, fiederteilig
Blüte: gefüllt, dunkelrot
Blütezeit: V–VI
Standort: sonnig, geschützt (vor Hausmauern)
Erde: nahrhafter, tiefgründiger Gartenboden
Verwendung: für Staudenrabatten, sehr gut zum Schnitt. Nachbarpflanzen: *Leucanthemum, Erigeron,* Paeonien
Besonderheiten: gute Insektenfutterpflanze
Sorten: 'Alfred', 80 cm hoch, kompakt, aufrecht, drahtige, lange Stiele; Blüte gefüllt, dunkelrot; eine sehr gute und beliebte Schnittsorte. 'Cyriaksburg', gefüllt, cremefarben, 60 cm hoch. 'Eileen May Robinson', 80 cm hoch, reinrosa; sehr wertvolle Sorte. 'James Kelway', 60 cm hoch, dunkelsamtrot, sehr reichblühend; alte Liebhabersorte. 'Regent', 80 cm hoch, rotblühend, eine sehr gute und beliebte Schnittsorte

Abb. 684: *Tanacetum coccineum* 'Regent'

Telekia speciosa (Buphthalmum speciosum)

Abb. 685

Telekie, Rindsauge, Ochsenauge

Familie: *Compositae* – Korbblütengewächse
Herkunft: Südostalpen, Karpaten, Kaukasus. Eine Art dieser Gattung
Wuchs: bis 200 cm hoch, aufrecht, Wurzelstock walzenförmig, Stengel kräftig, aufrecht, rotbraun, oben verzweigt
Blatt: sehr groß, dreieckig bis herzförmig
Blüte: Blütenköpfe feinstrahlig, gelb
Blütezeit: VI–VII
Standort: sonnig bis halbschattig
Erde: feuchter Gartenboden
Vermehrung: Teilung III–V, Aussaat III–IV
Pflege: anspruchslos, ebenerdiger Rückschnitt XI–II
Verwendung: sehr dekorative Wildstaude; zusammen mit *Campanula macrantha* oder *Lavatera,* für Naturgärten, Parkanlagen, vor Gehölzrändern und im Ufergebüsch. Insektenfutterpflanze

Abb. 685: *Telekia speciosa*

Tellima grandiflora

Abb. 686

Falsche Alraunwurzel

Familie: *Saxifragaceae* – Steinbrechgewächse
Herkunft: Kalifornien, Oregon, Alaska. Eine Art
Wuchs: 60 cm hoch, aufrecht
Blatt: rundlich-herzförmig, an langen Stielen, in Büscheln angeordnet
Blüte: weißlich-grünlich, klein, unscheinbar
Blütezeit: V–VI
Standort: halbschattig bis schattig
Erde: nährstoffreich, feucht
Vermehrung: Teilung und Selbstaussaat
Verwendung: zu Gehölzen als Unterpflanzung, nicht verwildernd. Nachbarpflanzen: *Epimedium, Pulmonaria, Viola odorata*
Sorten: 'Purpurteppich', 30 cm hoch, Blätter purpurfarben, nicht vergrünend

Abb. 686: *Tellima grandiflora*

Teucrium chamaedrys
Edel-Gamander

Abb. 687

Abb. 687: *Teucrium chamaedrys*

Familie: *Labiatae* – Lippenblütengewächse
Herkunft: Südeuropa, Westasien an trockenen Felshängen im Gebirge mit Kalkvorkommen. Etwa 100 Arten dieser Gattung
Wuchs: 40 cm hoch, dicht buschig, Halbstrauch, keine Ausläufer bildend
Blatt: eirund, gegenständig, weich behaart, immergrün
Blüte: rosapurpur
Blütezeit: VII–IX
Standort: sonnig
Erde: trocken, kalkhaltig
Vermehrung: Teilung III–V, Aussaat III–IV, Grünstecklinge V–VI
Pflege: läßt sich als niedrige Hecke wie Buchs schneiden, nicht immer winterhart; Winterschutz bei Barfrost geben
Verwendung: wertvolle Staude auch für großflächige Pflanzungen, Einfassungen, Staudenrabatten. Nachbarpflanzen: *Helianthemum* 'Sterntaler', *Asphodeline, Aster × frikartii* 'Wunder von Stäfa', *Achnatherum, Lavandula, Prunella, Sedum*

Teucrium scorodonia
Salbei-Gamander

Herkunft Europa. 30–60 cm hoch, ausläuferbildend. Blüte gelb. Blütezeit von VII–IX. Für Heidegärten, auf kalkarmen Böden. Sorten: 'Crispum', 20 cm hoch, Blätter herzförmig, wintergrün, Blüten hellgelb

Thalictrum aquilegifolium
Amstelraute, Akelei-Wiesenraute

Abb. 688

Abb. 688: *Thalictrum aquilegifolium* (Foto: Stein)

Familie: *Ranunculaceae* – Hahnenfußgewächse
Herkunft: Europa, Sibirien, Japan. Etwa 250 Arten dieser Gattung
Wuchs: 100 cm hoch, stattlich, aufrecht
Blatt: ähnlich wie bei Akelei
Blüte: lila bis purpur, in fedrigen Blütenrispen
Blütezeit: VI–VII
Standort: volle Sonne oder leichter Halbschatten
Erde: mäßig saurer Boden
Vermehrung: Aussaat II–III oder Teilung IV–V
Pflege: anspruchslos, ebenerdiger Rückschnitt XI–II
Verwendung: Rabatten- und Einzelstaude, Parkanlagen, am Uferrand, auch vor Gehölzgruppen. Bienenfutterpflanze. Nachbarpflanzen: *Geranium grandiflorum* 'Johnson', *Deschampsia, Iris sibirica, Iris pseudacorus, Lythrum, Aruncus, Aquilegia, Pulmonaria, Filipendula*
Sorten: 'Album', Blüten weiß, 100 cm hoch

Thalictrum dipterocarpum
Purpur-Wiesenraute

Abb. 689

Abb. 689: *Thalictrum dipterocarpum*

Herkunft Westchina. Bis 200 cm hoch, aufrecht, Stengel kantig. Blatt dreiteilig, oberseits hellgrün, unterseits bläulich. Blütenrispe schmal pyramidal, rosaviolett. Blütezeit von VII–IX. Prächtige, schöne Solitärstaude, für Gruppenpflanzungen vor Gehölzen, für Teichränder. Nachbarpflanzen: *Campanula persicifolia, Cimicifuga, Lilium martagon, Hemerocallis.*
Sorten: 'Hewitts Double', violettrosa, gefüllte Blüten, 120 cm hoch

Thalictrum flavum ssp. *glaucum*
Gelbe Wiesenraute

Herkunft Spanien, Nordwest-Afrika. 150–200 cm hoch, Stengel und Blätter grau bereift.
Blüten schwefelgelb, Blütezeit von VI–VIII

Thalictrum minus
Kleine Wiesenraute

Herkunft Europa, Afrika, Asien. Bis 1,5 m hoch. Blätter farnähnlich. Unscheinbare, grünlichgelbe Blüten. Die Sorte 'Adiantifolium' hat schöne, *Adiantum* -ähnliche Blätter und ist vor allem zum Schnitt geeignet

Abb. 690

Thamnocalamus spathaceus (Sinarundinaria murielae, Fargesia murielae, Fargesia spathacea)
Hellgrüner Schirmbambus, Gartenbambus

Familie: *Gramineae* – Süßgräser
Herkunft: Mittelchina, West-Himalaja
Wuchs: 3–4 m hoch, kompakt, aufrecht, rohrartige Halme, dünn, im 2. Jahr sich verzweigend, Halmscheiden rötlich, kahl
Blatt: glänzend, immergrün
Standort: sonnig bis halbschattig, auch trocken
Erde: normaler, feuchter Gartenboden
Vermehrung: Teilung IV–V ohne Triebrückschnitt
Pflege: anspruchslos, Rückschnitt zu langer Triebe im Juni; Wachstum schon bei Pflanzung begrenzen
Verwendung: wertvolles, winterhartes Ziergras mit Blattschmuck für Steingärten, Naturgärten mit Wassermotiven, an Gehölzrändern, auch in Einzelstellung, für Container und Japangärten. Nachbarpflanzen: andere Gräser z.B. *Festuca, Avena,* und Wasserstauden z.B. *Iris, Tradescantia, Kniphofia*
Sorten: 'Simba', aus Samen gezogen, daher auf lange Sicht nicht blühend

Abb. 690: ***Thamnocalamus spathaceus***

Abb. 691

Thelypteris phegopteris
Buchenfarn

Familie: *Thelypteridaceae* – Sumpffarngewächse
Herkunft: nördliche gemäßigte Zone, Europa, Westasien, Nordamerika; an schattigen Stellen in Buchenwäldern, an quelligen Stellen, 500 Arten
Wuchs: 15–40 cm hoch, dünne Rhizome, kriechend, verzweigt, Wedelstiel länger als die Blattfläche, oft 50–60 cm
Blatt: Wedel einfach gefiedert, zart, Blattfläche dreieckig; untere Fiedern abwärts gerichtet
Standort: geschützte, nasse Schattenlage
Erde: kalkarmer, saurer Waldhumusboden
Vermehrung: Teilung II–V
Pflege: ungestört am Standort belassen
Verwendung: für feuchte Gartenpartien am Wasser, an Bachläufen

Abb. 691: ***Thelypteris phegopteris***

Abb. 692

Thermopsis caroliniana
Fuchsbohne

Familie: *Leguminosae* – Schmetterlingsblütlengewächse
Herkunft: östliches Nordamerika, Nord-Carolina bis Georgia; 20 Arten
Wuchs: 25 cm hoch, Stengel 100 cm hoch
Blatt: eirund-lanzettlich, dreigeteilt, blaugrün, unterseits fein behaart
Blüte: zitronengelb, dichtbesetzte lupinenartige Ähre
Standort: sonnig
Blütezeit: VI–VII
Erde: humos, sandig, durchlässig
Vermehrung: Aussaat im Frühjahr
Verwendung: lupinenähnliche Staude, für große Gärten, Landschaftsparks, zum Verwildern, für Naturgärten. Nachbarpflanzen: *Oenothera*, Astern, *Inula*

Abb. 692: ***Thermopsis caroliniana***

Abb. 693

Thymus* × *citriodorus
Zitronen-Thymian

Familie: *Labiatae* – Lippenblütengewächse
Herkunft: Mittelmeergebiet, Hybride *(Thymus pulegoides × Thymus vulgaris)*. Etwa 50 Arten dieser Gattung
Wuchs: 15 cm, polsterartig
Blatt: goldbunt, Duft nach Zitrone
Blüte: weißlila
Blütezeit: VI–VII
Standort: sonnig, warm
Erde: trockener, normaler bis magerer, sandiger Gartenboden
Vermehrung: Teilung III–V, Aussaat nicht möglich
Pflege: Winterschutz bei Barfrost
Verwendung: für Einfassungen, Tröge, Plattenfugen, Bodenbedecker, Steingärten, beliebtes, aromatisches Würzkraut, Bienenfutterpflanze. Nachbarpflanzen: *Anaphalis triplinervis, Geranium sanguineum, Iris pumila, Sedum, Helianthemum,* Heidepflanzen, Wacholder
Sorten: 'E.B. Anderson', gelbes Laub. 'Golden Dwarf', Polster hellgrün, sehr robust, 15 cm hoch. 'Silver King', grau-silbrig, panaschierte Blätter, intensiver Zitronenduft

Abb. 693: *Thymus* × *citriodorus* 'Golden Dwarf'

Abb. 694

Thymus doerfleri
Quendel

8 cm, kompakte Polster, Blatt goldbunt. Blüte reinrosa, überreich blühend. Blütezeit von V–VI. Für Flächenpflanzungen, möglichst großflächig; Naturgärten, Wege, Plattenfugen, Steingärten, für Trockenmauern, wertvolle Bienenfutterpflanze. Nachbarpflanzen: Blumenzwiebeln, Allium moly, Alyssum montanum, Pulsatilla vulgaris, Anthemis marschalliana, Dianthus caesius, Iris (Barbata-Nana-Gruppe), vor und zwischen Zwergkoniferen. Sorten: 'Bressingham Seedling', 5 cm hoch, reinrosa.

Abb. 694: *Thymus doerfleri* 'Bressingham Seedling'

Abb. 695

Thymus praecox var. *pseudolanuginosus (Thymus lanuginosus)*
Wollthymian

Herkunft West-Europa. 5 cm hoch, dichte Polster. Blatt rundlich oder lanzettlich, beiderseits dicht behaart, weißwollig. Rosa Blütenköpfchen, von VI–VII (blüht kaum).

Abb. 695: *Thymus praecox* var. *pseudolanuginosus*

Abb. 696

Thymus serpyllum
Feldthymian, Quendel

Herkunft Europa, bis über den Polarkreis, Asien, Nordafrika. 5 cm hoch, rasenbildend; Blatt je nach Sorte. Blütenköpfe je nach Sorte, von VII–IX. Für Flächenpflanzungen, möglichst großflächig; für Trockenmauern, Tröge, Naturgärten, Wege, Plattenfugen, Steingärten, Steppengärten, Bienenfutterpflanze. Nachbarpflanzen: Blumenzwiebeln, *Allium moly, Alyssum montanum, Pulsatilla vulgaris, Anthemis marschalliana, Dianthus caesius,* Iris (Barbata-Nana-Gruppe), *Campanula cochleariifolia,* vor und zwischen Zwergkoniferen. Sorten: 'Albus', rasenbildend, Blatt immergrün, Blütenköpfe weiß. 'August Moon', Blüten leuchtend lilarot. 'Coccineus', kompakte Polster, Blatt goldbunt; hellkarminrote Blütenköpfe

Abb. 696: *Thymus serpyllum*

Thymus vulgaris
Gartenthymian

Herkunft Europa. Halbstrauch, 10–30 cm hoch, aromatisch duftend. Blüten hellrosa-weiß. Blütezeit von V–IX. Für Kräutergärten, Tröge, zur Dachbegrünung, für Steppengärten, Steingärten, Bienenfutterpflanze

Abb. 697

Tiarella cordifolia
Ranken-Schaumblüte

Familie: *Saxifragaceae* – Steinbrechgewächse
Herkunft: Asien, Nordamerika; vor allem in Wäldern. Etwa 7 Arten dieser Gattung
Wuchs: 20 cm, Flachwurzler, ohne Ausläufer, aufrecht
Blatt: frischgrün, glänzend, breit-eiförmig, Rand gesägt, im Winter rötlich
Blüte: weiße Blütentrauben
Blütezeit: IV–V
Standort: Schattenlage
Erde: feuchter, lockerer Boden, am liebsten Waldhumus
Vermehrung: Teilung III–V, Aussaat III–IV
Pflege: gegen langandauernde Trockenheit schützen
Verwendung: wertvolle Schattenstaude für Waldmotive, Bodendecker für Naturgärten. Nachbarpflanzen: *Anemone nemorosa, Astilbe chinensis, Carex morrowii* 'Variegata', *Dicentra eximia*, Primula-Elatior-Hybriden, *Primula* der Sektion *Sikkimensis*, japanische Azaleen, *Bergenia, Epimedium*

Abb. 697: ***Tiarella cordifolia***

Tiarella wherryi
Rankenlose Schaumkerze

Herkunft Nordamerika. 35 cm hoch, ohne Ausläufer. Blatt ei- bis herzförmig, mattgrün, sehr schön, braun gezeichnet, im Herbst rötlich, wintergrün. Blütentrauben weiß, rosa überhaucht, zarter Duft. Blütezeit von V–VII

Abb. 698: Tradescantia-Andersoniana-Hybriden

Abb. 699: Tradescantia-Andersoniana-Hybride 'Leonora'

Abb. 698 + 699

Tradescantia-Andersoniana-Hybriden *(Tradescantia × andersoniana)*
Dreimasterblume, Gartentradeskantie

Familie: *Commelinaceae* – Commelingewächse
Herkunft: Nordamerika, Hybride. Etwa 32 Arten dieser Gattung
Wuchs: 40–50 cm, locker, aufrecht
Blatt: grasartig, lange grün, bis weit in den Herbst hinein
Blüte: je nach Sorte
Blütezeit: VI–VIII
Standort: sonnig–halbschattig
Erde: normale Gartenerde
Vermehrung: Teilung III–V, Aussaat III–IV, bringt vielerlei Farben
Pflege: anspruchslos, ebenerdiger Rückschnitt XI–II
Verwendung: dankbare, langblühende Staude für Rabatten, Kübel, Wassermotive, Parkanlagen. Nachbarpflanzen: *Hemerocallis, Iris sibirica, Trollius, Lythrum, Lysimachia, Brunnera, Astilbe, Bergenia, Filipendula*
Sorten: 'Blue Stone', Blüte leuchtend enzianblau. 'Gisela', weiß, 40 cm. 'I.C. Weguelin', Blüte lilablau. 'Karminglut', leuchtend karminrot. 'Leonora', leuchtend violett. 'Zwanenburg Blue', dunkelblau, großblumig

Abb. 700

Trapa natans
Wassernuß

Familie: *Trapaceae* – Wassernußgewächse
Herkunft: Mitteleuropa, Indien, Orient. 3 Arten dieser Gattung
Wuchs: Schwimmblattpflanze, buschig
Blatt: fast rautenförmig, buchtig gesägt, in schwimmender Rosette mit Schwimmblase
Blüte: unscheinbar, in den Blattwinkeln
Blütezeit: VI–VIII
Frucht: groß, mit 2 spitzen Hörnchen; Samen eßbar, schmecken wie Kastanien
Standort: sonnig–halbschattig
Erde: Schlammboden und warmes Wasser mit höchstens 50 cm Wasserstand gewünscht
Vermehrung: Eigenvermehrung im schlammigen Grund durch ein Keimblatt
Pflege: anspruchslos, nur 1jährig
Verwendung: warme Wasserbecken, Teiche, Tümpel. Nachbarpflanzen: *Elodea, Nuphar, Nymphoides, Pontederia, Stratiotes*
Besonderheiten: steht unter Naturschutz!

Abb. 700: ***Trapa natans***

Standort: sonnig bis halbschattig, feucht
Erde: humos, sandig-lehmig, nährstoffreich
Vermehrung: Teilung im Frühjahr
Pflanzengemeinschaft: *Epimedium*, Primelarten, *Waldsteinia*
Verwendung: schöne Schattenstaude für humosen, sauren Boden, für Teichränder, unter Gehölzen, Besonderheit für Liebhaber

Tricyrtis hirta
Krötenlilie

Abb. 702

Herkunft Japan. Höhe 50 cm, Blüte weißlich lila, mit rötlichen Punkten.
Sorten: 'Alba', weiß, 'Rubra', rosenrot.
Blütezeit VII–IX.

Abb. 702: ***Tricyrtis hirta***

Tricyrtis-Hybriden
Krötenlilie

wüchsiger als vorige. Sorten: 'Taiwan Adbane', purpur mit dunklen Punkten, 50 cm. 'Fuji Musume', lila, dunkel gepunktet. 'Hototogisu', reinblau, 50 cm.'Shimona', purpurrot, 70 cm. 'Tojen', gelblich, mit dunklen Punkten.

Tricyrtis formosana (Tricyrtis stolonifera)
Krötenlilie

Abb. 701

Familie: *Liliaceae* – Liliengewächse
Herkunft: Taiwan
Wuchs: 60–80 cm hoch, wüchsig
Blatt: eiförmig spitz zulaufende Blätter, tiefgrün, glänzend
Blüte: sternförmig, rosa, purpurrot gefleckt, ca. 4 cm ø, an leicht verästeltem Blütenstand, ähneln Orchideen
Blütezeit: VIII–X

Abb. 701: ***Tricyrtis formosana***

Trollius chinensis
Chinesische Trollblume

Abb. 703

Familie: *Ranunculaceae* – Hahnenfußgewächse
Herkunft: Nordostchina, Hybride. Etwa 29 Arten dieser Gattung
Wuchs: 90–100 cm hoch, buschig aufrecht, straffe Stiele
Blatt: tief geteilt
Blüte: groß, schalenförmig, goldgelb
Blütezeit: VI–VII
Standort: anspruchslos
Erde: liebt feuchte Moosböden
Vermehrung: Teilung III–V
Pflege: anspruchslos, Rückschnitt ebenerdig XI–III
Verwendung: wertvolle Gartenstaude als Begleitpflanze für Wassermotive, aber auch vor lichtkronigen Bäumen, in Naturgärten, Schnittblume. Nachbarpflanzen: *Astilben, Brunnera, Iris sibirica, Myosotis palustris*, Primula-Elatior-Hybriden, *Filipendula purpurea* 'Elegans', *Tradescantia*, Geum-Hybriden, *Hosta, Thalictrum*

Abb. 703: ***Trollius chinensis***

Abb. 704

Trollius europaeus
Trollblume

Herkunft Europa, besonders im Mittelgebirge, auf feuchten Wiesen. Steht unter Naturschutz! 50 cm hoch, aufrecht. Blatt 5–7teilig, dreispaltig. Kugelartige Blütenhüllblätter, zitronengelb, von V–VI. Für Wiesen- und Wassermotive, Naturgärten. Nachbarpflanzen: *Caltha palustris, Myosotis, Ranunculus aconitifolius.* Sorte 'Superbus', 70 cm, hellgelb

Abb. 704: ***Trollius europaeus***

Trollius-Hybriden *(Trollius × cultorum)*
Trollblume

60–90 cm hoch, buschig, aufrecht, straffe Stiele. Blüten gelb. Blütezeit von V–VI. Sorten: 'Alabaster', 50 cm hoch, rahmweiß. 'Earliest of All', 70 cm hoch, goldgelb, große, kugelige Blüten.'Frühlingsbote', 60 cm hoch, hellorange, großblumig. 'Goldquelle', 70 cm hoch, gelborange, kugelige Blüten. 'Lemon Queen', 60 cm hoch, Blüten groß, hellzitronengelb, langblühend. 'Meteor', dunkelorange, 60 cm. 'Orange Globe', 90 cm hoch, Blüte orangegelb, schalenförmig. 'Prichards Giant', 80 cm, tiefgoldorange

Abb. 705

Trollius pumilus
Zwerg-Trollblume

Herkunft Himalaja. 25 cm hoch, buschig, Stiel unbeblättert, steif. Blatt klein, auffallend gekraust. Blüte schalenförmig, goldgelb, Honig- und Staubblätter gleich lang. Blütezeit von VI–VII. Liebt sonnigen, bis halbschattigen Standort, und feuchte, am liebsten anmoorige Erde. Für Steingärten, Teichränder, Alpinum. Nachbarpflanzen: *Iris forrestii, Iris graminea, Primula japonica*

Abb. 705: ***Trollius pumilus***

Abb. 706

Typha angustifolia
Schmalblättriger Rohrkolben

Abb. 706: ***Typha angustifolia***

Familie: *Typhaceae* – Rohrkolbengewächse
Herkunft: Europa, Nordamerika, Nordafrika; Moore, Sumpfgebiete an Seen und Teichen. 15 Arten dieser Gattung
Wuchs: 200 cm hoch, aufrechte Sumpf- und Wasserpflanze
Blatt: schmal, bis 1 cm breit, aufrecht
Blüte: kastanienbraune, männliche und weibliche Blütenkolben, 1,5 cm dick
Blütezeit: VII–VIII
Standort: sonnig
Erde: saure Schlammböden bevorzugt; verträgt bis 30 cm Wasserstand
Vermehrung: Teilung V–VI
Pflege: starker Ausbreitungsdrang, evtl. Containerpflanzung
Verwendung: Wasser- und Sumpfbecken, Teiche, Tümpel, Seen, Naturgärten, Parkanlagen. Nachbarpflanzen: *Pontederia, Sparganium, Menyanthes, Alisma*
Besonderheiten: für die Blumenbinderei verwertbar, als schöne Bodenvasenblume

Abb. 707 + 708

Typha latifolia
Breitblättriger Rohrkolben

Herkunft Europa, Afrika, Asien; Moore, Sumpfgebiete an Seen, Teichen. 250 cm hoch, aufrecht. Blatt flach, breitlinealisch, bis 4 cm. Männliche und weibliche Blütenkolben, wovon der männliche nach der Blüte verschwindet, der weibliche Kolben verfärbt sich am Schluß schwarzbraun. Blütezeit VII–VIII. Für Wasser- und größere Sumpfbecken, Teiche, Tumpel, Seen, Naturgärten, Parkanlagen, Repositionspflanze zur Abwasserreinigung. Nachbarpflanzen: *Pontederia, Sparganium, Menyanthes, Alisma.* Wertvolle Zierpflanze, die auch sehr viel als Bindereipflanze und in Bodenvasen verwendet wird, häufiger als *Typha angustifolia.*

Abb. 707: ***Typha latifolia***

Typha minima

Kleiner Rohrkolben, Zwergrohrkolben

Abb. 709

Herkunft Europa, Asien. 40 cm hoch, buschig. Blatt zierlich, 1,5 cm breit. Blütenschaft ohne Blätter, weibliche Kolben kugelig bis eiförmig. Blütezeit VI–VII. Standort sonnig. Liebt kiesigen Schlammboden mit 5–10 cm Wasserstand. Für kleine Teiche, Kübel, Fässer und Sumpfbecken geeignet. Nachbarpflanzen: *Acorus, Carex, Eriophorum, Euphorbia palustris, Lysimachia thyrsiflora, Saururus, Scirpus, Veronica beccabunga.* Wichtige Liebhaberpflanze für die Blumenbinderei, als schöne Bodenvasenblume.

Abb. 709: ***Typha minima***

Typha shuttleworthii

Shuttleworths-Rohrkolben

Herkunft Europa. Ähnelt *Typha angustifolia*, wird aber nur bis 1,5 Meter hoch. Schöne, elegante Art für kleine Teichanlagen mit einem Wasserstand von 30 cm

Abb. 708: ***Typha latifolia* 'Variegata'**

Typha laxmannii

Rohrkolben

Herkunft Osteuropa, Asien; Moore, Sumpfgebiete an Seen, Teichen. 150 cm hoch, Blatt schmal, rückseitig stark gewölbt, überragt den Blütenkolben. Männliche Blütenkolben 3x länger (15 cm) als die weiblichen. Blütezeit VII–VIII. Für Wasser- und Sumpfbecken, Teiche, Tümpel, Gartenteiche, Kübel, Seen, Naturgärten, Parkanlagen. In Container pflanzen, da wuchernd. Repositionspflanze. Für die Blumenbinderei verwertbar, Bodenvasenblume.

Utricularia vulgaris

Wasserschlauch

Abb. 710

Familie: *Lentibulariaceae* – Wasserschlauchgewächse
Herkunft: Europa, Afrika, Asien; Seen, Teiche, Tümpel. Über 200 Arten dieser Gattung
Wuchs: Unterwasserpflanze, fleischfressend, wurzellos
Blatt: feinzerteilt an dünnen Trieben; die Blätter sind mit kleinen Bläschen zum Fang der Wassertiere besetzt
Blüte: goldgelb, erscheint über dem Wasser
Blütezeit: VII–VIII
Standort: sonnig–halbschattig
Erde: Schlammboden, bis zu 30 cm Wasserstand
Vermehrung: Teilung: Teiltriebe V–VI, Ausläuferschnittlinge VI–VIII
Pflege: anspruchslos
Verwendung: Liebhaberpflanze, nur für Naturgärten mit stehendem Gewässer
Besonderheiten: steht unter Naturschutz!

Abb. 710: ***Utricularia vulgaris***

Abb. 711

Uvularia grandiflora
Goldsiegel, Trauerglocke

Abb. 711: ***Uvularia grandiflora***

Familie: *Liliaceae* – Liliengewächse
Herkunft: östliches Nordamerika. Etwa 5 Arten dieser Gattung
Wuchs: 30 cm hoch, buschig, aufrecht
Blatt: stengelumfassend, hellgrün, unterseits flaumig, länglich spitz
Blüte: gelbe, hängende Blütenglocken, schlank, bis 4 cm lang
Blütezeit: V–VI
Standort: schattig
Erde: Waldhumus
Vermehrung: Teilung VIII–IX
Pflege: anspruchsvoll
Verwendung: dankbare, wertvolle Wildschattenstaude für Waldmotive, Parks, Natur- und Steingärten. Nachbarpflanzen: *Iberis*, Zwerg-Iris, *Polemonium, Epimedium, Tiarella, Primula* der Sektion *Sikkimensis*, schön im Teppich von *Asarum europaeum*

Abb. 712

Veratrum nigrum
Schwarzer Germer

Familie: *Liliaceae* – Liliengewächse
Herkunft: Europa, Sibirien. Etwa 20 Arten in dieser Gattung
Wuchs: große, auffällige Erscheinung, Wurzelstock giftig
Blatt: spiralig angeordnet, mit Scheide, eiförmig zugespitzt, groß, stark ausgeprägte Blattnerven
Blüte: Rispen schlank, dunkelpurpur, nach faulem Obst riechend
Blütezeit: VII–VIII
Standort: sonnig, feucht
Erde: lehmig, nährstoffreich, humos
Vermehrung: Teilung im Frühjahr
Verwendung: Solitär in Rabatten, an Teichrändern, in Blumenwiesen. Nachbarpflanzen: Farne, Ziergräser; Giftpflanze

Abb. 712: ***Veratrum nigrum***

Abb. 713

Verbascum bombyciferum
Seiden-Königskerze

Abb. 713: ***Verbascum bombyciferum***

Familie: *Scrophulariaceae* – Braunwurzgewächse
Herkunft: westliches Kleinasien, etwa 250 Arten dieser Gattung
Wuchs: 180 cm hoch, aufrecht, die ganze Pflanze dicht weißfilzig behaart
Blatt: groß, rosettenbildend
Blüte: schwefelgelbe, dichte Blütenstände
Blütezeit: VI–VIII
Standort: sonnig
Erde: durchlässig, sandig, auch Geröllboden mit etwas Kalk
Vermehrung: Selbstaussaat (oftmals nur 2jährig), sonst durch Wurzelschnittlinge II–III
Pflege: anspruchslos, Rückschnitt ebenerdig XI–II
Verwendung: ornamentale Solitärstaude, als Bienenfutter, für Naturgärten, Parkanlagen, auch in Rabatten. Nachbarpflanzen: in Teppich von *Acaena microphylla, Anaphalis, Eryngium, Liatris, Sidalcea,* zu Polyantharosen

Abb. 714

Verbascum chaixii
Königskerze

Herkunft Europa. Höhe 100 cm, Blüte gelb mit roten Staubgefäßen, Blütezeit VII–VIII. Sorten: 'Album', weiß mit purpurnen Staubgefäßen.

Abb. 714: ***Verbascum chaixii* 'Album'**

Verbascum densiflorum (*Verbascum thapsiforme*)
Großblütige Königskerzen

Herkunft Europa bis Kaukasus und Nordafrika. Zweijährig, Höhe 120 cm, Blüten groß, zitronengelb, Blätter wollig behaart, silbrig. Blüte VI–VIII. Heilpflanze. Für Naturgärten, trockene, sandige Standorte.

Verbascum thapsus
Kleinblumige Königskerze

Herkunft Europa, West- und Ostasien. Zweijährig, Höhe 150 cm, Blätter groß, wenig behaart, Blütenstand verzweigt, Blüten gelb, kleiner als vorige, Blütezeit VII–IX. Für Naturgärten, mäßig feuchte Standorte.

Verbascum-Hybriden
Königskerzen

100 cm hoch. Rispen rosa oder gelb. Blütezeit von VI–VIII. Sorten: 'Cotswold Queen', dunkel-bernsteinfarben. 'Densiflorum', zitronengelb. 'Pink Domino', purpurrosa

Verbascum longifolium (*Verbascum pannosum*)
Balkan-Königskerze

Herkunft Bulgarien, Italien. 150 cm hoch, aufrecht. Blatt dicht weißfilzig, ornamentale Rosetten. Blüte gelb, in dichten Ähren. Blütezeit VI–VIII. Schöne Schmuckstaude für Naturgärten, Parkanlagen, auch in Rabatten, Einzelstellung. Nachbarpflanzen: *Acaena microphylla*, *Anaphalis*, *Eryngium*, *Delphinium*, *Liatris*, *Festuca*, zu Polyantharosen.

Verbascum olympicum
Abb. 715

Olymp-Königskerze

Herkunft Bithynischer Olymp. 200 cm hoch, aufrecht, der Stengel erscheint im 2.–3. Jahr. Blatt rosettenbildend, mit Filzhaaren überzogen, grauweiß, breitlanzettlich. Rispe gelb, kandelaberartig. Blütezeit von VI–VIII. Für Natur- und Steppengärten, Parkanlagen, Rabatten, Einzelstellung. Zweijährig, sät sich selbst aus. Nachbarpflanzen: *Salvia nemorosa*, *Stachys lanata*, *Veronica*-Arten, in Flächen von *Thymus*

Abb. 715: *Verbascum olympicum*

Verbascum phoeniceum
Abb. 716

Purpur-Königskerze

Herkunft Mitteleuropa, Balkan, Westasien. 40–60 cm hoch, buschig, Blütenstiele rotviolett angelaufen. Blatt dunkelgrün, eiförmig, rosettenbildend. Blüte dunkelpurpurviolett in traubenartigen Rispen, von V–VI. Mehrjährig, für Steppen- und Naturgärten, Parkanlagen, in Rabatten, Einzelstellung

Abb. 716: *Verbascum phoeniceum*

***Veronica austriaca* ssp. *teucrium* (*Veronica teucrium*)**
Abb. 717

Büschel-Ehrenpreis, Büschelveronika

Abb. 717: *Veronica austriaca* ssp. *teucrium*

Familie: *Scrophulariaceae* – Braunwurzgewächse
Herkunft: Südeuropa, Kaukasus, Sibirien. Etwa 150 Arten dieser Gattung
Wuchs: 60 cm hoch, buschig
Blatt: groß, spitz bis eiförmig, grob gekerbt, behaart
Blüte: langgestielt, als pyramidenförmige Trauben, azurblau
Blütezeit: V–VI
Standort: sonnig
Erde: normale, kalkhaltige Gartenerde
Vermehrung: Teilung III–IV
Pflege: anspruchslos
Verwendung: alte, bewährte Gruppenpflanze für Rabatten, Steingärten. Nachbarpflanzen: *Anthemis biebersteiniana*, Helianthemum–Hybriden, vor *Cytisus praecox*, *Potentilla recta* 'Warrenii'
Sorten: 'Kapitän', 30 cm, leuchtend blau. 'Knallblau': 25 cm hoch, polsterartig; Blatt groß, spitz bis eiförmig; lockere, tief enzianblaue Blütentrauben; sehr gut bewertete Hybride für Heide- und Steingärten, Staudenrabatten. 'Royal Blue': 30 cm hoch, buschig; Blatt groß, spitz bis eiförmig; dunkelviolette Blütentrauben. 'Shirley Blue': 25 cm hoch, polsterartig; Blatt groß, spitz bis eiförmig; leuchtendblaue Blütenähren

Veronica gentianoides
Veronika

Abb. 718

Herkunft Kaukasus, Iran, Anatolien. Höhe 50 cm, Blütezeit V–VI, leuchtendblau. Sorten: 'Robusta', hellblau, grünes Blatt. 'Variegata', hellblau, weißes Blatt.

Abb. 718: ***Veronica gentianoides***

Veronica longifolia
Große Kerzenveronika

Abb. 719

Abb. 719: ***Veronica longifolia***

Herkunft Süd- und Mitteleuropa. 80 cm hoch, aufrecht, Stengel verzweigt. Blatt lanzettlich, gegenständig, scharf gesägt. Blütenkerzen lang, strahlendblau. Blütezeit von VII–VIII. Gruppenstaude für Stein-, Heide- und Steppengärten, Staudenbeete und zum Schnitt. Nachbarpflanzen: *Achillea ptarmica, Leucanthemum maximum, Coreopsis verticillata, Heliopsis, Potentilla.* Steht unter Naturschutz. Sorten: 'Blauriesin', 80 cm hoch, sehr wüchsig, lange, blaue Rispen. 'Schneeriesin', 80 cm hoch, reinweiß.

Veronica prostrata (Veronica rupestris)
Maiteppich

Abb. 720

Herkunft Mitteleuropa, Kleinasien, Sibirien; Hochgebirgspflanze. 10–20 cm hoch, Stengel niederliegend, polsterartig. Blatt stumpflanzettlich, gekerbt. Leuchtendblaue kegelartige Blütentrauben, von V–VI. Für Stein- und Steppengärten, Ökogärten, Heidegärten, Staudenrabatten, Überpflanzung von Blumenzwiebeln, Bienenfutterpflanze. Sorten: 'Alba', weiße Blüten. 'Blue Sheen', porzellanblau. 'Mrs. Holt', Hybride, Blütentrauben leuchtendrosa, 10 cm

Abb. 720: ***Veronica prostrata***

Veronica spicata (Veronica incana)
Kleine Ährenveronika

Abb. 721

Herkunft Mitteleuropa, Balkan, Südrußland. Je nach Sorte 20–40 cm hoch. Für Stein-, Steppen- und Heidegärten, Staudenbeete. Nachbarpflanzen: *Anchusa italica* 'Little John', *Gypsophila repens, Helianthemum, Geum, Sedum, Erodium.* Sorten: 'Blaufuchs', 40 cm, buschig, polsterartig, Stengel selten verzweigt. Blatt länglich-lanzettlich, grob gekerbt; blauviolette Blütenähren. VII–IX. 'Erika', 30 cm, buschig. Blatt blaugrün, Blüte dunkelrosa, Blütezeit VI–VII. 'Heidekind', 20 cm, polsterartig. Blatt graugrün, lanzettlich. Blüte leuchtend weinrot, in aufrechten Blütenähren, VII–VIII. 'Rotfuchs', 40 cm, buschig, Stengel selten verzweigt. Blatt länglich-lanzettlich, grob gekerbt. Dunkelrosarote Blütenähren, VII–IX. Steht unter Naturschutz!

Abb. 721: ***Veronica spicata***

Abb. 722

Veronica virginica
Hohe Traubenveronika

Herkunft östliches Nordamerika. Bis 200 cm hoch, aufrechte Stengel. Blatt lanzettlich, fein gesägt, quirlartig. Blüte lichtblau, in aufrechten, spitz zulaufenden Blütentrauben. Blütezeit von VII–IX. Vermehrung durch Teilung III–V, Aussaat III–IV, Farbänderung in Weiß und Rosa möglich. Wertvoller Spätblüher für Rabatten, Naturgärten. Nachbarpflanzen: *Artemisia lactiflora, Deschampsia, Rudbeckia triloba, Hemerocallis, Lysimachia clethroides*

Abb. 722: ***Veronica virginica***

Abb. 723

Veronica beccabunga
Bachbunge

Familie: *Scrophulariaceae* – Braunwurzgewächse
Herkunft: Europa, Afrika, Asien; Sumpfgebiete an Tümpeln, Teichen, Seen. Etwa 150 Arten dieser Gattung
Wuchs: 40–60 cm hoch, aufrechte Stiele
Blatt: elliptisch, etwas fleischig
Blüte: lockere, blaue Blütentrauben
Blütezeit: V–X
Standort: sonnig bis halbschattig
Erde: Sumpfboden mit bis zu 10 cm Wasserstand
Vermehrung: Teilung IV–V
Pflege: anspruchslos
Verwendung: Sumpfbecken, Naturgärten, Parkanlagen. Nachbarpflanzen: *Acorus, Carex, Eriophorum, Euphorbia palustris, Lysimachia thyrsiflora, Mentha, Mimulus ringens, Typha minima*

Abb. 723: ***Veronica beccabunga***

Abb. 724

Vinca major
Großblättriges Immergrün

Familie: *Apocynaceae* – Hundsgiftgewächse
Herkunft: Mittelmeergebiet, Nordafrika. Etwa 12 Arten dieser Gattung
Wuchs: 20–30 cm, halbstrauchartig, mit langer Ranken- und Wurzelbildung
Blatt: groß, herz bis eiförmig, lederartig, dunkelgrün
Blüte: hellblau, mit trichterförmiger Röhre
Blütezeit: V–VI
Standort: halbschattig bis schattig
Erde: lockerer Waldhumusboden
Vermehrung: Teilung IV–VII oder Abtrennen von schon bewurzelten Trieben
Pflege: anspruchslos, starker Ausbreitungsdrang
Verwendung: Gehölzpartien, Gräber, Waldmotive, unter Baum- und Strauchgruppen, Flächenpflanzungen. Nachbarpflanzen: Helleborus-Hybriden, *Aruncus, Polygonatum, Tiarella, Lamium*
Besonderheiten: wertvoller Bodenbedecker, der noch unter Bäumen gedeiht
Sorten: 'Variegata' – Weißbuntes Immergrün: Wuchs 20 cm, kriechend, niederliegend, mit Wurzelbildung an den Blattknoten; Blatt wintergrün, gelblich-weiß gerandet oder gescheckt; nicht ganz winterhart, bei Barfrost abdecken

Abb. 724: *Vinca major*

Abb. 725

Vinca minor
Kleines Immergrün

Herkunft Süd- und Mitteleuropa. 10–15 cm hoch, flach niederliegend, mit Wurzelbildung an den Blattknoten. Blatt lederartig, glänzend, breitlanzettlich, wintergrün. Blühzweige aufgerichtet, einzeln, blauviolett oder hellblau, mit trichterförmiger Röhre, von IV–V. Sehr wertvoller, robuster Bodendecker für Gräber, Naturgärten, Waldmotive, unter Baum- und Strauchgruppen, Flächenpflanzungen. Nachbarpflanzen: *Epimedium, Pachysandra,* Farne, Gräser, *Hyacinthoides hispanica,* in weißen und rosa Sorten. *Polygonatum, Waldsteinia geoides,* Gartennarzissen in einzelnen Tuffs. Sorten: 'Alba', weiß. 'Bowles', großblumig, leuchtendblau. 'Gertrude Jekyll', weiß, Blätter schmal, zierlich. 'Grüner Teppich', 10 cm hoch, niederliegende, lange, dichtblättrige Triebe; Blatt groß; Blüte hellblau; bildet eine sehr dichte Bodendecke. 'Rubra', 10 cm, niederliegend, kriechend; Blatt lederartig, glänzend, breitlanzettlich; rotviolette Blüten

Abb. 725: *Vinca minor*

Abb. 726 – 728

Viola cornuta
Hornveilchen

Abb. 726: *Viola cornuta*

Familie: *Violaceae* – Veilchengewächse
Herkunft: Pyrenäen. Etwa 400 Arten dieser Gattung
Wuchs: 15–20 cm, Wurzelstock kriechend, Stengel meist dreikantig
Blatt: länglich, eiförmig, Nebenblätter dreieckig
Blüte: je nach Sorte
Blütezeit: V–IX
Standort: liebt Sonne und Halbschatten
Erde: normaler Gartenboden
Vermehrung: Aussaat, Teilung II–V
Pflege: anspruchslos
Verwendung: anspruchsloser Dauerblüher für Steingärten, Gräber, Staudenbeete, Bodenbedecker. Nachbarpflanzen: Sorten untereinander, *Alyssum saxatile, Arabis caucasica, Armeria maritima, Campanula*-Arten, *Primula rosea, Vinca, Cytisus, Genista, Iberis sempervirens,* niedrige Farne, Gräser
Sorten: Viola-Cornuta-Hybriden: 'Angerland'. zartlila-blau, Blütenstiel gebogen. 'Blaue Schönheit', leuchtendblau. 'Blaulicht', dunkelblau, lange blühend. 'Boullion', zitronengelb. 'Famös', weinrot. 'Germania', dunkelpurpurviolett. 'Hansa', dunkelblau. 'White Perfection', reinweiß. Viele neue Kreuzungen, als „Miniveilchen"

Abb. 727: *Viola cornuta* 'Blaue Schönheit'

Abb. 728: Viola-Cornuta-Hybriden

Viola alba
Weißes Veilchen

Herkunft Mittel- und Südeuropa, auf Kalk. Ausläuferbildend, Blätter wintergrün. Blüten weiß oder violett, duftend. Blütezeit IV–V. Zu verwenden wie *Viola odorata*

Viola odorata
Duftveilchen

Herkunft nördliche, gemäßigte Zonen. 15 cm hoch, polsterartig mit Wurzelausläufern. Blatt eiförmig, breit, sommergrün. Blüte dunkel-violettpurpur, duftend, von III–IV. Aussaat X–III, Kaltkeimer, oder Teilung nach der Blüte. Volkstümliche Staude zur Unterpflanzung oder als Vorpflanzung in Gehölzpartien. Nachbarpflanzen: *Anemone nemorosa, Lathyrus vernus, Omphalodes, Waldsteinia geoides* und andere Violen, Schneeglöckchen, Krokus. Sorten: 'Königin Charlotte', Blüte blauviolett, duftend; wertvolle beliebte Schnittstaude. 'Rubra', Blatt breiteiförmig, Blüte dunkelrot, duftend

Viola sororia (Viola papilionaca)
Pfingstveilchen

Abb. 729

Herkunft Nordamerika, Wuchs bodendeckend, verzweigt. Blüten groß, tiefviolett, mit weißer Mitte. Blütezeit von IV–V. Sorten: 'Albiflora' ('Immaculata'), weiß, großblumig. 'Freckles', porzellanblau, gepunktet. 'Gabriela', blau, großblumig

Abb. 729: ***Viola sororia* 'Alba'** (Foto: Holmåsen)

Waldsteinia geoides
Waldsteinie, Horst-Golderdbeere

Abb. 730

Abb. 730: ***Waldsteinia geoides***

Familie: *Rosaceae* – Rosengewächse
Herkunft: Ungarn, Balkan bis Südrußland. Etwa 5 Arten dieser Gattung
Wuchs: 20 cm, Rhizome kurz, nicht kriechend, keine oberirdischen Ausläufer
Blatt: herz-nierenförmig, tief gezähnt
Blüte: 5–9, gelb, auf Stengeln
Blütezeit: IV–V
Standort: halbschattig bis schattig
Erde: normaler Gartenboden bis trockener Waldhmusboden
Vermehrung: Teilung III–IV oder nach der Blüte
Pflege: anspruchslos
Verwendung: gute Schattenstaude für Flächenpflanzungen, als Bodenbedecker unter Gehölzen. Nachbarpflanzen: *Adonis amurensis, Hepatica, Brunnera, Pulmonaria angustifolia* 'Azurea', *Viola odorata*

Waldsteinia ternata
Teppich-Golderdbeere

Abb. 731

Herkunft Osteuropa, Sibirien bis Japan. 10 cm hoch, mit kriechenden oberirdischen Ausläufern, dadurch Teppichbildung. Blatt wintergrün, dreiteilig, ledrig glänzend, ziemlich dicht behaart. Lockerer, gelber Blütenstand. Blütezeit von IV–VI. Einer der besten Bodendecker, dichter, robuster Wuchs. Gute Schattenstaude für Flächenbepflanzungen, unter Gehölzen. Nachbarpflanzen: *Aruncus*, Helleborus-Hybriden, *Polygonatum, Tiarella, Lamium*

Abb. 731: ***Waldsteinia ternata***

Abb. 732

Woodsia polystichoides
Fernost-Wimperfarn

Familie: *Woodsiaceae* – Wimperfarngewächse
Herkunft: Ostasien, Sibirien. Ca. 16 Arten dieser Gattung
Wuchs: Zierlich, büschelig, sommergrün
Blatt: Wedel doppelt gefiedert, unterseits mit Spreuhaaren
Standort: schattig
Erde: feucht, humos, sauer
Verwendung: winterharter, schöner Farn, wächst zwischen Felsen, in Naturgärten, in Troggärten

Abb. 732: *Woodsia polystichoides* (Foto: Holmåsen)

Wulfenia carinthiaca
Wulfenie, Kuhtritt

Familie: *Scrophulariaceae* – Braunwurzgewächse
Herkunft: östliche Alpen, Montenegro. 8 Arten dieser Gattung
Wuchs: rosettig, 30 cm hoch
Blatt: verkehrt eiförmig, grob gekerbt, frischgrün
Blüte: in dichten, einseitswendigen Trauben, blauviolett
Blütezeit: VII–VIII
Standort: sonnig–halbschattig
Erde: humos-sandig-lehmig, kalkarm
Vermehrung: Teilung und Aussaat
Verwendung: Bodendecker an feuchten Stellen, Steingärten. Nachbarpflanzen: *Bergenia, Gentiana, Campanula portenschlagiana, Dicentra eximia, Viola cornuta, Tiarella, Vinca*

Abb. 733

Wulfenia × *suendermannii*
Wulfenie

Kreuzung aus *Wulfenia baldaccii* × *Wulfenia carinthiaca*. Blütezeit von V–VI. Wächst größer als *Wulfenia carinthiaca*, Stengel 30 cm lang, blaue Blüten.

Abb. 733: *Wulfenia* × *suendermannii*

Abb. 734

Yucca filamentosa *(Yucca angustifolia)*
Palmlilie

Abb. 734: *Yucca filamentosa*

Familie: *Agavaceae* – Agavengewächse
Herkunft: Süd- und Mittelamerika. Etwa 30 Arten dieser Gattung
Wuchs: 120 cm hoch, aufrecht
Blatt: bis 90 cm aufrecht, dichte Rosetten, am Rande faserig
Blüte: Blütenstand hat große, weiße Blütenglocken
Blütezeit: VII–VIII
Standort: liebt geschütztes, sonniges Kleinklima
Erde: kalkhaltiger, durchlässiger, normaler bis sandig humoser Gartenboden
Vermehrung: Teilung III–IV
Pflege: in rauhen Gegenden Winterschutz geben, vor allem bei Barfrost
Verwendung: sehr wertvolle, beliebte Solitärstaude, für Naturgärten, in Parkanlagen und Hausgärten, vor Koniferen. Nachbarpflanzen: in Teppichen von: *Acaena, Sedum kamtschaticum, Thymus, Stachys lanata.* Zu Stauden wie: *Asphodeline, Anaphalis, Eryngium, Delphinium, Helianthemum, Opuntia,* als Gruppe vor Koniferen oder mit Gräsern und Rosen
Sorten: 'Elegantissima', Blatt schmallanzettlich, Blütenstände größer, aus grünlichweißen Glocken

Abb. 735

Yucca glauca
Palmlilie

Herkunft USA, Mittelwesten. 160 cm hoch, Blatt schmal, blaugrün, mit weißem Rand, dichte Rosetten, aufrecht, aber leicht zurückgebogen. Blütenstand bis 2 m, mit verästelten Blütentrauben, grünlichweiß, von VII–VIII. Liebt geschütztes, sonniges Kleinklima und kalkhaltigen, durchlässigen, normalen bis sandig humosen Gartenboden. Verträgt stärkste Fröste. Sehr wertvolle, beliebte Solitärstaude, für Naturgärten, in Parkanlagen und Hausgärten, vor Koniferen.

Abb. 735: ***Yucca glauca***
(Foto: Holmåsen)

Abb. 736

Zantedeschia aethiopica (Calla aethiopica, Richardia africana)
Zimmerkalla

Abb. 736: ***Zantedeschia aethiopica***

Familie: *Araceae* – Aronstabgewächse
Herkunft: Südafrika, Kapprovinz, Natal. 8 Arten dieser Gattung
Wuchs: 60–100 cm hoch, fleischiger, knolliger Erdstamm
Blatt: grün, spieß- und pfeilförmig, lange Stiele, blattlos von V–VI
Blüte: die Spatha (Hochblatt) ist reinweiß, anfangs trichterförmig, weitet sich flach aus und endet mit einer langen Spitze, der Kolben ist leuchtend gelb Der Blütenstand ist 15–20 cm lang; duftend
Blütezeit: I–IV, je nach Standortbedingung
Standort: benötigt volle Sonne, ausgenommen die Mittagsstunden; Tagestemperaturen etwa 20 °C, nachts zwischen 10–18 °C ausreichend; ist bei uns nicht winterhart. Kalthauspflanze, die den Sommer im Sumpfbeet oder im Gartenteich verbringen kann
Erde: Substrat aus 1/3 Torf, 1/3 Sand, 1/3 Blumenerde mit organischem Dünger, pH-Wert um 6
Vermehrung: durch Teilung im Sommer oder Herbst möglich, durch Tochterpflanzen oder durch Samenanzucht, diese bringt nach etwa 2 Jahren blühfähige Pflanzen
Pflanzung: im Herbst mit 7–10 cm Erdabdeckung
Pflege: in der Wachstumszeit regelmäßig wässern, da Sumpfpflanze, und monatliche Düngergaben. Während der Ruheperiode, mit dem Welken der Blätter, Wassergaben ständig reduzieren
Verwendung:ausdauernde Knollenpflanze, prächtige, lange haltbare Schnittblume. Im Sommer im oder am Gartenteich als Vertreter subtropischer Vegetation
Sorten: 'Crowborough', 80 cm hoch, Blüten weiß, unter Laubdecke gut winterharte Sorte. Empfehlenswert ist es auch, sie im Topf zu belassen und im Spätherbst frostfei zu überwintern

Abb. 737

Zizania aquatica
Kanadischer Wasserreis, Indianischer Reis, Tuskarora-Reis

Familie: *Gramineae* – Süßgräser
Herkunft: Nordamerika, Kanada bis Texas. 3 Arten dieser Gattung
Wuchs: einjährig, 80–100 cm hoch, locker und grazil aufgebaute Rispe
Blatt: schmal, leicht gebogen, überhängend
Blüte: in Rispen, nach der Blüte erscheinen viele Samen
Standort: sonnig bis halbschattig
Vermehrung: durch Aussaat im März
Verwendung: hübsche Art, die im feuchten Teichrandbereich bei 5–10 cm Wasserstand Platz findet

Abb. 737: ***Zizania aquatica***

Zizania caduciflora (Zizania latifolia)
Schwertblättriger Wasserreis

Herkunft Osteuropa, Japan, Indochina. Staude von 100–150 cm Höhe oder mehr. Blätter schwertförmig, 3–5 cm breit, überhängend. Schöne Herbstfärbung mit rötlichem Schein. Blüht bei uns nicht. Auffällige Erscheinung für den seichten Uferbereich, für Bäche

Pflanzenschutz

Allgemeine Hinweise

1. **Pflanzenschutzmittel – ein Großangebot wie Arzneimittel**
   Es gibt Spritzmittel, Emulsionen, Spritzpulver, Stäubepulver, Streumittel, wasserdispergierbares Granulat, Beizmittel, Zäpfchen und Pflaster, Vergällungsmittel, Fallenfang, Ködermittel mit dem Zulassungszeichen

2. **Vorsicht beim Umgang mit Pflanzenschutzmitteln**
   Nach der Gefahrenstoffverordnung (Verordnung über gefährliche Stoffe vom 26. 8. 1986) sind für kennzeichnungspflichtige Stoffe und Zubereitungen unter anderem folgende Gefahrensymbole und Gefahrenbezeichnungen vorgeschrieben:
   (schwarzer Aufdruck auf orangegelbem Grund)

T | T+ | C | F | Xn | Xi

Giftig | Sehr giftig | Ätzend | Leichtentzündlich | Mindergiftig | Reizend

3. Wenn Sie Pflanzenschutzmittel, gleich welcher Art verwenden, beachten Sie **genaustens** die **„Gebrauchsanleitung“.** Rat und Auskunft erteilen auch Beratungsstellen.

4. Folgende Übersicht der Pflanzenschutzmittel nach Verwendung bitte beachten:

Insektizide gegen tierische Schädlinge	Fungizide gegen Pilzkrankheiten	Herbizide gegen Unkräuter und Ungräser

Pflanzenkrankheiten und ihre Schadursachen

Gruppe I:

- *Virosen:* Hier handelt es sich um Krankheiten, die durch Viren übertragen werden. Sie vermehren sich nur in lebenden Zellen, werden aber auch durch Pollen übertragen – Sameninfektion.
- *Bakteriosen* Meist handelt es sich um Masseninfektionen, die oft durch Wasser, Wind oder Insekten übertragen werden. Bakterien vermehren sich auf lebendem oder abgestorbenem Material.
- *Mykosen* (Pilze) Diese selbständigen Organismen schädigen die Pflanze meist durch Nährstoffentzug.

Gruppe II:

- Tierische Schädlinge: Zum Beispiel handelt es sich um Nematoden, Schnecken, Milben, Insekten, Wirbeltiere. Es entstehen Schäden durch Fraß und durch Entzug von Pflanzensaft. Es gibt verschiedene Entwicklungsstadien innerhalb der Fortpflanzung (beißende, saugende Mundwerkzeuge). In der Folge kommt es zur Übertragung von Krankheiten (*Virosen*).

Gruppe III:

- Umwelteinflüsse: Krankheiten sind nicht übertragbar. Die Ursachen liegen in ungünstigen Umwelteinflüssen, z. B. **Klima/Witterung:** Licht, Temperatur, Wind, Wasser; **Standort:** Bodenart, Nährstoffmangel, Nährstoffüberschuß, Bodenberabeitung, Luftverschmutzung etc.

Pflanzenschutzmittel

Eine Vielzahl von Firmen bieten Pflanzenschutzmittel an. Diese werden mit unterschiedlichen Namen, teils mit den gleichen Wirkstoffen angeboten. Der Gartenbesitzer bezieht diese Mittel am besten im Garten-Center, wo er auch gerne beraten wird. Grundsätzlich sollte der Gartenbesitzer zuerst biologische Produkte wählen. Falls er jedoch auf chemische Präparate zurückgreift, empfiehlt es sich, solche zu verwenden, die keiner Gefahrstoffklasse unterliegen. Unbedingt ist die auf der Verpackung angegebene Gebrauchsanleitung bezüglich Anwendungstermin, Mengen- und Vorsichtsmaßnahmen zu beachten.

Für den Hausgarten-Bereich: Präparate und Wirkstoffe

Die in den nachfolgenden Tabellen genannten Bekämpfungsmaßnahmen sind speziell auf den Hobby-Bereich zugeschnitten. Im Erwerbsgartenbau sind zum Teil andere Möglichkeiten vorhanden.

Die im Hausgarten-Bereich verwendeten Pflanzenschutzmittel sollten in der Regel folgende Eigenschaften erfüllen:
1. Die Präparate sollten in Kleinpackungen gehandelt werden.
2. Keine sehr giftigen oder giftigen (T– oder T+)-Präparate verwenden.
3. Die verwendeten Präparate sollten nicht bienengefährlich sein.
4. Keine Präparate mit Wasserschutzgebietsauflage verwenden.
5. Ferner sollte keine Wartezeiten länger als 21 Tage vorgeschrieben sein.

Pflanze	Krankheitsbezeichnung Schaderreger	Schadbild	Bekämpfungshinweise
Achillea	**Echter Mehltau**	Mehlig-weißer Pilzbelag auf den Blättern.	Lockerer Stand, erkrankte Pflanzen entfernen, Spritzbehandlung mit Baymat flüssig, Saprol Neu.
	Blattwanzen	Durch die Saugtätigkeit verschiedener Wanzenarten und deren Larven kommt es zu mißgebildeten, verkrüppelten Blättern und Trieben und damit zu Wachstumsstockungen. Auf den Blättern zeigen sich zunächst gelbliche Flecken. Später bräunen sich diese und sterben ab. Schäden vor allem bei *Achillea filipendulina.*	Regelmäßige Bestandskontrolle; in den frühen Morgenstunden spritzen mit Schädlingsfrei Parexan oder Spruzit flüssig. Behandlung wiederholen.
	Blattälchen	Braune, von den Adern geradlinig begrenzte Blattflecken.	Befallene Pflanzen mit Erdballen aus dem Bestand entfernen, z. Zt. sind keine Präparate zugelassen.
Aconitum	**Sclerotium-Fäule**	Infolge Fäulnis am Wurzelhals Vergilben und schließlich meist Umfallen der Pflanzen. Braune Sklerotien auf den Faulstellen.	Kranke Pflanzen mit Erdballen entfernen.
	Verticillium-Welke	Pflanze welkt, ohne daß Faulstelle am Stengel festgestellt werden kann. Aufgeschnittener Stengelgrund meist mit leichter Bräunung der Wasserleitungsbahnen.	Befallene Pflanzen mit Wurzelballen entfernen, langfristiger Wechsel der Anbaufläche (4–5 Jahre).
	Blattläuse	Vorwiegend an den Triebspitzen und Blütenrispen saugen kleine schwärzliche Läuse.	Bei Auftreten rechtzeitig spritzen mit Pirimor Granulat zum Auflösen in Wasser, Neudosan.
	Blattwanzen	Durch die Saugtätigkeit verschiedener Wanzenarten und deren Larven kommt es zu mißgebildeten, verkrüppelten Blättern und Trieben und damit zu Wachstumsstockungen. Auf den Blättern zunächst gelbliche Fleckchen. Später bräunen sich diese und sterben ab.	Regelmäßige Bestandskontrollen. In den frühen Morgenstunden Anwendung von Schädlingsfrei Parexan oder Spruzit flüssig. Behandlung wiederholen.
Ajuga	**Virose**	Blätter mit Scheckung, starke Wuchsdepression der ganzen Pflanze.	Kranke Pflanzen entfernen! Gesundes Pflanzgut verwenden.
Althaea	**Sclerotinia-Stengelfäule**	Wässrig-weiche, mißfarbige Faulstelle am Stengel, die sich im fortgeschrittenen Stadium und bei feuchter Witterung mit wattig-weißem Pilzgeflecht überzieht. Eingebettet in diese sind häufig die zunächst gelblich-weißen, später schwarzen Dauerkörper (Sklerotien), die der Überwinterung des Pilzes dienen.	Kranke Pflanzen beseitigen und vernichten, bevor Sklerotien in den Boden gelangen können. Fungizidbehandlung unsicher, Spritzungen mit Ronilan bzw. Rovral sind wirksam gegen oberirdische Infektionen. Sklerotien werden nicht bekämpft.
	Rost	Auf allen grünen Teilen der Pflanze, besonders aber auf der Blattunterseite, gelblich-weiße, später rötlich-braune Pusteln, die beim Aufplatzen braunes Sporenpulver des Rostpilzes entlassen.	Für gute Durchlüftung und niedrige Luftfeuchtigkeit sorgen. Spritzen mit Saprol Neu oder Baymat flüssig.
	Malvenflohkäfer	3–5 mm lange, blau oder blau-grün gefärbte Käferchen fressen kleine Löcher in die Blätter der Stockrosen. Bei stärkerem Fraß Blätter siebartig durchlöchert. Auch Knospen und Blüten werden befressen. Die Käfer erscheinen im Mai und Juni. Aus den an die unteren Stengelteile abgelegten Eiern schlüpfen die sechsbeinigen Larven. Sie können durch Fraß an den Wurzeln oder den unteren Stengelteilen schädlich werden.	Bekämpfung mit Schädlingsfrei Parexan oder Spruzit flüssig, möglichst noch vor der Eiablage.
	Spinnmilben	Kleine, gelbliche Fleckchen auf den Blättern (nicht mit Rost verwechseln!) sind ein erster Hinweis. Bei starkem Befall vergilben und vertrocknen die Blätter. Auf der Unterseite der Blätter saugen die etwa 0,2–0,5 mm großen, gelblich oder rötlich gefärbten Spinnmilben.	Bei beginnendem Befall auch Blattunterseiten behandeln mit Schädlingsfrei Naturen, Neudosan, Promanal.

Pflanze	Krankheitsbezeichnung Schaderreger	Schadbild	Bekämpfungshinweise
Alyssum	**Weißer Rost**	Weiße, schwielenartige Pusteln auf der Blattunterseite.	Spritzungen mit Saprol Neu, Baymat flüssig.
	Falscher Mehltau	Beulige Aufwölbungen zur Blattober- oder -unterseite, die in der Höhlung den grau-weißen Pilzbelag zeigen. Kranke Blätter oft stark verkrüppelt.	Kein zu dichter Stand. Spritzen mit Spezial-Pilzfrei Aliette. Blattunterseiten wegen Sporenlagern bevorzugt behandeln.
Anemone	**Rost**	Auf der Blattunterseite von *Anemone nemorosa* und *Anemone pulsatilla* tiefbraune, stäubende Sporenpusteln. Befallene Blätter verdickt und heller als normal. Stark erkrankte Pflanzen gelangen nicht zur Blüte.	Wiederholte Anwendung von Saprol Neu, Baymat flüssig. Kranke Pflanzen vernichten.
	Minierfliegen	Weiße geschlängelte Gangminen und Platzminen verursachen die winzigen Larven verschiedener Minierfliegen.	Spritzungen mit Schädlingsfrei Parexan oder Spruzit flüssig.
	Virose	Helle Fleckung oder ringförmige Musterung auf den Blättern. Blüten mißgebildet und gefleckt (z. B. helle Flecken auf roten und blauen Blüten). Andere Virosen zeichnen sich durch braune Ringe auf den Blättern oder durch starke Blattkräuselung (Mischvirose) aus.	Kann durch Vektoren, z. B. Blattläuse, übertragen werden. Befallene Pflanzen samt Knolle vernichten, Vektoren bekämpfen.
Aquilegia	**Echter Mehltau**	Mehlig-weißer, fleckiger Belag auf den Blättern.	Spritzung mit Saprol Neu, Baymat flüssig;
	Blattfleckenkrankheit	Schwarz-braune, rundliche Blattflecken, die bei starkem Befall zum Absterben der Blätter führen können.	Vorbeugend, bzw. bei Befallsverdacht Kupferpräparate.
	Akelei-Minierfliege	Weiße, geschlängelte Gangminen in den Blättern. Mehrere Generationen im Jahr. Fliegen der ersten Generation im Mai und Juni. Eiablage auf Unterseite der Blätter.	Spritzungen mit Schädlingsfrei Parexan oder Spruzit flüssig.
	Akelei-Gallmücke	Ein Teil der Blütenknospen bleibt oft schon sehr frühzeitig sitzen, wird braun und vertrocknet. Manche Knospen entwickeln sich fast normal, öffnen sich aber nicht und sterben dann ebenfalls unter Braunfärbung ab. Aus spät befallenen Knospen können manchmal noch fleckige und mißgestaltete Blüten hervor gehen (nicht mit Akelei-Mosaik verwechseln!). Der Schaden wird von den kleinen, kaum 1,5 mm langen, hellorangefarbenen Larven der Gallmücke hervorgerufen. Sind die Larven ausgewachsen, verlassen sie die Knospen und verpuppen sich in der Erde. Flugzeit von Ende April an und im Mai. Eiablage an die sich entwickelnden Knospen.	Befallene Pflanzenteile abpflücken.
	Blattwespenlarven	An den Blättern fressen grüne Afterraupen. Der Schädling tritt im Mai und dann wieder im August auf.	Zu Beginn des Auftretens Spruzit flüssig oder Schädlingsfrei Parexan.
	Blattläuse	Sehr häufig auftretende kleine gelbe Laus. Hält sich vorwiegend auf der Unterseite der Blätter auf. Bei starkem Befall vergilben die Blätter, werden braun und sterben ab.	Spritzen mit Pirimor Granulat zum Auflösen in Wasser, Neudosan.

Pflanze	Krankheitsbezeichnung Schaderreger	Schadbild	Bekämpfungshinweise
Arabis	**Falscher Mehltau**	Beulige Aufwölbung zur Blattober- oder -unterseite, die in der Höhlung den grauweißen Pilzbelag zeigt. Kranke Blätter oft stark verkrüppelt. Weiße, schwielenartige Pusteln auf der Blattunterseite.	Entfernung kranker Pflanzen, feuchte Standorte meiden, Spritzung mit Spezial-Pilzfrei Aliette.
	Weißer Rost	Weiße, schwielenartige Pusteln auf der Blattunterseite.	Spritzungen mit Saprol Neu, Baymat flüssig.
	Triebspitzen-Gallen	Blättchen der Triebenden zu einer auffälligen Knospengalle zusammengefügt. Vergallte Blättchen stärker behaart. In den Gallen, die 2–3 mm lang werdenden und je nach Altersstadium weißlich, rosa oder orange gefärbten Larven der Gallmücke. Die Knospengallen sterben in Laufe der Zeit ab. Ihr Inneres „verjaucht". Larven verpuppen sich in den Gallen oder wandern zur Verpuppung in den Boden ab. Mehrere Generationen im Jahr. Erste Generation etwa im Mai.	Ausbrechen der vergallten Triebe.
Armeria	**Rost**	Braune Pusteln, die bei der Reife stäubendes Sporenpulver entlassen (auf der Blattunterseite).	Spritzen mit Saprol Neu oder Baymat flüssig.
Aster	**Welkekrankheit**	Zunächst oft nur einzelne Triebe, später die ganzen Pflanzen von unten nach oben fortsschreitend mit Blattvergilbung und Welke. Aufgeschnittener Stengel, vor allem Stengelgrund mit bräunlicher Verfärbung der Wasserleitungsbahnen.	Erkrankte Pflanzen samt Erdballen ausstechen und vernichten. Pflanzflächen wechseln.
	Blattwanzen	Als Folge der Saugtätigkeit der Wanzen und ihrer Larven kräuseln sich die Blätter, die Triebspitzen verkrüppeln. Auf den Blättern zunächst kleine, gelbliche Saugstellen. Später bräunen sich diese und sterben ab.	In den frühen Morgenstunden spritzen mit Schädlingsfrei Parexan oder Spruzit flüssig.
	Blattläuse	Durch ihre Saugtätigkeit kommt es zu den gekräuselten, wellig verbogenen Blättern und mißgebildeten Trieben.	Spritzbehandlung z. B. mit Pirimor Granulat zum Auflösen in Wasser, Neudosan.
	Wiesenschaumzikade	In eine weiße, schaumartige Masse eingehüllt, saugen die gelblich-grünen, schwarzäugigen Larven der Zikaden an Blüten, jungen Trieben und Knospen. Besonders häufig auf Glattblattastern.	Eine chemische Bekämpfung ist in den meisten Fällen nicht erforderlich.
	Schattenwickler	Blätter der Triebspitzen zusammengesponnen. In ihren Wohngespinsten fressen die schmutziggelbgrünen, schwarzköpfigen Räupchen des Wicklers. Besonders bei Glattblattastern.	Rechtzeitige Befallskontrollen (April/Mai). Bekämpfung mit Schädlingsfrei Parexan oder Spruzit flüssig.
	Schnecken	Manche Sorten von *Aster novi-belgii* (Glattblattaster) sind stark schneckengefährdet.	Anwendung von Molluskiziden, z. B. Ködermittel.
	Erdraupen	Nackte oder behaarte 16füßige, ausgewachsen 3–5 cm lange und je nach Art verschieden gefärbte und verschieden gezeichnete Raupen fressen an den Blättern.	Auf feuchtem Boden spritzen mit Schädlingsvernichter Decis.
	Blattälchen	Braune, von Adern geradlinig begrenzte Blattflecken,	Anbaufläche wechseln. Zur Bekämpfung sind zur Zeit keine chemischen Präparate zugelassen.
Aubrieta	**Weißer Rost**	Weiße, schwielenartige Pusteln auf der Blattunterseite.	Spritzung mit Baymat flüssig, Saprol Neu. Auch Blattunterseiten behandeln.

Pflanze	Krankheitsbezeichnung Schaderreger	Schadbild	Bekämpfungshinweise
Bergenia	**Blattälchen**	Braune, von Adern begrenzte Blattflecken.	Befallene Pflanzen aus dem Bestand entfernen und vernichten. Zur chemischen Bekämpfung zur Zeit keine Präparate zugelassen.
Campanula	**Rost**	Kleine, orangefarbene Sporenpusteln bedecken in oft sehr großer Zahl die Blattunterseite, vor allem bei *Campanula persicifolia* oft stark, aber auch bei *Campanula glomerata* und *Campanula trachelium*.	Befallsgefahr bei hoher Luftfeuchtigkeit. Mehrmaliges Spritzen mit Baymat flüssig, Saprol Neu.
	Ramularia-Blattfleckenkrankheit	Bei *Campanula pyramidalis* große, helle Blattflecken, mit dunklerer Umrandung, die oft die ganze Breite einer Blatthälfte einnehmen. Blattunterseite weißer Pilzbelag.	Saprol Neu.
	Echter Mehltau	Mehlig-weißer Pilzbelag auf den Blättern.	Bei Krankheitsbeginn mit Baymat flüssig, Saprol Neu spritzen. Wiederholung nach 8–10 Tagen.
	Ringfleckenkrankheit (Virose)	Helle Flecken, Ringe und Zickzackmusterung auf den Blättern. Wuchs gehemmt.	Kranke Pflanzen vernichten.
Centaurea	**Echter Mehltau**	Mehlartig weißer Überzug auf den Blättern.	Bei Krankheitsbeginn mit Baymat flüssig, Saprol Neu spritzen. Wiederholung nach 8–10 Tagen.
Chrysanthemum	**Verticillium-Welke**	Von unten nach oben fortschreitende Welke der Pflanze oder auch (je nach Sorte) Rot-, Gelb- oder Braunverfärbung der Blätter, wobei diese abtrocknen und dürr werden. Bei starkem und frühzeitigem Befall (kranke Stecklinge) Wuchsstockungen der ganzen Pflanze, Verkrümmung, bei farbigen Sorten, Ausbleichung der Blüte. Krankheitserscheinungen oft nur auf einzelne Triebe oder eine Seite des Triebes (übereinanderstehende Blätter) beschränkt. Vor allem bei Gartenchrysanthemen.	Wechsel der Anbaufläche. Pflanzen mit Befallssymptomen sofort vernichten.
	Echter Mehltau	Fleckigweißer Überzug auf den Blättern und jungen Trieben, die bei starkem Befall verkümmern und vertrocknen.	Befallsgefahr bei hoher Luftfeuchtigkeit und gleichzeitiger Wärme. Gute Wirkung zeigen Baymat flüssig, Saprol Neu.
	Ascochyta-Krankheit	Schwarzbraune, faule Flecken können an allen oberirdischen Organen auftreten. Häufig ganze Sproßspitze welkend oder bei Stengelgrundfäule, Abwelken der gesamte Pflanze (besonders bei Jungpflanzen). Ältere Pflanzen vor allem während der Blüte anfällig: schmutzigbraune Verfärbung, die meist vom Blütengrund ausgeht und auf alle Blütenteile sowie den Stengelansatz übergehen kann. Bei frühem Befall fault die Knospe ohne sich zu öffnen. Bei einseitiger Erkrankung bleibt die eine Blütenhälfte unter brauner Verfärbung stecken. Das Schadbild kann leicht mit Grauschimmelerkrankung oder Älchenbefall verwechselt werden. Bei Gartenchrysanthemen.	Kranke Pflanzen sofort vernichten. Spritzen mit Saprol Neu. Gesunde Bestände möglichst trocken halten.
	Rost	Punktförmige, rostbraune, stäubende Pusteln, vor allem auf der Blattunterseite, seltener blattoberseits und am Stengel. Tritt vor allem auf bei hoher Luftfeuchtigkeit und häufiger Benetzung des Blattwerkes sowie bei niedriger Temperatur. Schwächephasen der Pflanze begünstigen das Auftreten der Krankheit.	Wiederholte Spritzungen mit Baymat flüssig, Saprol Neu. Besonders Blattunterseiten behandeln.

Pflanze	Krankheitsbezeichnung Schaderreger	Schadbild	Bekämpfungshinweise
Chrysanthemum	**Septoria-Blattfleckenkrankheit**	Runde, bis ca. 0,5 cm große, dunkelbraune Blattflecken, die, wo sie gehäuft auftreten, zum Absterben des Blattes führen. Im Frühstadium oft nur oberseits sichtbare, gelblich-mißfarbene Flecken. Bei Gartenchrysanthemen.	Befallsbegünstigend wirken enger Stand, hohe Luftfeuchtigkeit, Licht und Luftmangel. Spritzen mit Saprol Neu.
	Blattfleckenkrankheit	Gezonte, gelbbraune, rundlich oder auch unregelmäßig umrandete Blattflecken, deren helle Mittelzone später oft ausbricht. Bei *Chrysanthemum maximum.*	Vorbeugend spritzen mit Saprol Neu.
	Grauschimmelkrankheit	Braune Faulstellen auf den Blütenblättern, die sich bei feuchter Witterung rasch vergrößern und oftmals mit grauem Schimmelrasen bedecken. Besonders dann, wenn die Fäule vom Blüteninneren ihren Ausgang nimmt, geht sie leicht auch auf den Stengel über. Neben dieser schwer schädigenden Form der Blütenfäule findet man häufig Botrytisinfektion der Blütenblätter, die sich nur durch Auftreten kleiner brauner Stippflecken äußert. Bei Gartenchrysanthemen.	Kranke oder abgestorbene Pflanzenteile frühzeitig entfernen. Vorbeugung und Bekämpfung im Frühstadium mit Ronilan, Rovral oder Euparen.
	Blattminierfliegen	Gelblichweiße, fußlose etwa 2 mm lange Maden, fressen helle, vielfach gewundene Gangminen in die Blätter.	Spritzen mit Schädlingsfrei Parexan oder Spruzit flüssig.
	Blattwanzen	Durch die Saugtätigkeit verschiedener Wanzenarten und deren Larven kommt es zu mißgebildeten Blättern und Trieben. Die Pflanzen bleiben im Wachstum gehemmt. Auf den Blättern zeigen sich zunächst gelbliche Fleckchen, später bräunen sich diese, sinken ein und sterben ab.	In den frühen Morgenstunden spritzen mit Schädlingsfrei Parexan oder Spruzit flüssig.
	Schaumzikaden	In eine weiße, schaumartige Masse eingehüllt saugen die gelblichgrünen, schwarzäugigen Larven des Schädlings. Junge Knospen und Triebe werden bevorzugt. Schäden wie sie auch die Wanzen verursachen. Vor allem bei Gartenchrysanthemen und Margeriten.	Eine Bekämpfung mit chemischen Pflanzenschutzmitteln ist meistens nicht erforderlich.
	Schattenwickler	Graugrüne Raupen verspinnen die Blätter von *Chrysanthemum maximum* und fressen die Blattwickel aus. Häufig wird der Vegetationpunkt der Pflanze zerstört.	Bei ersten Fraßspuren spritzen mit Schädlingsfrei Parexan oder Spruzit flüssig.
	Eulenraupen	Raupen verschiedener Eulenfalter (z. B. der Kohleule und der Gemüseeule) verursachen Blattfraß und fressen sich auch in die Blütenköpfe ein. Der feuchte Kot der Raupen kann die Blumen stark verschmutzen.	Auf feuchten Boden spritzen mit Decis flüssig.
	Blattälchen	Große schwarzbraune, meist gradlinig von den Adern begrenzte Blattflecken. Seltener ist Blütenbefall: Blütenboden gebräunt (aufschneiden!), Blütenblätter leicht fleckig. Bei Gartenchrysanthemen.	Laub nach Möglichkeit trocken halten. Standort wechseln. Chemische Bekämpfungsmittel sind zur Zeit nicht zugelassen.
	Virosen	In Deutschland vor allem Gurkenmosaik, Chrysanthemum Virus B, Aspermie. Verursachen deutliche Symptome oft nur an der Blüte (kleiner als normal, verdreht oder gekräuselt, Farbbrechung bzw. Farbausbleichung). Blätter manchmal leicht gelbscheckig mit heller Ring- oder Strichzeichnung. Achtung! Nicht jede Blattscheckung deutet auf Virusbefall hin. Zeigt ein größerer Bestand gleichmäßig dieses Merkmal, so sind vor allem auch Düngungsfehler oder Spritzschäden in Betracht zu ziehen.	Gesundes Pflanzgut verwenden. Befallsverdächtige Pflanzen sofort auslesen und vernichten.

Pflanze	Krankheitsbezeichnung Schaderreger	Schadbild	Bekämpfungshinweise
Convallaria	**Schwarzwerden der Keime "Schwarzer Tod" oder Maiblumenpest**	Keime infolge Fäulnis sich schwärzend. Graues Pilzgeflecht auf den Befallstellen. Kümmern der Pflanzen im Bestand. Die Krankheit kommt vor allem auf moorigen oder stark humosen Böden vor, die schon viel Maiblumen getragen haben. Auch durch Überdüngung, vor allem mit organischem Stickstoff, wird sie gefördert.	Wechsel der Anbaufläche. Alle Keime mit Krankheitsanzeichen vernichten.
	Grauschimmelkrankheit	a) Fäule am Grund der Blätter, die zum Umfallen der Pflanzen führt. b) Braune Flecken an Blütenstengeln und Blüten, deren Stiele eintrocknen und faulen.	Vorbeugende Spritzungen mit Ronlian, Rovral und Euparen. Trockene, luftige Standorte bevorzugen.
	Brennfleckenkrankheit	Längliche oder runde, oft an der Blattspitze gehäufte, gelblichbraune und mit rötlichem Hof umgebene Blattflecken, die zum Verdorren des Laubes und damit zu starker Schwächung der Pflanzen führen können. Die Krankheit kann auch auf die Blattstiele übergehen.	Erkrankte Pflanzen vernichten, Spritzen mit Kupferpräparaten, Dithane Ultra.
	Rost	Kleine, gelblichbraune Pusteln, die bei der Reife stäubendes Sporenpulver entlassen, auf der Blattunterseite.	Vorbeugende Spritzung mit Saprol Neu.
	Wurzelspinner	Durch Fraß an den unterirdischen Pflanzenteilen (auch Knospen) können die Raupen des Wurzelspinners sehr schädlich werden. Die Pflanzen welken und gehen ein. Raupen ausgewachsen 3–4 cm lang, braunköpfig und braune, kurz behaarte Wärzchen tragend.	Zur Bekämpfung sind zur Zeit keine chemischen Präparate zugelassen.
	Maiblumenblattlaus	Die Blätter erscheinen gelbfleckig. Vor allem auf der Blattunterseite saugen grünliche, schwärzlichgefleckte Läuse.	Pirimor Granulat zum Auflösen in Wasser, Neudosan.
	Freilebende Wurzelälchen	Gebräunte Zonen in der sonst weißen Wurzel (auswaschen).	Zur Bekämpfung sind zur Zeit keine chemischen Präparate zugelassen.
	Kartoffelnematode	Befällt die Maiblume nicht, aber mit den *Convallaria*-Keimen können sie verschleppt werden, wenn sie in Erde gepflanzt waren, die als Vorkultur verseuchte Kartoffeln getragen hatte. Es bestehen strenge Einfuhrvorschriften des Auslandes, daß die Erde nachweislich frei von Kartoffelnematoden sein muß.	
Coreopsis	**Blattläuse**	Durch ihre Saugtätigkeit kann die schwarze Bohnenlaus oft großen Schaden anrichten.	Spritzen mit Pirimor Granulat zum Auflösen in Wasser, Neudosan.
	Echter Mehltau	Mehligweißer Überzug auf den Blättern.	Lockerer Stand, befallene Pflanzen entfernen. Spritzen mir Baymat flüssig, Saprol Neu.
	Blattwanzen	Durch die Saugtätigkeit verschiedener Wanzenarten und deren Larven kommt es zu mißgebildeten und verkrüppelten Blättern und Trieben.	Unkrautbekämpfung. In den frühen Morgenstunden spritzen mit Schädlingsfrei Parexan oder Spruzit flüssig.
Delphinium	**Bakterien-Schwarzfleckenkrankheit**	Unregelmäßig umrandete, häufig eckige, braunschwarze Flecken auf den Blättern und Stengeln. Bei sehr regnerischer und kühler Witterung können auch die Blütenstände befallen werden. Sie verkrüppeln und gehen bei starkem Befall zugrunde.	Zu dichten Stand vermeiden. Nach Rückschnitt wiederholte Grünkupferspritzungen, Blattunterseite mitbehandeln. Behandlung im Frühjahr bei Austrieb wiederholen.
	Phyllosticta-Blattfleckenkrankheit	Runde oder längliche, oft etwas gezonte Blattflecken, auf denen mit der Lupe die punktförmigen Fruchtkörperchen des Pilzes erkennbar sind.	Spritzung mit Grünkupfer.

Pflanze	Krankheitsbezeichnung Schaderreger	Schadbild	Bekämpfungshinweise
Delphinium	**Echter Mehltau**	Vor allem nach der Blüte (bei sehr anfälligen Sorten und an ungünstigen Standorten auch früher) weißer Pilzbelag auf allen Organen.	Kranke Pflanzen und Triebe entfernen. Wiederholt spritzen mit Baymat flüssig, Saprol Neu.
	Virosen	Fleckige Blattaufhellung und Blattverkrüppelungen, bereits bei den jungen Blättern, sowie Wuchsstockungen ganzer Pflanzen deuten auf Virusbefall.	Gesundes Saat- und Pflanzengut verwenden. Bekämpfung von Unkraut und Vektoren (Virusüberträger, vor allem saugende Insekten und Nematoden); befallene Pflanzen vernichten.
Dianthus deltoides	**Alternaria-Blattfleckenkrankheit**	Graue oder rötlichbraune und häufig bläulich umrandete Flecken auf Blättern, Stengeln und Blütenblättern; bei Feuchtigkeit dunkler Pilzrasen.	Spritzen mit Baymat flüssig oder Rovral.
	Nelkenfliege	Ab September und im Oktober fallen auf den Blättern (vor allem der Bartnelken) zunächst hellgrüne, gelbliche, später weißliche, schlangenförmige Miniergänge auf. Diese und auch vergilbende, absterbende Herzblätter (z. B. bei Bartnelken, Polsternelken, Heidenelken u. a.) sind im Mark minierenden Maden zuzuschreiben. In den befallenen Pflanzenteilen, die erwachsen etwa 5–8 mm langen, gelblichweißen, mit zugespitztem Kopfende und schwarzem Mundstachel versehenen Maden. Die etwa 1 mm langen weißen Eier werden von Ende August/Anfang September an hauptsächlich in Blattachseln, auf die Oberfläche der Blätter und in begrenztem Umfang auch in Erdspalten in der Nähe der Kulturpflanzen abgelegt.	Spritzen mit Schädlingsfrei Parexan oder Spruzit flüssig.
	Blattälchen	Pflanzen gestaucht und im Wachstum zurückbleibend, jüngste Blättchen gelblich. Besonders in Regenperioden Fäulnis der Triebspitzen.	Wechsel der Anbaufläche. Chemische Bekämpfungsmittel sind zur Zeit nicht zugelassen.
Dianthus plumarius	**Alternaria-Blattfleckenkrankheit**	Graue oder rötlichbraune und häufig bläulich umrandete Flecken auf Blättern, Stengeln und Blütenblättern; bei Feuchtigkeit dunkler Pilzrasen.	Spritzen mit Baymat flüssig oder Rovral.
	Nelkenschwärze	Hellbraune, oft rötlich umrandete Flecken auf Blättern, Stengeln und Blütenkelchen.	Wechseln der Anbaufläche. Vorbeugend spritzen mit Antracol oder Dithane Ultra.
	Nelkenfliege	Ab September und im Oktober fallen auf den Blättern (vor allem der Bartnelken) zunächst hellgrüne, gelbliche, später weißliche, schlangenförmige Miniergänge auf. Diese und auch vergilbende absterbende Herzblätter (z. B. bei Bartnelken, Polsternelken, Heidenelken u. a.) sind im Mark minierenden Maden zuzuschreiben. In den befallenen Pflanzenteilen, die erwachsen etwa 5–8 mm langen, gelblichweißen, mit zugespitztem Kopfende und schwarzem Mundstachel versehenen Maden. Die etwa 1 mm langen weißen Eier werden von Ende August/Anfang September an hauptsächlich in Blattachseln, auf die Oberfläche der Blätter und in begrenztem Umfang auch in Erdspalten in der Nähe der Kulturpflanzen abgelegt.	Spritzen mit Schädlingsfrei Parexan oder Spruzit flüssig im Herbst.
	Blattläuse	Die Läuse schaden durch Besaugung der jungen Nelkentriebe.	Pirimor Granulat zum Auflösen in Wasser, Neudosan.

Pflanze	Krankheitsbezeichnung Schaderreger	Schadbild	Bekämpfungshinweise
Dianthus plumarius	**Hasen und Wildkaninchen**	Polsternelken sind während der Wintermonate stark gefährdet.	Einzäunen der Pflanzung.
	Blasenfüße	Befallene Blumen mit weißlichen, später meist mißfarbenen und eintrocknenden Fleckchen. Nicht selten verkümmern die Blüten. Bei schwerem Befall öffnen sie sich oft überhaupt nicht. Der Schaden wird von den 2 Paar fransige Flügelchen tragenden, etwa 1 mm langen ausgewachsenen Blasenfüßen und ihren ungeflügelten, gelblichweißen bis gelblichen Larven verursacht.	Pflanzen nicht zu trocken werden lassen; Spritzungen ab Mai im Abstand von 2 Wochen mit Schädlingsfrei Parexan oder Spruzit flüssig.
Digitalis	**Ramularia-Blattfleckenkrankheit**	Unregelmäßige, hellbraune, oft durch Adern begrenzte Blattflecken, deren brüchiges, abgestorbenes Gewebe leicht zerreißt (nicht verwechseln mit ebenfalls eckigen Flecken durch Blattälchen).	Vom ersten Auftreten an spritzen mit Saprol Neu.
Doronicum	**Blattälchen**	Durch Adern eckig begrenzte, schwarzbraune Blattflecken.	Anbauflächen wechseln. Zur Zeit sind keine chemischen Pflanzenschutzmittel zugelassen.
	Echter Mehltau	Mehlig-weißer Überzug auf den Blättern; meist verstärkt nach dem Aufblühen auftretend.	Baymat flüssig, Saprol Neu.
Draba	**Weißrost**	Weiße, schwielenartige Pusteln auf der Blattunterseite.	Nicht zu enger Stand, beide Blattseiten behandeln mit Saprol Neu.
Echinops	**Echter Mehltau**	Mehlig-weißer Belag auf den Blättern.	Bei beginnender Erkrankung mit Mehltaufungiziden spritzen, wie z. B. Baymat flüssig oder Saprol Neu.
Erigeron	**Welkekrankheit**	Einzelne Triebe oder ganze Pflanzen welkend.	Kranke Pflanzen samt Wurzelballen entfernen, Anbaufläche wechseln.
	Echter Mehltau	Mehlig-weißer Belag auf den Blättern.	Spritzungen mit Echten-Mehltau-Fungiziden, wie z. B. Baymat flüssig oder Saprol Neu.
Eryngium	**Echter Mehltau**	Mehlig-weißer Belag auf den Blättern.	Spritzungen mit Baymat flüssig oder Saprol Neu.
Filipendula	**Ramularia-Blattfleckenkrankheit**	Kleine, weißliche, oft von Adern begrenzte und rötlich umrandete Blattflecken.	Bei Befall Saprol Neu.
Gaillardia	**Entyloma-Blattflecken**	Etwa erbsengroße, grünlichgelbe Blattflecken mit bräunlichem Zentrum treten besonders in regnerischen Sommern auf.	Zur Vorbeugung Spritzungen mit Grünkupferpräparaten.
	Falscher Mehltau	Flaumiger, schmutzigweißer Belag auf der Blattunterseite.	Spritzung mit Grünkupferpräparaten.
	Echter Mehltau	Mehlig-weißer Überzug auf den Blättern.	Spritzung mit Baymat flüssig oder Saprol Neu.
Gentiana	**Blattfleckenkrankheit**	Kleine, gelblichbraune Flecken mit violetter Umrandung, vor allem oft an der Blattspitze gehäuft.	Spritzung mit Grünkupferpräparaten
	Blattälchen	Gipfelblätter leicht verbogen und verkrüppelt. Pflanzen im Wachstum stockend.	Befallene Pflanzen aus dem Bestand entfernen, Anbaufläche wechseln. Chemische Präparate zur Bekämpfung sind zur Zeit nicht zugelassen.
	Grauschimmel	Graubraune Flecken auf den Blüten, bei anhaltend feuchter Witterung oft erhebliche Blütenfäule. Auf älteren Faulstellen nicht selten grauer Schimmelrasen.	Für genügend Licht und Durchlüftung sorgen. Vernichtung kranker Pflanzenteile. Bewährt haben sich Euparen, Ronilan, Rovral.

Pflanze	Krankheitsbezeichnung Schaderreger	Schadbild	Bekämpfungshinweise
Geranium	**Echter Mehltau**	Mehlig-weißer Pilzbelag auf den Blättern.	Spritzung mit Baymat flüssig oder Saprol Neu.
Helenium	**Echter Mehltau**	Blätter mit mehlig-weißem Pilzbelag.	Spritzung mit Baymat flüssig oder Saprol Neu.
Helianthemum	**Septoria-Blattfleckenkrankheit**	Kleine bräunliche Blattflecken.	Spritzung der Blattober- und unterseite mit Saprol Neu oder Dithane Ultra.
Helianthus	**Echter Mehltau**	Mehlig-weißer Pilzbelag auf den Blättern.	Spritzung mit Baymat flüssig oder Saprol Neu.
	Sclerotinia-Fäule	Rasch um sich greifende Stengelfäule vor allem am Stengelgrund. Auf fortgeschrittenen Faulstellen und bei feuchter Witterung wattig-weißer Pilzbelag und darin eingebettet gelblich-weiße, später hart und schwarz werdende Dauerkörperchen, die etwa 1 cm groß werden können.	Anbaufläche wechseln. Spritzungen mit Ronilan bzw. Rovral sind wirksam gegen oberirdische Infektionen. Sklerotien werden nicht bekämpft. Schwere Böden und feuchte Standorte meiden.
	Blattwanzen	Blätter und Triebenden mißgebildet und verkrüppelt. Spreitenteile oft durchlöchert. Die Saugstellen der Wanzen zeigen sich zunächst in kleinen gelben Flecken. Später färben sich die besaugten Stellen braun und sinken ein.	Umgebende Unkräuter beseitigen. Wiederholtes Spritzen in den Morgenstunden mit Schädlingsfrei Parexan oder Spruzit flüssig.
Helleborus	**Schwarzfleckenkrankheit**	Mehr oder weniger deutlich ringförmig gezonte, braunschwarze Blattflecken, die einen Durchmesser von 1,5–2 cm erreichen können. Befall kann sich auch auf Stengel, Blütenknospen und Blüten erstrecken.	Vor Neuaustrieb alte Blätter entfernen. Zum Austrieb Spritzung mit Grünkupfer. Behandlungen wiederholen.
	Falscher Mehltau	Neu ausgetriebene Blätter klein, verkrüppelt und braunfleckig, auf der Unterseite mit grauweißem, leicht flaumigen Pilzbelag. Blüte oft verfrüht und kümmerlich.	Kranke Pflanzen vernichten. Bei regelmäßigem Auftreten ab Austrieb alle 3 Wochen spritzen mit Spezial-Pilzfrei Aliette.
	Wurzelspinner	An unterirdischen Pflanzenteilen fressen graue, 16füßige Raupen. Sie haben einen braunen Kopf- und Nackenschild und tragen braune, kurzbehaarte Wärzchen. Die Raupen überwintern im Boden in ihren Gespinströhren und verpuppen sich im Frühjahr.	Bekämpfung mit chemischen Pflanzenschutzmitteln nicht möglich.
	Virose	Blätter mit ring- und bandförmiger Musterung.	Befallsverdächtige Pflanzen frühzeitig vernichten.
Hemerocallis	***Hemerocallis*-Gallmücke**	Ein Hinweis auf Gallmückenbefall sind die dicklich angeschwollenen, verkürzten Blütenknospen. Befallene Knospen öffnen sich nicht und sterben unter Braunfärbung ab. In den Knospen zahlreiche, kleine, etwa 2–3 mm lange, weißlich-gelbe, schwach geringelte und beinlose Larven der Gallmücke. Verpuppung im Boden. Im Laufe des Mai und Juni legen die langbeinigen, kaum 2 mm langen und dünne glasige Flügelchen tragenden Mücken ihre Eier an die sich entwickelten Blütenknospen ab.	Blütenknospen mit Gallenbildung abpflücken.
Heuchera	**Blattälchen**	Braune, von Adern begrenzte Blattflecken. Wuchsstockung, Verkrüppelung der jungen Triebe.	Befallene Pflanzen aus dem Bestand entfernen, Anbaufläche wechseln. Chemische Bekämpfungsmittel sind zur Zeit nicht zugelassen.

Pflanze	Krankheitsbezeichnung Schaderreger	Schadbild	Bekämpfungshinweise
Hosta	**Schnecken**	Blätter mit unregelmäßigem Loch- oder Skelettierfraß. Die typischen glänzenden Schleimspuren und die feuchten, etwas schmierigen graugrünen Kothäufchen verraten den Schädling sehr schnell.	Schneckenköder einsetzen. Ausstreuen nach Regenperioden im Herbst. Boden walzen, damit weniger Hohlräume vorhanden sind.
Incarvillea	**Blattälchen**	Braune, von Adern begrenzte Blattflecken.	Befallene Pflanzen aus dem Bestand entfernen, Anbaufläche wechseln. Chemische Bekämpfungsmittel sind zur Zeit nicht zugelassen.
Iris	**Rhizomfäule**	Blattspitzen werden gelb, Jungtriebe stocken infolge Fäulnis der jüngsten Rhizomteile samt Sproßbasis. Bei ungünstigen Standortbedingungen (Nässe, hoher Stickstoffspiegel) kann die Naßfäule auch weiter in den alten Wurzelstock eingreifen.	Kranke Pflanzen ausstechen. Sparsame N-Düngung.
	Blattbrand oder Blattdürre	Wenige Millimeter große, rundliche, bräunlichgraue Blattflecken mit gelblichem, durchscheinendem Hof (Durchlicht), die bei gehäuftem Auftreten meist zum Abdorren der Blattspitze oder des Blattes führen.	Bei Befallsverdacht Grünkupfer spritzen.
Liatris	**Sclerotium-Fäule**	Plötzliche Welke der Pflanze, meist kurz vor der Blüte. Stengelgrund und Wurzeln in Fäulnis übergehend. Auf den erkrankten Teilen hellbraune Sklerotien (Dauerkörper des Pilzes).	Kranke Pflanzen samt Wurzelballen ausgraben. Standort wechseln. Spritzungen mit Ronilan bzw. Rovral sind wirksam gegen oberirdische Infektionen. Sklerotien werden nicht bekämpft.
	Verticillium-Welke	Pflanzen welken; äußerlich kein Pilzbelag und keine Faulstellen zu sehen.	Anbau auf neuen, nicht verseuchten Standorten.
	Stengelälchen	Befallene Triebe stocken im Wuchs und sind verkrüppelt.	Bei Befall Standort wechseln, Pflanzen vernichten. Chemische Präparate zur Bekämpfung sind zur Zeit nicht zugelassen.
Ligularia	**Blattälchen**	Von Adern begrenzte braune Blattflecken.	Bei Befall Standort wechseln, Pflanzen vernichten. Chemische Präparate zur Bekämpfung sind zur Zeit nicht zugelassen.
Lilium	**Grauschimmel**	Blütenknospen und Blüten außen mit braunen Flecken und Streifen, seltener (vor allem in sehr dichten Beständen) auch auf den Blättern und Stengeln braune Flecken, die rasch in große Faulstellen übergehen. Bei stärkerem Befall fault die Knospe und öffnet sich nicht. Auf fortgeschrittenen Faulstellen mausgrauer Pilzrasen und da und dort auch kleine schwarze Dauerkörper (Sklerotien). Eingeschlossene und feuchte Lagen sind für den Anbau von Lilien ungünstig.	Bei Befallsverdacht Euparen, Ronilan, Rovral spritzen.
	Lilienhähnchen	6–7 mm lange, leuchtendrote bis gelblichrote Käfer und deren dickliche, kleinköpfige, graugelbe bis schmutziggraue und mit schleimigem Kot bedeckte Larven fressen Löcher in die Blätter.	Bei Befall spritzen mit Spruzit oder Schädlingsfrei Parexan.
	Virosen	Fleckig-streifige, seltener ringförmige Aufhellung; Verkrüppelung und Wellung der Blätter sowie Verkrüppelung und grünliche oder hellstreifige Verfärbung der Blüten. Oft erhebliche Wuchsdepression. Häufig Mischvirosen.	Virusfreies Ausgangsmaterial verwenden. Kranke Pflanzen und Zwiebeln vernichten. Bekämpfung von Blattläusen.

Pflanze	Krankheitsbezeichnung Schaderreger	Schadbild	Bekämpfungshinweise
Lupinus	**Blatt- und Stengelfleckenkrankheit**	Auf Blättern und Stengeln kleine rundliche oder unregelmäßig gestaltete rostbraune Flecken, die bei Häufung oft zu großen Schadstellen zusammenfließen.	Gesunde Jungpflanzen verwenden. Keine N-Überdüngung; Spritzen mit Dithane Ultra.
	Echter Mehltau	Mehlig-weißer Überzug auf den Blättern.	Spritzen mit Baymat flüssig oder Saprol Neu.
	Verticillium-Welke	Von den ältesten Blättern ausgehende Blattvergilbung und -bräunung. Die Pflanze geht allmählich ein.	Befallsverdächtige Pflanzen umgehend vernichten. Wechsel der Anbaufläche.
	Blattrandkäfer	Blattrand der Fiederblättchen mit bogenförmigen Fraßausschnitten. Die etwa 8 mm langen, schwärzlichen, grau bis braun beschuppten Käferchen halten sich tagsüber meist am Fuße der Pflanzen unter Erdkrümeln verborgen.	Spritzen mit Schädlingsfrei Parexan oder Spruzit flüssig.
	Wurzelspinner	An den Wurzeln Raupen (3–4 cm lang und braun). Befallene Pflanzen werden welk und sterben ab. Die Raupen überwintern im Boden und verpuppen sich im Frühjahr. Die Falter, die im Mai/Juni fliegen, beginnen sofort mit der Eiablage. Die jungen Räupchen schlüpfen Mitte bis Ende Juli.	Bekämpfung mit chemischen Pflanzenschutzmitteln nicht möglich.
Lychnis	**Blattfleckenkrankheiten pilzlicher Ursache**	Rötliche, braune oder graubraune Blattflecken durch verschiedene pilzliche Erreger, die häufig nebeneinander vorkommen.	Spritzung mit Grünkupfer.
	Virose	Wuchshemmung der ganzen Pflanze. Blätter nekrotisch und stark gekräuselt oder sogar verdreht.	Kranke Pflanzen vernichten.
Myosotis	**Echter Mehltau**	Mehlig-weißer Pilzbelag auf den Blättern.	Spritzung mit Baymat flüssig oder Saprol Neu.
Paenonia	***Botrytis*-Stengel-, Blatt- und Knospenerkrankung**	Verschiedene Erscheinungbilder, die unabhängig voneinander oder gemeinsam auftreten: a) Blütensprosse fallen plötzlich um infolge einer Faulstelle am Stammgrund, die sich unterirdisch bis zum Wurzelstock erstrecken kann ohne diesen selbst zu erfassen. b) Blütenknospen samt dem sie tragenden Stengel faulen und öffnen sich nicht; Blattfläche und Blattstiele mit Faulstellen. Bei hoher Luftfeuchtigkeit und fortgeschrittener Erkrankung grauer Schimmelrasen auf den Befallstellen.	Zum Austrieb Euparen, Ronilan oder Rovral im Gießverfahren einsetzen. Kranke Pflanzen vernichten.
	Rost	Blattoberseits braune, violett gerandete Flecken, die blattunterseits Anhäufungen punktförmiger, brauner Sommersporenpusteln, später säulchenförmige Wintersporenlager (Lupe) tragen.	Bei Befallsbeginn spritzen mit Saprol Neu.
	Septoria-Blattfleckenkrankheit	Hellbraune, rundliche bis etwa 0,5 cm große Flecken mit purpurfarbener undeutlich begrenzter Umrandung. Stengel oft ebenfalls mit kleinen braunroten Flecken.	Spritzen mit Saprol Neu oder Dithane Ultra.
	Cladosporium-Blattfleckenkrankheit	Große, hellbraune oder blauviolette, verschwommen umrandete Blattflecken, deren Unterseite olivbraunen Pilzflaum trägt. Die Krankheit kann zum Absterben der Blätter führen.	Spritzungen mit Grünkupfer-Präparaten oder Dithane Ultra.

Pflanze	Krankheitsbezeichnung Schaderreger	Schadbild	Bekämpfungshinweise
Lupinus	**Blattälchen**	Durch Adern deutlich begrenzte bräunliche Blattflecken. Bei Befall der Blütenknospen bleiben diese in der Entwicklung stecken und verkümmern.	Befallene Blätter entfernen. Chemische Präparate zur Bekämpfung sind zur Zeit nicht zugelassen.
	Ringfleckenkrankheit (Virus)	Helle Flecken und Linienmusterung auf den Blättern. Wenige kümmerliche Blüten.	Kranke Pflanzen vernichten.
Papaver	**Falscher Mehltau**	Fahle Flecken auf der Blattoberseite, die unterseits mit bläulich-grauem Schimmelrasen bedeckt sind. Bei starkem Befall Verkrüppelung von Blättern, Stengeln und Blüten.	Entfernung der kranken Pflanzen; feuchte Standorte meiden; vorbeugende Spritzung mit Spezial-Pilzfrei Aliette.
	Bakterieller Mohnbrand	Auf den Blättern zunächst kleine durchsichtig-wässrige Stellen, die bald in größere schwarzbraune, oft gradlinig begrenzte und unregelmäßige Flecken übergehen, jedoch von hell durchscheinendem Hof (Durchlicht) umrandet bleiben. Die Flecken können auch am Stengel und vor allem an Kelch- und Blütenblättern gefunden werden. Die Krankheit tritt besonders in niederschlagsreichen Jahren auf.	Zur Vorbeugung Blattober- und -unterseite mit Grünkupfer spritzen.
Phlox	**Echter Mehltau**	Mehlig-weißer, fleckiger Pilzbelag an den Blättern.	Spritzung mit Baymat flüssig oder Saprol Neu.
	Septoria-Blattfleckenkrankheit	Runde, rötlichviolette oder braunrote Blattflecken, mit verwaschenem Rand, die etwa 5 mm Durchmesser erreichen können.	Zu Befallsbeginn spritzen mit Saprol Neu oder Dithane Ultra.
	Stengelfäule und Triebsterben	Inmitten oder am Grund des Stengels eine oft schwach verdickte und graubraun verfärbte Zone. Auf der Oberfläche sind als winzige Pünktchen Pilzfruchtkörperchen in großer Zahl zu erkennen (Lupe). Oberhalb der Befallstelle stirbt der Trieb ab. Die Krankheit wurde in Verbindung mit Stockälchenbefall gefunden, wobei möglicherweise die Älchen als Wegbereiter für den Pilzbefall angesehen werden müssen.	Ausgiebig mit Grünkupferpräparaten spritzen.
	Stengel- oder Stockälchen	Die Älchenrasse der Phloxes soll auch *Solidago canadensis*, *Pirimula rosea*, *Campanula persicifolia* und *Dianthus barbatus* befallen, daher auf verseuchten Flächen Anbau dieser Pflanzen vermeiden.	Befallene Pflanzen aus dem Bestand entfernen und vernichten. Chemische Präparate zur Bekämpfung sind zur Zeit nicht zugelassen.
	Triebsterben infolge Blattälchenbefall	Triebspitzen gelblich und verkrümmt, später oft ganze Triebe absterbend (*Phlox subulata*).	
Physostegia	**Blattwanzen**	Blätter und Triebenden mißgebildet und verkrüppelt. Saugstellen der Schädlinge zunächst als kleine, gelbe Fleckchen sichtbar. In der Folge verfärben sich die besaugten Gewebeteile braun und sterben ab.	Regelmäßige Bestandskontrolle. Behandlungen früh morgens mit Schädlingsfrei Parexan oder Spruzit flüssig.
Podophyllum	**Blattälchen**	Von den Adern begrenzte braune Flecken auf den Blättern.	Befallene Pflanzen aus dem Bestand entfernen und vernichten. Chemische Präparate sind zur Zeit nicht zugelassen.

Pflanze	Krankheitsbezeichnung Schaderreger	Schadbild	Bekämpfungshinweise
Polemonium	**Echter Mehltau**	Mehlig-weißer, fleckiger Pilzbelag auf den Blättern.	Bei Beginn der Erkrankung sofort Baymat flüssig oder Saprol Neu.
Primula	**Wurzelbräune**	Äußere Blätter gelblich oder vom Rand her eintrocknend. Im frühen Stadium befallene Pflanzen im Wuchs zurückbleibend. Wurzel stellenweise oder ganz gebräunt (auswaschen).	Bekämpfung mit chemischen Pflanzenschutzmitteln nicht möglich.
	Grauschimmel	Die Krankheit tritt mit zwei verschiedenen Erscheinungsbildern auf, die häufig getrennt von einander vorkommen:	
		a) Plötzliche Welke der Pflanze infolge einer Stengelgrundfäule (aufschneiden); Wurzel zumindest im Anfangsstadium gesund.	Bei mäßigem Befall Rovral, Ronilan im Gießverfahren einsetzen. Ansonsten Standort wechseln
		b) Blatt- und Blütenfäule, die sich besonders dann einstellt, wenn die Pflanzen sehr dicht stehen, so daß sich Feuchtigkeit staut, oder wenn die Witterungsbedingungen extrem ungünstig sind. Fäule greift zunächst an den abgestorbenen Pflanzenteilen an, auf denen sich grauer Schimmelbelag einstellt. Sie gehen jedoch von dort auch auf gesunde Blätter und Blüten über.	Richtige Standweite einhalten. Pflanzen regelmäßig durchputzen. Spritzen mit Ronilan, Rovral.
	Ramularia-Blattfleckenkrankheit	Rundliche oder etwas eckige, gelblich oder graubraune bis schwärzlichgraue Blattflecken, die unterseits oft einen leichten weißen Schimmelanflug tragen.	Wiederholte Spritzung mit Saprol Neu. Blattunterseite mitbehandeln.
	Falscher Mehltau	Blaßgelbe, später bräunliche Flecken auf den Blättern, die unterseits schmutzigweißen Schimmelbelag tragen. Besonders bei *Primula elatior*, *Primula veris* und *Primula vulgaris*.	Entfernung erkrankter Pflanzen. Meidung feuchter Standorte. Vorbeugende Spritzung mit Spezial-Pilzfrei Aliette.
	Phyllosticta-Blattfleckenkrankheit	Große schmutzigweiße, gelblich umrandete Flecken auf den Blättern.	Spritzung mit Dithane Ultra.
	Rote Spinne	Blätter verfärben sich zunächst graugrün, vergilben, werden braun und können bei starkem Befall oft vollständig vertrocknen. Schäden vor allem bei Pflanzen, die unter Nahrungsmangel leiden, also bei schlechter Wartung getopfter Pflanzen oder auf Standorten in trockenheißer Lage.	Pflanzen nicht zu trocken halten. Schädlingsfrei Parexan oder Spruzit flüssig. Behandlung mehrmals wiederholen.
	Dickmaulrüßler	Pflanzen welken und sterben ab. An den Wurzeln fressen bis zu 12 mm lang werdende, weiße fußlose, braunköpfige und bauchwärts gekrümmte Larven.	Zur Bekämpfung der Dickmaulrüsslerlarven können Nematoden (*Steinernema carpocapsae* oder *Heterorhabditis*) eingesetzt werden. Die Voraussetzung für einen Einsatz dieser Nematoden ist eine gleichmäßige Bodenfeuchte und eine Bodentemperatur von mindestens 13 °C. Man benötigt für 10 m^2 Fläche 5 Mio Nematoden.
	Wurzelläuse	Die Pflanzen bleiben im Wachstum zurück; einzelne Blätter vergilben. An den Wurzeln saugen graue Läuse. Vor allem bei *Primula auricula*.	Pirimor Granulat zum Auflösen in Wasser im Gießverfahren anwenden.
	Blattälchen	Durch Adernbegrenzung meist eckige, hell- später dunkelbraune Blattflecken (z. B. bei *Primula denticulata*) oder nur schwache, gelblichbraune Verfärbung, deren Begrenzung oft nur im durchfallenden Licht erkennbar ist (z. B. bei *Primula pruhoniciana*, *Primula bulleyana*, *Primula rosea*, *Primula beesiana* und Primula-Bullesiana-Hybriden)	Befallene Pflanzen aus dem Bestand entfernen und vernichten. Chemische Präparate zur Bekämpfung sind zur Zeit nicht zugelassen.

Pflanze	Krankheitsbezeichnung Schaderreger	Schadbild	Bekämpfungshinweise
Primula	**Virosen**	Wachstumsstockungen einzelner Pflanzen, mosaikartige Blattaufhellungen, Wellung und Verkrüppelung der Blätter, sowie streifige oder hellfleckige Blütenverfärbungen deuten auf Virusbefall hin. Die Primelvirosen sind durch Insekten, jedoch nicht mit den Samen übertragbar.	Gesundes Pflanzgut verwenden. Befallsverdächtige Pflanzen entfernen und vernichten. Bekämpfung von Virusüberträgern (Vektoren).
Ranunculus	**Blattälchen**	Braune, durch Adern gradlinig begrenzte Blattflecken.	Wechsel der Anbaufläche. Befallene Pflanzen aus dem Bestand entfernen und vernichten. Chemische Präparate zur Bekämpfung sind zur Zeit nicht zugelassen.
Rudbeckia	**Echter Mehltau** **Blattälchen**	Mehlig-weißer Pilzbelag auf den Blättern. Braune, durch Adern begrenzte Blattflecken.	Bei Befallsbeginn Spritzung mit Baymat flüssig oder Saprol Neu. Wechsel der Anbaufläche, befallene Pflanzen aus dem Bestand entfernen und vernichten. Chemische Präparate zur Bekämpfung sind zur Zeit nicht zugelassen.
Saxifraga	**Stengelgrundfäule**	Pflanze welkt infolge Fäulnis am Wurzelhals.	Zur Vorbeugung mit Spezial-Pilzfrei Aliette angießen. Kranke Pflanzen vernichten.
Scabiosa	**Echter Mehltau**	Mehlig-weißer Belag auf den Blättern.	Bei Befallsbeginn Spritzung mit Baymat flüssig oder Saprol Neu.
Sedum	**Blattälchen** **Stockälchen**	Gelbliche oder rötliche Verfärbung der Blätter vom Rand oder von der Spitze aus. Blattunterseite mit braunen Flecken, die später auch blattoberseits sichtbar werden. Die Krankheit wird oft nach längeren Regenperioden recht auffällig. Gipfelblätter sind gelblich, rötlich oder braun verfärbend, oft wellig verkrüppelt. Sproßspitze stirbt bei starkem Befall ab.	Befallene Pflanzen aus dem Bestand entfernen und vernichten. Chemische Präparate zur Bekämpfung sind zur Zeit nicht zugelassen.
Solidago	**Echter Mehltau**	Mehlig-weißer Pilzbelag auf den Blättern.	Bei Befallsbeginn spritzen mit Baymat flüssig oder Saprol Neu.
Tiarella	**Blattälchen**	Braune, von Adern begrenzte Blattflecken.	Befallene Pflanzen aus dem Bestand entfernen und vernichten. Chemische Präparate sind zur Zeit nicht zugelassen.
Trollius	**Phyllosticta-Blattfleckenkrankheit** **Ascochyta-Blattfleckenkrankheit** **Virosen**	Braune, unregelmäßig gestaltete, oft geradlinig von Blattadern begrenzte Flecken. Unterseits sind mit Lupe zahlreich punktförmige Fruchtkörper festzustellen. Dunkelbraune, rundliche, bis etwa 0,5 cm große Blattflecken (unterseits mit Lupe meist die Fruchtkörper des Pilzes zu erkennen). Fleckige, streifen- oder bandförmige Blattaufhellungen.	Spritzung mit Grünkupferpräparaten, Dithane Ultra. Spritzungen mit Saprol Neu. Übermäßige Luftfeuchte wirkt sich befallsbegünstigend aus. Kranke Pflanzen sofort vernichten.
Verbascum	**Echter Mehltau** **Phyllosticta-Blattfleckenkrankheit**	Mehlig-weißer Pilzbelag auf den Blättern. Runde oder längliche, häufig zusammenfließende Blattflecken.	Bei Befallsbeginn spritzen mit Baymat flüssig oder Saprol Neu. Spritzung mit Dithane Ultra.
Veronica	**Blattfleckenkrankheit**	Dunkelbraune Flecken mit heller Mitte. Blattunterseite oft mit feinem weißlichem Belag.	Spritzung mit Kupferpräparaten. Blattunterseiten mitbehandeln.

Pflanze	Krankheitsbezeichnung Schaderreger	Schadbild	Bekämpfungshinweise
Vinca	**Stengelfäule und Blattfleckenkrankheit**	Triebe welken infolge braunschwarzer Faulstellen am Grund oder an den höheren Teilen des Stengels. Blätter mit dunkelbraunen Flecken, auf denen mit der Lupe als punktförmige Pustelchen Fruchtkörperchen des Pilzes erkennbar sind.	Sofort bei Befallsbeginn Dithane Ultra, Grünkupfer.
	Virose	Gelbgrüne Flecken und Ringe auf den Blättern.	Frühzeitiges Vernichten befallsverdächtiger Pflanzen. Bekämpfung von Vektoren.
Viola	**Wurzelbräune**	An den äußeren Blättern beginnende Welke und Vergilbung; bei stärkerem Befall Absterben der Pflanzen. Ursache ist eine Fäulnis der Wurzel durch Pilzbefall. Tritt vor allem unter ungünstigen Standortbedingungen auf.	Bekämpfung mit chemischen Pflanzenschutzmitteln nicht möglich.
	Rost	Vor allem auf der Blattunterseite, aber auch an Stengeln mit Frühjahrssporen des Rostes. Später hellbraun und dunkelbraun stäubende Sommer- bzw. Wintersporenpusteln. Pflanzen oft stark deformiert und heller als die gesunden.	Pflanzen im Herbst durchputzen. Spritzungen mit Baymat flüssig oder Saprol Neu.
	Pilzliche Blattfleckenkrankheit	Gelblichbraune oder blaßgelbe, oft dunkel umrandete Flecken rühren meist von Pilzbefall her. Sporenbelag auf Ober- und Unterseite als schwärzlicher (*Cercospora*, *Colletotrichum*) oder weißlicher Anflug (*Ramularia* auf Blattunterseite) zu erkennen. *Colletotrichum* auch auf Blüte Flecken verursachend.	Pflanzen vorbeugend mit Grünkupfer spritzen.
	Veilchenblattrollmücke	Pflanzen mit wulstigen, fleischig verdickten, bleichgrün verfärbten Blattgallen, die später vermorschen. Herzblätter oft völlig vergallt. In den Gallen zunächst weißliche, später orangefarbene Larven oder auch schon die seidig glänzenden Puppenkokons. Mehrere Generationen im Jahr. Larven der letzten Generation überwintern in einem Kokon in den vergallten Blättern. Mücken der ersten Generation in der ersten Aprilhälfte. Mit der letzten Fliegengeneration ist in der ersten Oktoberhälfte zu rechnen.	Befallene Blätter abpflücken und vernichten. Keine chemischen Pflanzenschutzmittel zugelassen.
	Veilchengallmücke	Verkrümmte, gekräuselte, beulig verbogene Blätter mit auffällig nach oben eingerollten Blatträndern. Blattränder nicht wulstig und nicht verfärbt. Gelegentlich bei *Viola cornuta* und *Viola gracilis*, selten bei *Viola odorata*. Die sehr kleinen, mit bloßem Auge nicht sichtbaren Tiere leben oft in großer Zahl (bis zu 40 und 50) auf den befallenen Blättern.	Keine chemischen Pflanzenschutzmittel zugelassen. Pflanzen nicht zu trocken halten.
Viola	**Spinnmilben**	Blätter zunächst gelbgesprenkelt. Bei starkem Befall vergilben die Blätter und vertrocknen. Auf der Unterseite der Blätter orange oder rötlich verfärbte Milben und manchmal auch feine, weiße Gespinstfäden. Vor allem an *Viola odorata*-Beständen, die unter Nahrungs- und Wassermangel leiden.	Pflanzen nicht zu trocken halten. Wiederholte Spritzungen mit Schädlingsfrei Parexan oder Spruzit flüssig.
Yucca	**Blattfleckenkrankheit**	Große, braune, in der Mitte ausgebleichte Flecke mit rötlicher Umrandung und oft kreisförmiger Zonenbildung (punktförmige Fruchtkörper mit Lupe erkennbar).	Kranke Pflanzenteile vernichten. Grünkupferpräparate spritzen. Kein Fungizid gegen alle Erreger der Blattfleckenkrankheit wirksam. Vorsicht vor N-Überdüngung!

Kulturansprüche, Verwendungsmöglichkeiten und Lebensbereiche Stauden

Botanischer Name	Bodenansprüche							Standort						Eigenschaften						Verwendungsmöglichkeiten												Blütezeit	Lebensbereich	weitere Lebensbereiche
	gute, humose Gartenerde	mager / sandig / steinig	lehmig	kalkhaltig	kalkarm	Moorboden	Waldhumus	sonnig	halbschattig	schattig	trocken	mäßig-feucht (frisch)	feucht-naß	Flächendecker	wuchernd	sich versamend	kletternd oder schlingend	heimisch in Mitteleuropa	wertvolle Wildstaude	Waldstaude	Gehölzrand	unter Glas	Steingarten	Alpinum, Tröge	Beete und Rabatten	Sumpf und Teichrand	Wasserpflanze	Solitärpflanze	Schnittblume	Duftblume	Insektenfutter			
Acaena buchananii	•	•	•					•	•	•		•		•									•									VI-VII	FS2 so	M2 so Fr2 so
Acaena magellanica	•	•	•					•	•	•		•		•									•									VI-VII	FS2 so	M2 so Fr2 so
Acaena microphylla	•	•	•					•	•	•		•		•									•									VI-VII	FS2 so	M2 so Fr2 so
Acanthus hungaricus	•		•					•			•								•		•				•			•				VI-VIII	Fr2 so	FS2 so Gr2 so-hs
Acanthus mollis	•		•					•			•								•		•				•			•				VI-VIII	Fr2 so	FS2 so Gr2 so-hs
Acanthus spinosus	•		•					•			•								•		•				•			•				VI-VIII	Fr1 so	FS1 so Gr1 so-hs
Achillea ageratifolia		•		•				•				•		•									•									VI-VIII	FS1-2 so	M1-2 so SF1-2 so
Achillea filipendulina	•							•				•												•					•	•		VI-IX	Fr2 so	
Achillea millefolium	•	•						•	•							•						•	•		•				•			VI-VIII	Fr1-2 so	
Achillea ptarmica	•							•	•			•										•	•						•			VI-IX	Fr3 so	WR4 so
Achillea tomentosa		•						•			•				•							•							•			V-VII	FS1-2 so	M1-2 so
Acinos alpinus		•						•			•				•								•	•								VI-VIII	M1-2 so	St1-2 so
Aconitum × cammarum	•							•	•			•							•		•	•		•	•				•		•	VII-VIII	B2 so-hs	GR2-b so-abs
Aconitum carmichaelii var. *arendsii*	•		•					•	•			•							•		•	•			•				•			IX-XI	B2 so-hs	GR2-b so-abs
Aconitum carmichaelii var. *wilsonii*	•		•					•	•			•							•		•				•				•			VIII-X	GR2-b abs-so	B2 hs
Aconitum napellus	•		•					•	•			•							•		•	•		•	•				•		•	VI-VIII	GR2-3 abs	FR2-3 abs
Actaea pachypoda	•						•		•			•								•	•											V-VI	G2 hs	GR2 abs
Actaea rubra	•						•		•			•								•	•											V-VI	G2 hs	Gr2 abs
Actaea spicata	•						•		•		•									•	•											–	G2 hs-sch	GR2 abs
Adonis amurensis	•							•				•							•				•	•								IV-V	GR2 abs	St2 abs
Adonis vernalis	•							•				•							•				•	•								IV-V	SH1 so	St1 so
Aethionema coridifolium		•						•			•			•									•	•							•	V-VI	FS1-2 so	SF1-2 so St1-2 so

Kulturansprüche, Verwendungsmöglichkeiten und Lebensbereiche Stauden

Botanischer Name	Bodenansprüche							Standort						Eigenschaften						Verwendungsmöglichkeiten												Blütezeit	Lebensbereich	weitere Lebensbereiche
	gute, humose Gartenerde	mager / sandig / steinig	lehmig	kalkhaltig	kalkarm	Moorboden	Waldhumus	sonnig	halbschattig	schattig	trocken	mäßig-feucht (frisch)	feucht-naß	Flächendecker	wuchernd	sich versamend	kletternd oder schlingend	heimisch in Mitteleuropa	wertvolle Wildstaude	Waldstaude	Gehölzrand	unter Glas	Steingarten	Alpinum, Tröge	Beete und Rabatten	Sumpf und Teichrand	Wasserpflanze	Solitärpflanze	Schnittblume	Duftblume	Insektenfutter			
Aethionema grandiflorum		•						•			•			•									•	•							•	V-VI	FS1-2 so	SF1-2 so
Agapanthus africanus	•		•					•			•	•										•						•	•		•	VII-VIII	B2 so	
Agastache mexicana	•							•				•					•		•						•				•	•	•	VII-X	FR1 so	
Ajuga reptans	•	•					•					•		•	•	•			•		•	•				•					•	IV-V	GR2-3 so-abs	FR2-3 so-abs
Alcea rosea	•							•				•				•			•		•				•						•	VIII-IX	B2 so	FR2 so
Alchemilla alpina	•							•	•			•																				VI-VII	B2 so-abs	FS2 so-abs
Alchemilla mollis	•							•	•			•		•		•			•	•	•	•	•		•	•			•			VI-VII	Fr2-3 so-abs	GR2-3 so-hs
Alchemilla xanthochlora	•							•	•			•		•		•			•	•	•		•		•	•			•			V-VII	Fr2-3 so-abs	GR2-3 hs
Allium aflatunense	•							•				•										•	•		•				•		•	V-VI	FS1 so	
Allium christophii	•							•				•										•			•				•		•	VI-VII	FS1 so	Fr1 so St1 so
Allium giganteum	•		•					•				•										•			•				•		•	VI-VII	Fr1-b so	
Allium karataviense	•		•					•			•												•		•						•	IV-V	FS1 so	St1 so
Allium moly	•							•	•		•											•	•		•				•		•	V-VI	FS1 so-abs	St1 so-abs
Allium oreophilum	•							•			•	•											•								•	V-VI	FS1 so	St1 so
Allium schoenoprasum	•	•						•	•			•											•			•					•	IV-V	Fr2 so	
Allium tuberosum	•		•					•	•			•												•					•		•	VIII-IX	Fr3-2 so	
Allium ursinum	•						•			•		•								•	•		•								•	V-VI	G2 hs	GR2 abs
Alstroemeria aurea und -Hybriden	•							•				•							•			•			•				•		•	VI-VIII	Fr2 so	
Alstroemeria haemantha	•							•				•							•						•				•		•	VI-VII	Fr2 so	
Alstroemeria pelegrina	•							•				•							•						•				•		•	VI-VII	Fr2 so	
Althaea officinalis	•							•	•			•							•												•	VII-IX	Fr2 so	
Alyssum montanum		•						•			•	•			•								•	•	•					•	•	V-VI	FS1 so	SF1 so

Kulturansprüche, Verwendungsmöglichkeiten und Lebensbereiche Stauden

Botanischer Name	Bodenansprüche							Standort						Eigenschaften						Verwendungsmöglichkeiten												Blütezeit	Lebensbereich	weitere Lebensbereiche
	gute, humose Gartenerde	mager / sandig / steinig	lehmig	kalkhaltig	kalkarm	Moorboden	Waldhumus	sonnig	halbschattig	schattig	trocken	mäßig-feucht (frisch)	feucht-naß	Flächendecker	wuchernd	sich versamend	kletternd oder schlingend	heimisch in Mitteleuropa	wertvolle Wildstaude	Waldstaude	Gehölzrand	unter Glas	Steingarten	Alpinum, Tröge	Beete und Rabatten	Sumpf und Teichrand	Wasserpflanze	Solitärpflanze	Schnittblume	Duftblume	Insektenfutter			
Alyssum saxatile	•							•			•	•			•								•	•	•					•	•	V-VI	FS1 so	SF1 so
Anaphalis triplinervis	•	•						•			•			•	•								•		•				•		•	VI-VII	Fr2 so	Fr1 so
Anchusa azurea	•		•					•			•														•						•	VI-IX	Fr1-2 so	
Androsace sarmentosa		•							•		•												•	•							•	V-VI	A2 abs	FS2 abs St2 abs
Androsace sempervivoides		•							•		•												•	•							•	V-VI	A2 hs-so	FS2 abs so St2 abs-so
Anemone blanda	•						•		•	•		•										•			•							III-IV	GR1-2 so-hs	G1-2 hs St1-2 abs-so
Anemone hupehensis	•						•	•	•			•									•				•				•		•	VIII-X	GR2 hs-so	
Anemone Japonica-Hybriden	•						•	•	•			•									•				•			•			•	VIII-X	GR2-b hs	Fr2-b hs B2 hs
Anemone nemorosa	•						•		•	•		•			•					•	•		•			•					•	IV-V	G2 hs	GR2 hs-abs
Anemone sylvestris	•		•				•		•	•		•			•					•	•		•		•							V-VI	SH1 so	GR1 so
Anemone tomentosa				•			•		•	•				•						•	•									•	•	VIII-X	GR2 hs	Fr2 abs-so
Angelica archangelica	•			•			•		•	•			•			•			•		•				•	•		•		•	•	VI-VIII	FR2-3 so	Fr2-3-b so
Antennaria dioica		•						•				•											•						•		•	VI	H1 so	M1 so
Anthemis marschalliana		•						•			•	•				•							•		•						•	V-VI	FS1 so	Fr1 so St1 so
Anthemis tinctoria		•						•			•	•				•			•		•				•						•	VII-IX	Fr1 so	GR1 so
Anthericum liliago		•						•	•			•									•				•					•	•	V-VI	Fr1 so	GR1 so
Anthyllis vulneraria		•						•	•					•		•			•											•	•	V-VIII	M2 so	M2 so
Aquilegia alpina	•				•			•	•			•							•			•	•	•								V-VI	GR2 abs	Fr2 abs
Aquilegia caerulea	•							•	•	•		•									•				•				•			V-VI	GR2 so-hs	
Aquilegia flabellata	•							•	•	•		•											•	•								V-VI	St2 abs	
Aquilegia vulgaris	•							•	•	•		•							•		•	•			•							V-VI	GR1-2 so-hbs	
Arabis × arendsii	•							•				•		•									•								•	IV-V	M2 so-hs	SF2 so-abs

Kulturansprüche, Verwendungsmöglichkeiten und Lebensbereiche Stauden

Botanischer Name	Bodenansprüche							Standort						Eigenschaften						Verwendungsmöglichkeiten												Blütezeit	Lebensbereich	weitere Lebensbereiche
	gute, humose Gartenerde	mager / sandig / steinig	lehmig	kalkhaltig	kalkarm	Moorboden	Waldhumus	sonnig	halbschattig	schattig	trocken	mäßig-feucht (frisch)	feucht-naß	Flächendecker	wuchernd	sich versamend	kletternd oder schlingend	heimisch in Mitteleuropa	wertvolle Wildstaude	Waldstaude	Gehölzrand	unter Glas	Steingarten	Alpinum, Tröge	Beete und Rabatten	Sumpf und Teichrand	Wasserpflanze	Solitärpflanze	Schnittblume	Duftblume	Insektenfutter			
Arabis blepharophylla	•							•				•		•									•								•	III-V	M2 so-hs	
Arabis caucasica	•							•				•		•									•								•	IV-V	M2 so-hs	
Arabis ferdinandi-coburgi	•							•				•		•									•									IV-V	M2 so-hs	
Arabis procurrens	•							•				•		•									•								•	IV-V	M2 so-hs St2 so-abs	GR2 abs
Arenaria montana				•				•				•											•	•								V-VII	FS1 so	
Aristolochia clematitis			•	•				•	•			•									•				•							V-VII	GR2 hs	
Armeria maritima		•						•				•											•		•							V-VI	FS1 so	Fr1 so St1 so
Arnica montana		•				•		•	•			•							•						•	•						V-VII	M2 so	H2 so
Artemisia abrotanum	•							•			•			•								•			•							–	FS1 so Fr2 so	
Artemisia absinthium		•						•			•			•											•							VI-VII	FS1 so	Fr1 so
Artemisia lactiflora		•						•			•			•					•						•							IX-X	GR2-3 so-hs	Fr2-3
Artemisia schmidtiana		•						•			•			•					•						•							VI-VII	M1-2 so	
Arum italicum	•					•							•						•			•				•						V	GR2 hs-sch	G2 hs-sch
Arum maculatum	•					•							•													•						V	G2 2 hs	
Aruncus dioicus	•						•					•							•	•						•		•				VI-VII	GR2 hs-sch	G2 hs-sch
Asarum europaeum	•						•			•		•		•						•			•	•								III-IV	G2 hs	
Asclepias syriaca	•							•				•													•			•			•	VI-VIII	Fr1 so	
Asclepias tuberosa		•						•				•										•			•			•			•	VII-VIII	Fr2 so	
Asphodeline lutea	•	•						•				•									•		•		•				•			V-VI	FS1 so	Fr1 so
Aster alpinus	•							•	•													•			•						•	V-VI	FS1-2 so	M1 so St1-2 so
Aster amellus	•							•																	•				•		•	VII-IX	B1-2 so	Fr1-2-b so
Aster cordifolius	•							•	•													•			•				•		•	VIII-X	Fr2 so	

Kulturansprüche, Verwendungsmöglichkeiten und Lebensbereiche Stauden

Botanischer Name	Bodenansprüche							Standort						Eigenschaften						Verwendungsmöglichkeiten												Blütezeit	Lebensbereich	weitere Lebensbereiche
	gute, humose Gartenerde	mager / sandig / steinig	lehmig	kalkhaltig	kalkarm	Moorboden	Waldhumus	sonnig	halbschattig	schattig	trocken	mäßig-feucht (frisch)	feucht-naß	Flächendecker	wuchernd	sich versamend	kletternd oder schlingend	heimisch in Mitteleuropa	wertvolle Wildstaude	Waldstaude	Gehölzrand	unter Glas	Steingarten	Alpinum, Tröge	Beete und Rabatten	Sumpf und Teichrand	Wasserpflanze	Solitärpflanze	Schnittblume	Duftblume	Insektenfutter			
Aster dumosus	•							•	•					•								•	•		•						•	IX-X	Fr2 so	
Aster ericoides	•							•	•													•			•				•		•	X-XI	Fr2 so	
Aster × frikartii	•							•	•																•				•		•	VIII-IX	B1-2 so	Fr1-2-b so
Aster linosyris	•							•	•																•				•		•	VIII-IX	SH1 so	Fr1 so
Aster novae-angliae	•							•	•																•				•		•	VIII	Fr2 so	
Aster novi-belgii	•							•	•													•			•				•		•	IX-X	Fr2 so	
Aster sedifolius	•							•	•																•						•	VII-IX	Fr2-1 so	GR2-1 so-hs H2-1 so
Aster tongolensis	•							•	•																•						•	V-VII	Fr2 so	
Astilbe-Arendsii-Hybriden	•								•	•		•										•			•				•		•	VII-IX	B2 hs-so GR2-b hs	Fr2-b abs-so
Astilbe chinensis	•							•	•			•													•						•	VII-IX	GR2 hs-so	G2 hs-so
Astilbe-Japonica-Hybriden	•				•				•	•			•	•						•	•	•			•	•			•			VI-VII	B2 hs-so GR2-b hs-so	Fr2-3 hs-so G2 hs
Astilbe simplicifolia	•				•				•	•			•	•						•	•				•	•			•			VII-VIII	GR2 hs-so	St2 abs
Astilbe-Thunbergii-Hybriden	•								•	•			•	•						•	•				•	•			•			VII-IX	GR2 hs	
Astilboides tabularis	•					•			•	•			•						•		•				•	•						VI-VII	G3 hs	GR3 hs
Astrantia major	•							•	•			•									•				•	•			•			VII-IX	GR2 hs	G2 hs Fr3 abs
Aubrieta-Hybriden		•						•	•		•	•		•		•							•	•							•	IV-V	MK2 so	St2 so
Azorella trifurcata	•							•											•		•		•									V-VI	FS1-2 so-hs	M2 so-hs St2 so-hs
Baptista australis	•	•						•																	•			•			•	VII-VIII	Fr1 so	FS1-2 so
Bergenia-Hybriden	•			•					•	•		•		•								•	•		•	•			•			IV-V	GR2 hs-so St2 abs	FR2 abs
Bletilla striata	•							•	•			•							•		•		•		•				•			VI-VIII	GR1-2 so-hs	
Brunnera macrophylla	•				•		•	•	•	•		•		•						•					•							IV-V	GR2 so-hs	G2 so-hs
Buglossoides purpurocaerulea	•							•	•			•		•						•	•		•		•						•	VI-VII	GR1 so-hs	FS1 so-abs G1 so-hs

Kulturansprüche, Verwendungsmöglichkeiten und Lebensbereiche Stauden

Botanischer Name	Bodenansprüche							Standort						Eigenschaften						Verwendungsmöglichkeiten												Blütezeit	Lebensbereich	weitere Lebensbereiche
	gute, humose Gartenerde	mager / sandig / steinig	lehmig	kalkhaltig	kalkarm	Moorboden	Waldhumus	sonnig	halbschattig	schattig	trocken	mäßig-feucht (frisch)	feucht-naß	Flächendecker	wuchernd	sich versamend	kletternd oder schlingend	heimisch in Mitteleuropa	wertvolle Wildstaude	Waldstaude	Gehölzrand	unter Glas	Steingarten	Alpinum, Tröge	Beete und Rabatten	Sumpf und Teichrand	Wasserpflanze	Solitärpflanze	Schnittblume	Duftblume	Insektenfutter			
Buphthalmum salicifolium	•							•	•			•	•						•						•	•		•	•		•	VII-IX	Fr1-2 so	SH1-2 so
Calamintha grandiflora		•						•	•			•		•							•		•		•					•	•	VI-VIII	GR1-2 abs	G1-2 hs
Calamintha nepeta	•							•	•	•		•		•					•	•			•		•					•	•	VII-IX	Fr1 so	FS1 so
Campanula carpatica	•			•												•						•		•								VI-VIII	FS2 so	St2 so
Campanula cochleariifolia		•						•	•			•																				VI-VII	SF2 so-hs	FS2 so-hs St2 so-hs
Campanula glomerata	•							•	•			•			•							•	•		•				•			VII-VIII	Fr2-1 so	GR2-1 so-hs
Campanula lactiflora	•							•	•			•													•				•			VI-VIII	GR2 so-hs	Fr2 so-hs
Campanula latifolia	•							•	•			•							•	•	•				•				•			VI-VII	GR2-b so-hs	G2-b so-hs
Campanula persicifolia	•							•	•			•									•				•				•			VI-VII	GR1 so	
Campanula portenschlagiana	•							•	•		•	•		•								•	•	•	•							VII-IX	St1-2 so-abs MK1-2 hs-so	SF1-2 hs-so
Campanula poscharskyana	•	•						•	•		•	•			•								•	•	•							V-VIII	St1-2 hs-so	St1-2 abs
Campanula punctata		•			•			•	•			•		•									•	•								VI-VII	Fr1-2 so	GR1-2 so
Campanula pyramidalis	•			•				•	•		•	•										•			•			•				VI-VIII	B2 so	
Campanula rotundifolia		•						•	•			•		•					•		•		•	•	•							VI-VIII	Fr1-2 so	SH1-2 so
Campanula trachelium	•						•		•	•		•							•	•	•				•	•						VI-VIII	GR1-2 so-sch	G1-2 so-hs Fr1-2 so-hs
Carlina acaulis		•						•			•					•			•		•		•	•	•				•		•	VII-IX	SH1-2 so	FS1-2 so St1-2 so
Catananche caerulea		•	•					•											•						•				•			VI-VII	FS1 so	
Centaurea dealbata	•							•	•		•				•						•		•		•				•			VI-VII	Fr1-2-b so	GR1-2-b so B1-2 so
Centaurea macrocephala	•							•			•	•							•						•				•		•	VII-IX	Fr2-b so	GR2-b so
Centaurea montana	•								•	•									•	•	•				•				•		•	V-VI	GR1-2 hs-so	Fr1-2 abs-so
Centranthus ruber		•		•				•	•		•					•					•		•		•							VI-IX	FS1 so SF1-2 so	Fr1 so Fr2 so
Cerastium biebersteinii	•	•						•	•					•									•	•	•							V-VI	Fr1 so	FS1 so

Kulturansprüche, Verwendungsmöglichkeiten und Lebensbereiche Stauden

Botanischer Name	Bodenansprüche							Standort						Eigenschaften						Verwendungsmöglichkeiten												Blütezeit	Lebensbereich	weitere Lebensbereiche
	gute, humose Gartenerde	mager / sandig / steinig	lehmig	kalkhaltig	kalkarm	Moorboden	Waldhumus	sonnig	halbschattig	schattig	trocken	mäßig-feucht (frisch)	feucht-naß	Flächendecker	wuchernd	sich versamend	kletternd oder schlingend	heimisch in Mitteleuropa	wertvolle Wildstaude	Waldstaude	Gehölzrand	unter Glas	Steingarten	Alpinum, Tröge	Beete und Rabatten	Sumpf und Teichrand	Wasserpflanze	Solitärpflanze	Schnittblume	Duftblume	Insektenfutter			
Cerastium tomentosum	•	•						•						•									•	•	•							V-V	Fr1 so	FS1 so
Ceratostigma plumbaginoides		•		•				•	•		•			•	•				•	•	•		•								•	VIII-X	FS1 so	Fr1 so Fr2 so
Chamaemelum nobile	•	•						•			•			•									•	•	•					•	•	VI-X	Fr1 so	MK1 so
Chelone obliqua	•							•	•	•		•	•	•					•		•	•			•	•			•			VII-X	Fr2-3 so-abs	GR2-3 so-hs G2-3 hs
Chiastophyllum oppositifolium		•							•	•		•											•	•								VI-VII	SF2 abs	MK2 abs M2 abs
Cimicifuga dahurica	•							•	•			•									•				•	•						VIII-IX	GR2 abs	G2 so-hs
Cimicifuga racemosa var. *cordifolia*	•								•			•													•	•						VIII-X	GR2 abs	G2 hs
Cimicifuga racemosa	•								•												•				•	•						VII-VIII	GR2 abs	G2 hs
Cimicifuga ramosa	•								•												•				•	•						VIII-IX	GR2 abs	G2 hs
Cimicifuga simplex	•								•												•				•	•						IX-X	GR2 abs	G2 hs
Codonopsis clematidea	•						•	•	•										•	•	•				•							VI-VII	GR1-2 so-hs	
Codonopsis ovata		•				•	•	•	•			•							•	•	•				•							VIII	GR1-2 so	
Convallaria majalis	•	•					•		•	•		•							•	•	•		•						•	•		V	G2 hs	GR2 abs
Coreopsis grandiflora	•							•				•													•				•		•	VI-IX	B2 so	
Coreopsis verticillata	•							•				•													•						•	VI-IX	Fr2-b so	B2 so
Corydalis cava	•						•		•	•			•			•			•	•	•					•					•	III-IV	G2 hs	GR2 hs
Corydalis cheilanthifolia	•						•		•	•		•				•				•	•					•						III-IV	GR2 so-abs	St2 abs
Corydalis lutea	•						•		•	•		•		•		•			•	•	•					•					•	V-X	SF2-3 abs	FS2-3 abs GR2-3 abs-hs
Corydalis nobilis	•						•		•	•										•	•					•					•	III-IV	GR1-2 so-hs	SH1-2 so-hs
Corydalis ochroleuca	•						•		•	•		•		•		•				•	•										•	V-IX	SF2 abs	St2 abs GR2 abs
Cotula dioica	•							•	•					•									•		•							VI	M2 so-hs	FS2 so-hs
Crambe cordifolia	•		•	•				•	•			•													•	•					•	VI-VII	Fr1-2 so	Fr1-2 so

Kulturansprüche, Verwendungsmöglichkeiten und Lebensbereiche Stauden

Botanischer Name	Bodenansprüche							Standort						Eigenschaften						Verwendungsmöglichkeiten												Blütezeit	Lebensbereich	weitere Lebensbereiche
	gute, humose Gartenerde	mager / sandig / steinig	lehmig	kalkhaltig	kalkarm	Moorboden	Waldhumus	sonnig	halbschattig	schattig	trocken	mäßig-feucht (frisch)	feucht-naß	Flächendecker	wuchernd	sich versamend	kletternd oder schlingend	heimisch in Mitteleuropa	wertvolle Wildstaude	Waldstaude	Gehölzrand	unter Glas	Steingarten	Alpinum, Tröge	Beete und Rabatten	Sumpf und Teichrand	Wasserpflanze	Solitärpflanze	Schnittblume	Duftblume	Insektenfutter			
Crambe maritima	•		•	•				•	•			•													•						•	V-VI	Fr1-2 so	
Crepis aurea	•			•				•			•								•		•			•	•							VI-VIII	M2 so	
Crocosmia masoniorum	•							•	•			•													•				•		•	VII-VIII	B2 so	Fr1-b so
Crocosmia paniculata	•							•	•			•													•				•		•	VIII-IX	B2 so	Fr1-b so
Cyclamen coum	•			•			•		•	•		•				•			•	•	•		•	•								II-IV	G1-2 hs	GR1-2 abs St1-2 abs
Cyclamen hederifolium	•			•			•		•	•		•				•			•	•	•		•	•								IX-X	GR1-2 so-hs	FS1-2 so-hs G1-2 so-hs
Cyclamen purpurascens	•			•			•		•	•		•				•			•	•	•		•	•						•		VIII-X	GR2 so-hs	St1-2 abs
Cymbalaria muralis		•							•	•					•	•							•	•								VI-IX	SF2 abs	St2 abs
Cynara scolymus	•		•					•				•													•			•	•		•	VII-IX	Fr 1-2 so	
Cypripedium calceolus			•	•			•		•			•							•	•	•		•									V-VI	G2 hs	
Cypripedium macranthon			•				•		•			•							•	•	•		•									V-VI	G2 hs	
Cypripedium reginae						•		•	•				•						•	•	•					•						VI	G2 so-hs	WR4 so-hs
Cystopteris bulbifera							•		•	•				•	•					•	•											–	G hs-s	
Dahlia-Hybriden	•							•	•			•													•				•			VII-X	Fr3 so	B2 so
Delphinium-Hybriden	•							•	•			•										•			•			•	•			VI-VIII	B2 so	
Delphinium nudicaule	•							•				•													•							VI	St2 so	
Delphinium × ruysii	•							•	•			•										•			•				•			VI-VII	B2 so	
Delphinium semibarbatum	•							•	•			•													•				•			VI-VII	Fr1 so	
Delphinium tatsiense	•										•												•	•								VI-VII	St1 so	
Dendranthema arcticum	•		•					•						•	•								•									VI-VII	Fr2 so	
D.-Grandiflorum-Hybriden	•							•	•			•										•			•				•		•	VIII-X	B2 so	
Dianthus deltoides	•	•						•	•			•		•	•						•			•	•						•	VI-VIII	H1 so	GR1 so

Kulturansprüche, Verwendungsmöglichkeiten und Lebensbereiche Stauden

Botanischer Name	Bodenansprüche							Standort						Eigenschaften						Verwendungsmöglichkeiten												Blütezeit	Lebensbereich	weitere Lebensbereiche
	gute, humose Gartenerde	mager / sandig / steinig	lehmig	kalkhaltig	kalkarm	Moorboden	Waldhumus	sonnig	halbschattig	schattig	trocken	mäßig-feucht (frisch)	feucht-naß	Flächendecker	wuchernd	sich versamend	kletternd oder schlingend	heimisch in Mitteleuropa	wertvolle Wildstaude	Waldstaude	Gehölzrand	unter Glas	Steingarten	Alpinum, Tröge	Beete und Rabatten	Sumpf und Teichrand	Wasserpflanze	Solitärpflanze	Schnittblume	Duftblume	Insektenfutter			
Dianthus gratianopolitanus	•							•	•						•				•				•		•				•	•		V-VII	FS2 so	St1-2 so
Dianthus plumarius	•							•	•						•								•		•				•	•		V-VI	FS2 so	
Diascia cordata		•						•	•			•		•								•	•	•	•							VI-IX	FS so	M1 so
Dicentra eximia	•	•						•	•			•		•	•					•	•		•		•							V-VII	GR2 so-hs	
Dicentra formosa	•							•	•			•		•	•					•	•		•									VII-VIII	GR2 so-hs	SF2 so-abs St2 so-abs
Dicentra spectabilis	•	•	•						•	•		•									•	•	•		•							V-VI	GR2-b so-hs	B2 so-hs
Dictamnus albus	•	•		•				•			•								•						•			•		•	•	VI-VII	Sh1 so	GR1 so FS1 so
Digitalis ferruginea	•		•					•	•			•				•			•	•	•				•						•	V-VIII	GR1-2 so-hs	GR2 so-hs
Digitalis grandiflora	•											•				•			•	•	•				•				•		•	V-VIII	GR1-2 so	H1-2 so
Digitalis lutea	•			•							•								•	•	•				•						•	VII-VIII	GR2 so-hs	Fr2 so-hs
Digitalis × mertonensis	•						•					•							•	•	•				•				•		•	V-VI	GR2 so-hs	Fr1-2 so-hs
Digitalis purpurea	•						•				•	•				•			•	•	•				•				•		•	VI-VII	GR2 so-hs	Fr2 so-hs
Dodecatheon meadia	•					•							•						•				•			•						V-VI	St2 abs	GR2 hs
Doronicum orientale	•		•					•	•			•	•										•	•	•	•			•		•	IV-V	GR2 hs-so	
Draba bruniifolia		•						•				•		•		•							•	•								IV-V	FS1 so	SF1 so St1 so
Dracocephalum ruyschiana	•							•	•			•				•			•				•		•						•	VI-VIII	GR1-2 so	G1-2 so M1-2 so
Dryas × suendermannii	•	•				•	•	•	•			•		•					•				•	•								V-VI	FS2 so	M2 so MK2 so
Duchesna indica	•						•		•	•		•		•					•	•	•		•	•								VI-IX	GR2 so	GR1 so-hs
Echinacea purpurea	•			•				•				•													•				•		•	VI-IX	Fr2 so	
Echinops banaticus	•							•			•														•				•		•	VII-IX	Fr2 so	FS2 so
Edraianthus pumillo		•		•				•	•		•								•				•	•								VI-VII	FS1 so	MK1 so
Epilobium angustifolium	•						•	•	•	•		•	•			•				•	•					•					•	VI-VIII	Fr1-2 so-hs	

Kulturansprüche, Verwendungsmöglichkeiten und Lebensbereiche Stauden

Botanischer Name	Bodenansprüche							Standort						Eigenschaften						Verwendungsmöglichkeiten												Blütezeit	Lebensbereich	weitere Lebensbereiche
	gute, humose Gartenerde	mager / sandig / steinig	lehmig	kalkhaltig	kalkarm	Moorboden	Waldhumus	sonnig	halbschattig	schattig	trocken	mäßig-feucht (frisch)	feucht-naß	Flächendecker	wuchernd	sich versamend	kletternd oder schlingend	heimisch in Mitteleuropa	wertvolle Wildstaude	Waldstaude	Gehölzrand	unter Glas	Steingarten	Alpinum, Tröge	Beete und Rabatten	Sumpf und Teichrand	Wasserpflanze	Solitärpflanze	Schnittblume	Duftblume	Insektenfutter			
Epimedium grandiflorum	•								•	•		•			•				•	•	•					•						IV-V	G2 hs	GR2 hs
Equisetum hyemale var. *robustum*		•				•		•	•				•	•	•										•	•						VI-VII	Fr3 so-abs	WR4 so-sch
Eremurus × Hybriden	•		•					•			•										•				•			•	•			VI-VII	Fr1-b so	FS1 so
Eremurus robustus	•		•					•			•								•		•				•			•	•			V-VII	Fr1-b so	FS1 so
Eremurus stenophyllus	•		•					•			•								•		•				•			•	•			VI-VII	Fr1-b so	FS1 so
Erigeron-Hybriden	•							•	•			•											•	•	•			•				VI-VII	B2 so	Fr2-b so
Erigeron karvinskianus	•							•	•		•								•				•	•	•						•	V-XI	SF2 so	FS2 so
Erinus alpinus	•							•	•							•							•	•							•	V-X	SF2 so-hs	FS2 so-hs
Erodium manescavii	•							•			•												•	•								VI-IX	FS1-2 so	Fr1-2 so
Eryngium alpinum		•						•			•								•		•		•	•				•			•	VII-VIII	Fr2 so	
Eryngium planum		•						•			•								•		•		•	•	•				•		•	VI-IX	FS1-2 so	Fr1-2 so
Eryngium × *zabeli*		•						•			•								•		•		•	•	•				•		•	VII	FS1-2 so	Fr2 so
Euphorbia amygdaloides 'Purpurea'	•								•	•		•		•	•				•							•					•	VIII-X	GR2 abs	G2 hs
Euphorbia capitulata	•			•				•				•		•	•								•	•								VI-VII	SF1-2 so	FS1-2 so MK1-2 so
E. characias ssp. *wulfenii*	•		•					•	•			•		•					•		•				•			•				VI-VII	Fr1 so	FS1 so
Euphorbia griffithii	•							•				•											•	•	•	•						V-VI	GR2 so	Fr2 so
Euphorbia myrsinites		•						•				•							•				•	•								V-VI	FS1-2 so	MK1-2 so SF1-2 so
Euphorbia palustris		•						•					•						•								•					V-VI	WR4-5 so	
Euphorbia polychroma	•	•						•				•		•					•				•	•	•							IV-VI	FS1-2 so	Fr1 so
Filipendula purpurea		•				•						•																			•	VI-VII	Fr3 so	WR4 so-hs GR3 so-hs
Filipendula rubra		•				•						•																			•	VI-VIII	Fr3-b so	WR4 so-hs GR3 so-hs
Filipendula ulmaria		•				•							•													•				•	•	VI-VIII	Fr3 so	WR4 so-hs

Kulturansprüche, Verwendungsmöglichkeiten und Lebensbereiche Stauden

Botanischer Name	Bodenansprüche							Standort						Eigenschaften						Verwendungsmöglichkeiten												Blütezeit	Lebensbereich	weitere Lebensbereiche
	gute, humose Gartenerde	mager / sandig / steinig	lehmig	kalkhaltig	kalkarm	Moorboden	Waldhumus	sonnig	halbschattig	schattig	trocken	mäßig-feucht (frisch)	feucht-naß	Flächendecker	wuchernd	sich versamend	kletternd oder schlingend	heimisch in Mitteleuropa	wertvolle Wildstaude	Waldstaude	Gehölzrand	unter Glas	Steingarten	Alpinum, Tröge	Beete und Rabatten	Sumpf und Teichrand	Wasserpflanze	Solitärpflanze	Schnittblume	Duftblume	Insektenfutter			
Filipendula vulgaris	•					•							•													•				•	•	VII-VIII	SH1-2 so	
Foeniculum vulgare	•							•	•			•													•					•	•	VI-VII	Fr2 so	
Fragaria-Hybriden	•							•	•	•		•		•	•					•	•		•		•							V-IX	GR2 so	
Fuchsia magellanica	•						•	•	•	•		•							•		•				•							VI-X	GR2 abs	
Gaillardia-Hybriden	•							•	•	•		•													•				•			VII-IX	B2 so	
Galium odoratum		•					•		•	•		•		•	•					•										•		V	G2 hs-sch	GR2 hs-sch
Gaura lindheimeri	•		•					•	•			•							•		•				•				•		•	VII-IX	Fr1-b so	FS1 so
Gentiana asclepiadea	•		•						•				•						•		•	•	•		•				•			VII-IX	GR2 hs	Fr2-3 hs
Gentiana clusii		•	•										•						•				•	•								V-VIII	M2 so	St2 abs
Gentiana cruciata			•	•				•			•	•							•				•	•								VI-VIII	SH1-2 so	GR1-2 so
Gentiana dahurica		•						•	•			•											•		•							VI-VII	Fr1-2 so	FS1-2 so
Gentiana farreri		•		•				•	•														•						•			VIII-IX	M2 so-hs	St2 abs A2 so-hs
Gentiana lutea	•		•					•				•							•						•				•			VI-VII	Fr2 so	M2 so
Gentiana pneumonanthe					•	•							•						•							•			•			VII-IX	Fr3	WR4 so
G.septemfida var. *lagodechiana*			•	•				•	•			•							•				•	•								VII-IX	FS2 so	M2 so St2 so
Gentiana sino-ornata					•	•						•	•										•	•								VX-XI	M2 abs	St2 abs-so A2 abs-so
Geranium × cantabrigiense	•						•	•	•	•				•	•	•				•	•											VI-VII	FS1-2 so	GR1-2 so-abs
Geranium cinereum	•	•					•	•	•	•				•	•				•	•	•		•	•								VI-IX	FS1-2 so	
Geranium dalmaticum	•							•	•	•									•		•				•	•						VII-VIII	SF1-2 so	M1-2 so FS1-2 so MK1-2 so
Geranium endressii	•							•	•					•		•			•		•		•		•							VII-VIII	GR1-2 so-hs	Fr2 so-abs
Geranium himalayense	•							•	•			•		•							•		•		•							V-VI	GR2 so	Fr2 so
Geranium macrorrhizum	•	•						•	•	•				•		•				•	•		•		•							V-VI	GR1-2 so-hs	Fr2 so

Kulturansprüche, Verwendungsmöglichkeiten und Lebensbereiche Stauden

Botanischer Name	Bodenansprüche							Standort						Eigenschaften						Verwendungsmöglichkeiten												Blütezeit	Lebensbereich	weitere Lebensbereiche
	gute, humose Gartenerde	mager / sandig / steinig	lehmig	kalkhaltig	kalkarm	Moorboden	Waldhumus	sonnig	halbschattig	schattig	trocken	mäßig-feucht (frisch)	feucht-naß	Flächendecker	wuchernd	sich versamend	kletternd oder schlingend	heimisch in Mitteleuropa	wertvolle Wildstaude	Waldstaude	Gehölzrand	unter Glas	Steingarten	Alpinum, Tröge	Beete und Rabatten	Sumpf und Teichrand	Wasserpflanze	Solitärpflanze	Schnittblume	Duftblume	Insektenfutter			
Geranium × magnificum	•							•	•					•							•		•		•							VI-VII	GR2 so-hs	Fr2 so
Geranium platypetalum	•		•					•	•			•							•		•				•							V-VI	GR2 so-hs	Fr2 so
Geranium pratense			•					•	•			•						•	•		•				•						•	V-VI	Fr1-2 so	
Geranium sanguineum	•							•	•	•		•		•				•	•	•	•		•								•	V-IX	GR1 so	FS1 so Fr1 so
Geum chiloense	•							•	•			•									•		•		•							V-VIII	Fr2 abs-so	
Geum coccineum	•							•	•			•									•		•		•							IX-X	Fr2 so-abs	
Geum-Hybriden	•							•	•			•									•		•		•							IV-VI	B2 hs	
Gillenia trifoliata	•							•	•			•																				VI-VII	GR2 hs	
Gladiolus communis	•							•			•								•						•				•			VI-VII	Fr2 so	
Gladiolus imbricatus	•							•					•					•								•						VI-VII	Fr2 so	
Gladiolus palustris						•							•					•								•						VI-VII	WR4	
Glechoma hederacea	•					•	•		•	•				•	•	•				•	•	•										IV-VI	GR2-3 so-abs	Fr2-3 so-abs G2-3 hs
Globularia cordifolia		•		•				•	•					•				•					•	•	•						•	V-VI	FS1-2 so	M1-2 so MK1-2 so
Goniolimon tataricum	•							•				•													•				•			VII-IX	Fr1 so	FS1 so
Gunnera manicata	•							•	•				•						•							•		•				VI-VII	WR4 so	
Gypsophila paniculata	•		•	•				•	•			•							•			•			•				•			VII-IX	Fr2-b so	FS2 so B2 so
Gypsophila repens		•	•	•				•			•							•	•				•		•				•			V-VIII	FS1-2 so	SF1-2 so MK1-2 so
Helenium-Hybriden	•							•			•														•				•		•	VII-IX	B2 so	Fr2-b so
Helianthemum-Hybriden		•		•				•			•			•									•								•	VI-VIII	FS1-2 so	MK1-2 so St1-2 so
Helianthus atrorubens	•							•	•			•													•						•	VIII-IX	Fr1 so	
Helianthus decapetalus	•							•				•							•									•			•	VIII-IX	B2 so	Fr1-2 so
Helianthus × multiflorus	•							•				•							•									•			•	VII-VIII	B2 so	Fr1-2 so

Kulturansprüche, Verwendungsmöglichkeiten und Lebensbereiche Stauden

Botanischer Name	Bodenansprüche							Standort						Eigenschaften						Verwendungsmöglichkeiten												Blütezeit	Lebensbereich	weitere Lebensbereiche
	gute, humose Gartenerde	mager / sandig / steinig	lehmig	kalkhaltig	kalkarm	Moorboden	Waldhumus	sonnig	halbschattig	schattig	trocken	mäßig-feucht (frisch)	feucht-naß	Flächendecker	wuchernd	sich versamend	kletternd oder schlingend	heimisch in Mitteleuropa	wertvolle Wildstaude	Waldstaude	Gehölzrand	unter Glas	Steingarten	Alpinum, Tröge	Beete und Rabatten	Sumpf und Teichrand	Wasserpflanze	Solitärpflanze	Schnittblume	Duftblume	Insektenfutter			
Helianthus salicifolius	•			•								•							•						•	•						IX-X	Fr3-b so	B2 so
Helianthus tuberosus	•	•						•						•	•						•				•				•		•	IX-X	Fr2 so	Fr1 so
Helidryscan tianshanicum																																	FS1 so	
Heliopsis helianthoides var. *scabra*	•							•	•			•			•										•				•		•	VII-IX	B2 so	Fr2-b so
Helleborus dumetorum			•	•					•	•		•						•	•	•	•		•						•			I-III	GR2 so-hs	G2 hs
Helleborus foetidus			•	•					•	•		•						•	•	•	•		•	•	•							I-V	GR1-2 so-hs	G1-2 hs
Helleborus-Hybriden			•	•					•	•		•								•	•	•	•	•	•				•			III-IV	GR2 so-hs	G2 hs
Helleborus niger			•	•					•	•		•						•	•	•	•	•	•						•			XII-III	GR2 hs	St2 abs
Hemerocallis aurantiaca	•							•	•			•							•	•	•				•	•						VI-VII	Fr2-3 so-hs	GR2-3 so-hs
Hemerocallis citrina	•							•	•			•							•						•	•			•			VII-VIII	Fr2-3 so-hs	GR2-3 so-abs WR4 so-abs
Hemerocallis-Hybriden	•							•	•			•								•	•				•	•			•			VI-VIII	B2 so	Fr2-b so GR2-b so
Hepatica nobilis			•	•					•	•									•	•	•		•	•								III-IV	G2 hs	GR2 hs
Heracleum mantegazzianum	•					•		•	•				•		•	•					•					•		•				VII-VIII	Fr2-3 so	
Hesperis matronalis	•			•				•	•	•		•				•		•	•	•	•				•	•			•	•	•	V-VI	GR1-2 so-hs	
Heuchera-Hybriden	•							•	•			•									•				•	•			•			VI-VIII	GR2-b hs	Fr2-b so-abs St2 abs
Hibiscus moscheutos	•		•					•					•						•			•				•						VII-X	Fr3-b so	Fr3 so
Hieracium aurantiacum	•							•	•	•		•		•	•	•		•		•	•										•	VI-VIII	Fr1-2 so	GR1-2 so
Hieracium pilosella	•							•	•			•			•						•		•								•	V-IX	FS1-2 so	M1-2 so
Hosta sieboldii	•							•	•	•		•		•					•				•		•	•						VII-VIII	GR2 hs	G2 hs
Hosta undulata	•								•	•		•		•					•				•		•	•						VII-VIII	GR2 hs	G2 hs
Houttuynia cordata	•					•			•			•		•					•						•	•						VI-VIII	WR4-5 hs	
Humulus lupulus	•							•	•	•		•					•								•							VII-VIII	GR2 hs	

Kulturansprüche, Verwendungsmöglichkeiten und Lebensbereiche Stauden

Botanischer Name	Bodenansprüche							Standort						Eigenschaften						Verwendungsmöglichkeiten												Blütezeit	Lebensbereich	weitere Lebensbereiche
	gute, humose Gartenerde	mager / sandig / steinig	lehmig	kalkhaltig	kalkarm	Moorboden	Waldhumus	sonnig	halbschattig	schattig	trocken	mäßig-feucht (frisch)	feucht-naß	Flächendecker	wuchernd	sich versamend	kletternd oder schlingend	heimisch in Mitteleuropa	wertvolle Wildstaude	Waldstaude	Gehölzrand	unter Glas	Steingarten	Alpinum, Tröge	Beete und Rabatten	Sumpf und Teichrand	Wasserpflanze	Solitärpflanze	Schnittblume	Duftblume	Insektenfutter			
Hypericum androsaemum	•							•			•	•			•				•		•				•				•			V-VI	Fr1-2 so	FS1 so
Hypericum calycinum	•							•			•	•		•				•	•		•				•							VI-IX	GR1 so-sch	GR2 so-sch
Hypericum olympicum	•							•			•	•		•							•				•							VI-VIII	FS1 so	
Hypericum polyphyllum	•							•			•	•			•						•		•		•							V-VI	FS1 so	M1 so St1 so
Hyssopus officinalis	•		•					•			•	•											•		•				•	•	•	VIII-X	FS1 so	St1 so
Iberis saxatilis	•							•				•		•				•					•	•	•						•	IV-VI	MK1-2 so	St1-2 so St1-2 so
Iberis sempervirens	•							•				•		•				•					•	•	•						•	IV-VI	MK1-2 so	St1-2 so
Incarvillea delavayi	•			•				•				•											•		•							VI-VII	Fr1-2 so	
Incarvillea mairei	•			•				•				•						•					•		•							V-VI	St1-2 so	Fr1-2 so
Inula ensifolia	•							•			•	•											•		•						•	VII-IX	SH1 so	FS1-2 so Fr1-2 so
Inula magnifica	•							•			•	•													•	•		•			•	VII-VIII	Fr2-b so	GR2 so
Iris aphylla	•			•				•															•	•								IV-V	FS1-2	
Iris chrysographes	•	•						•	•												•				•	•						VI	Fr3 so	
Iris cristata					•	•							•										•	•		•						IV-V	WR4	
Iris forrestii	•							•	•				•								•	•	•	•	•							V-VI	FR3 so	
Iris germanica var. *germanica*	•	•		•				•	•		•	•									•		•		•				•	•		V-VI	B1-2 so	Fr1-2-b so
Iris graminea	•							•	•			•											•	•								V-VI	SH1 so	Fr1 so
Iris orientalis	•							•	•			•									•				•	•						VI-VII	Fr2-1-b so	GR2-b so
Iris pallida		•						•	•		•										•		•		•	•				•		VI	Fr1-2-b so	
Iris sanguinea	•	•						•			•														•	•						VI-VII	Fr2 so	
Iris sibirica	•	•				•		•	•			•	•					•	•		•				•	•			•			VI	Fr3 so	
Iris spuria	•		•	•				•											•		•				•				•			VI-VII	Fr3 so	

Kulturansprüche, Verwendungsmöglichkeiten und Lebensbereiche Stauden

Botanischer Name	Bodenansprüche							Standort						Eigenschaften						Verwendungsmöglichkeiten												Blütezeit	Lebensbereich	weitere Lebensbereiche
	gute, humose Gartenerde	mager / sandig / steinig	lehmig	kalkhaltig	kalkarm	Moorboden	Waldhumus	sonnig	halbschattig	schattig	trocken	mäßig-feucht (frisch)	feucht-naß	Flächendecker	wuchernd	sich versamend	kletternd oder schlingend	heimisch in Mitteleuropa	wertvolle Wildstaude	Waldstaude	Gehölzrand	unter Glas	Steingarten	Alpinum, Tröge	Beete und Rabatten	Sumpf und Teichrand	Wasserpflanze	Solitärpflanze	Schnittblume	Duftblume	Insektenfutter			
Iris tectorum	•		•	•				•			•										•		•		•				•				FS1-2 so	
Jasione laevis		•			•			•			•	•						•			•		•	•	•						•	VII-VIII	H1 so	
Jovibarba heuffelii		•						•			•					•		•	•				•	•								VIII	SF1 so	
Kirengeshoma palmata	•								•	•		•	•							•	•			•								VIII-IX	GR2 so-hs	
Knautia arvensis	•	•	•					•			•	•						•	•				•		•						•	VI-IX	Fr1-2 so	
Knautia macedonica		•	•					•			•	•							•				•		•						•	VII-IX	Fr2-3 so	
Kniphofia-Hybriden	•							•			•	•									•		•		•	•		•				VI-IX	B1-2 so	
Lamiastrum galeobdolon		•					•		•	•	•	•		•	•			•	•	•	•										•	V-VI	G2 hs-sch	
Lamium maculatum		•							•	•	•	•		•	•			•	•	•	•										•	V-VI	GR2 hs-sch	
Lathyrus latifolius	•							•	•								•								•							VII-IX	GR1 so-hs	
Lathyrus vernus	•								•	•				•	•	•		•	•	•	•										•	III-IV	G2 hs	
Lavandula angustifolia	•		•	•				•	•										•				•		•				•	•	•	VII-VIII	Fr1 so	
Lavandula stoechas	•			•				•											•				•		•				•	•	•	VI-IX	Fr1-b so	
Lavatera olbia	•							•				•							•		•	•			•			•	•			VI-X	GR1-2 so	
Lavatera thuringiaca	•							•	•		•	•						•			•				•			•	•			VII-IX	GR1-2 so-hs	
Leontopodium alpinum			•	•				•	•									•					•	•				•				VI-IX	SF2 so	
Leontopodium souliei			•	•				•	•		•												•	•				•				VI-VII	M2 so	
L.-Maximum-Hybriden	•							•	•		•	•										•			•				•		•	VII-IX	B2 so	
Leucanthemum vulgare		•	•	•				•	•		•	•				•			•		•		•		•				•		•	V-VI	Fr1-2 so	
Lewisia cotyledon		•	•		•				•		•												•	•								V-VII	A2 abs-so	St2 abs
Liatris spicata	•							•				•							•		•	•	•		•	•			•		•	VII-IX	Fr2-b so	B2 so
Ligularia dentata	•		•			•				•			•												•	•			•		•	VIII-X	GR2-3 hs	Fr3-b abs WR4 hs-so

Kulturansprüche, Verwendungsmöglichkeiten und Lebensbereiche Stauden

Botanischer Name	Bodenansprüche							Standort						Eigenschaften						Verwendungsmöglichkeiten												Blütezeit	Lebensbereich	weitere Lebensbereiche
	gute, humose Gartenerde	mager / sandig / steinig	lehmig	kalkhaltig	kalkarm	Moorboden	Waldhumus	sonnig	halbschattig	schattig	trocken	mäßig-feucht (frisch)	feucht-naß	Flächendecker	wuchernd	sich versamend	kletternd oder schlingend	heimisch in Mitteleuropa	wertvolle Wildstaude	Waldstaude	Gehölzrand	unter Glas	Steingarten	Alpinum, Tröge	Beete und Rabatten	Sumpf und Teichrand	Wasserpflanze	Solitärpflanze	Schnittblume	Duftblume	Insektenfutter			
Ligularia × hessei	•					•			•	•			•												•	•		•				VIII-IX	GR2-3 b hs	Fr3-b abs WR4 hs-so
Ligularia przewalskii		•						•	•	•			•		•				•		•				•	•					•	VII-IX	GR2-3-b hs	Fr3-b abs WR4 hs-so
Ligularia stenocephala		•						•	•	•		•	•												•	•						VI-VII	GR2-3-b hs	Fr3-b abs WR4 hs-so
Ligularia wilsoniana		•						•	•			•	•												•	•						VII-IX	GR2-3-b hs	Fr3-b abs WR4 hs-so
Lilium-Hybriden	•	•						•	•		•										•	•			•	•			•	•		VI-IX	B2 so	
Limonium latifolium	•	•						•				•										•		•	•				•			VII-VIII	Fr1 so	FS1 so
Linaria purpurea	•							•	•		•	•											•		•				•			VII-X	FS1 so	Fr1 so
Linum flavum		•						•			•	•																			•	VI-VII	SH1 so	FS1 so Fr1 so
Linum narbonense		•						•	•		•	•							•				•		•				•		•	V-VII	SH1 so	FS1 so
Linum perenne		•						•	•		•	•						•	•		•		•		•				•		•	V-VII	SH1 so	
Liriope muscari	•	•			•				•	•		•										•	•		•	•						VIII-XI	GR2 hs-sch	St2 abs
Lithodora diffusa					•	•	•	•			•	•		•						•	•		•								•	V-VI	St1 so	A1 so
Lobelia × gerardii	•							•					•																•			VIII-X	Fr2-3-b so	B2-3 so
Lobelia siphilitica	•								•	•		•							•				•		•	•			•			VII-VIII	Fr3 so	
Lobelia × speciosa	•							•				•							•						•	•			•			VI-VIII	B2 so	
Lobelia splendens	•							•				•													•	•			•			VIII-IX	B2 so	
Lobelia valida	•							•				•													•				•			V-X	B2 so	
Lotus corniculatus	•	•						•			•	•							•		•		•			•					•	VI-X	SH1 so	Fr1-2 so
Lupinus polyphyllus	•							•	•		•	•							•	•	•				•				•			V-VII	Fr2 so	GR2 so
Lychnis-Arkwrightii-Hybriden	•							•	•			•													•				•			VII	B2 so	
Lychnis chalcedonica	•							•	•			•													•				•		•	VI-VII	B2 so	
Lychnis coronaria	•							•	•			•													•				•		•	VI-IX	Fr1 so	

Kulturansprüche, Verwendungsmöglichkeiten und Lebensbereiche Stauden

Botanischer Name	Bodenansprüche							Standort						Eigenschaften						Verwendungsmöglichkeiten												Blütezeit	Lebensbereich	weitere Lebensbereiche
	gute, humose Gartenerde	mager / sandig / steinig	lehmig	kalkhaltig	kalkarm	Moorboden	Waldhumus	sonnig	halbschattig	schattig	trocken	mäßig-feucht (frisch)	feucht-naß	Flächendecker	wuchernd	sich versamend	kletternd oder schlingend	heimisch in Mitteleuropa	wertvolle Wildstaude	Waldstaude	Gehölzrand	unter Glas	Steingarten	Alpinum, Tröge	Beete und Rabatten	Sumpf und Teichrand	Wasserpflanze	Solitärpflanze	Schnittblume	Duftblume	Insektenfutter			
Lychnis flos-cuculi		•				•		•	•				•					•	•							•						V-VI	Fr2-3 so	
Lychnis viscaria	•	•						•	•		•	•						•			•				•				•		•	V-VII	Fr1 so	
Lysimachia clethroides		•				•		•				•	•		•				•			•				•						VII-IX	Fr2-3 so-hs	
Lysimachia nummularia		•				•		•	•			•	•		•			•	•							•	•					V-VII	GR2-3 so-hs	Fr2-3 so
Lysimachia punctata		•						•	•			•	•	•	•				•	•	•				•	•			•		•	VI-VIII	GR2-3 so-hs	Fr2-3 so-hs
Lysimachia thyrsiflora		•				•		•	•			•	•	•				•							•	•			•			VI-VII	WR4-5 so	
Lysimachia vulgaris		•				•	•	•	•		•	•	•	•	•			•			•				•	•			•		•	VI-VIII	F3 so	WR4 so-hs
Lythrum salicaria	•	•				•		•	•	•		•	•					•	•		•				•	•			•		•	VII-IX	Fr3 so	WR4-5 so-hs
Lythrum virgatum	•	•				•		•	•	•		•	•					•	•						•	•			•		•	VII-IX	Fr3 so	WR4 so-hs
Macleaya cordata	•	•						•	•		•	•														•	•					VII-VIII	Fr1-2 so-abs	GR1-2 so-hs
Macleaya microcarpa		•						•	•																	•	•					VII-VIII	Fr1-2 so-abs	GR1-2 so-hs
Malva alcea	•	•						•								•					•				•				•			VI-IX	Fr1-2 so	GR1-2 so
Malva moschata	•							•	•							•					•				•				•			VI-IX	Fr1-2 so	GR1-2 so
Marrubium supinum		•						•			•										•		•									VI-VII	Fr2-3 so	WR4 so
Matricaria caucasica		•						•			•			•									•	•	•					•		V-VII	M1-2 so-hs	FS1-2 so-hs
Meconopsis betonicifolia	•							•	•			•							•		•				•	•			•			VI-VII	GR2 so-hs	St2 abs
Meconopsis cambrica		•					•	•	•	•		•				•			•		•		•			•					•	VI-VII	GR1-2 so-hs	
Meconopsis × sheldonii	•							•	•			•									•				•	•		•	•			VI-VII	GR2 so-hs	
Melica altissima	•			•				•															•									V-VI	SH1-2 so	
Melica ciliata	•			•				•	•														•									V-VI	SH1-2 so	
Melica nutans	•			•				•	•					•						•	•		•									V-VI	SH2 so-hs	
Melissa officinalis	•							•	•	•		•									•	•				•				•	•	VII-VIII	GR2 so	

Kulturansprüche, Verwendungsmöglichkeiten und Lebensbereiche Stauden

Botanischer Name	Bodenansprüche							Standort						Eigenschaften						Verwendungsmöglichkeiten												Blütezeit	Lebensbereich	weitere Lebensbereiche
	gute, humose Gartenerde	mager / sandig / steinig	lehmig	kalkhaltig	kalkarm	Moorboden	Waldhumus	sonnig	halbschattig	schattig	trocken	mäßig-feucht (frisch)	feucht-naß	Flächendecker	wuchernd	sich versamend	kletternd oder schlingend	heimisch in Mitteleuropa	wertvolle Wildstaude	Waldstaude	Gehölzrand	unter Glas	Steingarten	Alpinum, Tröge	Beete und Rabatten	Sumpf und Teichrand	Wasserpflanze	Solitärpflanze	Schnittblume	Duftblume	Insektenfutter			
Melittis melissophyllum	•			•					•	•											•											V-VI	GR1-2 so-hs	
Mertensia virginica						•	•	•	•				•	•		•							•									IV-V	G2-3 hs	
Meum athamanthicum	•		•				•	•	•				•								•					•					•	VI-VII	Fr2 so	
Mimulus cardinalis	•							•				•											•		•	•						VI-IX	B2 so	Fr3 so WR4 so
Mimulus cupreus	•							•	•							•							•			•						VII-IX	Fr3 so	WR4 so-hs
Mimulus luteus	•					•		•					•		•	•			•							•	•				•	V-VIII	WR4 so	
Mimulus ringens		•				•		•	•				•	•	•	•			•							•						VI-VII	WR4-5 so	
Minuartia laricifolia		•		•				•			•	•											•	•								VII-VIII	FS1-2 so	SF1-2 so MK1-2 so St1-2 so
Monarda-Hybriden	•							•	•		•	•									•				•	•				•	•	VII-IX	B2 so	Fr2-b so
Morina longifolia								•	•		•	•									•		•									VI-VIII	FS1 so	Fr1 so
Myrrhis odorata	•					•			•	•		•	•			•			•		•				•	•		•		•	•	V-VI	GR2 so-hs	
Nepeta × faassenii	•							•			•	•		•				•			•		•		•					•	•	VI-IX	FS1 so	Fr1 so St1 so
Nepeta racemosa	•							•			•	•		•				•			•		•		•					•	•	VI-VII	FS1 so	Fr1 so St1 so
Oenothera missouriensis	•							•			•	•											•							•	•	VII-IX	FS1 so	MK1 so
Oenothera tetragona	•							•	•		•	•											•		•				•	•	•	V-VIII	Fr2-b so	B2 so
Omphalodes verna									•	•										•			•								•	IV-V	GR2 so-hs	
Ophiopogon planiscapus	•		•						•	•		•		•					•		•	•		•								V-VI	GR2 hs sch	
Opuntia compressa		•						•			•								•			•	•									VI-VII	FS1 so	
Origanum vulgare	•							•			•	•											•		•					•	•	VII-IX	SH1 so	FS1 so Fr1 so
Oxalis acetosella					•	•	•		•	•				•				•		•	•											IV-V	G2-3 hs-sch	
Oxalis adenophylla	•				•			•			•								•				•									IV-VI	St1 so	
Oxalis bowiei	•				•				•	•		•							•		•		•		•							VI-XI	G2-3 hs-sch	St1 so-hs

Kulturansprüche, Verwendungsmöglichkeiten und Lebensbereiche Stauden

Botanischer Name	Bodenansprüche							Standort						Eigenschaften						Verwendungsmöglichkeiten												Blütezeit	Lebensbereich	weitere Lebensbereiche
	gute, humose Gartenerde	mager / sandig / steinig	lehmig	kalkhaltig	kalkarm	Moorboden	Waldhumus	sonnig	halbschattig	schattig	trocken	mäßig-feucht (frisch)	feucht-naß	Flächendecker	wuchernd	sich versamend	kletternd oder schlingend	heimisch in Mitteleuropa	wertvolle Wildstaude	Waldstaude	Gehölzrand	unter Glas	Steingarten	Alpinum, Tröge	Beete und Rabatten	Sumpf und Teichrand	Wasserpflanze	Solitärpflanze	Schnittblume	Duftblume	Insektenfutter			
Pachysandra terminalis	•		•						•	•		•		•	•				•	•	•											IV-V	G2 hs	Gr2 hs
Paeonia lactiflora	•							•				•													•				•	•		V-VI	B2 so	
Paeonia officinalis	•							•				•													•				•	•		V-VI	B2 so	GR2 so
Paeonia tenuifolia	•							•				•													•				•	•		V-VI	B2 so	
Papaver burseri				•				•															•	•								V-IX	A1-2 so	Fs1-2 so
Paradisea liliastrum	•							•			•																		•			V-VI	M1 so	
Parnassia palustris	•							•				•														•						VII-IX	M3 so-hs	Fr3 so
Penstemon barbatus	•																								•							VI-IX	Fr2-b so	
Perovskia abratanoides		•						•																	•							VIII-X	Fr1-2 so	
Petasites hybridus															•											•						I-III	Fr3 so-hs	WR4 so-hs
Petrorhagia saxifraga	•	•						•			•												•									VI-IX	FS1 so	MK1 so Sh1 so
Phlomis russeliana	•							•				•							•		•				•				•			VI-VII	Fr1 so	FS1 so GR1 so
Phlox amoena	•							•				•							•				•	•							•	V-VI	FS1-3 so	
Phlox divaricata	•							•				•							•				•								•	V-VI	GR2 hs	
Phlox douglasii	•							•						•									•								•	V-VI	MK1-2 so	FS1-2 so St1-2 so
Phlox maculata	•							•						•	•						•	•	•		•				•	•	•	VI-VII	Fr2 so	
Phlox subulata	•	•						•				•		•									•	•							•	IV-V	MK1-2 so	FS1-2 so St1-2 so
Phlox-Paniculata-Hybriden	•							•	•			•									•	•			•				•	•	•	VI-IX	B2 so	Fr2-b so
Phuopsis stylosa	•							•	•	•		•									•		•									V-VII	GR1-2 so-hs	Fr2 so
Phygelius capensis	•							•				•													•							VI-X	B2 so	Fr1-b so
Physalis alkekengi var. franchetii				•				•						•		•							•		•				•			VIII-IX	GR2 so-hs	
Physostegia virginiata	•							•	•	•		•		•	•						•				•	•						VII-IX	Fr2-3 so	

Kulturansprüche, Verwendungsmöglichkeiten und Lebensbereiche Stauden

Botanischer Name	Bodenansprüche							Standort						Eigenschaften						Verwendungsmöglichkeiten												Blütezeit	Lebensbereich	weitere Lebensbereiche
	gute, humose Gartenerde	mager / sandig / steinig	lehmig	kalkhaltig	kalkarm	Moorboden	Waldhumus	sonnig	halbschattig	schattig	trocken	mäßig-feucht (frisch)	feucht-naß	Flächendecker	wuchernd	sich versamend	kletternd oder schlingend	heimisch in Mitteleuropa	wertvolle Wildstaude	Waldstaude	Gehölzrand	unter Glas	Steingarten	Alpinum, Tröge	Beete und Rabatten	Sumpf und Teichrand	Wasserpflanze	Solitärpflanze	Schnittblume	Duftblume	Insektenfutter			
Phyteuma nigrum	•								•	•		•	•					•	•		•		•									VI-VII	GR2 so	Fr2 so
Phyteuma scheuchzeri	•			•				•				•		•					•				•	•								VI-VII	A2 so-hs	
Phytolacca americana	•							•	•			•	•								•							•				VI-VIII	Fr2 so	
Platycodon grandiflorus	•							•	•			•									•		•		•				•			VII-VIII	Fr2 so-hs	GR2 so-hs
Pleione limprichtii					•	•			•										•			•	•	•		•						IV-VI	A2 abs	
Podophyllum hexandrum	•					•			•	•			•								•											V	GR2-3 abs	G2 hs
Polygonum amplexicaule	•								•	•									•		•				•	•						VIII-X	GR2 so-hs	Fr2-3 so-abs
Polemonium caeruleum	•							•	•			•				•					•				•	•			•		•	VI-VII	Fr3 so	GR3 so-hs
Polemonium reptans	•									•			•								•										•	V-VII	Fr2 so-abs	St2-3 so-abs
Polygala chamaebuxus	•							•	•												•		•	•								IV-X	St2 so-hs	
Polygonatum commutatum							•		•	•		•	•	•						•	•											V-VI	G2 hs-sch	GR2 abs
Polygonum affine	•							•	•	•		•		•							•		•		•	•						VII-IX	Fr2-3 so-abs	GR2-3 so-hs FS2-3 so-abs
Polygonum amplexicaule	•								•	•									•		•				•	•						VIII-X	GR2 so-hs	Fr2-3 so-abs
Polygonum bistorta	•					•		•	•			•	•	•					•						•	•						V-VII	Fr3 so-abs	WR4 so-hs
Polygonum weyrichii	•							•	•			•	•	•							•				•	•						VI-VIII	Fr2 so	GR2 so-hs
Potentilla atrosanguinea		•						•															•	•								VI-VII	Fr2 so	GR2 so-hs
Potentilla aurea			•					•			•							•					•	•								V-VI	M2 so	FS2 so Fr2 so
Potentilla megalantha		•							•		•										•		•	•								VI-VII	Fr2 so	FS2 so-hs
Potentilla nepalensis		•							•		•			•							•		•	•								VII-VIII	Fr1-2-b so	GR1-2 so
Potentilla neumanniana		•						•	•		•	•		•				•			•		•	•								IV-VIII	Fr1 so	FS1 so SH1 so
Potentilla nitida		•		•				•			•												•	•								VII-VIII	A1-2 so	SF1 s0
Primula-Elatior-Hybriden	•		•					•	•											•	•	•	•		•					•		III-IV	GR2-b hs	

Kulturansprüche, Verwendungsmöglichkeiten und Lebensbereiche Stauden

Botanischer Name	Bodenansprüche							Standort						Eigenschaften						Verwendungsmöglichkeiten												Blütezeit	Lebensbereich	weitere Lebensbereiche
	gute, humose Gartenerde	mager / sandig / steinig	lehmig	kalkhaltig	kalkarm	Moorboden	Waldhumus	sonnig	halbschattig	schattig	trocken	mäßig-feucht (frisch)	feucht-naß	Flächendecker	wuchernd	sich versamend	kletternd oder schlingend	heimisch in Mitteleuropa	wertvolle Wildstaude	Waldstaude	Gehölzrand	unter Glas	Steingarten	Alpinum, Tröge	Beete und Rabatten	Sumpf und Teichrand	Wasserpflanze	Solitärpflanze	Schnittblume	Duftblume	Insektenfutter			
Primula alpicola					•	•	•		•	•											•					•				•		VI-VII	M2-3 hs	GR2 hs
Primula aurantiaca		•				•			•	•											•					•						VI-VIII	M2-3 hs	G2-3 hs
Primula auricula		•		•				•	•			•						•					•	•	•	•				•		V-V	SF2-3 so-hs	M1-2 so-hs
Primula beesiana			•					•	•			•											•		•	•				•		VI-VIII	GR2-3 hs	Fr3 hs WR4 hs
Primula-Bullesiana-Hybriden			•					•	•			•											•		•	•				•		VII-VIII	GR2-3 hs	Fr3 hs WR4 hs
Primula bulleyana			•					•	•			•											•		•	•				•		III-V	GR2-3 hs	Fr3 hs WR4 hs
Primula denticulata	•								•	•		•	•										•	•	•	•				•		III-V	GR2 hs-so	Fr2 hs-so
Primula farinosa						•		•	•			•						•			•		•	•		•				•		IV-V	M2-3 so	WR4 so
Primula florindae	•							•	•			•														•			•	•		VI-VIII	GR2-3 hs	WR4 hs-so
Primula japonica					•	•			•	•		•									•					•						VI-VIII	GR2-3 hs	WR4 hs-so
Primula juliae	•		•						•	•		•											•			•						III-IV	M2 hs	GR2 hs
Primula marginata				•		•			•	•		•						•					•	•								III-IV	SF1 so	St1 so
Primula pulverulenta			•	•				•	•			•									•		•			•						VI-VIII	GR2-3 hs	WR4 so-hs
Primula rosea	•					•		•	•				•										•			•						III-IV	WR4 so-hs	GR2-3 hs
Primula sieboldii	•					•			•	•											•		•			•						IV-V	GR2-3 hs	Fr3 hs
Primula sikkimensis	•							•	•		•	•									•		•			•				•		VI-VII	Gr2-3 hs	Wr4 hs-so
Primula veris	•		•					•	•			•						•		•	•	•	•		•	•				•	•	III-IV	Fr1-2 so-abs	GR1-2 so-hs
Primula vialii						•			•			•							•		•	•	•									VI-VIII	GR2-3 hs	M2 hs
Primula vulgaris	•							•	•	•								•		•	•	•	•	•	•	•					•	III-IV	GR2 hs	G2 hs Fr2 hs
Primula vulgaris ssp. *sibthorpii*						•		•	•			•									•		•		•	•						II-III	GR2-1 hs	G2 hs
Prunella grandiflora	•							•	•			•						•			•		•		•							VII-IX	Fr1-2 so	GR1-2 so-hs
Prunella × webbiana	•							•	•			•									•		•		•							VII-IX	Fr1-2 so	GR1-2 so-hs

Kulturansprüche, Verwendungsmöglichkeiten und Lebensbereiche Stauden

Botanischer Name	Bodenansprüche							Standort						Eigenschaften						Verwendungsmöglichkeiten												Blütezeit	Lebensbereich	weitere Lebensbereiche
	gute, humose Gartenerde	mager / sandig / steinig	lehmig	kalkhaltig	kalkarm	Moorboden	Waldhumus	sonnig	halbschattig	schattig	trocken	mäßig-feucht (frisch)	feucht-naß	Flächendecker	wuchernd	sich versamend	kletternd oder schlingend	heimisch in Mitteleuropa	wertvolle Wildstaude	Waldstaude	Gehölzrand	unter Glas	Steingarten	Alpinum, Tröge	Beete und Rabatten	Sumpf und Teichrand	Wasserpflanze	Solitärpflanze	Schnittblume	Duftblume	Insektenfutter			
Pulmonaria angustifolia	•						•	•	•			•		•		•		•			•		•		•	•					•	IV-V	G2-3 hs	GR2-3 abs
Pulmonaria saccharata							•		•	•		•											•	•								IV-V	G2-3 hs	GR2-3 abs
Pulsatilla vulgaris			•	•			•	•	•		•	•				•		•			•		•	•		•						IV-V	SH1 so	FS1 so St1 so
Ramonda myconi	•		•	•					•	•													•	•								VI-VII	SF2 abs	
Ranunculus aconitifolius	•					•			•	•			•					•		•	•						•					V-VI	Fr3 so	WR4 so-hs
Ranunculus acris	•					•		•	•	•		•						•									•					V-IX	Fr2-3 so	WR4 so-hs
Ranunculus ficaria	•						•	•	•	•				•	•			•		•	•					•						III-IV	G2 hs	GR2 so-abs St2 abs
Ranunculus gramineus	•							•	•			•														•						V-VI	FS1-2 so	St1-2 so
Reynoutria japonica	•							•	•				•	•	•					•	•					•						VI-IX	GR2 so-abs	Fr2 so-abs
Reynoutria japonica var. *compacta*	•						•	•	•				•	•	•					•						•						VIII-IX	GR1-2 so-abs	Fr1-2 so-abs
Reynoutria sachalinensis							•	•	•				•	•	•						•					•						IX-X	GR1-2 so-abs	Fr1-2 so-abs
Rheum palmatum	•							•	•			•													•	•						V-VII	Fr3 so	Fr2 so
Rhodohypoxis baurii					•			•				•										•	•	•								VI-VIII	St1-2 so	Fr1-2 so
Rodgersia aesculifolia		•					•		•	•		•									•				•	•						VI-VII	G2-3 hs	GR2-3 hs
Rodgersia pinnata									•	•		•									•				•	•						VI-VII	G2-3 hs	GR2-3 hs
Rodgersia podophylla						•	•		•	•		•									•				•	•						VI-VII	G2-3 hs	GR2-3 hs
Roscoea cautleoides		•	•					•	•			•											•	•	•	•						VI-VIII	St2 so	Fr2 so
Roscoea purpurea		•	•					•	•			•											•	•	•	•						VII-IX	St2 so	Fr2 so
Rudbeckia fulgida var. *deamii*	•							•	•		•	•		•							•				•	•					•	VIII-X	Fr2-b so	B2 so GR2-b so
Rudbeckia fulgida var. *speciosa*	•							•	•					•							•				•	•					•	VIII-X	Fr2-b so	B2 so GR2-b so
Rudbeckia fulgida var. *sullivantii*	•							•				•		•					•		•				•	•			•		•	VIII-X	B2 so	Fr2-b so GR2-b so
Rudbeckia laciniata	•							•				•									•				•				•			IX-X	Fr2-3 so	

Kulturansprüche, Verwendungsmöglichkeiten und Lebensbereiche Stauden

Botanischer Name	Bodenansprüche							Standort						Eigenschaften						Verwendungsmöglichkeiten												Blütezeit	Lebensbereich	weitere Lebensbereiche
	gute, humose Gartenerde	mager / sandig / steinig	lehmig	kalkhaltig	kalkarm	Moorboden	Waldhumus	sonnig	halbschattig	schattig	trocken	mäßig-feucht (frisch)	feucht-naß	Flächendecker	wuchernd	sich versamend	kletternd oder schlingend	heimisch in Mitteleuropa	wertvolle Wildstaude	Waldstaude	Gehölzrand	unter Glas	Steingarten	Alpinum, Tröge	Beete und Rabatten	Sumpf und Teichrand	Wasserpflanze	Solitärpflanze	Schnittblume	Duftblume	Insektenfutter			
Rudbeckia maxima	•							•	•				•								•				•			•	•		•	VII-IX	Fr2-3 so	WR4 so
Rudbeckia nitida	•							•	•			•																•	•		•	VI-IX	B2 so	Fr2-3-b so WR4 so
Rudbeckia subtomentosa	•							•				•																	•	•		VII-IX	Fr2 so	GR2 so
Sagina subulata	•							•	•	•		•		•		•							•		•							VI-VII	M2 hs	St2 abs Fr2 abs
Salvia nemorosa	•			•				•						•				•	•						•					•	•	V-X	Fr2 so	SH1 so
Salvia officinalis	•			•				•								•		•			•		•		•					•	•	VII-VIII	FS1 so	Fr1 so
Santolina chamaecyparissus		•		•				•				•							•				•		•					•	•	VII-VIII	FS1 so	Fr1 so St1 so
Saponaria ocymoides		•						•				•				•							•	•	•							VI-VII	SF1 so	MK1 so St1 so
Saponaria officinalis	•							•	•			•			•						•		•		•							VII-VIII	GR1-2 so	Fr1-2 so
Saponaria × lempergii	•			•				•				•											•	•	•						•	VII-VIII	FS1 so	MK1 so St1 so
Saxifraga cochlearis					•	•		•	•			•											•	•								V-VI	SF2 so-abs	St2 so-abs
Saxifraga cortusifolia var. *fortunei*					•	•		•	•			•																				IX-X	G2 hs	GR2 abs
Saxifraga cotyledon	•	•																	•			•	•	•	•				•			VI-VII	SF2 so-abs	St2 so-abs
Saxifraga longifolia		•				•			•	•		•				•			•				•	•								VII	SF2 so-abs	St2 so-abs
Saxifraga muscoides					•	•			•	•		•						•	•				•									V-VI	St2 abs	M2 abs MK2 abs
Saxifraga oppositifolia						•							•					•	•					•								IV-V	A2 abs	SF2 abs
Saxifraga paniculata		•		•				•			•												•	•								V-VI	SF2 so-abs	St2 so-abs
Saxifraga rotundifolia	•	•							•	•		•				•							•	•		•						V-VII	St2-3 abs	GR2-3 abs
Saxifraga stolonifera	•	•							•	•		•		•	•							•	•									VII	St2-3 abs	GR2-3 abs
Saxifraga umbrosa	•								•				•	•	•								•	•		•						IV-V	GR2 abs	St2 abs
Saxifraga × apiculata						•			•	•		•											•	•	•							III-IV	A2 abs	SF2 abs
Saxifraga-Arendsii-Hybriden						•			•	•		•				•			•				•	•	•							IV-V	St2 abs	MK2 abs

Kulturansprüche, Verwendungsmöglichkeiten und Lebensbereiche Stauden

Botanischer Name	Bodenansprüche							Standort						Eigenschaften						Verwendungsmöglichkeiten												Blütezeit	Lebensbereich	weitere Lebensbereiche
	gute, humose Gartenerde	mager / sandig / steinig	lehmig	kalkhaltig	kalkarm	Moorboden	Waldhumus	sonnig	halbschattig	schattig	trocken	mäßig-feucht (frisch)	feucht-naß	Flächendecker	wuchernd	sich versamend	kletternd oder schlingend	heimisch in Mitteleuropa	wertvolle Wildstaude	Waldstaude	Gehölzrand	unter Glas	Steingarten	Alpinum, Tröge	Beete und Rabatten	Sumpf und Teichrand	Wasserpflanze	Solitärpflanze	Schnittblume	Duftblume	Insektenfutter			
Scabiosa caucasica	•			•				•	•			•							•						•				•		•	VI-IX	Fr2 so	
Scabiosa graminifolia		•						•			•																				•	VII-IX	FS1-2 so	St1 so
Scabiosa ochroleuca																			•													VI-IX	Fr2-b so	
Scutellaria alpina	•			•				•				•						•					•	•								VI-VIII	FS1-2 so	G2 hs
Scutellaria baicalensis	•			•				•				•																				VI-IX	FS1 so	
Scutellaria scordifolia	•			•				•				•																				VI-VIII	FS1-2 so	M1-2 so
Sedum acre		•			•			•	•		•	•		•		•		•					•	•							•	VI-VII	FS1 so	H1 so
Sedum aizoon	•	•																				•	•		•				•			VI-VII	Fr1 so	GR1 so
Sedum album		•						•	•			•		•		•		•					•	•								VI-VII	FS1 so	M1 so MK1 so
Sedum cauticola	•	•						•	•		•			•									•	•	•						•	VIII-IX	FS1 so	M1 so MK1 so
Sedum cyaneum	•	•						•	•		•			•									•	•	•						•	VII-VIII	FS1 so	M1 so St1 so
Sedum ewersii	•	•						•			•			•									•	•	•						•	VIII-IX	FS1 so	MK1 so M1 so
Sedum floriferum	•	•						•			•			•									•	•	•						•	VII-VIII	Fr1-2 so	M1-2 so
Sedum forsterianum	•	•						•	•		•			•									•	•	•						•	VI-VIII	FS2-3 so	
Sedum hybridum	•	•						•	•		•			•	•	•							•	•	•						•	VI-VIII	Fr1-2 hs-so	M1-2 hs-so St2 abs
Sedum lydium		•						•	•			•		•									•	•	•							VI-VII	Fr2-3 so	
Sedum pluricaule		•						•				•		•									•	•	•							VII-IX	FS1-2	
Sedum reflexum		•						•	•		•			•		•		•					•	•	•						•	VII-VIII	Fr1-2 so	SF1-2 so
Sedum sieboldii		•						•	•		•			•					•			•	•									IX-XI	MK2 so	Fr1-2 so St1-2 so
Sedum spathulifolium		•						•			•			•								•	•									V-VII	FS2 so	M2 so St2 so
Sedum spectabile	•	•						•	•		•	•		•				•					•		•				•	•	•	VIII-IX	Fr 1-b so	FS1-2 so B1 so St1 so
Sedum spurium		•						•															•	•	•						•	VII-VIII	Fr2 so	GR2 so-hs

Kulturansprüche, Verwendungsmöglichkeiten und Lebensbereiche Stauden

Botanischer Name	Bodenansprüche							Standort						Eigenschaften						Verwendungsmöglichkeiten												Blütezeit	Lebensbereich	weitere Lebensbereiche
	gute, humose Gartenerde	mager / sandig / steinig	lehmig	kalkhaltig	kalkarm	Moorboden	Waldhumus	sonnig	halbschattig	schattig	trocken	mäßig-feucht (frisch)	feucht-naß	Flächendecker	wuchernd	sich versamend	kletternd oder schlingend	heimisch in Mitteleuropa	wertvolle Wildstaude	Waldstaude	Gehölzrand	unter Glas	Steingarten	Alpinum, Tröge	Beete und Rabatten	Sumpf und Teichrand	Wasserpflanze	Solitärpflanze	Schnittblume	Duftblume	Insektenfutter			
Sedum telephium	•	•						•	•		•	•		•				•					•		•				•	•	•	IX-X	Fr1-b so	FS1-2 so B1 so St1 so
Sempervivum arachnoideum		•						•									•						•	•								VI-VII	SF1 so	MK1 so
Sempervivum ciliosum		•						•			•												•	•								VI-VII	SF1 so	MK1 so St1 so
Sempervivum marmoreum	•	•						•			•												•	•								VII	SF1 so	MK1 so St1 so
Sempervivum tectorum	•	•		•				•			•							•					•	•								VI-VIII	SF1 so	MK1 so St1 so
Sidalcea malviflora / S.-Hybriden	•				•			•			•														•				•		•	VI-VIII	Fr2-b so	
Silene vulgaris	•			•				•	•									•					•	•								V-VI	FS1-2 so	M1-2 so St1-2 so
Silphium laciniatum	•		•					•			•								•				•		•							VII-VIII	GR1 so	Fr1 so
Silphium perfoliatum	•		•					•			•								•				•		•							VII-IX	GR2-3 so	Fr1 so
Sisyrinchium striatum	•							•	•			•							•					•	•	•						VI-VII	FS1-2 so	
Sisyrinchium angustifolium	•							•	•			•							•					•	•	•			•			V-VI	FS1-2 so	St1-2 so
Sisyrinchium californicum		•				•		•					•										•		•							V-VII	FS1-2 so	St1-2 so
Smilacina racemosa	•		•						•	•			•							•	•				•							V-VI	Fr2 hs-sch	G2 hs-sch
Soldanella alpina		•				•			•	•						•		•					•	•								III-V	A2 abs	St2 abs
Soldanella montana		•				•			•	•			•			•		•					•	•								V-VI	G2 hs	St2 abs
Solidago caesia	•							•													•	•			•				•	•	•	IX-X	Fr1-2 so	GR1-2 so
Solidago-Hybriden	•							•	•			•									•	•			•				•	•	•	VII-IX	B2 so	Fr2-b so
× *Solidaster luteus*	•							•	•			•									•				•				•			VII-IX	Fr1 so	SH1 so
Stachys byzantina	•							•			•	•		•									•		•						•	VII-IX	FS1 so	Fr1 so
Stachys grandiflora	•			•				•	•														•		•						•	VII-VIII	GR2 so	Fr2 so
Stachys lavandulifolia		•						•															•		•						•	VII-VIII	FS1 so	MK1 so
Stachys monnieri		•							•									•					•		•						•	VI-VII	FS1 so	St1 so

Kulturansprüche, Verwendungsmöglichkeiten und Lebensbereiche Stauden

Botanischer Name	Bodenansprüche							Standort						Eigenschaften						Verwendungsmöglichkeiten												Blütezeit	Lebensbereich	weitere Lebensbereiche
	gute, humose Gartenerde	mager / sandig / steinig	lehmig	kalkhaltig	kalkarm	Moorboden	Waldhumus	sonnig	halbschattig	schattig	trocken	mäßig-feucht (frisch)	feucht-naß	Flächendecker	wuchernd	sich versamend	kletternd oder schlingend	heimisch in Mitteleuropa	wertvolle Wildstaude	Waldstaude	Gehölzrand	unter Glas	Steingarten	Alpinum, Tröge	Beete und Rabatten	Sumpf und Teichrand	Wasserpflanze	Solitärpflanze	Schnittblume	Duftblume	Insektenfutter			
Stokesia laevis		•	•					•	•																•				•			VIII-IX	Fr1-2 so	
Symphytum asperum	•					•		•	•	•			•	•					•		•				•	•					•	VI-VIII	GR2 so-hs	Fr2 so
Symphytum caucasicum	•					•		•	•	•																					•	V-VII	GR2 so-hs	
Symphytum grandiflorum	•					•		•	•	•				•											•	•					•	VI-VIII	G2 hs	GR2 so-hs
Symphytum officinale	•					•		•	•	•				•				•	•		•				•	•					•	V-VIII	Fr2-3 so-abs	GR2-3 so-abs
Tanacetum coccineum	•							•	•										•						•				•			V-VI	Fr2 so	
Telekia speciosa	•							•	•				•								•				•	•		•	•		•	VI-VII	GR2 so-hs	Fr2-3 so
Tellima grandiflora	•					•			•	•		•	•	•		•					•					•						V-VI	G2 hs	GR2 hs
Teucrium chamaedrys			•	•				•						•							•		•	•	•					•	•	VII-IX	FS1-2 so	SH1-2 so SF1-2 so
Teucrium scorodonia	•				•			•	•			•		•							•		•		•					•	•	VII-IX	GR1-2 so-hs	H1-2 so-hs
Thalictrum aquilegifolium	•							•	•			•	•							•	•				•	•		•			•	VI-VII	Fr2-3 so-abs	GR2-3 so-hs
Thalictrum dipterocarpum	•							•	•			•	•							•	•				•	•		•			•	VII-IX	Fr2-3 so-abs	W4 so-abs
Thalictrum flavum ssp. *glaucum*	•							•	•			•									•				•	•			•			VI-VII	Fr2-3 so	GR2-3 so-hs
Thermopsis caroliniana		•						•													•				•							VI-VII	Fr2 so	
Thymus × citriodorus		•						•			•			•									•		•							VI-VII	FS1-2 so	M1-2 so
Thymus doerfleri		•						•			•			•									•		•						•	V-VI	FS1 so	SH1 so St1 so
Thymus serpyllum		•						•			•			•				•					•		•					•	•	VII-IX	FS1 so	M1 so H1 so
Thymus vulgaris		•						•			•			•				•					•		•					•	•	V-IX	SH1 so	FS1 so St1 so
Tiarella cordifolia	•						•			•		•		•						•	•				•							IV-V	G2 hs-sch	GR2 hs-sch
Tiarella wherryi	•						•			•		•		•						•	•				•							V-VII	G2 hs-sch	GR2 hs-sch
Tradescantia-Andersoniana-Hybr.	•								•	•		•									•				•	•						VI-VIII	Fr2-3-b so	WR4 so-hs Fr1-2 so-hs
Tricyrtis formosana		•	•					•	•			•	•								•				•	•						VIII-X	GR2 hs	

Kulturansprüche, Verwendungsmöglichkeiten und Lebensbereiche Stauden

Botanischer Name	Bodenansprüche							Standort						Eigenschaften						Verwendungsmöglichkeiten												Blütezeit	Lebensbereich	weitere Lebensbereiche
	gute, humose Gartenerde	mager / sandig / steinig	lehmig	kalkhaltig	kalkarm	Moorboden	Waldhumus	sonnig	halbschattig	schattig	trocken	mäßig-feucht (frisch)	feucht-naß	Flächendecker	wuchernd	sich versamend	kletternd oder schlingend	heimisch in Mitteleuropa	wertvolle Wildstaude	Waldstaude	Gehölzrand	unter Glas	Steingarten	Alpinum, Tröge	Beete und Rabatten	Sumpf und Teichrand	Wasserpflanze	Solitärpflanze	Schnittblume	Duftblume	Insektenfutter			
Tricyrtis hirta		•	•					•	•			•	•								•				•	•						VII-IX	GR2 hs	
Trollius chinensis	•					•		•	•	•			•								•		•		•	•			•			VI-VII	Fr3 so	
Trollius europaeus	•					•		•	•	•			•					•	•		•				•	•			•			V-VI	Fr3 so	WR4 so
Trollius-Hybriden	•					•		•	•				•								•				•	•			•			V-VI	B2 so	Fr3-b so
Trollius pumilus	•					•		•	•				•								•		•						•			VI-VII	Fr3 so	Fr2 so
Uvularia grandiflora							•		•	•									•	•	•											V-VI	G2 hs-sch	GR2 hs-sch
Veratrum nigrum	•		•					•					•													•		•	•			VII-VIII	GR2 abs-so	
Verbascum bombyciferum		•		•				•			•					•		•	•				•		•				•		•	VI-VIII	Fr1 so	
Verbascum chaixii		•						•			•	•				•							•		•						•	VII-VIII	Fr1 so	
Verbascum-Hybriden		•						•			•	•													•			•			•	VI-VIII	Fr1-b so	
Verbascum longifolium		•						•			•	•							•						•							VI-VIII	Fr1-b so	
Verbascum olympicum		•						•			•	•				•			•						•							VI-VIII	Fr1 so	
Verbascum phoeniceum	•	•						•													•		•		•							V-VI	FS1 so	
Veronica austriaca ssp. *teucrium*	•			•				•															•		•							V-VI	Fr2 so	SH1 so FS1 so
Veronica gentianoides	•											•							•		•		•		•						•	V-VI	Fr2-3 so	
Veronica longifolia	•	•						•	•			•						•	•		•		•		•				•		•	VII-VIII	Fr2-3-b so	
Veronica prostrata	•							•				•						•			•		•		•							V-VI	FS1 so	
Veronica spicata	•		•					•	•			•						•			•		•		•						•	VII-IX	Fr1-2 so FS1 so	SH1 so Fr1 so
Veronica virginica	•																		•		•				•							VII-IX	Fr 2-3-b so	GR2-3-b so-hs
Vinca major	•					•	•		•	•		•		•					•	•	•		•									V-VI	G1-2 hs	GR1-2 hs
Vinca minor		•				•	•		•	•		•		•				•		•	•		•									IV-V	G2 hs-sch	GR2 hs-sch
Viola alba	•			•					•	•		•		•						•	•		•	•						•		IV-V	GR1-2 so-abs	G2 hs Fr2 so

Kulturansprüche, Verwendungsmöglichkeiten und Lebensbereiche Stauden

Botanischer Name	Bodenansprüche							Standort						Eigenschaften						Verwendungsmöglichkeiten												Blütezeit	Lebensbereich	weitere Lebensbereiche
	gute, humose Gartenerde	mager / sandig / steinig	lehmig	kalkhaltig	kalkarm	Moorboden	Waldhumus	sonnig	halbschattig	schattig	trocken	mäßig-feucht (frisch)	feucht-naß	Flächendecker	wuchernd	sich versamend	kletternd oder schlingend	heimisch in Mitteleuropa	wertvolle Wildstaude	Waldstaude	Gehölzrand	unter Glas	Steingarten	Alpinum, Tröge	Beete und Rabatten	Sumpf und Teichrand	Wasserpflanze	Solitärpflanze	Schnittblume	Duftblume	Insektenfutter			
Viola cornuta	•							•	•			•				•					•		•		•							V-IX	GR2 so	Fr2 so
Viola odorata		•	•				•		•	•		•		•		•		•	•	•		•	•		•	•				•		III-IV	GR1-2 so-abs	G2 hs Fr2 so
Viola sororia		•	•				•		•	•		•		•		•				•	•	•	•	•						•		IV-V	GR1-2 so-hs	Fr2 so
Waldsteinia geoides	•	•							•	•				•						•	•		•		•							IV-V	G1-2 hs-sch	GR1-2 hs-sch
Waldsteinia ternata	•	•							•	•				•						•	•		•		•							IV-VI	G2 hs-sch	GR1-2 hs-sch
Wulfenia carinthiaca	•	•			•			•	•				•	•												•						VII-VIII	GR2 abs	St2 abs
Wulfenia × suendermannii	•	•			•			•	•				•	•												•						V-VI	GR2 abs	St2 abs
Yucca filamentosa	•		•	•				•				•							•				•		•			•				VII-VIII	FS1-b so	Fr1-2 so

Kulturansprüche, Verwendungsmöglichkeiten und Lebensbereiche Gräser

Botanischer Name	Bodenansprüche							Standort						Eigenschaften						Verwendungsmöglichkeiten												Blütezeit	Lebensbereich	weitere Lebensbereiche
	gute, humose Gartenerde	mager / sandig / steinig	lehmig	kalkhaltig	kalkarm	Moorboden	Waldhumus	sonnig	halbschattig	schattig	trocken	mäßig-feucht (frisch)	feucht-naß	Flächendecker	wuchernd	sich versamend	kletternd oder schlingend	heimisch in Mitteleuropa	wertvolle Wildstaude	Waldstaude	Gehölzrand	unter Glas	Steingarten	Alpinum, Tröge	Beete und Rabatten	Sumpf und Teichrand	Wasserpflanze	Solitärpflanze	Schnittblume	Duftblume	Insektenfutter			
Achnatherum calamagrostis		•						•	•		•								•				•		•							–	Fr1 so	SH1 so FS1 so
Alopecurus pratensis	•											•	•						•		•											VI-VII	Fr2 so	
Arrhenatherum elatius		•						•	•	•	•					•					•				•	•			•			VI-VII	Fr1-b so	Fr2 so
Arundo donax	•					•		•	•				•						•							•		•				–	Fr3 so	Fr2 so
Bouteloua oligostachya	•			•				•	•		•	•									•		•		•							VII-IX	Fr1 so	Fs1 so
Briza media	•				•			•	•			•							•				•	•					•			V-VI	SH1-2 so	M1-2 so
Calamagrostis × acutiflora	•							•	•			•									•				•					•		–	Fr1-2 so	
Carex acutiformis		•				•		•	•				•												•							V-VII	WR1-4 so-hs	WR5 so-hs
Carex buchananii		•		•				•	•			•							•		•		•		•	•						VII-VIII	Fr2-3 so	FS2 so
Carex comans		•						•	•			•											•		•	•							Fr2-3 so	FS2-3 so
Carex conica	•								•	•		•											•		•	•							GR2 hs	G2 hs
Carex digitata	•							•	•												•		•		•							III-IV	G2 hs-sch	GR2 hs-sch
Carex elata		•				•		•	•				•						•		•					•						V	GR2-3 hs	
Carex gracilis		•						•	•				•													•						V-VI	WR4 so-hs	WR5 so-hs
Carex grayi	•			•					•			•	•													•						V	Fr3 so-hs	
Carex hachijoensis	•								•			•									•		•		•							V	G2 hs	GR2 hs
Carex montana	•							•	•												•		•		•							III-IV	GR1-2 so-hs	FS1-2 so St1 so
Carex morrowii	•						•		•	•		•			•				•	•	•				•	•						III-VI	G2 hs	GR2 hs
Carex muskingumensis	•							•	•			•									•				•	•						VI-VIII	Fr3 abs-so	GR2-3 hs-so
Carex ornithopoda	•			•				•	•			•													•	•						IV-VI	G1-2 hs	GR1-2 hs
Carex pendula					•	•			•	•			•							•	•				•	•		•				VI-VII	G2-3 hs	GR2-3 hs
Carex plantaginea						•	•		•	•																•						V-VI	G2-3 hs	GR2-3 hs

Kulturansprüche, Verwendungsmöglichkeiten und Lebensbereiche Gräser

Botanischer Name	Bodenansprüche							Standort						Eigenschaften						Verwendungsmöglichkeiten												Blütezeit	Lebensbereich	weitere Lebensbereiche
	gute, humose Gartenerde	mager / sandig / steinig	lehmig	kalkhaltig	kalkarm	Moorboden	Waldhumus	sonnig	halbschattig	schattig	trocken	mäßig-feucht (frisch)	feucht-naß	Flächendecker	wuchernd	sich versamend	kletternd oder schlingend	heimisch in Mitteleuropa	wertvolle Wildstaude	Waldstaude	Gehölzrand	unter Glas	Steingarten	Alpinum, Tröge	Beete und Rabatten	Sumpf und Teichrand	Wasserpflanze	Solitärpflanze	Schnittblume	Duftblume	Insektenfutter			
Carex pseudocyperus						•		•	•				•						•							•						VI-VII	WR4 so-hs	WR5 so-hs
Carex riparia		•				•								•	•											•	•					V-VI	WR4 so	
Carex sylvatica						•	•		•	•										•	•				•	•						V-VI	G2-3 hs-sch	GR2-3 hs-sch
Carex umbrosa			•				•		•	•										•	•					•						VI-VII	G2 hs-sch	GR1-2 hs-sch
Chasmanthium latifolium	•							•	•			•							•				•		•				•			IX-X	Fr2 so-hs	Fr3 so Gr2-3 hs-sch
Chrysopogon gryllus	•							•				•									•				•	•						VIII-X	FS1 so	Fr1 so
Cortaderia selloana	•		•					•				•													•			•				IX-XI	Fr2-b so	
Cyperus longus						•		•	•				•													•	•					VI-VII	WR5 so	
Deschampsia cespitosa	•							•	•			•									•		•		•	•						VI-VII	GR2-3 so-abs	Fr2-3 so-abs
Festuca alpina	•	•						•				•									•		•	•	•	•						VI-VII	FS2 so	M2 so
Festuca amethystina		•						•			•			•							•		•	•	•	•						VI-VII	FS1-2 so	M2 so
Festuca cinerea		•						•			•			•	•						•		•	•	•	•						V-VII	SH1-2 so	Fr1 so
Festuca filiformis	•													•	•						•		•			•						VI-VII	H1-2 so	Fr1-2 so
Festuca gautieri (scoperia)	•								•	•		•							•		•		•		•	•						VI-VII	FS1-2 so-abs	SF1-2 abs St1-2 so-abs
Festuca gigantea	•								•	•		•							•		•		•		•	•						VII-VIII	G2 hs	GR2 abs
Festuca glacialis		•			•							•											•	•								VI-VII	FS1-2 so	SF1-2 so St1-2 so
Festuca mairei	•	•						•				•							•		•		•		•			•				VI-VII	Fr1-2 so	Fr1 so FS1-2 so
Festuca ovina		•						•	•			•											•		•							VI-VII	SH1 so	Fr1 so
Festuca punctoria	•	•						•			•								•				•	•	•							VI-VIII	FS1 so	St1 so
Festuca valesiaca	•	•						•			•										•		•		•							VI-VII	SH1 so	Fr1 so
Glyceria maxima						•		•	•				•					•									•					VII-VIII	WR4-5 so	
Hakonechloa macra	•							•	•			•							•						•	•						VIII-X	G2-3 hs	GR2-3 hs St2 abs

Kulturansprüche, Verwendungsmöglichkeiten und Lebensbereiche Gräser

Botanischer Name	Bodenansprüche							Standort						Eigenschaften						Verwendungsmöglichkeiten												Blütezeit	Lebensbereich	weitere Lebensbereiche
	gute, humose Gartenerde	mager / sandig / steinig	lehmig	kalkhaltig	kalkarm	Moorboden	Waldhumus	sonnig	halbschattig	schattig	trocken	mäßig-feucht (frisch)	feucht-naß	Flächendecker	wuchernd	sich versamend	kletternd oder schlingend	heimisch in Mitteleuropa	wertvolle Wildstaude	Waldstaude	Gehölzrand	unter Glas	Steingarten	Alpinum, Tröge	Beete und Rabatten	Sumpf und Teichrand	Wasserpflanze	Solitärpflanze	Schnittblume	Duftblume	Insektenfutter			
Helictotrichon sempervirens	•			•				•													•		•			•		•				VII-VIII	Fr1 so	SH1 so FS1 so
Holcus lanatus	•		•			•		•					•	•		•											•					VI-VIII	Fr3 so	WR4 so
Hystrix patula	•	•						•			•	•											•		•				•			V-VII	Fr2-1 so	
Koeleria glauca	•	•						•													•		•		•							VI-VII	SH1 so	
Leymus arenarius		•						•			•			•	•			•														VI-VII	Fr1 so	
Luzula nivea	•						•	•	•	•		•		•									•						•			VI-VII	GR2 hs-sch	G1-2 hs
Luzula pilosa	•						•		•	•		•		•						•	•		•									IV-VI	G1-2 hs-sch	GR2 hs-sch
Luzula sylvatica	•						•		•	•		•		•						•	•		•									V-VI	G2 hs-sch	GR2 hs-sch
Miscanthus floridulus	•							•	•		•	•		•	•				•		•				•	•		•				IX-XII	Fr2 so	WR4 so
Miscanthus sacchariflorus	•							•	•		•	•		•	•				•		•				•	•		•	•			VIII-IX	Fr2 so	WR4 so Gr2 so
Miscanthus sinensis	•							•	•		•	•		•	•						•				•	•		•				IX-X	Fr2-b so	B2 so
Molina arundinacea	•			•				•	•		•	•									•		•		•	•						VIII-IX	Fr3 so-hs	Fr2 so-hs Gr2 so-hs
Molina caerulea						•		•	•		•	•									•		•		•	•						VIII-X	H2-3 so-hs	GR2-3 so-hs Fr2-3 so
Panicum clandestinum	•							•				•	•												•	•		•	•			VII-VIII	Fr2 so	GR2 so
Panicum virgatum	•							•				•	•												•	•		•	•			V	Fr2-3 so	Fr1 so
Pennisetum alopecuroides	•																												•			VIII-IX	Fr2-b so	Fr1-b so
Pennisetum orientale		•	•					•			•	•											•		•		•					VIII-IX	Fr1-2 so	Fr1 so
Phalaris arundinacea	•							•	•			•		•							•						•					VI-VII	Fr3 so	
Phragmites australis	•					•		•	•	•			•	•	•			•								•	•					IX-X	WR 5 so	
Phyllostachys aurea	•							•	•																							–		
Phyllostachys aureo-sulcata	•		•					•	•			•									•					•		•				–		
Phyllostachys bambusoides		•	•					•	•			•									•					•		•				–		

Kulturansprüche, Verwendungsmöglichkeiten und Lebensbereiche Gräser

Botanischer Name	Bodenansprüche							Standort						Eigenschaften						Verwendungsmöglichkeiten												Blütezeit	Lebensbereich	weitere Lebensbereiche
	gute, humose Gartenerde	mager / sandig / steinig	lehmig	kalkhaltig	kalkarm	Moorboden	Waldhumus	sonnig	halbschattig	schattig	trocken	mäßig-feucht (frisch)	feucht-naß	Flächendecker	wuchernd	sich versamend	kletternd oder schlingend	heimisch in Mitteleuropa	wertvolle Wildstaude	Waldstaude	Gehölzrand	unter Glas	Steingarten	Alpinum, Tröge	Beete und Rabatten	Sumpf und Teichrand	Wasserpflanze	Solitärpflanze	Schnittblume	Duftblume	Insektenfutter			
Phyllostachys nigra	•	•	•					•	•		•	•									•					•		•				–		
Pleioblastus disticulus														•	•						•					•						–		
Pleioblastus pumilus	•							•	•	•		•		•	•						•					•						–		
Pleioblastus pygmaeus	•								•					•	•						•			•	•			•				–		
Pleioblastus viridistriatus	•							•	•	•				•							•		•		•	•						–		
Pontederia cordata	•		•					•	•												•				•	•		•				–	GR2 so-hs	Fr2 so-hs
Pseudosasa japonica	•							•	•		•										•				•	•						–		
Sasa palmata	•			•	•			•													•					•						–		
Sasa veitchii	•			•	•			•	•												•					•						–		
Scirpus lacrustis	•		•					•	•				•					•									•					VI-VIII	WR5 so-hs	WR4 so-hs
S. lacustris ssp. *tabernaemontani*	•		•					•	•				•														•					VI-VIII	WR5 so	WR4 so
S. sylvaticus	•							•	•			•	•						•				•	•								VI-VIII	GR3 hs-sch	G3 hs-sch
Sesleria argentea	•			•				•			•	•											•		•							VI-VII	FS1 so	SH1 so St1 so
Sesleria heuffleriana	•			•				•	•		•	•									•		•									IV-V	FS2 so	GR2 so St1 so-abs
Sinarundinaria nitida	•							•	•			•								•						•		•				–		
Sorghastrum nutans	•	•						•				•													•			•				VIII-IX	Fr2 so	Fs1 so St1 so
Spartina pectinata	•							•											•						•	•			•			VIII-IX	Fr2 so	Fr3 so WR4 so
Spodiopogon sibiricus	•							•	•			•													•			•	•			VII-IX	Fr2-3 so	WR4 so
Stipa barbata		•		•				•			•										•		•		•	•		•	•			VII-VIII	Fr1-2 so	SH1 so FS1 so
Stipa capillata		•				•		•													•		•		•							VII-VIII	SH1 so	FS1 so
Stipa gigantea		•						•											•		•		•		•	•		•	•			VII-VII	FS1 so	FS1-2 so
Stipa pennata		•						•			•	•						•	•		•		•		•	•			•			V-VI	SH1 so	FS1 so

Kulturansprüche, Verwendungsmöglichkeiten und Lebensbereiche Gräser

Botanischer Name	Bodenansprüche							Standort						Eigenschaften						Verwendungsmöglichkeiten												Blütezeit	Lebensbereich	weitere Lebensbereiche
	gute, humose Gartenerde	mager / sandig / steinig	lehmig	kalkhaltig	kalkarm	Moorboden	Waldhumus	sonnig	halbschattig	schattig	trocken	mäßig-feucht (frisch)	feucht-naß	Flächendecker	wuchernd	sich versamend	kletternd oder schlingend	heimisch in Mitteleuropa	wertvolle Wildstaude	Waldstaude	Gehölzrand	unter Glas	Steingarten	Alpinum, Tröge	Beete und Rabatten	Sumpf und Teichrand	Wasserpflanze	Solitärpflanze	Schnittblume	Duftblume	Insektenfutter			
Thamnocalamus spathaceus	•							•	•			•		•					•		•				•	•		•				–		

Kulturansprüche, Verwendungsmöglichkeiten und Lebensbereiche Farne

Botanischer Name	Bodenansprüche							Standort						Eigenschaften						Verwendungsmöglichkeiten												Blütezeit	Lebensbereich	weitere Lebensbereiche
	gute, humose Gartenerde	mager / sandig / steinig	lehmig	kalkhaltig	kalkarm	Moorboden	Waldhumus	sonnig	halbschattig	schattig	trocken	mäßig-feucht (frisch)	feucht-naß	Flächendecker	wuchernd	sich versamend	kletternd oder schlingend	heimisch in Mitteleuropa	wertvolle Wildstaude	Waldstaude	Gehölzrand	unter Glas	Steingarten	Alpinum, Tröge	Beete und Rabatten	Sumpf und Teichrand	Wasserpflanze	Solitärpflanze	Schnittblume	Duftblume	Insektenfutter			
Adiantum pedatum							•		•	•			•						•	•	•											–	G2-3 hs-sch	GR2-3 hs-sch
Adiantum venustum							•		•	•			•						•	•	•											–	G2 hs	St2 hs
Asplenium ruta-muraria		•					•			•		•								•		•				•						–	SF2 hs	St2 abs
Asplenium trichomanes		•					•		•	•		•						•	•	•				•								–	SF2 hs-sch	St2 abs
Athyrium filix-femina	•					•	•			•			•							•	•					•						–	G2 sch-so	GR2 sch-so
Athyrium niponicum	•					•	•			•			•							•	•					•						–	G2-3 hs	GR2-3 hs
Azolla caroliniana									•	•			•														•					–		
Blechnum spicant	•					•	•		•	•									•	•	•		•			•						–	G2-3 hs-sch	
Ceterach officinarum		•		•					•	•										•	•		•			•						–	SF2 so-hs	St2 so-hs
Currania dryopteris	•						•			•		•		•						•	•		•									–	G2-3 hs-sch	
Currania robertiana	•						•	•	•	•		•		•	•					•	•		•									–	G1-2 so-sch	Gr1-2 so-sch
Cyrtomium falactum	•						•		•	•		•								•	•					•						–	G2 hs-sch	
Cyrtomium fortunei						•	•		•	•										•	•					•						–	G2-3 hs-sch	
Dryopteris affinis	•	•					•		•	•										•	•					•						–	G2-3 hs	GR2-3 hs
Dryopteris atrata	•	•					•		•	•										•	•					•						–	G2-3 hs-sch	GR2-3 hs-sch
Dryopteris dilatata						•	•		•	•		•								•	•					•						–	G2-3 hs-sch	GR2-3 hs-sch
Dryopteris erythrosora						•	•		•	•		•								•	•					•						–	G2 hs	GR2 hs
Dryopteris filix-mas						•	•		•	•		•	•		•					•	•					•						–	G2 sch-so	GR2 hs
Marsilea quadrifolia	•					•		•	•							•						•				•	•					–	W6 so-hs	WR5 so-hs
Matteuccia struthiopteris							•		•	•				•	•				•	•	•											–	G2-3 hs-sch	Gr2-3 hs-sch
Onoclea sensibilis						•		•	•	•			•		•					•	•		•									–	Fr3 hs	Gr2-3 hs-sch WR4 hs-sch
Osmunda regalis						•	•		•	•								•		•	•					•						–	G3 so-sch	WR4 so-sch

Kulturansprüche, Verwendungsmöglichkeiten und Lebensbereiche Farne

Botanischer Name	Bodenansprüche							Standort						Eigenschaften						Verwendungsmöglichkeiten												Blütezeit	Lebensbereich	weitere Lebensbereiche
	gute, humose Gartenerde	mager / sandig / steinig	lehmig	kalkhaltig	kalkarm	Moorboden	Waldhumus	sonnig	halbschattig	schattig	trocken	mäßig-feucht (frisch)	feucht-naß	Flächendecker	wuchernd	sich versamend	kletternd oder schlingend	heimisch in Mitteleuropa	wertvolle Wildstaude	Waldstaude	Gehölzrand	unter Glas	Steingarten	Alpinum, Tröge	Beete und Rabatten	Sumpf und Teichrand	Wasserpflanze	Solitärpflanze	Schnittblume	Duftblume	Insektenfutter			
Phyllitis scolopendrium				•			•		•	•		•						•	•	•	•					•						–	G2-3 sch-hs	SF3 sch-hs St2-3 abs
Polypodium interjectum					•	•				•			•							•												–	St2-1 hs-sch	SF2-1 hs-sch
Polypodium vulgare					•	•				•			•							•												–	St2-1 hs-sch	SF2-1 hs
Polystichum aculeatum							•		•	•			•							•	•					•						–	G2 hs-sch	St2 abs GR2 hs-sch
Polystichum lonchitis				•						•			•							•	•					•						–	St3 abs	
Polystichum polyblepharum						•	•		•	•		•	•						•	•						•			•			–	G2-3 hs	GR2-3 hs St2-3 abs
Polystichum setiferum	•	•				•	•		•	•		•	•						•	•	•					•						–	G2 hs	GR2 hs
Pteridium aquilinum						•	•		•	•		•		•	•			•		•	•											–	G2 hs-sch	GR2 hs Fr2 abs-so
Thelypteris phegopteris	•					•				•			•					•		•	•											–	G3 hs	GR2-3 abs
Woodsia polystichoides					•					•			•							•	•					•						–	G3 hs	GR2-3 abs St2 abs

Kulturansprüche, Verwendungsmöglichkeiten und Lebensbereiche Wasserpflanzen

Botanischer Name	Bodenansprüche							Standort						Eigenschaften						Verwendungsmöglichkeiten												Blütezeit	Lebensbereich	weitere Lebensbereiche
	gute, humose Gartenerde	mager / sandig / steinig	lehmig	kalkhaltig	kalkarm	Moorboden	Waldhumus	sonnig	halbschattig	schattig	trocken	mäßig-feucht (frisch)	feucht-naß	Flächendecker	wuchernd	sich versamend	kletternd oder schlingend	heimisch in Mitteleuropa	wertvolle Wildstaude	Waldstaude	Gehölzrand	unter Glas	Steingarten	Alpinum, Tröge	Beete und Rabatten	Sumpf und Teichrand	Wasserpflanze	Solitärpflanze	Schnittblume	Duftblume	Insektenfutter			
Acorus gramineus						•		•	•																	•	•					V-VI	WR4 so-hs	
Alisma lanceolatum		•																									•					VII-IX	WR5 so-hs	
Alisma plantago-aquatica		•						•	•																		•					VII-IX	WR5 so-hs	
Aponogeton distachyos			•										•														•					VI-IX	W6 so	
Azolla caroliniana									•	•			•														•					–		
Butomus umbellatus		•						•	•																		•				•	VI-VIII	WR5 so	
Calla palustris		•				•		•	•				•													•	•					VI-VIII	WR4 so-hs	
Callitriche hamulata																											•					–	W so-hs	WR5 so-hs
Caltha palustris			•										•													•	•					IV-V	WR4 so-hs	Fr3-2 so-abs GR3 so-hs
Carex acutiformis		•				•		•	•				•												•							V-VII	W1-4 so-hs	WR5 so-hs
Carex gracilis		•						•	•				•													•						V-VI	WR4 so-hs	WR5 so-hs
Carex pseudocyperus						•		•	•				•						•							•						VI-VII	WR4 so-hs	WR5 so-hs
Ceratophyllum demersum																											•					–	W8 so-hs	
Cyperus longus						•		•	•				•													•	•					VI-VII	WR5 so	
Darmera peltata	•							•	•	•		•							•		•					•		•				V	WR4 so-hs	
Drosera rotundifolia		•			•	•							•													•						VII-VIII	WR4 so	
Eichhornia crassipes								•											•								•					VI-IX	W8 so	
Eleocharis acicularis								•	•																		•					–	W7 so	
Eleocharis palustris								•	•																		•					–	WR5 so	WR4 so
Elodea canadensis								•	•																		•					–	W7 so-hs	
Eriophorum angustifolium						•		•	•				•	•	•											•	•					IV	WR4 so	
Eriophorum latifolium						•		•	•				•	•												•	•					V-VI	WR4 so	

Kulturansprüche, Verwendungsmöglichkeiten und Lebensbereiche Wasserpflanzen

Botanischer Name	Bodenansprüche							Standort						Eigenschaften						Verwendungsmöglichkeiten												Blütezeit	Lebensbereich	weitere Lebensbereiche
	gute, humose Gartenerde	mager / sandig / steinig	lehmig	kalkhaltig	kalkarm	Moorboden	Waldhumus	sonnig	halbschattig	schattig	trocken	mäßig-feucht (frisch)	feucht-naß	Flächendecker	wuchernd	sich versamend	kletternd oder schlingend	heimisch in Mitteleuropa	wertvolle Wildstaude	Waldstaude	Gehölzrand	unter Glas	Steingarten	Alpinum, Tröge	Beete und Rabatten	Sumpf und Teichrand	Wasserpflanze	Solitärpflanze	Schnittblume	Duftblume	Insektenfutter			
Eriophorum vaginatum						•		•	•				•	•												•	•					V-VI	WR4 so	
Eupatorium cannabinum	•					•						•	•			•			•							•					•	VII-IX	Fr3 so-abs	
E. maculatum 'Atropurpureum'	•					•						•	•			•															•	VII-X	Fr2-3-b so-abs	Fr2-3 so-abs GR2-3 so-hs
Eupatorium purpureum	•					•							•			•										•	•				•	VII-IX	Fr3 so-abs	WR4 so-hs GR3 so-hs
Eupatorium rugosum	•					•							•			•										•					•	VIII-X	Fr2-3 so-abs	WR4 so-hs GR2-3 so-hs
Glyceria maxima						•		•	•				•					•									•					VII-VIII	WR4-5 so	
Gratiola officinalis						•		•	•				•					•	•							•	•					VI-VIII	Fr3 so-hs	WR4 so-hs
Hippuris vulgaris						•		•	•				•					•									•					–	WR5 so	W7 so
Holcus lanatus	•		•			•		•					•	•		•											•					VI-VIII	Fr3 so	WR4 so
Hottonia palustris	•					•		•	•	•				•													•					V-VI	WR5 so-sch	W7 so-sch
Hydrocharis morsus-ranae						•		•																			•					VII-VIII	W8 so-hs	
Hydrocleys nymphoides						•		•																			•					VI-VIII	W8 so-hs	
Iris crocea	•											•	•												•	•						VI-VII	WR4	
Iris ensata			•		•	•							•													•			•			V-VII	Fr2-3 so	WR4-5 so
Iris laevigata						•		•	•				•												•		•					VII-VIII	WR4-5 so	
Iris pseudacorus		•				•		•	•				•			•		•	•							•	•			•		V-VII	WR5 so-hs	
Iris versicolor		•				•							•								•				•	•						VI-VII	WR4-5 so	
Juncus effusus		•				•		•	•				•					•								•	•					VII-VIII	WR4 so-hs	Fr3 so-hs
Juncus ensifolius		•				•		•					•					•								•	•					VII-VIII	WR4 so	Fr3 so
Leersia oryzoides						•		•	•				•													•	•					VII-X	WR4 so-hs	
Lemna minor								•	•									•									•					–	W8 hs	
Lemna trisulca								•	•																		•					–	W8 so-hs	

Kulturansprüche, Verwendungsmöglichkeiten und Lebensbereiche Wasserpflanzen

Botanischer Name	Bodenansprüche							Standort						Eigenschaften						Verwendungsmöglichkeiten												Blütezeit	Lebensbereich	weitere Lebensbereiche
	gute, humose Gartenerde	mager / sandig / steinig	lehmig	kalkhaltig	kalkarm	Moorboden	Waldhumus	sonnig	halbschattig	schattig	trocken	mäßig-feucht (frisch)	feucht-naß	Flächendecker	wuchernd	sich versamend	kletternd oder schlingend	heimisch in Mitteleuropa	wertvolle Wildstaude	Waldstaude	Gehölzrand	unter Glas	Steingarten	Alpinum, Tröge	Beete und Rabatten	Sumpf und Teichrand	Wasserpflanze	Solitärpflanze	Schnittblume	Duftblume	Insektenfutter			
Lobelia cardinalis	•							•					•						•								•		•			VIII-IX	WR4 so	
Lysichiton americanus					•	•		•	•				•						•							•	•					IV-V	WR4 so-hs	Fr3 so-hs
Lysichiton camtschatcensis					•	•		•	•				•						•							•	•					V-VI	WR4 so-hs	Fr3 so-hs
Lysimachia nummularia		•				•		•	•			•	•		•			•	•							•	•					V-VII	WR4-5 so-hs	GR2-3 so-hs Fr2-3 so-hs
Marsilea quadrifolia	•					•		•	•							•						•				•	•					–	W6 so-hs	WR5 so-hs
Mentha aquatica						•		•					•												•	•				•	•	VI-VIII	WR4-5 so-hs	Fr3 so-hs
Menyanthes trifoliata						•		•	•				•												•	•						V-VI	WR4-5 so-hs	Fr3 so-hs
Myosotis rehsteineri						•		•	•				•	•		•									•	•					•	V-VIII	WR4 so	
Myosotis palustris						•		•	•				•			•		•								•	•					VI-IX	WR4 so-hs	Fr3 so
Myriophyllum aquaticum						•		•	•						•											•						VI-VIII	W6 so-hs	W7 so-hs
Myriophyllum verticillatum						•		•	•						•											•						VI-VIII	W7 so-hs	
Nasturtium officinale						•		•	•				•													•	•			•		VI-VIII	WR4-5 so-hs	
Nelumbo lutea								•					•									•					•					VI-VIII	WR4-5	
Nelumbo nucifera	•							•					•						•			•					•					VI-IX	WR6 so	
Nitella flexilis								•										•									•					–	WR8 so	
Nuphar lutea	•					•		•					•						•								•					VI-VII	W6 so-hs	
Nuphar pumila	•					•		•					•						•								•					–	W6 so-hs	
Nymphaea × daubenyana	•				•			•														•					•			•		VI-IX	W6 so	
Nymphaea-Hybriden	•					•		•																			•					VI-IX	W6 so	
Nymphaea odorata	•					•		•																			•					VI-IX	W6 so	
Nymphoides peltata						•		•							•												•					VII-VIII	W6 so-hs	
Orontium aquaticum	•		•					•																		•	•					V-VI	WR5 so-hs	

Kulturansprüche, Verwendungsmöglichkeiten und Lebensbereiche Wasserpflanzen

Botanischer Name	Bodenansprüche							Standort						Eigenschaften						Verwendungsmöglichkeiten												Blütezeit	Lebensbereich	weitere Lebensbereiche
	gute, humose Gartenerde	mager / sandig / steinig	lehmig	kalkhaltig	kalkarm	Moorboden	Waldhumus	sonnig	halbschattig	schattig	trocken	mäßig-feucht (frisch)	feucht-naß	Flächendecker	wuchernd	sich versamend	kletternd oder schlingend	heimisch in Mitteleuropa	wertvolle Wildstaude	Waldstaude	Gehölzrand	unter Glas	Steingarten	Alpinum, Tröge	Beete und Rabatten	Sumpf und Teichrand	Wasserpflanze	Solitärpflanze	Schnittblume	Duftblume	Insektenfutter			
Petasites hybridus															•											•						I-III	WR4 so-hs	
Phragmites australis	•					•		•	•	•			•	•	•			•								•	•					IX-X	WR5 so	
Pistia stratiodes																											•					–	W8 so	
Polygonum amphibium																											•					VI-X	W6 so-hs	
Polygonum bistorta	•					•		•	•			•	•	•					•						•	•						V-VII	Fr3 so-abs	WR4 so-hs
Pontederia cordata	•					•		•											•								•					VII-VIII	WR5 so	
Potamogeton crispus						•		•																			•					VI-IX	W7 so-hs	
Potamogeton natans						•		•																			•					VI-IX	W6 so-hs	W5-4 so-hs
Potentilla palustris		•						•	•				•					•	•							•						VI-VIII	WR4 so-hs	
Primula florindae	•							•	•			•														•			•	•		VI-VIII	GR2-3 hs	WR4 hs-so
Ranunculus aquatilis						•		•						•													•					VI-VIII	W8 so-hs	
Ranunculus flammula						•		•	•				•													•						IV-V	WR4 so	
Ranunculus lingua	•					•		•	•									•								•	•					VI-VIII	WR5 so-hs	
Rumex × *hydrolapathum*	•							•	•				•													•		•				V-VII	WR4 so-hs	
Sagittaria graminea	•							•	•				•													•						V-VII	WR5 so-hs	W7 so-hs
Sagittaria latifolia	•							•	•				•													•						VI-VII	WR5 so-hs	
Sagittaria sagittifolia	•							•	•				•					•								•						VI-VII	WR5-4 so-hs	WR4 so-hs
Salvinia natans								•					•														•					–	W8 so	
Saururus chinensis						•		•	•				•													•						VII-VIII	WR4 so	Fr3 so
Saururus cernuus						•		•	•				•													•						VII-VIII	WR5 so	
Scirpus lacrustis	•		•					•	•				•					•									•					VI-VIII	WR5 so-hc	WR4 so-hs
S. lacustris ssp. *tabernaemontani*	•		•					•	•				•														•					VI-VIII	WR5 so	

Kulturansprüche, Verwendungsmöglichkeiten und Lebensbereiche Wasserpflanzen

Botanischer Name	Bodenansprüche							Standort						Eigenschaften						Verwendungsmöglichkeiten												Blütezeit	Lebensbereich	weitere Lebensbereiche
	gute, humose Gartenerde	mager / sandig / steinig	lehmig	kalkhaltig	kalkarm	Moorboden	Waldhumus	sonnig	halbschattig	schattig	trocken	mäßig-feucht (frisch)	feucht-naß	Flächendecker	wuchernd	sich versamend	kletternd oder schlingend	heimisch in Mitteleuropa	wertvolle Wildstaude	Waldstaude	Gehölzrand	unter Glas	Steingarten	Alpinum, Tröge	Beete und Rabatten	Sumpf und Teichrand	Wasserpflanze	Solitärpflanze	Schnittblume	Duftblume	Insektenfutter			
Solanum dulcamara		•						•	•				•			•		•									•					VII-VIII	WR4 so-hs	
Sparganium emersum						•		•					•		•	•		•								•	•					VI-VII	WR5 so-hs	
Sparganium erectum						•		•	•				•		•	•		•								•	•					VI-VII	WR5 so-hs	
Stratiodes aloides								•																			•					VI-VIII	W8 so-hs	
Trapa natans																											•					VII-VIII	W6 so-hs	
Typha angustifolia						•		•					•					•								•	•	•	•			VII-VIII	WR5 so	
Typha latifolia						•		•	•				•		•			•								•	•					VI-VII	WR5 so-hs	
Typha minima								•	•				•													•	•					VI-VII	WR5 so	
Typha shuttleworthii						•		•	•				•					•								•	•					VI-VII	WR5 so	
Utricularia vulgaris								•																			•					VII-VIII	W8 so-hs	
Veronica beccabunda							•	•						•		•	•									•	•					V-X	WR4 so-hs	
Zantedeschia aethiopica	•			•				•														•				•	•		•			I-IV	WR4-5 so-hs	
Zizania aquatica						•		•	•										•							•	•					–	WR4-5 so	
Zizania caduciflora						•		•	•										•							•	•					–	WR4-5 so	

Botanisches Namensverzeichnis

Die **halbfett** gesetzten Seitenzahlen bedeuten, daß der Eintrag farbig illustriert ist. Die Seitenzahlen verweisen immer auf den Beginn des Eintrags. Bei Synonymen wird auf den Haupteintrag verwiesen.

A

Acaena buchananii **9**
Acaena glaucophylla → *Acaena magellanica* 9
Acaena magellanica 9
Acaena microphylla **9**
Acanthus balcanicus → *Acanthus hungaricus* 9
Acanthus hungaricus 9
Acanthus longifolius → *Acanthus hungaricus* 9
Acanthus mollis **9**
Acanthus spinosissimus → *Acanthus spinosus* **9**
Acanthus spinosus **9**
Achillea ageratifolia 10
Achillea filipendulina **10**
Achillea millefolium **10**
Achillea ptarmica **10**
Achillea tomentosa **11**
Achnatherum calamagrostis **11**
Acinos alpinus **11**
Aconitum × *arendsii* → *Aconitum carmichaelii* var. × *arendsii* **12**
Aconitum × *cammarum* **12**
Aconitum carmichaelii var. × *arendsii* **12**
Aconitum carmichaelii var. *wilsonii* **12**
Aconitum napellus 11
Aconitum wilsonii → *Aconitum carmichaelii* var. *wilsonii* **12**
Acorus calamus **12**
Acorus gramineus 12
Actaea alba → *Actaea pachypoda* **13**
Actaea nigra → *Actaea spicata* 13
Actaea pachypoda **13**
Actaea rubra 13
Actaea spicata 13
Adiantum pedatum **13**
Adiantum venustum **13**
Adonis amurensis **13**
Adonis vernalis **14**
Aethionema armenum → *Aethionema grandiflorum* **14**
Aethionema coridifolium 14
Aethionema grandiflorum **14**
Agapanthus africanus **14**
Agapanthus umbellatus → *Agapanthus africanus* **14**
Agastache anisata 15
Agastache mexicana **15**
Agastache scrophulariifolia → *Agastache mexicana* **15**
Ajuga reptans **15**
Alcea rosea **15**
Alchemilla alpina 16
Alchemilla erysthropoda 16
Alchemilla mollis **16**
Alchemilla vulgaris → *Alchemilla xanthochlora* 16
Alchemilla xanthochlora 16
Alisma lanceolatum **16**
Alisma parviflora **16**
Alisma plantago-aquatica **16**
Alisma subcordatum → *Alisma parviflora* **16**
Allium aflatunense 17
Allium albopilosum → *Allium christophii* **17**
Allium christophii **17**
Allium giganteum 17
Allium karataviense 17
Allium moly 17
Allium oreophilum 17
Allium schoenoprasum **17**
Allium tuberosum **17**
Allium ursinum **18**
Alopecurus pratensis **18**
Alstroemeria aurantiaca → *Alstroemeria aurea* **18**
Alstroemeria aurea **18**
Alstroemeria haemantha 19
Alstroemeria pelegrina 19
Alstroemeria-Hybriden **19**
Alstroemeria peregrina → *Alstroemeria pelegrina* 19
Alstroemeria pulchella → *Alstroemeria haemantha* 19
Althaea ficifolia → *Althaea officinalis* **19**
Althaea officinalis **19**
Althaea rosea → *Alcea rosea* **15**
Alyssum montanum 19
Alyssum saxatile **19**
Anaphalis margaritacea **20**
Anaphalis triplinervis **20**
Anchus azurea **20**
Anchusa italica → *Anchus azurea* **20**
Androsace sarmentosa **20**
Androsace sempervivoides 21
Anemone blanda **21**
Anemone hepatica → *Hepatica nobilis* **95**
Anemone hupehensis **21**
Anemone-Japonica-Hybriden 22
Anemone nemorosa **21**
Anemone pulsatilla → *Pulsatilla vulgaris* **172**
Anemone sylvestris **21**
Anemone tomentosa 22
Anemone vitifolia → *Anemone tomentosa* 22
Angelica archangelica var. *archangelica* **22**
Angelica gigas 22
Angelica officinalis → *Angelica archangelica* var. *archangelica* **22**
Antennaria dioicia **22**
Anthemis biebersteiniana → *Anthemis marschalliana* 23
Anthemis marschalliana 23
Anthemis nobilis → *Chamaemelum nobile* **49**
Anthemis tinctoria **23**
Anthericum liliago **23**
Anthyllis vulneraria 23
Aponogeton distachyos **23**
Aquilegia alpina **24**
Aquilegia caerulea **24**
Aquilegia flabellata var. *pumila* 24
Aquilegia vulgaris **24**
Arabis × *arendsii* **25**
Arabis blepharophylla **25**
Arabis caucasica **25**
Arabis ferdinandi-coburgi **25**
Arabis procurrens 25
Arenaria montana **26**
Aristolochia clematitis **26**
Armeria cespitosa → *Armeria juniperifolia* 26
Armeria juniperifolia 26
Armeria maritima **26**
Arnica montana **26**
Arrhenatherum elatius ssp. *bulbosum* **27**
Artemisia abrotanum **27**
Artemisia absinthium 27
Artemisia lactiflora 27
Artemisia schmidtiana **27**
Artemisia stelleriana **28**
Arum italicum **28**
Arum maculatum **28**
Aruncus dioicus **28**
Aruncus sylvestris → *Aruncus dioicus* **28**

Arundinaria auricoma → *Pleioblastus viridistriatus* **158**
Arundinaria japonica → *Pseudosasa japonica* **171**
Arundinaria palmata → *Sasa palmata* **181**
Arundinaria pumila → *Pleioblastus pumilus* 158
Arundinaria pygmaea → *Pleioblastus pygmaeus* **157**
Arundinaria viridistrata → *Pleioblastus viridistriatus* **158**
Arundo donax **29**
Asarum europaeum **29**
Asclepias syriaca **29**
Asclepias tuberosa **29**
Asperula odorata → *Galium odoratum* **81**
Asphodeline lutea **30**
Aspidium falcatum → *Cyrtomium falcatum* **58**
Asplenium ruta-muraria 30
Asplenium trichomanes **30**
Aster alpinus **30**
Aster amellus **31**
Aster cordifolius **32**
Aster dumosus **32**
Aster ericoides **32**
Aster × frikartii **31**
Aster linosyris **31**
Aster novae-angliae **32**
Aster novi-belgii **33**
Aster sedifolius **31**
Aster tongolensis **31**
Astilbe-Arendsii-Hybriden **33**
Astilbe chinensis 33
Astilbe chinensis var. *pumila* **34**
Astilbe-Japonica-Hybriden 34
Astilbe simplicifolia **34**
Astilbe-Thunbergii-Hybriden 34
Astilboides tabularis **34**
Astrantia major **34**
Athyrium filix-femina **35**
Athyrium niponicum **35**
Aubrieta-Hybriden **35**
Avena sempervirens → *Helictotrichon sempervirens* **92**
Azolla caroliniana **35**
Azorella trifurcata **36**

B

Bambusa aurea → *Phyllostachys aurea* **154**
Bambusa nigra → *Phyllostachys nigra* **155**
Bambusa metake → *Pseudosasa japonica* **171**
Bambusa palmata → *Sasa palmata* **181**
Bambusa veitchii → *Sasa veitchii* 181
Baptisia australis **36**
Bergenia-Hybriden **36**
Blechnum spicant **36**
Bletilla hyacinthina → *Bletilla striata* **37**
Bletilla striata **37**
Bouteloua oligostachya **37**
Briza media **37**
Brunnera macrophylla **38**
Buglossoides purpurocaerulea 38
Buphthalmum salicifolium **38**
Buphthalmum speciosum → *Telekia speciosa* **201**
Butomus umbellatus **39**

C

Calamagrostis × acutiflora **39**
Calamintha grandiflora 39
Calamintha nepeta ssp. *glandulosa* **39**
Calla aethiopica → *Zantedeschia aethiopica* **216**
Calla palustris **40**
Callitriche hamulata 40
Callitriche palustris ssp. *hamulata* → *Callitriche hamulata* 40
Caltha palustris **40**
Campanula carpatica **41**
Campanula carpatica var. *turbinata* 41
Campanula cochleariifolia **41**
Campanula glomerata **42**
Campanula lactiflora **42**
Campanula latifolia var. *macrantha* **43**
Campanula macrantha → *Campanula latifolia* var. *macrantha* **43**
Campanula persicifolia **43**
Campanula portenschlagiana **41**
Campanula poscharskyana **42**
Campanula punctata **42**
Campanula pyramidalis **43**
Campanula rotundifolia **42**
Campanula trachelium 43
Carex acutiformis 46
Carex buchananii **44**
Carex comans 44
Carex conica 44
Carex digitata 44
Carex elata 46
Carex gracilis 46
Carex grayi **44**
Carex hachijoensis 44
Carex montana **44**
Carex morrowii **44**
Carex muskingumensis **45**
Carex ornithopoda **45**
Carex pendula **46**
Carex plantaginea 45
Carex pseudocyperus **45**
Carex riparia 46
Carex sylvatica 45
Carex umbrosa **45**
Carlina acaulis ssp. *acaulis* **46**
Carlina acaulis ssp. *simplex* 47
Carlina acaulis var. *caulescens* → *Carlina acaulis* ssp. *simplex* 47
Catananche caerulea **47**
Cedronella mexicana → *Agastache mexicana* **15**
Centaurea dealbata **47**
Centaurea macrocephala **47**
Centaurea montana **47**
Centranthus ruber **48**
Cerastium biebersteinii 48
Cerastium repens → *Cerastium biebersteinii* 48
Cerastium tomentosum var. *columnae* **48**
Ceratophyllum demersum **48**
Ceratostigma plumbaginoides **48**
Ceterach officinarum **49**
Chamaemelum nobile **49**
Chasmanthium latifolium **49**
Chelone obliqua **50**
Chiastophyllum oppositifolium **50**
Chrysanthemum arcticum → *Dendranthema arcticum* **62**
Chrysanthemum coccineum → *Tanacetum coccineum* **201**
Chrysanthemum × hortorum → Dendranthema-Grandiflorum-Hybriden **62**
Chrysanthemum-Indicum-Hybriden → Dendranthema-Grandiflorum-Hybriden **62**
Chrysanthemum leucanthemum → *Leucanthemum vulgare* **115**

Chrysopogon gryllus **50**
Chrysopogon nutans → *Sorghastrum nutans* **196**
Cimicifuga cordifolia → *Cimicifuga racemosa* var. *cordifolia* 50
Cimicifuga dahurica **50**
Cimicifuga racemosa var. *cordifolia* 50
Cimicifuga racemosa var. *racemosa* 51
Cimicifuga ramosa **51**
Cimicifuga simplex **51**
Codonopsis clematidea 51
Codonopsis ovata **51**
Codonopsis ussuriensis → *Codonopsis clematidea* 51
Comarum palustre → *Potentilla palustris* **165**
Convallaria majalis **52**
Cordydalis nobilis 53
Coreopsis grandiflora **52**
Coreopsis verticillata **52**
Cortaderia selloana **53**
Corydalis cava 53
Corydalis cheilanthifolia 53
Corydalis lutea **53**
Corydalis ochroleuca 53
Cotula dioica 54
Cotula potentilliana 54
Cotula squalida **54**
Crambe cordifolia **54**
Crambe maritima 54
Crepis aurea 54
Crocosmia masoniorum **55**
Crocosmia paniculata 55
Currania dryopteris **54**
Currania robertiana 55
Curtonus paniculatus → *Crocosmia paniculata* 55
Cyclamen coum ssp. *coum* **56**
Cyclamen europaeum → *Cyclamen purpurascens* 56
Cyclamen hederifolium **56**
Cyclamen neapolitanum → *Cyclamen hederifolium* **56**
Cyclamen purpurascens 56
Cymbalaria muralis **56**
Cynara scolymus **56**
Cyperus alternifolius → *Cyperus longus* **57**
Cyperus longus **57**
Cyperus papyrus → *Cyperus longus* **57**
Cypripedium calceolus **57**
Cypripedium macranthon 57
Cypripedium reginae 57
Cyrtomium falcatum **58**
Cyrtomium fortunei 58
Cystopteris bulbifera **58**

D

Dahlia-Hybriden 59
Darmera peltatum **60**
Delphinium grandiflorum **60**
Delphinium grandiflorum var. *chinense* → *Delphinium grandiflorum* **61**
Delphinium-Hybriden **60**
Delphinium nudicaule 61
Delphinium × ruysii **61**
Delphinium semibarbatum 61
Delphinium tatsiense 61
Delphinium zalil → *Delphinium semibarbatum* 61
Dendranthema arcticum **62**
Dendranthema-Grandiflorum-Hybriden **61**
Deschampsia cespitosa **62**
Dianthus caesius → *Dianthus gratianopolitanus* 63
Dianthus deltoides **63**
Dianthus gratianopolitanus 63
Dianthus plumarius **62**
Diascia barberae → *Diascia cordata* **63**
Diascia cordata **63**
Dicentra eximia **63**
Dicentra formosa ssp. *oregana* 64
Dicentra spectabilis **64**
Dictamnus albus **64**
Dictamnus albus var. *caucasicus* 64
Dictamnus fraxinella → *Dictamnus albus* **64**
Digitalis ferruginea **65**
Digitalis grandiflora 65
Digitalis lutea **65**
Digitalis × mertonensis 65
Digitalis purpurea **64**
Dodecatheon meadia **65**
Doronicum caucasicum → *Doronicum orientale* **66**
Doronicum orientale **66**
Doronicum plantagineum 66
Draba aizoides **66**
Draba bruniifolia **66**
Draba olympica → *Draba bruniifolia* **66**
Dracocephalum ruyschiana **66**
Drosera rotundifolia 67
Dryas × suendermannii **67**
Dryopteris affinis **67**
Dryopteris atrata 67
Dryopteris borreri → *Dryopteris affinis* **67**
Dryopteris dilatata **67**
Dryopteris erythrosora **68**
Dryopteris filix-mas **68**
Dryopteris robertiana → *Currania robertiana* 55
Duchesnea indica **68**

E

Echinacea purpurea **69**
Echinops banaticus **69**
Echinops ritro **69**
Edraianthus pumillo **69**
Eichhornia crassipes **70**
Eleocharis acicularis 70
Eleocharis palustris **70**
Elodea canadensis **70**
Elymus arenarius → *Leymus arenarius* **116**
Epilobium angustifolium **71**
Epimedium grandiflorum **71**
Epimedium macranthum → *Epimedium grandiflorum* **71**
Epimedium pinnatum ssp. *colchicum* **71**
Epimedium × versicolor 'Sulphureum' 71
Epimedium × warleyense 71
Epimedium × youngianaum 'Niveum' **71**
Equisetum hyemale var. *robustum* **72**
Equisetum variegatum 72
Eremurus bungei → *Eremurus stenophyllus* ssp. *stenophyllus* **72**
Eremurus × Isabellinus **72**
Eremurus robustus 72
Eremurus stenophyllus ssp. *stenophyllus* **72**
Erigeron-Hybriden **73**
Erigeron karvinskianus **73**
Erinus alpinus **73**
Eriophorum angustifolium **73**
Eriophorum latifolium 74
Eriophorum vaginatum **74**
Erodium manescavii 74
Eryngium alpinum **74**
Eryngium bourgatii **74**
Eryngium planum **74**
Eryngium × zabeli 75
Eupatorium cannabinum **75**

Eupatorium maculatum 'Atropurpureum' 75
Eupatorium purpureum **75**
Eupatorium rugosum **75**
Euphorbia amygdaloides 'Purpurea' **76**
Euphorbia capitulata 76
Euphorbia characias ssp. *wulfenii* **76**
Euphorbia griffithii **76**
Euphorbia myrsinites 76
Euphorbia palustris **77**
Euphorbia polychroma **77**
Euphorbia wulfenii → *Euphorbia characias* ssp. *wulfenii* **76**

F

Fargesia murielae → *Thamnocalamus spathaceus* **203**
Fargesia nitida → *Sinarundinaria nitida* **193**
Fargesia spathacea → *Thamnocalamus spathaceus* **203**
Festuca alpina 77
Festuca amethystina **77**
Festuca cinerea **77**
Festuca filiformis 78
Festuca gautieri **78**
Festuca gigantea 78
Festuca glacialis 78
Festuca glauca → *Festuca cinerea* **77**
Festuca mairei **78**
Festuca ovina **79**
Festuca punctoria 79
Festuca scoparia → *Festuca gautieri* **78**
Festuca tenuifolia → *Festuca filiformis* 78
Festuca valesiaca 79
Filipendula hexapetala → *Filipendula vulgaris* 79
Filipendula purpurea 79
Filipendula rubra **79**
Filipendula ulmaria **79**
Filipendula vulgaris 79
Foeniculum officinale → *Foeniculum vulgare* **80**
Foeniculum vulgare **80**
Fragaria-Hybriden **80**
Fuchsia magellanica **80**

G

Gaillardia-Hybriden **81**
Galium odoratum **81**
Gaura lindheimeri **81**
Gentiana acaulis → *Gentiana clusii* **82**
Gentiana asclepiadea **82**
Gentiana clusii **82**
Gentiana cruciata **83**
Gentiana dahurica 83
Gentiana dalmaticum × *Gentiana macrorrhizum* → *Geranium* × *cantabrigiense* 'Biokovo' 84
Gentiana farreri 82
Gentiana lutea **83**
Gentiana pneumonanthe 82
Gentiana septemfida var. *lagodechiana* **83, 84**
Gentiana sino-ornata **82**
Geranium triflora → *Gentiana septemfida* var. *lagodechiana* **83**
Geranium × *cantabrigiense* 'Biokovo' , 84,
Geranium cinereum 84
Geranium dalmaticum **84**
Geranium endressii **84**
Geranium grandiflorum → *Geranium himalayense* **84**
Geranium himalayense **84**
Geranium macrorrhizum **85**
Geranium × *magnificum* **85**
Geranium platypetalum **85**
Geranium pratense **85**
Geranium sanguineum **86**
Geum chiloense **86**
Geum coccineum 86
Geum heldreichii → Geum-Hybriden **86**
Geum-Hybriden **86**
Geum hybridum → Geum-Hybriden **86**
Gillenia trifoliata 86
Gladiolus communis 87
Gladiolus communis ssp. *byzantinus* 87
Gladiolus imbricatus **87**
Gladiolus palustris **87**
Glechoma hederacea **87**
Glecoma hederacea → *Glechoma hederacea* **87**
Globularia cordifolia 88
Globularia elongata → *Globularia punctata* **88**
Globularia punctata **88**
Glyceria maxima **88**
Goniolimon tataricum **88**
Gratiola officinalis **88**
Gunnera chilensis → *Gunnera tinctoria* 89
Gunnera manicata **89**
Gunnera tinctoria 89
Gypsophila paniculata **89**
Gypsophila repens **89**

H

Hakonechloa macra **90**
Helenium-Hybriden **90**
Helianthemum-Hybriden **90**
Helianthus atrorubens **91**
Helianthus decapetalus **91**
Helianthus × *multiflorus* 91
Helianthus salicifolius **91**
Helianthus tuberosus 91
Helichrysum tianshanicum **92**
Helictotrichon sempervirens **92**
Heliopsis helianthoides var. *scabra* **92**
Heliopsis scabra → *Heliopsis helianthoides* var. *scabra* **92**
Helleborus atrorubens → *Helleborus dumetorum* **92**
Helleborus dumetorum **92**
Helleborus foetidus **93**
Helleborus-Hybriden 93
Helleborus niger **93**
Hemerocallis aurantiaca **93**
Hemerocallis citrina **94**
Hemerocallis-Hybriden **94**
Hepatica nobilis **95**
Heracleum mantegazzianum **95**
Hesperis matronalis **95**
Heuchera × *brizoides* → Heuchera-Hybriden **96**
Heuchera-Hybriden **96**
Heuchera micrantha **96**
Heuchera sanguinea **96**
× *Heuchera tiarelloides* 'Rosalie' **96**
Hibiscus moscheutos **96**
Hieracium aurantiacum **97**
Hieracium pilosella 97
Hippuris vulgaris **97**
Holcus lanatus **97**
Hosta albomarginata → *Hosta sieboldii* 98
Hosta crispula **98**
Hosta elata 98
Hosta fortunei **98**
Hosta fortunei var. *gigantea* → *Hosta elata* 98

Hosta sieboldiana **98**
Hosta sieboldii 98
Hosta undulata **99**
Hosta ventricosa **99**
Hottonia palustris **99**
Houttuynia cordata **99**
Humulus lupulus **100**
Hydrocharis morsus-ranae **100**
Hydrocleys nymphoides **100**
Hypericum androsaemum **101**
Hypericum calycinum **100**
Hypericum olympicum **101**
Hypericum polyphyllum **101**
Hyssopus officinalis ssp. *officinalis* **101**
Hystrix patula **102**

I

Iberis saxatilis 102
Iberis sempervirens **102**
Incarvillea delavayi **102**
Incarvillea grandiflora → *Incarvillea mairei* 103
Inula afghanica → *Inula magnifica* 103
Inula ensifolia **103**
Inula magnifica 103
Iris aphylla **106**
Iris aurea → *Iris crocea* 107
Iris chrysographes **106**
Iris cristata **106**
Iris crocea 107
Iris ensata **105**
Iris forrestii 107
Iris germanica var. *germanica* **103**
Iris graminea **107**
Iris kaempferi → *Iris ensata* **105**
Iris laevigata **107**
Iris ochroleuca → *Iris orientalis* **107**
Iris orientalis **107**
Iris pallida **108**
Iris pseudacorus **108**
Iris sanguinea **108**
Iris sibirica **106**
Iris spuria **108**
Iris-Spuria-Hybriden 109
Iris tectorum 109
Iris versicolor 109

J

Jasione laevis **109**
Jasione perennis → *Jasione laevis* **109**
Jovibarba heuffelii 109
Jovibarba sobolifera **109**
Juncus effusus **110**
Juncus ensifolius **110**

K

Kirengeshoma palmata **110**
Knautia arvensis **111**
Knautia macedonica **111**
Kniphofia-Hybriden **111**
Kniphofia uvaria 111
Koeleria glauca **111**

L

Lamiastrum galeobdolon **112**
Lamium galeobdolon → *Lamiastrum galeobdolon* **112**
Lamium maculatum **112**
Lasiagrostis calamagrostis → *Achnatherum calamagrostis* **11**
Lathyrus latifolius **112**
Lathyrus vernus **113**
Lavandula angustifolia **113**
Lavandula angustifolia ssp. *angustifolia* →
Lavandula angustifolia **113**
Lavandula spica → *Lavandula angustifolia* **113**
Lavandula stoechas ssp. *pedunculata* **113**
Lavatera olbia **114**
Lavatera thuringiaca **114**
Leersia oryzoides 114,
Lemma trisulca **114**
Lemna minor **114**
Lemna trisulca **114**
Leontopodium alpinum **115**
Leontopodium souliei **115**
Leucanthemum-Maximum-Hybriden **115**
Leucanthemum vulgare **115**
Lewisia cotyledon **116**
Leymus arenarius **116**
Liatris spicata **116**
Ligularia clivorum → *Ligularia dentata* **117**
Ligularia dentata **117**
Ligularia × hessei **117**
Ligularia przewalskii **117**
Ligularia stenocephala **117**
Ligularia wilsoniana 118
Lilium-Hybriden **118**
Limonium latifolium **119**
Limonium tataricum → *Goniolimon tataricum* 88, **119**
Linaria cymbalaria → *Cymbalaria muralis* **56**
Linaria purpurea **119**
Linum flavum 120
Linum narbonense **119**
Linum perenne **120**
Liriope muscari **120**
Lithodora diffusa **120**
Lithospermum canescens → *Lithodora diffusa* **120**
Lithospermum purpureocaeruleum →
Buglossoides purpurocaerulea 38
Lobelia cardinalis **121**
Lobelia × gerardii 121
Lobelia siphilitica **121**
Lobelia × speciosa **121**
Lobelia splendens 121
Lobelia valida **122**
Lobelia vedrariensis → *Lobelia × gerardii* 121
Lotus corniculatus **122**
Lupinus polyphyllus **122**
Lupinus-Polyphyllus-Hybriden **122**
Luzula nivea **123**
Luzula pilosa 123
Luzula sylvatica **123**
Lychnis-Arkwrightii-Hybriden **124**
Lychnis chalcedonica **123**
Lychnis coronaria **124**
Lychnis flos-cuculi **124**
Lychnis viscaria **124**
Lysichiton americanus **124**
Lysichiton camtschatcensis **125**
Lysimachia clethroides **125**
Lysimachia nummularia **125**
Lysimachia punctata **125**
Lysimachia thyrsiflora 125

Lysimachia vulgaris **126**
Lythrum salicaria **126**
Lythrum virgatum 126

M

Macleaya cordata **126**
Macleaya microcarpa 127
Malva alcea 127
Malva moschata **127**
Marrubium sericeum → *Marrubium supinum* **127**
Marrubium supinum **127**
Marrubium velutium → *Marrubium supinum* **127**
Marsilea quadrifolia 127
Matricaria caucasica **127**
Matteuccia struthiopteris **128**
Meconopsis betonicifolia 128
Meconopsis cambrica **189**
Meconopsis × sheldonii **129**
Melica altissima 'Atropurpurea' 129
Melica ciliata **129**
Melica nutans 129
Melissa officinalis **129**
Melittis melissophyllum **130**
Mentha aquatica **130**
Menyanthes trifoliata **130**
Mertensia virginica **130**
Meum athamanthicum **131**
Mimulus cardinalis 131
Mimulus cupreus 131
Mimulus luteus **131**
Mimulus ringens **131**
Minuartia laricifolia 132
Miscanthus floridulus **132**
Miscanthus japonicus → *Miscanthus floridulus* **132**
Miscanthus sacchariflorus **132**
Miscanthus sinensis **133**
Molinia altissima → *Molina arundinacea* **134**
Molinia arundinacea **134**
Molinia caerulea **134**
Monarda-Hybriden **134**
Morina longifolia **135**
Myosotis palustris **135**
Myosotis rehsteineri **135**
Myriophyllum aquaticum **135**
Myriophyllum brasiliense → *Myriophyllum aquaticum* **135**
Myriophyllum verticillatum 135
Myrrhis odorata **136**

N

Nasturtium officinale **136**
Nelumbo lutea 136
Nelumbo nucifera **136**
Nepeta × faassenii **137**
Nepeta hederacea → *Glechoma hederacea* **87**
Nepeta mussinii → *Nepeta racemosa* 137
Nepeta racemosa 137
Nitella flexilis **137**
Nuphar lutea **137**
Nuphar pumila 137
Nymphaea **137**
Nymphaea alba **138**
Nymphaea × daubenyana **138**
Nymphaea-Hybriden **138**
Nymphaea odorata **139**
Nymphaea pygmaea 'Alba' → *Nymphaea tetragona* **140**
Nymphaea tetragona **140**
Nymphaea tuberosa **140**
Nymphoides peltata **140**

O

Oenothera missouriensis **141**
Oenothera tetragona **141**
Omphalodes verna **141**
Onoclea sensibilis **141**
Ophiopogon muscari → *Liriope muscari* **120**
Ophiopogon planiscapus **142**
Opuntia compressa **142**
Opuntia humifusa → *Opuntia compressa* **142**
Origanum laevigatum 142
Origanum vulgare **143**
Orobus vernus → *Lathyrus vernus* **113**
Orontium aquaticum **143**
Osmunda regalis **143**
Oxalis acetosella 144
Oxalis adenophylla **144**
Oxalis bowiei **144**

P

Pachysandra terminalis **144**
Paeonia albiflora → *Paeonia lactiflora* **144**
Paeonia lactiflora **144**
Paeonia-Lactiflora-Hybriden **145**
Paeonia officinalis **145**
Paeonia sinensis → *Paeonia lactiflora* **144**
Paeonia tenuifolia **146**
Panicum clandestinum 146
Panicum virgatum **146**
Papaver alpinum → *Papaver burseri* **146**
Papaver burseri **146**
Papaver nudicaule **147**
Papaver orientale **147**
Paradisea liliastrum **147**
Parnassia palustris 148
Peltiphyllum peltatum → *Darmera peltatum* **60**
Pennisetum alopecuroides **148**
Pennisetum compressum → *Pennisetum alopecuroides* **148**
Pennisetum japonicum → *Pennisetum alopecuroides* **148**
Pennisetum orientale 148
Penstemon barbatus **148**
Penstemon-Barbatus-Hybriden **148**
Penstemon fruticosus → *Penstemon scouleri* **149**
Penstemon pinifolius **149**
Penstemon scouleri **149**
Perovskia abrotanoides **149**
Perovskia atriplicifolia 149
Petasites albus 150
Petasites hybridus **150**
Petasites japonicus **150**
Petasites officinalis → *Petasites hybridus* **150**
Petrorhagia saxifraga **150**
Phalaris arundinacea **150**
Phlomis chrysophylla 151
Phlomis russeliana 151
Phlomis samia **151**
Phlomis tuberosa 151
Phlomis viscosa → *Phlomis russeliana* 151
Phlox amoena **151**
Phlox divaricata 151

Phlox douglasii **151**
Phlox maculata 153
Phlox-Paniculata-Hybriden **152**
Phlox subulata **152**
Phragmites australis **153**
Phragmites communis → *Phragmites australis* **153**
Phuopsis stylosa **153**
Phygelius capensis **153**
Phyllitis scolopendrium **154**
Phyllostachys aurea **154**
Phyllostachys aureo-sulcata **154**
Phyllostachys bambusoides **155**
Phyllostachys bambusoides var. *aurea* → *Phyllostachys aurea* **154**
Phyllostachys mazelli → *Phyllostachys bambusoides* **155**
Phyllostachys nigra **155**
Phyllostachys quilioi → *Phyllostachys bambusoides* **155**
Phyllostachys reticulata → *Phyllostachys bambusoides* **155**
Physalis alkekengi var. *franchetii* **155**
Physalis franchetii → *Physalis alkekengi* var. *franchetii* **155**
Physostegia virginiana **156**
Phyteuma nigrum 156
Phyteuma orbiculare 156
Phyteuma scheuchzeri **156**
Phytolacca americana **156**
Phytolacca decandra → *Phytolacca americana* **156**
Pistia stratiodes **157**
Platycodon grandiflorus **157**
Pleioblastus disticulus 158
Pleioblastus pumilus 158
Pleioblastus pygmaeus **157**
Pleioblastus viridistriatus **158**
Pleione formosana **158**
Pleione limprichtii **158**
Podophyllum emodi → *Podophyllum hexandrum* **159**
Podophyllum hexandrum **159**
Polemonium caeruleum **159**
Polemonium reptans **159**
Polygala chamaebuxus **159**
Polygonatum commutatum **160**
Polygonatum giganteum → *Polygonatum commutatum* **160**
Polygonatum-Hybriden 160
Polygonatum multiflorum **160**
Polygonatum multiflorum × *Polygonatum odoratum* → Polygonatum-Hybriden 160
Polygonum affine **160**
Polygonum amphibium **161**
Polygonum amplexicaule **161**
Polygonum bistorta **161**
Polygonum cuspidatum → *Reynoutria japonica* 175
Polygonum sachalinensis → *Reynoutria sachalinensis* 175
Polygonum weyrichii 161
Polypodium dryopteris → *Currania dryopteris* **54**
Polypodium filix-femina → *Athyrium filix-femina* **35**
Polypodium interjectum **161**
Polypodium vulgare 161
Polystichum aculeatum **162**
Polystichum falcatum → *Cyrtomium falcatum* **58**
Polystichum lonchitis 162
Polystichum polyblepharum **162**
Polystichum setiferum **162**
Pontederia cordata **163**
Pontederia lanceolata 163
Potamogeton crispus **163**
Potamogeton natans **165**
Potentilla atrosanguinea **163**
Potentilla aurea **164**
Potentilla fragiformis → *Potentilla megalantha* **164**
Potentilla megalantha **164**
Potentilla nepalensis **164**
Potentilla neumanniana 164
Potentilla nitida **164**
Potentilla palustris **165**
Potentilla verna → *Potentilla neumanniana* 164
Primula accaulis → *Primula vulgaris* **170**
Primula alpicola **170**
Primula aurantiaca 168
Primula auricula **165**
Primula-Auricula-Hybriden **166**
Primula beesiana 168
Primula beesiana × *Primula bullesiana* → Primula-Bullesiana-Hybriden **168**
Primula bulleyana **169**
Primula-Bullesiana-Hybriden **168**
Primula denticulata **168**
Primula-Elatior-Hybriden **166**
Primula farinosa **166**
Primula florindae **170**
Primula × *hortensis* → Primula-Auricula-Hybriden **166**
Primula japonica **169**
Primula juliae 165
Primula-Juliae-Hybriden **165**
Primula marginata **167**
Primula microdontha var. *alpicola* → *Primula alpicola* **170**
Primula pulverulenta **169**
Primula × *polyantha* → Primula-Elatior-Hybriden **166**
Primula × *pruhoniciana* → Primula-Juliae-Hybriden **165**
Primula × *pubescens* → Primula-Auricula-Hybriden **166**
Primula rosea **167**
Primula sieboldii **167**
Primula sikkimensis **170**
Primula veris **165**
Primula vialii **167**
Primula vulgaris **170**
Primula vulgaris ssp. *sibthropii* 171
Prunella grandiflora **171**
Prunella × *webbiana* **171**
Pseudosasa japonica **171**
Pteridium aquilinum 171
Pulmonaria angustifolia **172**
Pulmonaria rubra 172
Pulmonaria saccharata 172
Pulmonaria virginica → *Mertensia virginica* **130**
Pulsatilla vulgaris **172**

R

Ramonda myconi **173**
Ramonda pyrenaica → *Ramonda myconi* **173**
Ranunculus aconitifolius 173
Ranunculus acris **173**
Ranunculus aquatilis **174**
Ranunculus ficaria **174**
Ranunculus flammula **174**
Ranunculus gramineus 174
Ranunculus lingua **174**
Reynoutria japonica 175
Reynoutria japonica var. *compacta* **175**
Reynoutria sachalinensis 175
Rheum palmatum **175**
Rhodohypoxis baurii **175**
Richardia africana → *Zantedeschia aethiopica* **216**
Rodgersia aesculifolia **175**
Rodgersia pinnata **176**
Rodgersia podophylla **176**
Rodgersia sambucifolia 176
Rodgersia tabularis → *Astilboides tabularis* **34**
Roscoea cautleoides **176**

Roscoea purpurea **176**
Rudbeckia fulgida var. *deamii* 177
Rudbeckia fulgida var. *speciosa* 177
Rudbeckia fulgida var. *sullivantii* **177**
Rudbeckia laciniata **177**
Rudbeckia maxima 177
Rudbeckia nitida **177**
Rudbeckia purpurea → *Echinacea purpurea* **69**
Rudbeckia subtomentosa 178
Rudbeckia sullivantii → *Rudbeckia fulgida* var. *sullivantii* **177**
Rumex × *hydrolapathum* **178**

S

Sagina subulata **178**
Sagittaria graminea 178
Sagittaria latifolia **178**
Sagittaria sagittifolia **178**
Salvia argentea 179
Salvia lavandulifolia 179
Salvia nemorosa **179**
Salvia officinalis **179**
Salvinia natans **179**
Santolina chamaecyparissus **180**
Saponaria × *lempergii* 180
Saponaria ocymoides **180**
Saponaria officinalis 181
Sasa japonica → *Pseudosasa japonica* **171**
Sasa palmata **181**
Sasa pumila → *Pleioblastus pumilus* 158
Sasa pygmaea → *Pleioblastus pygmaeus* **157**
Sasa veitchii 181
Satureja alpina → *Acinos alpinus* **11**
Satureja calamintha → *Calamintha nepeta* ssp. *glandulosa* **39**
Satureja grandiflora → *Calamintha grandiflora* 39
Saururus cernuus **181**
Saururus chinensis 181
Saururus loureirii → *Saururus chinensis* 181
Saxifraga aizoon → *Saxifraga paniculata* **182**
Saxifraga × *apiculata* **181**
Saxifraga-Arendsii-Hybriden **182**
Saxifraga callosa **183**
Saxifraga cochlearis 184
Saxifraga cortusifolia var. *fortunei* **184**
Saxifraga cotyledon **183**
Saxifraga fortunei → *Saxifraga cortusifolia* var. *fortunei* **184**
Saxifraga lingulata → *Saxifraga callosa* **183**
Saxifraga longifolia **184**
Saxifraga muscoides 182
Saxifraga oppositifolia **182**
Saxifraga paniculata **182**
Saxifraga rotundifolia 184
Saxifraga stolonifera 184
Saxifraga umbrosa **183**
Scabiosa arvensis → *Knautia arvensis* **111**
Scabiosa caucasica **185**
Scabiosa graminifolia 185
Scabiosa ochroleuca 185
Scirpus lacustris **185**
Scirpus lacustris ssp. *tabernaemontani* **185**
Scirpus sylvaticus 185
Scutellaria alpina **186**
Scutellaria baicalensis **186**
Scutellaria scordifolia 186
Sedum acre **186**
Sedum aizoon 186
Sedum album **186**
Sedum cauticola **187**
Sedum cyaneum 187
Sedum ewersii **187**
Sedum floriferum **187**
Sedum forsterianum **188**
Sedum hybridum **188**
Sedum kamtschaticum **188**
Sedum kamtschaticum → var. *middendorffianum* **188**
Sedum lydium **189**
Sedum maximowiczii → *Sedum aizoon* 186
Sedum pluricaule **189**
Sedum reflexum **189**
Sedum rupestris → *Sedum forsterianum* **188**
Sedum sieboldii **189**
Sedum spathulifolium **189**
Sedum spectabile **190**
Sedum spurium **190**
Sedum telephium **190**
Sempervivum arachnoideum **191**
Sempervivum ciliosum 191
Sempervivum ciliosum var. *borisii* → *Sempervivum ciliosum* 191
Sempervivum-Hybriden **190**
Sempervivum marmoreum **191**
Sempervivum patens → *Jovibarba heuffelii* 109
Sempervivum schlehanii → *Sempervivum marmoreum* **191**
Sempervivum soboliferum → *Jovibarba sobolifera* **109**
Sempervivum tectorum **192**
Sempervivum tectorum ssp. *calcareum* 192
Sesleria argentea 192
Sesleria caerulea **192**
Sesleria heuffleriana 192
Sidalcea malviflora **192**
Sidalcea oregana 193
Silene maritima → *Silene vulgaris* **193**
Silene schafta **193**
Silene vulgaris **193**
Silphium laciniatum 193
Silphium perfoliatum 193
Sinarundinaria murielae → *Thamnocalamus spathaceus* **203**
Sinarundinaria nitida **193**
Sisyrincheum gramineum → *Sisyrinchium angustifolium* **194**
Sisyrinchium angustifolium **194**
Sisyrinchium californicum **194**
Sisyrinchium striata **194**
Smilacina racemosa **195**
Solanum dulcamara **195**
Soldanella alpina **195**
Soldanella montana 195
Solidago caesia **195**
Solidago-Hybriden **196**
× *Solidaster luteus* **196**
Sorghastrum nutans **196**
Sparganium emersum **197**
Sparganium erectum **197**
Sparganium ramosum → *Sparganium erectum* **197**
Spartina michauxiana → *Spartina pectinata* **197**
Spartina pectinata **197**
Spiraea trifoliata → *Gillenia trifoliata* 86
Spodiopogon sibiricus 197
Spodiopogon splendens → *Spodiopogon sibiricus* 197
Stachys byzantina **198**
Stachys densiflora → *Stachys monnieri* 198
Stachys grandiflora **198**
Stachys lanata → *Stachys byzantina* **198**
Stachys lavandulifolia 198
Stachys monnieri 198
Stipa barbata 198
Stipa capillata **198**
Stipa gigantea **199**
Stipa pennata **199**
Stokesia laevis **199**

Stratoites aloides **199**
Symphytum asperum 200
Symphytum caucasicum 200
Symphytum grandiflorum **200**
Symphytum officinale **200**

T

Tanacetum coccineum **201**
Telekia speciosa **201**
Tellima grandiflora **201**
Teucrium chamaedrys **202**
Teucrium scorodonia 202
Thalictrum aquilegifolium 202
Thalictrum dipterocarpum **202**
Thalictrum flavum ssp. *glaucum* 202
Thalictrum minus **202**
Thamnocalamus spathaceus **203**
Thelypteris phegopteris **203**
Thermopsis caroliniana **203**
Thymus × citriodorus **204**
Thymus doerfleri **204**
Thymus lanuginosus → *Thymus paraecox* var. *pseudolanuginosus* **204**
Thymus paraecox var. *pseudolanuginosus* **204**
Thymus serpyllum **204**
Thymus vulgaris 204
Tiarella cordifolia **205**
Tiarella wherryi 205
Tradescantia-Andersoniana-Hybriden **205**
Tradescantia × andersoniana → Tradescantia-Andersoniana-Hybriden **205**
Trapa natans **205**
Tricyrtis formosana **206**
Tricyrtis hirta **206**
Tricyrtis-Hybriden 206
Tricytris stolonifera → *Tricyrtis formosana* **206**
Trollius chinensis, , 206
Trollius × cultorum → Trollius-Hybriden 207
Trollius europaeus **207**
Trollius-Hybriden 207
Trollius pumilus **207**
Tunica saxifraga → *Petrorhagia saxifraga* **150**
Typha angustifolia **207**
Typha latifolia **207**
Typha laxmannii 208
Typha minima **208**
Typha shuttleworthii 208

U/V

Uniola latifolia → *Chasmanthium latifolium* **49**
Utricularia vulgaris **208**
Uvularia grandiflora **209**
Veratrum nigrum **209**
Verbascum bombyciferum **209**
Verbascum densiflorum 210
Verbascum chaixii **209**
Verbascum-Hybriden 210
Verbascum longifolium 210
Verbascum olympicum **210**
Verbascum pannosum → *Verbascum longifolium* 210
Verbascum phoeniceum **210**
Verbascum thapsiforme → *Verbascum densiflorum* 210
Verbascum thapsus 210
Veronica austriaca ssp. *teucrium* **210**
Veronica beccabunga **212**
Veronica gentianoides **211**
Veronica incana → *Veronica spicata* **211**
Veronica longifolia **211**
Veronica prostrata **211**
Veronica rupestris → *Veronica prostrata* **211**
Veronica spicata **211**
Veronica teucrium → *Veronica austriaca* ssp. *teucrium* **210**
Veronica virginica **212**
Vinca major **212**
Vinca minor **213**
Viola alba **214**
Viola cornuta **213**
Viola-Cornuta-Hybriden → *Viola cornuta* **213**
Viola odorata 214
Viola papilionaca → *Viola sororia* **214**
Viola sororia **214**

W

Waldsteinia geoides **214**
Waldsteinia ternata **214**
Woodsia polystichoides **215**
Wulfenia carinthiaca 215
Wulfenia × suendermannii **215**

Y

Yucca angustifolia → *Yucca filamentosa* **215**
Yucca filamentosa **215**
Yucca glauca **216**

Z

Zantedeschia aethiopica **216**
Zizania aquatica **216**
Zizania caduciflora 216
Zizania latifolia → *Zizania caduciflora* 216

Deutsch-Botanisches Namensverzeichnis

Die **halbfett** gesetzten Seitenzahlen bedeuten, daß der Eintrag farbig illustriert ist. Die Seitenzahlen verweisen immer auf den Beginn des Eintrags.

A

Adlerfarn → *Pteridium aquilinum* 171
Adonisröschen, Amur- → *Adonis amurensis* **143**
Adonisröschen, Frühlings- → *Adonis vernalis* **14**
Afrikanische Wasserähre → *Aponogeton distachyos* **23**
Ährenveronika, Kleine → *Veronica spicata* **211**
Akanthus → *Acanthus hungaricus* 9 → *Acanthus mollis* **9** → *Acanthus spinosus* **9**
Akelei → *Aquilegia caerulea* **53**
Akelei, Alpen- → *Aquilegia alpina* **24**
Akelei, Gemeine → *Aquilegia vulgaris* **24**
Akelei, Zwerg- → *Aquilegia flabellata* var. *pumila* 24
Akelei-Wiesenraute → *Thalictrum aquilegifolium* 202
Alant, Riesen- → *Inula magnifica* 103
Alant, Zwerg- → *Inula ensifolia* **103**
Alge, Armleuchter- → *Nigella flexis* **137**
Algenfarn → *Azolla caroliniana* **35**
Alpen-Helmkraut → *Scutellaria alpina* **186**
Alpen-Leberbalsam → *Erinus alpinus* **73**
Alpenakelei → *Aquilegia alpina* **24**
Alpenaster → *Aster alpinus* **30**
Alpenaurikel → *Primula auricula* **165** → *Primula marginata* **167**
Alpendistel → *Eryngium alpinum* **74**
Alpenedelweiß → *Leontopodium alpinum* **115**
Alpeneilchen, Duft- → *Cyclamen purpurascens* 56
Alpenglöckchen, Berg- → *Soldanella montana* 195
Alpenglöckchen, Großes → *Soldanella alpina* **195**
Alpenmannstreu → *Eryngium alpinum* **74**
Alpenmohn → *Papaver burseri* **146**
Alpenschwingel → *Festuca alpina* 77
Alpensteinbrech → *Saxifraga muscoides* 182
Alpensteinquendel → *Acinos alpinus* **11**
Alpenveilchen, Efeublättriges → *Cyclamen hederifolium* **56**
Alpenveilchen, Neapolitanisches → *Cyclamen hederifolium* **56**
Alpenveilchen, Spätwinter- → *Cyclamen coum* ssp. *coum* **56**
Alpenveilchen, Wild- → *Cyclamen purpurascens* 56
Alraunwurzel, Falsche → *Tellima grandiflora* **201**
Amerikanische Lotosblume → *Nelumbo lutea* 136
Amerikanische Scheinkalla → *Lysichiton americanus* **124**
Amerikanische Sumpfiris → *Iris versicolor* 109
Amerikanischer Froschlöffel → *Alisma parviflora* **16**
Amerikanischer Molchschwanz → *Saururus cernuus* **181**
Amstelraute → *Thalictrum aquilegifolium* 202
Amur-Adonisröschen → *Adonis amurensis* **13**
Amur-Sedum, Grünes → *Sedum kamtschaticum* **188**
Andenpolster → *Azorella trifurcata* **36**
Andorn → *Marrubium supinum* **127**
Anemone, Balkan- → *Anemone blanda* **21**
Anemone, Frühlings- → *Anemone nemorosa* **21** → *Anemone blanda* **21** → *Anemone sylvestris* **21**
Anemone, Herbst- → *Anemone hupehensis* **21** → Anemone-Japonica-Hybriden 22 → *Anemone tomentosa* **22**
Anemone, Japan- → *Anemone hupehensis* **21**
Anemone, Wald- → *Anemone sylvestris* **21** → *Anemone tomentosa* 22
Angelika → *Angelica archangelica* var. *archangelica* **22**
Anisysop → *Agastache anisata* 15
Armleuchteralge → *Nitella flexilis* **137**
Arnika → *Arnica montana* **26**
Aronstab, Gefleckter → *Arum maculatum* **28**
Aronstab, Italienischer → *Arum italicum* **28**
Artischocke → *Cynara scolymus* **56**
Asiatischer Molchschwanz → *Saururus chinensis* 181
Aster → *Aster* × *frikartii* **31** → *Aster sedifolius* **31** → *Aster tongolensis* **31**
Aster, Alpen- → *Aster alpinus* **30**
Aster, Berg- → *Aster amellus* **31**
Aster, Glattblatt- → *Aster novi-belgii* **33**
Aster, Gold- → × *Solidaster luteus* **196**
Aster, Goldhaar- → *Aster linosyris* **31**
Aster, Kissen- → *Aster dumosus* **32**
Aster, Kornblumen- → *Stokesia laevis* **199**
Aster, Myrten- → *Aster ericoides* **32**
Aster, Rauhblatt- → *Aster novae-angeliae* **32**
Aster, Schleier- → *Aster cordifolius* **32**
Aster, Winter- → Dendranthema-Grandiflorum-Hybriden **61**
Ästiger Igelkolben → *Sparganium erectum* **197**
Astilbe, Chinesische Zwerg- → *Astilbe chinensis* var. *pumila* **34**
Astlose Graslilie → *Anthericum liliago* **23**
Atlasschwingel → *Festuca mairei* **78**
August-Silberkerze → *Cimicifuga dahurica* **51**
Aurikel, Alpen- → *Primula auricula* **165** → *Primula marginata* **167**
Aurikel, Garten- → Primula-Auricula-Hybriden **166**
Australisches Lampenputzergras → *Pennisetum alopecuroides* **148**

B

Bachbunge → *Veronica beccabunga* **212**
Baikal-Helmkraut → *Scutellaria baicalensis* **186**
Balkan-Anemone → *Anemone blanda* **21**
Balkan-Königskerze → *Verbascum longifolium* 210
Ballonblume → *Platycodon grandiflorus* **157**
Bambus, Breitblatt- → *Pseudosasa japonica* **171**
Bambus, Cham- → *Sinarundinaria nitida* **193**
Bambus, Dichtbüschel- → *Pleioblastus pygmaeus* **157**
Bambus, Garten- → *Thamnocalamus spathaceus* (*Fargesia spathacea*) **203**
Bambus, Gelbbunter Büschel- → *Pleioblastus viridistriatus* **158**
Bambus, Gelbgruben- → *Phyllostachys aureo-sulcata* **155**
Bambus, Palmwedel- → *Sasa palmata* **181** → *Sasa veitchii* 181
Bambus, Schirm- → *Thamnocalamus spathaceus* (*Fargesia spathacea*) **203**
Bambus, Schirmgriff- → *Phyllostachys aurea* **154** → *Phyllostachys bambusoides* **155** → *Phyllostachys nigra* **155**
Bambus, Zwerg- → *Pleioblastus pygmaeus* **157**
Bambushirse → *Panicum clandestinum* 146
Bandleistengras → *Spartina pectinata* **197**
Bärenfellschwingel → *Festuca gautieri* **78**
Bärenklau → *Acanthus hungaricus* 9 → *Heracleum mantegazzianum* **95**
Bärenlauch → *Allium ursinum* **18**
Bärentatze → *Polystichum polyblepharum* **162**
Bartfaden → *Penstemon barbatus* **148** → Penstemon-Barbatus-Hybriden **148** → *Penstemon pinifolius* **149** → *Penstemon scouleri* **149**
Bartiris, Hohe → *Iris germanica* var. *germanica* **103**
Bartiris, Mittelhohe → *Iris germanica* var. *germanica* **104**
Bartiris, Niedrige → *Iris germanica* var. *germanica* **105**
Bärwurz → *Meum athamanthicum* **131**
Bastard-Schwertlilie → *Iris spuria* **108**
Bauernpfingstrose → *Paeonia officinalis* **145**
Becherglocke → *Edraianthus pumillo* **69**
Becherpflanze → *Silphium perfoliatum* 193
Beifuß → *Artemisia absinthium* 27
Beinwell → *Symphytum asperum* 200 → *Symphytum caucasicum* 200 → *Symphytum grandiflorum* **200**
Beinwell, Gemeiner → *Symphytum officinale* **200**
Berg-Alpenglöckchen → *Soldanella montana* 195
Berg-Flockenblume → *Centaurea montana* **47**
Berg-Steinkraut → *Alyssum montanum* 19

Bergaster → *Aster amellus* **31**
Bergeisenhut → *Aconitum napellus* 11
Bergenie → Bergenia-Hybriden **36**
Bergflachs → *Linum narbonense* **119**
Bergkamille → *Anthemis marschalliana* 23
Bergminze → *Calamintha grandiflora* 39
Bergsegge → *Carex montana* **44**
Bergwohlverleih → *Arnica montana* **26**
Bertram-Schafgarbe → *Achillea ptarmica* **10**
Berufkraut → Erigeron-Hybriden **73**
Bestaubte Etagenprimel → *Primula pulverulenta* **169**
Binse, Blumen- → *Butomus umbellatus* **39**
Binse, Flatter- → *Juncus effusus* **110**
Binse, Zwerg- → *Juncus ensifolius* **110**
Binsenlilie → *Sisyrinchium angustifolium* **194** → Sisyrinchium californicum **194**
Bisammalve → *Malva moschata* **127**
Bittersüß → *Solanum dulcamara* **195**
Bittersüßer Nachtschatten → *Solanum dulcamara* **195**
Bitterwurz → *Lewisia cotyledon* **116**
Blasenfarn → *Cystopteris bulbifera* **58**
Blasenfarn, Brutknospen- → *Cystopteris bulbifera* **58**
Blaßgelber Lerchensporn → *Corydalis ochroleuca* 53
Blaublattfunkie, Große → *Hosta sieboldiana* **98**
Blaue Gauklerblume → *Mimulus ringens* **131**
Blaue Himmelsleiter → *Polemonium caeruleum* **159**
Blaues Kopfgras → *Sesleria caerulea* **192**
Blaues Pfeifengras → *Molina caerulea* **134**
Blauglöckchen → *Mertensia virginica* **130**
Blaugras → *Sesleria argentea* 192
Blaugrüne Kammschmiede → *Koeleria glauca* **111**
Blaukissen → Aubrieta-Hybriden **35**
Blauminze → *Nepeta × faassenii* **137**
Blauschwingel → *Festuca cinerea* **77**
Blauschwingel, Zwerg- → *Festuca valesiaca* 79
Blaustrahlhafer → *Helictotrichon sempervirens* **92**
Blautannen-Sedum → *Sedum reflexum* **189**
Blauzungenlauch → *Allium karataviense* 17
Bleiwurz → *Ceratostigma plumbaginoides* **48**
Blumenbinse → *Butomus umbellatus* **39**
Blut-Storchschnabel → *Geranium sanguineum* **86**
Blutauge → *Potentilla palustris* **165**
Blutweiderich → *Lythrum salicaria* **126**
Bodensee-Vergißmeinnicht → *Myosotis rehsteineri* **135**
Brandkraut → *Phlomis russeliana* 151
Braunelle → *Prunella grandiflora* **171** → *Prunella × webbiana* **171**
Braungrünes Stachelnüßchen → *Acaena microphylla* **9**
Braunstieliger Streifenfarn → *Asplenium trichomanes* **30**
Breitblattbambus → *Pseudosasa japonica* **171**
Breitblättriger Rohrkolben → *Typha latifolia* **207**
Breitblättriges Pfeilkraut → *Sagittaria latifolia* **178**
Breitblättriges Wollgras → *Eriophorum latifolium* 74
Breitblattsegge → *Carex plantaginea* 45
Breitwedeldornfarn → *Dryopteris dilatata* **67**
Brennende Liebe → *Lychnis chalcedonica* **123**
Brennender Hahnenfuß → *Ranunculus flammula* **174**
Brokatfarn → *Athyrium niponicum* **35**
Bronzeblatt-Nachtkerze → *Oenothera tetragona* **141**
Brunnenkresse → *Nasturtium officinale* **136**
Brutfiligranfarn → *Polystichum setiferum* **162**
Brutknospenblasenfarn → *Cystopteris bulbifera* **58**
Buchenfarn → *Thelypteris phegopteris* **203**
Buchsblättrige Kreuzblume → *Polygala chamaebuxus* **159**
Bulbenfiligranfarn → *Polystichum setiferum* **162**
Bunte Margerite → *Tanacetum coccineum* **201**
Bunter Schachtelhalm → *Equisetum variegatum* 72
Bürstengras, Flaschen- → *Hystrix patula* **102**
Büschel-Ehrenpreis → *Veronica austriaca* ssp. *teucrium* **210**
Büschelbambus, Gelbbunter → *Pleioblastus viridistriatus* **158**
Büschelfedergras → *Stipa capillata* **198**
Büschelglocke → *Edraianthus pumillo* **69**
Büschelhaargras → *Stipa capillata* **198**
Büschelveronika → *Veronica austriaca* ssp. *teucrium* **210**
Buschmalve → *Lavatera thuringiaca* **114**
Buschwindröschen → *Anemone nemorosa* **21**
Butterblume → *Ranunculus acris* **173**

C

Chambambus → *Sinarundinaria nitida* **193**
China-Edelweiß → *Leontopodium souliei* **115**
China-Enzian → *Gentiana dahurica* 83
China-Sedum, Reichblütiges → *Sedum floriferum* **187**
Chinalauch → *Allium tuberosum* **17**
Chinaorchidee → *Bletilla striata* **37**
Chinarohrgras → *Sinarundinaria nitida* **193**
Chinaschilf → *Miscanthus sinensis* **133**
Chinaschilf, Riesen- → *Miscanthus floridulus* **132**
Chinesische Pfingstrose → *Paeonia lactiflora* **144**
Chinesische Prachtspiere → *Astilbe chinensis* 33
Chinesische Trollblume → *Trollius chinensis* **206**
Chinesische Zwergastilbe → *Astilbe chinensis* var. *pumila* **34**
Chinesischer Farnlerchensporn → *Corydalis cheilanthifolia* 53
Christophskraut → *Actaea pachypoda* **13** → *Actaea rubra* 13 → *Actaea spicata* 13
Christrose → *Helleborus niger* **93**
Chrysantheme, Garten- → Dendranthema-Grandiflorum-Hybriden **61**
Comfrey → *Symphytum asperum* 200

D

Dachiris → *Iris tectorum* 109
Dachwurz → Sempervivum-Hybriden **190** → *Sempervivum tectorum* **192**
Dahlie → Dahlia-Hybriden **58**
Dahlien, Einfachblühende → Dahlia-Hybriden 59
Dahlien, Gefüllte → Dahlia-Hybriden **59**
Dahlien, Halbgefüllte → Dahlia-Hybriden 59
Dalmater Zwergstorchschnabel → *Geranium dalmaticum* **84**
Dalmatiner-Glockenblume → *Campanula portenschlagiana* **41**
Dalmatinische Iris → *Iris pallida* **108**
Diascie → *Diascia cordata* **63**
Dichtblütiger Ziest → *Stachys monnieri* 198
Dichtbüschelbambus → *Pleioblastus pygmaeus* **157**
Dickanthere → *Pachysandra terminalis* **144**
Dickblatt, Wald- → *Chiastophyllum opositifolium* **50**
Dickmännchen → *Pachysandra terminalis* **144**
Diptam → *Dictamnus albus* **64** → *Dictamnus albus* var. *caucasicus* 64
Distel, Alpen- → *Eryngium alpinum* **74**
Distel, Edel- → *Eryngium alpinum* **74** → *Eryngium × zabelii* 75
Distel, Karden- → *Morina longifolia* **135**
Distel, Kugel- → *Echinops banaticus* **69** → *Echinops ritro* **69**
Distel, Pyrenäen- → *Eryngium bourgatii* **74**
Distel, Silber- → *Carlina acaulis* ssp. *acaulis* **46** → *Carlina acaulis* ssp. *simplex* 47
Distel, Wetter- → *Carlina acaulis* ssp. *acaulis* **46**
Doldenlilie → *Agapanthus africanus* **14**
Doldige Schwanenblume → *Butomus umbellatus* **39**
Dolomitenfingerkraut → *Potentilla nitida* **164**
Donarsbart → *Jovibarba heuffelii* 109
Donarsbart, Sprossender → *Jovibarba sobolifera* **109**
Donnerwurz → *Sempervivum tectorum* **192**
Doppelhörnchen → *Diascia cordata* **63**
Doppelsporn → *Diascia cordata* **63**
Dost → *Origanum laevigatum* 143
Dost, Gemeiner → *Origanum vulgare* **143**
Dotterblume, Sumpf- → *Caltha palustris* **40**

Drachenkopf → *Dracocephalum ruyschiana* **66**
Dreiblattspiere → *Gillenia trifoliata* 86
Dreifurchige Wasserlinse → *Lemna trisulca* **114**
Dreimasterblume → Tradescantia-Andersoniana-Hybriden **205**
Duft-Taglilie → *Hemerocallis citrina* **94**
Duftalpenveilchen → *Cyclamen purpurascens* 56
Duftiris, Pflaumen- → *Iris graminea* **107**
Duftnessel → *Agastache anisata* 15 → *Agastache mexicana* **15**
Duftveilchen → *Viola odorata* 214

E

Eberraute → *Artemisia abrotanum* **27**
Eberwurz → *Carlina acaulis* ssp. *acaulis* **46** → *Carlina acaulis* ssp. *simplex* 44
Echter Lavendel → *Lavandula angustifolia* **113**
Echtes Seifenkraut → *Saponaria officinalis* 181
Edel-Gamander → *Teucrium chamaedrys* **202**
Edeldistel → *Eryngium alpinum* **74** → *Eryngium × zabelii* 75
Edelpfingstrose → *Paeonia lactiflora* **144** → Paeonia-Lactiflora-Hybriden **145**
Edelraute → *Artemisia absinthium* 27 → *Artemisia lactiflora* 27
Edelweiß, Alpen- → *Leontopodium alpinum* **115**
Edelweiß, China- → *Leontopodium souliei* **115**
Edelweißmargerite → Leucanthemum-Maximum-Hybriden **116**
Efeublättriges Alpenveilchen → *Cyclamen hederifolium* **56**
Ehrenpreis, Büschel- → *Veronica austriaca* ssp. *teucrium* **210**
Eibisch → *Althaea officinalis* **19**
Eibisch, Sumpf- → *Hibiscus moscheutos* **96**
Eichenfarn → *Currania dryopteris* **54**
Einfachblühende Dahlien → Dahlia-Hybriden 59
Einfacher Igelkolben → *Sparganium emersum* **197**
Eisenhut → *Aconitum carmichaelii* var. × *arendsii* **12**
Eisenhut, Berg- → *Aconitum napellus* 11
Elefantenrüsselfarn → *Dryopteris atrata* 67
Elfenblume → *Epimedium grandiflorum* **71** → *Epimedium × warleyense* 71
Elfenblume, Gelbe → *Epimedium pinnatum* ssp. *colchicum* **71**
Elfenblume, Schwefelgelbe → *Epimedium × versicolor* 'Sulphureum' 71
Elfenblume, Weiße → *Epimedium × youngianum* 'Niveum' **71**
Engelsüß → *Polypodium vulgare* 161
Engelwurz → *Angelica archangelica* var. *archangelica* **22** → *Angelica gigas* 22
Enzian, China- → *Gentania dahurica* 83
Enzian, Gelber → *Gentiana lutea* **83**
Enzian, Herbst- → *Gentiana sino-ornata* **82**
Enzian, Kreuz- → *Gentiana cruciata* **83**
Enzian, Kreuzblättriger → *Gentiana cruciata* **83**
Enzian, Lungen- → *Gentiana pneumonanthe* 82
Enzian, Oktober- → *Gentiana sino-ornata* **82**
Enzian, Schalbenwurz- → *Gentiana asclepiadea* **82**
Enzian, Sommer- → *Gentiana septemfida* var. *lagodechiana* **83**
Enzian, Stengelloser → *Gentiana clusii* **82**
Enzian, Wellensittich- → *Gentiana farreri* 82
Enzianlungenkraut → *Pulmonaria angustifolia* **172**
Erdbeere, Indische → *Duchesnea indica* **68**
Erdbeere, Trug- → *Duchesnea indica* **68**
Erdbeere, Zier- → Fragaria-Hybriden **80**
Erika, Etagen- → *Physostegia virginiana* **156**
Erzengelwurz → *Angelica archangelica* var. *archangelica* **22**
Eselohren → *Stachys byzantina* **198**
Etagenerika → *Physostegia virginiana* **156**
Etagenprimel → *Primula aurantiaca* 168
Etagenprimel, Bestaubte → *Primula pulverulenta* **169**
Etagenprimel, Japanische → *Primula japonica* **169**

F

Fackellilie → *Kniphofia uvaria* 111 → Kniphofia-Hybriden **111**
Falsche Alraunwurzel → *Tellima grandiflora* **201**
Färberhülse → *Baptisia australis* **36**
Färberkamille → *Anthemis tinctoria* **23**
Farn, Adler- → *Pteridium aquilinum* 171
Farn, Algen- → *Azolla caroliniana* **35**
Farn, Blasen- → *Cystopteris bulbifera* **58**
Farn, Braunstieliger Streifen- → *Asplenium trichomanes* **30**
Farn, Breitwedeldorn- → *Dryopteris dilatata* **67**
Farn, Brokat- → *Athyrium niponicum* **35**
Farn, Brutfiligran- → *Polystichum setiferum* **162**
Farn, Brutknospenblasen- → *Cystopteris bulbifera* **58**
Farn, Buchen- → *Thelypteris phegopteris* 203
Farn, Bulbenfiligran- → *Polystichum setiferum* **162**
Farn, Eichen- → *Currania dryopteris* 54
Farn, Elefantenrüssel- → *Dryopteris atrata* 67
Farn, Federtüpfel- → *Polypodium interjectum* **161**
Farn, Fernost-Wimpern- → *Woodsia polystichoides* **215**
Farn, Flaumfeder-Filigran- → *Polystichum setiferum* **162**
Farn, Frauenrad- → *Adiantum pedatum* **13**
Farn, Gemeiner Frauen- → *Athyrium filix-femina* **35**
Farn, Gemeiner Wurm- → *Dryopteris filix-mas* **68**
Farn, Gesägter Tüpfel- → *Polypodium interjectum* **161**
Farn, Geweih-Hirschzungen- → *Phyllitis scolpendrium* **154**
Farn, Glanzschild- → *Polystichum aculeatum* **162**
Farn, Goldschuppen- → *Dryopteris affinis* **67**
Farn, Großer Filigran- → *Polystichum setiferum* **162**
Farn, Hahnenkamm-Hirschzungen- → *Phyllitis scolopendrium* **154**
Farn, Himalaja-Frauenhaar- → *Adiantum venustum* **13**
Farn, Hirschzungen- → *Phyllitis scolopendrium* **154**
Farn, Hufeisen- → *Adiantum pedatum* **13**
Farn, Ilex- → *Cyrtomium falcatum* **58**
Farn, Japanischer Glanzschild- → *Polystichum polyblepharum* **162**
Farn, Japanischer Regenbogen- → *Athyrium niponicum* **35**
Farn, Königs- → *Osmunda regalis* **143**
Farn, Lanzenschild- → *Polystichum lonchitis* 162
Farn, Mauerrauten- → *Asplenium ruta-muraria* 30
Farn, Milz- → *Asplenium trichomanes* **30** → *Ceterach officinarum* **49**
Farn, Moos- → *Azolla caroliniana* **35**
Farn, Perl- → *Onoclea sensibilis* **141**
Farn, Rippen- → *Blechnum spicant* **37**
Farn, Rotschleier- → *Dryopteris erythrosora* **68**
Farn, Ruprechts- → *Currania robertiana* 55
Farn, Schmaler Hirschzungen- → *Phyllitis scolopendrium* **154**
Farn, Schrift- → *Ceterach officinarum* **49**
Farn, Schwimm- → *Salvinia natans* **179**
Farn, Sichel- → *Cyrtomium fortunei* 58
Farn, Straußen- → *Matteuccia struthiopteris* **128**
Farn, Südlicher Schild- → *Polystichum setiferum* **162**
Farn, Trichter- → *Matteuccia struthiopteris* **128**
Farn, Tüpfel- → *Polypodium vulgare* 161
Farn, Vierblättriger Klee- → *Marsilea quadrifolia* 127
Farn, Wellen-Hirschzungen- → *Phyllitis scolopendrium* **154**
Farnlerchensporn, Chinesischer → *Corydalis cheilanthifolia* 53
Federgras, Büschel- → *Stipa capillata* **198**
Federgras, Flausch- → *Stipa pennata* **199**
Federgras, Pyrenäen- → *Stipa gigantea* **199**
Federgras, Reiher- → *Stipa barbata* 198
Federmohn → *Macleaya cordata* **126** → *Macleaya microcarpa* 127
Federnelke → *Dianthus plumarius* **62**
Federtüpfelfarn → *Polypodium interjectum* **161**
Feenmoos → *Azolla caroliniana* **35**
Feigenkaktus → *Opuntia humifusa* **142**
Feigwurz → *Ranunculus ficaria* **174**
Feinhaarschwingel → *Festuca filiformis* 78
Feinstrahl → Erigeron-Hybriden **73**
Felberich, Gold- → *Lysimachia punctata* **125**

Felberich, Schnee- → *Lysimachia clethroides* **125**
Felberich, Strauß- → *Lysimachia thyrsiflora* 125
Feldthymian → *Thymus serpyllum* **204**
Felsennelke → *Petrorhagia saxifraga* **150**
Felsenteller → *Ramonda myconi* **173**
Fenchel, Körner- → *Foeniculum vulgare* **80**
Fenchel, Zier- → *Foeniculum vulgare* **80**
Fernost-Wimpernfarn → *Woodsia polystichoides* **215**
Fetthenne, Große Japan- → *Sedum spectabile* **190**
Fetthenne, Herbst- → *Sedum telephium* **190**
Feuermohn → *Papaver orientale* **147**
Fieberklee → *Menyanthes trifoliata* **130**
Fiederpolster → *Cotula dioica* 54 → *Cotula potentilliana* 54 → *Cotula squalida* **54**
Fingerhut → *Digitalis × mertonensis* 65
Fingerhut, Gelber → *Digitalis lutea* **65**
Fingerhut, Großblütiger → *Digitalis grandiflora* 65
Fingerhut, Rostfarbiger → *Digitalis ferruginea* **65**
Fingerhut, Roter → *Digitalis purpurea* **64**
Fingerkraut → *Potentilla megalantha* **164**
Fingerkraut, Dolomiten- → *Potentilla nitida* **164**
Fingerkraut, Frühlings- → *Potentilla neumanniana* 164
Fingerkraut, Gold- → *Potentilla aurea* **164**
Fingerkraut, Himalaja- → *Potentilla atrosanguinea* **163**
Fingerkraut, Nepal- → *Potentilla nepalensis* **164**
Fingersegge → *Carex digitata* 44
Flachs, Berg- → *Linum narbonense* **120**
Flachs, Gold- → *Linum flavum* 120
Flachs, Stauden- → *Linum perenne* **120**
Flaschenbürstengras → *Hystrix patula* **102**
Flatterbinse → *Juncus effusus* **110**
Flaumfeder-Filigranfarn → *Polystichum setiferum* **162**
Flauschfedergras → *Stipa pennata* **199**
Flieder-Schaublatt → *Rodgersia pinnata* **176**
Flockenblume → *Centaurea dealbata* **47**
Flockenblume, Berg- → *Centaurea montana* **47**
Flockenblume, Gelbe → *Centaurea macrocephala* **47**
Flußampfer → *Rumex × hydrolapathum* **178**
Frauenfarn, Gemeiner → *Athyrium filix-femina* **35**
Frauenhaarfarn, Himalaja- → *Adiantum venustum* **13**
Frauenmantel → *Alchemilla alpina* 16 → *Alchemilla erysthropoda* 16 → *Alchemilla mollis* **16** → *Alchemilla xanthochlora* 16
Frauenschuh, Großblütiger → *Cypripedium macranthon* 57
Frauenschuh, Königs- → *Cypripedium reginae* 57
Frauenschuh, Marien- → *Cypripedium calceolus* **57**
Freilandgloxinie → *Incarvillea delavayi* **102**
Froschbiß → *Hydrocharis morsus-ranae* **100**
Froschlöffel, Amerikanischer → *Alisma parviflora* **16**
Froschlöffel, Gemeiner → *Alisma plantago-aquatica* **16**
Froschlöffel, Lanzenblätriger → *Alisma lanceolatum* **16**
Frühlings-Adonisröschen → *Adonis vernalis* **14**
Frühlingsanemone → *Anemone nemorosa* **21** → *Anemone blonda* **21** → *Anemone sylvestris* **21**
Frühlingsfingerkraut → *Potentilla neumanniana* 164
Frühlingsgoldfunkie → *Hosta fortunei* **98**
Frühlingsmargerite → *Leucanthemum vulgare* **115**
Frühlingsplatterbse → *Lathyrus vernus* **113**
Frühlingsschneerose → Helleborus-Hybriden 93
Frühlingswasserstern → *Callitriche hamulata* 40
Fuchsbohne → *Thermopsis caroliniana* **203**
Fuchsie, Kap- → *Phygelius capensis* **153**
Fuchsie, Schrlach- → *Fuchsia magellanica* **80**
Fuchsrote Segge → *Carex buchananii* **44**
Fuchsschwanzgras → *Alopecurus pratensis* **18**
Funkie, Frühlingsgold- → *Hosta fortunei* **98**
Funkie, Glocken- → *Hosta ventricosa* **99**
Funkie, Goldblatt- → *Hosta fortunei* **98**
Funkie, Große Blaublatt- → *Hosta sieboldiana* **99**
Funkie, Grüne Riesen- → *Hosta elata* 98
Funkie, Riesen-Weißrand- → *Hosta crispula* **98**
Funkie, Weißrand- → *Hosta sieboldii* 98
Funkie, Wellblatt- → *Hosta undulata* **99**
Funkie, Zwerg- → *Hosta sieboldii* 98
Fußblatt → *Podophyllum hexandrum* **159**

G

Gamander, Edel- → *Teucrium chamaedrys* **202**
Gamander, Salbei- → *Teucrium scorodonia* 202
Gamsblume → *Primula auricula* **165**
Gänseblümchen, Spanisches → *Erigeron karvinskianus* **73**
Gänsekresse → *Arabis blepharophylla* **25** → *Arabis caucasica* **25** → *Arabis ferdinandi-coburgi* **58** → *Arabis × arendsii* **25**
Garten-Rittersporn → Delphinium-Hybriden **60**
Gartenaurikel → Primula-Auricula-Hybriden **166**
Gartenbambus → *Thamnocalamus spathaceus* **203**
Gartenchrysantheme → Dendranthema-Grandiflorum-Hybriden **61**
Gartenprimel → Primula-Elatior-Hybriden **166**
Gartensalbei → *Salvia officinalis* **179**
Gartensandrohr → *Calamagrostis × acutiflora* **39**
Gartenthymian → *Thymus vulgaris* 204
Gartentradeskantie → Tradescantia-Andersoniana-Hybriden **205**
Gaucklerblume, Gelbe → *Mimulus luteus* **131**
Gauklerblume → *Mimulus cupreus* 131
Gauklerblume, Blaue → *Mimulus ringens* **131**
Gauklerblume, Kardinal- → *Mimulus cardinalis* 131
Gedenkemein → *Omphalodes verna* **141**
Gefleckte Taubnessel → *Lamium maculatum* **112**
Gefleckter Aronstab → *Arum maculatum* **28**
Gefüllte Dahlien → Dahlia-Hybriden **59**
Geißbart, Wald- → *Aruncus dioicus* **28**
Gelbbartgras → *Sorghastrum nutans* **196**
Gelbbunter Büschelbambus → *Pleioblastus viridistriatus* **158**
Gelbe Elfenblume → *Epimedium pinnatum* ssp. *colchicum* **71**
Gelbe Flockenblume → *Centaurea macrocephala* **47**
Gelbe Gauklerblume → *Mimulus luteus* **131**
Gelbe Skabiose → *Scabiosa ochroleuca* 185
Gelbe Sumpfschwertlilie → *Iris pseudacorus* **108**
Gelbe Teichrose → *Nuphar lutea* **137**
Gelbe Wiesenraute → *Thalictrum flavum* ssp. *glaucum* 202
Gelber Enzian → *Gentiana lutea* **83**
Gelber Fingerhut → *Digitalis lutea* **65**
Gelber Lerchensporn → *Corydalis lutea* **53**
Gelbgruben-Bambus → *Phyllostachys aureo-sulcata* **155**
Gelbgruben-Unrund → *Phyllostachys aureo-sulcata* **155**
Gelenkblume → *Physostegia virginiana* **156**
Gemeine Akelei → *Aquilegia vulgaris* **24**
Gemeine Pestwurz → *Petasites hybridus* **150**
Gemeiner Beinwell → *Symphytum officinale* **200**
Gemeiner Dost → *Origanum vulgare* **143**
Gemeiner Frauenfarn → *Athyrium filix-femina* **35**
Gemeiner Froschlöffel → *Alisma plantago-aquatica* **16**
Gemeiner Gilbweiderich → *Lysimachia vulgaris* **126**
Gemeiner Hopfen → *Humulus lupulus* **100**
Gemeiner Wurmfarn → *Dryopteris filix-mas* **68**
Gemeines Leimkraut → *Silene vulgaris* **193**
Gemswurz → *Doronicum orientale* **66** → *Doronicum plantagineum* 66
Georgine → Dahlia-Hybriden **58**
Germer, Schwarzer → *Veratrum nigrum* **209**
Gesägter Tüpfelfarn → *Polypodium interjectum* **161**
Geweih-Hirschzungenfarn → *Phyllitis scolopendrium* **154**
Gilbweiderich, Gemeiner → *Lysimachia vulgaris* **126**
Gilbweiderich, Strauß- → *Lysimachia thyrsiflora* 125
Gladiole → *Gladiolus communis* 87 → *Gladiolus communis* ssp. *byzantinus* 87
Glanzgras → *Phalaris arundinacea* **151**
Glanzschildfarn → *Polystichum aculeatum* **162**
Glanzschildfarn, Japanischer → *Polystichum polyblepharum* **162**

Glattblattaster → *Aster novi-belgii* **33**
Glatthafer → *Arrhenatherum elatius* ssp. *bulbosum* **27**
Gletscherschwingel → *Festuca glacialis* 78
Glockenblume, Dalmatiner- → *Campanula portenschlagiana* **41**
Glockenblume, Hängepolster → *Campanula poscharskyana* **42**
Glockenblume, Karpaten- → *Campanula carpatica* **41**
Glockenblume, Knäuel- → *Campanula glomerata* **42**
Glockenblume, Kreisel- → *Campanula carpatica* var. *turbinata* 41
Glockenblume, Nessel- → *Campanula trachelium* 43
Glockenblume, Pfirsichblättrige → *Campanula persicifolia* **43**
Glockenblume, Punktierte → *Campanula punctata* **42**
Glockenblume, Pyramiden- → *Campanula pyramidalis* **43**
Glockenblume, Riesen- → *Campanula lactiflora* **42**
Glockenblume, Rundblättrige → *Campanula rotundifolia* **42**
Glockenblume, Wald- → *Campanula latifolia* var. *macrantha* **43**
Glockenblume, Zwerg- → *Campanula cochleariifolia* **41**
Glockenfunkie → *Hosta ventricosa* **99**
Glockenprimel, Hänge- → *Primula sikkimensis* **170**
Glockenprimel, Sommer- → *Primula florindae* **170**
Glockenwinde → *Codonopsis clematidea* 51 → *Codonopsis ovata* **51**
Gloxinie, Freiland- → *Incarvillea delavayi* **102**
Gnadenkraut → *Gratiola officinalis* **88**
Goldaster → × *Solidaster luteus* **196**
Goldbandleistengras → *Spartina pectinata* **197**
Goldbartgras → *Chrysopogon gryllus* **50**
Goldblatt → *Crocosmia paniculata* 55
Goldene Tellergarbe → *Achillea filipendulina* **10**
Golderdbeere, Horst- → *Waldsteinia geoides* **214**
Golderdbeere, Teppich- → *Waldsteinia ternata* **214**
Goldfelberich → *Lysimachia punctata* **125**
Goldfingerkraut → *Potentilla aurea* **164**
Goldflachs → *Linum flavum* 120
Goldfunkie, Frühlings- → *Hosta fortunei* **98**
Goldgarbe, Polster- → *Achillea tomentosa* **11**
Goldhaaraster → *Aster linosyris* **31**
Goldkeule → *Orontium aquaticum* **143**
Goldkissen → *Draba bruniifolia* **66**
Goldlauch → *Allium moly* 17
Goldlein → *Linum flavum* 120
Goldleistengras → *Spartina pectinata* **197**
Goldmargerite → *Buphthalmum salicifolium* **38**
Goldmelisse → *Melissa officinalis* **129**
Goldnessel → *Lamiastrum galeobdolon* **112**
Goldpippau → *Crepis aurea* 54
Goldquirl → *Phlomis chrysophylla* 151 → *Phlomis russeliana* 151 → *Phlomis samia* **151** → *Phlomis tuberosa* 151
Goldrute → *Solidago caesia* **195**
Goldschuppenfarn → *Dryopteris affinis* **67**
Goldsiegel → *Uvularia grandiflora* **209**
Goldtröpfchen → *Chiastophyllum oppositifolium* **50**
Goldwolfsmilch → *Euphorbia polychroma* **77**
Götterblume → *Dodecatheon meadia* **65**
Granitmiere → *Minuartia laricifolia* 132
Gras-Kalmus → *Acorus gramineus* 12
Grasblättriger Hahnenfuß → *Ranunculus gramineus* 174
Grasblättriges Pfeilkraut → *Sagittaria graminea* 178
Graslilie, Astlose → *Anthericum liliago* **23**
Grasnelke, Strand- → *Armeria maritima* **26**
Grasnelke, Zwerg- → *Armeria juniperifolia* 26
Graubartgras → *Spodiopogon sibiricus* 197
Graublattfunkie → *Hosta fortunei* **98**
Graublaues Stachelnüßchen → *Acaena magellanica* 9
Greiskraut → *Ligularia dentata* **117** → *Ligularia przewalskii* **117** → *Ligularia stenocephala* **117** → *Ligularia wilsoniana* 118 → *Ligularia × hessei* **117**
Großblättriges Immergrün → *Vinca major* **212**
Großblumige Montbretie → *Crocosmia masoniorum* **55**
Großblütiger Fingerhut → *Digitalis grandiflora* 65
Großblütiger Frauenschuh → *Cypripedium macranthon* 57
Große Blaublattfunkie → *Hosta sieboldiana* **99**
Große Japan-Fetthenne → *Sedum spectabile* **190**
Große Kerzenveronika → *Veronica longifolia* **211**
Großer Filigranfarn → *Polystichum setiferum* **162**
Großer Salomonssiegel → *Polygonatum commutatum* **160**
Großes Alpenglöckchen → *Soldanella alpina* **195**
Großes Windröschen → *Anemone sylvestris* **21**
Grüne Riesenfunkie → *Hosta elata* 98
Grüne Riesensteinwurz → *Sempervivum marmoreum* **191**
Grünes Amur-Sedum → *Sedum kamtschaticum* **188**
Grünes Kopfgras → *Sesleria heuffleriana* 192
Grünes Schlangenmoos-Sedum → *Sedum forsterianum* **188**
Gunderman → *Glechoma hederacea* **87**
Günsel → *Ajuga reptans* **15**

H

Haargras, Büschel- → *Stipa capillata* **198**
Haarmarbel → *Luzula pilosa* 123
Haarschotengras → *Bouteloua oligostachya* **37**
Habichtskraut, Kleines → *Hieracium pilosella* 97
Habichtskraut, Orangerotes → *Hieracium aurantiacum* **97**
Hahnenfuß, Brennender → *Ranunculus flammula* **174**
Hahnenfuß, Grasblättriger → *Ranunculus gramineus* 174
Hahnenfuß, Scharfer → *Ranunculus acris* **173**
Hahnenfuß, Silber- → *Ranunculus aconitifolius* 173
Hahnenfuß, Wasser- → *Ranunculus aquatilis* **174**
Hahnenfuß, Zungen- → *Ranunculus lingua* **174**
Hahnenkamm-Hirschzungenfarn → *Phyllitis scolopendrium* **154**
Hainsimse → *Luzula sylvatica* **123**
Hakenwasserstern → *Callitriche hamulata* 40
Halbgefüllte Dahlien → Dahlia-Hybriden 59
Hängeglockenprimel → *Primula sikkimensis* **170**
Hängepolster-Glockenblume → *Campanula poscharskyana* **42**
Hängerispen-Steinbrech → *Saxifraga callosa* **183**
Hartheu → *Hypericum calycinum* **100**
Hartheu, Olymp- → *Hypericum olympicum* **101**
Harzkraut → *Silphium laciniatum* 193
Haselwurz → *Asarum europaeum* **29**
Hauswurz → Sempervivum-Hybriden **190**
Hauswurz, Spinnweb- → *Sempervivum arachnoideum* **191**
Hechtkraut, Herzblättriges → *Pontederia cordata* **163**
Hechtkraut, Lanzenblättriges → *Pontederia lanceolata* 163
Heidegünsel, Zwerg- → *Origanum vulgare* **143**
Heidenelke → *Dianthus deltoides* **63**
Heiligenblume → *Santolina chamaecyparissus* **180**
Heiligenkraut → *Santolina chamaecyparissus* **180**
Hellgrüner Schirmbambus → *Thamnocalamus spathaceus* **203**
Helmkraut, Alpen- → *Scutellaria alpina* **186**
Helmkraut, Baikal- → *Scutellaria baicalensis* **186**
Helmkraut, Knöllchen- → *Scutellaria scordifolia* 186
Herbst-Fetthenne → *Sedum telephium* **190**
Herbstanemone → *Anemone hupehensis* **21** → Anemone-Japonica-Hybriden 22 → *Anemone tomentosa* 22
Herbstenzian → *Gentiana sino-ornata* **82**
Herbstleimkraut, Kaukasisches → *Silene schafta* **193**
Herbststeinbrech → *Saxifraga cortusifolia* var. *fortunei* **184**
Herkulesstaude → *Heracleum mantegazzianum* **95**
Herzblatt, Sumpf- → *Parnassia palustris* 148
Herzblatt-Lanzensilberkerze → *Cimicifuga racemosa* var. *cordifolia* 50
Herzblättriges Hechtkraut → *Pontederia cordata* **163**
Herzblume, Zwerg- → *Dicentra exima* **63** → *Dicentra formosa* ssp. *oregana* 64
Herzzittergras → *Briza media* **37**
Himalaja-Fingerkraut → *Potentilla atrosanguinea* **163**
Himalaja-Frauenhaarfarn → *Adiantum venustum* **13**
Himalaja-Scheinmohn → *Meconopsis betonicifolia* **128**
Himalaja-Sedum → *Sedum ewersii* **187**
Himmelsleiter → *Polemonium reptans* **159**

Himmelsleiter, Blaue → *Polemonium caeruleum* **159**
Hirschzungenfarn → *Phyllitis scolopendrium* **154**
Hirschzungenfarn, Geweih- → *Phyllitis scolopendrium* **154**
Hirschzungenfarn, Hahnenkamm- → *Phyllitis scolopendrium* **154**
Hirschzungenfarn, Schmaler → *Phyllitis scolopendrium* **154**
Hirschzungenfarn, Wellen- → *Phyllitis scolopendrium* **154**
Hirse, Bambus- → *Panicum clandestinum* 146
Hirse, Ruten- → *Panicum virgatum* **146**
Hirse, Zier- → *Panicum virgatum* **146**
Hohe Bartiris → *Iris germanica* var. *germanica* **103**
Hohe Traubenveronika → *Veronica virginica* **212**
Hoher Staudenphlox → Phlox-Paniculata-Hybriden **152**
Hohler Lerchensporn → *Corydalis cava* 53
Holunder-Schaublatt → *Rodgersia sambucifolia* 176
Honiggras → *Holcus lanatus* **97**
Hopfen, Gemeiner → *Humulus lupulus* **100**
Hornblatt → *Ceratophyllum demersum* **48**
Hornklee → *Lotus corniculatus* **122**
Hornkraut → *Cerastium tomentosum* var. *columnae* **48**
Hornveilchen → *Viola cornuta* **213**
Horst-Golderdbeere → *Waldsteinia geoides* **214**
Houttuynie → *Houttuynia cordata* **99**
Hufeisenfarn → *Adiantum pedatum* **13**
Hungerblümchen → *Draba aizoides* **66** → *Draba bruniifolia* **66**
Hyazinthe, Wasser- → *Eichhornia crassipes* **70**

I

Igelkolben, Ähriger → *Sparganium erectum* **197**
Igelkolben, Einfacher → *Sparganium emersum* **197**
Ilexfarn → *Cyrtomium falcatum* **58**
Immenblatt → *Melittis melissophyllum* **130**
Immergrün, Großblättriges → *Vinca major* **212**
Immergrün, Kleines → *Vinca minor* **213**
Immergrün-Storchschnabel → *Geranium macrorrhizum* **85**
Immergrüne Japansegge → *Carex morrowii* **44**
Immergrüne Schleifenblume → *Iberis sempervirens* **102**
Immergrünes Mongolen-Sedum → *Sedum hybridum* **188**
Indianernessel → Monarda-Hybriden **134**
Indianischer Reis → *Zizania aquatica* **216**
Indigolupine → *Baptisia australis* **36**
Indische Erdbeere → *Duchesnea indica* **68**
Indische Lotosblume → *Nelumbo nucifera* **136**
Ingwerorchidee → *Roscoea cautleoides* **176** → *Roscoea purpurea* **176**
Inkalilie → *Alstroemeria aurea* **18** → *Alstroemeria haemantha* 19 → *Alstroemeria pelegrina* 19 → Alstroemeria-Hybriden **19**
Iris, Amerikanische Sumpf- → *Iris versicolor* 109
Iris, Dach- → *Iris tectorum* 109
Iris, Dalmatinische → *Iris pallida* **108**
Iris, Hohe Bart- → *Iris germanica* var. *germanica* **103**
Iris, Japan- → *Iris ensata* **105**
Iris, Japanische Pracht- → *Iris ensata* **105**
Iris, Japanische Sumpf- → *Iris laevigata* **107**
Iris, Miniatur- und Klein- → *Iris germanica* var. *germanica* **105**
Iris, Mittelhohe Bart- → *Iris germanica* var. *germanica* **104**
Iris, Nachtstengel- → *Iris aphylla* **106**
Iris, Niedrige Bart- → *Iris germanica* var. *germanica* **105**
Iris, Pflaumenduft- → *Iris graminea* **107**
Iris, Steppen- → *Iris spuria* **108**
Iris, Violettfarbige → *Iris chrysographes* **106**
Iris, Wiesen- → *Iris sibirica* **106**
Iris, Zwerg- → *Iris germanica* var. *germanica* **105**
Iris-Barbata-Elatior-Gruppe **103**
Iris-Barbata-Media-Gruppe **104**
Iris-Barbata-Nana-Gruppe 105
Iris-botanische Arten **105**
Islandmohn → *Papaver nudicaule* **147**
Italienischer Aronstab → *Arum italicum* **28**

J

Jadewirbelsteinwurz → *Jovibarba heuffelii* 109
Jakobsleiter → *Polemonium reptans* **159**
Japan-Anemone → *Anemone hupehensis* **21**
Japan-Fetthenne, Große → *Sedum spectabile* **190**
Japan-Iris → *Iris ensata* **105**
Japan-Knöterich → *Reynoutria japonica* 175 → *Reynoutria japonica* var. *compacta* **175**
Japanische Etagenprimel → *Primula japonica* **169**
Japanische Prachtiris → *Iris ensata* **105**
Japanische Prachtspiere → Astilbe-Japonica-Hybriden 34
Japanische Riesenpestwurz → *Petasites japonicus* **150**
Japanische Sumpfiris → *Iris laevigata* **107**
Japanische Wiesenprimel → *Primula sieboldii* **167**
Japanische Zwergsilberraute → *Artemisia schmidtiana* **27**
Japanischer Glanzschildfarn → *Polystichum polyblepharum* **162**
Japanischer Regenbogenfarn → *Athyrium niponicum* **35**
Japanorchidee → *Bletilla striata* **37**
Japansegge → *Carex hachijoensis* 44
Japansegge, Immergrüne → *Carex morrowii* **44**
Japanwaldgras → *Hakonechloa macra* **90**
Jehowablümchen → *Saxifraga umbrosa* **183**
Johanniskraut → *Hypericum androsaemum* **101** → *Hypericum calycinum* **100**
Johanniskraut, Zwerg- → *Hypericum polyphyllum* **101**
Jovibarba → *Jovibarba sobolifera* **109**
Judenbart → *Saxifraga stolonifera* 184
Juli-Silberkerze → *Cimicifuga racemosa* var. *racemosa* 51
Junkerlilie → *Asphodeline lutea* **30**

K

Kafferlilie → *Phygelius capensis* **153**
Kaktus, Feigen- → *Opuntia humifusa* **142**
Kalaminthe → *Calamintha grandiflora* 39
Kalla, Amerikanische Schein- → *Lysichiton americanus* **124**
Kalla, Kamtschatka-Schein- → *Lysichiton camtschatcensis* **125**
Kalla, Sumpf- → *Calla palustris* **40**
Kalla, Zimmer- → *Zantedeschia aethiopica* **216**
Kalmus → *Acorus calamus* **12**
Kalmus, Gras- → *Acorus gramineus* 12
Kalmus, Zwerg- → *Acorus gramineus* 12
Kamille, Berg- → *Anthemis marschalliana* 23
Kamille, Färber- → *Anthemis tinctoria* **23**
Kamille, Römische → *Chamaemelum nobile* **49**
Kamille, Teppich- → *Matricaria caucasica* **127**
Kammschmiede, Blaugrüne → *Koeleria glauca* **111**
Kamtschatka-Scheinkalla → *Lysichiom camtschatcensis* **125**
Kamtschatka-Sedum → *Sedum kamtschaticum* **188**
Kanadische Wasserpest → *Elodea canadensis* **70**
Kanadischer Phlox → *Phlox divaricata* 151
Kanadischer Wasserreis → *Zizania aquatica* **216**
Kandelaber-Primel → *Primula aurantiaca* 168
Kandelaber-Silberkerze → *Cimicifuga dahurica* **51**
Kandelaberprimel, Lilarote → *Primula beesiana* 168
Kandelaberprimel, Nankingelbe → *Primula bulleyana* **169**
Kap-Fuchsie → *Phygelius capensis* **153**
Kardendistel → *Morina longifolia* **135**
Kardinal-Gauklerblume → *Mimulus cardinalis* 131
Kardinalslobelie → *Lobelia cardinalis* **121** → *Lobelia splendens* 121
Karnevalsprimel → *Primula vulgaris* ssp. *sibthorpii* 171
Karpaten-Glockenblume → *Campanula carpatica* **41**
Kastanien-Schaublatt → *Rodgersia aesculifolia* **176**
Katzenminze → *Nepeta × faassenii* **137** → *Nepeta racemosa* 137
Katzenpfötchen → *Antennaria dioicia* **22**
Kaukasisches Herbstleimkraut → *Silene schafta* **193**

Kaukasus-Kissenprimel → *Primula juliae* 165
Kaukasus-Sedum → *Sedum spurium* **190**
Kaukasus-Skabiose → *Scabiosa caucasica* **184**
Kaukasus-Storchschnabel → *Geranium platypetalum* **85**
Kaukasus-Vergißmeinnicht → *Brunnera macrophylla* **38**
Kermesbeere → *Phytolacca americana* **156**
Kerzenknöterich → *Polygonum amplexicaule* **161**
Kerzenveronika, Große → *Veronica longifolia* **211**
Kissenaster → *Aster dumosus* **32**
Kissenprimel → Primula-Juliae-Hybriden **165** → *Primula vulgaris* **170**
Kissenprimel, Kaukasus- → *Primula juliae* 165
Kissenskabiose → *Scabiosa graminifolia* 185
Klebenelke → *Lychnis viscaria* **124**
Klee, Fieber- → *Menyanthes trifoliata* **130**
Klee, Sauer- → *Oxalis bowiei* **144**
Kleefarn, Vierblättriger → *Marsilea quadrifolia* 127
Kleine Ährenveronika → *Veronica spicata* **211**
Kleine Wasserlinse → *Lemna minor* **114**
Kleine Wiesenraute → *Thalictrum minus* **202**
Kleine Zwergteichrose → *Nuphar pumila* 137
Kleiner Rohrkolben → *Typha minima* **208**
Kleines Habichtskraut → *Hieracium pilosella* 97
Kleines Immergrün → *Vinca minor* **213**
Knäuelglockenblume → *Campanula glomerata* **42**
Knautie → *Knautia arvensis* **111** → *Knautia macedonica* **111**
Knöllchen-Helmkraut → *Scutellaria scordifolia* 186
Knöterich → *Polygonum weyrichii* 161
Knöterich, Japan- → *Reynoutria japonica* 175 → *Reynoutria japanica* var. *compacta* **175**
Knöterich, Kerzen- → *Polygonum amplexicaule* **161**
Knöterich, Sachalin- → *Reynoutria sachalinensis* 175
Knöterich, Schnecken- → *Polygonum affine* **160**
Knöterich, Wasser- → *Polygonum amphibium* **161**
Knöterich, Wiesen- → *Polygonum bistorta* **161**
Kokardenblumen → Gaillardia-Hybriden **81**
Kompaßpflanze → *Silphium laciniatum* 193
Königsfarn → *Osmunda regalis* **143**
Königsfrauenschuh → *Cypripedium reginae* 57
Königskerze → *Verbascum chaixii* **209**
Königskerze, Balkan- → *Verbascum longifolium* 210
Königskerze, Großblütige → *Verbascum densiflorum* 210
Königskerze, Kleinblumige → *Verbascum thapsus* 210
Königskerze, Olymp- → *Verbascum olympicum* **210**
Königskerze, Purpur- → *Verbascum phoeniceum* **210**
Königskerze, Seiden- → *Verbascum bombyciferum* **209**
Kopfgras → *Sesleria argentea* 192
Kopfgras, Blaues → *Sesleria caerulea* **192**
Kopfgras, Grünes → *Sesleria heuffleriana* 192
Korallenlungenkraut → *Pulmonaria rubra* 172
Korallenmoos-Sedum → *Sedum album* **186**
Kordilleren-Sauerklee → *Oxalis adenophylla* **144**
Kornblume → *Centaurea dealbata* **47**
Kornblumenaster → *Stokesia laevis* **199**
Körnerfenchel → *Foeniculum vulgare* **80**
Krauses Laichkraut → *Potamogeton crispus* **163**
Krebsschere → *Stratoites aloides* **199**
Kreisel-Glockenblume → *Campanula carpatica* var. *turbinata* 41
Kreuzblättriger Enzian → *Gentiana cruciata* **83**
Kreuzblume, Buchsblättrige → *Polygala chamaebuxus* **159**
Kreuzenzian → *Gentiana cruciata* **83**
Kreuzkraut → *Ligularia dentata* **117**
Kronen-Lichtnelke → *Lychnis coronaria* **124**
Krötenlilie → *Tricyrtis formosana* **206** → *Tricyrtis hirta* **206** → Tricyrtis-Hybriden 206
Küchenschelle → *Pulsatilla vulgaris* **172**
Kuckucks-Lichtnelke → *Lychnis flos-cuculi* **124**
Kugelblume → *Globularia cordifolia* 88 → *Globularia punctata* **88**
Kugeldistel → *Echinops banaticus* **69** → *Echinops ritro* **69**
Kugellauch, Persischer → *Allium aflatunense* 17
Kugellauch, Stern- → *Allium christophii* **17**
Kugelprimel → *Primula denticulata* **168**
Kuhschelle → *Pulsatilla vulgaris* **172**
Kuhtritt → *Wulfenia carinthiaca* 215
Kunigundenkraut → *Eupatorium cannabinum* **75**
Kuppelglocke → *Campanula lactiflora* **42**

L

Laichkraut, Krauses → *Potamogeton crispus* **163**
Laichkraut, Schwimmendes → *Potamogeton natans* **163**
Lampenputzergras, Australisches → *Pennisetum alopecuroides* **148**
Lampenputzergras, Orient- → *Pennisetum orientale* 148
Lampionblume → *Physalis alkekengi* var. *franchetii* **155**
Langes Zypergras → *Cyperus longus* **57**
Lanzenblättriger Froschlöffel → *Alisma lanceolatum* **16**
Lanzenblättriger Salbei → *Salvia lavandulifolia* 179
Lanzenblättriges Hechtkraut → *Pontederia lanceolata* 163
Lanzenschildfarn → *Polystichum lonchitis* 162
Lanzensilberkerze, Herzblatt- → *Cimicifuga racemosa* var. *cordifolia* 50
Lauch, Riesen- → *Allium giganteum* 17
Lauch, Rosen- → *Allium oreophilum* 17
Lauch, Sternkugel- → *Allium christophii* **17**
Lavendel, Echter → *Lavandula angustifolia* **113**
Lavendel, Schopf- → *Lavandula stoechas* ssp. *pedunculata* **113**
Lavendelziest → *Stachys lavandulifolia* 198
Leberbalsam, Alpen- → *Erinus alpinus* **73**
Leberblümchen → *Hepatica nobilis* **95**
Leimkraut, Gemeines → *Silene vulgaris* **193**
Leimkraut, Kaukasisches Herbst- → *Silene schafta* **193**
Lein, Stauden- → *Linum narbonense* **119**
Leinkraut → *Cymbalaria muralis* **56** → *Linaria purpurea* **119**
Leistengras, Band- → *Spartina pectinata* **197**
Lemonysop → *Agastache mexicana* **15**
Lerchensporn, Blaßgelber → *Corydalis ochroleuca* 53
Lerchensporn, Chinesischer Farn- → *Corydalis cheilanthifolia* 53
Lerchensporn, Gelber → *Corydalis lutea* **53**
Lerchensporn, Hohler → *Corydalis cava* 53
Lerchensporn, Sibirischer → *Corydalis nobilis* 53
Lichtnelke → Lychnis-Arkwrightii-Hybriden **124** → *Lychnis chalcedonica* **123**
Lichtnelke, Kuckucks- → *Lychnis flos-cuculi* **124**
Lilarote Kandelaberprimel → *Primula beesiana* 168
Lilie, Astlose Gras- → *Anthericum liliago* **23**
Lilie, Bastard-Schwert- → *Iris spuria* **108**
Lilie, Besen- → *Sisyrinchium angustifolium* **194** → *Sisyrinchium californicum* **194**
Lilie, Dolden- → *Agapanthus africanus* **14**
Lilie, Duft-Tag- → *Hemerocallis citrina* **94**
Lilie, Fackel- → *Kniphofia uvaria* 111 → Kniphofia-Hybriden **111**
Lilie, Gelbe Sumpfschwert- → *Iris pseudacorus* **108**
Lilie, Inka- → *Alstroemeria aurea* **18** → *Alstroemeria haemantha* 19 → *Alstroemeria pelegrina* 19 → Alstroemeria-Hybriden **19**
Lilie, Junker- → *Asphodeline lutea* **30**
Lilie, Kaffer- → *Phygelius capensis* **153**
Lilie, Kröten- → *Tricyrtis formosana* **206** → *Tricyrtis hirta* **206** → Tricyrtis-Hybriden 206
Lilie, Paradies- → *Paradisea liliastrum* **147**
Lilie, Schmuck- → *Agapanthus africanus* **14**
Lilie, Schwert- → *Iris cristata* **107** → *Iris crocea* 107 → *Iris forrestii* 107 → *Iris germanica* var. *germanica* **103** → *Iris orientalis* **107** → *Iris sanguinea* **108** → Iris-Spuria-Hybriden 109
Lilie, Wiesenschwert- → *Iris sibirica* **106**
Lilienschweif → *Eremurus stenophyllus* ssp. *stenophyllus* **72**
Lilienzüchtungen → Lilium-Hybriden **118**
Linse, Untergetauchte Wasser- → *Lemna trisulca* **114**
Lobelie → *Lobelia × gerardii* 121 → *Lobelia siphilitica* **121** → *Lobelia × speciosa* **121** → *Lobelia valida* **122**
Lobelie, Kardinals- → *Lobelia cardinalis* **121** → *Lobelia splendens* 121

Lotosblume, Amerikanische → *Nelumbo lutea* 136
Lotosblume, Indische → *Nelumbo nucifera* **136**
Lungenenzian → *Gentiana pneumonanthe* 82
Lungenkraut, Enzian- → *Pulmonaria angustifolia* **172**
Lungenkraut, Korallen- → *Pulmonaria rubra* 172
Lungenkraut, Schmalblättriges → *Pulmonaria angustifolia* **172**
Lungenkraut, Silberblatt- → *Pulmonaria saccharata* 172
Lungenkraut, Virginisches → *Mertensia virginica* **130**
Lupine, Indigo- → *Baptisia australis* **36**
Lupine, Stauden- → *Lupinus polyphyllus* **122** → Lupinus-Polyphyllus-Hybriden **122**

M

Mädchenauge → *Coreopsis grandiflora* **52**
Mädesüß → *Filipendula vulgaris* 79
Maiapfel → *Podophyllum hexandrum* **159**
Maiglöckchen → *Convallaria majalis* **52**
Maiteppich → *Veronica prostrata* **211**
Malve → *Alcea rosea* **15** → *Lavatera olbia* **114**
Malve, Bisam- → *Malva moschata* **127**
Malve, Busch- → *Lavatera thuringiaca* **114**
Malve, Moschus- → *Malva moschata* **127**
Malve, Prairie- → *Sidalcea malviflora* **192**
Mammutblatt → *Gunnera manicata* **89** → *Gunnera tinctoria* 89
Mannsschild → *Androsace sarmentosa* **20** → *Androsace sempervivoides* 21
Mannstreu → *Eryngium planum* **74**
Mannstreu, Alpen- → *Eryngium alpinum* **74**
Marbel, Haar- → *Luzula pilosa* 123
Marbel, Schnee- → *Luzula nivea* **123**
Marbel, Wald- → *Luzula sylvatica* **123**
Margerite, Bunte → *Tanacetum coccineum* **201**
Margerite, Edelweiß- → Leucanthemum-Maximum-Hybriden **116**
Margerite, Frühlings- → *Leucanthemum vulgare* **115**
Margerite, Gold- → *Buphthalmum salicifolium* **38**
Margerite, Sommer- → Leucanthemum-Maximum-Hybriden **116**
Margerite, Weiße Polar- → *Dendranthema arcticum* **62**
Margerite, Wiesen- → *Leucanthemum vulgare* **115**
Marienfrauenschuh → *Cypripedium calceolus* **57**
Mastkraut → *Sagina subulata* **178**
Mauerpfeffer, Scharfer → *Sedum acre* **186**
Mauerrautenfarn → *Asplenium ruta-muraria* 30
Mauseohr → *Marrubium supinum* **127**
Mausöhrchen → *Hieracium pilosella* 97
Medizinalrhabarber → *Rheum palmatum* **175**
Meerkohl → *Crambe cordifolia* **54** → *Crambe maritima* 54
Mehlprimel → *Primula farinosa* **166**
Melisse → *Melissa officinalis* **129**
Melisse, Gold- → *Melissa officinalis* **129**
Melisse, Zitronen- → *Melissa officinalis* **129**
Mexikanische Minze → *Agastache mexicana* **15**
Miere, Granit- → *Minuartia laricifolia* 132
Miesmäulchen → *Chelone obliqua* **50**
Milzfarn → *Asplenium trichomanes* **30** → *Ceterach officinarum* **49**
Miniatur- und Kleiniris → *Iris germanica* var. *germanica* **105**
Minze, Berg- → *Calamintha grandiflora* 39
Minze, Blau- → *Nepeta × faassenii* **137**
Minze, Katzen- → *Nepeta × faassenii* **137** → *Nepeta racemosa* 137
Minze, Mexikanische → *Agastache mexicana* **15**
Minze, Wasser- → *Mintha aquatica* **130**
Missouri-Nachtkerze → *Oenothera missouriensis* **141**
Mittelhohe Bartiris → *Iris germanica* var. *germanica* **104**
Mohn, Alpen- → *Papaver burseri* **146**
Mohn, Feder- → *Macleaya cordata* **126** → *Macleaya microcarpa* 127
Mohn, Feuer- → *Papaver orientale* **147**
Mohn, Himalaja-Schein- → *Meconopsis betonicifolia* 128
Mohn, Island- → *Papaver nudicaule* **147**
Mohn, Schottischer Schein- → *Meconopsis cambrica* **128**
Mohn, Schein- → *Meconopsis × sheldonii* **129**
Mohn, Türken- → *Papaver orientale* **147**
Molchschwanz, Amerikanischer → *Saururus cernuus* **181**
Molchschwanz, Asiatischer → *Saururus chinensis* 181
Mongolen-Sedum, Immergrünes → *Sedum hybridum* **188**
Montbretie, Großblumige → *Crocosmia masoniorum* **55**
Moorwollgras → *Eriophorum latifolium* 74
Moos, Feen- → *Azolla caroliniana* **35**
Moosfarn → *Azzola caroliniana* **35**
Moosphlox → *Phlox subulata* **152**
Moossteinbrech → Saxifraga-Arendsii-Hybriden **182**
Morgensternsegge → *Carex grayi* **44**
Moschusmalve → *Malva moschata* **127**
Moskitogras → *Bouteloua oligostachya* **37**
Mummel → *Nuphar lutea* **137**
Mummel, Zwerg- → *Nuphar pumila* 137
Muschelblume → *Pistia stratiodes* **157**
Myrrhenkerbel → *Myrrhis odorata* **136**
Myrtenaster → *Aster ericoides* **32**

N

Nachtkerze, Bronzeblatt- → *Oenothera tetragona* **141**
Nachtkerze, Missouri → *Oenothera missouriensis* **141**
Nachtschatten, Bittersüßer → *Solanum dulcamara* **195**
Nachtstengel-Iris → *Iris aphylla* **106**
Nachtviole → *Hesperis matronalis* **95**
Nadelsimse → *Eleocharis acicularis* 70
Nankinggelbe Kandelaberprimel → *Primula bulleyana* **169**
Neapolitanisches Alpenveilchen → *Cyclamen hederifolium* **56**
Nelke, Feder- → *Dianthus plumarius* **62**
Nelke, Felsen- → *Petrorhagia saxifraga* **150**
Nelke, Heide- → *Dianthus deltoides* **63**
Nelke, Klebe- → *Lychnis viscaria* **124**
Nelke, Pfingst- → *Dianthus gratianopolitanus* 63
Nelkenwurz → *Geum chiloense* **86** → *Geum coccineum* 86 → Geum-Hybriden **86**
Nepalfingerkraut → *Potentilla nepalensis* **164**
Nessel, Duft- → *Agastache anisata* 15 → *Agastache mexicana* **15**
Nessel, Gefleckte Taub- → *Lamium maculatum* **112**
Nessel, Gold- → *Lamiastrum galeobdolon* **112**
Nessel, Indianer- → Monarda-Hybriden **134**
Nesselglockenblume → *Campanula trachelium* 43
Netzblatt-Pfingstrose → *Paeonia tenuifolia* **146**
Netzblattstern → *Coreopsis verticillata* **52**
Nickendes Perlgras → *Melica nutans* 129
Niedrige Bartiris → *Iris germanica* var. *germanica* **105**
Nieswurz → *Helleborus dumetorum* **92**
Nieswurz, Stinkende → *Helleborus foetidus* **93**

O

Ochsenauge → *Buphthalmum salicifolium* **38** → *Telekia speciosa* **201**
Ochsenzunge → *Anchus azurea* **20**
Oktober-Enzian → *Gentiana sino-ornata* **82**
Oktober-Sedum → *Sedum sieboldii* **189**
Oktober-Silberkerze → *Cimicifuga simplex* **51**
Oktober-Steinbrech → *Saxifraga cortusifolia* var. *fortunei* **184**
Olymp-Hartheu → *Hypericum olympicum* **101**
Olymp-Königskerze → *Verbascum olympicum* **210**
Orangerotes Habichtskraut → *Hieracium aurantiacum* **97**
Orchidee, China- → *Bletilla striata* **37**
Orchidee, Ingwer- → *Roscoea cautleoides* **176** → *Roscoea purpurea* **176**
Orchidee, Japan- → *Bletilla striata* **37**
Orchidee, Tibet- → *Pleione formosana* **158** → *Pleione limprichtii* **158**

Orchideenprimel → *Primula vialii* **167**
Orientlampenputzergras → *Pennisetum orientale* 148
Osterluzei → *Aristolochia clematitis* **26**

P

Palmblatt-Schneerose → *Helleborus foetidus* **93**
Palmlilie → *Yucca filamentosa* **215**
Palmwedelbambus → *Sasa palmata* **181** → *Sasa veitchii* 181
Palmwedelsegge → *Carex muskingumensis* **45**
Pampasgras → *Cortaderia selloana* **53**
Papageienblumen → Gaillardia-Hybriden **81**
Papageienfeder → *Myriophyllum aquaticum* **135**
Papyrus → *Cyperus longus* **57**
Papyrus-Sonnenblume → *Helianthus salicifolius* **91**
Paradieslilie → *Paradisea liliastrum* **147**
Pechnelke → *Lychnis viscaria* **124**
Pendelsegge → *Carex pendula* **46**
Perlfarn → *Onoclea sensibilis* **141**
Perlgras, Nickendes → *Melica nutans* 129
Perlgras, Riesen- → *Melica altissima* 'Atropurpurea' 129
Perlgras, Wimpern- → *Melica ciliata* **129**
Perlkörbchen → *Anaphalis triplinervis* **20**
Perlpfötchen → *Anaphalis triplinervis* **20**
Perovskie → *Perovskia abrotanoides* **149** → *Perovskia atriplicifolia* 149
Persischer Kugellauch → *Allium aflatunense* 17
Pestwurz, Gemeine → *Petasites hybridus* **150**
Pestwurz, Japanische Riesen- → *Petasites japonicus* **150**
Pestwurz, Weiße → *Petasites albus* 150
Pfahrohr → *Arundo donax* **29**
Pfauenradfarn → *Adiantum pedatum* **13**
Pfeifenblume → *Aristolochia clematitis* **26**
Pfeifengras, Blaues → *Molinia caerulea* **134**
Pfeifengras, Riesen- → *Molinia arundinacea* **134**
Pfeilkraut → *Sagittaria sagittifolia* **178**
Pfeilkraut, Breitblättriges → *Sagittaria latifolia* **178**
Pfeilkraut, Grasblättriges → *Sagittaria graminea* 178
Pfennigkraut → *Lysimachia nummularia* **125**
Pferdminze → Monarda-Hybriden **134**
Pfingstnelke → *Dianthus gratianopolitanus* 63
Pfingstrose, Bauern- → *Paeonia officinalis* **145**
Pfingstrose, Chinesische → *Paeonia lactiflora* **144**
Pfingstrose, Edel- → *Paeonia lactiflora* **144** → Paeonia-Lactiflora-Hybriden **145**
Pfingstrose, Nepal- → *Paeonia tenuifolia* **146**
Pfingstveilchen → *Viola sororia* **214**
Pfirsichblättrige Glockenblume → *Campanula persicifolia* **43**
Pflaumenduftiris → *Iris graminea* **107**
Phlox, Hoher Stauden- → Phlox-Paniculata-Hybriden **152**
Phlox, Kanadischer → *Phlox divaricata* 151
Phlox, Moos- → *Phlox subulata* **152**
Phlox, Polster- → *Phlox amoena* **151** → *Phlox douglasii* **151** → *Phlox subulata* **152**
Phlox, Teppich- → *Phlox amoena* **151**
Phlox, Wiesen- → *Phlox maculata* 153
Plattährengras → *Chasmanthium latifolium* **49**
Platterbse, Frühlings- → *Lathyrus vernus* **113**
Polarmargerite, Weiße → *Dendranthema arcticum* **62**
Polster-Goldgarbe → *Achillea tomentosa* **11**
Polsterphlox → *Phlox amoena* **151** → *Phlox douglasii* **151** → *Phlox subulata* **152**
Polsterprimel → *Primula juliae* 165
Polsterschafgarbe → *Achillea ageratifolia* 10
Polstersteinbrech → *Saxifraga × apiculata* **181**
Porzellanblümchen → *Lewisia cotyledon* **116** → *Saxifraga umbrosa* **183**
Prachtiris, Japanische → *Iris ensata* **105**
Prachtkerze → *Gaura lindheimeri* **81**
Prachtscharte → *Liatris spicata* **117**
Prachtspiere → Astilbe-Arendsii-Hybriden **33** → *Astilbe simplicifolia* **34** → Astilbe-Thunbergii-Hybriden 34
Prachtspiere, Chinesische → *Astilbe chinensis* 33
Prachtspiere, Japanische → Astilbe-Japonica-Hybriden 34
Prairiemalve → *Sidalcea malviflora* **192**
Primel, Bestaubte Etagen- → *Primula pulverulenta* **169**
Primel, Etagen- → *Primula aurantiaca* 168
Primel, Garten- → Primula-Elatior-Hybriden **166**
Primel, Hängeglocken- → *Primula sikkimensis* **170**
Primel, Japanische Etagen- → *Primula japonica* **169**
Primel, Japanische Wiesen- → *Primula sieboldii* **167**
Primel, Kandelaber- → *Primula aurantiaca* 168
Primel, Karnevals- → *Primula vulgaris* ssp. *sibthorpii* 171
Primel, Kaukasus-Kissen- → *Primula juliae* 165
Primel, Kissen- → Primula-Juliae-Hybriden **165** → *Primula vulgaris* **170**
Primel, Kugel- → *Primula denticulata* **168**
Primel, Lilarote Kandelaber- → *Primula beesiana* 168
Primel, Nankingelbe Kandelaber- → *Primula bulleyana* **169**
Primel, Orchideen- → *Primula vialii* **167**
Primel, Polster- → *Primula juliae* 165
Primel, Rosen- → *Primula rosea* **167**
Primel, Sommer-Glocken- → *Primula florindae* **170**
Primel, Stengellose → *Primula vulgaris* **170**
Primel, Sumpf- → *Primula alpicola* **170**
Primel, Teppich- → *Primula juliae* 165
Primel, Terrakotta- → Primula-Bullesiana-Hybriden 168
Primel, Tibet-Sommer- → *Primula florindae* **170**
Punktierte Glockenblume → *Campanula punctata* **42**
Purpur-Königskerze → *Verbascum phoeniceum* **210**
Purpur-Wiesenraute → *Thalictrum dipterocarpum* **202**
Purpurglöckchen → Heuchera-Hybriden **96** → *Heuchera micrantha* **96** → *Heuchera sanguinea* **96** → × *Heucherella tiarelloides* 'Rosalie' 96
Purpurschafgarbe → *Achillea millefolium* **10**
Purpursonnenhut → *Echinacea purpurea* **69**
Pyramiden-Glockenblume → *Campanula pyramidalis* **43**
Pyrenäen-Distel → *Eryngium bourgatii* **74**
Pyrenäen-Federgras → *Stipa gigantea* **199**
Pyrenäen-Storchschnabel → *Geranium endressii* **84**

Q

Queckenreis → *Leersia oryzoides* 114
Quendel → *Calamintha nepeta* ssp. *glandulosa* **39** → *Thymus doerfleri* **204** → *Thymus serpyllum* **204**
Quendel, Alpenstein- → *Acinos alpinus* **11**
Quendel, Stein- → *Calamintha grandiflora* 39
Quirlblütiges Tausendblatt → *Myriophyllum verticillatum* 135

R

Ranken-Schaumblüte → *Tiarella cordifolia* **205**
Rankenlose Schaumkerze → *Tiarella wherryi* 205
Ränkgras → *Achnatherum calamagrostis* **11**
Rapunzel → *Phyteuma nigrum* 156
Rasenschmiede → *Deschampsia cespitosa* **62**
Rasselblume → *Catananche caerulea* **47**
Rauhblattaster → *Aster novae-angliae* **32**
Rauhgras, Silberhaariges → *Achnatherum calamagrostis* **11**
Raute, Akelei-Wiesen- → *Thalictrum aquilegifolium* 202
Raute, Amstel- → *Thalictrum aquilegifolium* 202
Raute, Gelbe Wiesen- → *Thalictrum flavum* ssp. *glaucum* 202
Raute, Japanische Zwergsilber- → *Artemisia schmidtiana* **27**
Raute, Kleine Wiesen- → *Thalictrum minus* **202**
Raute, Purpur-Wiesen- → *Thalictrum dipterocarpum* **202**
Raute, Silber- → *Artemisia absinthium* 27 → *Artemisia stelleriana* **28**
Regenbogenfarn, Japanischer → *Athyrium niponicum* **35**

Regenbogenschwingel → *Festuca amethystina* **77**
Reichblühendes China-Sedum → *Sedum floriferum* **187**
Reiherfedergras → *Stipa barbata* 198
Reiherschnabel → *Erodium manescavii* 74
Reis, Indianischer → *Zizania aquatica* **216**
Reis, Tuskarora- → *Zizania aquatica* **216**
Reis, Wilder → *Leersia oryzoides* 114
Reitgras → *Calamagrostis × acutiflora* **39**
Rhabarber, Medizinal- → *Rheum palmatum* **175**
Rhabarber, Riesen- → *Gunnera manicata* **89**
Rhabarber, Russischer Zier- → *Rheum palmatum* **175**
Rhodohypoxe → *Rhodohypoxis baurii* **175**
Riesen-Alant → *Inula magnifica* 103
Riesen-Chinaschilf → *Miscanthus floridulus* **132**
Riesen-Glockenblume → *Campanula lactiflora* **42**
Riesen-Lauch → *Allium giganteum* 17
Riesen-Perlgras → *Melica altissima* 'Atropurpurea' 129
Riesen-Rhabarber → *Gunnera manicata* **89**
Riesen-Schleierkraut → *Crambe cordifolia* **54**
Riesen-Schwingel → *Festuca gigantea* 78
Riesen-Segge → *Carex pendula* **46**
Riesen-Steinbrech → *Saxifraga longifolia* **184**
Riesen-Strandhafer → *Leymus arenarius* **116**
Riesen-Weißrandfunkie → *Hosta crispula* **98**
Riesenfunkie, Grüne → *Hosta elata* 98
Riesenpfeifengras → *Molinia arundinacea* **134**
Riesenpestwurz, Japanische → *Petasites japonicus* **150**
Riesensteinwurz, Grüne → *Sempervivum marmoreum* **191**
Rindsauge → *Telekia speciosa* **201**
Rippenfarn → *Blechnum spicant* **37**
Rittersporn → *Delphinium nudicaule* **61** → *Delphinium × ruysii* **61** → *Delphinium semibarbatum* 61 → *Delphinium tatsiense* 61
Rittersporn, Garten- → Delphinium-Hybriden **60**
Rittersporn, Zwerg- → *Delphinium grandiflorum* **60**
Rohr → *Phragmites australis* **153**
Rohrgras, China- → *Sinarundinaria nitida* **193**
Rohrkolben → *Typha laxmannii* 208
Rohrkolben, Breitblättriger → *Typha latifolia* **207**
Rohrkolben, Kleiner → *Typha minima* **208**
Rohrkolben, Schmalblättriger → *Typha angustifolia* **207**
Rohrkolben, Shuttleworths → *Typhia shuttleworthii* 208
Rohrkolben, Zwerg- → *Typha minima* **208**
Römische Kamille → *Chamaemelum nobile* **49**
Rosenlauch → *Allium oreophilum* 17
Rosenpappel → *Malva alcea* 127
Rosenprimel → *Primula rosea* **167**
Rosenteppich-Sedum → *Sedum cyaneum* 187
Rosenwaldmeister → *Phuopsis stylosa* **153**
Rosenziest → *Stachys grandiflora* **198**
Rosettenpolster → *Azorella trifurcata* **36**
Rosettensteinbrech → *Saxifraga cochlearis* 184 → *Saxifraga paniculata* **182**
Rostfarbiger Fingerhut → *Digitalis ferruginea* **65**
Roter Fingerhut → *Digitalis purpurea* **64**
Roter Sonnenhut → *Echinacea purpurea* **69**
Roter Steinbrech → *Saxifraga oppositifolia* **182**
Rotes Seifenkraut → *Saponaria ocymoides* **180**
Rotschleierfarn → *Dryopteris erythrosora* **68**
Rotspitzensteinwurz → *Sempervivum tectorum* ssp. *calcareum* 192
Rundblättrige Glockenblume → *Campanula rotundifolia* **42**
Rundblättriger Sonnentau → *Drosera rotundifolia* 67
Ruprechtsfarn → *Currania robertiana* 55
Russischer Zierrhabarber → *Rheum palmatum* **175**
Rutenhirse → *Panicum virgatum* **146**
Rutenweiderich → *Lythrum virgatum* 126

S

Sachalin-Knöterich → *Reynoutria sachalinensis* 175
Salbei, Garten- → *Salvia officinalis* **179**
Salbei, Lanzenblättriger → *Salvia lavandulifolia* 179
Salbei, Silberblatt- → *Salvia argentea* 179
Salbei, Steppen- → *Salvia nemorosa* **179**
Salbei-Gamander → *Teucrium scorodonia* 202
Salomonssiegel, Großer → *Polygonatum commutatum* **160**
Samtpappel → *Althaea officinalis* **19**
Sandglöckchen → *Jasione laevis* **109**
Sandkraut → *Arenaria montana* **26**
Sandrohr, Garten- → *Calamagrostis × acutiflora* **39**
Sauerklee → *Oxalis bowiei* **144**
Sauerklee, Kordilleren- → *Oxalis adenophylla* **144**
Sauerklee, Wald- → *Oxalis acetosella* 144
Schachtelhalm, Bunter → *Equisetum variegatum* 72
Schachtelhalm, Winter- → *Equisetum hyemale* var. *robustum* **72**
Schafgarbe, Bertram- → *Achillea ptarmica* **10**
Schafgarbe, Polster- → *Achillea ageratifolia* 10
Schafgarbe, Purpur- → *Achillea millefolium* **10**
Schafschwingel → *Festuca ovina* **79**
Scharbockskraut → *Ranunculus ficaria* **174**
Scharfer Hahnenfuß → *Ranunculus acris* **173**
Scharfer Mauerpfeffer → *Sedum acre* **186**
Scharlachfuchsie → *Fuchsia magellanica* **80**
Schattenblume → *Smilacina racemosa* **195**
Schattensegge → *Carex umbrosa* **45**
Schattensteinbrech → *Saxifraga umbrosa* **183**
Schaublatt, Flieder- → *Rodgersia pinnata* **176**
Schaublatt, Hollunder- → *Rodgersia sambucifolia* 176
Schaublatt, Kastanien- → *Rodgersia aesculifolia* **176**
Schaublatt, Zacken- → *Rodgersia podophylla* **176**
Schaumblüte, Ranken- → *Tiarella cordifolia* **205**
Schaumkerze, Rankenlose → *Tiarella wherryi* 205
Schaumkresse → *Arabis procurrens* 25
Scheidiges Wollgras → *Eriophorum vaginatum* **74**
Scheinkalla, Amerikanische → *Lysichiton americanus* **124**
Scheinkalla, Kamtschatka- → *Lysichiton camtschatcensis* **125**
Scheinmohn → *Meconopsis × sheldonii* **129**
Scheinmohn, Himalaja- → *Meconopsis betonicifolia* 128
Scheinmohn, Schottischer → *Meconopsis cambrica* **128**
Scheinwaldmeister → *Phuopsis stylosa* **153**
Scheinzyper-Segge → *Carex pseudocyperus* **45**
Schildblatt → *Darmera peltatum* **60**
Schildblume → *Chelone obliqua* **50**
Schildfarn, Glanz- → *Polystichum aculeatum* **162**
Schildfarn, Japanischer Glanz- → *Polystichum polyblepharum* **162**
Schildfarn, Lanzen- → *Polystichum lonchitis* 162
Schildfarn, Südlicher → *Polystichum setiferum* **162**
Schildschaublatt → *Astilboides tabularis* **34**
Schilf → *Phragmites australis* **153**
Schilf, China- → *Miscanthus sinensis* **133**
Schilf, Riesen-China- → *Miscanthus floridulus* **132**
Schillergras → *Koeleria glauca* **111**
Schirmbambus, Hellgrüner → *Thamnocalamus spathaceus* **203**
Schirmgriff-Bambus → *Phyllostachys aurea* **154** → *Phyllostachys bambusoides* **155** → *Phyllostachys nigra* **155**
Schirmgriff-Unrund → *Phyllostachys aurea* **154** → *Phyllostachys bambusoides* **155** → *Phyllostachys nigra* **155**
Schlangenbart → *Liriope muscari* **120** → *Ophiopogon planiscapus* **142**
Schlangenkopf → *Chelone obliqua* **50**
Schlangenmoos-Sedum, Grünes → *Sedum fosterianum* **188**
Schlangenwurz → *Calla palustris* **40**
Schleieraster → *Aster cordifolius* **32**
Schleierfarn, Rot- → *Dryopteris erythrosora* **68**
Schleierkraut → *Gypsophila paniculata* **89**
Schleierkraut, Riesen- → *Crambe cordifolia* **54**
Schleierkraut, Teppich- → *Gypsophila repens* **89**

Schleifenblume → *Iberis saxatilis* 102
Schleifenblume, Immergrüne → *Ibiris sempervirens* **102**
Schlüsselblume, Wiesen- → *Primula veris* **165**
Schmalblättriger Rohrkolben → *Typha angustifolia* **207**
Schmalblättriges Lungenkraut → *Pulmonaria angustifolia* **172**
Schmalblättriges Wollgras → *Eriophorum angustifolium* **73**
Schmale Sumpfsegge → *Carex gracilis* 46
Schmaler Hirschzungenfarn → *Phyllitis scolopendrium* **154**
Schmetterlingsblume → *Knautia arvensis* **111**
Schmucklilie → *Agapanthus africanus* **14**
Schneckenknöterich → *Polygonum affine* **160**
Schneefeder → *Hosta undulata* **99**
Schneefelberich → *Lysimachia clethroides* **125**
Schneekissen → *Iberis saxatilis* 102
Schneemarbel → *Luzula nivea* **123**
Schneerose → *Helleborus dumetorum* **92** → *Helleborus niger* **93**
Schneerose, Frühlings- → Helleborus-Hybriden 93
Schneerose, Palmblatt- → *Helleborus foetidus* **93**
Schnittlauch → *Allium schoenoprasum* **17**
Schopflavendel → *Lavandula stoechas* ssp. *pedunculata* **113**
Schottischer-Scheinmohn → *Meconopsis cambrica* **128**
Schriftfarn → *Ceterach officinarum* **49**
Schwalbenwurzenzian → *Gentiana asclepiadea* **82**
Schwanenblume, Doldige → *Butomus umbellatus* **39**
Schwarzer Germer → *Veratrum nigrum* **209**
Schwefelgelbe Elfenblume → *Epimedium* × *versicolor* 'Sulphureum' 71
Schwefelsteinrich → *Alyssum saxatile* **19**
Schweinsohr → *Calla palustris* **40**
Schwertlilie → *Iris cristata* **106** → *Iris crocea* 107 → *Iris forrestii* 107 → *Iris germanica* var. *germanica* **103** → *Iris orientalis* **107** → *Iris sanguinea* **108** → Iris-Spuria-Hybriden 109
Schwertlilie, Bastard- → *Iris spuria* **108**
Schwertlilie, Gelbe Sumpf- → *Iris pseudacorus* **108**
Schwertlilie, Sibirische → *Iris sibirica* **106**
Schwertlilie, Wiesen- → *Iris sibirica* **106**
Schwimmendes Laichkraut → *Potamogeton natans* **163**
Schwimmfarn → *Salvinia natans* **179**
Schwingel, Alpen- → *Festuca alpina* 77
Schwingel, Atlas- → *Festuca mairei* **78**
Schwingel, Bärenfell- → *Festuca gautieri* **78**
Schwingel, Blau- → *Festuca cinerea* **77**
Schwingel, Gletscher- → *Festuca glacialis* 78
Schwingel, Regenbogen- → *Festuca amethystina* **77**
Schwingel, Riesen- → *Festuca gigantea* 78
Schwingel, Schaf- → *Festuca ovina* **79**
Schwingel, Stachel- → *Festuca punctoria* 79
Schwingel, Zwerg-Blau- → *Festuca valesiaca* 79
Sedum → *Sedum lydium* **189**
Sedum, Blautannen- → *Sedum reflexum* **189**
Sedum, Grünes Amur- → *Sedum kamtschaticum* **188**
Sedum, Grünes Schlangenmoos- → *Sedum fosterianum* **188**
Sedum, Himalaja- → *Sedum ewersii* **187**
Sedum, Immergrünes Mongolen- → *Sedum hybridum* **188**
Sedum, Kamtschatka- → *Sedum kamtschaticum* **188**
Sedum, Kaukasus- → *Sedum spurium* **190**
Sedum, Korallenmoos- → *Sedum album* **186**
Sedum, Oktober- → *Sedum sieboldii* **189**
Sedum, Reichblütiges China- → *Sedum floriferum* **187**
Sedum, Rosenteppich- → *Sedum cyaneum* 187
Sedum, September- → *Sedum cauticola* **187**
Seekanne → *Nymphoides peltata* **140**
Seerose → *Nymphaea* **138** → *Nymphaea tuberosa* **140** → Nymphaea-Hybriden **139**
Seerose, Tropische → *Nymphaea* × *daubenyana* **138**
Seerose, Weiße → *Nymphaea alba* **138**
Seerose, Wohlriechende → *Nymphaea odorata* **139**
Seerose, Zwerg- → *Nymphaea tetragona* **140**
Seesimse → *Scirpus lacustris* **185**
Segge → *Carex comans* 44 → *Carex conica* 44
Segge, Berg- → *Carex montana* **44**
Segge, Breitblatt- → *Carex plantaginea* 45
Segge, Finger- → *Carex digitata* 44
Segge, Fuchsrote → *Carex buchananii* **44**
Segge, Immergrüne Japan- → *Carex morrowii* **44**
Segge, Japan- → *Carex hachijoensis* 44
Segge, Morgenstern- → *Carex grayi* **44**
Segge, Palmwedel- → *Carex muskingumensis* **45**
Segge, Pendel- → *Carex pendula* **46**
Segge, Riesen- → *Carex pendula* **46**
Segge, Schatten- → *Carex umbrosa* **45**
Segge, Scheinzyper- → *Carex pseudocyperus* **45**
Segge, Schmale Sumpf- → *Carex gracilis* 46
Segge, Steife → *Carex elata* 46
Segge, Sumpf- → *Carex acutiformis* 46
Segge, Ufer- → *Carex riparia* 46
Segge, Vogelfuß- → *Carex ornithopoda* **45**
Segge, Wald- → *Carex sylvatica* 45
Segge, Zyper- → *Carex pseudocyperus* **45**
Segge, Zypergrasähnliche → *Carex pseudocyperus* **45**
Seiden-Königskerze → *Verbascum bombyciferum* **209**
Seidenpflanze → *Asclepias syriaca* **29** → *Asclepias tuberosa* **29**
Seifenkraut → *Saponaria* × *lempergii* 180
Seifenkraut, Echtes → *Saponaria officinalis* → 181
Seifenkraut, Rotes → *Saponaria ocymoides* **180**
Sekretärinnenblume → *Lewisia cotyledon* **116**
September-Sedum → *Sedum cauticola* **187**
September-Silberkerze → *Cimicifuga ramosa* **51**
Septemberkraut → *Aster ericoides* **32** → × *Solidaster luteus* **196**
Shuttleworths-Rohrkolben → *Typha shuttleworthii* 208
Sibirische Schwertlilie → *Iris sibirica* **106**
Sibirischer Lerchensporn → *Cordydalis nobilis* 53
Sichelfarn → *Cyrtomium fortunei* 58
Siegmarskraut → *Malva alcea* 127
Siegwurz → *Gladiolus communis* ssp. *byzantinus* 87
Siegwurz, Sumpf- → *Gladiolus palustris* **87**
Siegwurz, Wiesen- → *Gladiolus imbricatus* **87**
Silberährengras → *Achnatherum calamagrostis* **11**
Silberblatt-Lungenkraut → *Pulmonaria saccharata* 172
Silberblatt-Salbei → *Salvia argentea* 179
Silberdistel → *Carlina acaulis* ssp. *acaulis* **46** → *Carlina acaulis* ssp. *simplex* 47
Silberfahnen-Steinbrech → *Saxifraga cotyledon* **183**
Silberfahnengras → *Miscanthus sacchariflorus* **132**
Silberhaariges Rauhgras → *Achnatherum calamagrostis* **11**
Silberhahnenfuß → *Ranunculus aconitifolius* 173
Silberhornkraut → *Cerastium biebersteinii* 48
Silberimmortelle → *Anaphalis margaritacea* **20**
Silberkerze, August- → *Cimifuga dahurica* **51**
Silberkerze, Herzblatt-Lanzen- → *Cimicifuga racemosa* var. *cordifolia* 50
Silberkerze, Juli- → *Cimifuga racemosa* var. *racemosa* 51
Silberkerze, Kandelaber- → *Cimifuga dahurica* **51**
Silberkerze, Oktober- → *Cimifuga simplex* **51**
Silberkerze, September- → *Cimifuga ramosa* **51**
Silberraute → *Artemisia absinthium* 27 → *Artemisia stelleriana* **28**
Silberraute, Japanische Zwerg- → *Artemisia schmidtiana* **27**
Silberstrauch → *Perovskia abrotanoides* **149**
Silberwollziest → *Stachys byzantina* **198**
Silberwurz → *Dryas* × *suendermannii* **67**
Simse, Hain- → *Luzula sylvatica* **123**
Simse, See- → *Scirpus lacustris* 185
Simse, Sumpf- → *Eleocharis palustris* **70**
Simse, Wald- → *Scirpus sylvaticus* 185
Simse, Zebra- → *Scirpus lacustris* ssp. *tabernaemontani* **185**
Skabiose, Gelbe → *Scabiosa ochroleuca* 185
Skabiose, Kaukasus → *Scabiosa caucasica* **184**
Skabiose, Kissen- → *Scabiosa graminifolia* 185
Sommer-Glockenprimel → *Primula florindae* **170**
Sommerenzian → *Gentiana septemfida* var. *lagodechiana* **83**
Sommermargerite → Leucanthemum-Maximum-Hybriden **116**
Sommerprimel, Tibet- → *Primula florindae* **170**

Sonnenauge → *Heliopsis helianthoides* var. *scabra* **92**
Sonnenblume → *Helianthus decapetalus* **91** → *Helianthus* × *multiflorus* 91
Sonnenblume, Papyrus- → *Helianthus salicifolius* **91**
Sonnenblume, Stauden- → *Helianthus atrorubens* **91**
Sonnenblume, Weinblättrige → *Helianthus salicifolius* **91**
Sonnenbraut → Helenium-Hybriden **90**
Sonnenhut → *Rudbeckia fulgida* var. *sullivantii* **177**
Sonnenhut, Purpur- → *Echinacea purpurea* **69**
Sonnenhut, Roter → *Echinacea purpurea* **69**
Sonnenröschen → Helianthemum-Hybriden **91**
Sonnentau, Rundblättriger → *Drosera rotundifolia* 67
Spanisches Gänseblümchen → *Erigeron karvinskianus* **73**
Spätwinter-Alpenveilchen → *Cyclamen coum* ssp. *coum* **56**
Speik → *Lavandula angustifolia* **113**
Sperrkraut → *Polemonium reptans* **159**
Spiere, Chinesische Pracht- → *Astilbe chinensis* 33
Spiere, Dreiblatt- → *Gillenia trifoliata* 86
Spiere, Japanische Pracht- → Astilbe-Japonica-Hybriden 34
Spiere, Pracht- → Astilbe-Arendsii-Hybriden **33** → *Astilbe simplicifolia* **34** → Astilbe-Thunbergii-Hybriden 34
Spierstaude → *Filipendula purpurea* 79 → *Filipendula rubra* **79** → *Filipendula ulmaria* **79** → *Filipendula vulgaris* 79
Spinnweb-Hauswurz → *Sempervivum arachnoideum* **191**
Spornblume → *Centranthus ruber* **48**
Sprossender Donarsbart → *Jovibarba sobolifera* **109**
Stabwurz → *Artemisia abrotanum* **27**
Stachelnüßchen → *Acaena buchananii* **9**
Stachelnüßchen, Braungrünes → *Acaena microphylla* **9**
Stachelnüßchen, Graublaues → *Acaena magellanica* 9
Stachelschwingel → *Festuca punctoria* 79
Statice → *Goniolimon tataricum* 88
Staudenflachs → *Linum perenne* **120**
Staudenlein → *Linum narbonense* **119**
Staudenlupine → *Lupinus polyphyllus* **122** → Lupinus-Polyphyllus-Hybriden **122**
Staudenphlox, Hoher → Phlox-Paniculata-Hybriden **152**
Staudensonneblume → *Helianthus atrorubens* **91**
Staudenwicke → *Lathyrus latifolius* **112**
Steife Segge → *Carex elata* 46
Steinbrech → *Saxifraga rotundifolia* 184
Steinbrech, Alpen- → *Saxifraga muscoides* 182
Steinbrech, Hängerispen- → *Saxifraga callosa* **183**
Steinbrech, Herbst- → *Saxifraga cortusifolia* var. *fortunei* **184**
Steinbrech, Moos- → Saxifraga-Arendsii-Hybriden **182**
Steinbrech, Oktober- → *Saxifraga cortusifolia* var. *fortunei* **184**
Steinbrech, Polster- → *Saxifraga* × *apiculata* **181**
Steinbrech, Riesen- → *Saxifraga longifolia* **184**
Steinbrech, Rosetten- → *Saxifraga cochlearis* 184 → *Saxifraga paniculata* **182**
Steinbrech, Roter → *Saxifraga oppositifolia* **182**
Steinbrech, Schatten- → *Saxifraga umbrosa* **183**
Steinbrech, Silberfahnen- → *Saxifraga cotyledon* **183**
Steinkraut → *Alyssum saxatile* **19**
Steinkraut, Berg- → *Alyssum montanum* 19
Steinquendel → *Calamintha grandiflora* 39
Steinquendel, Alpen- → *Acinos alpinus* **11**
Steinsame → *Buglossoides purpurocaerulea* 38 → *Lithodora diffusa* **120**
Steintäschel → *Aethionema coridifolium* 14 → *Aethionema grandiflorum* 14
Steinwurz → *Sempervivum ciliosum* 191 → Sempervivum-Hybriden **190**
Steinwurz, Grüne Riesen- → *Sempervivum marmoreum* **191**
Steinwurz, Jadewirbel- → *Jovibarba heuffelii* 109
Steinwurz, Rotspitzen- → *Sempervivum tectorum* ssp. *calcareum* 192
Stengellose Primel → *Primula vulgaris* **170**
Stengelloser Enzian → *Gentiana clusii* **82**
Steppeniris → *Iris spuria* **108**
Steppenkerze → *Eremurus* × *Isabellinus* **72** → *Eremurus robustus* 72 → *Eremurus stenophyllus* ssp. *stenophyllus* **72**
Steppensalbei → *Salvia nemorosa* **179**
Sterndolde → *Astrantia major* **34**
Sternkugellauch → *Allium christophii* **17**
Sternmoos → *Sagina subulata* **178**
Stinkende Nieswurz → *Helleborus foetidus* **93**
Stockrose → *Alcea rosea* **15**
Stokesie → *Stokesia laevis* **199**
Storchschnabel → *Geranium* × *cantabrigiense* 'Biokovo' 84 → *Geranium cinereum* 84 → *Geranium himalayense* **84** → *Geranium macrorrhizum* **85** → *Geranium* × *magnificum* **85**
Storchschnabel, Blut- → *Geranium sanguineum* **86**
Storchschnabel, Dalmater Zwerg- → *Geranium dalmaticum* **84**
Storchschnabel, Immergrün- → *Geranium macrorrhizum* **85**
Storchschnabel, Kaukasus- → *Geranium platypetalum* **85**
Storchschnabel, Pyrenäen- → *Geranium endressii* **84**
Storchschnabel, Wiesen- → *Geranium pratense* **85**
Strandflieder → *Goniolimon tataricum* **88** → *Limonium latifolium* **119**
Strandgrasnelke → *Armeria maritima* **26**
Strandhafer, Riesen- → *Leymus arenarius* **116**
Strauchpappel → *Lavatera thuringiaca* **114**
Strauß-Gilbweiderich → *Lysimachia thyrsiflora* 125
Straußenfarn → *Matteuccia struthiopteris* **128**
Straußfelberich → *Lysimachia thyrsiflora* 125
Streifenfarn, Braunstieliger → *Asplenium trichomanes* **30**
Strohblume → *Helichrysum tianshanicum* **92**
Sturmhut → *Aconitum napellus* 11
Südlicher Schildfarn → *Polystichum setiferum* **162**
Sumpfdotterblume → *Caltha palustris* **40**
Sumpfeibisch → *Hibiscus moscheutos* **96**
Sumpfherzblatt → *Parnassia palustris* 148
Sumpfiris, Amerikanische → *Iris versicolor* 109
Sumpfiris, Japanische → *Iris laevigata* **107**
Sumpfkalla → *Calla palustris* **40**
Sumpfprimel → *Primula alpicola* **170**
Sumpfried → *Eleocharis acicularis* 70
Sumpfschwertlilie, Gelbe → *Iris pseudacorus* **108**
Sumpfsegge → *Carex acutiformis* 46
Sumpfsegge, Schmale → *Carex gracilis* 46
Sumpfsiegwurz → *Gladiolus palustris* **87**
Sumpfsimse → *Eleocharis palustris* **70**
Sumpfvergißmeinnicht → *Myosotis palustris* **135**
Sumpfwolfsmilch → *Euphorbia palustris* **77**
Süßdolde → *Myrrhis odorata* **136**
Süßgras → *Glyceria maxima* **88**

T

Taglilie → *Hemerocallis aurantiaca* **93** → Hemerocallis-Hybriden **94**
Taglilie, Duft- → *Hemerocallis citrina* **94**
Tannenklee → *Anthyllis vulneraria* 23
Tannenwedel → *Hippuris vulgaris* **97**
Taubnessel, Gefleckte → *Lamium maculatum* **112**
Taumantel → *Alchemilla mollis* **16**
Tausendblatt, Quirlständiges → *Myriophyllum verticillatum* 135
Teichrose, Gelbe → *Nuphar lutea* **137**
Teichrose, Kleine Zwerg- → *Nuphar pumila* 137
Telekie → *Telekia speciosa* **201**
Tellergarbe, Goldene → *Achillea filipendulina* **10**
Teppich-Golderdbeere → *Waldsteinia ternata* **214**
Teppichkamille → *Matricaria caucasica* **127**
Teppichphlox → *Phlox amoena* **151**
Teppichprimel → *Primula juliae* 165
Teppichschleierkraut → *Gypsophila repens* **89**
Terrakottaprimel → Primula-Bullesiana-Hybriden **168**
Teufelskralle → *Phyteuma nigrum* 156 → *Phyteuma orbiculare* 156 → *Phyteuma scheuchzeri* **156**
Thymian, Feld- → *Thymus serpyllum* **204**
Thymian, Garten- → *Thymus vulgaris* 204
Thymian, Woll- → *Thymus praecox* var. *pseudolanuginosus* **204**

Thymian, Zitronen- → *Thymus × citriodorus* **204**
Tibet-Sommerprimel → *Primula florindae* **170**
Tibetorchidee → *Pleione formosana* **158** → *Pleione limprichtii* **158**
Tigerglocke → *Codonopsis clematidea* 51
Topinamhur → *Helianthus tuberosus* 91
Torfwollgras → *Eriophorum angustifolium* **73**
Tradeskantie, Garten- → Tradescantia-Andersoniana-Hybriden **205**
Tränendes Herz → *Dicentra spectabilis* **64**
Traubenveronika, Hohe → *Veronica virginica* **212**
Trauerglocke → *Uvularia grandiflora* **209**
Trichterfarn → *Matteuccia struthiopteris* **128**
Tripmadam → *Sedum reflexum* **189**
Trollblume → *Trollius europaeus* **207**
Trollblume, Chinesische → *Trollius chinensis* **206**
Trollblume, Zwerg- → *Trollius pumilus* **207**
Tropische Seerose → *Nymphaea × daubenyana* **138**
Trugerdbeere → *Duchesnea indica* **68**
Tüpfelfarn → *Polypodium vulgare* 161
Tüpfelfarn, Feder- → *Polypodium interjectum* **161**
Tüpfelfarn, Gesägter → *Polypodium interjectum* **161**
Türkenmohn → *Papaver orientale* **147**
Tuskarora-Reis → *Zizania aquatica* **216**

U

Ufersegge → *Carex riparia* 46
Unrund, Gelbgruben- → *Phyllostachys aureo-sulcata* **155**
Unrund, Schirmgriff- → *Phyllostachys aurea* **154** → *Phyllostachys bambusoides* **155** → *Phyllostachys nigra* **155**
Untergetauchte Wasserlinse → *Lemma trisulca* **114**

V

Veilchen, Duft- → *Viola odorata* 214
Veilchen, Horn- → *Viola cornuta* **213**
Veilchen, Pfingst- → *Viola sororia* **214**
Veilchen, Weißes → *Viola alba* **214**
Venushaar → *Adiantum venustum* **13**
Vergißmeinnicht, Bodensee- → *Myosotis rehsteineri* **135**
Vergißmeinnicht, Kaukasus → *Brunnera macrophylla* **38**
Vergißmeinnicht, Sumpf- → *Myosotis palustris* **135**
Vergißmeinnicht, Wald- → *Omphalodes verna* **141**
Vergißmeinnicht, Zwerg- → *Myosotis rehsteineri* **135**
Veronika → *Veronica gentianoides* **211**
Veronika, Büschel- → *Veronica austriaca* ssp. *teucrium* **210**
Veronika, Große Kerzen- → *Veronica longifolia* **211**
Veronika, Hohe Trauben- → *Veronica virginica* **212**
Veronika, Kleine Ähren- → *Veronica spicata* **211**
Vexiernelke → *Lychnis coronaria* **124**
Vielblütige Weißwurz → *Polygonatum multiflorum* **160**
Vierblättriger Kleefarn → *Marsilea quadrifolia* 127
Violettfarbene Iris → *Iris chrysographes* **106**
Virginisches Lungenkraut → *Mertensia virginica* **130**
Vogelfußsegge → *Carex ornithopoda* **45**

W

Wachsglocke → *Kirengeshoma palmata* **110**
Waldanemone → *Anemone sylvestris* **21** → *Anemone tomentosa* 22
Walddickblatt → *Chiastophyllum oppositifolium* **50**
Waldgeißbart → *Aruncus dioicus* **28**
Waldglockenblume → *Campanula latifolia* var. *macrantha* **43**
Waldmarbel → *Luzula sylvatica* **123**
Waldmeister → *Galium odoratum* **81**
Waldmeister, Rosen- → *Phuopsis stylosa* **153**
Waldmeister, Schein- → *Phuopsis stylosa* **153**
Waldsauerklee → *Oxalis acetosella* 144
Waldsegge → *Carex sylvatica* 45
Waldsimse → *Scirpus sylvaticus* 185
Waldsteinie → *Waldsteinia geoides* **214**
Waldvergißmeinnicht → *Omphalodes verna* **141**
Wallwurz → *Symphytum asperum* 200
Walzenwolfsmilch → *Euphorbia myrsinites* 76
Wasserähre, Afrikanische → *Aponogeton distachyos* **23**
Wasseraloe → *Stratoites aloides* **199**
Wasserdost → *Eupatorium cannabinum* **75** → *Eupatorium maculatum* 'Atropurpureum' 75 → *Eupatorium purpureum* **75**
Wasserfeder → *Hottonia palustris* **99**
Wasserhahnenfuß → *Ranunculus aquatilis* **174**
Wasserhyazinthe → *Eichhornia crassipes* **70**
Wasserknöterich → *Polygonum amphibium* **161**
Wasserlinse, Dreifurchige → *Lemna trisulca* **114**
Wasserlinse, Kleine → *Lemna minor* **114**
Wasserlinse, Untergetauchte → *Lemna trisucla* **114**
Wasserminze → *Mentha aquatica* **130**
Wassermohn → *Hydrocleys nymphoides* **100**
Wassernuß → *Trapa natans* **205**
Wasserpest, Kanadische → *Elodea canadensis* **70**
Wasserreis, Kanadischer → *Zizania aquatica* **216**
Wasserrose → *Nymphaea* **138**
Wassersalat → *Pistia stratiodes* **157**
Wasserschlauch → *Utricularia vulgaris* **208**
Wasserschlüssel → *Hydrocleys nymphoides* **100**
Wasserschwaden → *Glyceria maxima* **88**
Wasserstern → *Callitriche hamulata* 40
Wasserstern, Haken- → *Callitriche hamulata* 40
Weidenröschen → *Epilobium angustifolium* **71**
Weiderich, Ruten- → *Lythrum virgatum* 126
Weiderich, Strauß-Gilb- → *Lysimachia thyrsiflora* 125
Weinblättrige Sonnenblume → *Helianthus salicifolius* **91**
Weiße Elfenblume → *Epimedium × youngianaum* 'Niveum' **71**
Weiße Pestwurz → *Petasites albus* 150
Weiße Polarmargerite → *Dendranthema arcticum* **62**
Weiße Seerose → *Nymphaea alba* **138**
Weißes Veilchen → *Viola alba* **214**
Weißrandfunkie → *Hosta sieboldii* 98
Weißrandfunkie, Riesen- → *Hosta crispula* **98**
Weißwurz → *Polygonatum commutatum* **160** → Polygonatum-Hybriden 160
Weißwurz, Vielblütige → *Polygonatum multiflorum* **160**
Wellblattfunkie → *Hosta undulata* **99**
Wellen-Hirschzungenfarn → *Phyllitis scolopendrium* **154**
Wellensittichenzian → *Gentiana farreri* 82
Wermut, Zier- → *Artemisia absinthum* 27
Wetterdistel → *Carlina acaulis* ssp. *acaulis* **46**
Wicke, Stauden- → *Lathyrus latifolius* **112**
Wiesen-Storchschnabel → *Geranium pratense* **85**
Wieseniris → *Iris sibirica* **106**
Wiesenknöterich → *Polygonum bistorta* **161**
Wiesenmargerite → *Leucanthemum vulgare* **115**
Wiesenphlox → *Phlox maculata* 153
Wiesenprimel, Japanische → *Primula sieboldii* **167**
Wiesenraute, Akelei- → *Thalictrum aquilegifolium* 202
Wiesenraute, Gelbe → *Thalictrum flavum* ssp. *glaucum* 202
Wiesenraute, Kleine → *Thalictrum minus* **202**
Wiesenraute, Purpur- → *Thalictrum dipterocarpum* **202**
Wiesenschlüsselblume → *Primula veris* **165**
Wiesenschwertlilie → *Iris sibirica* **106**
Wiesensiegwurz → *Gladiolus imbricatus* **87**
Wildalpenveilchen → *Cyclamen purpurascens* 56
Wilder Reis → *Leersia oryzoides* 114
Wimpernfarn, Fernost- → *Woodsia polystichoides* **215**
Wimperperlgras → *Melica ciliata* **129**
Winde, Glocken → *Codonopsis clematidea* 51 → *Codonopsis ovata* **51**

Windröschen, Großes → *Anemone sylvestris* **21**
Winteraster → Dendranthema-Grandiflorum-Hybriden **61**
Winterschachtelhalm → *Equisetum hyemale* var. *robustum* **72**
Witwenblume → *Knautia arvensis* **111** → *Scabiosa caucasica* **184**
Wohlriechende Seerose → *Nymphaea odorata* **139**
Wolfsmilch, Gold- → *Euphorbia polychroma* **77**
Wolfsmilch, Sumpf- → *Euphorbia palustris* **77**
Wolfsmilch, Wald- → *Euphorbia myrsinites* 76
Wolfsmilch, Zwerg- → *Euphorbia capitulata* 76
Wollgras, Breitblättriges → *Eriophorum latifolium* 74
Wollgras, Moor- → *Eriophorum latifolium* 74
Wollgras, Scheidiges → *Eriophorum vaginatum* **74**
Wollgras, Schmalblättriges → *Eriophorum angustifolium* **73**
Wollgras, Torf- → *Eriophorum angustifolium* **73**
Wollthymian → *Thymus praecox* var. *pseudolanuginosus* **204**
Wollziest, Silber- → *Stachys byzantina* **198**
Wulfenie → *Wulfenia carinthiaca* 215
Wundklee → *Anthyllis vulneraria* 23
Wurmfarn, Gemeiner → *Dryopteris filix-mas* **68**

Y

Ysander → *Pachysandra terminalis* **144**
Ysop → *Hyssopus officinalis* ssp. *officinalis* **101**

Z

Zacken-Schaublatt → *Rodgersia podophylla* **176**
Zebrasimse → *Scirpus lacustris* ssp. *tabernaemontani* **185**
Zier-Erdbeere → Fragaria-Hybriden **80**
Zier-Fenchel → *Foeniculum vulgare* **80**
Zier-Hirse → *Panicum virgatum* **146**
Zier-Wermut → *Artemisia absinthium* 27
Zierrhabarber, Russischer → *Rheum palmatum* **175**
Ziest, Dichtblütiger → *Stachys monnieri* 198
Ziest, Lavendel- → *Stachys lavandulifolia* 198
Ziest, Rosen- → *Stachys grandiflora* **198**
Ziest, Silberwoll- → *Stachys byzantina* **198**
Zimbelkraut → *Cymbalaria muralis* **56**
Zimmerkalla → *Zantedeschia aethiopica* **216**
Zitronen-Melisse → *Melissa officinalis* **129**
Zitronen-Thymian → *Thymus* × *citriodorus* **204**
Zitronenkraut → *Artemisia abrotanum* **27**
Zittergras, Herz- → *Briza media* **37**
Zottenrauhgras → *Spodiopogon sibiricus* 197
Zungenhahnenfuß → *Ranunculus lingua* **174**
Zwerg-Akelei → *Aquilegia flabellata* var. *pumila* 24
Zwerg-Alant → *Inula ensifolia* **103**
Zwerg-Bambus → *Pleioblastus pygmaeus* **157**
Zwerg-Binse → *Juncus ensifolius* **110**
Zwerg-Blauschwingel → *Festuca valesiaca* 79
Zwerg-Funkie → *Hosta sieboldii* 98
Zwerg-Glockenblume → *Campanula cochleariifolia* **41**
Zwerg-Grasnelke → *Armeria juniperifolia* 26
Zwerg-Heidegünsel → *Origanum vulgare* **143**
Zwerg-Herzblume → *Dicentra eximia* **63** → *Dicentra formosa* ssp. *oregana* 64
Zwerg-Iris → *Iris germanica* var. *germanica* **105**
Zwerg-Johanniskraut → *Hypericum polyphyllum* **101**
Zwerg-Kalmus → *Acorus gramineus* 12
Zwerg-Mummel → *Nuphar pumila* 137
Zwerg-Rittersporn → *Delphinium grandiflorum* **60**
Zwerg-Rohrkolben → *Typha minima* **208**
Zwerg-Seerose → *Nymphaea tetragona* **140**
Zwerg-Trollblume → *Trollius pumilus* **207**
Zwerg-Vergißmeinnicht → *Myosotis rehsteineri* **135**
Zwerg-Wolfsmilch → *Euphorbia capitulata* 76
Zwergastilbe, Chinesische → *Astilbe chinensis* var. *pumila* **34**
Zwergsilberraute, Japanische → *Artemisia schmidtiana* **27**
Zwergstorchschnabel, Dalmatiner → *Geranium dalmaticum* **84**
Zwergteichrose, Kleine → *Nuphar pumila* 137
Zypergras → *Cyperus longus* **57**
Zypergras, Langes → *Cyperus longus* **57**
Zypergrasähnliche Segge → *Carex pseudocyperus* **45**
Zypersegge → *Carex pseudocyperus* **45**

Botanische Erläuterungen

Blüten

Blütenformen

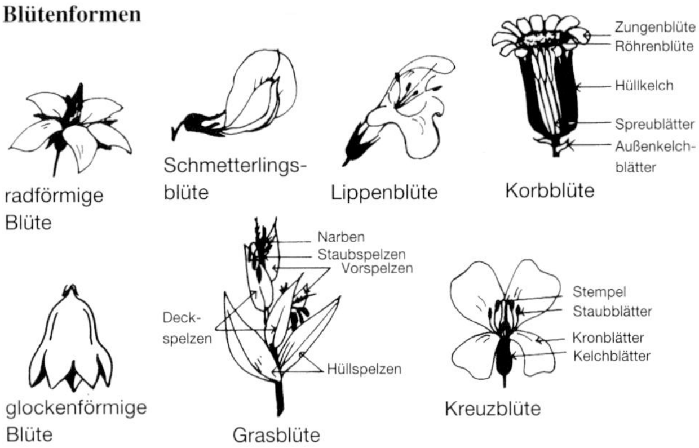

Blütenstände / zusammengesetzte Blüten

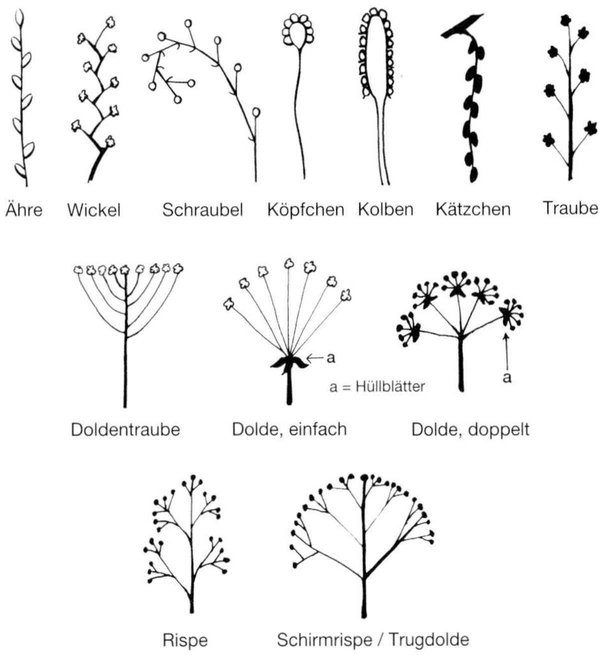

Früchte

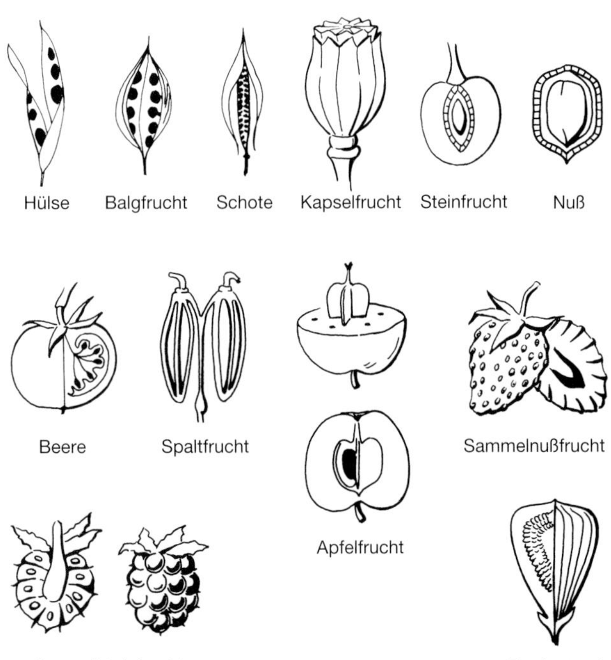

Blätter

Blattformen

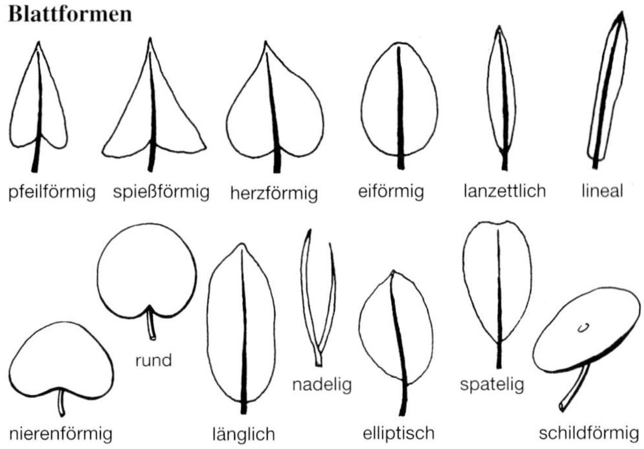

Blattränder

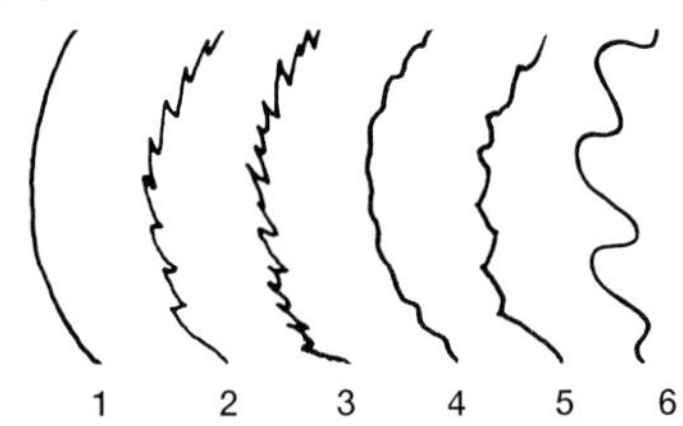

1. ganzrandig
2. gesägt
3. doppelt gesägt
4. gekerbt
5. gezähnt
6. gebuchtet

Blattstiele

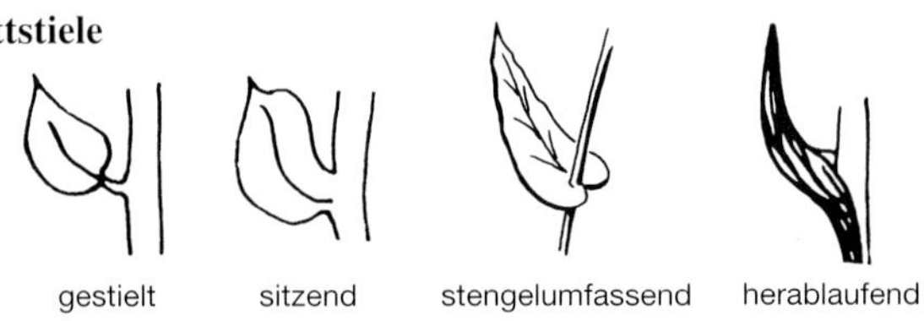

Geteilte und zusammengesetzte Blätter

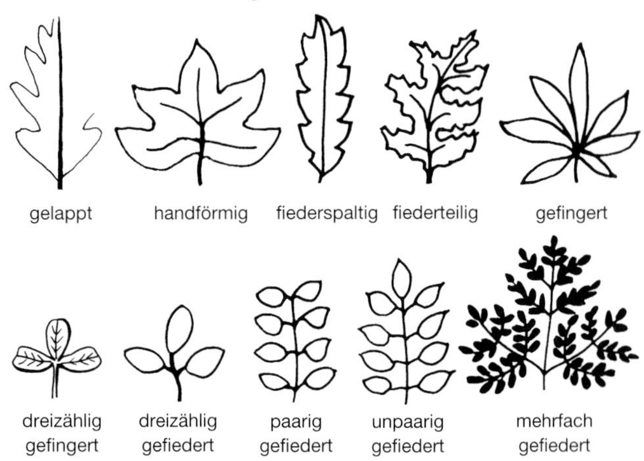

Blattstellungen

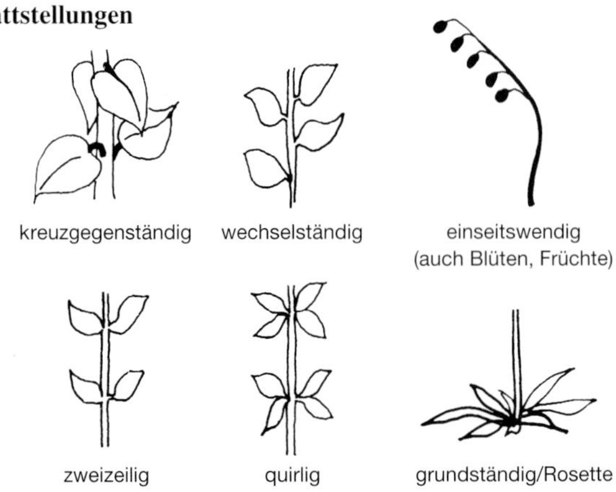